国家出版基金项目
NATIONAL PUBLICATION FOUNDATION

"十二五"国家重点出版规划
精品项目

机床数字控制技术手册

主　编　王先逵

主　审　艾　兴

·机床及系统卷·

卷　主　编　易　红　唐小琦

卷副主编　朱晓春

国防工业出版社
National Defense Industry Press

内 容 简 介

数字控制技术的范围较广,涉及机床、电动机、计算机、自动化、控制、软件等多个方面,《机床数字控制技术手册》以机床为对象,限定在机床的数字控制技术方面,而且以机为主,机电结合,分为技术基础卷、机床及系统卷、操作与应用卷三卷,内容、结构比较全面、完整。技术基础卷主要论述数控机床的组成、工作原理、数控系统、数控建模和数值计算、数控加工工艺、数控编程及语言,以及数控技术与计算机辅助制造工程的关系等内容,属于基础性方面的共性知识。机床及系统卷主要论述数控机床的结构设计、功能部件、计算机数控装置、数控系统、工艺装备系统和附件等,以及与数控装置有密切关系的可编程控制器等,属于结构、装置与系统方面的共性技术。操作与应用卷强调实用性,介绍国内外有影响的典型数控机床、加工中心、数控生产线和数控系统,论述数控机床的性能检测和故障诊断以及实用操作技术,提供数控技术的标准和数控名词术语的中英文对照。

本手册可供企业、工厂、科研院所从事机械工程的广大工程技术人员参考,并可作为各级高等院校"机械工程"各专业的专科生、本科生和研究生的参考书。

图书在版编目(CIP)数据

机床数字控制技术手册. 机床及系统卷 / 王先逵主编;易红,唐小琦分册主编. —北京:国防工业出版社,2013.10

ISBN 978-7-118-08999-8

Ⅰ.①机... Ⅱ.①王...②易...③唐... Ⅲ.①数控机床—技术手册 Ⅳ.①TG659-62

中国版本图书馆 CIP 数据核字(2013)第 230297 号

※

*国防工业出版社*出版发行

(北京市海淀区紫竹院南路 23 号 邮政编码 100048)

北京嘉恒彩色印刷有限责任公司印刷

新华书店经售

*

开本 880×1230 1/16 印张 31¼ 字数 978 千字

2013 年 10 月第 1 版第 1 次印刷 印数 1—3000 册 定价 168.00 元

(本书如有印装错误,我社负责调换)

国防书店:(010)88540777 发行邮购:(010)88540776
发行传真:(010)88540755 发行业务:(010)88540717

编辑委员会

序

数控机床是国家创新能力和综合实力的重要标志,经济建设和国防建设所需要的大、特、精、小等装备必须应用数控机床进行加工。数控机床越来越广泛的应用已充分证明数控机床对国民经济的发展、国防建设和综合国力的增强具有非常重要的意义。

我国数字控制技术的发展可追溯到 20 世纪 50 年代,1958 年研制出了第一台数字控制机床,长期受到政府有关部门的高度重视和支持,发展很快。改革开放以来,制造业发展迅速,数字控制机床有了长足进步,不仅数量大、种类多、功能强,而且水平高,广大工程技术人员亟需机床数字控制方面的综合性手册类工具书,以提高理论与实践水平,指导研究开发工作,满足生产发展的需求。

国防工业出版社组织专家学者编写《机床数字控制技术手册》一书,对我国数字控制机床的发展有重要意义。该项目先后被评为国家“十二五”重点出版规划精品项目和国家出版基金资助项目,也很好地说明了这一点。

该书主编王先逵教授是我的老朋友,他是我国数控机床研制的最早参加者和主要完成人之一,在机床数字控制方面的造诣颇深,不仅承担了多项相关研究,而且成果水平高,他治学严谨,善于积累和总结,所带领的编写团队聚集了国内从事数控技术研究和应用的优秀人才,他们将多年的研究、应用成果汇聚凝练,历时三载编撰成本书。

该书体系完整,内容全面,结构安排合理,全书分为技术基础卷、机床及系统卷、操作与应用卷三卷,覆盖了机床数字控制技术的主要内容。既有基本理论,又有实用技术,体现了理论与实际结合,例如在技术基础卷中,专门编写了“数控建模与数值计算”一章,详细论述了曲线曲面的逼近、拟合、光顺和反求工程等技术,有深度又有广度,是当前航空、汽车、模具等制造中的技术难题,在一般数控机床书籍中是很难见到的,有很强的理论指导意义。在机床及系统卷中,专门编写了“数控机床的机械结构设计”一章,强调了结构设计理论的指导意义,在论述传统机械结构的同时注意论述当前机械结构设计的新发展,有特色;由于近年来,功能部件发展很快,专门撰写了功能部件内容。在操作与应用卷中,阐述了典型数控机床、典型数控系统的实用操作技术;同时注意了当前我国“技术标准”的改变,解读了主要的相关标准等资料。

该书内容丰富翔实,具有先进性,反映了机床数字控制技术近年来的发展现状和成果,如曲面、曲线加工、复合加工中心等内容。特别是将数字控制技术与计算机制造工程联系起来,表明数字控制技术已发展成为制造业的通用基础技术,具有很强的参考意义。

该书联系实际,实用性强,有些内容,例如"数控加工工艺设计"是直接由工厂的技术人员编写的。从生产实践中系统地总结归纳了数控加工工艺的设计过程及其特点,分析了与一般加工工艺的不同点,并进行了实例分析。有些内容,例如"典型数控系统"是在国内外著名数控技术公司提供资料的基础上编写的。

《机床数字控制技术手册》适应我国数控技术发展的需求,满足了广大从事数控技术工程技术人员的急需,同时也为高校相关专业的本科生、研究生和教师提供了参考,对我国数控技术的创新发展、水平提高和推广应用具有重要的意义。

由于编写要求高,难度较大,到目前为止,国内外在数字控制技术手册方面出书较少,作为审稿人,很高兴看到该书的出版,欣然写下这段文字,是为序。

中国工程院院士

2013年8月

前　言

一、出版《机床数字控制技术手册》的必要性和迫切性

　　数字控制技术是 20 世纪伟大的工程技术发明,已有近 60 年的发展历史,与计算机技术、集成电路技术、纳米技术、高分子技术等一样,成为对制造技术发展有着深远影响的共性工程技术之一。目前,机床数字控制技术仍处于方兴未艾的大发展时期,成为衡量国家制造技术特别是装备制造业技术水平的重要指标之一,是制造业"保证质量、提高效率、降低成本、节能减排"的重要手段,世界各工业发达国家均高度重视。

　　工程手册是一种最具指导性的工程技术参考书,是工程技术人员必备的最有效文献资料,曾经在历史上、一直到现在都发挥着重要的指导和参考作用。编写一本高质量的工程技术手册对该工程技术的发展具有重要意义。

　　我国机床数字控制技术的发展是从 1958 年开始的,已有 50 多年的发展历史,其中经历了国家"第六个五年计划"到"第十二个五年规划"的重点支持,从程序控制到计算机数字控制,从单坐标数字控制到多坐标数字控制,从单功能、单工种到带有自动换刀装置的多功能、多工种加工中心数字控制,从单机到柔性制造系统和柔性生产线的数字控制,从传统加工到特种加工的数字控制,以及从整体式到嵌入式和分布式数字控制等,都有了显著的、长足的进步和发展,取得了丰硕的成果,值得总结,也急需编写手册、丛书和专著,以便为机床数字控制技术的进一步发展提供有力的支持。

　　近年来,我国在机床数字控制方面出版的各类图书还是不少的,教材、丛书比较多,但综合性手册非常少,虽然不少手册,都有专门的章节对机床数字控制技术进行了介绍,但在内容上远不够系统和完整。因此需要编写一本综合的机床数字控制技术方面的手册,来反映当前机床数字控制技术的发展,供广大相关工程技术人员参考。

二、我国机床数字控制技术发展的早期历史

　　机床数字控制技术的发展,是我国工业技术发展的重要方面。温故知新,20 世纪 90 年代后的发展在本书的正文部分有所体现,为了使广大工程技术人员对我国机床数字控制技术的发展史有完整的了解,这里重点回顾一下早期历史。

(一) 数字控制机床

1. 我国第一台数控机床的研制成功

　　世界上第一台数字控制机床在 1953 年问世,由美国麻省理工学院和美国空军共同研制成功,当时主要是为了解决飞机制造中一些曲线样板的加工问题,受到了制造工程技术界的极大关注。此后,日本、苏联、英国、法国等相继开展了这一研究工作,日本在 1957 年研制出了数字控制机床。

我国的机床数字控制研究起步于1958年。当时,清华大学机械制造系的邹致圻教授到苏联考察回来,对苏联研制的程序控制机床进行了介绍,提出了研制程序控制机床的设想,得到清华大学的大力支持。很快,在北京市委直接领导和关怀下,清华大学机械制造系和自动化系师生,在邹致圻教授指导下,与北京第一机床厂共同研制了101型和102型两台程序控制3坐标立式铣床,两台机床都是在X53立式铣床上改装的。101型数控铣床采用自整角机直流电机半闭环随动(伺服)系统;102型数控铣床采用电液脉冲电机开环随动(伺服)系统(图1)。由于数控机床最早称为程序控制机床,因此这两台机床成为我国最早研制成功的数控机床。机床和系统所用元件、功能部件和装置,如滚珠丝杠、步进电动机、液压伺服阀、液动机等全部由我国自行研制或生产。

图1　我国第一台102型数控铣床

102型数控铣床由穿孔机、穿孔带、输入装置、数控装置和机床组成。其工作原理是:根据加工图样进行编程,通过穿孔机穿孔将程序载入到穿孔带上,再由输入装置(如光电输入机)将穿孔带的信息送入数控装置,信息经过处理后,控制机床的相应传动系统,使机床按照程序工作,如图2所示。

两台机床所用数控系统是自行开发的专用数控装置,它是一台专用计算机,由输入机、输入控制

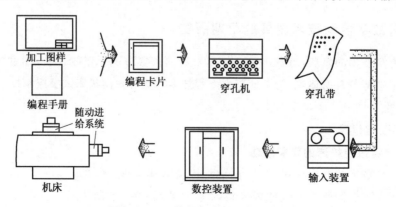

图2　102型数控铣床的工作原理

器、运算器、输出控制器和主控制器组成(图3)。信息载体是8单位穿孔纸带(图4),光电输入机将穿孔纸带上的孔通过光电转换变为电信号送入控制器中,信号可分为数字信号(1,2,3,…,0)和文字信号(X,Y,Z,R,…),经翻译后,将数字信号送至运算器进行加、减、乘、除等基本运算;将文字信号送到主控制器以控制各部分工作。主控制器接收到文字信号后,发出相应指令,指挥各部分工作。当时,该专用计算机为晶体管插件式结构。机床强电系统采用干簧管继电器控制。

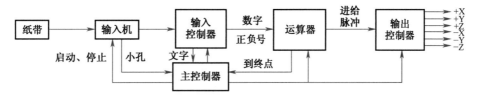

图3 专用数控装置的工作原理

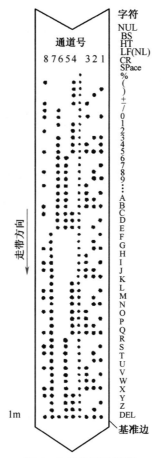

图4 8单位穿孔纸带

穿孔纸带简称穿孔带,常用的穿孔带多为8单位,它是一条黑色不透明的结实纸带,其上有9条孔,其中1条小孔是传动纸带用的,8条大孔是信息通道。第1孔至第7孔是信息孔,可以组合成各种数字信息和文字信息;第8孔是校验孔,用于穿孔信号正确性检查(图4为奇偶检查)。穿孔带也有35单位的宽带,带很短,穿孔机较大,构造复杂,应用较少。

2. 我国第一台用于生产的数控机床

我国第一台用于实际生产中的数控机床当推 XPK - 01 数控劈锥铣床,它是 1965 年由清华大学精密仪器系工厂与五机部、六机部所属华北光学仪器厂为劈锥零件的加工而自行设计生产的。劈锥是一个具有空间复杂型面的零件,原采用光学坐标镗床加工、手工修锉,费工且质量不高。该数控铣床是3坐标两联动,3坐标是两个直线运动、一个回转运动,采用步进电动机-液压扭矩放大器开环随动(伺服)系统,纸带光电输入,数控装置为锗晶体管分离元件。XPK-01数控劈锥铣床外形如图5所示,传动系统如图6所示。该厂采用劈锥铣床加工后,生产使用了十几年,加工时间大大减少,且精度高、工作稳定。

图5　XPK-01数控劈锥铣床

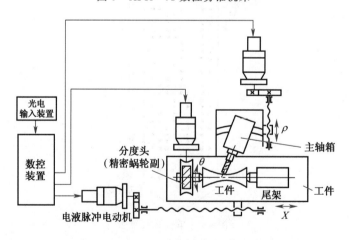

图6　XPK-01数控劈锥铣床传动系统

3. 带有自动换刀装置的程序控制机床

1960年—1962年,清华大学与北京第一机床厂共同研制带有自动换刀装置的卧式程序控制机床(加工中心),为3坐标联动,由直流电动机-测速发电机随动(伺服)系统驱动,光码盘位置检测半闭环控制,可自动更换15把刀,数控系统所用为晶体管插件式专用计算机。图7为我国研制的第一台带有自动换刀装置的程序控制机床,即数控加工中心。

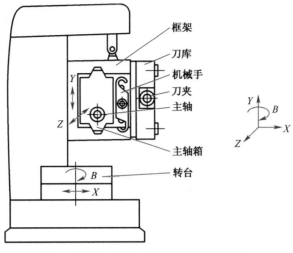

图 7　带有自动换刀装置的程序控制机床

该机床的传动和控制系统如图 8 所示，采用 35 单位穿孔纸带光电输入装置（简称宽纸带发报

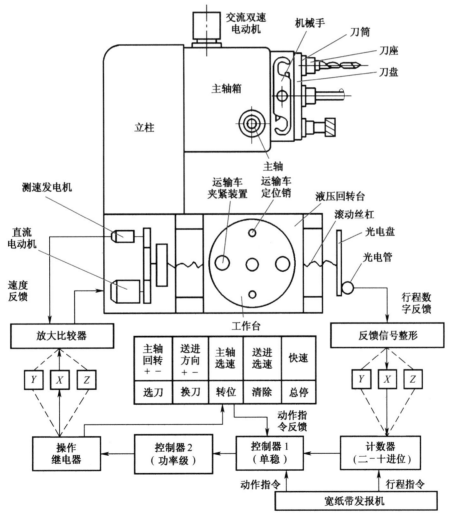

图 8　机床的传动及控制系统

机),其动作指令、行程指令分别通过控制器和计数器处理后进入相应的传动系统,进行主轴回转方向和转速选择、进给方向和速度选择、选刀、换刀、工作台转位等工作。由于该机床用于自动线上,因此还有运输车定位和夹紧等装置。机床的专用计算机控制原理如图9所示,由计数器、控制器和操作继电器等构成。

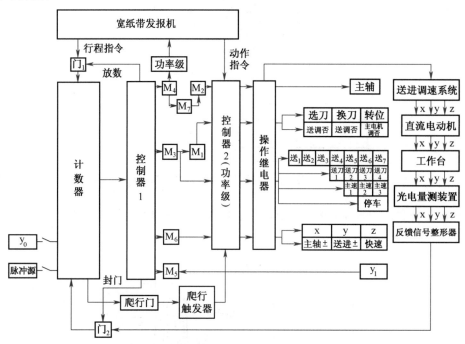

图9 机床的专用计算机控制原理

选刀装置采用机械结构,通过刀座上四个信号环的不同组合来选刀。机械手的动作由液压系统实现。

4. 众多数控机床产品问世

20 世纪 70 年代以后,数控机床进入了高速发展期,出现了许多具有代表性的产品。

作为单功能数控机床,有北京第一机床厂与华中工学院合作生产的功率步进电动机直接驱动的 XK5040 型数控立式升降台铣床、长城机床厂生产的 CK3732A 型数控车床、昆明机床厂生产的 TK4163B 型数控单柱坐标镗床、天津第一机床厂生产的数控非圆齿轮插齿机等。

作为中大型数控机床,主要有:1972 年,清华大学参与设计的 XK5108 中型数控立式铣床,并开始小批生产提供市场,大连工学院研制的 XKB-2320 型 3 坐标数控壁板龙门铣床、齐齐哈尔第二机床厂生产的 XKH2510 型 4 坐标龙门铣床、北京第一机床厂生产的 XKD2012/13 型 3 坐标数控龙门铣床等。

作为多坐标数控机床,主要有:三机部 625 所研制的 XSK(Ⅳ)G 型 4 坐标数字控制铣床,用于加工航空工业带变斜角的铝镁合金零件和整体叶轮等零件,机床摆头绕纵轴摆角为 ±15°,摆动速度为 120(°)/min,伺服系统是数字-相位闭环控制,由电液伺服阀控制大扭矩液压马达(或油缸),用感应同步器或旋转变压器为检测装置。此外,有齐齐哈尔第二机床厂生产的 XKH2510 型 4 坐标龙门铣床,摆头摆角为 ±15°,采用开环系统。

作为加工中心,其中有:北京机床研究所的 JCS-013 数控卧式镗铣加工中心,它是 4 坐标点位直线系统,三个直线运动的定位精度为 ±0.02mm/300mm,重复定位精度为 ±0.005mm,回转运动的定位精度为±10″,重复定位精度为±5″,可任意分度。刀库为链式,容量为60把刀,如图10所示。该机床在国内外有很大影响,被许多书籍资料所收集。

图10　JCS-013数控卧式镗铣加工中心

　　还有1973年—1976年,华中工学院研制的THK6370型数控卧式加工中心,刀库容量为60把刀,定位精度为0.02mm,重复定位精度为0.008mm。数控系统为步进电动机液压伺服系统,任意两坐标联动,可进行钻、扩、铣、镗、铰和攻丝等切削加工实验,并适合多种零件的数控加工,如图11所示。

图11　THK6370型数控卧式加工中心

　　此外,还有上海第二机床厂生产的THK63160型数控立式镗铣加工中心(刀库为链式,刀库容量60把刀)、北京第二机床厂生产的THK6380型数控立式镗铣加工中心(刀库为鼓式,位于立柱侧面,刀库容量40把刀)、大河机床厂生产的THK6363型数控立式镗铣加工中心(刀库为鼓式,置于立柱顶上,刀库容量36把刀)、上海第四机床厂生产的XHK6050型数控立式镗铣加工中心(刀库为鼓式,置于床身的顶部,刀库容量为16把刀)等。

　　在数控测量机方面有北京第二机床厂生产的ZCS-1000型数控3坐标测量机,采用金属反射光栅作为检测元件,指示精度为 0.015mm,最小读数值为 0.002mm,重复定位精度为 0.01mm。

进入 20 世纪 90 年代以后,机床数字控制技术的发展步伐不断加快,范围不断扩大,在多功能加工中心、多面体加工中心、多坐标数控机床、大型数控机床、特种加工数控机床、高精度数控机床以及数控系统等方面均有长足进步,并逐步形成了我国自己的品牌。

(二) 数控机床自动线和柔性制造系统

1. 我国最早的柔性制造系统——程序控制机床自动线

1960 年—1962 年,清华大学与北京第一机床厂共同研制了 B1-64 程序控制机床自动线,由 4 台相同的带有自动换刀装置的数控机床(加工中心)、环形导轨运输线、液压升降机构、托盘运输车组成,由中央控制台进行全线控制,4 台专用计算机分别控制 4 台加工中心,平面布局如图 12 所示。

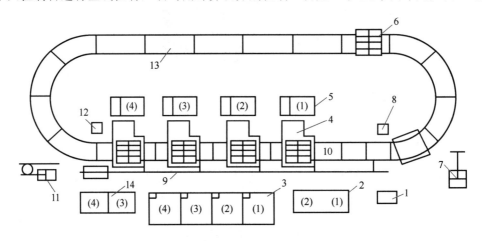

图 12　程序控制自动线平面布局

1—中央控制台;2—电器柜;3—计算机;4—带有自动换刀装置的数控机床;5—数控机床用油箱;6—运输车;

7—升降机构;8—升降机构用油箱;9—拉杆;10—拉杆小爪;11—拉杆机构;12—拉杆机构用油箱;

13—环形导轨运输线;14—输出装置。

工件装夹在托盘上的夹具中,由托盘运输车送至各加工中心进行顺序加工。加工完的工件由托盘运输车经过带有坡度的环形导轨运输线自动送至液压升降机构处,并自动提升至机床工作台高度进行人工装卸工件,即将已加工完毕的工件卸下,换上要加工的工件。程序控制机床自动线实际上是数控加工中心自动线,也是最早的柔性制造系统。

2. JCS-FMS-1 回转体类零件柔性制造系统

1985 年,由北京机床研究所和日本联合研制的柔性制造系统问世,用于加工直流伺服电动机的轴类、盘类等 14 种零件。整个系统由数控机床、物流系统和控制系统组成。数控机床、物流系统由我国提供,控制系统由日本发那科(FANUC)公司开发,它是我国自行研制最早向世人公开的柔性制造系统,如图 13 所示。

加工系统由 5 台国产数控机床(STAR-TURN1200 车床 1 台、H160/1CNC 车床 1 台、CK7815 数控磨床 1 台、JCS-1 立式加工中心 1 台和 YNZ54 卧式加工中心 1 台)、4 台 M1 工业机器人和 1 台中心孔清洗机组成。5 台数控机床均配有 FANUC6M 数控装置,机床呈直线排列,每台机床均配有工件托板存放站(缓冲站),用机器人进行工件装卸,并传送工件。5 台数控机床分为 3 个加工单元,分别由 3 个单元控制器(CCU)进行控制。

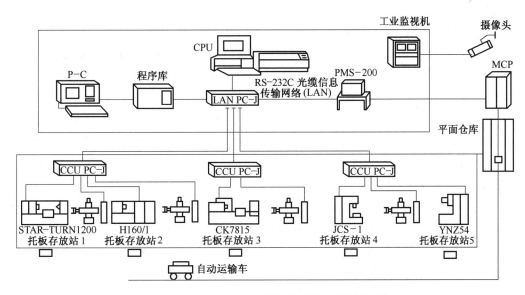

图13　JCS-FMS-1回转体类零件柔性制造系统

物流系统由1台感应式无轨自动运输车、1座平面仓库、1台工业监视机、5个摄像头和5个工件托板存放站(缓冲站)组成。感应式无轨自动运输车用于平面仓库与机床前托板存放站间的工件搬运。平面仓库由15个工件出入的托板存放站组成。

控制系统采用集中管理、分级控制的方式,使系统扩展方便,个别加工单元发生故障时,易于和系统脱离进行故障排除。整个系统为三级控制结构:第一级为中央管理系统(MAIN CPU),总体管理和决策控制;第二级为单元控制器(CCU),进行单元生产过程控制;第三级为设备控制装置。

三、《机床数字控制技术手册》的编写要点

(一)定位机床数控,软硬结合

数字控制技术的范围较广,涉及机床、电动机、计算机、自动化、控制、软件等多个方面,《机床数字控制技术手册》不是一般的数控技术手册,而是以机床为对象,限定在机床的数字控制技术方面,而且采取了以机为主、机电结合的写法。

(二)基础技术并重,系统全面

在系统上,《机床数字控制技术手册》分为技术基础卷、机床及系统卷、操作与应用卷三卷,内容、结构比较全面、完整。

技术基础卷主要论述机床数控的组成、工作原理、数控系统、数控建模和数值计算、数控加工工艺、数控及语言,以及数控技术与计算机辅助制造工程的关系等方面的内容,属于基础性方面的共性知识。

机床及系统卷主要论述数控机床的结构设计、功能部件(包括主轴单元、进给单元、伺服装置、控制电动机以及位置检测装置等)、计算机数控装置、数控系统、工艺装备系统(包括刀具、夹具、转台、检测系统等)和附件(包括排屑装置、冷却装置等)等,以及与数控装置有密切关系的可编程控制器等,属于结构、装置与系统方面的共性技术。

操作与应用卷强调了实用性,介绍国内外有影响的典型数控机床、加工中心、数控生产线和数控系统,论述数控机床的性能检测和故障诊断以及实用操作技术,并解读了数控技术的标准等资料,以

供读者需求。

（三）体系结构新颖，科学先进

数字控制技术本身就是一项先进技术，机床数字控制技术一直处于高速发展期，内容不断变化，体系不断更新，新技术、新水平不断涌现。同时，数控技术在应用上不断扩大和广泛，它又成为高新制造技术的基础。《机床数字控制技术手册》论述分布式数控、嵌入式数控等先进数控系统和STEPNC软件系统等；介绍德国西门子、日本发那科、华中数控等公司的先进数控系统；同时论述多工种加工中心、多面体加工中心、并联数控机床等先进数控机床，以求《机床数字控制技术手册》体系结构和内容上的先进性及新颖性。

（四）理论联系实践，典型实用

手册的实用性是手册能否受到读者欢迎的关键，鉴于《机床数字控制技术手册》是为广大相关工程技术人员参考，因此实用性要求较高。为此《机床数字控制技术手册》不仅编写了典型实用的功能元件、装置、工艺装备、附件等，而且还专门编写"操作与应用卷"，介绍国内外知名企业的典型数控机床和数控系统，论述数控机床的安装调试、性能检测、可靠性、故障诊断，以及实用操作模式、加工仿真和典型加工实例，并附有常用数控标准、常用数控名词术语中英文对照等。

（五）国家现行标准，力求贯彻

《机床数字控制技术手册》的名词、术语、代（符）号、量和单位等都力求贯彻国家现行标准，以满足行业和社会需求。由于在机床数字控制技术方面的名词术语国家尚无统一标准，也无与国际通用的数控名词术语对照，因此编写了常用数控名词术语中英文对照，以供读者参考。

（六）发挥各方作用，联合编写

《机床数字控制技术手册》采取高校、院所、企业联合编写的方式，发挥各自所长，使《机床数字控制技术手册》更具严谨性、科学性、实用性和先进性。组织国内外在机床数字控制技术方面有基础、有成就的多个单位参加编写，如清华大学、北京航空航天大学、华中科技大学、中北大学、东南大学、山东大学、北京机床研究所、成都132厂、广州数控信息科技有限公司、德国西门子公司、日本发那科公司等。

参加《机床数字控制技术手册》编写人员如下：

主　编　王先逵

主　审　艾　兴

技术基础卷

主　编　刘　强

副主编　汤立民

第1章　数控机床工作原理　主编：刘　强　袁松梅

第2章　数控建模与数值计算　主编：王爱玲　李梦群

第3章　数控加工工艺设计　主编：汤立民　韩　雄

第4章　数控程序的编制和语言　主编：郭连水

第5章　数控技术与计算机辅助制造工程　主编：闫光荣　郑联语

机床及系统卷

主　编　易　红　唐小琦

副主编　朱晓春

第6章　数控机床的机械结构设计　主编：易　红　仇晓黎

第7章　数控机床驱动系统　主编:唐小琦　孙　莹

第8章　计算机数控装置　主编:叶伯生　宋　宝

第9章　数控机床工装系统　主编:邓三鹏

第10章　数控机床中的可编程控制器　主编:曹锦江　朱晓春

操作与应用卷

主　编　王爱玲

第11章　典型数控机床　主编:宋放之　武文革

第12章　典型数控系统　主编:张吉堂

第13章　数控机床的性能检测和故障诊断　主编:王俊元

第14章　数控机床的实用操作技术　主编:王　彪

第15章　数控技术的标准和数控名词术语　主编:沈兴全

《机床数字控制技术手册》可供企业、工厂、科研院所从事机械工程的广大工程技术人员参考,并可作为各级高等院校"机械工程"各专业的专科生、本科生和研究生的参考书。

在《机床数字控制技术手册》的编写中,得到了多家单位及个人的热情帮助,他们提出了不少宝贵意见,在此谨表衷心感谢。感谢艾兴院士对书稿进行了主审。感谢国防工业出版社邢海鹰总编辑,孙慧波副总编辑,编辑管明林先生、程邦仁先生和孙汝忠先生等,是他们提出了编写《机床数字控制技术手册》的设想,提供了良好的写作平台和氛围,为《机床数字控制技术手册》的顺利出版付出了辛勤劳动、做出了突出贡献。由于水平有限,《机床数字控制技术手册》中难免有不足之处,恳请广大读者不吝指教。

王先逵

2013年1月于清华园

目 录[*]

·技术基础卷·

---

* 各卷页码单独编排。

·机床及系统卷·

第6章　数控机床的机械结构设计 …………………………………………………………… 001

·操作与应用卷·

机床数字控制技术手册

·机床及系统卷·

目录

第6章
数控机床的机械结构设计

主编　易　红　仇晓黎

 数控机床的总体设计

6.1.1 数控机床主要性能指标及功能

1. 工艺范围

数控机床的工艺范围是指该机床适应不同生产要求的能力,不同种类机床的加工范围和生产能力各不相同,分别适应不同零件的加工。数控机床采用计算机来控制,可以将新工艺、新技术方便地融合进去,实现高精度、高速度、宽范围的加工,减小机床操作者的劳动强度,降低操作者对加工的影响,其加工范围远远宽于传统的普通机床,能完成普通机床无法实现的加工。通过在数控机床上增设一些附件,或把不同的加工综合在一台机床上(如车削中心、铣削加工中心等),工件一次装夹就可完成多面多工序加工,不仅工艺范围宽,而且有利于提高加工效率和加工精度。

数控机床的加工范围应根据被加工对象来确定,不可盲目地追求过宽的工艺范围,因为一般说来,工艺范围窄,则机床的结构较为简单,容易实现自动化,生产效率也较高。而盲目扩大机床工艺范围,将使机床的结构趋于复杂,不能充分发挥机床各部件的性能,甚至影响机床主要性能的提高,增加机床的生产成本;但也不可过窄,过窄会限制加工工艺和产品的更新。

数控机床一般适用于中小批量、几何形状复杂、加工精度要求高的工件加工。大批量生产采用专用机床较好,因为专用机床的功能设置较少,只要满足特定的工艺范围要求,就能达到生产率高、机床制造周期短及机床成本低等效果。单件小批量工件的生产采用工艺范围较宽的通用机床,通用机床调整方便、加工灵活、成本低廉。

2. 加工精度

数控机床的加工精度由控制系统精度和机床精度共同决定。由于控制技术的飞速发展,新的控制理论、控制设备层出不穷,都极大地提高了数控机床的加工精度。近几年,得到广泛运用的电主轴和直线电动机,使数控机床的传动链大大缩短,实现了主运动链和进给运动链的零传动。作为工作母机的机床结构更加简单,但机床本体的结构、刚度、热变形、振动特性等仍是决定数控机床精度的重要因素。

机床精度分为空载条件下的精度和工作精度。设计加工精度和表面质量要求较高的数控机床时,在机床布局阶段要注意采取措施,尽量提高机床的传动精度和刚度,减少振动和热变形,例如精度要求较高的数控机床常使液压传动的油箱与床身分开,以减少热变形的影响。此外,应减小机床在加工中的振动,精密和高速机床常采用分离传动,将电动机和变速箱等振动较大的部件与工作部件(如主轴)分装在两处。

3. 柔性

现代社会人的需求多样化,使产品更新换代周期大大缩短,产品需要频繁改型,对数控机床的柔性要求也越来越高。数控机床的柔性是指其适应加工对象变化的能力。数控机床发展到今天,对加工对象的变化已经有很强的适应能力,并在提高单机柔性化的同时,朝着单元柔性化和系统柔性化方向发展。

数控机床的柔性包括空间柔性和时间柔性。空间柔性也就是功能柔性,是指在同一时期内,机床能够适应多品种、小批量工件的加工,即机床的运动功能和刀具数量多,工艺范围广,一台机床具备有几台机床的功能,因此在空间上布置一台高柔性数控机床,其作用等于布置了几台机床。时间柔性也就是结构柔性,是指在不同时期,机床各部件经过重新组合,构成新的机床功能,即通过机床重构,改变其功能,以适应产品更新变化快的要求。

4. 开放性

传统的数控机床结构封闭,造成二次开发困难,用户很难将自己的经验集成到数控系统中。新一代数控系统体系结构向着开放式方向发展,自20世纪80年代末以来竞相开发基于PC的CNC,并提出了开放式CNC结构的概念,开发了针对开放式CNC的前、后台标准。数控系统体系结构的开放,提高了机床制造商市场竞争力和应变能力,缩短了产品的开发周期,便于机床制造商开发具有自主特色并满足用户需求的产品。

机床的开放性是指机床与物流系统之间进行物料(工件、刀具、切屑等)交接的方便程度。对于单机工作形式的普通数控机床,是由人进行物料交接的,要求方便地使用、操作、清理和维护机床。对于自动化柔性制造系统,数控机床与物流系统(如输送线)是自动进行物料交接的,要求机床结构形式开放性好,物料交接方便。

5. 噪声

噪声是一种环境污染,可损坏人的听觉器官和生理功能,操作者工作在嘈杂的环境中会心情烦躁,不能专心工作,容易误操作而产生事故。因此降低噪声十分重要。噪声大小也能反映机床设计与制造的质量水平。应根据噪声来源、大小及频率特性,采用适当的控制方法,进行噪声屏蔽,以减小噪声和优化环境。目前,根据声波干涉原理用"反噪声"控制噪声的反噪声技术已开始试验研究和运用。

6. 生产率和自动化

机床的生产率用单位时间内机床所能加工的工件数量来表示。零件加工所需要的时间包括机动时间与辅助时间两部分。数控机床主轴转速和进给量的范围比普通机床的范围大,且数控机床有良好的结构刚性,允许数控机床进行大切削用量的强力切削,有效地节省了机动时间。数控机床能自动更换刀具、装夹工件方便且加工精度的稳定性高,因此可以减少机床

的停机时间,缩短机床加工的辅助时间。

数控机床的自动化程度越高,其生产率就越高,加工精度的稳定性越好;但自动化程度的提高也使数控机床的结构和控制系统复杂,成本大幅度地提高,且维护和维修也较因难。

7. 成本

成本是决定数控机床市场竞争力的重要因素。成本理念贯穿于数控机床的整个生命周期内,包括设计、制造、包装、运输、使用维护和报废处理等的费用。任何偏面追求单方面的低成本,往往适得其反,不仅不能省钱,相反要花费更多。应在尽可能保证数控机床性能要求的前提下,提高其性价比。

8. 生产周期

现代社会市场需求瞬息万变,企业抓不准市场方向就不能生存,抓住了市场方向不能及时设计生产出产品同样会失去机会,因此要求机床制造商尽可能缩短生产周期。这就要求数控机床设计应尽可能采用现代设计方法和现代化生产管理手段,缩短设计和生产时间。

9. 可靠性

要发挥数控设备的高效率,就要保证它的开动率,这就对数控设备提出了稳定性和可靠性要求。衡量该要求的指标是平均无故障时间(MTBF),即为两次故障间隔的时间;同时,当设备出了故障后,要求排除故障的修理时间(MTTR)越短越好,所以衡量上述要求的另一个指标是平均有效度 A,可表示成

$$A = MTBF/(MTBF+MTTR)$$

10. 人机工程

数控机床要为操作者提供舒适、安全、方便、省力的劳动条件。在设计时,要研究人的特性及工作条件与机器相匹配的问题,要按照人的特性设计和改善人-机-环境系统,将人和机器视为一个有机结合的系统,创造出最佳设计和最适宜的条件,使人机系统实现高度地协调统一,形成高效、经济、安全的有机系统。

数控机床是现代高科技机电产品的一种重要设备,正广泛地应用于加工制造业的各个领

域。要从数控机床的布局、数控机床的造型、机床的色彩等方面充分考虑,使机床的宜人性具有先声夺人的效果,增强机床的市场竞争力。

11. 符合"绿色"工程的要求

数控机床是未来机床工业的主流设备,使用"绿色"材料和"绿色"制造工艺是机床工业的发展方向。机床的"绿色"工程包括"绿色"设计和"绿色"制造两个方面。"绿色"设计着重考虑产品的环境属性,即自然资源的利用、环境影响,及可拆卸性、可回收性、可重复利用性等,并将其作为设计目标来进行产品设计。"绿色"制造是高效、清洁制造方法的开发及应用,以达到"绿色"设计目标的要求。"绿色"制造涉及制造(贯穿于产品生命周期全过程)、环境保护和资源优化利用。

6.1.2 数控机床设计的基本理论、方法和步骤

1. 机床设计的基本理论

1)精度

精度是指机床主要部件的形状、相互位置及相对运动的精确程度,包括几何精度、定位精度和切削精度等几个方面。

(1)几何精度:综合反映机床的各关键零部件及其组装后的几何形状误差,是数控机床验收的主要依据之一。机床几何精度主要包括直线运动的平行度、垂直度;回转运动的轴向及径向跳动;主轴与工作台的位置精度等。

(2)定位精度:机床各坐标轴在数控装置的控制下运动所能达到的位置精度。机床的定位精度取决于数控系统和机械传动误差的大小,能够从加工零件达到的精度反映出来。机床定位精度主要包括直线轴的定位精度及重复定位精度;直线轴的回零精度;直线轴的反向误差;回转运动的定位精度及重复定位精度;回转运动轴的回零精度;回转运动的反向误差。

(3)切削精度:是一项综合精度,不仅反映机床的几何精度和定位精度,同时还包括试件

的材料、环境温度、刀具性能以及切削条件等各种因素造成的误差和计量误差。保证切削精度,必须要求机床的几何精度和定位精度的实际误差要比允许误差小。

2)刚度

刚度是指机床系统抵抗变形的能力。机床是由许多构件结合而成的,在载荷作用之下各构件及结合部都可能产生变形,这些变形直接或间接地引起刀具和工件之间相对位移,位移大小代表了机床整体刚度。因此,机床整体刚度不能用某个零部件的刚度评价,而是指整台机床在静载荷作用下,各构件及结合面抵抗变形的综合能力。因此,在设计时既要考虑提高各部件刚度,又要考虑结合部刚度及各部件间刚度的配匹问题。

3)抗振性

抗振性指机床在交变载荷作用下抵抗变形的能力。它包括抵抗受迫振动的能力和抵抗自激振动的能力两个方面。机床振动会降低加工精度、工件表面质量和刀具耐用度,影响生产率并加速机床的损坏,而且会产生噪声,使操作者疲劳等。影响机床振动的主要因素有机床的刚度、机床的阻尼特性和机床系统的固有频率等。

4)热变形

机床在工作时受到内部热源和外部热源的影响,各部分温度发生变化,因不同材料的线膨胀系数不同,机床各部分的变形不同,导致机床产生热变形。热变形不仅会破坏机床的原始精度,加快运动件的磨损,甚至会影响正常运转。因此,设计机床时应注意使机床部件的热变形方向不影响精度处,也可设计机床预热、自动温度控制、温度补偿装置及隔热装置等。

2. 机床设计方法

数控机床中有不少独立的功能单元,如导轨件、丝杠副、冷却、润滑、驱动、控制、检测装置等,这一特点使其适应于模块化设计方法。数控机床的加工向高速、高精度方向发展,要求机

床结构具有高刚度、高可靠性,机床各部件的结构动、静态特性成为设计的主要矛盾。在数控机床的传动控制上,用电动机变速代替机械变速,用计算机数控代替内联系传动链和靠模来保证各轴之间的运动关系,使得机床的功能设计大为简化。

机床的功能及性能往往和成本相矛盾,而产品总成本的75%以上及产品的性能在设计阶段就已经确定,所以应通过改进设计来提高产品的质量和性能并降低其成本。模块化设计技术正是解决这一矛盾的重要手段。在数控机床的概念设计阶段,用模块化的构思构造出模块化的数控机床产品系列,可以提高产品开发速度,快速响应市场需求。

机床运动功能设计是机床方案设计中首先要进行的工作,传统的机床运动功能的设计方法主要是以现有的机床设计实例为基础进行经验和类比设计。这种方法简单,但创新性差,是造成机床产品单一化的主要原因。随着经济的发展,市场对产品的需求是多品种、中小批量,为了快速、经济地满足市场需要,从理论上研究并建立不依赖经验知识的机床运动功能的设计方法是非常必要的,这对全新性的机床设计具有重要意义。机床运动功能的创成式设计方法,就是一种基于刀具和工件加工表面信息并通过解析进行机床运动功能设计的方法。

3. 机床设计步骤

机床的设计步骤大致可以概括为以下几个方面:

(1)需求分析。在建立产品的功能模型的基础上将用户需求转化为用户功能需求。

(2)功能分析、分解。通过分析机床的运动,将总功能逐级分解为子功能,建立数控机床的功能结构,产生机床运动功能方案。

(3)主要技术指标设计。主要技术指标设计是后续设计的前提和依据,主要技术指标包括性能指标、主要参数、驱动方式、成本及生产周期等。

(4)结构方案求解。通过功能、结构映射寻求实现功能的结构载体,根据运动分配、布局的设计产生机床的结构布局方案,同时可进行机床结构、外形尺寸的初步规划。

(5)详细结构设计。在基型设计的基础上,进行机床的变型设计、系列化设计,以模块化的产品系列,快速响应市场需求。

(6)机床整体综合评价。对所设计的机床进行整机性能分析和综合评价。

4. 并联机床设计创新

为了提高对生产环境的适应性,满足快速多变的市场需求,近年来全球机床制造业都在积极探索和研制新型多功能的制造装备与系统,其中在机床结构技术上的突破性进展当属20世纪90年代中期问世的并联机床(图6-1),又称虚(拟)轴机床或并联运动学机器。并联机床实质上是机器人技术与机床结构技术结合的

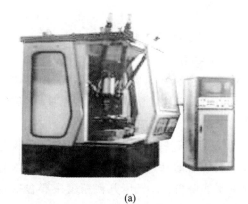

(a)

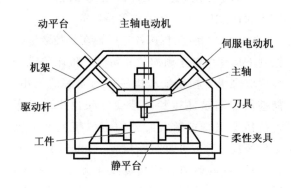

(b)

图6-1 并联机床

(a)外形;(b)结构。

产物,其原型是并联机器人操作机。与实现等同功能的传统 5 坐标数控机床相比,并联机床具有如下优点:

(1)刚度重量比大。因采用并联闭环静定或非静定杆系结构,且在准静态情况下,传动构件理论上为仅受拉压载荷的二力杆,故传动机构的单位重量具有很高的承载能力。

(2)响应速度快。运动部件惯性的大幅度降低,有效改善了伺服控制器的动态品质,允许动平台获得很高的进给速度和加速度,因而特别适于各种高速数控作业。

(3)环境适应性强。便于可重组和模块化设计,且可构成形式多样的布局和自由度组合。在动平台上安装刀具可进行多坐标铣、钻、磨、抛光,以及异型刀具刃磨等加工。装备机械手腕、高能束源或 CCD 摄像机等末端执行器,还可完成精密装配、特种加工与测量等作业。

(4)技术附加值高。并联机床具有"硬件"简单、"软件"复杂的特点,是一种技术附加值很高的机电一体化产品,因此可能获得高额的经济回报。

6.1.3 数控机床的总体设计要求和结构工艺性评价

1. 几何运动设计

1)工艺分析

对所设计机床的工艺范围进行分析,选择确定加工方法。

2)选取坐标系

依据数控机床坐标系,采用右手笛卡儿坐标系,沿 X、Y、Z 轴的直线运动符号及运动量仍用 X、Y、Z 表示,绕 X、Y、Z 轴的回转运动用 A、B、C 表示,其运动量用 α、β、γ 表示。

3)写出机床几何运动功能关系式

确定机床的运动功能,写出机床几何运动功能关系式。几何运动功能关系式表示机床的运动个数、形式(直线或回转运动)、功能(主运动、进给运动、非成形运动)及排列顺序。左边写工件,用 W 表示;右边写刀具,用 T 表示;中间写运动,按运动顺序排列,与 W、T 用"/"分开。如 3 轴升降台式铣床的运动关系式为 W/X_f、Y_f、Z_f、C_p/T。

4)绘制机床运动机构原理图

机床运动机构原理图是将机床的几何运动功能式用简洁的符号和图形表达出来,是机床传动系统设计的依据。

5)绘制机床传动原理图

机床的运动功能图只表示运动的个数、形式、功能及排列顺序,不表示运动之间的传动关系。若将动力源与执行件、不同执行件之间的运动及传动关系同时表示出来,就是传动原理图。

2. 机床总体结构方案设计

1)几何运动功能分配设计

通过几何运动功能分配设计可确定基础支承件,即运动功能关系中"接地"的位置,用符号"·"表示。符号"·"左侧的运动由工件完成,右侧的运动由刀具完成。机床的运动功能分配设计,可以得到几个运动分配式。如前数控铣床的运动关系式为 W/X_f、Y_f、Z_f、C_p/T,其运动分配式有以下几种:

(1)$W/\cdot X_f$、Y_f、Z_f、C_p/T;

(2)$W/X_f\cdot Z_f$、Y_f、C_p/T;

(3)W/X_f、$Z_f\cdot Y_f$、C_p/T;

(4)W/X_f、Z_f、$Y_f\cdot C_p/T$;

(5)W/X_f、$Y_f\cdot Z_f$、C_p/T。

由众多的运动功能关系式经过评价筛选后,保留下的方案都可进行运动分配设计,再对众多的运动分配式进行评价,剔除一些明显不合理方案。

2)结构布局设计

机床的结构布局形式有立式、卧式及斜置式等;基础支承件的形式又有底座式、立柱式、龙门式等;基础支承件的结构又有一体式和分离式等。因此,同一种运动分配式又可以有多种结构布局形式,这样运动分配设计阶段评价后保留下来的运动分配式方案的全部结构布局方案就有许多种,因此需要再次进行评价,去除不合理方案。该阶段评价的依据主要是定性分析机床的刚度、占地面积以及对物流系统的开放性等因素。该阶段设计结果得到的是机床总体结构布局图。常用的数控车床布置结构如图6-2所示。

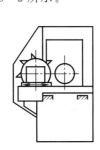

(a)

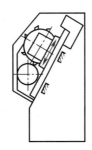

(b)

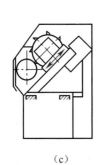

(c)

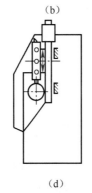

(d)

图6-2　常用的数控车床布置结构
(a)平床身;(b)斜床身;(c)平床身斜滑板;(d)立床身。

3)机床总体结构的概略形状与尺寸设计

该阶段主要是进行功能部件的概略形状和尺寸设计。设计的主要依据:机床总体结构布局设计阶段评价后所保留的机床总体结构布局形态图;驱动与传动设计结果;机床动力参数;加工空间尺寸参数以及机床整机的刚度及精度分配。

其设计过程如下:

(1)确定末端执行件的概略形状和尺寸。

(2)确定与设计末端执行件相邻的下一个功能部件的结合部件的概略形式、尺寸。

(3)根据导轨结合部的设计结果和该运动的行程尺寸,同时考虑部件的刚度要求,确定下一个功能部件的概略形状与尺寸。

(4)重复上述过程,直到基础支承件设计完毕。

(5)若要进行机床结构模块设计,则可将功能部件分成子部件,根据制造厂的产品规划,进行模块提取与设置。

(6)初步进行造型与色彩设计。

(7)机床总体结构方案的综合评价。

3. 主参数和尺寸参数

主参数是反映机床规格大小及最大工作能力的一种参数。为了更完整地表示机床的工作能力和工作范围,有些机床还规定有第二主参数,见GB/T 15375—2008《金属切削机床　型号编制方法》。通用机床主参数已有标准,根据用户需要选用相应数值即可;而专用机床的主要参数,一般以加工零件或被加工面的尺寸参数来表示。

机床尺寸参数是指机床的主要结构的尺寸参数,通常包括与被加工零件有关的尺寸和标准工具或夹具的安装面尺寸。

4. 运动参数

数控机床的运动参数包括主轴的调速范围、转速等。主轴的调速范围是指主轴变速能力,即

$$R_n = \frac{n_{max}}{n_{min}}$$

式中　n_{max}——主轴最高输出转速(r/min);

　　　n_{min}——主轴最低输出转速(r/min)。

通常,数控机床主轴调速范围都较普通机床要宽,$R_n = 100 \sim 10000$。

5. 动力参数

动力参数包括电动机功率和扭矩。

主运动的功率为

$$N = N_c / \eta$$

式中　η——主运动的总效率,$\eta = 0.70 \sim 0.85$(消耗在传动链上的功率);

　　　N_c——切削功率(kW),可表示成

$$N_c = \frac{p_z v}{60000} = \frac{Mn}{955000}$$

其中　p_z——切削力的切向分力(N);

　　　v——切削速度(m/min);

　　　M——切削扭矩(N·cm);

　　　n——主轴转速(r/min)。

6.1.4 数控机床的总体布局和结构单元

1. 机床系列化设计

系列化是指通过对同一类产品发展规律的分析研究、国内外产品发展趋势的预测，结合本国的生产技术条件，经过全面的技术经济比较，将产品的主要参数、类型、尺寸、基本结构等做出的合理安排与规划。

系列化有助于信息技术的共享，加快研制和装备的速度，降低装备成本，提高数控机床的设计和生产效率。

2. 零部件的通用化和标准化

零部件通用化和标准化的目的，是要尽量加大通用件和标准件在零件总量中的比重。其优点：减少设计工作量，扩大批量，减少工艺装备，便于管理生产和组织专业化生产，降低成本，保证质量。

通用化设计是在行业内部以较少的几种结构适应较多产品的需要，从而减少企业生产的零部件的种数，使制造厂的生产和管理过程简化，获得较高的经济效益。

机床零部件一般可分为专用件、借用件、标准件和外购件等。专用件和借用件又称基本件；专用件是某机床特有的零件；借用件是在某机床或部件中采用了另一种机床或部件中的专用件；标准件是由国家或行业标准化的，在各种机床以至各种机器上都有采用的标准件；外购件是由专门工厂生产的，可以购买的零部件。

3. 模块化设计

在数控机床市场竞争日趋激烈的情况下，为了使数控机床能以足够多的功能和相对低廉的销售价格推向市场，设计者为此付出了巨大的努力。通用型数控机床虽然能够很好地满足各类用户的需求，但由于功能过于齐全，使售价提高，用户不得不为多余的功能承担额外的费用，成本的上升必然会削弱产品在市场上的竞争力；而专用型数控机床对某具体的零部件虽然具有良好的经济性，但它限制了加工对象的品种变化，使生产柔性下降。

模块化设计思想正是为解决上述矛盾而提出的，其灵活的机床配置使用户在数控机床的功能、规格方面有更多的选择余地，做到既能满足用户的加工要求，又尽可能不为多余的功能承担额外费用。

数控机床通常由床身、立柱、主轴箱、工作台、刀架系统及电气总成等部件组成。如果把各种部件的基本单元作为基础，按不同功能、规格和价格设计成多种模块，用户可以按需要选择最合理的功能模块配置成整机。这不仅能降低数控机床的设计和制造成本，而且能缩短设计和制造周期，最终赢得市场。目前，模块化的概念已开始从功能模块向全模块化方向发展，它已不局限于功能的模块化，而是扩展到零件和原材料的模块化。

数控机床的机电一体化是对总体设计和结构设计提出的重要要求，是指在整个数控机床功能的实现以及总体布局方面必须综合考虑机械和电气两个方面的有机结合。新型数控机床的各系统已不再是各自不相关联的独立系统。最具典型的例子之一是数控机床的主轴系统已不再是单纯的齿轮和带轮的机械传动，而更多的是由交流伺服电动机为基础的电主轴。电气总成也已不再是单纯游离于机床之外的独立部件，而是在布局上和机床结构有机地融为一体。由于抗干扰技术的发展，目前已把电力的强电模块与微电子的计算机弱电模块组合成一体，既减小了体积，又提高了系统的可靠性。

4. 数控机床的主要结构单元

数控机床的主要机械结构单元包括主传动装置、进给传动装置、工作台、床身等主要部件，以及刀库、自动换刀装置、润滑装置、冷却装置、排屑装置等辅助装置。由于数控机床是一种高精度和高生产率的自动化机床，其机械结构形式和性能与普通机床相比有很大改变和提高。

6.2 数控机床的主传动系统设计

6.2.1 主传动系统的特点和设计要求

1. 数控机床主传动系统的特点

数控机床主传动系统是指数控机床的主运动传动系统,主运动是机床实现切削的最基本运动,主要由主轴电动机、变速机构及主轴等部分组成,如图 6-3 所示。在切削过程中,主运动为切除毛坯上多余的金属提供所需的切削速度和动力,是切削过程中速度最高、消耗功率最多的运动。主运动也是切削加工获得要求的表面形状所必需的成形运动。主传动系统的主要特点如下:

图 6-3　主传动结构

(1) 转速高,功率大。数控机床对工件能完成大切削用量的粗加工及高速旋转下的精加工。粗加工时,扭矩大;精加工时,转速高。而数控机床的功率 $P = T \cdot n$,无论是 T 大,还是 n 大,都会使得功率大。

(2) 变速范围宽,且能实现无级变速。满足不同的加工要求,就要有不同的加工速度。由于数控机床的加工通常在自动的情况下进行,尽量减少人的参与,因而要求能够实现无级变速。

(3) 数控机床主轴速度的变换迅速、可靠,实现恒切削速度加工。在加工端面时,为了保证端面稳定的加工质量,要求工件端面的各部位能保持恒定的线切削速度。设主轴的恒定转速为 n,线速度 $v = n \cdot \pi D$,即随着直径的减少,v 也在减少,为了获得稳定的线速度,随着加工的进行,通过调节主轴的转速 n 使得保持恒定的线切削速度。数控机床的变速是按照数控指令自动进行的,因此变速必须适应自动操作的要求。目前,直流或交流主轴电动机的调速系统日趋完善,不仅能方便地实现宽范围的无级变速,而且减少了中间传递环节,提高了变速控制的可靠性。

(4) 主传动链尽可能短。传动链越短,则累积误差越小。

(5) 实现刀具的快速或自动装卸。主运动是刀具旋转运动的数控机床,由于机床可以进行多工序加工,工序变换时刀具也要更换,因此要求能够自动换刀。

(6) 所选用数控机床电动机的区别。当前,数控机床的主传动电动机已不再采用普通的交流异步电动机或传统的直流调速电动机,它们已逐渐被新型的交流调速电动机和直流调速电动机所代替。

2. 主传动系统的设计要求

数控机床与普通机床一样,有主运动及进给运动。相应地,存在着主传动链及进给传动链。由于数控机床的高自动化及高精度,对主运动提出了如下更高的要求:

(1) 主轴具有一定的转速和足够的转速范围、转速级数,能够实现运动的启动/停止、变速、换向和制动,以满足机床的运动要求。

(2) 主轴电动机具有足够大的功率,全部机构和元件具有足够高的强度和刚度,以满足机床的动力要求。

(3) 主传动的有关结构,特别是主轴组件要有足够高的精度、抗振性,热变形和噪声要小,传动效率要高,以满足机床的工作性能要求。

(4) 操纵灵活可靠,调整、维修方便,润滑密封良好,以满足机床的使用要求。

(5)结构简单紧凑,工艺性好,成本低,以满足经济性要求。

3. 数控机床主传动系统配置方式

数控机床的调速是按照控制指令自动执行的,因此变速机构必须适应自动操作的要求。在主传动系统中,目前多采用交流主轴电动机和直流主轴电动机无级调速系统。为扩大调速范围,适应低速大转矩的要求,也经常应用齿轮有级调速和电动机无级调速相结合的方式。

当前,数控机床主轴传动方式包括齿轮传动方式、带传动方式、电动机与主轴直联传动以及电主轴传动方式四种配置方式,如图6-4所示。其中,前两种传动方式属于传统的主轴传动方式,齿轮传动方式又包括液压拨叉变速和电磁离合器变速两种方式;带传动方式又包括同步齿形带和多楔带两种方式。后两种方式属于现代机电一体化的典型功能部件,传统的主轴传动方式优点是可靠性高、技术成熟,缺点是结构复杂、传动效率不高,难以实现无级变速。利用机电控制实现的主轴传动方式可实现高速无极变速,控制精度高;缺点是发热量较大,容易引起热变形,主轴精度受影响。

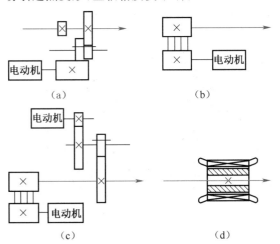

图6-4 数控机床的主传动结构
(a)变速齿轮;(b)带传动;(c)两台电动机分别驱动主轴;(d)内装电动机主轴传动结构。

1)带有变速齿轮的主传动

如图6-4(a)所示,它通过少数几对齿轮传动,使主传动成为分段无级变速,以便在低速时获得较大的扭矩,扩大输出转矩,满足主轴对输出扭矩特性的要求。这种方式在大中型数控机床采用较多,但也有部分小型数控机床为获得强力切削所需扭矩而采用。数控机床在交流或直流电动机无级变速的基础上配以齿轮变速,成为分段无级变速。滑移齿轮的移位大都采用液缸加拨叉,或者直接由液压缸带动齿轮来实现。

2)通过带传动的主传动

如图6-4(b)所示,电动机轴的转动经带传递给主轴,因电动机本身的调速就能够满足要求,不用齿轮变速,可以避免齿轮传动引起的振动与噪声。这种方式主要用在转速较高、低转矩特性要求、变速范围不大的机床上,常用的带有V带和同步齿形带。同步带是一种综合了带、链传动优点的新型传动。同步带的工作面及带轮的外圆上均制成齿状,通过带轮与轮齿相啮合,进行无滑动的啮合传动。

带传动的优点:无滑动,传动比准确;传动效率高,可达98%;传动平稳,噪声小(带传动具有吸振功能);使用范围较广,速度可达50m/s,传动比可达10左右,传递功率由几瓦至数千瓦;维修保养方便,不需要润滑。

3)用两台电动机分别驱动主轴

如图6-4(c)所示,这是上述两种方式的混合传动,具有上述两种性能。高速时电动机通过带轮直接驱动主轴旋转;低速时,另一台电动机通过两级齿轮传动驱动主轴旋转,齿轮起到降速和扩大变速范围的作用,这样就使恒功率区增大,扩大了变速范围,克服了低速时转矩不够且电动机功率不能充分利用的缺陷。

4)内装电动机主轴传动结构

如图6-4(d)所示,主轴与电动机转子合二为一,从而使主轴部件结构更加紧凑,质量轻,惯量小,提高了主轴启动、停止的响应特性。目前,高速加工机床主轴多采用这种方式,这种类型的主轴也称为电主轴。这种主传动方式大大简化了主轴箱体与主轴的结构,有效地提高了主轴部件的刚度;但主轴输出转矩小,电动机发热对主轴影响较大。

4. 主传动系统的类型

1) 按动力源的类型分类

按动力源的类型,可分为交流电动机驱动和直流电动机驱动。交流电动机驱动中又可分为单速交流电动机驱动、调速交流电动机驱动和交流伺服电动机驱动。调速交流电动机驱动又有多速交流电动机驱动和变频调速交流电动机驱动。驱动方式的选择主要根据变速形式和运动特性要求来确定。

2) 按传动装置类型分类

按传动装置类型,可分为机械传动装置、液压传动装置、电气传动装置以及它们的组合。

3) 按变速的连续性分类

按变速的连续性,按传动装置类型,可以分为分级变速传动和无级变速传动。分段无级变速采用交流或直流无级变速电动机＋齿轮变速的结构,适用于大中型数控机床,特别是粗加工的场合,确保低速时主轴输出大扭矩特性的要求。

6.2.2 主传动变速系统及参数

随着机床技术的发展,数控机床的主传动系统已普遍采用无级传动方式,在进行主传动系统设计时需要对各主要技术参数和特性参数如高/低挡减速比、主轴额定转速、功率损失等进行计算,并对这些参数的相互关系和相互影响以及结构性能的影响进行分析。主轴无级传动系统主要由无级调速电动机及驱动单元和机械传动机构组成。

6.2.3 主传动系统结构设计

图6-5为MJ-50数控车床传动系统图。其中,主运动传动系统由功率11kW/15kW的交流伺服电动机驱动,经一级1:1的带传动带动主轴旋转,使主轴在35r/min～3500r/min的转速范围内实现无级调速,主轴箱内部省去了齿轮传动变速机构,因此减少了原齿轮传动对主轴精度的影响,并且维修方便。

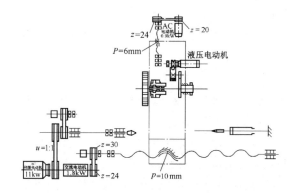

图6-5 MJ-50数控车床传动系统

主轴传递的功率或扭矩与转速之间的关系如图6-6所示。当机床处在连续运转状态下,主轴的转速在437r/min～3500r/min范围内,主轴应能传递电动机的全部功率11kW,为主轴的恒功率区域Ⅱ(实线)。在这个区域内,主轴的最大输出扭矩(245N·m)应随着主轴转速的增高而变小。主轴转速在35r/min～437r/min范围内的各级转速并不需要传递全部功率,但是主轴的输出扭矩不变,称为主轴的恒扭矩区域Ⅰ(实线)。在这个区域内,主轴所能传递的功率随着主轴转速的降低而降低。图中虚线为电动机超载(允许超载30min)时的恒功率区域和恒扭矩区域,电动机的超载功率为15kW,超载的最大输出扭矩为334N·m。

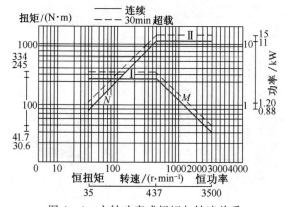

图6-6 主轴功率或扭矩与转速关系

6.2.4 采用直流或交流电动机无级调速系统设计

无级调速是指在一定范围内转速能连续地

变换从而获得最有利的切削速度。机床主传动中常采用的无级变速装置有变速电动机、机械无级调速装置和电主轴调速装置三大类。

1）变速电动机

机床上常用的变速电动机有直流电动机和交流电动机，在确定转速以上为恒功率变速，通常变速范围仅为 2r/min ~ 3r/min；额定转速以下为恒转矩变速，调整范围很大，变速范围可达30r/min 甚至更大。上述功率和转矩特性一般不能满足机床的使用要求。为了扩大恒功率调速范围，在变速电动机和主轴之间串联一个分级变速箱。

2）机械无级变速装置

机械无级变速装置大多采用摩擦力传动，通过改变传动件的传动半径来实现无级变速。机械无级变速装置造价较低，但易发热磨损，传动效率低，传动功率小，变速范围不大，往往还要设置分级变速机构才能满足主轴的变速范围要求。因而这种变速方式一般用于小型的数控技术。

3）电主轴无级调速

数控机床一般采用直流或交流主轴伺服电动机直接驱动主轴实现无级变速。交流主轴电动机及交流变频驱动装置（笼型感应交流电动机配置矢量变换变频调速系统），由于没有电刷而不产生火花，所以使用寿命长，且性能已达到直流驱动系统的水平，甚至在噪声方面还有所降低。因此，目前应用较为广泛。

6.2.5 主轴部件设计

主轴系统作为数控机床的关键部件，包括主轴、主轴支承、传动件和密封件等。主轴部件质量的好坏直接影响加工质量，对于数控机床尤其自动换刀数控机床，为了实现刀具在主轴上的自动装卸与夹紧，还必须有刀具的自动夹紧装置、主轴准停装置和主轴孔的清理装置等。主轴部件一般具有高回转精度、刚度、抗振性、耐磨性和热稳定性等要求。

1. 变速机构

大多数控机床的主运动都要进行变速，变

速方式分为分级变速和无级变速。数控机床的工艺范围很宽，工艺能力强，因此主传动要求较宽的调速范围和较高的最高转速，以保证加工时能选用合理的切削用量，从而获得最佳的生产率、加工精度和表面质量。现代数控机床的变速是按照控制指令自动进行的，因此变速机构必须适应自动操作的要求，故大多数数控机床采用无级变速系统。用交流调速电动机或直流调速电动机驱动，能方便地实现无级变速，且传动链短、传动件少，提高了变速的可靠性，其制造精度则要求很高。分级变速机构有下列几种：

（1）变换齿轮变速机构。这种变速机构的变速简单，结构紧凑，主要用于大批量生产的自动或半自动机床、专用机床及组合机床等。

（2）滑移齿轮变速机构。这种变速机构广泛应用于通用机床和一部分专用机床中。其优点：变速范围大；变速级数较多；变速方便，节省时间；在较大的变速范围内可传递较大的功率和转矩；不工作的齿轮不啮合，因而空载功率损失较小等。缺点：变速箱的构造较复杂，不能在运转中变速。为使滑移齿轮容易进入啮合，多采用直齿圆柱齿轮传动，故传动平稳性不如斜齿轮传动。

（3）离合器变速传动。在离合器变速机构中应用较多的有牙嵌式离合器、齿轮式离合器和摩擦片式离合器。

当变速机构为斜齿或人字齿圆柱齿轮时，不便于采用滑移齿轮变速，应使用牙嵌式离合器或齿轮式离合器变速。

摩擦片式离合器是利用摩擦片之间的摩擦力来传递扭矩的，变速时主轴无需停转或降速，变速迅速，但变速时会产生摩擦热，且传递扭矩相对较小，传动比不稳定。故这种变速操纵机构常用于主轴需要在运转中进行变速，且对传动比、温升要求不严格的场合。

2. 齿轮在轴上的布置

齿轮的布置方式，直接影响变速箱的尺寸、变速操纵的方便性以及结构实现的可能性。设计时,要根据具体要求合理布置,图6-7为主轴上的齿轮。

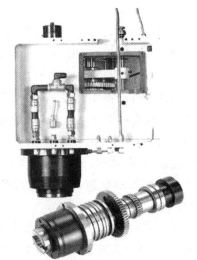

图6-7　主轴上的齿轮

在变速传动组内,尽量以较小的齿轮为滑移齿轮,使得操纵省力。在同一个变速组内,必须保证当一对齿轮完全脱开啮合之后,另一对齿轮才能开始进入啮合,即两个固定齿轮的间距应大于滑移齿轮的宽度。

为了减少变速箱的尺寸,既需缩短轴向尺寸又要缩小径向尺寸,它们之间往往是相互联系的,应该根据具体情况考虑全局,确定齿轮布置问题。

3. 主传动的启/停、制动装置

为了将主轴准确地停在某一固定位置上,以便在该处进行换刀等动作,这就要求主轴定向控制。在加工精密的坐标孔时,由于每次都能在主轴的固定圆周位置换刀,故能保证刀尖与主轴相对位置的一致性,从而减少被加工孔的尺寸分散度,这是主轴定向准停装置带来的好处之一。

在自动换刀的数控机床上,每次自动装卸刀时,都必须使刀柄上的键槽对准主轴的端面键,这就要求主轴具有准确定位的功能。传统的做法是采用机械挡块等来定向;而现代的数控机床一般都采用电气式主轴定向,只要数控系统发出指令信号,主轴就可以准确定向。

1) 主传动的启/停装置

启/停装置是用来控制主轴启/停的机构。启/停方式有直接启/停电动机和用离合器启/停两种。

当电动机功率较小时,可直接启/停电动机;电动机的功率较大时,可以采用离合器实现主轴的启/停。片式摩擦离合器可用于高速运转的离合,离合过程比较平稳,并能兼起过载保护作用,目前大多采用多片式摩擦离合器。

离合器一般放置在传动链前端转速较高的传动轴上,这样,传递的转矩较小,可使结构紧凑;停车后可使传动链的大部分运动停止不动,从而减少空载功率损失。

2) 主传动的制动装置

在装卸工件、测量被加工表面尺寸、更换刀具及调整机床时,常希望机床的主运动执行件尽快停止运动,所以主传动系统必须安装制动装置。一般可采用电动机反接制动、闸带制动、闸瓦制动和片式摩擦制动。

4. 主轴内部刀具自动夹紧机构

主轴内部刀具自动夹紧机构是数控机床特别是加工中心的特有机构。如图6-8所示,主轴内部刀具自动夹紧机构主要由主轴、拉钉、钢球、主轴前支承、主轴后支承、拉杆、碟形弹簧、活塞、液压缸及压缩空气接头等构成。

工作流程:机床发出换刀指令→液压缸上腔进油→活塞推动拉杆向下移动→压缩碟形弹簧→钢球进入主轴锥孔上腔→刀柄尾部拉钉松开→取出旧刀→压缩空气吹扫→机械手装新刀→液压缸上腔回油→碟形弹簧复位→钢球卡住拉钉→刀具被夹紧。

主轴要求具有准停功能:主轴工作时带动刀具旋转,一旦CNC发出"停止"命令,主轴每次必须停在一个确定的位置,这主要是为了便于主轴换刀。因为机床的扭矩是由主轴上的端面键来传递的,每次机械手自动装取刀具时,必须保证刀柄上的键槽对准主轴的端面键。主轴的准停功能是通过主轴准停装置来实现的。准停装置有电气式、机械式(如槽轮机构)等。

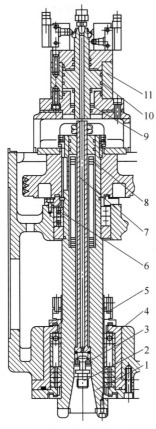

图6-8 主轴内部刀具自动夹紧机构

1—主轴；2—拉钉；3—钢球；4—主轴前支承；

5—锁紧螺母；6—主轴后支承；7—拉杆；8—碟形弹簧；

9—螺旋弹簧；10—活塞；11—液压缸。

5. 立式加工中心主轴箱的构造

立式加工中心主轴的轴线为垂直设置，其结构多为固定立柱式。工作台为十字滑台，适合加工盘类零件。图6-9为JCS-018A主轴箱结构简图。

主轴为中空外圆柱零件，前端装定向键，与刀柄配合部位采用7：24的锥度。为了保证主轴部件刚度，前支承由三个C级向心推力角接触球轴承4组成，前两个大口朝上，承受切削力，提高主轴刚度，后一个大口朝下；后支承由两个D级向心推力角接触球轴承6组成，小口相对，后支承仅承受径向载荷，故外圈轴向不定位。

刀具自动拉紧与松开机构及切屑清除装置装在主轴内空中，由拉杆和头部的四个5/16英寸钢球、碟形弹簧、活塞和螺旋弹簧组成。夹紧

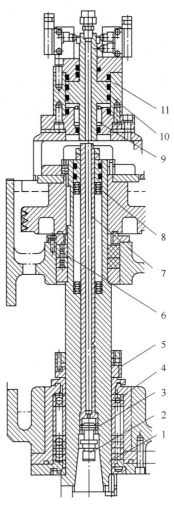

图6-9 JCS-018A主轴箱结构简图

1—主轴；2—拉钉；3—钢球；4,6—向心推力角接触

球轴承；5—预紧螺母；7—拉杆；8—碟形弹簧；

9—圆柱螺旋弹簧；10—活塞；11—液压缸。

时，活塞的上端无油压，弹簧使活塞向上移动到图示位置。碟形弹簧8使拉杆7上移至图示位置，钢球进入刀杆尾部拉钉2的环形槽内，将刀杆拉紧。当需松开刀柄时，液压缸的上腔进油，活塞10向下移动压缩螺旋弹簧9，并推拉杆7向下移动。与此同时，碟形弹簧8被压缩。钢球随拉杆一起向下移动。移至主轴孔径较大处时，便松开了刀杆，刀具连同刀杆一起被机械手拔出。

6. 数控车床主轴箱构造

主轴部件是机床实现旋转运动的执行件，图6-10为数控车床主轴箱结构。其工作原理：

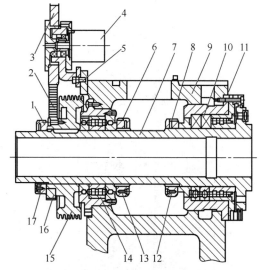

图 6-10 数控车床主轴箱结构简图

1,6,8—螺母；2—同步带；3,16—同步带轮；4—编码器；

5,12,13,17—螺钉；7—主轴；9—箱体；

10,11,14—轴承；15—带轮。

交流主轴电动机通过带轮 15 把运动传给主轴 7。主轴有前后两个支承。前支承由一个圆锥孔双列圆柱滚子轴承 11 和一对角接触球轴承 10 组成。轴承 11 用来承受径向载荷，两个角接触球轴承一个大口向外（朝向主轴前端），另一个大口向里（朝向主轴后端），用来承受双向的轴向载荷和径向载荷。前支承轴的间隙用螺母 8 来支承。螺钉 12 用来防止螺母 8 回松。主轴的后支承为圆锥孔双列圆柱滚子轴承 14，轴承间隙由螺母 1 和 6 来调整。螺钉 17 和 13 是防止螺母 1 和 6 回松的。主轴的支承形式为前端定位，主轴受热膨胀向后伸长。前后支承所用圆锥孔双列圆柱滚子轴承的支承刚性好，允许的极限转速高。前支承中的角接触球轴承能承受较大的轴向载荷，且允许的极限转速高。主轴所采用的支承结构适宜低速大载荷的需要。主轴的运动经过同步带轮 16 和 3 以及同步带 2 带动脉冲编码器 4，使其与主轴同速运转。脉冲编码器用螺钉 5 固定在主轴箱体 9 上。

6.2.6 现代数控机床主传动系统

1. 高速主传动及电主轴齿形带传动设计

由于齿形带传动属于啮合传动，不存在相对滑动，因此齿形带传动的设计应保证齿形带有足够的强度。由于强度不够，齿形带在工作时可能产生的失效形式如下：

（1）由于强力层强度不够，而引起的强力层弯曲疲劳破坏；

（2）在冲击载荷的作用下，强力层产生断裂或从齿背中抽出；

（3）由于强力层伸长，使齿带齿距改变，引起爬齿；

（4）带齿的磨损、弯曲、剪断和老化龟裂等。

综上所述，齿形带的强度计算主要应该限制作用在齿形带单位宽度上的拉力，以保证一定的使用寿命；实践证明，按这一准则设计的齿形带，上述可能产生的破坏基本上能得到控制。

齿形带宽度 b 计算公式为

$$b = \frac{1000P}{([s] - s'_c)v} \qquad (6-1)$$

式中 P——齿形带所传递的功率（W）；

$[s]$——齿形带单位宽度上的许用拉力（N）；

v——带速（m/s）。

设计齿形带传动时给定的条件包括传动的用途、工作条件、传递的功率 P、转速 n_1 和 n_2 或传动比 i 以及大致的空间尺寸等。

设计计算的主要内容包括齿形带的模数、齿数和宽度、带轮的结构和尺寸、传动的中心距、作用在轴上的载荷以及结构设计等。

设计的大致步骤是选取模数 m，选定带轮齿数 z_1、z_2 和节圆直径 D_1、D_2；确定齿形带的长度 L 和齿数 z 及中心距 A，确定宽度 b，计算作用在轴上的载荷 F_s；选定带轮的结构并确定尺寸。

2. 柔性化和复合化设计

数控机床对加工对象的变化有很强的适应能力。目前，在提高单机柔性化的同时，正努力向单元柔性化和系统柔性化方向发展。如数控车床由单主轴发展成具有两根主轴，又在此基础上增设附加控制轴——C 轴控制功能，即可控制主轴的回转，成为车削中心，再配备后备刀库和其他辅助功能,如刀具检测装置、补偿装置和加工监控,增加自动装卸工件的工业机械手和更换卡盘装置,成为适合于中小批量生产用自动化的车削柔性制造单元。

数控机床的发展已经模糊了粗、精加工的工序概念,车削中心又把车、铣、镗、钻等工序集中到同一机床上来完成,完全打破了传统的机床分类,由机床单一化走向多元化、复合化。

因此,现代数控机床和加工中心的设计,已不仅仅考虑单台机床本身,还要综合考虑工序集中、制造控制、过程控制以及物料的传输,以缩短产品加工时间和制造周期,最大限度地提高生产率。

6.2.7 计算机辅助主传动系统主要传动件设计计算

1. 工作载荷分析与计算

工作载荷分析与计算需确定机床加工时的切削力。切削力可分为主切削力和其他切削分力。图 6-11 表示切削力 F_r 是由作用在前刀面上的法向力 F_n 和摩擦力 F_f,以及作用在后刀面上的法向力 F_{na} 和摩擦力 F_{fa} 合成的。主切削力最大,其消耗功率占切削功率的主要部分,是设计和选用主轴电动机的主要依据。

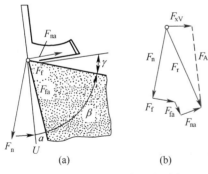

图 6-11 切削力的合成与分解

1) 车削抗力分析

车床在车削外圆时的切削抗力如图 6-12 所示。主切削力 F_z 与切削速度的方向一致,垂直向下,是计算车床主轴电动机切削功率的主要依据。切削分力 F_y(称切深抗力)与进给方向垂直,影响加工精度或已加工表面质量。切削

分力 F_x(又称进给抗力)与进给方向平行且指向相反,设计或校核进给系统时要用到它。

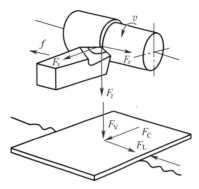

图 6-12 切削抗力分析

由于 F_x、F_y 所消耗的切削功率可以忽略不计,因此车床的切削功率为

$$P_m = F_z v \times 10^{-3}$$

式中 F_z——主切削力(N);

v——切削速度(m/s)。

考虑到机床的传动效率,机床的电动机功率为

$$P_E \geqslant \frac{P_m}{\eta_m} = \frac{F_z v \times 10^{-3}}{\eta_m}$$

式中 η_m——机床主传动系统传动效率,一般取 $0.75 \sim 0.85$;

F_z——主切削力,大小可按机床主电动机功率计算(N);

v——切削速度,可取主轴传递全部功率时的最低切削速度(m/s)。

进给抗力 F_x 和切深抗力 F_y 可按下列比例分别求出,即

$$F_z : F_x : F_y = 1 : 0.25 : 0.4$$

因为车刀装夹在拖板上的刀架内,车刀受到的车削抗力将传递到进给拖板和导轨上。车削作业时作用在进给拖板上的载荷与车削所受到的车削抗力有对应关系,如图 6-12 所示。因此,作用在床身上的载荷可以按对应关系求出:拖板上进给方向载荷 $F_L = F_x$;拖板上垂直方向载荷 $F_V = F_z$;拖板上横向载荷 $F_C = F_y$。

2) 铣削抗力分析

铣削运动的特性是主运动为铣刀绕自身轴线高速回转,进给运动为工作台带动工件在垂

直于铣刀轴线方向缓慢进给(键槽铣刀可沿轴线进给)。铣刀的类型很多,但以圆柱铣刀和端铣刀为基本形式。通常假定铣削时铣刀受到的铣削抗力是作用在刀齿的某点上,如图 6-13 所示。设刀齿上受到切削抗力的合力为 F,将 F 沿铣刀轴线径向和切向进行分解,则分别为轴向铣削力 F_x、径向铣削力 F_y 和切向铣削力 F_z。切向铣削力 F_z 是沿铣刀主运动方向的分力,它消耗铣床主电动机功率(即铣削功率)最多。因此,切向铣削力可以按铣削功率 P_m(kW)或主电动机功率 P_E(kW)算出

$$F_z = \frac{P_m}{v} \times 10^3$$

或

$$F_z = \frac{P_E \eta_m}{v} \times 10^3$$

式中　v——主轴传递全部功率时的最低切削速度(m/s);

　　　η_m——机床传动系统传动效率。

作用在进给工作台上的合力 F' 与铣刀刀齿上受到的铣削抗力的合力 F 大小相等、方向相反,如图 6-13 所示。合力 F' 就是设计和校核工作台进给系统时要考虑的工作载荷,它可以沿着铣床工作台运动方向分解为三个力,即工作台进给方向载荷,分别为 F_L、F_C、F_V。

铣刀切向铣削力 F_z 与工作台工作载荷 F_L、F_C 和 F_V 之间有一定的经验比值(表 6-1),只要求出 F_z,即可求出工作台工作载荷 F_L、F_C、F_V。

表 6-1 中:a_c 表示铣削用量要素之一——铣削宽度(mm),是垂直于铣刀轴线测量的切削

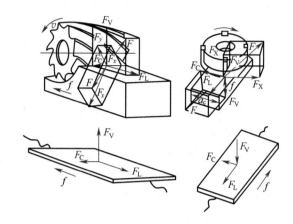

图 6-13　铣削抗力分析

层尺寸,从图 6-13 可知,圆柱铣削时 a_c 为待加工表面和已加工表面间的垂直距离;端铣时,a_c 为工件宽度;d_0 表示圆柱铣刀直径或端铣刀直径(mm);a_f 表示每齿进给量(mm),即铣刀每转一个齿间角时,工件与铣刀的相对移动量,a_f 和 v_f 的关系为

$$v_f = a_f z n \quad (\text{mm/min})$$

式中　z——铣刀齿数;

　　　n——铣刀转速(r/min)。

图 6-14 表示圆柱铣的顺铣和逆铣的不同方式。顺铣时纵向进给方向载荷与进给方向一致,垂直进给方向载荷 F_V 向下;逆铣反之。

2. 传动零件初步计算

初步计算是确定传动零件的大致尺寸,为绘制结构草图提供基本依据。初步计算包括各传动轴的轴颈、齿轮的模数、V 带的根数等。初步计算进行的过分详细是不可能的(因为在结构草图绘出之前,有些结构参数不能准确确定),

表 6-1　工作台工作载荷与切向铣削力的经验比值

铣削条件	比值	对称端铣	不对称铣削	
			逆铣	顺铣
端铣: $a_c = (0.4 \sim 0.8) d_0$ $a_f = 0.1 \sim 0.2$	F_L/F_z	0.3~0.4	0.60~0.90	0.15~0.30
	F_C/F_z	0.85~0.95	0.45~0.70	0.90~1.0
	F_V/F_z	0.50~0.55	0.50~0.55	0.50~0.55
圆柱铣、立铣、盘铣和成形铣: $a_c = 0.05 d_0$ $a_f = 0.1 \sim 0.2$	F_L/F_z	—	1.00~1.20	0.80~0.90
	F_C/F_z	—	0.20~0.30	0.75~0.80
	F_V/F_z	—	0.35~0.40	0.35~0.40

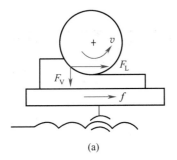

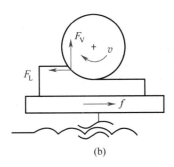

图 6-14　圆柱铣的顺铣和逆铣

(a)顺铣;(b)逆铣。

而且也是不必要的(例如,齿轮的模数和传动轴的直径等计算出来之后,还要根据有关标准将计算所得数值取成相近的标准值,而且常由于结构和工艺上的原因,不能采用计算所得的数据)。在绘制展开图的过程中,往往要试画几种方案,有时难免有些返工,所以要尽量加快初步

计算的速度。为计算迅速起见,在初步计算时采用简化的计算公式。

1) 按扭转刚度估算轴的直径

$$d \geqslant KA \sqrt[4]{\frac{P\eta}{n_j}} \qquad (6-2)$$

式中　K——键槽系数(表 6-2);

A——根据许用扭转角确定的系数(表 6-2);

P——电动机额定功率(kW);

η——从电动机到所计算轴的传动机械效率(表 6-3);

n_j——轴的计算转速(r/min)。

一般传动轴的允许扭转角取 $[\psi] = 0.5(°)/m \sim 1(°)/m$,要求高的轴取 $[\psi] = 0.25(°)/m \sim 0.5(°)/m$,要求较低的轴取 $[\psi] = 1(°)/m \sim 2(°)/m$。

计算出的轴径要进行圆整,以便采用标准量具和道具。机床中常用的花键轴尺寸、当量直径和相应花键滚刀的直径见表 6-4。花键轴以往多采用外径定心,现已规定采用内径定心。由于从外径定心改为内径定心要改变许多工艺装备,因此有些工厂仍在采用外径定心,可逐步实现过渡。

表 6-2　估算轴颈时 A 和 K 值

$[\psi]((°)/m)$	0.25	0.5	1	1.5	2
A	130	110	92	83	77
K	无键	单键	双键		花键轴径
	1	1.04~1.05	1.07~1.1		>1.05~

表 6-3　传动机件效率的概略值

类别	传　动　件		平均机械效率	类别	传　动　件	平均机械效率
齿轮传动	直齿圆柱齿轮	磨齿	0.99	带传动	平胶带无压紧轮	0.98
		未磨齿	0.98		有压紧轮	0.97
	斜齿圆柱齿轮		0.985		V 带	0.96
	锥齿轮		0.97		同步齿形带	0.98
蜗杆、蜗轮传动	计算公式		$\dfrac{\tan\lambda}{\tan(\lambda+\rho)}$	链传动	套筒滚子链	0.96
	自锁蜗杆		0.4~0.45		齿形链	0.97
	单头蜗杆		0.7~0.75	滚动轴承	向心球轴承和向心圆柱滚子轴承	0.99
	双头蜗杆		0.7~0.82		圆锥滚子轴承和向心推力球轴承	0.98
	三头蜗杆和四头蜗杆		0.80~0.92		高速主轴轴承	0.95~0.98

（续）

类别	传动件	平均机械效率	类别	传动件	平均机械效率
滑动轴承	一般润滑条件	0.98	直线运动机构	计算公式	$\dfrac{\tan\lambda}{\tan(\lambda+\rho)}$
	润滑特别良好,如压力润滑	0.985		滑动丝杆	0.30～0.60
	高速主轴轴承($v=5\text{m/s}$)	0.90～0.93		液体静压丝杆	0.99
液体静压轴承	低速	0.998～0.999		滚珠丝杆,有预加载荷	0.82～0.86
	中速	0.99～0.995		牛头刨床和插床摇杆和滑块	0.90
	高速($v=5\text{m/s}$)	0.93～0.95			

注:λ—蜗杆或丝杆的螺旋角;ρ—摩擦角

表 6-4　花键轴尺寸与相应滚刀直径　　　　　　　　（mm）

花键轴尺寸 $Z-D\times d\times d$	当量直径 d_1	滚刀直径 $D_{刀}$	花键轴尺寸 $Z-D\times d\times b$	当量直径 d_1	滚刀直径 $D_{刀}$
$6-25\times21\times5$	22.9	65	$6-48\times42\times12$	45.3	90
$6-28\times23\times6$	25.59		$6-50\times45\times12$	47.8	
$6-30\times26\times6$	27.84	70	$6-55\times50\times14$	52.7	100
$6-32\times28\times7$	29.97		$6-60\times54\times14$	57.04	
$6-35\times30\times10$	33.19	80	$6-65\times58\times16$	61.76	120
$6-38\times33\times10$	35.93		$6-70\times62\times16$	66.05	
$6-40\times35\times10$	37.78		$6-75\times65\times16$	69.87	
$6-42\times36\times10$	39.26	85	$6-80\times70\times20$	75.56	140
$6-45\times40\times12$	42.9		$6-90\times80\times20$	84.9	

2）齿轮模数的估算

初步计算齿轮的模数时,按下式进行,即

$$m=12\sqrt[3]{\frac{P}{n_{\text{j}}}} \qquad (6-3)$$

式中　m——齿轮的模数（mm）,须取标准值；

　　　　P——齿轮传递的功率（kW）；

　　　　n_{j}——小齿轮的计算转速（r/min）。

由于是初步计算,传动链中传动副的机械效率可以忽略,可用主电动机的额定功率直接代入。

由于这个简化公式是按小齿轮齿数 $z=20$,齿宽系数 $\psi=\dfrac{b}{m}=6$,材料为 45 钢,齿部高频淬火 40HRC～45HRC,以及其他一些条件简化的,因此当 $n_{\text{j}}\geqslant100\text{r/min}$ 时,所得的 m 值可能对于接触疲劳强度是不够的,此时可按下式计算：

$$m=12\sqrt[3]{\frac{P}{n_{\text{j}}}}\sqrt[9]{\frac{n_{\text{j}}}{100}} \qquad (6-4)$$

在机床主传动系统中推荐齿宽系数 $\psi=\dfrac{b}{m}=6\sim10$。

为制造和维修方便,一般同一变速组中的齿轮取相同模数,同一变速箱中齿轮的模数种类也不宜过多。

3）主轴轴颈的确定

为保证机床的工作精度,主轴尺寸一般都是根据其刚度要求决定的。对于通用机床的主轴尺寸参数通常由结构上的需要而定。

主轴的后轴颈 D_2 一般推荐为主轴前轴颈 D_1（表 6-5）的 0.7 倍～0.85 倍,即 $D_2=(0.7\sim0.85)D_1$。

当主轴的空心直径 d 不大于主轴的定心直径 D 的 1/2 时,一般对主轴的刚度影响不大；只有当 $d=0.7D$ 时,主轴的刚度才下降 25%。所以通常取主轴空心直径 d 不大于主轴定心直径 D 的 7/10。

表 6-5　通用机床主轴前轴颈尺寸

机床	主轴的驱动功率/kW						
	1.5~2.8	2.8~4	4~5.5	5.5~7.5	7.5~10	10~14	14~17
车床	60~80	70~90	70~105	95~130	110~145	140~163	150~190
铣床	50~90	60~90	60~95	75~100	90~105	100~115	—
外圆磨床	—	50~60	55~70	70~80	75~90	75~100	90~100

3. 主要传动件的验算

1）齿轮模数的验算

完成结构草图后，齿轮的工作条件、空间安排、材料和精度等级都已确定，这时应验算齿轮的接触疲劳强度和弯曲疲劳强度是否满足要求。验算时应选相同模数中承受载荷最大、齿数最少的齿轮。一般对高速传动的齿轮，以验算接触疲劳强度为主；对低速传动的齿轮，以验算弯曲疲劳强度为主；对硬齿面、软齿芯的渗碳淬火齿轮，要验算弯曲疲劳强度。

按接触疲劳强度计算齿轮模数：

$$m_j \geqslant 16300 \sqrt[3]{\frac{(u \pm 1) K_1 K_2 K_3 K_S P}{\psi_m z_1^2 u [\sigma_1]^2 n_j}}$$

(6-5)

按弯曲疲劳强度计算齿轮模数：

$$m_w \geqslant 275 \sqrt[3]{\frac{K_1 K_2 K_3 K_S P}{z_1 Y \psi_m n_j [\sigma_w]}}$$　(6-6)

式中　P——被验算齿轮所传递的功率，$P = P_d \eta$；

K_1——工作状况系数，考虑载荷冲击的影响，冲击性机床（刨床、插床）取 1.6~1.8，主运动（中等冲击）取 1.2~1.6，辅助运动（轻微冲击）取 1~1.2；

K_2——动载荷系数；

K_3——齿向载荷分布系数；

u——大齿轮齿数与小齿轮齿数之比，外啮合取"+"，内啮合取"－"；

z_1、n_j——被计算齿轮的齿数（一般取最小齿轮）和计算转速（r/min）；

ψ_m——齿宽系数，$\psi_m = B/m = 6 \sim 10$，B 为齿宽，m 为模数（mm）；

$[\sigma_j]$、$[\sigma_w]$——许用接触应力、弯曲应力

(MPa)；

Y——齿形系数；

K_S——寿　命　系　数，可　表　示　成

$$K_S = K_T K_n K_p K_q；$$

其中　K_T——工作期限系数，$K_T = \sqrt[m']{\frac{60 n T}{C_0}}$

（n 为齿轮的最低转速（r/min），m' 为交变载荷下的疲劳曲线指数，C_0 为基准循环次数，T 为额定的齿轮工作期限）；

K_n——转速变化系数；

K_p——功率利用系数；

K_q——材料强化系数。

当 $K_S \geqslant K_{S max}$ 时，取 $K_S = K_{S max}$，当 $K_S \leqslant K_{S min}$ 时，取 $K_S = K_{Smin}$。

2）传动轴刚度验算

传动轴弯曲刚度验算，主要验算其最大挠度 y，安装齿轮和轴承处的倾角 θ。验算支承处倾角时，只需验算支反力最大的支承点。若该处的倾角小于安装齿轮处规定的允许值，则齿轮处的倾角就不必验算，因支承处的倾角一般都大于轴上其他部位的倾角。当轴上装有多个齿轮时，一般只验算受力最大的齿轮处的挠度。轴的允许倾角和挠度值见表 6-6。刚度验算时应选择最危险的工作条件，一般是轴的转速低、传动齿轮的直径小且位于轴中央，此时轴的总变形量最大。

一般将轴简化为集中载荷下的简支梁，按相关公式计算。当轴的直径相差不大、计算精度要求不高时，可把轴看作等径轴，即以平均直径 D_m 代入计算。花键轴刚度计算可采用平均直径或当量直径计算。对复杂受力轴的变形，应先将所受力分解在相互垂直的两个平面内，用

弯曲变形公式分别求出其挠度 y 和倾角 θ，然后再叠加（同一平面的为代数叠加，两垂直面的按几何矢量合成），求出该断面的总挠度和总倾角。

常用轴的挠度和倾角计算公式见表 6-7。

表 6-6 轴的弯曲变形量的允许值

轴的类型	允许挠度[y]/mm	变形部位		允许倾角[θ]/rad
一般传动轴	$(0.0003\sim0.0005)l$	装滑动轴承处	自位瓦	0.001
刚度要求较高的轴、通用机床主轴	$0.0002l$		整体瓦	0.0005
安装齿轮的轴	$(0.01\sim0.03)m$	装深沟球轴承处		0.0025
安装蜗轮的轴	$(0.02\sim0.05)m$	装调心球轴承处		0.005
注：(1) l 为轴的支承跨距(mm)；		装单列短圆柱滚子轴承处		0.001
(2) m 为齿轮、蜗轮的模数(mm)；		装单列圆锥滚子轴承处		0.006
(3) 粗加工机床主轴[y]取主轴轴端径向圆跳动允许值的 1/3		装齿轮处		0.001

表 6-7 常用轴的挠度和倾角计算公式

项目		简图 计算公式			
挠度	任意点	a 段内： $y_x=\dfrac{Fbx}{6EIl}(l^2-b^2-x^2)$ b 段内： $y_x=\dfrac{Fa(l-x)}{6EIl}[l^2-(l-x)^2-a^2]$ c 段内： $y_x=\theta_B(x-l)$ $=\dfrac{-Fab(2a+b)}{6EIl}(x-l)$	a 段内： $y_x=\dfrac{-Mx}{6EIl}(l^2-3b^2-x^2)$ b 段内： $y_x=\dfrac{M(l-x)}{6EIl}[l^2-3a^2-(l-x)^2]$ c 段内： $y_x=\theta_B(x-l)$ $=\dfrac{-M(x-l)}{6EIl}(l^2-3a^2)$	l 段内： $y_x=\dfrac{-Fcx}{6EIl}(l^2-x^2)$ c 段内： $y_x=\dfrac{Flc^2}{6EI}\left[\left(2+\dfrac{3c}{l}\right)\left(\dfrac{l+c-x}{c}\right)-\dfrac{(l+c-x)^3}{lc^3}-2\dfrac{l-c}{l}\right]$	l 段内： $y_x=\dfrac{-Mx}{6EIl}(l^2-x^2)$ c 段内： $y_x=\dfrac{M(x-l)}{6EI}(3x-l)$
	载荷点	F 点： $y_F=\dfrac{Fa^2b^2}{3EIl}$	M 点： $y_M=\dfrac{-Mab}{3EIl}(a-b)$	F 点： $y_F=\dfrac{Fc^2}{3EI}(l+c)$	M 点： $y_M=\dfrac{Mc}{6EI}(2l+3c)$
	悬臂端	C 点： $y_C=\theta_{BC}=\dfrac{-Fabc(l+a)}{6EIl}$	C 点： $y_C=\theta_{BC}=\dfrac{Mc}{-6EIl}(l^2-3a^2)$		
倾角	任意点	a 段内： $\theta_x=\dfrac{Fb}{6EIl}(l^2-b^2-3x^2)$ b 段内： $\theta_x=\dfrac{-Fa}{6EIl}[l^2-a^2-3(l-x)^2]$	a 段内： $\theta_x=\dfrac{-M}{6EIl}(l^2-3b^2-3x^2)$ b 段内： $\theta_x=\dfrac{-M}{6EIl}[l^2-3a^2-3(l-x^2)]$	l 段内： $\theta_x=\dfrac{-F}{6EIl}(l^2-3x^2)$ c 段内： $\theta_x=\dfrac{F}{6EI}[2cl+bc(x-l)-3(x-l)^2]$	l 段内： $\theta_x=\dfrac{-M}{6EIl}(l^2-2x^2)$ c 段内： $\theta_x=\dfrac{M}{3EI}(3x-2l)$

（续）

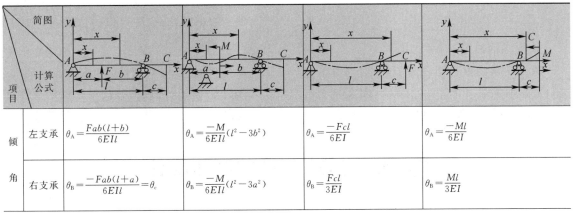

项目	简图 计算公式				
倾角	左支承	$\theta_A = \dfrac{Fab(l+b)}{6EIl}$	$\theta_A = \dfrac{-M}{6EIl}(l^2-3b^2)$	$\theta_A = \dfrac{-Fcl}{6EI}$	$\theta_A = \dfrac{-Ml}{6EI}$
	右支承	$\theta_B = \dfrac{-Fab(l+a)}{6EIl} = \theta_c$	$\theta_B = \dfrac{-M}{6EIl}(l^2-3a^2)$	$\theta_B = \dfrac{Fcl}{3EI}$	$\theta_B = \dfrac{Ml}{3EI}$

注：F——载荷(N)；I——极惯性矩(mm^4)；M——弯矩载荷(N·mm)；θ——倾角(rad)；a,b,c,l——长度(mm)；y——挠度(mm)；
x——所求之点距离(mm)；挠度 y、倾角 θ 与坐标 y 方向一致时为"+"号，相反方向时为"-"号；E——材料的弹性模量(MPa)，
钢材 $E=2.1\times10^5$ MPa

4. 主轴部件刚度计算

主轴组件的刚度，可以用有限元法或传递矩阵法结合迭代借助电子计算机进行计算。为了便于使用，下面介绍一种简化的近似计算方法。为此，首先应把主轴组件简化为一个均匀截面的简支梁模型。

1) 主轴的简化及刚度计算

如主轴前后轴颈之间由数段组成，则当量直径 d 为

$$d = \frac{d_1 l_1 + d_2 l_2 + \cdots + d_n l_n}{l} \qquad (6-7)$$

式中 $d_1 \backslash l_1 \backslash d_2 \backslash l_2 \backslash \cdots \backslash d_n \backslash l_n$——各段的直径和长度(mm)；

l——总长(mm)，$l = l_1 + l_2 + l_3 + \cdots + l_n$。

如果前轴承颈的直径相差不大，也可把前后轴承颈直径的平均值近似地作为当量直径 d。

主轴的前悬伸部分较粗，刚度较高，其变形可以忽略不计。后悬伸部分不影响刚度，也可不计。如主轴前端作用一外载 F，如图 6-15 所示。

挠度(mm)可表示为

$$\delta_s = \frac{Fa^2 l}{3EI} \qquad (6-8)$$

式中 F——外载荷(N)；

a——前悬伸(mm)，即载荷作用点至前

支承的距离；

l——跨距(mm)，即前后支承间的距离；

E——弹性模量(MPa)，对于钢，$E = 2\times10^5$；

I——极惯性矩(mm^4)，$I = 0.05(d^4 - d_i^4)$，$d\backslash d_i$ 分别为主轴的外径和孔径(mm)。

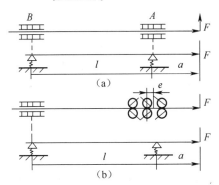

图 6-15 轴组件计算模型

将 E 及 I 值代入，可得

$$\delta_i = \frac{Fla^2}{30(d^4 - d_i^4)} \qquad (6-9)$$

如果 $d_i < 0.5d$，则孔的影响可忽略，有

$$\delta_s \approx \frac{Fla^2}{30d^4} \qquad (6-10)$$

弯曲刚度为

$$K_s = \frac{F}{\delta_s} = \frac{30(d^4 - d_i^4)}{la^2} \qquad (6-11)$$

当 $d_i < 0.5d$ 时,有

$$K_s \approx \frac{30d^4}{la^2} \qquad (6-12)$$

2)支承的简化

如果支承为双列圆柱滚子轴承,则可简化支承点在轴承中部(图 6-15(a))。如支承为三联角接触球轴承,则可简化为支承点在第二个轴承的接触线与主轴轴线的交点处。该处离第二个轴承的中部为 $e = \frac{d_m}{2}\tan\alpha$(图 6-15(b))($d_m$ 为中径,α 为接触角),相当于 2.6 个轴承支承主轴。即计算轴承的刚度时,可将支反力除以 2.6,作为单个轴承的载荷并按单个轴承计算其变形或刚度。

数控机床的进给系统结构设计

6.3.1 进给系统结构设计的数学模型

1. 刚度及精度验算

丝杠的导程误差、伺服系统误差、丝杠轴承的轴向跳动误差,以及在载荷和机械作用下各机械环节、弹性环节变形引起的误差,是影响进给系统结构精度的因素,因此需要建立数学模型进行计算和校验。

1)传动系统综合刚度计算

由滚珠丝杠本身的抗压刚度 K_{min}、支承轴承的轴向刚度 K_{ba}、滚珠丝杠副中滚珠与滚道的接触刚度 K_c、折算到滚珠丝杠副上伺服系统刚度 K_R、折算到滚珠丝杠副上联轴节的刚度 K_l、滚珠丝杠副的抗扭刚度 K_k 及螺母座和轴承座刚度 K_h 形成的综合刚度为

$$K = \cfrac{1}{\cfrac{1}{K_{min}} + \cfrac{1}{K_{ba}} + \cfrac{1}{K_c} + \cfrac{1}{K_R} + \cfrac{1}{K_l} + \cfrac{1}{K_k} + \cfrac{1}{K_h}}$$
$$(6-13)$$

在校核计算中,K_l、K_k、K_h、K_R 一般可忽略不计,则式(6-13)可简化为

$$K = \cfrac{1}{\cfrac{1}{K_{min}} + \cfrac{1}{K_{ba}} + \cfrac{1}{K_c}} \qquad (6-14)$$

滚珠丝杠的抗压刚度与其安装方式有关,可从文献或产品样本中查取其计算方法;K_{ba}、K_c 均可从产品样本中查到。

2)弹性变形及定位精度检验

加工中心的定位精度是在不切削空载条件下检验,故轴向载荷仅为导轨的摩擦力 F_f,因

摩擦力引起的弹性变形为

$$\delta = \frac{F_f}{K} \qquad (6-15)$$

这样,通过查取相应精度等级丝杠在任意 300mm 内导程误差,再加上弹性变形量就可以校核算其精度是否满足目标要求;反之,也可以由计算出的弹性变形和目标设计精度要求来选择丝杠副精度等级。

2. 伺服进给系统固有频率校核计算

为了提高机床定位精度和缩短定位时间,必须提高机床的固有频率,相应地,伺服进给系统的固有频率也要提高。伺服系统的固有频率为

$$\omega = \frac{1}{2\tau}\sqrt{\frac{K_\omega}{J_L}} \qquad (6-16)$$

式中 J_L——折算到电动机轴上的载荷惯量;

K_ω——伺服系统刚度,即

$$K_\omega = \left(\frac{1}{2\tau}\right)^2 K$$

其中 K——伺服系统的综合刚度。

伺服系统的固有频率不能小于机床固有频率的 1/3,只有保证这个条件,系统才能正常工作。加工中心的固有频率一般为 45Hz~75Hz。

6.3.2 进给伺服系统的动态响应特性及伺服性能分析

进给伺服系统是数控装置和机械传动部件间的联系环节,是数控机床的重要组成部分。数控机床对伺服系统要求的伺服性能包括定位速度和轮廓切削进给速度、定位精度和轮廓切

削精度、精加工的表面粗糙度、在外界干扰下的稳定性。这些要求主要取决于伺服系统的静态、动态特性。图 6-16 为一种带有脉冲编码器的典型半闭环系统,通过精密丝杠螺母副传动,电动机转轴转角 θ 被转化为所需的工作台位移 X_L。

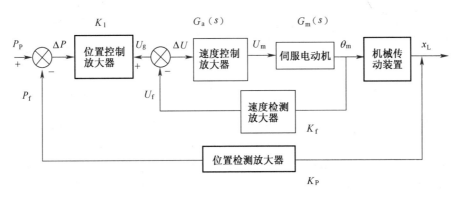

图 6-16　进给伺服系统模型

数字式伺服进给系统采用双回路控制,包括位置控制与速度控制(图 6-16)。可看作以位置调节为外环、速度调节为内环的双闭环自动控制系统。该伺服进给系统从外部来看,是一个以位置指令输入和位置控制输出为目的的位置闭环控制系统;但从内部的实际工作过程来看,它先把位置控制输入转换成相应的速度给定信号,再通过调速系统驱动伺服电动机实现位移。所以,位置控制为主回路,速度控制为反馈校正。

该伺服系统的各组成元件说明如下:

(1)比较环节:根据自动控制理论,比较环节完成给定信号与反馈信号的比较,两者相减,获得偏差信号。

速度内环偏差:$\Delta U = U_g - U_f$

位置外环偏差:$\Delta P = P_P - P_f$

(2)放大元件:位置控制放大器的传递函数为 K_1,速度放大器的传递函数为 $G_a(s)$(不考虑校正环节时为 K_a)。

(3)反馈环节:其作用是检测系统的被控制信号,将被检测信号转换为具有与给定输入量相同量纲的物理量,形成反馈通道。该环节的传递函数同样可以视为比例环节,比例系数就是转换系数。速度反馈环节的传递函数为 K_f,位置反馈环节的传递函数为 K_P。

(4)伺服电动机:主要信号有电枢电压 U_m,

电动机转轴转角 θ,电动机电磁转矩 M 和载荷转矩 M_f。

(5)机械传动装置:主要信号有电动机转角 θ 与工作台位移 X_L,其外形如图 6-17 所示。

图 6-17　传动装置外形

6.3.3　进给伺服驱动部件的设计

6.3.3.1　进给伺服驱动方案

1. 进给伺服驱动系统的构成

进给伺服驱动系统(图 6-18)的作用:一是放大控制信号,具有输出功率的能力;二是根据 CNC 装置发出的控制信号对机床移动部件的位置和速度进行控制。完整的闭环进给伺服驱动系统包括以下部分。

(1)驱动电路:用于接收数控装置发出的指令,并将输入信号转换成电压信号,经过功率放

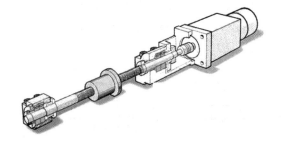

图 6-18　进给伺服驱动系统的构成

图 6-19　直线伺服驱动

大后，驱动电动机旋转。转速的大小由指令控制。

（2）执行元件：可以是直流电动机、交流电动机，也可以在开环控制中用步进电动机。

（3）传动装置：如减速箱和滚珠丝杠等。

（4）位置检测元件及反馈电路：如直线感应同步器、光栅和磁尺等，检测的位移信号由反馈电路转变成计算机能识别反馈信号送入计算机，由计算机进行数据比较后送出差值信号。

（5）测速发电机及反馈电路：将转速的变化量转变成电压的变化量。

2. 进给伺服驱动的实现

从大的体系来看，进给伺服驱动主要有直线驱动类和旋转驱动类。

1）直线伺服驱动

直线伺服驱动如图 6-19 所示。为获得直线运动，传统的进给驱动技术基本传动形式是"旋转电动机＋滚珠丝杠"，借助于机械变换中间环节"间接"地获得最终的直线运动，实现刀具和工作台等被控对象的直线运动路径。这种驱动方式的中间变换环节将使传动系统的刚度降低，尤其细长的滚珠丝杠是刚度的薄弱环节，启动和制动初期的能量都消耗在克服中间环节的弹性变形上，而且弹性变形也是数控机床产生机械谐振的根源。此外，中间环节增大了运动的惯量，使系统的速度、位移响应变慢；而制造精度的限制，不可避免地存在间隙死区与摩擦，使系统非线性因素增加，增大了进一步提高系统精度的难度。

随着高速和超高速精密加工技术的迅速发展，要求数控机床有一个反应快速灵敏、高速轻便的进给驱动系统。采用直线伺服电动机直接驱动工作台的新技术应运而生，用以替代"旋转电动机＋滚珠丝杠"模式，可以消除传统驱动方式中间变换环节。直线进给伺服驱动技术最大的优点是具有比旋转电动机大得多的加减速度（达 10 倍～30 倍），能够在很高的进给速度下实现瞬时达到设定的高速状态和在高速下瞬时准确停止运动。加减速过程的缩短，可改善加工表面质量，提高刀具使用寿命和生产效率；减少了中间环节，使传动刚度提高，有效地提高了传动精度和可靠性，而且进给行程几乎不受限制。

2）旋转伺服驱动

为了提高数控机床的生产效率，扩大其工艺范围，对于数控机床的进给运动除了沿坐标轴 X、Y、Z 三个方向的直线进给运动之外，还需要有绕 X、Y、Z 轴的圆周进给运动。通常，数控机床的圆周进给运动可以实现精确的自动分度改变工件相对于主轴的位置，以便分别加工各个表面，这对箱体零件的加工带来了便利。对于自动换刀的多工序数控机床来说，回转工作台已成为不可缺少的部件。

数控机床中常用的旋转伺服驱动包括分度盘、数控回转工作台等伺服驱动，主要通过伺服电动机经减速机构来产生回转运动。分度工作台的功用只是将工件转位换面，和自动换刀装置配合使用，实现工件一次装夹就能完成几个面的多种工序，提高工作效率，实现特定角度的转位，其分度精度要求较高（普通级 ±15″，精密级 ±5″，高精密级 ±3″）；数控回转工作台除了分度和转位功能外，还能实现数控圆周进给运动。

6.3.3.2 旋转伺服机构的设计

1. 分度工作台的设计

分度工作台的分度、转位和定位工作,是按照控制系统的指令自动地进行,每次转位回转一定角度(5°、10°、15°、30°、45°、90°、180°),但实现工作台转位的机构都很难达到分度精度的要求,所以要用专门的定位元件来保证。因此,定位元件是分度工作台的关键。常用的定位元件有插销定位、反靠定位、齿盘定位和钢球定位等几种。

齿盘定位的分度工作台能达到很高的分度定位精度,一般为±3″,最高可达±1″。能承受很大的外载,定位刚度高,精度保持性好。缺点是鼠齿盘制造精度要求很高,且不能任意角度分度,其分度值等于能除尽鼠齿盘齿数的角度。实际上,由于齿盘啮合、脱开相当于两齿盘对研过程,因此,随着齿盘使用时间的延续,其定位精度还有不断提高的趋势。齿盘定位的分度工作台广泛用于数控机床、组合机床或其他专用机床。

2. 数控回转工作台的设计

在数控机床上一般由数控回转工作台(简称数控转台)来实现圆周进给运动,如图 6-20 所示。数控转台除了可以实现圆周进给运动外,还可完成分度运动。数控转台的外形和分度工作台没有太大差别,但在结构上其具有一系列的特点。由于数控转台能实现进给运动,所以它在结构上和数控机床的进给驱动机构有许多共同之处。不同点:驱动机构实现的是直

图 6-20　数控回转工作台

线进给运动;而数控转台实现的是圆周进给运动。数控转台可分为开环和闭环两种。

1) 数控回转工作台的功用

其功用:一是使工作台进行圆周进给完成切削工作;二是使工作台进行分度工作。它按照控制系统的命令,在需要时完成上述任务。数控回转工作台由伺服电动机驱动,采用无级变速方式工作,所以定位精度完全由控制系统决定。

2) 数控回转工作台的传动和结构

如图 6-21 为闭环数控回转工作台,两个旋转编码器分别位于与工作台固接的轴端和支承座的尾端,能将旋转后的位置准确地反馈回系统。这种数控回转工作台由交流伺服电动机驱动,在它的输出轴上接联轴器,再接一级齿轮减速器。该数控回转工作台由圆柱齿轮传动系统、蜗轮蜗杆传动系统、间隙消除装置及蜗轮夹紧装置组成。

因为是蜗轮蜗杆传动与分度,所以停位不受限,并不像端齿分度盘那样,只能分度固定的角度的整数倍(5°、10°、15°等),而且偏转范围较大(70°~110°),能加工任何角度和倾斜度的孔与表面。齿的侧隙靠齿轮制造精度和安装精度来保持,大齿轮的支承轴与蜗杆轴做成一个轴。这种连接方式能增大连接的刚性和精度,更能减少功率的损耗。

其工作原理如下:

(1)回转部分。由交流伺服电动机驱动圆柱齿轮传动,带动蜗轮蜗杆系统,使工作台旋转。当数控回转工作台接收到数控系统的指令后,首先松开圆周运动部分的蜗轮夹紧装置,松开蜗轮,然后启动交流伺服电动机,按数控指令确定工作台的回转方向、回转速度及回转角度大小等参数。

(2)摆动部分。其工作原理与回转部分相同。当工作台静止时必须处于锁紧状态。工作台沿其圆周方向均匀分布 6 个夹紧液压缸进行夹紧。当工作台不需要回转时,夹紧油缸在液压油的作用下向外运动,通过锁紧块紧紧顶住蜗

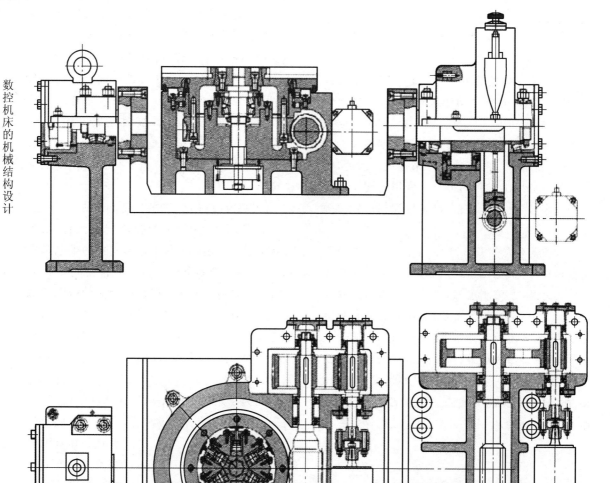

图 6-21 闭环数控回转工作台传动系统

轮内壁,从而锁紧工作台。当工作台需要回转时,数控系统发出指令,反向重复上述动作,松开蜗轮,使蜗轮和回转工作台按照控制系统的指令进行回转运动。

3)数控回转工作台的设计和计算

由图 6-21 可知,整个数控回转工作台按照功用不同可以分为圆周回转和摆动两个部分。在圆周回转部分和摆动部分中,又可以按照传动结构分为,即齿轮传动和蜗轮蜗杆传动两个部分。图 6-22 为回转部分和摆动部分中齿轮传动、蜗轮蜗杆传动示意图。

(1)圆周回转部分设计和计算:

① 圆柱齿轮传动设计、计算。这是很常规的计算,主要包括材料选择、精度及参数选择、

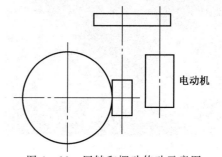

图 6-22 回转和摆动传动示意图

螺旋角选择、齿宽系数确定、齿轮直径、中心距、齿轮宽计算、齿面接触强度设计、弯曲疲劳强度校核等。具体过程和步骤可参见相关手册。

② 蜗轮蜗杆传动设计和计算。其主要包括蜗轮蜗杆材料、硬度、头数选择,齿数、螺旋升角、蜗轮齿宽计算,弯曲疲劳强度校核,效率计算,热平衡计算等。

(2) 摆动部分设计和计算:与圆周回转部分设计和计算相同。

机床产品的很多单元技术都孕育在关键功能部件之中。在数控回转工作台中,其主要部件——蜗轮蜗杆调隙结构、闭环检测结构、回转部位锁紧装置、润滑与密封等部位(图 6 - 23),可以根据具体机床结构和功能要求选择不同的设计方案。

(a)

(b)

图 6 - 23　数控回转工作台的构造

(a) 数控回转工作台;(b) 可倾式数控回转工作台。

6.3.3.3　开环、半闭环伺服进给系统的死区误差及定位精度

1. 死区误差及其数学模型

所谓死区误差,即传动系统启动或反向时产生的输入运动与输出运动之间的差值。在闭环数控进给系统中,由于有位置检测和反馈装置,死区只影响脉冲点动灵敏度和反向点的失动,而不影响定位精度。对开环、半闭环伺服进给系统,由于没有位置检测和反馈装置,就会影响工件与刀具的定位精度。

产生死区误差的主要原因:①机械传动系统的间隙;②克服摩擦力而产生的摩擦死区;③系统中电气、液压元件的死区(不灵敏度)。

图 6 - 24 为半闭环控制伺服进给系统等效图,伺服电动机经齿轮 Z_1/Z_2 降速后与滚珠丝杠相连,丝杠螺母带动执行部件(工作台)作直线移动,因传递过程中受到齿轮副侧隙、连接件间隙、滚珠丝杠螺母间隙、轴承间隙等常值系统误差以及各传动件的弹性变形(主要是滚珠丝杠弹性变形)的影响,导致上述输入、输出传递关系变为迟滞环节。

机械传动装置间隙造成的死区误差 δ_h,等于各传动副间隙折算到工作台上的间隙之和,即

$$\delta_h = \sum_{i=1}^{n} \delta_{hi} \frac{1}{i_i} \qquad (6 - 17)$$

式中　δ_{hi}——第 i 个传动副的间隙;

　　　i_i——第 i 个传动副至工作台间降速比 $(i_i > 1)$。

为了减小死区误差,应消除间隙。从式(6 - 17)可见,不同位置传动副间隙的影响是不同的,越是靠近工作台,影响就越大,所以更应严格控制丝杠螺母副的传动间隙。

摩擦死区的影响是由于静摩擦力的存在,在工作台启动或反向时,首先必须在传动系统中产生一定的弹性变形,使其产生足以克服静摩擦力的驱动力,才能使工作台移动。传动系统中的这部分弹性变形称为摩擦死区,摩擦死区

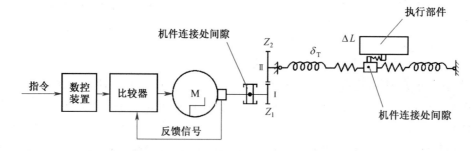

图6-24　半闭环控制伺服进给系统等效图

δ_{T}—扭转变形；ΔL—拉压变形。

δ_{f} 可表示成

$$\delta_{\mathrm{f}} = \frac{F_0}{K_0} \qquad (6-18)$$

式中　F_0——进给导轨静摩擦力（N）；

$\quad\quad$ K_0——传动系统折算到工作台上的综合拉压刚度（N/μm）。

系统中电气、液压元件的死区与机械传动装置相比影响较小，且在选择元件时可以限制在很小范围内或在调试时将其躲开，所以实际工作中的最大死区误差主要由间隙和摩擦死区两部分组成，即

$$\Delta = \delta_{\mathrm{h}} + 2\delta_{\mathrm{f}} = \sum_{i=1}^{n} \delta_{\mathrm{h}i} \frac{1}{i_i} + \frac{2F_0}{K_0} \qquad (6-19)$$

机械传动系统中间隙引起的死区误差，可以通过各类间隙消除机构和适当预紧加以解决；而摩擦死区在滑动导轨的情况下难以完全消除，只能通过减小摩擦、增加传动系统刚度而控制在一定的数值内。当采取消隙措施后，死区误差可近似认为由摩擦死区组成，即

$$\Delta = \frac{2F_0}{K_0} = \frac{1.96\mu_0}{\omega_{\mathrm{n}}^2} \qquad (6-20)$$

式中　μ_0——导轨的摩擦因数；

$\quad\quad$ ω_{n}——机械传动装置的固有频率。

2. 减小死区误差的措施

系统扭转刚度对死区误差影响较小，刚度的薄弱环节是丝杠的拉压刚度和轴承的刚度。丝杠螺母之间的接触刚度很高，其变形可以忽略不计。如果刚度不够，则可采用多联组合轴承或滚针-双向圆柱滚子组合轴承。

消除进给传动系统间隙和提高进给传动系统刚度，可以减小死区误差，提高进给传动系统的定位精度。可通过以下改进措施减小死区误差：

（1）通过滚珠丝杠螺母预紧、丝杠支承轴承预紧来消除间隙。

（2）采用丝杠预拉伸、避开弹性变形初始阶段非线性区，提高系统传动刚度。

（3）采用超静定支承约束——两端固定支承约束结构，配用NSK60°滚珠丝杠专用轴承并选用高刚性轴承组合配对（如DB、DFD、DFF），可大幅提高轴承的轴向刚度和承载能力，广泛应用于数控机床刚度变动的场合。

（4）支承刚度也往往是其中的薄弱环节，应尽量避免中间隔套及窄而薄的衬垫。因为每一个接触表面都由于表面粗糙而形成一个弹性因素。窄而薄的衬垫起到弹簧垫圈的作用，增大弹性变形，从而降低整个系统的刚度。为了提高支承座的连接刚度，其配合表面及支承表面应经过磨削及精确研刮，以便提高其接触刚度；并通过在受力方向上布置适当的加强筋，以改善其定位受力状态，减轻弹性变形的影响。

6.3.3.4　伺服电动机的选择

如图6-25所示的伺服电动机选择是否得当，直接关系到整个伺服系统机电参数与系统性能的匹配。在选择伺服电动机时，应进行载荷转矩计算、惯量匹配计算和空载加速转矩计算。

图 6-25 伺服电动机

1. 载荷扭矩计算

载荷扭矩是由驱动系统的摩擦力和切削反作用所引起的，所选伺服电动机的额定转矩 T_S 应大于最大载荷转矩，即载荷转矩应满足下列条件：

$$T = (T_{Vo} + T_{po} + T_{fo})i < T_S \quad (6-21)$$

式中 T_{Vo}——丝杠在最大轴向载荷下的转矩；

T_{po}——双螺母滚珠丝杠的预紧力矩，其计算方法与预紧方式和预紧力有关，可以直接从产品样本中查取其计算方法；

T_{fo}——支承轴承的摩擦力矩；

i——丝杠与伺服电动机的传动比。

2. 载荷惯量匹配计算

为使伺服进给系统的进给执行部件具有快速响应能力，必须使伺服电动机转子惯量 J_M 与进给载荷惯量 J_L 合理匹配。中小型数控机床惯量匹配条件：

$$1 < \frac{J_M}{J_L} < 4 \quad (6-22)$$

由伺服电动机驱动的所有运动部件（包括移动和转动）都将构成电动机的载荷惯量，通过对各部件的计算，并以一定规律叠加起来构成其载荷惯量 J_L，其具体计算方法可参考有关文献。

3. 空载加速转矩计算

当执行件从静止以阶跃指令加速到最大移动速度（快速移动）时，空载加速转矩 T_a 不允许超过伺服电动机的最大输入转矩 T_{max}，即

$$T_a = \frac{2\pi n_{max}}{60 t_{ac}} J < T_{max} \quad (6-23)$$

式中 n_{max}——快速移动时电动机转速；

t_{ac}——加/减速时间；

J——系统的转动惯量。

空载加速时，主要是克服惯性。系统惯量为电动机惯量 J_M 和载荷惯量 J_L 之和。加/减速时间 t_{ac} 通常取为伺服电动机的机械时间常数 t_m 的 3 倍～4 倍，即 $t_{ac} = (3～4)t_m$，t_m 可直接从伺服电动机资料中查得。

6.3.4 机械传动部件的设计

6.3.4.1 胀紧连接套

1. 胀紧连接套的结构

胀紧连接套（简称胀套）是一种新型先进的机械基础件（图 6-26），是当今国际广泛用于实现机件和轴连接的一种无键连接装置，20 世纪 80 年代工业发达国家如德国、日本、美国等在重型载荷下的机械连接广泛采用了这一新技术。在轮和轴的连接中，胀紧连接套靠拧紧高强度螺栓使包容面间产生的压力和摩擦力实现载荷传送，以实现机件（如齿轮、飞轮、V 带轮等）与轴

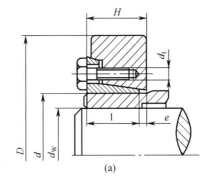

(a)

(b)

图 6-26 胀紧连接套

的连接,用以传递载荷。使用时,通过高强度螺栓的作用,使内环与轴之间、外环与轮毂之间产生巨大抱紧力;当承受载荷时,靠胀套与机件的结合压力及相伴产生的摩擦力传递扭矩、轴向力或二者的复合载荷。

与一般过盈连接、有键连接相比,胀套连接具有如下独特的优点:

(1)使用胀套后主机零件制造和安装变得简单。安装胀套的轴和孔,其加工不像过盈配合那样要求高精度的制造公差。安装胀套时无需加热、冷却或加压设备,只将螺栓按要求的力矩拧紧即可。可以将轮毂在轴上方便地调整到所需位置。胀套也可以用来连接焊接性较差的零件。

(2)胀套的使用寿命长、强度高。胀套依靠摩擦传动,对被连接件没有键槽削弱,也无相对运动,工作中不会产生磨损。

(3)胀套在超载时,将失去连接作用,保护设备不受损害。

(4)胀套连接能承受多重载荷,其结构可以做成多种式样。根据安装载荷大小,还可以多个胀套串联使用。

(5)胀套拆卸方便,且具有良好的互换性。由于胀套能把较大配合间隙的轴毂结合起来,因此拧松螺栓,即可拆开连接件。胀紧时,接触面紧密贴合不锈蚀,也便于拆开。

2.胀套的转矩力距和轴向力距

(1)转矩 M_t 是指传递纯转矩时的最大理论转矩,轴向力 F_t 是指无传递转矩时所能传递的最大轴向力。如果不仅传递转矩而且还要传递轴向力,则计算合成转矩 M_{t1}。

(2)螺栓的拧紧力矩 M_A。标准中所规定的转矩 M_t 和轴向力 F_t 等是按相应螺钉拉力计算的,其螺钉的拧紧力矩应达到技术参数表格中的所需额定值。

(3)胀套结合面的轴和孔的公差按 GB/T 1800—2009《公差与配合总论标准公差与基本偏差》和 GB/T 1801—2009《产品几何技术规范(GPS)极限与配合公差带和配合的选择》的规

定。与胀套结合的轴和孔的粗糙度公差带按 GB/T 1031—2009《产品几何技术规范(GPS)表面结构 轮廓法 表面粗糙度参数及其数值》的规定。

3.按照载荷选择胀套

(1)选择胀套时,应满足:

传递扭矩 $M_t \geqslant M$

承受轴向力 $F_t \geqslant F_z$

传递力 $F_t \geqslant \sqrt{F_z^2 + \left(M\dfrac{d}{2}\times 10^{-3}\right)^2}$

承受径向压力 $P_f \geqslant \dfrac{F_r}{dl}\times 10^3$

式中 M——需传递的扭矩(kN·m);

F_z——需承受的轴向力(kN);

F_r——需承受的径向力(kN);

M_t——胀套的额定扭矩(kN·m);

F_t——胀套的额定轴向力(kN);

d,l——胀套的内径和内环宽度(mm)。

(2)一个连接采用数个胀套时的额定载荷。

一个胀套的额定载荷小于需传递的载荷时,可用两个以上的胀套串联使用,其总额定载荷为

$$M_{tn}=mM_t$$

式中 M_{tn}——n个胀套总额定载荷;

m——载荷系数。

6.3.4.2 消隙联轴器

1.联轴器的功能

联轴器是用来连接不同机构中的两根轴(主动轴和从动轴),使之共同旋转以传递扭矩的机械零件。在高速重载的动力传动中,有些联轴器还有缓冲、减振和提高轴系动态性能的作用。联轴器由两半部分组成,分别与主动轴和从动轴连接,一般动力机大都借助于联轴器与工作机相连接。20世纪后期,国内外联轴器产品发展很快,在产品设计时如何从品种甚多、性能各异的联轴器中选用能满足机器要求的联轴器,对多数设计人员来讲,始终是一个困扰的问题。常用联轴器有膜片联轴器(图6-27)、鼓形齿式联轴器、万向联轴器、安全联轴器、弹性联

图 6-27 单节膜片联轴器

轴器及蛇形弹簧联轴器。

2. 联轴器的选用

联轴器所连接两轴由于制造误差、装配误差、安装误差、轴受载的变形、基座变形、轴承磨损、温度变化、部件之间的相对运动等多种因素而产生相对位移。一般情况下,两轴相对位移是难以避免的,但不同工况条件下的轴系传动所产生平衡位移方向,即轴向(x)、径向(y)、角向(α)以及位移量的大小有所不同。只有挠性联轴器才具有补偿两轴相对位移的性能,因此在实际应用中大量选择挠性联轴器。刚性联轴器不具备补偿性应用范围,受到限制,因此用量很少。角向位移较大的轴系传动宜选用万向联轴器;有轴向窜动,并需控制轴向位移的轴系传动,应选用膜片联轴器;只有对中精度很高的情况下才选用刚性联轴器。

小转矩和以传递运动为主的轴系传动,要求联轴器具有较高的传动精度,宜选用金属弹性元件的挠性联轴器。大转矩和传递动力的轴系传动,对传动精度也有要求,高转速时,应避免选用非金属弹性元件弹性联轴器和可动元件之间有间隙的挠性联轴器,宜选用传动精度高的膜片联轴器。

1) 选用标准联轴器

应首先在已经制定为国家标准、机械行业标准以及获国家专利的联轴器中选择,只有在现有标准联轴器和专利联轴器不能满足设计需要时,才需自己设计联轴器。

2) 选择联轴器品种和型式

了解联轴器(尤其是挠性联轴器)在传动系统中的综合功能,从传动系统总体设计考虑,选择联轴器品种和型式。根据原动机类别和工作载荷类别、工作转速、传动精度、两轴偏移状况、温度、湿度、工作环境等综合因素选择联轴器的品种。根据配套主机的需要选择联轴器的结构型式,当联轴器与制动器配套使用时,宜选择带制动轮或制动盘式的联轴器;需要过载保护时,宜选择安全联轴器;与法兰连接时,宜选择法兰式;长距离传动,连接的轴向尺寸较大时,宜选择接中间轴型或接中间套型。

3) 联轴器转矩计算

传动系统中动力机的功率应大于工件机所需功率。根据动力机的功率和转速可计算得到与动力机相连接的高速端的理论短矩 T;根据工况系数 K 及其他有关系数,可计算联轴器的计算转矩 T_c。联轴器 T 与 n 成反比,因此低速端 T 大于高速端 T。

4) 初选联轴器型号

根据计算转矩 T_c,从标准系列中选定相近似的公称转矩 T_n,选型时应满足 $T_n \geqslant T_c$。初步选定联轴器型号(规格),从标准中可查得联轴器的许用转速 $[n]$ 和最大径向尺寸 D、轴向尺寸 L_0,即可满足联轴器转速 $n \leqslant [n]$。

5) 根据轴径调整型号

初步选定的联轴器连接尺寸,即轴孔直径 d 和轴孔长度 L,应符合主、从动端轴径的要求;否则,还应根据轴径 d 调整联轴器的规格。主、从动端轴径不相同是普通现象,当转矩、转速相同,主、从动端轴径不相同时,应按大轴径选择联轴器型号。新设计的传动系统中,应选择符合 GB/T3852—2008 中规定的 7 种轴孔型式,推荐采用 J1 型轴孔型式,以提高通用性和互换性,轴孔长度按联轴器产品标准的规定。

6) 选择连接型式

联轴器连接型式的选择取决于主、从动端于轴的连接型式,一般采用键连接,为统一键连接型式及代号,在 GB/T3852—2008 中规定了 7 种键槽型式,4 种无键连接,用得较多的是 A 型键。

7) 选定联轴器品种、型式、规格（型号）

根据动力机和联轴器载荷类别、转速、工作环境等综合因素，选定联轴器品种；根据联轴器的配套、连接情况等因素选定联轴器型式；根据公称转矩、轴孔直径与轴孔长度选定联轴器规格（型号）。为了保证轴和键的强度，在选定联轴器型号（规格）后，应对轴和键强度进行校核验算，以最后确定联轴器的型号。

6.3.4.3　齿轮传动的消隙和预载

数控机床进给系统中的减速齿轮除了本身要求很高的运动精度和工作平稳性以外，还需尽可能消除传动齿轮副间的传动间隙；否则，齿侧间隙会造成进给系统每次反向运动滞后于指令信号，丢失指令脉冲并产生反向死区，对加工精度影响很大。因此，必须采用一定的方法减小或消除齿轮传动间隙。

1. 直齿圆柱齿轮传动间隙的调整

1）偏心套调整

如图 6-28 所示，电动机通过偏心套装到壳体上，通过转动偏心套就能够方便地调整两齿轮的中心距，从而消除齿侧间隙。

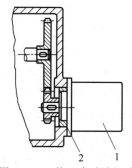

图 6-28　偏心套消除间隙

1—电动机；2—偏心套。

2）垫片调整

如图 6-29 所示，在加工相互啮合的两个齿轮 1、2 时，将分度圆柱面制成带有小锥度的圆锥面，使齿轮齿厚在轴向稍有变化，装配时只需改变垫片 3 的厚度，使齿轮 2 作轴向移动，调整两齿轮在轴向的相对位置即可达到消除齿侧间隙的目的。

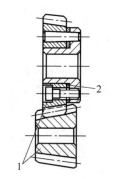

图 6-29　垫片调整消除间隙

1—齿轮；2—垫片。

上述两种方法的优点是结构比较简单、传动刚度好、能传递较大的动力，但齿轮磨损后齿侧间隙不能自动补偿，因此加工时对齿轮的齿厚及齿距公差要求较严；否则，传动的灵活性将受到影响。

3）双齿轮错齿调整

如图 6-30 所示，两个齿数相同的薄片齿轮 1、2 与另外一个宽齿轮啮合。薄片齿轮 1、2 套装在一起，并可作相对回转运动。每个薄片齿轮上分别开有周向圆弧槽，并在薄片齿轮 1、2 的槽内压有装弹簧的短圆柱 3，由于弹簧 4 的作用使齿轮 1、2 错位，分别与宽齿轮的齿槽左右侧贴紧，消除了齿侧间隙。

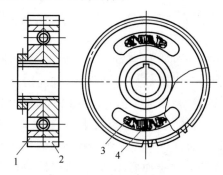

图 6-30　双齿轮错齿调整

1，2—薄齿轮；3—短圆柱；4—弹簧。

无论是正向旋转还是反向旋转，都分别只有一个齿轮承受扭矩，因此承载能力受到限制，设计时必须计算弹簧 4 的拉力，使它能克服最大扭矩。这种调整法结构较复杂，传动刚度低，不宜传递大扭矩，对齿轮的齿厚和齿距要求较低，可始终保持啮合无间隙，尤其适用于检测装置。

2. 斜齿圆柱齿轮传动间隙的消除

1）垫片调整

如图6-31所示,宽齿轮4同时与两个相同齿数的薄片齿轮1和2啮合,薄片齿轮经平键与轴连接,相互间无相对回转。斜齿轮1和2间加厚度为 t 的垫片。用螺母拧紧,使两齿轮1和2的螺旋线产生错位,其后两齿面分别与宽齿轮4的齿面贴紧消除间隙。

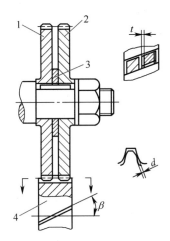

图6-31　垫片调整消除斜齿轮间隙

1,2—薄片齿轮;3—垫片;4—宽齿轮。

垫片3的厚度和齿侧间隙 Δ 的关系可由下式计算出：

$$t = \Delta \cot \beta$$

式中　t——增加垫片的厚度；

　　　Δ——齿侧间隙；

　　　β——斜齿轮的螺旋角。

2）轴向压簧调整

如图6-32所示,薄片齿轮1和2用键滑套在轴上,相互间无相对转动。薄片齿轮1和2同时与宽齿轮5啮合,螺母3调节碟形弹簧4,使薄片齿轮1和2的齿侧分别贴紧宽齿轮5的齿槽左右两侧,消除了间隙。

弹簧压力的调整大小应适当,压力过小则起不到消隙的作用,压力过大会使齿轮磨损加快,缩短使用寿命。齿轮内孔应有较长的导向长度,因而轴向尺寸较大,结构不紧凑;优点是可以自动补偿间隙。

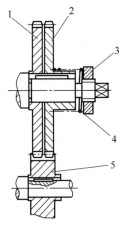
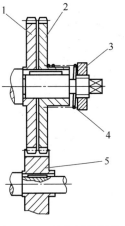

图6-32　轴向压簧调整

1,2—薄片齿轮;3—螺母;4—碟形弹簧;5—宽齿轮。

3. 锥齿轮传动间隙的消除

1）周向压簧调整

如图6-33所示,将大锥齿轮加工成1和2两部分,齿轮的外圈1开有3个圆弧槽8,内圈2的端面带有3个凸爪4,套装在圆弧槽内。弹簧6的两端分别顶在凸爪4和镶块7上,使内、外齿圈1、2的锥齿错位与小锥齿轮啮合达到消除间隙的作用。螺钉5将内、外齿圈相对固定是为了安装方便,安装完毕后即刻卸去。

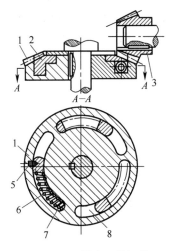

图6-33　周向压簧调整

1—齿轮外圈;2—齿轮内圈;3—轴承内圈;4—凸爪;
5—螺钉;6—弹簧;7—镶块;8—槽。

2）轴向压簧调整

如图6-34所示,锥齿轮1、2相互啮合。在锥齿轮1的轴5上装有压缩弹簧3,用螺母4调

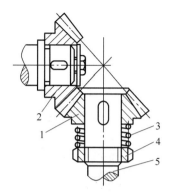

图6-34 轴向压簧调整

1,2—锥齿轮;3—弹簧;4—螺母;5—轴。

整压缩弹簧3的弹力。锥齿轮1在弹力作用下沿轴向移动,可消除锥齿轮1和2的间隙。

4. 齿轮齿条传动间隙的消除

对于工作行程很大的大型数控机床,一般采用齿轮齿条传动来实现进给运动。齿轮齿条传动同齿轮传动一样也存在齿侧间隙,因此同样存在消除间隙问题。当载荷较小,所需进给力较小时,齿轮齿条可采用双片薄齿轮错齿调整,分别与齿条的齿槽左、右二侧贴紧,消除间隙。

当载荷较大,所需进给力较大时,通常采用双厚齿轮的传动结构,其原理如图6-35所示。进给运动由轴2输入,通过两对斜齿轮将运动传给轴1和3,然后由两个直齿轮4和5去传动齿条,带动工作台移动。

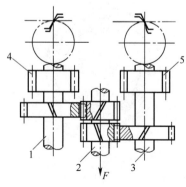

图6-35 双厚齿轮消除间隙原理

1,2,3—轴;4,5—齿轮。

轴2上两个斜齿轮的螺旋线的方向相反,在轴2上作用一个轴向力F,弹簧弹力使斜齿轮

产生微量的轴向移动。这时轴1和3以相反的方向转过一个角度,使齿轮4和5分别与齿条的两齿面贴紧,消除了间隙。

6.3.4.4 滚珠丝杠副传动机构

1. 滚珠丝杠副尺寸规格的确定

1)丝杠导程计算

丝杠导程的选择一般根据设计目标快速进给的最高速度v_{max}、伺服电动机的最高设定转速n_{max}及电动机与丝杠的传动比i来确定。基本丝杠导程应满足:

$$P \geqslant \frac{v_{max}}{i n_{max}} \qquad (6-24)$$

根据系统的精度要求,进而确定数控机床的脉冲平均值δ及伺服电动机每转发出的脉冲数$b = \frac{p_h}{\delta} i$,从而为编码器提供选择依据。

2)精度选择

滚珠丝杠的精度直接影响数控机床的定位精度,在滚珠丝杠精度参数中,导程误差对机床定位精度影响最为明显。一般在初步设计时设定丝杠的任意300mm行程变动量V_{300P}应小于目标设定位的定位精度值的1/3～1/2,并在最后精度验算中确定。

3)滚珠丝杠尺寸规格确定

滚珠丝杠副设计时,一般按额定动载荷来确定其尺寸规格,同时进行必要的压杆稳定性校核、临界转速校核、刚度校核、转动惯量校核。对闭环系统,还须核算其谐振频率。

额定动载荷是指一批相同规格的滚珠丝杠经过运转100万次后,90％的丝杠副(螺纹表面或滚珠)不产生疲劳剥伤(点蚀)时的轴向载荷。在实际运用中额定动载荷值可按下式计算,即

$$C = \frac{f_h f_d f_H}{f_n} P_d \qquad (6-25)$$

式中　f_h——寿命系数,按滚珠丝杠预期寿命选取;

　　　f_d——载荷性质系数,按工作载荷性质选取;

f_h——动载荷硬度影响系数,按滚珠及滚道表面硬度选取;

f_n——转速系数,按丝杠平均转速 n_d 选取;

P_d——平均轴向载荷。

在计算出额定动载荷后,就可按额定动载荷从样本中选取滚珠丝杠的公称直径和型号,进而计算其预紧力和行程补偿值。

丝杠的结构如图 3-36 所示,其安装方式的选择还包括丝杠支承方式确定和丝杠专用轴承的选择,滚珠丝杠不同的支承方式对丝杠的刚度、回转精度、临界转速有很大的影响,一般根据丝杠的长度、回转精度、刚度要求及转速选择不同的安装方式。

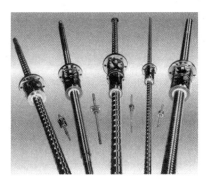

图 6-36 滚珠丝杠的结构

2. 丝杠的校核计算

1) 压杆稳定性校核

轴向固定的长丝杠在承受压缩载荷时,应校核其压杆稳定性,临界压缩载荷可按下式进行校核:

$$F_{cr} = \frac{f_1 \pi^2 EI}{L_0^2} K_1 \geqslant F_{max} \qquad (6-26)$$

式中　f_1——丝杠支承方式系数,根据丝杠安装方式选择;

E——丝杠材料的弹性模量;

I——最小惯性截面矩(N·m);

L_0——最大受压长度(m);

K_1——安全系数,可取 $K_1 = 1/3$;

F_{max}——最大轴向载荷(N)。

2) 丝杠临界转速校核

长丝杠在高速条件下工作,为防止弯曲共振,应验算其临界转速:

$$n_{cr} = \frac{30 f_2^2}{\pi L_c^2} \sqrt{\frac{EI}{\rho A}} K_2 \geqslant n_{max} \qquad (6-27)$$

式中　f_2——丝杠支承方式系数,根据支承方式选择;

L_c——临界转速计算长度;

ρ——材料的密度;

A——丝杠最小截面积;

K_2——安全系数,可取 $K_2 = 0.8$;

n_{max}——最高工作转速。

此外,螺母临界转速也需验算,其临界要求应满足 $d_0 n \leqslant 70000\,mm \cdot r/\,min$。

6.3.5　系统增益的设计

谐波信号输入产生的伺服误差称为速度误差。实际上,它表示在一定的进给速度下,系统指令位置与实际位置的误差。设进给速度为 $v(rad/s)$,位置偏差为 $\Delta x(rad)$,则二者的比值就是系统增益 $K_v(s^{-1})$,即

$$K_v = \frac{v}{\Delta x} \qquad (6-28)$$

系统增益又称为速度误差系数或速度增益,它是评价位置调节系统优劣的最重要的指标。以三阶系统为例,下面讨论系统增益的设计方法及参数的优化。

位置调节环的目的是,希望进给伺服系统的输出实际位置跟随输入指令值。理想的情况输出信号和输入信号在时间上没有延误,形状上完全一致,但在实际物理系统中这是不可能的。即使希望输出信号和输入信号只在时间上有延误,形状上完全相同,也很难做到,特别是在输入信号形状急剧变化的情况下。因此,对位置调节的要求是输出以尽可能小的误差跟随输入。

通常,以阶跃响应来评价系统的轨迹误差,图 6-37 给出 3 种典型的误差指标,即拐角偏差 e、超调量 M_p 和轨迹误差面积。

对于图 6-38 所示的 3 阶系统,为减少系统动态轨迹误差,有两种解决办法:一种是调节器

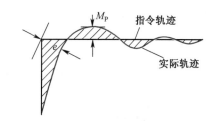

图 6 - 37　轨迹误差

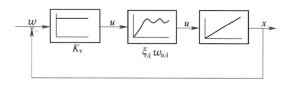

图 6 - 38　3 阶系统

结构不变,通过调节器参数和优化系统其他参数来减少轨迹误差;另一种是改变调节器结构,采用新的调节技术(准闭环控制)。下面讨论在调节器结构已定的情况下,如何进行系统优化。

系统增益 K_v 越大,则系统响应越快,轨迹误差越小。但是提高系统增益受到两个因素的限制:一个是系统的稳定性;另一个是超调量。对于机床数字调节系统,由于超调往往导致被加工零件的报废,因此把没有超调作为提高系统增益的限制性因素。图 6 - 39 是系统没有超调的情况下,可调整的最大系统增益 K_v 与系统

谐振频率 ω_0 的比值相对于系统阻尼比 ξ 的关系曲线。

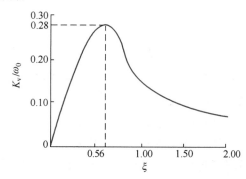

图 6 - 39　K_v/ω_0 与 ξ 关系曲线

从图 6 - 39 可看出,当系统阻尼不变时,系统增益 K_v 与系统谐振频率 ω_0 成正比。随着阻尼比 ξ 的改变,在 $\xi = 0.6$ 时,获得曲线最大值(K_v/ω_0)= 0.28。由此可以得到常规 3 阶系统位置调节环的优化战略:

(1)调整速度环内的 PI 速度调节器,使速度环阻尼比(相当于速度阶跃响应超调 10%~15%)。

(2)调整位置调节器,使系统增益 $K_v = 0.28\omega_{0A}$ 。

经过上述调整,可得到一个最优的系统增益。

6.4　数控机床的床身与导轨

6.4.1　数控机床的床身结构及设计要求

1. 高的静、动刚度及良好的抗振性能

由于数控机床是由程序控制加工的,由机床床身、导轨、工作台、刀架和主轴箱的几何精度与变形所产生的定位误差取决于它们的结构刚度。为了提高数控机床主轴的刚度,除采用三支承结构外,还可选用刚性很好的双列短圆柱滚子轴承和角接触向心推力轴承,以减小主轴的径向和轴向变形。

加强肋板的结构对机床大件的刚度有明显影响,图 6 - 40 为方形截面立柱加强肋板类型

示意图,表 6 - 8 给出了立柱在加肋前后的静刚度的比值。从表 6 - 8 中数据可以看出,立柱在增加十字形肋板之后,质量增加不多,而扭转刚度提高了 17 倍。因此,在设计时必须考虑加强肋板的影响。

表 6 - 8　方形截面立柱加强肋前后的
静刚度比值

加强肋类型	相对质量	相对弯曲刚度	相对扭转刚度
图 6 - 40(a)	1	1	1
图 6 - 40(b)	1.24	1.17	1.38
图 6 - 40(c)	1.34	1.21	8.86
图 6 - 40(d)	1.63	1.32	17.7

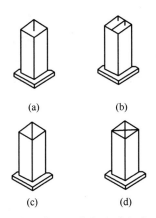

图 6-40　方形截面立柱加强肋板类型示意图

如图 6-41 所示,在大型数控机床中,利用重块平衡结构减少移动载荷造成的对横梁变形的影响;也可以把横梁的导轨加工成中凸形抵消变形。

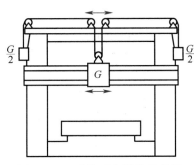

图 6-41　重块平衡结构示意图

如图 6-42 所示,刀架是数控车床的薄弱环节,为了能够进行稳定的重切削,需提高刀架刚度。除注意转台大小和刀具数的合理设计外,还应尽可能减小 a/b 的数值。在刀具外伸量一定的情况下,增大刀架底座的尺寸是提高刚度的有效途径。

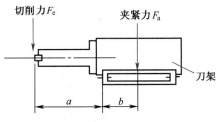

图 6-42　刀架受力图

提高机床各部件的接触刚度能够增加机床的承载能力,采用刮研的方法可以增加单位面积上的接触点。在结合面之间施加足够大的预加载荷也能够增加接触面积,提高接触刚度。数控机床的主运动功率比同类型普通机床的主运动功率大得多,在保证静刚度的前提下,还必须提高其动刚度。切削中的振动不仅直接影响工件的加工精度和表面质量,还会降低刀具寿命,甚至使加工无法继续。

改善动态特性的主要方法是提高系统的静刚度、增加阻尼以及调整构件的质量和自身频率。钢板的焊接结构既可以增加静刚度,减小结构质量,又可以增加构件本身的阻尼。封砂铸件有利于振动的衰减,提高抗振性。设计机床构件时,还可以通过调整质量来改变系统的自振频率。数控机床中的旋转零部件应尽可能进行良好的动平衡,以减少强迫振动源;或用弹性材料将振源隔离,以减少振源对机床的影响。

2. 减少机床的热变形

数控机床在内、外热源的影响下,各部件将发生不同程度的热变形,使工件与刀具之间的相对运动关系遭到破坏,也使机床精度下降。

机床热变形产生的主要原因是热源及机床各部分的温差。热源通常包括加工中的切屑、运转的电动机、液压系统、传动件的摩擦以及机床外部的热辐射等。机床零件的材料、结构、形状和尺寸的不一致也是产生热变形的重要因素。

如图 6-43(a)所示,主轴箱内的传动件所产生的热量使立柱向上变形,产生偏差 ΔY_1;如图 6-43(b)所示,在液压油泵及其他传动元件发热的影响下,床身沿纵向产生中间凸起的变形;如图 6-43(c)所示,床身纵向的伸长使支承丝杠的轴承向左移动,产生偏差 ΔX;如图 6-43(d)所示,由于电动机所产生热量,使立柱倾斜,造成偏差 ΔY_2。

减少机床热变形的措施如下:

(1)减少发热。

① 机床内部发热是产生热变形的主要热源,应当尽可能地将热源从主机中分离出去。主轴部件上采用精密滚动轴承;进行油污润滑;还可采用静压轴承;避免适用摩擦离合器。

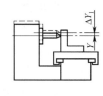  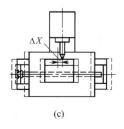 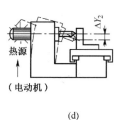

(a)   (b)   (c)   (d)

图 6-43 机床各部位热变形对加工精度的影响

② 加工时的切屑是一个热源,可以在工作台或导轨上装设隔热板;使用切屑液时控制切屑液的温度。

③ 润滑油在传动件之间流过,带走摩擦热,所以需要将油池移出机床,或对油池进行温度控制。

④ 液压油泵及其油池也是机床上的又一热源,需选择合理的供油量;供油量变化的系统采用变量泵。

(2) 控制温升。在减少热源之后,还必须控制温升以减少热源影响。一种方法是,在机床的发热部位进行强制冷却,但制冷系统的冷却能力必须适当;另一种方法是,在机床低温部分通过加热的方法,使机床各点的温度趋于一致。

(3) 改善机床结构。机床结构对热变形也有很大影响。数控机床过去采用的单立柱结构有可能被双立柱结构代替。

对于数控车床的主轴箱,应尽量使主轴的热变形发生在刀具切入的垂直方向上。如图6-44所示,减小主轴中心与主轴箱底面的距离(H)可以减少热变形的总量。

对于数控机床中的滚珠丝杠,可以用预拉的方法减少丝杠的热变形。该方法是在加工滚珠丝杠时,使螺距略小于名义值,装配时对丝杠进行预拉伸,使其螺距达到名义值。当丝杠工作而受热时,丝杠中的拉应力补偿了热应力,既减少了热伸长的影响,又提高了丝杠的刚度。另外,还可以根据测量结果,由数控系统发出补偿脉冲加以修正。

也可以采用特殊的调节元件消除热位移,如图6-45所示。

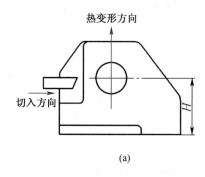

(a)

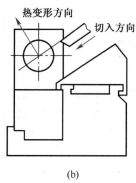

(b)

图 6-44 数控车床热变形方向应与切入方向垂直

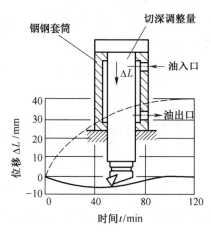

图 6-45 消除热位移的刀架结构

3. 高的运动精度和低速运动的平稳性

数控机床的运动精度和定位精度不仅受机床零部件的加工精度、装配精度、刚度及热变形的影响，而且与运动件的摩擦特性有关。要求减少运动件的摩擦和消除传动间隙。

运动件所受的外力是由导轨面承受的，故导轨应有足够的接触刚度。为此，常用加大导轨面数控机床工作台或拖板的位移量（以脉冲当量作为最小单位），通常要求既能以高速运动又能以低速运动。目前使用的滑动导轨、滚动导轨和静压导轨在摩擦阻尼特性方面存在着明显的差别。

图 6-46 为不同摩擦力和运动速度之间的关系。对于图 6-46(a)所示的滑动导轨，初始作用力用于克服传动元件（电动机、齿轮、丝杠、螺母等）弹性变形的能量，作用力超过静摩擦力时，弹性变形恢复，工作台突然运动，静摩擦力变为滑动摩擦力，工作台加速运动，惯性力使工作台偏离给定位置。

图 6-46(b)、(c)的摩擦力较小，而且很接近于动摩擦力，加上润滑油的作用，摩擦力随着速度的提高而增大，避免了"低速爬行"，提高定位精度和运动平稳性。数控机床多采用滚动和静压导轨。

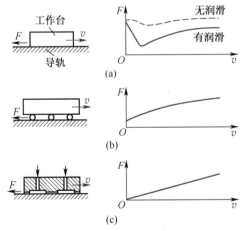

图 6-46　摩擦力与运动速度关系

在点位直线或轮廓控制的数控机床上加工零件时，经常受到变化的切削力，可以采用滑动-滚动混合导轨，改善系统的阻尼特性。

近 20 多年来，广泛采用了聚四氟乙烯制成的贴塑导轨，具有更为良好的摩擦特性、耐磨性和吸振作用。

在进给系统中，用滚珠丝杠代替滑动丝杠也可以取得同样的效果。用脉冲补偿装置进行螺距精度补偿。

除减少传动齿轮和滚珠丝杠的加工误差之外，另一个重要措施是采用无间隙传动副，用同步带传动代替齿轮传动。

4. 提高机床的寿命和精度保持性

为缩短数控机床投资的回收时间，务必使机床保持很高的开动性（比一般通用机床高 2 倍～3 倍），因此必须提高机床的寿命和精度保持性。

首先必须在设计上充分考虑数控机床零部件的耐磨性，另外还要保证数控机床各部件的良好润滑。

5. 减少辅助时间，改善操作性，充分满足人性化的要求

在数控机床的单件加工时间中，辅助时间占有较大比例，要进一步提高机床的生产率，就必须采取措施，最大限度地压缩辅助时间。目前，已经有许多数控机床采用多主轴、多刀架及自动换刀等装置，特别是加工中心，可在一次装夹下完成多工序的加工，节省大量装夹换刀时间。像这种自动化程度很高的加工设备，与传统机床的手工操作不同，其操作性能有新的含义。由于切削加工不需要人工操作，故可采用封闭与半封闭加工。要有明快、干净、协调的人机界面，尽可能改善操作者的观察，注意提高机床各部分的互锁能力，并设有紧急停车按钮，留有最有利于工件装夹的位置。将所有操作都集中在一个操作面板上，操作面板要一目了然，不要有太多的按钮和指示灯，以减少误操作。

由于微处理器的发展，使数控装置日趋小型化。数控机床的发展趋势是把数控装置安装到机床上，甚至把强电和弱电部分安排在一起。

数控机床是一种自动化程度很高的加工设备，在改善机床的操作性能方面已经增加了新

的含义。如图 6-47 所示,倾斜式油盘便于切屑自动集中和排出。如图 6-48 所示,大切削力斜置床身,主轴反向转动,切屑落入自动排屑装置并从床身上排出。

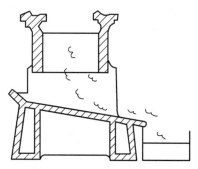

图 6-47　数控车床床身结构

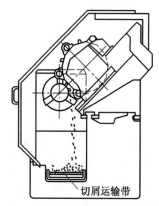

切屑运输带

图 6-48　带切屑运输带的床身结构

6.4.2　数控机床导轨设计要求

导轨是进给系统的重要环节,是机床的基本结构要素之一,机床的加工精度和使用寿命很大程度上取决于机床导轨的质量,而数控机床对于导轨有着更高的要求:高速进给时不振动、低速进给时不爬行,有高的灵敏度,能在重载下长期连续工作,耐磨性高,精度保持性要好。

导轨应满足如下基本要求:

(1) 一定的导向精度。导向精度是指运动件沿导轨移动的直线性,以及它与有关基面间相互位置的准确性。

(2) 运动轻便平稳。工作时,应轻便省力,速度均匀,低速时应无"爬行"现象。

(3) 良好的耐磨性。导轨的耐磨性是指导

轨长期使用后,能保持一定的使用精度。导轨在使用过程中要磨损,但应使磨损量小,且磨损后能自动补偿或便于调整。

(4) 足够的宽度,以降低导轨面比压;设置辅助导轨,以承受外载。

(5) 温度变化影响小。应保证导轨在工作温度变化的条件下,仍能正常工作。

(6) 结构工艺性好。在保证导轨其他要求的前提下,应使导轨结构简单,便于加工、测量、装配和调整,降低成本。

对于一般的滑动导轨,其静摩擦力较大,如果启动力不足以克服静摩擦力,则被传动的工作台不能立即运动,作用力使一系列传动元件(如步进电动机、齿轮、丝杠及螺母等)产生弹性变形,储存了能量。当作用力超过静摩擦力时,工作台突然向前运动,静摩擦力变为动摩擦力数值明显减小,工作台产生很大加速度,由于惯性会使工作台冲过预定位置。

为了提高数控机床的定位精度和运动平稳性,目前普遍使用滚动导轨、静压导轨、塑料导轨。塑料导轨因其良好的动、静摩擦特性和耐磨性大有取代滚动导轨之势。

设计导轨应包括以下几方面内容:

(1) 根据工作条件,选择合适的导轨类型。

(2) 选择导轨的截面形状,以保证导向精度。

(3) 选择适当的导轨结构及尺寸,使其在给定的载荷及工作温度范围内有足够的刚度、良好的耐磨性以及运动轻便和平稳。

(4) 选择导轨的补偿及调整装置,经长期使用后,通过调整能保持需要的导向精度。

(5) 选择合理的润滑方法和防护装置,使导轨有良好的工作条件,以减少摩擦和磨损。

(6) 制定保证导轨所必须的技术条件,如选择适当的材料,以及热处理、精加工和测量方法等。

6.4.3　贴塑滑动导轨及其设计

贴塑滑动导轨是一种金属对塑料的摩擦形

式,属滑动摩擦导轨。导轨-滑动面上贴有一层抗磨软带,导轨的另一滑动面为淬火磨削面。软带是以聚四氟乙烯为基材,添加合金粉和氧化物的高分子复合材料。

塑料导轨刚度好,动、静摩擦因数差值小,耐磨性好,无爬行,减振性好。软带应粘结在机床导轨的短导轨面上,如图6-49所示。圆形导轨应粘结在下导轨面上。

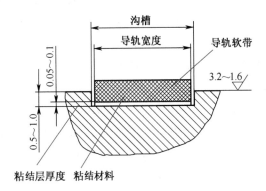

图6-49 贴塑导轨的粘结

粘结时,先用清洗剂(如丙酮、三氯乙烯和全氯乙烯)彻底清洗被粘结导轨面,切不可用酒精或汽油,因为它们会在被清洗表面留下一层薄膜,不利于粘结。清洗后用干净的白色擦布反复擦拭,直到擦不出污迹为止;然后将配套的胶粘剂(如101、212、502等)用油灰刀分别涂在软带和导轨粘结面上,为了保证粘结可靠,被贴导轨面应沿纵向涂抹,而塑料软带的粘结面沿横向涂抹,粘结时,从一端向另一端缓慢挤压,以利赶跑气泡,粘结后在导轨面上施加一定压力加以固化。

为保证粘结剂充分扩散和硬化,室温下,加压固化时间应为24h以上。粘结好的导轨面还要进行精加工,如开油槽、刮研磨削、研磨等。注意在局部修整时,切不可用砂纸,以防砂粒脱落嵌进塑料导轨中,破坏导轨。局部修整时,要用刮刀。与粘结导轨配对的金属导轨,硬度在160HBS以上,表面粗糙度 $Ra = 3.2\mu m \sim 0.8\mu m$。有时为了使其对软带起到定位作用,导轨粘结面加工成深0.5mm～1mm的凹槽。

6.4.4 液体静压导轨及其设计

液体静压导轨是在两个相对运动的导轨面间通入压力油,使运动件浮起,将相互接触的金属表面隔开,实现液体摩擦。工作过程中油膜压力随外载荷变化而变化以平衡作用在导轨上的外载荷,在不同速度(包括静止)下都能保证导轨面间始终处于纯液体摩擦状态,从而大大减小了两导轨面作相对运动时的摩擦阻力,减小了拖动导轨运动时的动力消耗,并具有很高的运动精度。

其主要优点:① 摩擦因数小,一般为0.0005～0.001,机械效率高;② 导轨面之间建立起一层很薄的油膜,油膜具有良好的润滑性和吸振性,因此静压导轨比其他滑动和滚动导轨寿命提高许多倍,甚至长期使用无磨损,且工作运动平稳;③ 相对运动速度的变化对油膜厚度和刚度的影响较小;④ 消除了工作台低速运动的"爬行"现象,且可降低对导轨材料的要求。缺点:结构较复杂,且需备置单独的供油系统。

图6-50为定压供油开式静压导轨的工作原理图。

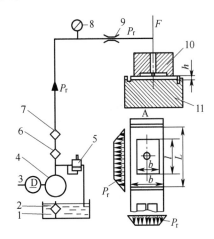

图6-50 定压供油开式静压导轨的工作原理图

1—油池;2—进油滤油器;3—油泵电动机;4—油泵;
5—溢流阀;6—粗滤油器;7—精滤油器;8—压力表;
9—节流器;10—上支承;11—下支承。

1. 静压导轨的承载能力和油膜刚度

静压导轨无论开式或闭式,在理论上和实

际应用中均必须具有一定的承载能力和油膜刚度。承载能力是指静压导轨的油膜在设计状态下允许承受的最大负承力。油膜刚度是指油膜在承受载荷,当载荷发生变化时,油膜抵抗载荷变化的能力,也就是油膜厚度相对于载荷变化的变化率。承载力必须达到机床导轨上导轨自重、工件重量、切削力等外力总和。而油膜刚度必须达到在载荷变化时油膜厚度变化量符合设计要求的限度,即不能超出一定的刚度值限制。静压导轨的承载能力 $P(\mathrm{N})$ 可按下式计算:

$$P = pF\alpha$$

式中　p——油腔压力(Pa);

　　　F——导轨油腔承载面积(m^2);

　　　α——考虑了间隙压力降的系数,可取近似值为

$$\alpha = \left(\frac{1}{3} + \frac{l}{6L} + \frac{b}{6B} + \frac{lb}{3LB}\right) = 1/3 \sim 1/2$$

其中:l、b 分别为油腔的长度和宽度;L、B 分别为与油腔对应的一段导轨的长度与宽度。

油膜刚度的比较如图 6-51 所示。由图可知,刚度最高的是反馈节流,其次是定流量供油、小孔节流、毛细管节流。

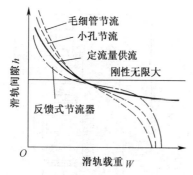

图 6-51　不同节流器形式之静压滑轨
油膜刚度的比较

2. 油腔的设置

一般沿导轨长度设置多个油腔,以保证颠覆力矩作用下有高的刚度。平导轨上的油腔不得少于 2 个,三角形导轨上油腔不得少于 4 个。直线运动导轨油腔设置在运动部件的导轨面上,圆周运动导轨则设置在固定部件上。

3. 导轨刚度

静压导轨的刚度 $J(\mathrm{N/m})$ 与法向力 P 成正比,而与间隙 h 成反比:

$$J = 3(1 - p_1/p_b)P/h$$

式中　p_1——油腔压力(Pa);

　　　p_b——油泵供油压力(Pa);

　　　h——导轨间隙(m)。

4. 导轨精度及油膜厚度

液体静压导轨应保持两个相对运动的导轨面处于纯液体摩擦状态,同时保证导轨有良好的运动精度、高的油膜刚度和较小的油泵功率消耗,因此对静压导轨面的几何精度有一定的要求。通常保证:

$$\Delta \leqslant (1/2 \sim 1/3)h_0$$

式中　Δ——在移动件导轨面内的几何精度总误差(cm),包括平面度、扭曲度、平行度等;

　　　h_0——导轨的油膜厚度(cm)。

导轨油膜厚度 h_0 不宜过大,以免降低导轨刚度,但也不宜过小。一般推荐:中小型机床 $h_0 = 0.015\mathrm{mm} \sim 0.03\mathrm{mm}$;大型机床 $h_0 = 0.03\mathrm{mm} \sim 0.06\mathrm{mm}$。

导轨面可用刮研或磨削获得。一般刮研的精度较高,每 25mm×25mm 内约有 16 个点,刮削深度约为 5μm。

5. 节流器的选择及油温控制、油液净化问题

(1) 节流器一般有毛细管、小孔节流、滑阀节流及薄膜反馈节流 4 种可选择设计。

(2) 油温应予以控制,不得超过 50℃,最好采用恒温控制。

(3) 油液净化,应利用精度过滤装置进行过滤。

另外,静压导轨结构设计应注意以下几点:

(1) 导轨零件本身要有良好的结构刚度。

(2) 大塑机床的地基要有足够的刚度。

(3) 闭式导轨压板的结合面应有足够的宽度。要求压板工作面与固定件的导轨有良好的

平行度,以保证油膜均匀。

（4）要有合适的回油措施。

6.4.5 滚动导轨及其设计

1. 滚动导轨

滚动导轨是在导轨工作面之间安排滚动件,使两导轨面之间形成滚动摩擦,摩擦因数小。动、静摩擦因数相差很小,运动轻便灵活,所需功率小,精度好,无"爬行"。滚动导轨由标准导轨块构成,装拆方便,润滑简单。直线运动滚动导轨的滚动体能沿着封闭轨道作循环运动,行程不受保持架的限制,由专业工厂生产,可以提供标准化的多种型号和尺寸规格的产品供用户选用,给设计和使用带来了方便,应用越来越广。

图6-52为滚动导轨块的应用结构示意图,这是一种滚动体循环运动的滚动导轨。移动部件运动时,滚动体沿封闭轨道作循环运动,滚动体为滚珠或滚柱。

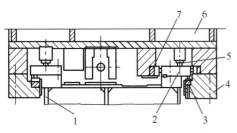

图6-52 滚动导轨块的应用结构示意图

1,3—楔铁;2—压板;4—滚动导轨块;
5—滚柱;6—导轨;7—轴承。

右导轨6两侧起导向作用,侧向间隙由侧面带动滚动导轨块的楔铁3调整。为承受颠覆力矩,两矩形导轨下方均有压板2,并用装有滚动导轨块的楔铁1调整间隙。调整楔铁可使导轨块和方导轨间产生预加载荷,以保证导轨副具有足够的刚性。为使导轨可以承受上、下左右的颠覆力矩与侧向力,可采用滚动导轨组件产品,它有4列滚珠分别配置在导轨的各个部位。

图6-53为滚动导轨组件。图6-54为滚动导轨组件的内部结构和滚珠循环原理图。图

6-55和图6-56为滚动导轨组件的固定和侧向预紧结构,具有便于安装和预紧的优点。

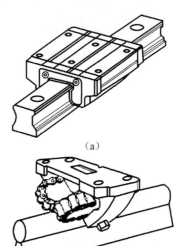

(a)

(b)

图6-53 滚动导轨组件的外形图

(a)承受倾覆力矩的中等载荷的结构;(b)不能承受倾覆力矩。

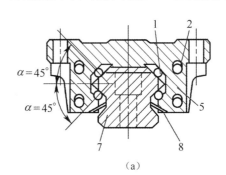

(a)

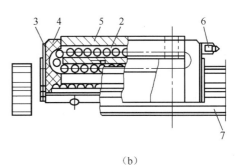

(b)

图6-54 滚动导轨组件结构图

1—滚珠;2—回珠孔;3,8—密封垫;4—挡板;
5—滑板;6—注润滑脂油嘴;7—导轨条。

2. 滚动导轨的设计

整体装配式直线运动滚动导轨的间隙（或预紧）出厂时已调好,国内产品的标识为P_0（中

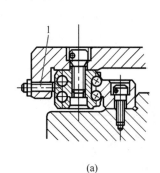

(a)

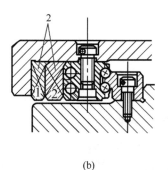

(b)

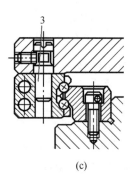

(c)

图 6-55　滚动导轨组件的侧向预紧

1—螺钉；2—垫块；3—偏心销。

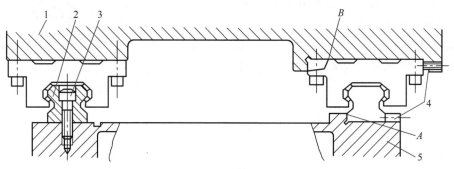

图 6-56　滚动导轨组件的固定

1—移动件；2—导轨条；3—固定螺钉；4—定位预紧螺钉；5—支件；A,B—定位面。

预紧)、P(轻预紧)、普通(无标识,最小间隙为0)和R(间隙)4种。分离装配式直线运动导轨的间隙(或预紧)由用户根据需要调整。间隙(或预紧)类型按下列原则选择:当同时承受力和力矩载荷、较大的冲击和振动、要求刚度大时,选用中等预紧;载荷方向一定、振动及冲击较小、精度要求不太高、滑动力要求小时,选用普通间隙;受温度影响较大、小载荷、精度要求高、用作辅助导轨时,选用轻预紧。

直线滚动导轨设计步骤如下:

(1)依据滚动导轨用途、承受载荷的类型(力和力矩)和特点(大小、方向),选择滚动导轨的类型。

滚动导轨按其结构特点分为开式和闭式两种。开式滚动导轨用于外加载荷作用在两条导轨中间,依靠运动件本身重量即可保持导轨良好接触的场合;闭式导轨则相反。

滚珠导轨的灵活性最好,结构简单,制造容易,但承载能力小,刚度低,常用于精度要求高、运动灵活、轻载荷的场合。滚柱(针)导轨刚度大,承载能力强,但对位置精度要求高。滚动导轨采用标准滚动轴承,结构简单,制造容易,润滑方便,宜用于中等精度的场合。为了增加滚动导轨的承载能力,可施预加载荷。这时刚度大且没有间隙,精度相应提高,但阻尼比无预加载荷时大,制造复杂,成本高,故多用于精密导轨。

(2)依据载荷的大小、方向、冲击振动等情况,选择合适的间隙(或预紧)。

当工作台往复移动时,工作台压在两端滚动体上的压力会发生变化,受力大的滚动体变形大,受力小的滚动体变形小。当导轨在中间位置时,两端滚动体受力相等,工作台保持水平;当导轨移动到两端位置时,两端滚动体受力不相等,变形不一致,使工作台倾斜 α 角,由此造成误差。此外,滚动体支承工作台,若工作台刚度差,则在自重和载荷作用下产生弹性变形,会使工作台下凹(有时还可能出现波浪形),影响导轨的精度。

为减小导轨变形,提高刚度,除合理选择滚动体的形状、尺寸、数量和适当增加工作台的厚度外,常用预加载荷的办法来提高导轨的刚度。如燕尾形滚动导轨,用移动导轨板获得并控制预加载荷。试验证明:随着过盈量的增加,导轨的刚度开始急剧增加,达到一定程度后,再增加过盈量,刚度不会显著提高。牵引力随着过盈量增加而增大,但在一定限度内变化不大,过盈量超过一定值后,则急剧增加。因此,合理的过盈量应使导轨刚度较好而牵引力不大。

(3)依据工作精度选择导轨的精度。

(4)依据工作情况和结构要求,合理设计导轨的组合形式和滑块的配置,依据行程选择导轨长度。一般应在满足导轨运动行程的前提下,尽可能使导轨短一些。

为防止滚动体在行程的极端位置时脱落,运动件的长度应为

$$L = l + 2a + S_{max}/2$$

式中　L——运动件或承导件的长度(mm),计算时取较短者的长度;

　　　l——支承点的距离(mm);

　　　a——在极端位置时的余量(mm);

　　　S_{max}——滚动体的最大间距(mm)。

采用循环式滚动导轨支承时,运动件的行程长度不受限制。

滚动体尺寸和数目:

滚动体直径大,承载能力大,摩擦阻力小。对于滚珠导轨,滚珠直径增大,刚度增高(滚柱导轨的刚度与滚柱直径无关)。因此,如果不受结构的限制,应有限选用尺寸较大的滚动体。

滚针导轨的摩擦阻力较大,且滚针可能产生滑动,所以尽可能不采用滚针导轨(特别是滚针直径小于4mm时)。

当滚动体的数目增加时,导轨的承载能力和刚度也增加。但滚动体的数目不宜太多,过多会增加载荷在滚动体上分布的不均匀性,刚度反而下降;若滚动体数目太少,制造误差将会显著地影响运动件的导向精度。一般而言,在一个滚动带上滚动体的数目最少为12个。经

验表明:运动部件的重量,使滚柱单位长度上的载荷 $q \geqslant 4\text{kg/cm}$ 时;对于滚珠导轨,在每个滚珠上的载荷 $p \geqslant \frac{3}{2}d\text{kg}$($d$ 为滚珠直径,单位为 mm)时,载荷的分布比较均匀。

在滚柱导轨中,增加滚柱的长度,可减小接触应力和增大刚度,但载荷分布的不均匀性也增大。对于钢制磨削导轨,滚柱导轨和直径之比 $l/d < 1.5$;对于铸铁导轨,l/d 可增大些(滚柱直径一般不小于 6mm,滚针直径不小于 4mm)。

(5)根据滚动导轨上承受的载荷进行受力分析,进行动额定载荷的计算,确定滚动导轨的型号并留有余量。

(6)滚动导轨安装固定的结构设计。导轨的质量取决于其制造精度和安装精度,设计时应根据使用要求,制定出滚动导轨的若干技术条件,如:

① 两导轨面间的不平度一般为 $3\mu m$。

② 导轨不直度一般为 $10\mu m \sim 15\mu m$,精密的导轨小于 $10\mu m$。

③ 滚动体的直径差,对于一般的导轨,全部滚动体的直径差不大于 $2\mu m$,每组滚动体的直径差不大于 $1\mu m$;对于精密导轨,全部滚动体的直径差不大于 $1\mu m$,每组滚动体的直径差不大于 $0.5\mu m$。

④ 滚柱的锥度在滚柱长度范围内,大小端直径差小于 $0.5\mu m \sim 1\mu m$;

⑤ 表面粗糙度通常应刮研;在 $25\text{cm} \times 25\text{cm}$ 内,其接触斑点为 20 个~25 个,精密的导轨取上限,一般的导轨取下限。

(7)滚动导轨的润滑与密封形式的选择。

(8)滚动导轨的防护设计。

6.4.6　导轨的润滑与防护

润滑油能使导轨间形成一层极薄的油膜,阻止或减少导轨面直接接触,减小摩擦和磨损,以延长导轨的使用寿命。同时,对低速运动,润滑可以防止"爬行";对高速运动,可减少摩擦热,减少热变形。

导轨润滑的方式有浇杯、油杯、手动油泵和自动润滑等。

导轨的防护装置用来防止切削、灰尘等脏物落到导轨表面，以免使导轨擦伤、生锈和过早磨损。为此，在运动导轨端部安装刮板；采用各种式样的防护罩，使导轨不外露等办法，如图6-57所示。

（a）

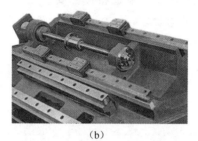

（b）

图 6-57　丝杠的润滑和防护

6.4.7　导轨的超音频加热淬火

1. 导轨的超音频加热淬火原理

感应加热的频率分为高频、超音频、中频和工频四种，应用于机床导轨表面淬火的有高频和超音频两种，频率决定着淬火的技术经济指标和淬火质量。超音频是继高频之后被发展应用于床身导轨加热淬火工艺中的先进手段。据资料介绍，床身经超音频加热淬火比高频加热淬火可提高使用寿命1倍～2倍。根据床身的服役条件，并考虑到淬火产生的变形，床身必须经过磨削后才能装配使用，这就要求淬硬层深度不小于2mm。

感应加热时，由于集肤效应，感应电流在工件内的分布是不均匀的，电流密度随深度的增加而减小。通常，把电流密度降低到表面电流密度1/2.7处的深度称为热透入深度。在快速

加热条件下，当淬硬层的深度小于热透入深度时，温度的分布非常理想，热效率也可提高30%～40%。热透入深度可按下式计算：

$$\delta = 5030\sqrt{\frac{\rho}{\mu f}}$$

式中　δ——热透入深度（cm）；

　　　f——加热频率（Hz）；

　　　ρ——材料的电阻率（$\Omega \cdot m$）；

　　　μ——材料的相对磁导率，加热温度超过
　　　　　磁性转变温度的钢铁，$\mu = 1$。

近似热透入深度（mm）可按下式计算：

$$\delta = 500/\sqrt{f}$$

由该式计算出的高频、超音频和中频加热的热透入深度见表6-9。

表 6-9　不同频率加热的热透入深度

频率/kHz	热透入深度/mm
中频：1～8	15.81～5.59
超音频：30～40	2.89～2.50
高频：200～300	1.12～0.91

加热时，随温度升高，钢铁材料的ρ值增大，而μ值减小，所以电流透入深度随温度升高而加深。热态透入深度往往比冷态透入深度高许多倍。超音频加热的热透入深度为2.89mm～2.50mm，略大于要求的淬硬层深度，因此可以保证均匀快速的加热，淬火后可得到理想的淬硬层深度和优良的组织结构，并有热效率较高的温度梯度分布，在床身导轨中心的拉应力也较小。因此，用超音频加热进行导轨淬火，既可保证质量，又可取得较好的经济效益。

2. 导轨的超音频加热淬火特点

（1）用超音频加热进行床身导轨淬火，具有更加合适的电流频率，淬火后可获得优良的淬火组织和2mm～4mm淬硬层深度。淬火后弯曲变形较小，可以减少磨削量，提高磨削效率，同时也保证磨削后导轨面有足够深的淬硬层，以提高床身的使用寿命。

（2）用超音频加热时，在需要淬硬的加热层内温度分布比较均匀，不需要淬硬的热过渡区内层温度陡降，热能利用率高，与高频加热比较，可提高淬火速度 70% 左右。超音频加热设备的总效率比高频设备高，可达到节电、节水和提高生产效率的目的。

（3）30kHz ～ 40kHz 的频率，比射频（≥100kHz）低，比音频（≤20kHz）稍高，对人身基本无辐射影响，也不致对周围的无线电设备产生干扰，可不必采取屏蔽措施。

（4）采取妥善措施，床身两头的软带能够得到解决，从而使硬度均匀，软带、软点少。

6.5 数控机床的机电匹配

6.5.1 各类开关型号的选择与电气接口统一

数控机床使用的基本上都是低压电器。用于额定电压在 AC1200V 和 DC1500V 以下的电路中起通断、保护、控制或调节作用的电器，称为低压电器。低压电器种类复杂，常用的大致有熔断器、断路器、接触器、控制继电器、主令开关、电磁铁、指示灯等几大类，其中每一类中又有交直流之分，有电压、极数、电流、防护等级以及使用环境条件的区别，规格繁多。

选择低压电器应遵循既满足要求又经济的原则，每种类别各自的性能要求不一样，但主要的性能就是工作额定电压、额定电流、耐压、耐过流能力以及寿命等。

表 6-10 列出了一种主令开关-按钮的技术

表 6-10 主令开关-按钮的技术指标

参数名称	技术指标
工作温度/℃	−25～+55（无结冰）
工作相对湿度/%	45～85（无结冰）
接触电阻/Ω	≤0.05（初值）
绝缘电阻/MΩ	≥100
耐压/V	AC1500（触点与灯珠之间）
	AC1000（同极端子之间）
	AC1600（不同电极断子之间）
机械寿命/万次	100（一般式、带灯式、蘑菇式）
	10（自锁式、旋钮式、钥匙式）
电气寿命/万次	10（AC—15）
	5（DC—13）
防护等级	IP40

指标。触点容量见表 6-11。常用指示灯的技术指标见表 6-12。

表 6-11 触点容量

参数名称	技术指标		
最大电压/V	AC/DC250		
发热电流/A	3		
工作电压/V	24	110	220
额定电流/A AC 阻性	2	1.5	1
额定电流/A AC 感性	2	1	0.7
额定电流/A DC 阻性	1.0	0.5	0.2
额定电流/A DC 感性	0.7	0.2	0.1
触点材料	纯银触点		

表 6-12 指示灯的技术指标

使用条件		技术指标	
环境温度/℃	−25～+60	工频耐压	2.5kV（试验电压为交流有效值）
		绝缘电阻	≥2MΩ
空气相对湿度/%	≤98	允许电压波动	电压≤48V，允许波动±5%；电压>48V，允许波动±20%
安装类别	Ⅲ类	连续工作寿命	≥50000h
		光亮度	≥75mcd
		超高亮度	≥150mcd
污染等级/级	3	相比漏电起痕指数（CTI）	≥100

有"TH"标志的能在湿热带环境下正常工作（防护等级 IP65）

熔断器和断路器是电路过载、短路保护的常用电器元件,技术指标以动作电流和动作时间为主要指标,普通熔断器 1.6 倍～2 倍额定电流（$(1.6～2)I_n$）1h 内熔断,电流越大,熔断时间越快,快速熔断器在 4 倍额定电流（$4I_n$）下熔断时间为 0.05s～0.3s,6 倍额定电流（$6I_n$）下熔断时间为 0.02s。断路器的技术指标见表 6-13。电流脱扣特性见表 6-14。

图 6-58 是 C 型（5～10）I_n 动作特性曲线,适用于照明配电、插座回路或部分动力配电系统中。

图 6-59 是 D 型（10～14）I_n 动作特性曲线,适用于动力或其他强感性载荷回路中。

表 6-13 断路器的技术指标

壳架等级额定 电流/A	额定电流 /A	级数	额定电压 /V	额定短路分析能力	
				试验线路预期 电流/A	功率因数
63	5(6),10,15(16),20 25,32,40	1,2	230	6000	0.65～0.70
		2,3,4	400		
	50,63	1,2	230	4000	0.75～0.80
		2,3,4	440		

表 6-14 电流脱扣特性

试验电流/A	额定电流/A	规定时间/s	起始状态	预期结果	备 注
$1.13I_n$	所有值	$t \leqslant 3600$	冷态	不脱扣	
$1.45I_n$	所有值	$t > 3600$	冷态	脱扣	紧接上一项试验,电流在 5s 内 稳定上升至规定值
$2.55I_n$	$I_n \leqslant 32$	$I < t < 60$	冷态	脱扣	闭合辅助开关接通电源
	$I_n > 32$	$I < t < 120$			
$5I_n$（C 型）	所有值	$t \leqslant 0.1$	冷态	不脱扣	
$10I_n$（C 型）	所有值	$t > 0.1$	冷态	脱扣	

在低压电器主令开关中,接近开关也称无触点开关,是选型的难点。接近开关是一种有源的电子产品,不像无源的机械触点只要了解基本的技术指标就可以了,需要确定测量范围、精确度、迟滞、重复性、稳定性、频率响应、输出的载荷能力等。接近开关有多种,如电容式、电感式、光电式、霍耳式、压电式、热电式等,根据不同的工作环境选择不同类型的接近开关。

接近开关频率响应、重复性、稳定性远高于机械式触点,但载荷能力有限,机械式触点只有通、断两种状态。接近开关也有通、断,但有与正电压导通的,也有与负电压导通的,在选型上要看数控系统 PLC 的接口,现在常规 PLC 都是使用 PNP 型接近开关,但也有 PLC 是 NPN 型的。图 6-60 是接近开关的电路示意图。

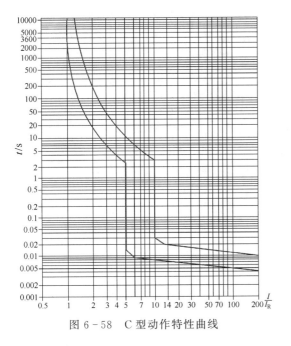

图 6-58 C 型动作特性曲线

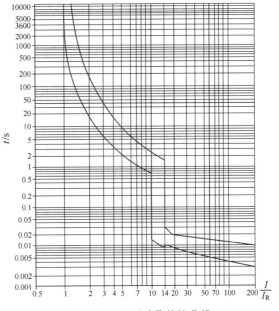

图 6-59 D 型动作特性曲线

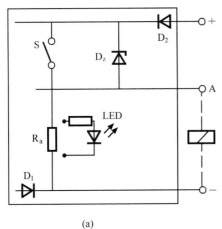

(a)

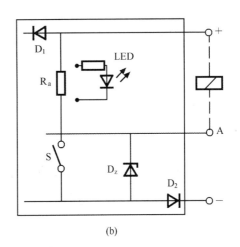

(b)

图 6-60 接近开关的电路示意图

(a)PNP,源极(电流源极);(b)NPN,漏极(电流漏极)。

S—半导体开关;R_a—输出电阻;D_z—稳压二极管;D_1—极性接反保护二极管;D_2—极性接反保护二极管,

在载荷电流回路(只用于短路保护);LED—发光二极管。

图 6-61 是 FANUC 系统 PLC 的输入接口示意图。

低压电器种类复杂,规格繁杂,各个种类各种规格价格存在差异,甚至是成倍的关系,如船用、高温高湿环境、高防护等级的价格远大于普通环境使用的价格。大容量的触点、大的检测范围也是价格较高的因素。所以选型准确是节约成本的最好、最直接的途径。

除了输入信号,数控系统还要通过 PLC 控制电动机、油缸、汽缸等元件。PLC 是弱电,控制这些强电就需要小电流控制大电流的电路,如 PLC 输出 DC24V 电压使中间继电器吸合,中间继电器接通 AC220V 使接触器吸合,接触器接通三相 380V 使电动机运行,这是一个典型电路。

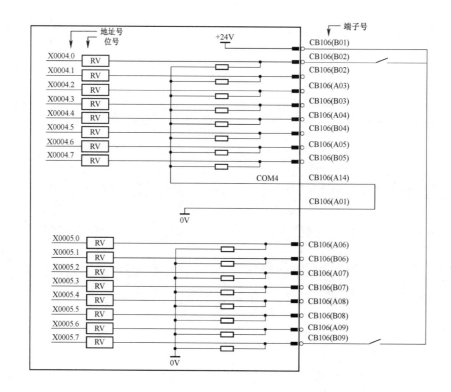

图 6-61　PLC 的输入接口示意图

注:对于地址 X0004,既可以选为源极型也可以选为漏极型(通过 0V 和 24V 电源进行选择)。COM4 必须被连接到 0V 或 24V 上,不能悬空。从安全标准的观点看,推荐使用漏极型信号。该图为一个使用漏极型信号的范例(提供 24V 公用电压)。

6.5.2　机器安全、人员安全保护开关设计选择、功能信号开关选择、电磁阀的电压匹配

因为数控机床是高自动化设备,存在很多不安全因素,安全是指机床安全、人身安全。设计时除完成所需功能外,还要考虑对可能出现的不安全因素如何避免和检测。在发生故障时,能以最快的速度停止机床或故障功能部件的运行,显示故障信息,保护机床和人员,防止扩大故障,并利于排除故障。

首先在机床电路上,短路保护、过流保护是必需的。根据载荷的类型和电流大小选择熔丝或断路器,熔丝最好具有熔断提示功能。在多级保护中,不允许越级跳闸,这样对故障点的判断就增加了难度,所以在各级的保护中要注意

选择熔丝或断路器的电流大小和类型。关于触电的安全防护,在国家强制性标准中,防触电检测是非常严格的,比如接地电阻必须小于 0.1Ω,柜内电器所有防护等级必须大于 IP20,等等。

每个功能部件在运行中都有可能出现故障或损耗,根据故障或损耗对机床或人身的不安全点进行检测,检测的项目一般有位置、压力、液面、温度等。如数控车床上的气动或液压自动卡盘,一般通过压力继电器检测卡盘的夹紧压力,当压力异常下降到设定的压力值后,机床主轴刹车,防止卡盘上夹紧的零件因为压力不足而飞出,引起安全事故。更安全一点的设计,还要检测卡盘油缸的行程,防止空夹的可能。空夹时压力是正常的,只是卡盘油缸已经移动到了终点,在卡爪上就没有了夹紧力,通过油缸

上的行程检测开关,可以避免在这种情况下启动主轴。

加工中心的主轴抓刀机构与车床卡盘相似,但抓刀的夹紧力来自碟形弹簧而非油缸或汽缸,油缸或汽缸只起松刀作用,而且加工中心的换刀必须准确检测刀具的松开、夹紧情况。在这种要求下就必须检测油缸或汽缸的实际位置,分别在夹紧位置和松开位置放置行程开关或接近开关,用来检测刀具的情况,液压系统或气动系统的压力反而就没有了检测的必要。

又如,机床的润滑系统是非常重要的,如果没有润滑油,数控机床的寿命将大大缩短,所以润滑系统中的润滑油是必须要检测的。在应用上就有了液面开关,检测润滑油是否充足,润滑压力开关检测整个润滑系统的压力。当有漏油时,无法建立润滑压力,只要保证压力,就保证所有润滑点的供油。

在电主轴中因为主轴与电动机是一体的,电动机的发热会严重影响主轴的精度,甚至使主轴轴承因为温度过高而烧毁,这就要求要随时检测电主轴的温度。现在市场上有很多用于主轴冷却的水冷机或油冷机,在这些装置中温度传感器和循环系统、空调系统是不可缺的。这些装置中有报警或正常运行信号与机床PLC连接,当出现故障时,机床PLC会根据当前情况决定停机还是继续运行,但提示报警是肯定的。

每种检测开关虽然检测的目的都一样,但可以工作的环境是不同的,如接近开关最好不安装在机床切削的工作区域,因为铁屑会引起接近开关误动作。但接近开关防护等级很高,可以在油或水中工作,而行程开关不行。光电开关使用的环境更是苛刻,如果粉尘太大,就不适合光电开关工作,而且光电开关价格最高。

现在机床的设计以简单可靠为目的,功能部件的检测不是越多越好,因为多一个电气元件就多一个故障点。为了机床的稳定可靠性,满足要求就可以了。如数控车床的卡盘,其实位置检测可以取消,因为空夹情况稍微有经验的操作工都可以发现。

6.5.3 伺服电动机扭矩、功率、转速的设计与运动部件的匹配

电动机的转速取决于使用要求,比如机床工作台的工作进给速度和快进速度。

当伺服电动机直接和丝杠相连时,机床工作台由丝杠螺母传动机构带动,则电动机转速(r/min)为

$$n_M \geqslant v_{快}/h_{sp} \qquad (6-29)$$

式中 $v_{快}$ ——工作台快进速度(mm/min);

h_{sp} ——丝杠导程(mm)。

调速范围取决于机床加工的最小进给量和空行程的最大快进速度。通常,机械加工的变速范围为

$$D = \frac{n_{max}}{n_{min}} \approx 1000 \sim 4000 \qquad (6-30)$$

考虑到空行程的快进速度,则

$$D \approx 4000 \sim 10000$$

电动机的静态转矩用来克服导轨摩擦、传动摩擦、机械切削力矩以及重力矩的作用,可表示成

$$M_{ST} = \sum M_R + M_{MC} + M_Z \qquad (6-31)$$

式中 M_{ST} ——静态转矩;

$\sum M_R$ ——各种摩擦力矩的总和;

M_{MC} ——切削力拒;

M_Z ——重力矩。

实际机床上,由于存在传动效率和摩擦因数因素,滚珠丝杠克服外部载荷 P 作等矩运动所需力矩,应按下式计算:

$$M_1 = \left(K\frac{F_{a0}h_{sp}}{2\pi} + \frac{Ph_{sp}}{2\pi\eta_1} + M_B \right)\frac{z_1}{z_2}$$

$$(6-32)$$

式中 M_1 ——等速运动时的驱动力矩;

$K\dfrac{F_{a0}h_{sp}}{2\pi}$ ——双螺母滚珠丝杠的预紧力矩;

F_{a0} ——预紧力(N),通常预紧力取最大轴向工作载荷 F_{max},难于计算时,可采用 $F_{a0} = (0.1 \sim$

$0.12) C_a$，其中 C_a 为滚珠丝杠副的额定载荷，在产品样本中可查到；

h_{sp} —— 丝杠导程（mm）；

K —— 滚珠丝杠预紧力矩系数，取 $0.1 \sim 0.2$；

P —— 加在丝杠轴向的外部载荷（N），$P = F + \mu W$（其中，F 为作用于丝杠轴向的切削力（N）；W 为法向载荷（N），等于移动部件重力与夹板夹持力之和；μ 为导轨摩擦因数）；

η_1 —— 滚珠丝杠的效率，取 $0.90 \sim 0.95$；

M_B —— 支承轴承的摩擦力矩（N·m），又称启动力矩；

z_1, z_2 —— 齿轮 1、2 的齿数。

最后伺服电动机应满足额定转矩大于运动所需的转矩。

伺服电动机功率计算公式为

$$P = M_M \omega_M \qquad (6-33)$$

6.5.4　各类功能部件与电气的匹配

功能部件可以是纯粹的 PLC 动作，如数控车的卡盘、尾架，加工中心的上、下料机械手等；也可以是与机床数控系统功能密切相关的动作，如对刀仪、工件测量仪、手轮手持单元等。

纯粹的 PLC 动作比较简单，只要解决此部件需要读取数控系统的哪些状态标志地址，需

要通知数控系统哪些状态标志地址，称为读（NC→PLC）、写（PLC→NC）。

如机床执行 M 指令时，会在相应的地址上置 1，PLC 根据这个地址去执行一系列的动作，完成后再将 M 指令的完成信号地址置 1，通知数控系统当前 M 指令已完成，可以进行下一条指令。

与机床数控系统功能密切相关的动作，如对刀仪、工件测量仪、手轮手持单元等，一般有专门的接口用于这些功能，FANUC 0i 系统要求对刀仪必须接入特定的 PLC 输入地址 X4，SIEMENS 则要求接入系统专用的测量接口中，这些接口有自己的电气要求，一般都是 DC24V 信号。

关于动作的执行方面，有执行元件如电动机、油缸/汽缸等，有检测元件如接近开关、行程开关、压力继电器等。执行元件的选择比较简单，主要看功能的要求，不管是哪种执行元件，PLC 通过中间继电器、接触器都能控制。对于检测元件的选择难度大一些，选择正确，则功能部件运行稳定可靠。一般选择的要求：功能部件有定位要求的就必须有检测行程的元器件，如行程开关、接近开关、编码器等；有角度要求的就需要旋转编码器，可以是增量或绝对值编码器；有压力要求的就需要压力继电器。其中有的起控制作用，如到达某个位置后执行一些动作；有的起保护安全作用，如卡盘压力继电器。

6.6　功能部件的设计

6.6.1　数控机床液压部件的选择

数控车床主要用于回转体盘类、轴类等零件的全自动加工。零件可在一次装夹后完成回转体曲面、沟槽、镗孔、钻孔、扩孔、攻铰螺纹、车螺纹等多种复杂的工序，并要求具有加工效率高、可靠性强等特点。数控车床中液压系统的设计是加工中心车、铣、钻、镗类机床中的一种

典型设计。

1. 数控车床对液压系统的要求

数控车床的液压系统主要是完成加工零件所需的一些辅助动作。数控车床液压系统所承担的辅助动作所需力及流量变化较小，主要载荷是满足加工零件的夹紧力、顶紧力以及刀盘的锁紧力等。为满足上述功能，一般采用中低压系统，压力在 7MPa 以下，液压系统流量一般

在 30L/min 以下。

2. 数控车床中液压系统的主要动作

1) 零件的夹紧和松开

数控车床因其零件在高速旋转中进行切削加工,故对零件的可靠夹紧有其特殊要求,并保证在机床切削过程中出现故障、突然停电等情况下,零件被可靠夹持。因此,对其零件夹紧液压装置在安全可靠性方面需有多重保护装置,零件的夹持通常由液压旋转油缸提供。轴向推拉力经拉杆连接到动力卡盘上,并经斜楔机构等将轴向力放大成夹紧工件的径向夹紧力。

2) 零件的轴向顶紧(尾架顶紧)

数控车床加工轴类零件当其长径比超过 3 倍时,根据零件的加工要求,一般需用活动顶尖顶紧零件,以加强零件的刚性,防止在切削过程中发生振动。数控车床为体现其高效、自动化,尾架套筒的伸缩与普通车床有所不同。普通车床套筒伸缩由手动完成,数控车床尾架套筒的伸缩一般通过液压油缸推动套筒来实现。

3) 零件的径向辅助支承(中心架支承)

数控车床加工细长轴时,为保证切削的顺利进行,一般需在零件中间加装中心架。数控车床的中心架大多采用液压自定心中心架来进行零件的辅助支承。

4) 液压刀架的换位和锁紧

数控刀架是数控车床的核心部件之一,直接影响数控车床的性能。随着我国数控车床行业的不断发展,对配套刀架的要求越来越高。而国内目前生产的刀架多为中低档电动刀架,虽然价格便宜、结构简单、动作可靠,但存在难以克服的缺点,如冲击噪声大、换刀时间长、单向旋转、换刀频率低等。液压刀架与电动刀架相比有其独特的优点:液压马达驱动可实现快速双向就近选刀;极佳的可靠性和液压锁紧力,适宜重切削;高精度齿盘确保定位精度;液压刀架因其高速、高精度、高可靠性得到用户的青睐。

3. 数控机床液压系统的其他要求

数控机床对整个液压系统的要求:外观整齐,易于调整维修,在部分管路中需设置压力表,测压接点;油路管道需排列整齐,为防止至各个运动部件的液压软管损伤,应尽可能用管道防护导套保护起来。液压泵站在正常工作中,为保证液压油的工作特性,要求系统油温不得超过 60℃,从开机至泵站热平衡温升不得超过 30℃,泵站噪声不得超过 72dB(A)。

4. 数控机床中常见的液压系统原理举例说明

图 6-62 是某型数控机床液压系统原理图,下面对其组成及零作中的调整加以简要说明。

1) 液压系统泵站运动时序

打开机床电源,启动电动机,变量叶片泵运转,溢流阀起安全阀作用,调节变量叶片泵,使其输出压力达 5MPa 左右,并将溢流阀调至 6MPa,以确保限压式变量叶片泵在限压失效时起溢流安全阀作用。泵站上同时装有液位计和油路滤油器,滤油器过滤精度为 $10\mu m$,当油路滤油器进出口压差大于 0.3MPa 时,机床电器系统报警。为了液压系统性能更加稳定可靠,在变量叶片泵的吸油路增加了粗滤油器 1,滤油器过滤精度为 $100\mu m$ 左右。

2) 零件夹紧

数控机床切削零件通过动力卡盘夹紧,在高速液压旋转油缸规格确定后,其夹紧方式(正夹、反承)和夹紧力的大小通过压力口减压阀、电磁换向阀和手动转位阀(在油管不变的情况下实现零件正夹与反承的切换)完成,压力继电器用以检测零件压力,压力达到设定值后主轴才能旋转,以确保零件被可靠夹持。油缸本身所带的液控单向阀能确保意外故障等情况下油缸两腔油"被困",确定零件不松脱,起安全保障作用。

3) 零件轴向顶紧

数控机床加工细长轴时需要轴向由尾架顶针顶紧,以确保零件加工时的刚性和精度。执行动作由电磁换向阀完成。顶紧力的大小控制由减压阀来调整。执行速度由节流阀完成。压力继电器则检测零件是否被可靠轴向顶紧。

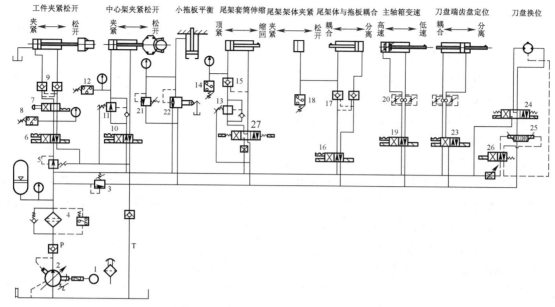

图6-62　某型数控机床液压系统原理图

1—滤油阀;2—电动机;3,5,11,13,21—溢流阀;4—变量叶片泵;6,7,10,16,19,20,23,24,26—换向阀;

8,12,14,18—继电器;9,15,17—单向阀;22—减压阀;25—节流阀。

4) 中心架的辅助支承

数控机床加工细长轴时需要在零件中间辅助支承,以确定零件加工时的刚性和精度。执行动作由电磁换向阀完成。夹紧力的大小控制由减压阀来调整。执行速度由节流阀完成。压力继电器则检测零件是否被可靠支撑。

5) 液压刀架中刀盘的换位与锁紧

刀架的换位和锁紧由电磁换向阀完成(电磁换向阀根据液压刀架的种类而需要更换,如是液压伺服刀架电磁换向阀,则需选择两位四通型的)。压力继电器则检测执行动作是否到位可靠。

6.6.2　数控机床气动部件的选择

气动全称气压传动与控制,是生产过程自动化和机械化较有效的手段之一,具有安全性、经济性、易维护操作、节省空间、简化机床结构等优点,在数控机床工业中得到广泛应用。

1. 数控机床对气动系统的要求

数控机床的气动系统主要应用于以下装置完成加工零件需要的一些辅助动作。通过计算数控车床气动系统所承担的辅助动作所需供气流量及供气压力,来选择空气压缩机的额定排气量及排气压力。一般数控车床气动系统供气压力在1MPa以下,流量在550L/min以下。

2. 数控机床中气动系统的主要动作

1) 零件的夹紧、松开

数控机床因其零件切削加工的需要,可配备气动卡盘,气动卡盘的汽缸位于盘体内,经斜楔机构等将轴向力放大成夹紧工件的径向夹紧力,因此不需要油缸和液压系统。气动卡盘的大通孔非常适合零件置于主轴内孔加工,具有夹持力大、范围广、夹持精度高、转速高、寿命长等优点而得到广泛应用。卡盘卡爪的夹紧、松开通过气动电磁阀的换向来实现。

2) 自动门的开、合

数控机床为减轻工人劳动强度、缩短加工辅助时间并根据需要配置自动门,自动门的开、合选择通过汽缸活塞杆前后运动来实现,活塞杆的运动通过气动电磁阀的换向来满足要求,自动门的开、合速度通过调速阀来调节。

3) 主轴内孔自动定位送料装置

在机械加工中,对零件的深孔、端面及螺纹的加工不能用尾架顶紧,因此需用中心架来辅助支承。而用中心架辅助支承,就必须用中心架夹持零件的外圆进行定位,这样对零件的外圆有一定的精度要求;否则,因定位不准,影响零件加工精度。另外,还必须调整中心架的中心;否则,会由于中心架的中心与主轴中心的不同轴而引起工件的振摆,切削时容易发生振纹。这需要考虑将零件放置于主轴内孔定位,可以在机床尾部固定汽缸,通过汽缸活塞杆前后运动对主轴内孔零件起定位作用,并将零件自动送到所需要的位置。活塞杆的前后运动通过气动电磁阀的换向来实现,而零件所需的前后位置则由汽缸的行程来满足要求,根据具体情况可选择汽缸的磁性开关数量。

4)机床的吹气

许多数控机床配置专用气枪,通过压缩空气吹扫、清洁机床,打开或关闭阀门即可,经济实用、使用方便。

3. 数控机床中气动系统的要求

经空气压缩机送出的气体必须经过处理才能送到气动系统的各个执行元件。气动三联件是气源处理器,一般指空气过滤器、减压阀、油雾器。其中,减压阀对气源进行稳压,使气源处于恒定状态,可减小因气源气压突变对阀门或执行器等硬件的损伤。过滤器用于对气源的清洁,过滤压缩空气中的水分,避免水分随气体进入装置。油雾器对机体运动部件以及不方便加润滑油的部件进行润滑,大大延长机体的使用寿命。有些品牌的电磁阀和汽缸能够实现无油润滑(靠润滑脂实现润滑功能),不需要油雾器。空气过滤器和减压阀组合在一起称为气动二联件。有些场合不允许压缩空气中存在油雾,则使用油雾分离器将压缩空气中的油雾过滤掉。总之,这几个元件根据需要进行选择,并可将它们组合起来使用。

6.6.3 数控机床水冷部件的选择

数控机床的冷却系统主要用于在切削过程中冷却刀具与工件,同时也起到冲屑作用。为了获得较好的冷却效果,冷却泵打出的切削液

需通过刀盘或主轴前的可调节角度的喷嘴喷出,直接冲向刀具的切削发热处。目前,数控车床选择的冷却泵一般是多级离心泵,扬程高、流量大,可有效地冲净切屑并冷却加工件。浸水式泵吸力强且电动机与泵体间有一定的间距,电动机产生的热量不会直接传至水箱从而造成水温的上升。有的冷却泵配双速电动机,则有两种扬程和流量供用户选择。安装时,为了防止杂物混入使吸力降低,泵体底部和油箱底面距离保证 30mm 以上。

冷却水必须经过滤后才能送到冷却泵,冷却泵的启/停常由数控程序中的辅助指令控制。冷却箱容积大小根据实际情况来选定,而冷却液的更换应根据污染情况及 pH 值来决定,一般 pH≤6 时,则必须重新配置更换。

对于数控车削中心,电主轴系统有温控装置,通过精密油冷却机使主轴系统在一定的温度范围(22 ℃~28 ℃)工作,确保主轴精度和零件加工精度。

6.6.4 数控机床润滑部件的选择

数控车床润滑系统状态的好坏直接影响到其导轨、丝杠等机械装置的润滑,它是伺服系统驱动的一个必要使用条件,润滑不好容易引起机械磨损及伺服性能下降。数控车床一般采用集中润滑,它担负机床各导轨副、滚珠丝杠副、尾架套筒等定时、定量供油润滑。润滑泵油箱内设有浮动开关以检测油位,低于下限系统报警,要及时加油。数控车床上使用的润滑泵一般有自动活塞式润滑泵、电动间歇式润滑泵和电动卸压式润滑泵三种。自动活塞式润滑泵的润滑周期根据机械定时器设定,每次供油量在一定范围内可调整。电动间歇式润滑泵和电动卸压式润滑泵的供油周期和供油时间均可通过数控程序中的辅助指令来控制设定,电动间歇式润滑泵和电动卸压式润滑泵并有压力检测开关通过数控程序来检测。自动活塞式润滑泵、电动间歇式润滑泵与抵抗式计量件配用,通过节流控制流量按流量定数对流量进行比例分

配。电动卸压式润滑泵配定量计量件使用,由润滑泵输出的压力推动计量件内的活塞,将油剂强制、定量地输送至各润滑部位。可以根据具体使用情况来选择润滑泵。

6.7 数控机床典型元件的选择

6.7.1 轴承的选择

1. 轴承载荷、刚度

1) 载荷情况

载荷是选择轴承最主要的依据,通常根据载荷的大小、方向和性质选择轴承。

(1) 载荷大小:一般情况下,滚子轴承由于是线接触,承载能力大,适于承受较大载荷;球轴承由于是点接触,承载能力小,适用于轻、中等载荷。各种轴承载荷能力一般以额定载荷比表示。

(2) 载荷方向:纯径向载荷,一个套圈无挡边的圆柱滚子轴承可以承受纯径向载荷,所有其他径向轴承除了径向载荷外还可以承受一定的轴向载荷。纯轴向载荷,双向角接触推力球轴承可以承受纯轴向载荷,对于大型轴承配置或需承受极重的轴向载荷的应用,建议使用特殊的单向推力球轴承或圆柱滚子推力轴承。径向载荷和轴向载荷联合作用时,一般选用角接触球轴承或单向角接触推力球轴承,这两种轴承随接触角增大承受轴向载荷能力提高。

(3) 载荷性质:有冲击载荷时,宜选用滚子轴承。

2) 刚度情况

(1) 主轴轴承系统的刚度对于机床的加工非常重要,因为承受载荷造成的轴弯曲决定机床的生产率和加工精度。轴承刚度影响轴承配置系统的刚度,从而影响整个主轴轴承系统的刚度。但是轴承刚度不是影响系统刚度的唯一要素。在检查一个完整系统的性能时会发现,主轴的弯曲、支承轴承的位置和数量以及工具都有很大的影响。轴承刚度取决于轴承的型式和尺寸,最重要的因素是:滚动体的类型(滚子或球);滚动体的数量和尺寸;接触角。滚子轴

承的滚动体与滚道的接触面比球轴承大,滚子轴承的刚度要高于球轴承的刚度。滚动体的数量对于轴承刚度的影响要比滚动体的尺寸的影响大。在需要高径向刚度的应用场合,应选用接触角尽可能小的轴承;相反,在需要高轴向刚度的场合,轴承的接触角尽可能大。

(2) 成组轴承的载荷、刚度。以背对背方式配置轴承的载荷线朝轴承轴线发散。虽然每次仅由一个轴承(或串联轴承)承载,但可以在两个方向承载轴向载荷。背对背方式配置的轴承相对刚度大,可以承受倾覆力矩。

2. 设计主轴的基本准则

(1) 在满足其他要求的条件下选择尽可能大的轴颈。

(2) 使前部支承位置和轴头之间的距离最小。

(3) 轴承间距(后部支承位置和前部支承位置之间的距离)应相当小。作为指导,$I/d=3\sim3.5$ 的比例为最佳,其中:I 为最后端的轴承系列与最前端的轴承系列之间的距离;d 为前轴承的孔径。

3. 轴承润滑

轴承润滑对轴承相当重要,对某一应用润滑剂和润滑方法的选择主要取决于运转条件(如允许温度或运转速度),但是也可能由相邻元件(如齿轮)润滑决定。轴承润滑是在滚动体和滚道之间形成足够的润滑膜,只需使用极少量的润滑剂。如果润滑剂用量少,则流体动力摩擦损失就很小,运转温度可以保持得很低。利用油脂可确保只需使用极少量的润滑剂,这种润滑方法在主轴轴承配置中日益普及。但是,对于速度极高的应用,应使用润滑油对轴承进行润滑,因为在此类条件下油脂的工作寿命

太短。使用油脂意味着轴承配置设计可以较为简单,因为油脂与润滑油相比更容易保持在轴颈处,并且有助于防止污染物和湿气进入轴承。在大多数应用中,矿物油基和锂基油脂都适合用于精密轴承。在对于速度、温度和工作寿命有较高要求的场合,使用基于合成油的轴承油脂已被证明是有利的。

4. 轴承尺寸精度、旋转精度

1) 轴承的尺寸精度

轴承的尺寸精度对于轴承套圈和轴或轴承座之间的配合非常重要。由于配合会影响所安装轴承的游隙或预载荷,轴承和轴承座的公差很小。带有圆锥孔的圆柱滚子轴承与具有同等旋转精度的角接触球轴承相比,其尺寸偏差可以稍大,这是因为轴配预载荷或游隙是由内圈在锥形轴承座上的推进量所决定的。

2) 轴承的旋转精度

轴承配置的旋转精度取决于其所有组件的精度。对于轴承而言,精度主要取决于位于轴承套圈上的滚道的精度及其型式和位置。在为某个轴承选择正确的公差等级时,对于大多数应用而言,内圈的最大径向跳动通常是具有决定性的因素。

5. 轴承极限转速、寿命

1) 轴承极限转速

轴承允许的运转温度在很大程度上取决于滚动轴承的运转速度。具有低摩擦从而轴承自身产生的热量较低的轴承最适合用于高速加工。一般球轴承比滚子轴承有较高的极限转速,故高速时应优先考虑选用球轴承。系统的运转温度取决于许多因素,轴承只是其中之一。轴承自身产生的热量由多种原因造成,如轴承内部设计、轴承圈和滚动体的材料润滑类型、施加于轴承之上的载荷(包括预载荷)等。保持架的材料与结构对轴承转速影响很大,实体保持架比冲压保持架允许的转速高。高速重载的轴承需验算其极限转速。

2) 轴承寿命

在机床主轴应用中,轴承的尺寸几乎总是

由系统的刚度、刀架的固定尺寸或主轴孔径决定的,根据这些标准选择的轴承往往可以使系统具有极长的工作寿命。

(1) 基本额定寿命公式。对于简单轴承系统基本额定寿命计算公式如下:

$$L_{10} = (C/P)p$$

式中 L_{10}——基本额定寿命(90% 可靠性,百万次旋转);

C——基本额定动载荷;

P——等效动载荷;

p——寿命公式指数(球轴承为 3,滚子轴承为 10/3)。

(2) 调整额定寿命公式。由于除了载荷以外还有很多因素影响调整寿命,调整寿命计算公式如下:

$$L_{na} = a_1 a_2 a_3 (C/P)p$$

或简化为

$$L = a_1 a_2 a_3 L_{10}$$

式中 L_{na}——调整额定寿命(百万次旋转,na 代表所需的可靠性和百分之百之间的差别);

a_1——可靠性的寿命系数;

a_2——材料的寿命修正系数;

a_3——运行条件的寿命修正系数。

6. 轴承防护

根据轴承不同的损伤原因,可采取以下不同的防护措施:

(1) 机床主轴长期停止运转时应对其进行防锈处理。

(2) 注意清理轴承周边,改进封装装置。

(3) 选择适当的润滑方式和润滑剂。

(4) 设置旁路使电流不流过轴承,轴承实行绝缘。

(5) 检查过盈量,实施止转措施。

6.7.2 丝杠的选择

作为传动滑动丝杠的进一步延伸和发展,滚珠丝杠在现代数控机床进给伺服机构中得到广泛应用。滚珠丝杠是将回转运动转化为直线运动,或将直线运动转化为回转运动的理想的产品。滚珠丝杠由螺杆、螺母和滚珠组成。其功能是将旋转运动转化成直线运动,这是滚珠丝杠的进一步延伸和发展,这项发展的重要意义是将轴承从滚动动作变成滑动动作。滚珠丝杠具有很小的摩擦阻力,因其高效、温升少、高精度、高速度、高刚性、无间隙、维护简单等优点被广泛应用于各种工业设备和精密仪器。

1. 丝杠载荷

滚珠丝杠的载荷能力用额定动载荷或额定静载荷来表示,在加工中心设计中一般按额定动载荷来确定滚珠丝杠副的尺寸规格;对细长而又承受压缩载荷的滚珠丝杠作压杆稳定性核算;对转速高、支承距离大的滚珠丝杠作临界转速校核;对精度要求高的滚珠丝杠作刚度校核;对数控机床需核算其转动惯量;对全闭环系统,需核算其谐振频率。滚珠丝杠的工作载荷 F 是指数控机床工作时实际作用在滚珠丝杠上的轴向作用力,最小载荷 F_{min} 为数控机床空载时作用于滚珠丝杠的轴向载荷,最大载荷 F_{max} 为机床承受最大切削力时作用于滚珠丝杠的轴向载荷。数控机床在选用滚珠丝杠时需要考虑其工作载荷、最小载荷、最大载荷这三个要素,并根据这三个要素来确定滚珠丝杠的规格。

2. 丝杠刚性

滚珠丝杠可以加预压力,由于预压力可使轴向间隙达到负值,进而得到较高的刚性(滚珠丝杠内通过给滚珠加预压力,在实际用于机械装置时,由于滚珠的斥力可使丝杠螺母部的刚性增强)。

3. 丝杠精度

表示滚珠丝杠精度的主要参数有任意300mm 长的导程误差和有效螺纹长度的累积导程误差。

滚珠丝杠刚性决定丝杠精度,而丝杠精度直接影响数控机床定位精度。在滚珠丝杠的精度参数中,其导程误差对机床定位精度影响最为明显。在初步设计时,设定丝杠的任意300mm 行程变动量 V_{min} 一般应小于目标设定定位精度值的 $1/3 \sim 1/2$,最后精度验算中确定。

4. 螺母预压力

滚珠丝杠副除对本身单一方向的转动精度有要求外,对其轴向间隙也有严格要求,以保证其反向传动精度。滚珠丝杠副的轴向间隙是承载时在滚珠与滚道型面接触点的弹性变形所引起的螺母位移量和螺母原有间隙的综合。通常采用双螺母预紧的方法,把弹性变形控制在最小范围内,以减小或消除轴向间隙,并可提高滚珠丝杠副的刚度。

由于数控机床对滚珠丝杠副的刚度有较高要求,故选择螺母时要保证其刚度。应按高刚度要求选择预载的螺母型式。其中插管式外循环的端法兰双螺母应用最为广泛,它适用重载荷传动、高速驱动及精密定位系统,并在大导程、小导程和多头螺纹中具有独特优点,且较为经济。滚珠丝杠的螺母分为单螺母和双螺母,一般单螺母的承载载荷没有双螺母的大,寿命也没有双螺母的长,保养和维护也没有双螺母方便。

5. 丝杠寿命

丝杠寿命计算公式如下:

$$L_h = \frac{10^6}{60 n_m} \left(\frac{C_a'}{f_w F_m} \right)^3 \qquad (6-34)$$

式中 L_h ——寿命时间(h),见表 6-15;

       n_m ——当前转速(r/min);

       C_a' ——动载荷(N);

       f_w ——载荷系数,见表 6-16;

       F_m ——当量载荷(N)。

表 6-15 滚珠丝杠预期工作寿命

主机类别	一般机床,组合机床	数控机床,精密机床	工程机械	自动控制系统	测量系统
L_h/h	1000	1500	5000～10000	15000	15000

表 6-16 载荷系数

使用条件	平稳,无冲击运动	一般运动	伴随着冲击和振动的运动
f_w	1.0～1.2	1.2～1.5	1.5～2.0

6. 丝杠润滑

滚珠丝杠通过润滑剂润滑,可提高滚珠丝杠副的耐磨性和传动效率并能延长其寿命。润滑剂分为润滑油和润滑脂两大类。润滑油为一般机油或 90 号～180 号发动机油或 140 号主轴油,可通过螺母上的油孔将其各个部分(主要是螺纹滚道)进行润滑;润滑脂可采用锂基油脂,它加在螺纹滚道和安装螺母的壳体空间内。目前,已有自润式丝杠得到应用(即不需要从外部接入润滑管或加入润滑脂)。

6.7.3 导轨的选择

直线滚动导轨又称滑轨、线性导轨,用于直线往复运动的场合,拥有比直线轴承更高的额定载荷,同时能承担一定的扭矩,可在高载荷的情况下可实现高精度的直线运动。

其作用用来支承和引导运动部件,按给定的方向作往复直线运动。按摩擦性质,直线滚动导轨可以分为滑动摩擦导轨、滚动摩擦导轨、弹性摩擦导轨、流体摩擦导轨等。数控机床上的直线导轨分滑动导轨和直线滚动导轨两大类。

由于直线导轨是标准部件,对机床制造厂来说,唯一要做的只是加工一个安装导轨的平面和校调导轨的平行度。当然,为保证机床的精度,床身或立柱少量的刮研也是必不可少的,在多数情况下,安装比较简单。

作为导向的导轨为淬硬钢,经精磨后置于安装平面上。与滑动导轨比较,直线导轨横截面的几何形状比滑动导轨复杂,其原因是导轨上需要加工出沟槽,以利于滑动元件的移动。沟槽的形状和数量取决于机床完成的功能。例如,一个既承受直线作用力又承受颠覆力矩的导轨系统,与仅承受直线作用力的导轨相比,设计上有很大的不同。

滑动导轨的优点:结构简单,制造方便,刚度好,抗振性高等。缺点:静摩擦因数大,且动摩擦因数随速度变化而变化,摩擦损失大,低速时易出现爬行现象,降低了运动部件的定位精度。目前多采用贴塑导轨,贴塑导轨摩擦特性好、耐磨性好、运动平稳、减振性好、工艺性好。

直线滚动导轨的优点:灵敏度高,运动平稳,低速移动时不易出现"爬行"现象;定位精度高;摩擦阻力小,移动轻便,磨损小,精度保持好,寿命长。缺点:抗振性较差,对防护要求较高,结构复杂,制造比较困难,成本较高。

滚动导轨有滚珠导轨、滚柱导轨和滚针导轨三种结构形式。

由于现代工业对产品的精度、表面质量的要求越来越高,对减少机加工时间的要求也越来越严,所以现代机械制造业往往选择滚动导轨,以满足实际需要。选择滚动导轨时要按 5 个步骤进行:①确定导轨所受的外力和力矩;②把外力和力矩分配到各个滑块上;③确定预紧力和变形;④计算使用寿命;⑤计算静态可靠性系数。

1. 导轨载荷

直线滚动导轨副的每个滑块所承受载荷影响因素:导轨副的配置形式(水平、竖直等),工作台的重心和受力点的位置,切削阻力的作用,加速度等。可以根据所选导轨副的配置形式计算滚动直线导轨副的每个滑块所承受的载荷,然后根据计算结果选择直线滚动导轨的类型和规格。相对于滚珠导轨,滚柱导轨接触面明显大很多,所以其承载能力大,滚动摩擦力小,磨损少。

2. 导轨刚性

直线滚动导轨的刚性对机床的刚性有很大的影响,为了保持机械在受载荷时的形状不变,就必须考虑直线滚动导轨副的刚度。设刚度为 K,受到外载荷作用时,滑块所受的外载荷与位移量的比值 K 十分重要。

$$K = \frac{外载荷}{位移量}$$

3. 导轨精度

直线滚动导轨精度直接影响数控机床运动精度,直线滚动导轨分 2、3、4、5 四个等级,2 级最高,依次递减。

直线滚动导轨副具有误差均化功能,即在同一平面内使用两套或两套以上时选用较低的安装精度可达到较高的运动精度,安装基面的误差不会完全反映到滑座的运动上来。但对于精度要求较高的场合,安装基面的好坏对其精度有很大影响;在数控机床上为满足高精度要求,导轨安装基面需要磨削来保证定位面的几何尺寸精度和定位精度要求。

4. 导轨预压力

为了保证高的运动精度并提高刚度,对于直线滚动导轨副来说可采用预加载荷的方法。预加载荷的种类和大小,反映了在预紧范围内抵抗外载荷作用引起导轨副刚度波动的能力。由于滚动直线导轨副的几何形状及结构特点,通过理论计算可知:一般设置某一预加载荷时,直线滚动导轨副的预紧效果为预载荷的 $2\sqrt{2}$ 倍,为便于使用,一般可以认为 3 倍。但预加载荷过大,将使直线滚动导轨寿命缩短、滑移阻力加大。直线滚动导轨的预加载力等级一般分 V1、V2、V3 三等,根据使用条件以及对导轨刚度的要求,决定采用何种预加载力等级。施加了预加载力,可以提高刚度,同时也会额外增加滚动接触面载荷。

5. 导轨寿命

直线滚动导轨使用寿命取决于材料的疲劳强度和滚动面磨损的程度,而滚动面磨损的程度则受使用环境因素影响。导轨表面承受的滚动(接触)会导致材料疲劳以及导轨滚动体的损伤。假如已知作用在滚动面上的力,便可以根据 DIN ISO 281 或 DIN636 计算出使用寿命。受力面磨损程度主要取决于润滑情况、受污染程度、受力面相对运动的大小,和表面受力情况、预紧力等级、动态承载量以及可能遇到的其他因素等。

6. 导轨润滑

为防止灰尘和脏物进入导轨滚道,滑块两端及下部均装有塑料密封垫。为了对直线滚动导轨进行维护,必须对直线滚动导轨进行充分润滑,以防止导轨污染、磨损生锈,同时也减小摩擦,延长导轨的使用寿命。导轨要定期润滑,滑块上还有润滑油杯,润滑剂可以使用润滑脂或润滑油。在滑块两端装有自动润滑的滚动导轨,使用时无须再配润滑装置。

6.8 机床动态性能及优化设计

6.8.1 弹性力学基础知识及有限单元法

1. 弹性力学的基本假设

(1) 物体是连续的,不留任何空隙。故物体内的一些物理量,如应力、应变、位移等,才可用坐标的连续函数来表示。

(2) 物体是完全弹性的,不留任何残余变形。故温度不变时,物体在任一瞬时的形状就完全取决于它在这一瞬时所受的外力,与过去受力情况无关。材料服从胡克定律,应力与应变成正比关系。

(3) 物体是均匀的。

(4) 物体是各向同性的,即物体内每一点各不同方向的物理性质和机械性质都相同。

(5) 物体的变形是微小的。

2. 应力

弹性体受外力以后,其内部将发生应力。为了描述弹性体内某一点 P 的应力,在这一点从弹性体内割取一个微小的平行六面体,其六面分别垂直于相应的坐标轴,如图 6-63 所示。

从图 6-63 中看出,将每一面上的应力分解为一个正应力和两个剪应力,分别与三个坐标轴平行。正应力用 σ 表示。为了表明这个正应力的作用面和作用方向,加上一个下标,例如,正应力 σ_x 是作用在垂直于 x 轴的面上同时

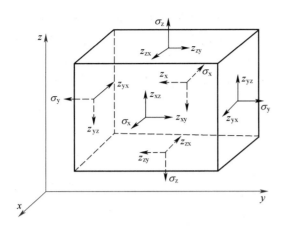

图 6-63　应力分析图

也沿着 x 轴方向作用的。剪应力用 τ 表示,并加上两个下标,前一个下标表明作用面垂直于哪一个坐标轴,后一个下标表明作用方向沿着哪一个坐标轴。例如,剪应力 τ_{xy} 是作用在垂直于 x 轴的面上而沿着 y 轴方向作用的。

应力正负的定义:如果某一个面上的外法线沿着坐标轴的正方向,则这个面上的应力就以沿坐标轴正方向为正、沿坐标轴负方向为负;相反,如果某一个面上的外法线是沿坐标轴的负方向,则这个面上的应力就以沿坐标轴负方向为正、沿坐标轴正方向为负。

剪应力互等定律:根据微小平行六面体的平衡条件,作用在两个互相垂直的面上并且垂直于该两面交线的剪应力是互等的(大小相等,正、负号也相同),即 $\tau_{xy}=\tau_{yx}$,$\tau_{yz}=\tau_{zy}$,$\tau_{zx}=\tau_{xz}$。

考虑到通过弹性体中的一点总可做出 3 个相互垂直的坐标平面,所以总共可得 9 个应力分量,即 σ_x、τ_{xy}、τ_{xz}、σ_y、τ_{yx}、τ_{yz}、σ_z、τ_{zx}、τ_{zy}。

由于剪应力互等,只有 σ_x、σ_y、σ_z、τ_{xy}、τ_{yz}、τ_{zx} 6 个应力分量是独立的。

由材料力学可知,如果这 6 个量在 P 点是已知的,就可以求得经过该点的任何面上的应力,以及该点的最大与最小的正应力和剪应力。

因此,由这 6 个量可以完全确定该点的应力状态,它们就成为在该点的应力分量。

一般说来,弹性体内各点的应力状态都不相同,因此,描述弹性体内应力状态的上述 6 个应力分量并不是常量,而是坐标 x、y、z 的函数。

6 个应力分量的总体可用如下应力矢量(或列阵)来表示:

$$\{\sigma\}=\begin{Bmatrix}\sigma_x\\\sigma_y\\\sigma_z\\\tau_{xy}\\\tau_{yz}\\\tau_{zx}\end{Bmatrix}=\begin{bmatrix}\sigma_x & \sigma_y & \sigma_z & \tau_{xy} & \tau_{yz} & \tau_{zx}\end{bmatrix}^{\mathrm{T}}$$

3. 应变、位移及几何方程

弹性体在受外力以后还将发生位移和形变,也就是位置的移动和形状的改变。

弹性体内任一点的位移,用它在坐标轴 x、y、z 上的投影 u、v、w 来表明,以沿坐标轴正方向为正,沿坐标轴负方向为负。这三个投影称为该点的位移分量。

当然,一般说来,位移分量也是坐标 x、y、z 的函数。

1) 正应变与剪应变

为了描述弹性体内任一点 P 的形变,在这一点沿着坐标轴的正方向取三个微小线段 $PA=\Delta x$,$PB=\Delta y$,$PC=\Delta z$。

弹性体变形以后,这三个线段的长度以及它们之间的直角都将有所改变。线段每单位长度的伸缩称为正应变,线段之间直角的改变称为剪应变。正应变用字母 ε 表示:ε_x 表示 x 方向的线段(即 PA)的正应变,其余类推。正应变以伸长时为正、缩短时为负,与正应力的正、负号规定相对应。剪应变用字母 γ 表示:γ_{xy} 表示 x 与 y 两方向的线段(即 PA 与 PB)之间的直角的改变,其余类推。剪应变以直角变小时为正、变大时为负,与剪应力的正、负号规定相对应(正的 τ_{xy} 引起正的 γ_{xy} 等)。

2) 应变分量

如果 ε_x、ε_y、ε_z、γ_{xy}、γ_{yz}、γ_{zx} 这 6 个应变量在 P 点是已知的,就可求得经过该点的任一微小线段的正应变,以及经过该点的任意两个

微小线段之间的夹角改变,并且可求得该点最大与最小的正应变。因此,由这 6 个量可以完全确定该点的形变状态,它们就称为在该点的应变分量。一般说来,应变分量也是坐标 x、y、z 的函数。

6 个应变分量的总体可用应变矢量表示:

$$\{\varepsilon\} = \begin{Bmatrix} \varepsilon_x \\ \varepsilon_y \\ \varepsilon_z \\ \gamma_{xy} \\ \gamma_{yz} \\ \gamma_{zx} \end{Bmatrix} = \begin{bmatrix} \varepsilon_x & \varepsilon_y & \varepsilon_z & \gamma_{xy} & \gamma_{yz} & \gamma_{zx} \end{bmatrix}^{\mathrm{T}}$$

3) 几何方程

应变分量与位移分量之间有一定的几何关系,即几何方程。6 个几何方程的总体可以用一个矩阵方程来表示:

$$\varepsilon_x = \frac{\partial u}{\partial x}, \qquad \varepsilon_y = \frac{\partial v}{\partial y}, \qquad \varepsilon_z = \frac{\partial w}{\partial z}$$

$$\gamma_{xy} = \frac{\partial u}{\partial y} + \frac{\partial v}{\partial x}, \quad \gamma_{yz} = \frac{\partial v}{\partial z} + \frac{\partial w}{\partial y}, \quad \gamma_{zx} = \frac{\partial w}{\partial x} + \frac{\partial u}{\partial z}$$

4) 刚体位移

由几何方程可见,当弹性体的位移分量完全确定时,应变分量是完全确定的。反过来,当应变分量是完全确定时,位移分量却不完全确定的。这是因为,具有确定形状的物体,可能发生不同的刚体位移。如令

$$\varepsilon_x = \varepsilon_y = \varepsilon_z = \gamma_{xy} = \gamma_{yz} = \gamma_{zx} = 0$$

$$\frac{\partial u}{\partial x} = 0, \qquad \frac{\partial v}{\partial y} = 0, \qquad \frac{\partial w}{\partial z} = 0$$

$$\frac{\partial u}{\partial y} + \frac{\partial v}{\partial x} = 0, \qquad \frac{\partial v}{\partial z} + \frac{\partial w}{\partial y} = 0, \qquad \frac{\partial w}{\partial x} + \frac{\partial u}{\partial z} = 0$$

积分后,得

$$\begin{cases} u = u_0 + w_y z - w_z y \\ v = v_0 + w_z x - w_x z \\ w = w_0 + w_x y - w_y x \end{cases}$$

式中:u_0、v_0、w_0、w_x、w_y、w_z 为积分常数,其物理意义如图 6-64 所示。

上式所示的位移分量是当应变分量为零时的位移,即与变形无关的位移,显然此种位移必然是物体的刚体位移。

由几何关系不难证明:u_0、v_0、w_0 代表弹性体沿坐标轴的刚体平动,w_x、w_y、w_z 代表弹性体绕坐标轴的刚体转动。为了完全确定弹性体的位移,必须有 6 个适当的约束条件来确定这 6 个刚体位移。

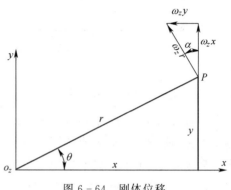

图 6-64　刚体位移

4. 物理方程及弹性矩阵

假定弹性体是连续的、均匀的、完全弹性的,而且各向同性,这样,应力分量与应变分量之间的关系式就是物理方程。

物理方程第一种形式为

$$\begin{cases} \varepsilon_x = \dfrac{\sigma_x}{E} - \mu \dfrac{\sigma_y}{E} - \mu \dfrac{\sigma_z}{E} \\[2mm] \varepsilon_y = \dfrac{\sigma_y}{E} - \mu \dfrac{\sigma_z}{E} - \mu \dfrac{\sigma_x}{E} \\[2mm] \varepsilon_z = \dfrac{\sigma_z}{E} - \mu \dfrac{\sigma_x}{E} - \mu \dfrac{\sigma_y}{E} \end{cases}$$

$$\begin{cases} \gamma_{xy} = \dfrac{\tau_{xy}}{G} \\[2mm] \gamma_{yz} = \dfrac{\tau_{yz}}{G} \\[2mm] \gamma_{zx} = \dfrac{\tau_{zx}}{G} \end{cases}$$

式中　E——拉压弹性模量(简称弹性模量);

G——剪切弹性模量;

μ——泊松比。

三者之间关系如下:

$$G = \frac{E}{2(1+\mu)}$$

物理方程另一种形式为

$$\begin{Bmatrix} \sigma_x \\ \sigma_y \\ \sigma_z \\ \tau_{xy} \\ \tau_{yz} \\ \tau_{zx} \end{Bmatrix} = \frac{E(1-\mu)}{(1+\mu)(1-2\mu)} \begin{bmatrix} 1 & & & & & \\ \frac{\mu}{1-\mu} & 1 & & & 对 & \\ \frac{\mu}{1-\mu} & \frac{\mu}{1-\mu} & 1 & & & \\ 0 & 0 & 0 & \frac{1-2\mu}{2(1-\mu)} & 称 & \\ 0 & 0 & 0 & 0 & \frac{1-2\mu}{2(1-\mu)} & \\ 0 & 0 & 0 & 0 & 0 & \frac{1-2\mu}{2(1-\mu)} \end{bmatrix} \begin{Bmatrix} \varepsilon_x \\ \varepsilon_y \\ \varepsilon_z \\ \gamma_{xy} \\ \gamma_{yz} \\ \gamma_{zx} \end{Bmatrix}$$

可简写为

$$\{\sigma\} = [D]\{\varepsilon\}$$

式中　$[D]$——弹性矩阵。

5. 虚功及虚功方程

设有受外力作用的弹性体,如图 6-65 所示,它在 i 点所受的外力沿坐标轴分解为分量 U_i、V_i、W_i,在 j 点所受的外力沿坐标轴分解为分量 U_j、V_j、W_j 等,总起来用列阵 $\{F\}$ 表示,而这些外力引起的应力用列阵 $\{\sigma\}$ 表示,即

$$\{F\} = \begin{Bmatrix} U_i \\ V_i \\ W_i \\ U_j \\ V_j \\ W_j \end{Bmatrix}, \qquad \{\sigma\} = \begin{Bmatrix} \sigma_x \\ \sigma_y \\ \sigma_z \\ \tau_{xy} \\ \tau_{yz} \\ \tau_{zx} \end{Bmatrix}$$

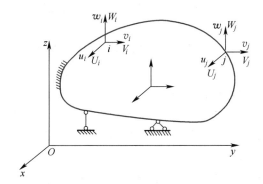

图 6-65　虚功

现在,假设弹性体发生了某种虚位移,与各个外力分量相应的虚位移分量为 u_i^*、v_i^*、w_i^*,u_j^*、v_j^*、w_j^*,等等,总起来用列阵 $(\{\delta^*\})$ 表示,而引起的虚应变用列阵 $\{\varepsilon^*\}$ 表示

这个虚位移和虚应变一般并不是上述实际外力引起的,而是另外的外力或其他原因引起

的。更多的是我们为了分析问题而假想在弹性体中发生的。

把虚位移原理应用于连续弹性体,可以导出:如果在虚位移发生之前,弹性体处于平衡状态,那么,在虚位移发生时,外力在虚位移上的虚功等于(整个弹性体内)应力在虚应变上的虚功。

在虚位移发生时,外力在虚位移上的虚功为

$$U_i u_i^* + V_i v_i^* + W_i w_i^* + U_j u_j^* + V_j v_j^* + W_j w_j^* + \cdots = \{\delta^*\}^{\mathrm{T}}\{F\}$$

在弹性体的单位体积内,应力在应变上的虚功为

$$\sigma_x \varepsilon_x^* + \sigma_y \varepsilon_y^* + \sigma_z \varepsilon_z^* + \tau_{xy}\gamma_{xy}^* + \tau_{yz}\gamma_{yz}^* + \tau_{zx}\gamma_{zx}^* + \cdots = \{\varepsilon^*\}^{\mathrm{T}}\{\sigma\}$$

因此,在整个弹性体内,应力在虚应变上的虚功为

$$\iiint \{\varepsilon^*\}^{\mathrm{T}}\{\sigma\}\,\mathrm{d}x\mathrm{d}y\mathrm{d}z$$

于是由上述可得

$$\{\delta^*\}^{\mathrm{T}}\{F\} = \iiint \{\varepsilon^*\}^{\mathrm{T}}\{\sigma\}\,\mathrm{d}x\mathrm{d}y\mathrm{d}z$$

这就是弹性体的虚功方程,它通过虚位移和虚应变表明外力与应力之间的关系。

6. 有限单元法概念

有限元分析作为一个有效的数值计算方法,是解科学和工程中连续介质问题或场问题的高效数值方法。有限元法可以分析许多复杂的工程问题,在固体力学、流体力学、传热学、电磁学等多个领域中有成功的应用。目前,有限元法已经发展成为一种在工程设计中广泛应用

的分析方法。

其分析思路:对弹性体进行离散化,把一个连续的弹性体变换成一个离散的结构物,它由有限多个有限大小的构件在有限多个节点相互联系而组成。这些有限大小的构件称为有限单元,简称单元。从数学角度来看,有限元法是一个将偏微分方程转化成一个代数方程组,利用计算机求解。因此,有限元法广泛采用矩阵算法,利用系统化的计算程序,多次重复迭代的算法,有很高的解算效率。有限元的发展借助于两个重要的工具:一是在理论推导中采用了矩阵方法;二是在实际计算中使用了电子计算机。

有限元法的优点是能够求解以往无法想象的复杂又巨大的问题。其主要思路:在计算机上建立一个数学模型,使其与实际结构具有相近的力学特性。

从数学角度来看,一个工程问题往往可以用一个偏微分方程来描述,但常常很难求得精确的解析解。由于数学工具有限,以往能够以分析解的形式处理的问题是相对简单的。所谓简单,首先是处理的模型要大量简化,如材料力学模型,主要是梁和杆。实际的物理问题是非常复杂的,其数学模型的基本形式是针对一个连续域的偏微分方程,基本自变量是域的几何坐标变量,有域边界条件;动态是指问题的自变量包括时间,这又有初始条件,因变量是描述物理现象的特征量。

除少数很简单的问题外,一般偏微分方程表达的连续域场问题很难得到分析解。这里的简单:一是域比较规则;二是方程形式要简单(线性问题)。有限元方法研究的内容:在一定条件下,由单元集合成的组合结构能近似于真实结构;在此条件下,分区域插值求解也就能趋近于真实解。这种近似的求解方法及其所应满足的条件,就是有限元方法所要研究的内容。

一般典型的步骤:①将结构划分成单元;②单元特性分析;③集合成整体;④数值求解。在计算程序中,各步骤可以互相交叉。对于不同的结构,采用的单元是不相同的,但各种单元

的分析方法又是一致的。掌握一种典型结构(如平面问题)的有限元分析方法,就可以推广到各种结构,这一点对工程应用十分方便。

7. 有限单元法的概念

对于平面问题,最简单、最常用的是三角形单元:在平面应力问题中,它们是三角板,如深梁;在平面应变问题中,它们是三棱柱。

在平面问题中,所有的节点都取为铰接。在节点位移或其某一分量可以不计之处,就在节点上安置一个铰支座或相应的连杆支座。每一单元所受的载荷都按静力等效的原则移置到节点上,成为节点载荷,这样就得出平面问题的有限单元计算简图,如图6-66所示。

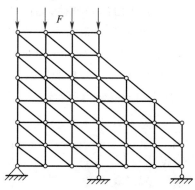

图6-66 构件的有限单元计算简图

8. 有限单元分析基本过程

在应用有限单元法求解平面问题时,具体程序计算的步骤如下:

(1)将计算对象划分成许多三角形单元,即画成三角形网格。选一个直角坐标系,定出所有各节点的坐标值,即 x_i、y_i、x_j、y_j 等。

(2)根据节点的坐标值,计算出各个单元的面积 A,以及相邻节点的坐标差值,也就是各个单元的 b_i、c_i、b_j、c_j、b_m、c_m 等数值;再由这些数值,以及 E、μ,计算出各单元的刚度矩阵 $[K]$ 中各元素的数值。

(3)将节点力用节点位移表示。

(4)将各单元所受的载荷,包括体力和面力及可能有的集中载荷,按静力等效的原则移置到节点上,得出 x_i、y_i 等。

(5)建立与未知节点位移相应的平衡方程,

再将节点力用节点位移表示的表达式代入，得出一组以节点位移为未知量的线性方程。

（6）解上述线性方程组，求出节点位移。

（7）将 E、μ、A、b_i、c_i 等数值代入应力矩阵 $[S]$，计算出该矩阵中各元素的数值。对于平面应力和平面应变问题，采用不同公式。于是就可以求出各单元中的应力分量，并求出主应力及主应力方向。

（8）对计算结果进行整理，用表格或图线示出所需的位移及应力。

6.8.2 有限元软件介绍及机床部件CAE建模

1. 常用有限元软件

现代计算机的大存储量和高计算速度为计算提供了必要的手段。有限元方法是与工程应用密切结合的，是直接为产品设计服务的。因而随着有限元理论的发展与完善，各种大小、专用、通用的有限元结构分析程序也大量涌现出来。典型的有 ANSYS、NASTRAN、SAP 等。大型通用程序一般包括结构静力分析、动力分析、稳定性以及非线性分析等，有的还包括热传导、热应力、流体等分析，有齐全的单元库和有效的解算手段。

目前，一般的工程结构分析问题都可以直接用通用程序求解，不必花费精力和时间另编计算程序。

2. ANSYS分析基本过程

1）前处理

一般来讲，有限元前处理所需时间占据整个分析过程所需时间的 70% ~ 80%，是成功求解分析问题的关键。有限元前处理过程包括几何建模、单元类型选择、边界条件设置、网格划分、材料属性定义和几何模型修改等，由此来完成具体分析对象力学模型的建立。

双击实用菜单中的 Preprocessor，进入ANSYS的前处理模块。这个模块主要有实体建模和网格划分两部分内容。

ANSYS程序提供了自顶向下与自底向上

两种实体建模方法。自顶向下进行实体建模时，用户定义一个模型的最高级图元，如球、棱柱，称为基元，程序则自动定义相关的面、线及关键点。用户利用这些高级图元直接构造几何模型，如二维的圆和矩形以及三维的块、球、锥和柱。无论使用自顶向下还是自底向上方法建模，用户均能使用布尔运算来组合数据集，从而"雕塑出"一个实体模型。ANSYS 程序提供了完整的布尔运算，如相加、相减、相交、分割、粘结和重叠。在创建复杂实体模型时，对线、面、体、基元的布尔操作能减少相当可观的建模工作量。ANSYS 程序还提供了拖拉、延伸、旋转、移动、延伸和复制实体模型图元的功能。附加的功能还包括圆弧构造、切线构造、通过拖拉与旋转生成面和体、线与面的自动相交运算、自动倒角生成、用于网格划分的硬点的建立、移动、复制和删除。自底向上进行实体建模时，用户从最低级的图元向上构造模型，即用户首先定义关键点，然后依次是相关的线、面、体。

ANSYS程序提供了使用便捷、高质量的对CAD模型进行网格划分的功能，包括延伸划分、映像划分、自由划分和自适应划分。延伸划分可将一个二维网格延伸成一个三维网格。映像划分允许用户将几何模型分解成简单的几部分，然后选择合适的单元属性和网格控制，生成映像网格。ANSYS 程序的自由网格划分器功能是十分强大的，可对复杂模型直接划分，避免了用户对各个部分分别划分然后组装时各部分网格不匹配带来的麻烦。自适应网格划分是在生成了具有边界条件的实体模型以后，用户指示程序自动地生成有限元网格，分析、估计网格的离散误差，然后重新定义网格大小，再次分析计算、估计网格的离散误差，直至误差低于用户定义的值或达到用户定义的求解次数。

2）求解

求解模块 SOLUTION，前处理阶段完成建模以后，用户可以在求解阶段获得分析结果。点击快捷工具区的 SAVE_DB，将前处理模块生成的模型存盘，退出 Preprocessor，点击实用菜单项中的 Solution,进入分析求解模块。在该阶段,用户可以定义分析类型、分析选项、载荷数据和载荷步选项,然后开始有限元求解。加载即用边界条件数据描述结构的实际情况,也就是分析结构和外界之间的相互作用。载荷的含义有自由度约束位移、节点力(或力矩)、表面载荷压力、惯性载荷(重力加速度、角加速度)。可以在实体模型或有限元分析(FEA)模型(节点和单元)上加载。直接在实体模型加载优点:几何模型加载独立于有限元网格,重新划分网格或局部网格修改不影响载荷;同时加载的操作更容易,尤其是在图形中直接拾取时。但要注意:无论采取何种加载方式,ANSYS 求解前都将载荷转化到有限元模型上。因此,加载到实体的载荷将自动转化到其所属的节点或单元上。

3)后处理

后处理阶段是对前面的分析结果能以图形形式显示和输出。例如,计算结果(如应力)在模型上的变化情况可用等值线图表示,不同的等值线颜色代表了不同的值(如应力值)。浓淡图则用不同的颜色代表不同的数值区(如应力范围),清晰地反映了计算结果的区域分布情况。另外,还可以检查在一个时间段或子步历程中的结果,如节点位移、应力或支承力。这些结果能通过绘制曲线或列表查看。绘制一个或多个变量随频率或其他量变化的曲线,有助于形象化地表示分析结果。

3. 机床部件 CAE 建模

采用有限元静力学分析首先要建立分析对象结构的有限元模型,模型生成的目的是建立能够真实反映实际工程原行为特征的数学模型。

在 ANSYS 有限元分析软件中,建立结构的有限元模型方法:①直接使用分析软件提供的建模模块采用自顶向下或自底向上的方法建模;②通过分析软件如 Hypermesh 提供的接口,把专业 CAD 软件生成的三维实体模型转换为结构有限元模型;③在专业的前处理软件中生成结构有限元模型,通过前处理软件与该分析软件的接口,把结构的有限元模型直接导入。

ANSYS 软件虽然本身具有建模及网格划分功能,但其功能与专业的 CAD 软件和前处理软件相比相对简单。对一些简单实体,可以直接建立有限元模型;对于组合机身这样复杂的结构,建模时操作十分繁琐,必须进行大量的简化才能够进行,且网格的质量无法预料,模型能否反映实际结构难以保证。由于 CAD 系统有很强的建模功能,操作更为方便、灵活。Hypermesh 设置了与多种 CAD 软件如 Pro/E、UG、SolidWorks 等的数据交换接口,通过这个接口可以将模型直接传入 Hypermesh 中,然后进行网格划分。该方法适用于一些复杂的三维实体模型。对于压力机这种需要多个界面处理的复杂问题,一般采用第三种方法,这里首先运用 SolidWorks 建立机身的零部件和整体机身的三维 CAD 实体模型,然后采用前处理软件 Hypermesh 对机身进行网格划分及加载,仅将 ANSYS 作为求解器。

采用 SolidWorks 软件建立零部件及机身的 CAD 三维实体模型,将其先转换为 CAE 模型。目前,将专业 CAD 软件生成的三维实体模型转换为 CAE 模型还存在一些问题,而且复杂模型的直接传递会产生 CAE 模型无法生成的结果,因此必须对建立的结构 CAD 模型进行适当简化和修改。基本原则如下:

(1)在 CAD 造型时力求精确,以真实反映结构的动、静态特性。

(2)对明显不影响机身整体强度、刚度的部位,如倒角、倒圆、螺钉孔以及凸台等予以简化。

(3)对 CAD 模型中的小锥度、小曲率曲面进行直线化和平面化处理。

(4)忽略对机身动、静态特性影响小的零部件结构。

这些简化和修改的目的是为了避免小特征和小结构件在进行有限元划分时,产生大量的有限元单元,增加计算机的计算时间;并且小特征会造成网格质量下降,影响结构的分析精度。

4. 结合面处理及整机建模

对于机床类大型复杂的机械结构,由于离散化误差、材料物理参数的不确定性、边界条件的近似处理以及动力学结合面参数估计不准等因素,要想凭借分析者的经验直接建立能够精确描述机床结构动力学特性的有限元模型比较困难。一般可以通过模态试验测试的结果对有限元理论模型进行反复修正,逐步逼进,才能达到符合工程要求的建模精度。

近年来,众多学者通过先进的动态试验设施应用模态试验测试的结果来修正有限元模型,已成为这一领域的研究热点。

在动力学模型的修正问题中,其中结合面的模型修正问题是整个动力学模型修正的难点。就机床结构而言,它是由许多部件连接而成,部件与部件之间存在着许多结合面,如螺栓连接紧固结合面、平面导轨滑动结合面以及转子系统转动结合面等,使机床本身不再具有连续性,进而导致机床结构建模复杂。大多数学者认为,在类似机床的大型复杂结构中,结合面接触刚度占机床总刚度的 $60\% \sim 80\%$,而大约有 90% 的阻尼来源于结合面的接触阻尼。由此可见,结合面接触刚度和接触阻尼对结构的动态性能影响很大。因此,在结合面问题的模型修正中,准确地识别机床结合面的接触刚度和接触阻尼,并通过系统建模实现机床结构动态优化设计。

从模型的修正对象来看,这些结合面动力学模型一般是根据一定的准则和结构动力学关系修正有限元模型的质量矩阵 $[M]$ 和刚度矩阵 $[K]$,并且经过简化,使理论计算和试验测试的结果相符合,以满足工程计算的建模精度要求。

6.8.3 机床部件及整机结构静、动态特性分析

1. 静态特性分析

静态特性分析的基本步骤是建立几何模型、定义材料属性、选择单元、划分网格、施加载荷与约束、求解、结果后处理。可见,基本上不需要对求解选项进行设置。

静态特性分析通常针对机床结构在稳定边界条件下,约束条件和载荷都保持恒定情况时,结构发生的变形及应力分布,与时间变量无关。

通过静态特性分析,可以获得机床及其部件在模拟工作状态下结构的变形云图和应力分布云图:可获知在特定约束状态和载荷作用下,结构的最大应力位于什么部位,是否超过结构的安全许用应力;结构的最大变形位于什么位置,结构的刚度和强度储备,从而可获得结构是否安全、设计需否改进等信息。

静力特性分析是有限元分析中研究最早,也是发展最成熟的有限元分析类型。考虑到机床床身结构的特性,在受力较大的情况下将发生大的变形,因此在静扭计算时采用大变形分析的求解方法。经过计算得到床身应力和变形的结果,变形可通过后处理中模型的变形图直观地反映出来,应力的分布则以应力云图或在应力图中以等高线的形式表示。节点处的应力是与之相连的单元的应力在节点位置的算术平均。根据强度要求和材料特性可选择最大拉应力、最大剪应力或综合应力作为强度校核基准,床身零件的材料一般为铸铁或其他塑性材料,材料的失效以材料发生塑性变形为标志,因此对床身的静态强度校核可以根据第四强度理论,选择 Von miss 等效应力来判断床身结构的强度。

Von miss 等效应力可表示为

$$\sigma_r = \sqrt{\frac{1}{2}\left[(\sigma_1 - \sigma_2)^2 + (\sigma_2 - \sigma_3)^2 + (\sigma_3 - \sigma_1)^2\right]}$$

$$(6 - 35)$$

强度条件表示为

$$\sigma_r \leqslant [\sigma] \qquad (6 - 36)$$

式中 $[\sigma]$——材料的许用应力。

静态特性分析主要是计算整个结构的载荷分布和承载能力,用以衡量结构的静刚度,即抗扭特性、抗弯特性及抗弯扭联合作用特性。

2. 动态特性分析

动态特性分析是对机床结构进行动力学分

析和优化的基础。通过动态特性分析,可以得到机床整机或部件关于频率和振型的结构动态特性。根据动态特性分析的结果可以发现结构的薄弱环节和不足之处,为新型机床的研发提供依据。

获知结构的固有振频和固有振型,可对结构设计参数变化进行灵敏度的计算分析,以及进行结构的振动特性优化修改、振动控制系统设计、振动系统识辨和故障诊断与动力学分析。

动态特性只允许线性单元和材料特性,非线性被忽略。

常用的模态提取方法:分块 Lanczos 法(Block Lanczos)、子空间法(Subspace)、缩减法(Reduce)、Powerdynamics 法、非对称法(Unsymmetric)、阻尼法(Damped)、QR 阻尼法(QR Damped)。ANSYS 默认使用分块 Lanczos 法进行求解,其和子空间法一样精确,但使用稀疏矩阵求解器求解速度更快。对于模态分析由于其为线性分析,所以当需要考虑由于载荷引起的结构刚度变化(不一定为非线性)时,可以先进行相应的静力计算,然后使用"upcoord,1,on"命令,将静力计算的位移施加于模型,然后视情况打开预应力选项再进行模态求解。

(1) 预应力影响:

PSTRES 或 Solution > Analysis Type > Analysis Options

(2) 分析选项:

① 模态提取选项:

—MODOPT 命令或 Solution > Analysis Type > Analysis Options

模态数:确定提取的模态数。

② 模态扩展选项:

MXPAND 命令或 Solution > Analysis Type > Analysis Options

扩展模态允许在后处理中观察振型。模态数通常与所提取的模态数相同。

注意:①模态分析中唯一有效的是"载荷",是位移约束。因为 ANSYS 中求解是结构的固有模态,是结构本身的特性。

②模态分析中也能显示应力、应变、位移等,但仅仅是相对数值,无实际意义。

(3) 查看结果:

用 POST1(通用后处理)查看模态分析结果。

一般第一步列出自振频率:

General Postproc > Results Summary

或

执行 SET,LIST。

注意,每一模态被保存在独立的子步中。

(4) 画振型:

① 读取某个子步结果:

General Postproc > Read Results > By Pick

或执行 SET 命令。

② 绘变形图:

General Postproc > Plot Results > Deformed Shape

或执行 PLDISP 命令。

3. 谐波响应分析

谐波响应分析是确定机床结构在已知频率正弦(简谐)载荷作用下结构响应的技术。

其输入为已知大小和频率的谐波载荷(力、压力和强迫位移);同一频率的多种载荷,可以是同相或不同相的。其输出为每一个自由度上的谐位移,通常与施加的载荷不同相;其他多种导出量,如应力和应变等。

可将谐波响应分析用于设计机床相关旋转设备的支座、固定装置和部件等。

确保一个给定的结构能经受住不同频率的各种正弦载荷(如以不同速度运行的发动机);探测共振响应,并在必要时避免其发生(如借助于阻尼器来避免共振)。

通用运动方程为

$$[M]\{\ddot{u}\}+[C]\{\dot{u}\}+[K]\{u\}=\{F\}$$

$\{F\}$ 和 $\{u\}$ 是简谐的,频率为 ω:

$$\{F\}=\{F_{max}e^{i\Psi}\}e^{i\omega t}=(\{F_1\}+i\{F_2\})e^{i\omega t}$$

$$\{u\}=\{u_{max}e^{i\Psi}\}e^{i\omega t}=(\{u_1\}+i\{u_2\})e^{i\omega t}$$

谐波响应分析的运动方程:

$$(-\omega^2[M]+i\omega[C]+[K])(\{u_1\}+i\{u_2\})=\{F_1\}+i\{F_2\}$$

式中　$F_{\max}$——载荷幅值；

　　　Ψ——载荷函数的相位角；

　　　F_1——实部，$F_{\max\cos\gamma}$；

　　　F_2——虚部，$F_{\max\sin\gamma}$；

　　　$u_{\max}$——位移幅值；

　　　f——载荷函数的相位角；

　　　u_1——实部，$u_{\max\cos f}$；

　　　u_2——虚部，$u_{\max\sin f}$。

在已知频率下正弦变化；相角 γ 允许不同相的多个载荷同时作用，γ 默认值为零；施加的全部载荷都假设是简谐的，包括温度和重力。

在下列情况下计算出的位移将是复数：具有阻尼；施加载荷是复数载荷（如虚部为非零的载荷）。复位移滞后一个相位角 Ψ（相对于某一个基准而言），可以用实部和虚部或振幅和相角的形式来查看。

求解简谐运动方程的三种方法：①完整法，为默认方法，是最容易的方法；使用完整的结构矩阵，且允许非对称矩阵（如声学矩阵）。②缩减法，使用缩减矩阵，比完整法更快；需要选择主自由度，根据主自由度得到近似的 $[M]$ 矩阵和 $[C]$ 矩阵。③模态叠加法，从前面的模态分析中得到各模态；再求乘以系数的各模态之和；它是所有求解方法中最快的。

四个主要步骤如下：

（1）建模。只能用于线性单元和材料，忽略各种非线性；记住要输入密度。

注意：如果 ALPX（热膨胀系数）和 ΔT 均不为零，就有可能包含简谐热载荷。为避免发生这种事情，应将 ALPX 设置为零。如果参考温度［TREF］与均匀节点温度［TUNIF］不一致，那么 ΔT 为非零值。

/PREP7

ET,…

MP,EX,…

MP,DENS,…

! 建立几何模型

…

! 划分网格

…

（2）选择分析类型和选项。

典型命令：

/SOLU

ANTYPE,HARMIC,NEW

分析选项：

①求解方法：完整法、缩减法和模态叠加法。默认为完整法。

②自由度输出格式：主要用于批处理方式中。

（3）集中质量矩阵。推荐用于如果结构一个方向尺寸远小于另外两个方向尺寸的情况中，如细长梁与薄壳。

典型命令：

HROPT,…

HROUT,…

LUMPM,…

阻尼：从 α 阻尼、β 阻尼和阻尼率中选取。阻尼率最常用。

典型命令：

ALPHAD,…

BETAD,…

DMPRAT,…

4. 瞬态分析

机床在工作状态下，将受到随时间变化的外载作用，因此，进行结构的动响应分析也是机床动态设计的一项重要研究课题，它对于提高机床运行的安全和可靠性能具有十分重要的意义。

瞬态动力分析（也称时间-历程分析）用于确定机床结构承受随时间变化载荷时的动力响应。使用这种分析方法可以得出在瞬态及谐波载荷或由它们合成的载荷作用下，结构内部随时间变化的位移、力和拉压应力。瞬态分析属于结构动力分析的范畴，它不同于静力分析，动力分析要考虑随时间变化载荷以及阻尼和惯性的影响。

瞬态分析的基本原理:对于多自由度大型结构系统的隐式瞬态分析常采用纽马克(Newmark)直接积分法。

纽马克直接积分法的基本思想:将本来在任何时刻 t 都应满足的动力学方程的位移矢量 $U(t)$,代之以只要在时间离散点上满足动力学方程,而在一个时间间隔内,对位移、速度和加速度的关系采用某种假设。根据动力学方程由时刻的状态矢量 $U(t)$、$\dot{U}(t)$ 和 $\ddot{U}(t)$,计算 $(t+\Delta t)$ 时刻的状态矢量 $U(t+\Delta t)$、$\dot{U}(t+\Delta t)$ 和 $\ddot{U}(t+\Delta t)$。这样逐步前进,即可求出整个时段上离散点的响应。由 $U(t)$、$\dot{U}(t)$ 和 $\ddot{U}(t)$,根据方程

$$M\ddot{U}_{t+\Delta t}+C\dot{U}_{t+\Delta t}+KU_{t+\Delta t}=F_{t+\Delta t} \quad (6-37)$$

求出 $(t+\Delta t)$ 时刻的状态。

纽马克于1959年提出了一个较简单的逐步积分格式。它根据拉格朗日中值定理,得出下式

$$\dot{U}_{t+\Delta t}=\dot{U}_t+\ddot{U}_t\Delta t \quad (6-38)$$

式中 $\ddot{U}$——时区 $[t,t+\Delta t]$ 中某瞬时的加速度,可近似地取为

$$\ddot{U}=(1-\gamma)\ddot{U}_t+\gamma\ddot{U}_{t+\Delta t} \quad (6-39)$$

将式(6-39)代入式(6-38),得

$$\dot{U}_{t+\Delta t}=\dot{U}+[(1-\gamma)\dot{U}_t+\gamma\ddot{U}_{t+\Delta t}]\Delta t \quad (6-40)$$

将位移 $U_{t+\Delta t}$ 用泰勒级数展开,得

$$U_{t+\Delta t}=U_t+\dot{U}_t\Delta t+\frac{1}{2}\ddot{U}_\xi\Delta t^2 \quad (6-41)$$

式中:$\ddot{U}_\xi$ 可近似取为

$$\ddot{U}_\xi=(1-2\beta)\ddot{U}_t+2\beta\ddot{U}_{t+\Delta t} \quad (6-42)$$

这样,式(6-41)可写为

$$U_{t+\Delta t}=U_t+\dot{U}_t\Delta t+\left[\left(\frac{1}{2}-\beta\right)\ddot{U}_t+\beta\ddot{U}_{t+\Delta t}\right]\Delta t^2 \quad (6-43)$$

式(6-40)和式(6-43)是纽马克法所用的两个基本假定式。此两式中的 γ 和 β 为常数,它们的选取要考虑到保证这一积分格式的稳定

性,即要保证积分结果不会在初始条件稍有改变或计算误差积累时发生剧烈跳动。如果不需限制 $\Delta t/T$ 的范围也能保持其稳定性,则这种积分格式是无条件稳定的。按无条件稳定的要求,应有

$$1>\gamma\geqslant 0.5,\beta\geqslant\frac{1}{4}\left(\frac{1}{2}+\gamma\right)^2 \quad (6-44)$$

显然,如果取 $\gamma=0.5$,$\beta=0.25$ 则式(6-40)和(6-43)中所用的加速度是平均加速度,此时的纽马克法就是平均加速度法。

由式(6-40)和(6-43)整理后,得

$$\ddot{U}_{t+\Delta t}=\frac{1}{\beta\Delta t^2}(U_{t+\Delta t}-U_t)-\frac{1}{\beta\Delta t}\dot{U}_t-\left(\frac{1}{2\beta}-1\right)\ddot{U}_t$$

$$U_{t+\Delta t}=\frac{\gamma}{\beta\Delta t}(U_{t+\Delta t}-U_t)-\left(\frac{\gamma}{\beta}-1\right)\dot{U}_t-\frac{\Delta t}{2}\left(\frac{\gamma}{\beta}-2\right)\ddot{U}_t \quad (6-45)$$

将式(6-45)代入式(6-43)即可得到仅包含未知量 $U_{t+\Delta t}$ 的方程,由此解出 $U_{t+\Delta t}$,并代入式(6-45),得到 $\dot{U}(t+\Delta t)$ 和 $\ddot{U}(t+\Delta t)$,从而完成一个时间步的计算。由此逐步递推,可求得时段内每一时间步末端的状态矢量。

根据瞬态分析的结果,可以得到结构上任一点在这一过程中任意时刻的应力值和变形的大小,也可得到结构在某一时刻的应力分布及变形。

通过瞬态分析还可获得结构响应过程的动画文件。它直观、动感、逼真地再现了相应工况下机床结构随时间变化的振动过程,使设计者获得了即使通过试验也无法得到的机床性能的感性认识和总体把握,对机床结构的改进具有很高的指导意义。

6.8.4 机床部件热特性分析

1. 概述

现代机械工业的发展对机床的加工精度提出了越来越高的要求。就高速、高精度数控车床而言,由于转速高、精度高、刚度大、切削速度

快，要求其主轴前端的径跳和端跳小于 $2\mu m$。大量的研究表明，影响高速机床加工精度的主要因素是热误差，占机床总误差的40%～70%。而主轴部件的热变形误差又是引起机床热变形误差的重要因素。因此，主轴系统的热特性分析与设计对提高和保证机床的精度至关重要，是高速、高精度机床必须考虑的关键技术之一。

2. 机床部件温度场分析

利用有限元法建模并对主轴部件分别进行瞬态、稳态热分析，以主轴部件稳态热分析的温度场为依据，计算出主轴的热变形，为主轴部件的热设计奠定基础。

主轴部件温度场有限元建模与分析

1）主轴部件有限元建模

（1）计算。车床在工作过程中主要有切削热及轴承发热两个热源，由于切削热能够及时被切屑和冷却液带走，因此这里只考虑轴承发热。

（2）边界条件的确定。热量有导热、对流与辐射三种基本传递方式。由于机床主轴部件的温升较小，辐射散失的热量很少，因此只考虑导热和对流。

（3）温度场模型的验证与计算结果。为了验证所建模型的可信性，试验可选取主轴前轴承的温升-时间曲线与试验曲线进行对比。为了保证计算条件与试验条件相同，试验允许计及机床整体的热容量。获得可靠的温度场模型后，就可以方便地计算主轴系统达到热平衡时的稳态温度场。

（4）在主轴-轴承系统主轴箱体热平衡时的温度场分布图中，高温区域位于轴承内圈处，这是由于轴承发热量大，且轴承内圈的散热条件比外圈恶劣的缘故。因此，相应地，主轴的最高温度也出现在支承处。

2）主轴部件温度场分析

现代机床中，主轴在高速回转条件下的切削载荷非常小，因此，由切削力引起的主轴变形也很小。大量资料表明，热变形是引起主轴变形的主要原因，因此，把主轴部件达到热平衡时

的温度场作为热载荷计算主轴热变形，并依此判断主轴前端变形是否满足跳动要求。由于主轴部件实际装配时采用定向选配原则，能够消除部分径向误差，因此，考虑主轴热变形时主轴前端的变形量仍能满足跳动要求。

3. 热结构耦合场分析

机床的热结构耦合问题一直阻碍加工精度的进一步提高，热控制技术是研制高精度机床工作中亟待解决的关键技术之一。

建立机床热结构耦合变形的有限元模型，并在计算分析中模拟机床结构在温度场分布和结构静态载荷综合作用下，其刚度和强度分布及储备。

其分析过程相当于结构静态分析和热特性分析的叠加，可按如下基本过程处理：

（1）建立接触热阻的计算模型，分析影响接触热阻大小的各种因素。提出适用于工程应用的半经验计算模型，并利用此模型对接触区域进行接触热阻的计算。

（2）建立温度场计算的数学模型，建立基于弹性力学、热变形方程、耦合方程和有限元理论的热变形数学模型，并给出热结构耦合分析的具体方法。

（3）根据机床工作参数和工作状况，确定主轴系统的热源和边界条件。

（4）在考虑和不考虑接触热阻情况下，对建立的主轴系统温度场模型的分析结果进行比较，论证其对计算结果的影响，并将计算结果与试验测量结果进行对比，验证新模型更加准确可靠。

（5）利用温度场分析结果，对主轴系统进行热变形分析，将计算与试验测试值进行比较，验证计算结果的准确性，并对主轴系统进行结构优化，提出有效改善主轴系统热特性的方案。

6.8.5 机床部件运动学分析

1. 运动学分析基本原理

运动学是理论力学的一个分支学科，是运用几何学方法来研究物体的运动，通常不考虑

力和质量等因素的影响。

运动学主要研究点和刚体的运动。点是指没有大小和质量、在空间占据一定位置的几何点；刚体是没有质量、不变形，但有一定形状、占据空间一定位置的形体。运动学包括点的运动学和刚体运动学两部分。只有掌握了这两类运动，才能进一步研究变形体的运动。

运动学为动力学、机械原理、机构学等提供了理论基础，同时它也包含自然科学和工程技术很多学科所必需的基本知识。

2. 运动学分析软件介绍

ADAMS 是美国 Mechanical Dynamics Inc.′s(MDI′s)公司生产的软件(该公司现在已经并入 MSC 公司，成为该公司在动力学、运动学分析上面的主力软件)，ADAMS 一方面是虚拟样机分析的应用软件，用户可以运用该软件方便地对虚拟机械系统进行静力学、运动学和动力学分析；另一方面又是虚拟样机分析开发工具，其开放型的程序结构和多种接口可以成为特殊行业用户进行特殊类型虚拟样机分析的二次开发工具平台。它为用户提供了强大的建模、仿真环境，使用用户能够对各种机械系统进行建模、仿真和分析。和其他 CAD、CAE 软件相比，ADAMS 具有十分强大的运动学和动力学分析功能。

ADAMS 软件能够帮助工程师更好地理解系统的运动、解释其子系统或整个系统即产品的设计特性，比较多种设计方案的工作性能。精确预测载荷的变化过程，计算其运动路径，以及速度加速度的分布图等。

ADAMS 将强大的分析求解功能与使用方便的用户界面相结合，使该软件的使用既直观又方便，还可做到用户专门化。

ADAMS 软件的特点如下：

(1) 使用交互式图形环境和零件、约束、力库建立机械系统三维参数化模型。

(2) 分析类型包括运动学、静力学和准静力学分析，线性和非线性动力学分析，以及刚体和柔性体分析。

(3) 具有先进的数值分析技术和强有力的求解器，使求解快速准确。

(4) 具有组装、分析和动态显示不同模型在某一个过程变化的能力。提供多种虚拟样机方案。

(5) 具有一个强大的函数库，供用户自定义力和运动发生器。

(6) 具有开放式结构，允许用户集成自己的子程序。

(7) 自动输出位移、速度、加速度和反作用力，仿真结果显示为动画和曲线图形。

(8) 可预测机械系统的性能、运动范围、碰撞、包装、峰值载荷和计算有限元的输入载荷。

1) ADAMS 中的零件

模型中的零件具有质量、惯量并可以运动。在仿真中，所有力和约束都必须施加在零件上。

ADAMS/View 提供了完整的零件库，用户可以通过零件库创建三种不同类型的零件：

(1) 刚体：具有质量和各种惯量的零件，不能变形。

(2) 柔性零件：具有质量、惯量，且在力的作用下可以发生变形的零件。基本的 ADAMS/View 可以创建离散的柔性连接件，如截面为方形、圆形或工字形的梁，更多柔性件的创建和使用需要 ADAMS/Flex 模块。

(3) 质点：只具有质量的零件，质点没有外形，也没有惯量特征和角速度。

另外，ADAMS/View 提供了一个特殊的零件——地面（ground），用户创建模型时，ADAMS/View 将自动为用户创建它。"ground"零件没有质量及初始速度，不会增加系统的自由度，全局坐标系就建立在"ground"上。

当建好零件后，ADAMS 可以自动计算出零件的质量（零件的体积乘以零件材料的密度）、质心位置及沿各个轴的惯性矩、惯性积。当然，用户也可以自己指定这些物理量的数值。

2) ADAMS 中的约束和运动

约束定义了零件（刚体、柔性体、质点）是如何相互连接及零件之间如何相对运动的。

ADAMS/View 中提供的约束模型库包括以下四种约束(含运动):

(1) 理想关节:具有实际的相配物,如转动关节(铰链)或平动关节(滑块)。

(2) 原始关节:对相对运动进行限制,如限制一个零件的运动必须与另一个零件相平行,可能没有实际的相配物。

(3) 接触:定义在仿真过程中,当零件相互接触时如何反应,包括凸轮副、接触力等。

(4) 运动生成器:定义各种相对运动,用以驱动模型。

加入约束可以减少系统的自由度数,ADAMS/View 中的每种约束都减少不同的自由度数。例如,一个旋转铰链去掉了三个平动自由度和两个转动自由度,使两个零件之间只有沿共同轴线转动的自由度。这种只允许一种运动的约束称为单自由度关节,ADAMS/View 中也提供了二自由度和三自由度的关节,如球铰限制了三个平动自由度,允许三个转动自由度,属于三自由度关节。当进行仿真时,ADAMS 的分析器——ADAMS/Solver 能够自动计算模型系统总的自由度数及是否存在冗余约束。

3) ADAMS 中的作用力

ADAMS/View 提供多种力的模型,包括各种方向力和力矩、重力、弹簧阻尼器等。定义力时,可以指定力是平动的还是转动的,受力物体,施力物体,力的作用点、大小和方向。对于不同类型的力,指定力的大小也有不同的方法,如弹簧力,可以简单定义弹性系数和阻尼系数,也可以用 ADAMS 内置的函数表达式定义力。内置函数包括:位移、速度、加速度函数,可使力和运动相关;力的函数,使力和其他力相关,如库仑摩擦力和正压力相关;数学函数,如呈正弦、余弦规律变化的力;插补曲线函数,力由曲线上的各点数据决定,如电动机的力矩-速度曲线;碰撞函数,力的作用如同一个压簧阻尼器,当物体间歇接触时,阻尼器或开或关。

4) ADAMS 的主要组件及仿真环境

ADAMS 系列软件包括 ADAMS/View、ADAMS/Solver 等组件。

ADAMS/View 是 ADAMS 的主要模块,用户可以用其建造机械系统的模型,并在计算机上模拟机械系统的各种运动。同时,还可以对模型进行运动学和动力学分析,定义多个设计参数,观察在不同条件下模型的运行状况,得到最优解。

ADAMS/View 是一个强大的建模和仿真应用环境。它采用用户熟悉的 Windows(NT) 系统和 Motif 界面(UNIX 系统)大大提高了快速建模的能力,设计研究(DS)、试验设计(DOE) 和优化设计(OPTIMIZE)使用户能方便地进行优化工作。

应用 ADAMS/View 可以在制造物理样机之前实现设计、检验和改进机械系统模型。由 ADAMS/View 所建立的机械系统及其仿真模型,可以通过 ADAMS/Solver 计算出相应的力和动作,并可以输出相关的信息文件。对 ADAMS/View 仿真分析结果进行后处理,可以通过调用专用后处理模块 ADAMS/Postprocessor 来完成。

5) ADAMS 仿真建模、仿真一般步骤

用 ADAMS 进行建模仿真分析,一般遵循以下步骤(图 6-67):

图 6-67 ADAMS 建模仿真流程图

(1) 建造模型。建模包含三部分工作:

① 创建零件(Build)。有两种途径:一是通过 ADAMS/View 的零件库来创建各种简单的运动单元(零件);二是用 ADAMS/Exchange 引入复杂的 CAD 形体(会影响运行速度)。

② 给模型施加约束和运动。

③ 给模型施加各种作用力。

（2）测试模型（Test）。定义测量目标，对模型进行初步仿真，通过仿真结果检验模型中各个零件、约束及力是否正确。

（3）校验模型（Validate）。导入实际实验测试数据，与虚拟仿真的结果进行比较。

（4）模型的细化（Refine）。经过初步仿真确定了模型的基本运动后，可以在模型中加入更复杂的单元，如在运动副上加入摩擦，用线性方程或一般方程定义控制系统，加入柔性连接件等，使模型与真实系统更加近似。

（5）模型的重新描述（Iterate）。为方便设计，可以加入各种参数对模型进行描述。当用户对模型进行了更改，这些参数自动发生变化，使相关改动自动执行。

（6）优化模型。对模型进行参数分析，优化设计。

（7）定制用户自己的环境。用户可以定制菜单、对话框，或利用宏命令使许多重复工作可以自动进行。

3. 机床部件运动学分析

对机床进行动力学分析，传统多用集中质量模型来描述，但一般限于少自由度系统。对于复杂的多自由度机床动力学模型，虽然理论上日趋完善，但由于模型过于繁琐，往往不能够完整地对其描述，因此需要运用多体系统动力学的知识对机床整机进行建模、分析，进而进行优化设计。

将机床 CAD 模型，通过 Pro/E 的模块、MECHANISM/Pro 模块与 ADAMS 的接口，连接 ADAMS 软件并在其中生成多刚体动力学模型。在 ADAMS 中定义各个构件之间的运动副，运动副的位置与实际机床连接处的位置一致。例如：

（1）在立柱与地面之间定义固定副；

（2）在立柱和滑台之间定义固定副；

（3）在横梁和滑台之间定义直线运动副，即机床的 X 轴方向；

（4）在托板和横梁之间定义直线运动副，即机床的 Y 轴方向；

（5）在箱体和托板之间定义竖直方向上的

直线运动副，即机床的 Z 方向；

（6）在主轴箱和箱体之间定义绕竖直方向（即 Z 向）转动的旋转副；

（7）在刀具和主轴箱之间定义绕 Y 轴方向转动的旋转副。

通过在运动副添加机床各运动部件之间的运动和原动力，使数字模型能反映真实工况。机床在接近真实工况条件下进行运动学仿真。由于这时机床各主要部件都是刚体，不能反映机床的振动变形，所以要反映机床实际的动态特性，需要将机床各主要部件柔性化。

在众多 CAD、CAE 软件中，ADAMS 以其强大的运动学、动力学分析功能，在众多工程领域里获得了广泛应用。

6.8.6　机床振动特性分析及减振设计

1. 概述

随着机床向高精度、高表面质量和高生产率方向发展，关于机床动刚度的问题近年来日益受到关注。机床在切削过程中，机床、工件与刀具组成一个具有一定质量分布、弹性系数及黏滞阻尼的多自由度系统。这个系统受到各种力的作用，如切削力、运动件的惯性力、各接触面间的摩擦力以及重力和夹紧力等。这一系统在静态力作用下，刀具与工件之间要产生静态变化，这是静刚度问题。仅仅研究机床的静刚度是不够的，因为机床的静刚度只能反映它受切削力和工件与机床部件的重力等作用，并把这些力作为静力考虑时的机床抵抗变形的能力。但是，机床是一个弹性系统，在一定条件下，如当旋转件不平衡、切削力变化时，会产生激振力，引起振动。当振幅超出允许范围时，将导致加工表面恶化，加速刀具磨损，影响加工精度，降低生产效率。严重时，将使机床不能工作。因此，只研究机床的静刚度是不够的，还需要研究机床的动刚度问题。

2. 基本概念

机床动态特性是指机床系统在振动状态下的特性，即机床在一定激振力下振幅和相位随激振频率而变化的特性。

动态特性主要技术指标如下：

(1) 固有频率 f_n 或固有角频率 w_n（近似地等于共振频率），二者的关系为 $f_n = w_n/2\pi$。

(2) 阻尼比 $\varepsilon = r/r_c$，其中，r 为阻尼系数，r_c 为临界阻尼系数。

(3) 当量静刚度 $k = p/A_{max} \times 1/(2\zeta)$，其中，$p$ 为激振力，A_{max} 为共振振幅。

(4) 动刚度 $k_d = p/A = k(1-\lambda^2)^2 + (2\zeta\lambda)^2$，其中，$\lambda = w/w_n$ 为频率比（w 为激振频率，$w_n = k/m$ 为固有角频率）。

(5) 动态柔度 $w = 1/k_d$。

从动态特性的主要技术指标可以看出，系统的动刚度取决于系统的静刚度、激振力的大小、频率、系统本身固有的质量、阻尼比、固有角频率等。

机床动态分析主要是研究抵抗振动的能力，包括抗振性和切削稳定性。抗振性是机床抵抗受迫振动的能力，它与机床的结构刚度、阻尼特性、主要零件的固有频率有关，一般用产生单位振动量所需的激振力表示。切削稳定性是机床抵抗切削自激振动的能力，通常用切削时开始出现自激振动的极限切削宽度来表示。极限切削宽度越大，表示机床抵抗自激振动的能力越好，即切削稳定性越高。

在一般情况下，提高机床的静刚度能使机床的动刚度得到提高，但有时并不尽然。在进行新机床设计时，为了满足机床工作性能的要求，就必须研究机床的动态特性，以找到提高机床动刚度的途径，采取增强机床抗振能力的有效措施。

3. 机床振动特性分析

1) 按产生振动的原因分类

(1) 振动类型：

① 自由振动：弹性系统离开平衡位置后，在没有外界激振力作用下，只靠其弹性恢复力来维持的振动。自由振动的频率为系统的固有频率。当有阻尼时，振动逐渐衰减，最后消失。

② 受迫振动：在外界激振力的持续作用下，弹性系统被迫产生的振动。频率与激振力的频率相同。当激振力的频率与系统的固有频率接近时，将产生"共振"。

③ 自激振动：没有外界激振力，维持振动的交变力，是由机床切削过程本身所产生或控制的。自激振动是一种特殊的振动现象。维持振动的能量不像自由振动时一次输入，而是像受迫振动那样持续地输入。但自激振动的能源不像受迫振动时通过周期性的作用输入能量，而是对系统产生一个持续的作用，这个非周期的作用只有通过系统本身的振动才变为周期性的。自激振动的频率接近系统的固有频率。机床上产生的振动，大多是受迫振动和自激振动。

(2) 振源分析：

① 由高转速零件的不平衡所产生的离心力造成的。这些零件是电动机转子、带轮、法兰盘、铣刀头等。滚动轴承的跳动有时也有很大的影响。

② 往复运动机构与摇摆机构所引起的惯性冲击，如插齿机插齿刀的往复运动等。

③ 由于传动力变化所引起的受迫振动，如胶带的接头和胶带的不均匀性，齿轮齿距和齿形的误差及齿形变形，高速轴上装有齿轮等。

④ 液压传动不均匀所引起的受迫振动。

⑤ 切削过程的不连续性所引起的振动，如在铣削中由于铣刀每个齿的断续切削以及切削面积的变化等而引起的振动。消除受迫振动的主要方法：减少受迫振动的振源，采用隔振措施，合理地提高机床的动刚度，使受迫振动的频率远离系统的固有频率等。

⑥ 机床上的自激振动是常发生于刀具和工件之间的一种相对振动，它是在切削过程中产生，并从切削过程中得到激振力，即从机床传动中得到能量的。在一般情况下，切削用量越大，切削力越大，自激振动就越剧烈。消除自激振动的方法，主要是分析引起振动的原因，改变切削条件，并找出机床的主振型及引起该主振型的薄弱环节，通过增强机床的动刚度或采取减振装置等措施。

2) 按机床振动的特性分类

（1）整机摇晃：机床整体在支承地基上的振动形式。摇晃时，沿机床长度和高度方向上各点振幅按线性分布。对整机摇晃，动刚度影响最大的是机床支承部位和地基的刚度和阻尼。

（2）部件接合面间的相对振动：机床是由许多构件按一定要求组合起来的，这些构件之间相互接合的部位称为接合部。关于接合面接触表面层内在特性的机理，通过研究，接合面间视为由无数非线性弹簧元件组成。所以，机床某个部件在接合面处相对于另一部件要产生直线振动或摇动。对于可移动接合面，固有频率较低，但阻尼较大；对于固定接合面，则相反。

（3）机床零部件整体振动：如机床床身、主轴及立柱等的弯曲振动，传动系统的扭转振动等，频率一般比前两种振型高。

4. 机床减振设计

1) 提高机床构件的静刚度和固有频率

（1）合理设计构件的断面形状及尺寸，以便在相同质量下具有较高的刚度和固有频率。通过增加断面轮廓尺寸而不增加壁厚，以提高空心截面的抗弯、抗扭刚度；主要受扭的构件，应使断面为圆形；受偏心载荷和扭转力矩的构件，应尽可能采用封闭形断面。如果为排屑需安装一些如电气、冷却等装置，则必须开孔，不能做成全封闭时，应将孔开在支承件壁几何中心附近或在中心线附近交叉布置，孔宽或孔径以不大于壁厚的1/4为宜，这样开孔造成的刚度降低不大。还可通过加盖将弯曲刚度恢复到未开孔的程度。

（2）合理布置构件的筋板和筋条，以提高其刚度和固有频率。筋板之所以能够提高支承件的刚度，是因为其能使支承件外壁的局部载荷传递给其他壁板，使它们均衡地传递载荷，并将外壁的弯曲变形转化为筋板的拉伸和压缩变形。由于这类变形较小，因此可阻止外壁的弯曲变形，大大加强支承件的四壁作为一个整体的作用，在承受扭矩时，可减少形状的畸变。纵向筋板的作用是提高抗弯刚度，横向筋板的作用是提高抗扭刚度，斜向筋板兼有提高抗弯和抗扭刚度的效果。纵向筋板的布置应在弯曲平面内，这样可显著提高惯性矩，从而提高弯曲刚度。筋条与筋板的区别在于它不连接整个壁板，而只有有限的高度，它有加强壁板刚度的作用；但必须使筋条位于壁板的弯曲平面内，才能有效地减少壁板的弯曲变形。机床支承件承受的载荷条件和变形的情况比较复杂，为避免出现筋条与弯曲平面垂直的情况，筋条布置不宜沿单一方向排列而宜交叉排列，这样才能明显地增强壁板的刚度。

（3）改善构件间或构件与地基连接处的刚度。提高螺钉连接处的局部刚度，能改善整个结构的刚度。并且，适当选择螺钉的尺寸和布置螺栓可提高接触刚度。从弯曲刚度考虑，螺栓应较集中地布置在受拉伸的一侧；从抗弯强度考虑，螺钉应均匀布置在四周。增加凸缘厚度可以提高惯性矩，但因螺栓加长，伸长变形加大，反而降低接触刚度，所以凸缘厚度不宜过大。

2) 改善机床结构阻尼特性

结构阻尼由接合面间的摩擦阻尼和材料的内摩擦阻尼组成。改善结构阻尼特性的措施有以下几个方面：

（1）利用接合面间的摩擦阻尼。提高接合面间的阻尼的原则是，既使接合面的摩擦面上具有较大的压力，又能在振动时作微小的移动。这种移动虽使静刚度有所降低，但因阻尼增加，因而使刚度提高。

（2）采用泥芯和混凝土等阻尼材料充填机床支承件内的空腔，在振动时利用相对摩擦来消耗振动能量。支承件的泥芯留在铸件内，可以提高结构的阻尼特性。

6.8.7　机床结构优化设计

1. 最优化设计概述

基于设计参数的动力学模型修正法——优化参数法，是根据优化原理使理论模型的特征值和特征矢量偏差的加权累积量最小。也就是说,应用模态试验分析的结果修正有限元模型,使其模态参数与试验结构一致或基本一致;或者说,模型修正的结果能够使设计者得到较为合理的有限元动力学模型。

优化参数法的动力学模型修正的数学模型可表述为

$$\min B(x) = \sum_{i=1}^{m} a_i \left(\frac{\lambda_{ai}}{\lambda_{ei}} - 1 \right)^2 + \sum_{i=1}^{m} \beta_{ii} \frac{(1 - \sqrt{\text{MAC}_{ij}})^2}{\text{MAC}_{ij}}$$

$$\text{s. t.} \begin{cases} |\lambda_{ai} - \lambda_{ei}| \leqslant \Delta\lambda \\ 0.5 \leqslant \text{MAC}_{ij} \leqslant 1 \end{cases}$$

式中　MAC_{ij}——理论模型的第 i 阶振型和试验第 j 阶振型之间的模态置信准则,即

$$\text{MAC}_{ij} = \frac{(\Phi_{ai}^{\text{T}} \Phi_{ej})^2}{(\Phi_{ai}^{\text{T}} \Phi_{ai})(\Phi_{ej}^{\text{T}} \Phi_{ej})};$$

　　a_i——第 i 阶固有频率的权重;

　　β_{ij}——第 i 阶模态振型的权重;

　　λ_{ai}——理论模型的第 i 阶固有频率;

　　λ_{ei}——试验模型的第 i 阶固有频率;

　　Φ_{ai}——理论模型第 i 阶振型分量;

　　Φ_{ei}——试验模型第 i 阶振型分量。

从以上公式可以看出,设计者必须通过模态试验分析技术获得结构试件的前几阶模态特征值 λ_{ei} 和特征矢量 Φ_{ei},以及有限元模型的理论计算获得前几阶特征值 λ_{ai} 和特征矢量 Φ_{ai},并通过模态置信准则 MAC 的计算找出彼此配对的前 m 阶振型,然后通过修改设计参数进行有限元模型优化。

其中,a_i、β_{ij} 和 $\Delta\lambda$ 的选取视具体问题而定,有一定的技巧。

2. 利用优化参数法识别接合面特征参数

1) 设计变量

选择接合面接触单元的法向接触刚度 k_n'、切向接触刚度 k_t',以及弹簧—阻尼单元的三个自由度上的连接刚度 k_x、k_y、k_z 和阻尼 c_x、c_y、c_z 作为设计变量,设为 X_i。

2) 目标函数

设接合件有限元理论模型与其试验结果的相对误差最小为优化的目标函数,取前三阶固有频率为状态变量。

$$\min f(X_i) = \sqrt{\sum_{j=1}^{3} a_j \mid f_{j\text{cal}} - f_{j\text{test}} / f_{j\text{test}} \mid^2}$$

式中　a_j——前三阶频率所占的权重;

　　$f_{j\text{cal}}$、$f_{j\text{test}}$——第 j 阶固有频率的计算值和模态试验值。

3) 优化算法

$$\min \quad f = f(x)$$

$$\text{s. t.} \quad k_{i\min}(x) \leqslant k_i(x) \leqslant k_{i\max}(x)$$

用混合罚函数法将其转化为无量纲、无约束的单目标优化问题。罚函数为

$$O(X, q) = f/f_0 + \sum_{i=1}^{m_1} P_x(X_i) + q \Big[\sum_{i=1}^{m_2} P_k(k_i) + \sum_{i=1}^{m_2} P_h(h_i) + \sum_{i=1}^{m_3} P_w(w_i) \Big]$$

式中:P_x、P_k、P_h、P_w 分别为受约束的设计变量和状态变量的惩罚因子,是一逐渐递减的序列。

应用无约束优化问题的梯度法,迭代公式为

$$X^{(i+1)} = X^{(i)} + s_i d^{(i)}$$

迭代的收敛条件为

$$\mid f^{(i)} - f^{(i-1)} \mid \leqslant \tau$$

式中:τ 为目标函数的公差。

3. 优化设计基本流程

优化的基本步骤如下:

(1) 确定设计区域,选择合适的设计变量、目标函数以及约束函数等其他边界条件。

(2) 结构离散化,进行有限元分析,获取目标函数、约束函数及设计变量对目标函数变化的敏度信息。

(3) 根据得到的信息,用合适的优化方法计算出当前的设计变量的新值。

(4) 根据终止准则判断优化结果是否收敛,如果不收敛,重复步骤(2)~步骤(4);如果收敛,则终止迭代。

(5) 优化后处理,得到最优结果。

在进行优化设计时,首先要了解一些基本概念后,才能做到有的放矢。

4. 基本概念

(1) 设计变量(DV):自变量,即分析问题中需要优化的变量。优化结果的取得就是通过改变设计变量的数值来实现的。每个设计变量都有上、下限,它定义了设计变量的变化范围。ANSYS优化程序允许定义不超过60个设计变量。

(2) 状态变量(SV):约束设计的数值。如材料应力上限等,它们是"因变量",是设计变量的函数。状态变量可能会有上、下限,也可能只有单方面的限制,即只有上限或只有下限。在ANSYS优化程序中用户可以定义不超过100个状态变量。

(3) 目标函数:要尽量减小的数值。它必须是设计变量的函数,即改变设计变量的数值将改变目标函数的数值。在ANSYS优化程序中,只能设定一个目标函数。

(4) 设计序列:确定一个特定模型参数的集合。一般来说,设计序列是由优化变量的数值来确定的,但所有的模型参数(包括不是优化变量的参数)组成了一个设计序列。

(5) 分析文件:ANSYS的命令流输入文件,包括一个完整的分析过程(前处理、求解、后处理)。它必须包含一个参数化的模型,用参数定义模型并指出设计变量、状态变量和目标函数。由这个文件可以自动生成优化循环文件(Jobname.LOOP),并在优化计算中循环处理。

(6) 一次循环:一个分析周期(可以理解为执行一次分析文件)。最后一次循环的输出存储在文件Jobname.OPO中。优化迭代(或仅仅是迭代过程)是产生新的设计序列的一次或多次分析循环。一般来说,一次迭代等同于一次循环。但对于一阶方法,一次迭代代表多次循环。

设计变量、状态变量和目标函数总称为ANSYS优化模块的优化变量。在ANSYS优化中,这些变量是由用户定义的参数来指定的。用户必须指出在参数集中哪些是设计变量,哪些是状态变量,哪些是目标函数。

合理的设计是指满足所有给定约束条件(设计变量约束和状态变量约束)的设计。如果其中任一约束条件不满足,就认为设计是不合理的。而最优设计是既满足所有的约束条件又能得到最小目标函数值的设计(如果所有的设计序列都是不合理的,那么最优设计是最接近于合理的设计,而不考虑目标函数的数值)。优化数据库记录当前的优化环境,包括优化变量定义、参数、所有优化设定和设计序列集合。该数据库可以存储(在文件Jobname.OPT),也可以随时读入优化处理器中。分析文件必须作为一个单独的实体存在,优化数据库不是ANSYS模型数据库的一部分。

5. 变量的确定和设计

1) 选择设计变量

设计变量往往是长度、厚度、直径或模型坐标等几何参数,其必须是正值。在选择设计变量时,应遵守以下三个原则:

(1) 使用尽量少的设计变量。选用太多的设计变量会使收敛于局部最小值的可能性增加,甚至高度非线性时不收敛。一种减少设计变量的做法是,将其中的一些变量用其他的设计变量来表示。

(2) 设计变量合并不能用于设计变量是真正独立的情况下。但是,可以根据模型的结构判断是否允许某些设计变量之间可以逻辑地合并。例如,如果优化形式是对称的,则可以用一个设计变量表示对称部分。

(3) 给设计变量定义一个合理的范围(OPVAR命令中的MIN和MAX)。范围过大可能不能表示好的设计空间,而范围过小可能排除了好的设计。只有正的数值是可以的,因此要设定一个上限,选择可以提供实际优化设计的设计变量。

2) 选择状态变量

状态变量通常是控制设计的因变量数值。常见状态变量有应力、温度、热流量、频率、变形、吸收能、消耗时间等。状态变量必须是ANSYS可以计算的数值。

选择状态变量注意以下几点:

(1) 定义状态变量(OPVAR命令)时,在MIN域中输入空值表示无下限,在MAX域中输入空值表示无上限。

(2) 选择足够约束设计的状态变量数。如在应力分析中,只选择最大应力数值为状态变量不好,因为在不同循环中,最大应力位置是变化的。同样也要避免另一个极端,如选择每个单元中的应力都为状态变量。比较好的方法是定义几个关键位置的应力为状态变量。

(3) 在零阶方法中,如果可能,选择与设计变量为线性或平方关系的参数为状态变量。例如,状态变量 $G=Z_1/Z_2$ 且 $G<C$(Z_1 和 Z_2 是设计变量,C 是常数)可能不会得到 G 的较好逼近,因为 G 与 Z_2 是反比关系。如果将状态变量表示为 $G=Z_1-(C \cdot Z_2)$ 且 $G<0$,状态变量逼近就准确了。

(4) 如果状态变量有上、下限时,给定一个合理的限制值(OPVAR 命令的 MIN 域和 MAX 域)。应避免过小的范围,因为此时合理设计可能不存在。如 500psi～1000psi(1psi = 6.89×10^3 Pa)的应力范围要比 900psi～1000psi 的范围好。

3) 选择目标函数

目标函数是设计要最小化或最大化的数值。ANSYS 程序总是最小化目标函数。如果要最大化数值,就将问题转化为求数值 $x_1 = C-x$ 或 $x_1 = 1/x$ 的最小值,其中 C 是远大于 x 的数值。定义 $C-x$ 的方法比用 $1/x$ 的方法要好,因为后者是反比关系,在零阶方法中不能得到准确的逼近。目标函数值在优化过程中应为正值,因为负值将会引起数据问题。为了避免出现负值,可以将一个足够大的正值加到目标函数上(大于目标函数的最大值)。

6. 灵敏度和优化

1) 机床结构灵敏度分析

在结构动态优化设计中,常常有许多个设计参数可供调整。但对每个变量而言,其值的变化对结构性能的影响是不同的。如何选择对结构动态特性影响最灵敏的变量作为调整的主参数,对于提高结构动态特性具有十分重要的意义。

机床作为一种大型复杂结构系统,影响结构性能的设计变量很多。通过进行灵敏度分析寻找最佳变量,可以避免结构修改中的盲目性,对于提高设计质量、效率和降低设计成本,具有十分重要意义。

2) 灵敏度分析及优化设计机理

灵敏度是关注指标对某些结构参数的变化梯度。从数学意义上可以这样理解:若一函数可导,其一阶灵敏度在连续系统可表示为

$$S=(F)_j=\frac{\partial F(x)}{\partial x_j} \qquad (6-46)$$

或在离散系统可表示为

$$S=\frac{\Delta F(x)}{\Delta x_j} \qquad (6-47)$$

前者称为一阶微分灵敏度,后者称为一阶差分灵敏度。除一阶灵敏度外,还有高阶灵敏度。

对结构的分析可分为动态分析和静态分析,因此,结构的灵敏度分析也可分为动态灵敏度分析和静态灵敏度分析。结构的动态灵敏度分析有特征(特征值、特征矢量)灵敏度分析、传递函数灵敏度分析和动力响应灵敏度分析等。而静态灵敏度分析的关注指标为位移和应力值等。

动态优化设计是指以其固有频率、振型或某些局部点(范围)的动力响应大小等反映结构动力学特性的参数作为目标函数或约束条件,通过设计达到要求的水平。

7. 机床结构优化设计

利用 ANSYS 对机床结构进行优化设计,求解有两种运行方式:一种是在 GUI 方式下运行,即已经打开 ANSYS 的分析界面后进行分析;另一种是 Batch 方式,无需打开 ANSYS 分析界面,后台运行求解。

GUI 方式体现涉及两个重要的文件:一个是类似 volu.inp 的 ANSYS 分析文件,如果是一个工程问题,该文件中应该有参数定义、参数建模、求解、结果提取、目标函数赋值的一个全过程(由于优化求解是一个不断迭代的过程,ANSYS 分析文件其实是包涵了一个完整的循环);另一个是类似 optvolu.inp 的优化控制文件,定义三大变量、优化方式、优化控制等。有了这两个文件,在命令窗口简单地输入优化控制文件(其中的 opanl 命令会自动调用指定的 ANSYS 分析文件),就可以完成整个优化过程。

以上说明的是完全使用命令流的 GUI 方式。

另一种方式是后台运行的 Batch 方式,它只需要一个输入命令流文件(batch 文件)。该文件可以简单地把 GUI 方式下 ANSYS 分析文件和优化控制文件合并得到。

需注意以下两点:

(1) 去掉 optanl 语句。因为在 batch 文件中,不需要提供 ANSYS 分析文件名字,系统默认 batch 文件中/opt 语句以前的所有部分为 ANSYS 分析文件内容。

(2) 为防止 GUI 方式下重新定义错误而引入的一些语句(如/cle,nostart)需要去除。上述例子经过合并、处理,就可以得到 Batch 方式下需要的 batch 文件 batch. inp。

优化模块是 ANSYS 在工程问题中最有价值的模块,通过 ANSYS 的优化设计能大大提高产品设计的成功率,所以作为 ANSYS 高级分析技术之一的优化设计技术是每个学习 ANSYS 的人都该掌握的。

参 考 文 献

[1] 文怀兴,夏田.数控机床系统设计.北京:化学工业出版社,2006.

[2] 陈婵娟.数控车床设计.北京:化学工业出版社,2006.

[3] 文怀兴.数控铣床设计.北京:化学工业出版社,2006.

[4] 夏田.数控加工中心设计.北京:化学工业出版社,2006.

[5] 张晶辉.数控机床造型与人机工程的关系.建材技术与应用,2007,04.

[6] 乔柏杰.机床工业发展趋势与绿色制造技术.吉林工程技术师范学院学报,2005,07.

[7] 丁江民,赵政东.面向绿色制造的数控车床设计技术研究.机械工程与自动化,2007,03.

[8] 余海宁,王天成,王维模.并联机床设计理论与关键技术.现代机械,2004,03.

[9] 张广鹏,黄玉美.机床运动功能方案的创成式设计方法.组合机床与自动化加工技术,1999,02.

[10] 杨仲冈.数控设备与编程.北京:高等教育出版社,2002.

[11] 马祥英,苏远彬.数控铣床主传动系统的分析计算与设计.装备制造技术,2007(8).

[12] 胡秋.数控机床伺服进给系统的设计.机床与液压,2004(6):54-56.

[13] 崔旭芳,周英.数控回转工作台的原理和设计.砖瓦,2008(6):23-27.

[14] 陈振玉.进给系统刚度对数控机床死区误差影响.中国制造业信息化,2006,35(15):49-56.

[15] 左健民,王保升,汪木兰.数控机床进给系统刚度分析及前馈补偿控制研究.机械科学与技术,2008,27(3):387-394.

[16] 蔡厚道.数控机床构造.北京:北京理工大学出版社,2007.

[17] 邓奕.数控机床结构与数控编程.北京:国防工业出版社,2006.

[18] 王爱玲,白恩远,赵学良,等.现代数控机床.北京:国防工业出版社,2003.

[19] 文怀兴,夏田.数控机床设计实践指南.北京:化学工业出版社,2008.

[20] 胡秋.数控机床伺服进给系统的设计.机床与液压,2004(6):54-56.

[21] 崔旭芳,周英.数控回转工作台的原理和设计.砖瓦,2008(6):23-27.

[22] 陈振玉.进给系统刚度对数控机床死区误差影响.中国制造业信息化,2006,35(15):49-56.

[23] 左健民,王保升,汪木兰.数控机床进给系统刚度分析及前馈补偿控制研究.机械科学与技术,2008,27(3):387-394.

[24] 胡秋.数控机床伺服进给系统的设计.机床与液压,2004(6):54-56.

[25] 王爱玲.数控机床结构及设计.北京:兵器工业出版社,1999.

[26] 易红,等.数控技术.北京:机械工业出版社,2005.

[27] 王东锋.液体静压导轨及在设计中的应用研究.精密制造与自动化,2003(4):25-28.

[28] 李炳健.液体静压导轨在机床中的应用.山西机械,2003(3):46-48.

[29] 曹君蓬,杨辉左.液体静压导轨及其驱动系统的研究.航空精密制造技术,2002,38(3):35-37.

[30] 尹成湖,李红彦,彭伟,等.直线运动滚动导轨工程设计.河北工业科技,2003,20(3):38-42.

[31] 钟金良,俞寿松.机床导轨的超音频加热淬火.制造技术与机床,1995(4):23-24.

[32] 张月娥.机床导轨的超音频加热淬火.金属热处理,1987(10):32-35.

[33] 江苏泰州市德基数控机床技术部.直线导轨的结构设计(含滚动导轨).技术文章-新闻中心——中国数控线,2007-5-18,http://www.dejicnc.com/detail.asp?id=593.

[34] 王爱玲.现代数控机床.北京:国防工业出版社,2003.

第7章
数控机床驱动系统

主编　唐小琦　孙　莹

7.1 概　　述

数控机床驱动系统包括进给伺服驱动系统和主轴驱动系统两部分,它是数控系统的重要组成部分和关键功能部件之一,是数控装置和机械传动部件间的联系纽带。进给伺服驱动系统接收数控装置的进给运动控制指令,控制数控机床工作台的位移和速度,实现零件加工的成形运动。主轴驱动系统接收数控装置的主运动控制指令,控制数控机床主轴的速度,提供切削过程中切削力,实现零件加工的切削运动。

1. 数控机床驱动系统的结构

数控机床驱动系统一般由驱动装置、驱动电动机和检测装置三部分组成,如图7-1所示。其中,驱动装置又由控制调节器和电力变换装置组成。控制调节器在半闭环和全闭环伺服驱动系统中,根据数控装置的指令信号(速度值和位置值)和实际输出信号的误差来调节控制量,使实际输出量跟随指令信号的变化。电力变换装置将固定频率和幅值的三相(或单相)交流电源变换为受控于调节器输出控制量的可变三相(或单相)交流电源,实现电动机速度和转矩控制,从而驱动运动部件按指令要求完成相应的运动。检测装置用于在半闭环和全闭环伺服驱动系统中,为驱动装置的控制调节器提供反馈控制量,如运动部件的位置、速度和电动机转子的相位等。

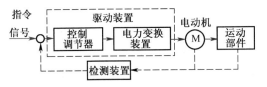

图 7-1　数控机床驱动系统结构图

2. 数控机床驱动系统的分类

1) 按控制对象分类

(1) 进给驱动系统。进给驱动系统实现各坐标轴的进给运动控制,具有定位和轮廓跟踪功能,主要有步进电动机驱动系统、直流伺服驱动系统、交流伺服驱动系统和电液伺服驱动系统等类型。目前,应用较多的是步进电动机驱动系统和交流伺服驱动系统。其中,交流伺服驱动系统主要用于高、中档型数控机床,而步进电动机驱动系统则主要用于经济型数控机床等。

(2) 主轴驱动系统。一般的主轴驱动系统工作于速度模式,主要实现主轴的旋转运动,提供切削过程中的转矩和功率,且保证任意转速的调节。具有C轴控制的主轴系统则与进给伺服驱动系统一样,具备相应的位置跟踪控制要求,称为主轴伺服系统。主轴驱动系统主要有直流调速驱动系统、交流调速驱动系统、交流伺服驱动系统等类型。目前,应用较多的是交流调速驱动系统和交流伺服驱动系统。

2) 按有无反馈信号检测装置分类

数控机床的驱动系统按有无反馈信号检测装置可分为开环、半闭环和闭环伺服驱动系统,相关内容已在第1章讲述,这里不再赘述。

3) 按驱动电动机的类型分类

(1) 步进电动机驱动系统。采用步进电动机为执行元件。步进电动机将进给指令信号变换为具有一定方向、大小和速度的机械转角位移,并通过齿轮和丝杠螺母副带动工作台移动。每当向步进电动机施加一个脉冲信号,电动机就旋转一个固定的角度α(步距角)。为此,步进电动机的角位移与输入脉冲的个数成正比,转速与输入脉冲的频率成正比。步进电动机的各相绕组在通电状态时具有自锁能力,理论上具有较好的定位精度,无漂移和累积误差,能跟踪一定频率范围的脉冲序列,可作同步电动机使用。但与交流伺服电动机相比,在低速运行时有较大的噪声和振动,在过载和高速运行时容易产生失步,而且能耗大、速度低,同时,驱动系统一般采用开环系统,精度较差,故主要用于速度和精度要求不太高的经济型数控机床和旧机床改造。

（2）直流电动机伺服驱动系统。常采用小惯量直流伺服电动机和永磁直流伺服电动机（或称为大惯量宽调速直流伺服电动机）为执行元件。直流伺服电动机具有良好的宽调速性能、输出转矩大、过载能力强等优点。直流大惯量伺服电动机的惯性与机床传动部件的惯性相当，构成闭环控制系统后易于调整和控制。同时，直流中小惯量伺服电动机及其大功率脉宽调制驱动装置又比较适应数控机床的频繁启/停、快速定位和切削条件的要求，因此，在20世纪70年代和80年代初，数控机床多采用直流电动机伺服系统。但直流伺服电动机由于具有电刷和机械换向器，使结构与体积受限制，阻碍了它向大容量、高速方向的发展，因此应用受到限制。

（3）交流伺服电动机驱动系统。常采用异步伺服电动机和永磁同步伺服电动机为执行元件。相对于直流伺服电动机，交流伺服电动机具有结构简单、体积小、惯量小、响应速度快和效率高等特点。它更适应大容量、高速加工的要求。目前，交流电动机伺服驱动系统在进给伺服驱动中已逐渐取代了直流电动机伺服驱动系统。

（4）直线电动机伺服驱动系统。采用直线电动机为执行元件。直线电动机直接驱动机床工作台运动，取消了电动机和工作台之间的一切中间传动坏节，形成了所谓的直接驱动或零传动，从而克服了传统驱动方式中传动环节带来的缺点，显著提高了机床的动态灵敏度、加工精度和可靠性。直线电动机伺服驱动系统主要应用于速度高、加工精度高的数控机床。

4）按控制信号的处理类型分类

（1）模拟控制系统。模拟控制系统的所有控制量（如电压、电流等）均为连续变化的模拟量。模拟控制系统中所使用的运算、控制调节器件均以集成运算放大器、电位器、电阻、电容等元器件为主，内部一般无微处理器，控制系统的参数调整是通过调节电位器等方法进行的。

由此可见，模拟控制系统的功能较单一，而且内部元器件的特性或环境温度改变均将导致输出量（速度或位置）的较大改变。同时，模拟控制系统无法进行数字量的运算，故在伺服驱动器中不能实现位置控制功能（驱动器内部无位置调节器），它必须由上一级的位置控制器（如数控装置）完成。也就是说，模拟伺服驱动器只是一个带有速度、电流双闭环调节功能的速度调节器，故又称为速度控制单元。

（2）数字控制系统。数字控制系统的所有控制量均为二进制形式的数字量。数字控制系统中，调节器以微处理器作为核心控制器件。不但可以实现传统的PID控制，而且还可以实现现代控制理论中的状态观察器、坐标变换、矢量控制、模糊控制等功能，以达到集位置、速度与电流调节为一体的最优控制。

数字控制系统均配套数据输入与显示面板或与外部通信的接口与总线，因此可以通过对数据的显示与操作进行内部控制参数、状态的修改与检查，故障诊断容易，调试直观，控制准确。同时，其强大的数据交换功能，可以方便地进行网络化控制。

3. 数控机床驱动系统的发展历程及发展趋势

作为数控机床的重要组成部分，驱动系统的发展与驱动电动机的发展紧密地联系在一起。在20世纪50年代，驱动系统是以步进电动机驱动的液压伺服马达，或者以功率步进电动机直接驱动为特征，驱动系统的伺服控制为开环控制；60年代至70年代是直流驱动电动机诞生和全盛发展时期，直流驱动系统在工业及相关领域得到广泛应用，驱动系统的伺服控制也由开环控制发展成为闭环控制，永磁式直流电动机在数控机床领域占据统治地位；80年代以来，随着新材料、电力电子、控制理论等相关技术的快速发展，大大推动了交流驱动技术，使交流驱动系统性能日渐提高，与其相应的驱动装置也经历了模拟式、数模混合式和全数字化的发展历程。

随着现代工业的快速发展，数控机床对驱动系统提出了越来越高的要求，伺服驱动产品每5年就会换代，新的功率器件或伺服模块每2年～2.5年就会更新一次，新的软件算法则日新月异，伺服驱动产品生命周期越来越短。总结国内外伺服厂家的技术路线和产品路线，结合市场需求的变化，可以预见以下一些发展趋势：

（1）驱动系统的高效率化。包括电动机本身和驱动装置的高效率化，主要包括：永磁材料性能的改进，更好的磁铁安装结构设计，逆变器驱动电路的优化，加减速运动的优化，再生制动和能量反馈以及更好的冷却方式等。

（2）高速度、高精度、高性能化。采用更高精度的编码器（每转百万脉冲级）、更高采样精度和数据位数、速度更快的DSP，无齿槽效应的高性能旋转电动机、直线电动机，以及应用自适应、人工智能等各种现代控制策略，不断提高伺服系统的指标。

（3）直接驱动。包括采用盘式电动机的转台伺服驱动和采用直线电动机的线性伺服驱动，由于消除了中间传递误差，从而实现了高速化和高定位精度。直线电动机容易改变形状的特点，可以使采用线性直线机构的各种装置实现小型化和轻量化。

（4）通用化。通用型驱动装置配置有大量的参数和丰富的菜单功能，便于用户在不改变硬件配置的条件下，方便地设置成 V/F 控制、无速度传感器开环矢量控制、闭磁通矢量控制、永磁无刷交流伺服电动机控制及再生单元5种工作方式。适用于各种场合，可以驱动不同类型的电动机，如异步电动机、永磁同步电动机、无刷直流电动机、步进电动机，也可以适应不同的传感器类型甚至无位置传感器。可以使用电动机本身配置的反馈构成半闭环控制系统，也可以通过接口与外部的位置或速度或力矩传感器构成高精度全闭环控制系统。

（5）智能化。现代交流驱动系统都具备参数记忆、故障自诊断和分析功能，绝大多数进口驱动装置都具备负载惯量测定和自动增益调整功能，有的可以自动辨识电动机的参数，自动测定编码器零位，有些则能自动进行振动抑止。将电子齿轮、电子凸轮、同步跟踪、插补运动等控制功能和驱动结合在一起，对于伺服用户来说，则提供了更好的体验。

（6）网络化和模块化。将现场总线和工业以太网技术甚至无线网络技术集成到伺服驱动器中，已成为欧洲和美国厂商的常用做法。现代工业局域网发展的重要方向和各种总线标准竞争的焦点是，如何适应高性能运动控制对数据传输实时性、可靠性、同步性的要求。随着国内对大规模分布式控制装置的需求上升，高档数控系统的开发成功，网络化数字伺服的开发已经成为当务之急。模块化不仅指伺服驱动模块、电源模块、再生制动模块、通信模块之间的组合方式，而且指伺服驱动器内部软件、硬件的模块化和可重用。

（7）从故障诊断到预测性维护。随着机器安全标准的不断发展，传统的故障诊断和保护技术（问题发生时判断原因并采取措施避免故障扩大化）已经落伍，最新的产品嵌入了预测性维护技术，使得人们可以通过互联网及时了解重要技术参数的动态趋势，并采取预防性措施。例如，关注电流的升高，负载变化时评估尖峰电流，外壳或铁芯温度升高时监视温度传感器，以及对电流波形发生的任何畸变保持警惕。

（8）专用化和多样化。虽然市场上存在通用化的伺服产品系列，但是为某种特定应用场合专门设计制造的伺服系统比比皆是。利用磁性材料不同性能、不同形状、不同表面粘接结构（SPM）和嵌入式永磁（IPM）转子结构的电动机出现，分割式铁芯结构工艺在日本的使用使永磁无刷伺服电动机的生产实现了高效率、大批量和自动化，并引起国内厂家的研究。

（9）小型化和大型化。无论是永磁无刷伺服电动机还是步进电动机都积极向更小的尺寸发展，如 20mm、28mm、35mm 外径；同时，也在发展更大功率和尺寸的机种，已出现 500kW 永磁伺服电动机，体现了向两极化发展的倾向。

7.2 驱动电动机及特性

驱动电动机是数控机床驱动系统的执行元件,完成进给运动和主轴驱动。数控机床进给驱动系统的驱动电动机有步进电动机、交流伺服电动机和交流永磁直线电动机等。数控机床主轴驱动系统的驱动电动机有交流异步主轴电动机、交流伺服主轴电动机和电主轴等。

7.2.1 步进电动机

7.2.1.1 步进电动机的结构、原理及工作特性

步进电动机根据输出力矩大小可分为快速步进电动机和功率步进电动机两类。快速步进电动机连续工作频率高,输出力矩小,一般为$0.07N \cdot m \sim 5N \cdot m$,只能用于驱动小型精密机床(如线切割机床)的工作台。功率步进电动机输出力矩为$5N \cdot m \sim 50N \cdot m$,可以直接驱动大、中型机床工作台,因此,数控机床一般采用功率步进电动机。步进电动机根据磁场建立方式可分为反应式、永磁式和混合式三类。混合式步进电动机综合了反应式和永磁式的优点,具有输出力矩大、动态性能好和步距角小等特点,是目前数控机床上应用最多的类型。步进电动机根据定子绕组相数可分为二相、三相、四相和五相等系列,应用最广泛的是两相混合式步进电动机,约占97%以上的市场份额。其性价比高,配上细分驱动器后效果良好。

1. 步进电动机的结构与工作原理

以三相反应式步进电动机为例,电动机由转子、定子组成,转子与定子均由带齿的硅钢片叠成,如图7-2(a)所示。定子的磁极上有绕组,并有极齿,转子上也有极齿,两者的齿距相同。若某定子磁极的极齿与转子的极齿对齐时,则要求相邻的定子极齿与转子极齿之间错开齿距的$1/m$(m为步进电动机相数),即空间

错开$360°/mz$(z为转子齿数)。如三相定子的每个磁极上有5个极齿,齿间夹角为9°,转子上均匀分布40个极齿,齿间夹角也为9°,当A相磁极上的极齿与转子上的极齿对齐时,B相磁极上的极齿刚好超前(或滞后)转子极齿$1/3$齿间夹角(即3°),C相磁极上的极齿超前(或滞后)转子极齿$2/3$齿间夹角,如图7-2(b)所示。当A相绕组通以直流电流时,在AA'方向上产生一磁场,A相绕组的磁力线为保持磁阻最小,向转子施加电磁力矩,使转子的极齿与定子AA'磁极上的极齿对齐。若A相断电,B相通电,产生新的磁场,转子在电磁力矩的作用下,将转过齿间夹角的$1/m$(即1个步距角),使转子的极齿与定子BB'磁极上的极齿对齐。

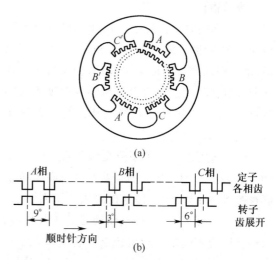

图7-2 反应式步进电动机工作原理图

(a)三相反应式步进电动机结构图;(b)定子与转子展开图。

由此可见,当步进电动机三相定子绕组顺序通断电时,转子则会不停的转动。改变定子绕组的通电顺序,可改变电动机的旋转方向;改变定子绕组通电的频率,可改变转子的转速。

满足这种自动错位条件的转子齿数计算公式为

$$z_r = 2p\left(K \pm \frac{1}{m}\right) \qquad (7-1)$$

式中　$2p$——步进电动机的定子极数；

　　　m——相数；

　　　K——正整数。

步进电动机定子绕组每改变一次通电方式，称为1拍。为此，步进电动机的通电方式有 m 相单 m 拍和 m 相双 m 拍两种。当 $m=3$ 时，有3相单3拍方式（定子绕组按 $A \rightarrow B \rightarrow C \rightarrow A$ 顺序通电）和3相6拍（定子绕组按 $A \rightarrow AB \rightarrow B \rightarrow BC \rightarrow C \rightarrow CA \rightarrow A$ 顺序通电）两种方式。双 m 拍通电方式下电动机的步距角为单 m 拍通电方式的1/2。由于双 m 拍的通电方式，在工作过程中始终保持有1相定子绕组通电，能有效克服单 m 拍绕组在通电切换瞬间，因失去自锁转矩而导致失步的现象，因而电动机的平稳性更好。

步进电动机的步距角 α 与定子绕组的相数、转子的齿数以及通电方式有关，即

$$\alpha = \frac{360°}{mzk} \tag{7-2}$$

式中　m——定子绕组的相数；

　　　z——转子的齿数；

　　　k——步进电动机的工作方式，为 m 相 m 拍时，$k=1$；为 m 相 $2m$ 拍时，$k=2$；依此类推。

步进电动机转速与频率、步距角的关系为

$$n = \frac{\alpha}{360°} \times 60f = \frac{\alpha f}{6} \tag{7-3}$$

式中　f——控制脉冲的频率，即每秒输入步进电动机的脉冲数；

　　　α——步距角。

2. 步进电动机的主要特性

1）步距误差

步进电动机每走一步，转子实际角位移与理论步距角之间的差值为步距误差。连续走若干步时，上述误差形成累积值。但转子转过一圈后，又回至上一转的稳定位置，因此步进电动机的步距误差不会长期累积。影响步进电动机步距误差和累积误差的主要因素有齿与磁极的分度精度、铁芯叠压及装配精度、各相矩角特性之间差别的大小、气隙的不均匀程度等。快速步进电动机的步距误差一般为 $\pm(10' \sim 15')$，功率步进电动机的步距误差一般为 $\pm(20' \sim 25')$。

2）输出转矩-频率特性

步进电动机有两条重要的特性曲线，即反映启动频率与负载转矩之间关系的启动转矩-频率特性曲线，以及反映连续运行时最大动态转矩与连续运行频率之间关系的工作转矩-频率特性曲线。

步进电动机通电但没有转动时，定子锁住转子的力矩称为最大静态转矩（保持转矩）。通常，步进电动机在低速时的输出力矩接近最大静态转矩。但由于步进电动机的定子绕组本身是一个电感性负载，控制信号的频率越高，励磁电流就越小，同时，由于磁通量的加剧变化，将导致铁芯的涡流损失增大，因此，控制信号的频率增大后，输出转矩降低。步进电动机工作转矩-频率特性曲线如图7-3所示，电动机的最大动态转矩小于最大静态转矩，并随着控制脉冲频率的增加而降低。由于功率步进电动机最高工作频率 f 的输出转矩 M_d 只能达到低频转矩的 $40\% \sim 50\%$，因此，在实际应用中要根据负载要求，参照高频输出转矩来选用步进电动机的规格。

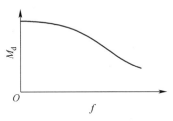

图7-3　步进电动机的转矩-频率特性曲线

3）最大启动频率和最高工作频率

步进电动机在空载情况下能够正常启动，并不失步地进入稳速运行，所允许的启动频率的最大值称为最大启动频率 f_g。如果控制信号的频率高于该值，电动机可能发生丢步或堵转。在有负载的情况下，启动频率更低。要使电动机达到高速转动，控制信号的频率应该有加速过程，即以较低的启动频率按一定加速度升到

所希望的高频,使电动机转速从低速升到高速。最大启动频率 f_g 与步进电动机的转动惯量 J 有关,随着负载转动惯量的增加,启动频率将下降。快速步进电动机的 f_g 最大为 $1000\text{Hz}\sim2000\text{Hz}$,功率步进电动机的 f_g 一般为 $500\text{Hz}\sim800\text{Hz}$。

步进电动机在负载情况下连续运行时所能承受的控制信号频率的最大值称为最高工作频率,它与步距角一起决定执行部件的最大运动速度。影响最高工作频率的因素和最大启动频率基本相同。只是负载转动惯量对工作频率的影响不如对启动频率的影响明显,它仅影响频率上升的速度。

7.2.1.2 步进电动机的选择

在选用步进电动机时,通常希望电动机的输出转矩大,启动频率和运行频率高,步距误差小,性价比高。但增大输出转矩与快速运行,高性能与低成本之间存在一定的矛盾,因此实际选用时,必须综合考虑。

1. 输出转矩的选择

步进电动机的输出转矩与所配备的驱动电源、负载情况有很大关系,因此选择输出转矩不能简单地用一个指标或公式而定,必须根据步进电动机技术参数中所给出的最大静态转矩(保持转矩)和转矩-频率特性等指标进行综合分析。由步进电动机的转矩-频率特性可知,电动机在低频运行时,最大输出转矩可达最大静态转矩的 $70\%\sim80\%$,随着运行频率的升高,输出转矩下降到最大静态转矩的 $10\%\sim70\%$。所以,步进电动机的输出转矩应根据以上技术指标,并考虑电动机实际工作频率范围留有一定裕度来选择。一般选择步进电动机输出转矩为最大静态转矩的 $20\%\sim30\%$。

2. 步距角的选择

步距角是决定开环伺服系统脉冲当量的重要参数,选择时应满足机床伺服系统的控制精度和运行速度要求。对于定位精度或运行频率不高的系统,可以选择步距角较大、工作频率较低的步进电动机;对于定位精度高、运行速度范围较广的进给系统,则应选择步距角较小、工作频率较高的步进电动机。某些情况下所选择的步距角不一定完全符合系统控制要求,此时可在电动机与负载之间加装齿轮变速系统,以获得任意步距角。此时步进电动机的步距角 α 应满足下式:

$$\alpha \leqslant \frac{360\Delta}{S} \qquad (7-4)$$

式中 α ——步进电动机的步距角((°)/脉冲);

Δ ——脉冲当量(mm/脉冲);

S ——丝杠螺距(mm)。

目前,市场上步进电动机的步距角 α 一般有 $0.36°/0.72°$(五相电动机)、$0.9°/1.8°$(二、四相电动机)、$1.5°/3°$(三相电动机)等。

3. 静态力矩的选择

步进电动机的动态力矩很难确定,往往先确定电动机的静态力矩。静态力矩的选择依据是电动机工作的负载,而负载可分为惯性负载和摩擦负载两种。直接启动时(一般由低速)两种负载均要考虑,加速启动时主要考虑惯性负载,恒速运行时主要考虑摩擦负载。一般情况下,选择静态力矩为 2 倍~3 倍摩擦负载。

4. 启动频率与工作频率的选择

步进电动机的启动频率与工作频率是根据负载的工作速度确定的。电动机工作频率与工作速度的关系为

$$f = \frac{1000v}{60\delta}(\text{Hz}) \qquad (7-5)$$

式中 v ——进给速度(m/min);

δ ——脉冲当量(mm);

f ——步进电动机的工作频率。

若已知负载转矩,则由启动矩频特性曲线查出启动频率。实际使用时,启动频率应小于或等于所查频率值。若已知步进电动机的连续工作频率 f,则由工作转矩-频率特性曲线查出最大动态转矩 M_{dm},电动机的所能拖动的负载转矩应小于 M_{dm},否则会导致失步现象。

7.2.1.3　典型步进电动机

1. 南京华兴电动机制造有限公司步进电动机

南京华兴电动机制造有限公司的步进电动机有圆形混合式和方形混合式两种类型。电动机采用优质冷轧高矽片,无机壳铆压,大大改善了磁性能,有良好的内部阻尼特性,运行平稳,无明显低频振荡区;同时,还具有体积小,驱动电流和功耗小,力矩大,运行频率高,动态特性好,噪声小,可靠性高,使用寿命长等优点。

1) 方形混合式步进电动机

方形混合式步进电动机有两相、三相、四相,以及 35、42、57、86 和 110 共 5 个系列。电动机的最大静转矩为 0.05N·m～29N·m,步距角有 0.6°/0.9°/1.8°等。

2) 圆形混合式步进电动机

圆形混合式步进电动机有两相、三相和五相,以及 75、90、110、130 共 4 个系列。电动机的最大静转矩为 0.05N·m～38N·m,步距角有 0.6°、0.36°/0.72°、0.9°/1.8°等。

注意:本章后面各节介绍相关厂家的产品时,均不列出具体的规格、技术参数、外形和安装尺寸,需要了解产品情况,可向相关厂家索要产品目录。

2. 北京斯达微步控制技术有限公司步进电动机

1) 两相混合式步进电动机

两相混合式步进电动机有 17、23、34、57、86、110 共 6 个系列。电动机的最大静态转矩为 0.15N·m～18N·m,步距角为 1.8°。

2) 三相混合式步进电动机

三相混合式步进电动机有 57、86 和 110 共 3 个系列。电动机的最大静态转矩为 0.15N·m～18N·m。

7.2.2　交流永磁同步伺服电动机

7.2.2.1　交流永磁同步伺服电动机的结构、工作原理及工作特性

1. 交流永磁同步伺服电动机的结构

交流永磁同步伺服电动机(简称交流伺服电动机)结构如图 7-4 所示,电动机由定子 5、定子绕组 3、转子 6 和脉冲编码器 11 组成。交流伺服电动机的定子由硅钢片叠装构成,其上有齿槽,内有三相对称绕组,外形呈多边形。转子用高磁导率的永磁材料制成磁极,中间穿有电动机轴,轴两端用轴承支承并将其固定在机壳上,用于产生固定磁场。转子尾部装有脉冲编码器、旋转变压器等检测装置,用于检测轴的角位移。

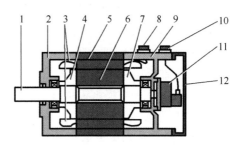

图 7-4　交流伺服电动机结构

1—电动机轴;2—前端盖;3—定子绕组;
4—前压板;5—定子;6—转子;7—后压板;
8—动力线插头;9—后端盖;10—反馈插头;
11—脉冲编码器;12—电动机后盖。

2. 交流永磁同步伺服电动机的工作原理

交流伺服电动机的工作原理如图 7-5 所示,当定子的三相绕组通过三相交流电流时,产生空间旋转磁场,从而吸引转子上的磁极同步旋转。电动机的同步转速为

$$n_s = 60f/p \qquad (7-6)$$

式中　f——交流电源频率;

　　　p——定子的磁极对数。

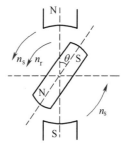

图 7-5　交流伺服电动机的工作原理

交流伺服电动机的转速与旋转磁场同步,在负载扰动下,只是功率角 θ 变化,并不引起转

速变化,其响应时间具有实时性,这是其他调速系统做不到的。永磁同步电动机和异步电动机相比,由于转子有磁极,电动机在很低的频率下也能运转,因此,在相同条件下,永磁同步电动机的调速范围更宽。同时,由于转子是永磁铁,只要定子绕组通入电流,即使转速为零,仍然能够输出额定转矩,具有"零速伺服锁定"功能。

交流伺服电动机在刚启动时,若将定子绕组直接接入电网,虽然定子绕组已产生旋转磁场,而此时由于转子自身的惯性不能立刻同步转动,在定子和转子两对磁极间存在相对运动,使转子受到的平均转矩为零,同时,定子与转子磁场之间的转速差过大,因此,电动机不能自行启动。启动困难是永磁同步电动机的缺点,在设计时可通过设法减小电动机的转动惯量或在速度控制单元中采取先低速、后高速的控制方法来解决。交流伺服电动机运行时,当负载超过一定极限后,转子不再按同步转速旋转,造成电动机的失步现象,甚至可能不运转。

交流伺服电动机由逆变器提供三相交流电流实现速度控制。逆变器在将直流变成三相交流时,其功率驱动电路元件需要根据转子磁场的位置实时换向,因此,为了实时地检测电动机转子磁场的位置,在电动机轴上应安装位置检测装置。

3. 交流永磁同步伺服电动机的工作特性

交流伺服电动机的机械特性曲线有力矩-转速关系曲线,如图7-6所示。由图7-6可见,在整个速度控制范围内,力矩基本是恒定的,堵转(零转速)时力矩最大,力矩可以短时过载,过载倍数可达4倍~5倍的额定力矩。电动机的机械特性可分为两个工作区:连续工作区,即连续运行或连续加工的工作区域;断续工作区,用于动态过渡过程,如加/减、反向、停止的工作区域。在连续工作区,速度和转矩的任何组合都可连续工作,但连续工作区的划分受一定条件限制,如供电电源是否为理想的正弦波电流,电动机是否连续工作和温度高低。在断续工作区,电动机可以过载使用,可达4倍的额定力矩,所以过渡过程可以加速执行,提高伺服的跟随精度和生产效率。断续工作区的极限,一般受到电动机的供电电压限制。

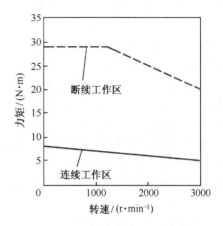

图7-6 永磁同步电动机的机械特性曲线

7.2.2.2 交流伺服电动机的选择

进给驱动系统一般采用高速、中小惯量的交流伺服电动机,以满足数控机床高速、高精度加工要求。电动机的选择包括确定电动机类型、安装形式、转速、输出转矩与加减速能力等。其中,电动机类型、安装形式取决于机械部件的结构,一般由机械设计人员确定,转矩、转速与加减速性能则需要通过计算才能确定。

1. 电动机类型的选择

根据性能不同,交流伺服电动机可分为高性能型与经济型,两者所使用的磁性材料等存在较大不同,在加/减速能力、高/低速输出特性、调速范围、控制精度与价格等方面存在较大差别。选择时应根据实际需要,综合考虑后确定。

根据用途不同,电动机可分为用于普通驱动的中转动惯量伺服电动机和用于高速驱动的小转动惯量伺服电动机两类,前者驱动能力强,后者可达较高转速。

电动机的安装一般为端面法兰连接。输出轴的形式有锥轴带键、直轴(平轴)、直轴带键,还可以根据需要带内置式制动器。

2. 电动机转速的选择

交流伺服电动机的调速范围与调速性能一般都能满足绝大多数进给传动系统的控制要求，因此，通常只需要确定电动机的最高转速。电动机的最高转速取决于执行元件的快进速度、丝杠螺距与传动系统的减速比。当进给传动系统设计完成后，便可以直接计算出伺服电动机的最高转速。执行元件快速移动时电动机最高转速应严格控制在电动机的额定转速之内，即

$$n_{max} = \frac{v_{max} i}{h_{sp}} \times 10^3 \leqslant n_N \qquad (7-7)$$

式中　n_{max}——伺服电动机最高转速（r/min）；

　　　n_N——伺服电动机的额定转速（r/min）；

　　　v_{max}——工作台直线最大运行速度（m/min）；

　　　i——系统传动比，$i = \dfrac{n_{电动机}}{n_{丝杠}}$；

　　　h_{sp}——丝杠导程（mm）。

3. 电动机连续输出转矩的计算

电动机连续输出转矩是初选电动机规格的主要参数，其取决于进给传动系统负载的大小。对于输出特性很"硬"的电动机，电动机的连续输出转矩几乎与静态输出转矩 M_S 相等，这样，可直接通过所计算的负载转矩 M_L 来确定静态输出转矩 M_S。对于输出特性较"软"的电动机，应计算在对应切削速度下的电动机输出转矩，并大于负载转矩 M_L，或直接选择高速时的转矩 M_f 大于负载转矩 M_L。

电动机负载转矩的计算如下：

$$M_L = M_V + \sum M_R \pm M_G \qquad (7-8)$$

式中　M_L——电动机负载转矩（N·m）；

　　　M_V——切削加工力折算到电动机上的转矩（N·m）；

　　　$\sum M_R$——摩擦阻力折算到电动机上的转矩（N·m）；

　　　M_G——运动部件重力折算到电动机上的转矩（N·m）。

1）切削加工力折算到电动机上的转矩

切削加工力折算到电动机上的转矩取决于加工时在运动方向上产生的轴向抗力，它与工件材料、刀具形状与材质、进给速度、切削速度、冷却润滑等因素有关，很难准确计算。对于通用型数控机床，M_V 常常是由机床设计者确定一个最大切削进给力 F_{VL}，再计算出所需要的转矩，或是在选定了伺服电动机后，根据电动机的实际输出转矩计算确定。

切削进给力折算到电动机的转矩计算如下：

$$M_V = \frac{F_{VL} h_{sp}}{2\pi i_G \eta_{SM}} \qquad (7-9)$$

式中　F_{VL}——切削进给力（N）；

　　　h_{sp}——丝杠导程（m）；

　　　i——减速比，$i = \dfrac{n_m}{n_{sp}}$；

　　　η_G——机械传动装置效率（见表7-1），在电动机与丝杠直接连接时，i 与 η_G 均为1；

　　　η_{SM}——滚珠丝杠螺母副的传动效率，可表示成

$$\eta_{SM} = \frac{\tan\varphi}{\tan(\varphi+\rho)} \qquad (7-10)$$

式中　φ——螺旋角，$\varphi = \arctan\dfrac{h_{sp}}{\pi d_{sp}}$；

　　　ρ——与螺旋线断面形状有关的摩擦角。

在滚珠丝杠参数不确定时，可以按照 $\eta_{SM} = 0.9 \sim 0.95$ 取值。

表7-1　常用的机械传动装置效率

传动装置类型	传动效率	传动装置类型	传动效率
同步齿形带（单级）	0.95～0.97	行星齿轮传动（单/双级）	0.88～0.94
齿轮传动（单级）	0.9～0.95	摆线齿轮传动（单级）	0.85～0.9
齿轮传动（多级）	0.8～0.88	蜗轮传动	0.8～0.9

2）摩擦阻力折算到电动机上的转矩

进给系统的摩擦转矩通常包括导轨摩擦力折算到电动机上的转矩 M_{RF}、防护罩摩擦力折算到电动机上的转矩 M_{Abd}、丝杠支承轴摩擦力折算到电动机上的转矩 M_{RSL}，以及滚珠丝杠摩擦阻力与机械传动装置的摩擦阻力折算到电动机上的转矩等。其中，滚珠丝杠摩擦阻力与机械传动装置的摩擦阻力一般以传动效率的方式考虑，其余的摩擦转矩则通过计算获得。摩擦阻力折算到电动机上的转矩计算如下：

$$\sum M_R = \frac{M_{RF} + M_{Abd} + M_{RSL}}{i\eta G} \quad (7-11)$$

（1）导轨摩擦力折算到电动机上的转矩。采用丝杠传动时，导轨摩擦力折算到电动机上的转矩计算如下：

$$M_{RF} = \mu_F \frac{h_{sp}}{2\pi\eta_{SM}} \left[(m_W + m_T) g\cos\alpha + F_{VT} + F_{FU} \right]$$

$$(7-12)$$

式中　M_{RF}——导轨摩擦力折算到电动机上的转矩（N·m）；

　　　F_{VT}——切削力在垂直方向的分力（N）；

　　　F_{FU}——滚动导轨预载荷（预紧力，N），仅用于滚动导轨，其他形式导轨此项为0；

　　　m_W——工件质量（kg）；

　　　m_T——工作台质量（kg）；

　　　α——倾斜角（水平安装轴 $\alpha=0°$，垂直安装轴 $\alpha=90°$，其他情况取决于机床结构布局）；

　　　μ_F——与导轨形式有关的导轨摩擦因数，见表7-2。

表7-2　常用导轨的摩擦因数

导轨类型	摩擦因数	导轨类型	摩擦因数
铸铁与铸铁	0.18	圆柱滚珠滚动导轨	0.005~0.01
铸铁与环氧树脂	0.1	球滚珠滚动导轨	0.002~0.003
铸铁与聚四氟乙烯	0.06		

（2）防护罩摩擦力折算到电动机上的转矩。数控机床的导轨一般都安装波纹管、金属螺旋罩、多级伸缩防护罩等防护装置，其中以多级伸缩防护罩最为常用。多级伸缩防护罩的摩擦阻力与宽度有关，根据国外生产厂家提供的数据，宽1m的防护罩所产生的阻力见表7-3，其他宽度的防护罩可以根据比例进行换算。

表7-3　多级伸缩防护罩产生的阻力

宽度范围/m	摩擦阻力 F_{Abd}/N
0~1	180
1~2	220
2~3	250

防护罩摩擦力折算到电动机上的转矩计算如下：

$$M_{Abd} = \frac{h_{sp}}{2\pi\eta_{SM}} \times F_{Abd} \quad (7-13)$$

（3）丝杠支承轴承摩擦力折算到电动机上

的摩擦转矩。丝杠支承轴承摩擦转矩通常很小，一般情况下可忽略，但丝杠进行预紧（两端支承）时，则应考虑由此引起的摩擦转矩。丝杠支承轴承所产生的摩擦转矩计算如下：

$$M_{RSL} = \mu_{SL} \times \frac{1}{2} d_{ML} (F_{aVL} + F_{asp})$$

$$(7-14)$$

式中　M_{RSL}——丝杠支承轴承摩擦转矩（N·m）；

　　　μ_{SL}——支承轴承摩擦因数，一般为0.003~0.005；

　　　d_{ML}——支承轴承平均直径（m）；

　　　F_{aVL}——支承轴承预紧力（N）；

　　　F_{asp}——丝杠预紧力（N）。

丝杠支承轴承摩擦转矩也可以直接从轴承生产厂家的样本中查得。

3）运动部件重力转矩

运动部件重力转矩只存在于垂直轴或倾斜

轴（$\alpha \neq 0°$），对于水平安装的轴无须考虑，运动部件重力转矩的计算如下：

$$M_G = \frac{h_{sp}}{2\pi i \eta_{SM} \eta_G}(m_w + m_T)g\sin\alpha$$

$$(7-15)$$

4. 电动机连续输出转矩的选择

由于加工情况不确定，切削力 F_{VL} 折算到电动机的转矩计算十分困难，特别对于通用型数控机床，这时电动机连续输出转矩可以通过系统对摩擦转矩的要求来进行选择。

对于理想的进给系统，摩擦转矩与电动机的静态转矩之间应满足：

$$0.05M_S \leqslant \sum M_R \leqslant 0.1M_S \quad (7-16)$$

对于垂直轴或倾斜轴，运动部件重力转矩将使电动机连续产生热损耗，因此，摩擦转矩、运动部件重力转矩与电动机的静态转矩之间应满足：

$$M_G + \sum M_R \leqslant (0.2 \sim 0.3)M_S$$

$$(7-17)$$

5. 运动部件转动惯量的计算

数控机床对进给传动系统的动态性能要求有加减速快、瞬态响应过程平稳、抗扰动能力强、系统稳定性好等。要满足动态性能要求，应对系统进行合理的动态设计，如电动机的加减速能力大、机械传动装置的刚性好、控制系统的响应快及机械传动系统的死区小等。

由于系统中的动态设计需要构建系统框图、确定各部分的数学模型和建立传递函数等，分析与计算过程较为复杂；而且由于系统具有非线性环节，要对其进行准确的分析较为困难。在总体设计时通常只对电动机的转动惯量匹配和加/减速能力进行简单的计算，动态参数的调整在机床调试阶段利用数控装置软件自动完成。

若机械传动系统设计合理，在进给传动系统的机械传动部件采用直接连接或少量齿轮、同步 V 带连接的场合下，折算到电动机上的负载转动惯量与电动机惯量应满足：

$$0 < J_L < 3J_m \quad (7-18)$$

式中　J_L——折算到电动机上的负载转动惯量（kg·mm²）；

　　　J_m——电动机的转动惯量（kg·mm²）。

在交流伺服电动机驱动滚珠丝杠的运动系统中，系统总转动惯量 J_{Ges} 包括旋转运动部件与直线运动部件折算到电动机上的两部分转动惯量。旋转运动部件有电动机的转动惯量，滚珠丝杠转动惯量，联轴器或齿轮、同步带轮的转动惯量等；直线运动部件有工作台、工件的转动惯量等。除电动机的转动惯量外，其余部分组成负载的转动惯量。

滚珠丝杠、齿轮等旋转运动部件的转动惯量计算如下：

$$J_C = \frac{\pi\gamma}{32} \times D^4 L \quad (7-19)$$

式中　J_C——旋转运动部件的转动惯量（kg·m²）；

　　　γ——材料的密度（kg/m³）；

　　　D——圆柱体的直经（m）；

　　　L——圆柱体的长度（m）。

工作台、工件等直线运动部件的惯量计算如下：

$$J_Z = m\left(\frac{h_{sp}}{2\pi}\right)^2 \quad (7-20)$$

式中　J_Z——直线运动部件的惯量（kg·m²）；

　　　m——直线移动物体的质量（kg）；

　　　h_{sp}——丝杠螺距（m）。

6. 电动机加减速能力的计算

为保证进给传动系统具有良好的加减速动态性能，电动机加减速转矩与电动机静态输出转矩之间应满足：

$$M_B \approx 2M_S \quad (7-21)$$

式中　M_B——电动机加减速转矩（N·m）；

　　　M_S——电动机静态输出转矩（N·m）。

对旋转运动系统来说，转矩平衡方程如下：

$$\begin{cases} M_M = M_L + M_B \\ M_B = J_{Ges}\dfrac{d\omega}{dt} = J_{Ges}\dfrac{2\pi}{60} \times \dfrac{dn}{dt} \end{cases} \quad (7-22)$$

式中　J_{Ges}——系统总惯量（kg·m²）；

　　　M_m——电动机输出总转矩（N·m）。

第7章 数控机床驱动系统

当进给传动系统采用线性加减速时,加速度为0值,假设从0到最大转速 n_{max} 的加速时间为 t_H,则有

$$M_B = J_{Ges} \frac{2\pi n_{max}}{60 t_H} \qquad (7-23)$$

在初选电动机规格后,根据式(7-21)确定电动机加减速转矩,为此电动机加减速时间的计算如下:

$$t_H = J_{Ges} \frac{2\pi n_{max}}{60 M_B} \qquad (7-24)$$

若机床的快进速度为 v_m,可通过加减速时间 t_H 计算出电动机从0到最大转速 n_{max} 可实现的最大加速度 a_{max}($a_{max} = \frac{v_{max}}{60 t_H}$)。不同的机床对最大加速度 a_{max} 值有不同的要求,加速度 a_{max} 值的选择可参考表7-4。设计时应保证机床所需的最大加速度小于所选择电动机能实现的最大加速度值。

表7-4所列推荐值为机床的一般要求,由于设计的需要,同一机床上的不同坐标轴也可以

表7-4 推荐的机床加速度值

机床类型	推荐加速度 a_m 值/(m·s⁻²)	机床类型	推荐加速度 a_m 值/(m·s⁻²)
大型龙门、落地式机床	0.2～1	丝杠传动的高速加工机床	5～15
中型车床与铣床、加工中心	0.5～2	直线电动机传动的高速机床	10～40
小型车床与铣床、加工中心	1～5	铣床、加工中心的回转轴	5～30

使用不同的数据。例如,对于立式机床的垂直轴 Z、卧式机床的垂直轴 Y,由于重力的作用,其加速度的选择可以比推荐值略低。

7. 电动机其他参数的选择

1) 防护等级

电动机的防护等级是指电动机防止外部异物进入的能力,防护等级有统一的标准。防护等级标准中 IP 后的第一位数字为防止固体异物进入的能力,如2代表可以防止直径12mm、长度80mm以上的固体物进入;4代表可以防止直径1mm以上的固体物进入等。IP后的第二位数字为防止水溅的能力,如3代表可以防止60°方向的水淋;4代表可以防止任何方向的水淋等。

感应电动机常用的防护等级有 IP23、IP44。进给伺服电动机和主轴电动机的防护等级更高,一般达到 IP65～IP68,电动机对固体异物完全密封,并可以防止水/油性液体的喷雾/喷溅(IP65/IP67),或油/腐蚀性液体的喷束与短时浸没(IP67/IP68)。

2) 绝缘等级

电动机的绝缘等级是指电动机绕组绝缘材料可以耐受高温的能力,绝缘等级同样有统一的标准(IEC 60034-1)。感应电动机常用的绝缘等级有 A、E、B、F、H 等,电动机可以耐受的最高温度分别为 105℃、120℃、130℃、155℃和180℃。

3) 安装形式

电动机的安装形式是指电动机与设备的连接方式,电动机一般由端面法兰或地脚与设备进行连接,有立式安装与卧式安装两种基本形式。在国际标准(IEC 60034-1)中,立式法兰安装的代号为 V1(向下)与 V3(向上),立式地脚安装的代号为 V5(向下)与 V6(向上),卧式法兰安装的代号为 B5,卧式地脚安装的代号为 B3 等。

7.2.2.3 典型交流伺服电动机

目前,国内市场应用较多的交流伺服电动机有国内的武汉登奇机电技术有限公司、广州数控设备有限公司和日本发那科公司、德国西门子等公司生产的产品。

1. 武汉登奇机电技术有限公司生产的交流伺服电动机

武汉登奇机电技术有限公司生产的交流伺服电动机有 GK6 系列。GK6 系列电动机的型号与意义如图7-7所示。

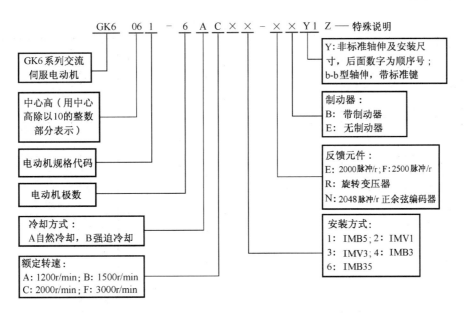

图 7-7 GK6 系列交流伺服电动机的型号与意义

GK6 系列电动机有与三相 220V 输入交流伺服驱动 HSV-16 和三相 380V 输入 HSV-18 配套构成交流进给伺服驱动系统的两种类型。

电动机的输出力矩为 1.1N·m～70 N·m，额定转速为 750r/min、1000r/min、1200 r/min、1500r/min、2000r/min、3000r/min、6000 r/min 等。

电动机有自然冷却和强制冷却两种方式。在定子绕组内装有温度传感器，有过热保护输出。

电动机可配光电编码器（2500 脉冲/r）、旋转变压器等位置检测装置。

电动机的安装标准为 IMB5（凸缘安装）（GB/T 997—2008/IEC 60034—7：2001），备选 IMV1、IMV3、IMB35；保护等级为 IP64（GB/T 4942.1—2006），备选 IP65、IP67；振动等级为 N 级（GB 10068—2008），备选 R 级、S 级。绝缘等级为 F 级（GB 755—2008），备选 H 级、C 级。

2. 广州数控设备有限公司生产的交流伺服电动机

广州数控设备有限公司生产的交流伺服电动机有 SJT 系列。SJT 系列电动机又包括 80SJT、110SJT、130SJT、175SJT 四大类。SJT 系列电动机的型号与意义如图 7-8 所示。

电动机的输出力矩为 2.4N·m～38N·m，额定转速为 1000r/min、1500r/min、2000r/min、2500r/min、3000r/min 等。电动机可配增量式光电编码器（2500 脉冲/r、5000 脉冲/r）或 17bit 的绝对值式编码器。电动机采用高性能的稀土永磁材料，具有高转矩惯量比、低速特性好、过载能力强等特点。电动机的安装标准为 IMB5（凸缘安装）（GB/T 997—2008 / IEC 60034—7：2001）；护保等级为 IP65；振动等级为 B、F 级。

3. 日本发那科公司生产的交流伺服电动机

日本发那科公司目前应用最广泛的交流电动机有 αi 和 βi 两大系列。其中 αi 系列电动机用于进给伺服驱动系统的有 αiS、αiF 两个类型。βi 系列电动机用于进给伺服驱动系统的有 βiS 类型。αiS（βiS）中的 S 代表采用钕磁钢的强力永磁同步电动机；αiF 中的 F 代表铁氧体磁钢的永磁同步电动机。

1）αi 系列交流伺服电动机

αi 系列交流伺服电动机通过采用最优的结构设计，缩短了电动机长度，是一种旋转平滑的电动机。电动机通过采用高分辨力的薄型编码器（标准型：1000000 脉冲/r 和 16000000 脉冲/r），

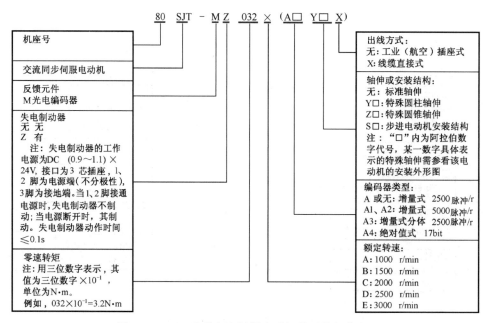

图 7 - 8　SJT 系列交流伺服电动机的型号与意义

配套具有高精度电流检测功能的伺服驱动器，以及最新的伺服 HRV 控制方式，实现了高速、高精度和高效率的控制。特别适用于高精化和小型化机床的进给驱动系统。αi 系列电动机有 AC 200V 或 AC 400V 的供电电源。

2）βi 系列交流伺服电动机

βi 系列交流伺服电动机是一种可靠性高、性价比很高的经济型电动机。电动机通过采用较高分辨力的编码器（标准型：128000 脉冲/r），以及最新的伺服 HRV 控制方式，实现了高速、高精度和高效率控制。它广泛用于精密机床的进给驱动系统。

4. 德国西门子公司生产的交流伺服电动机

德国西门子公司生产的交流伺服电动机主要有 1FT5、1FK6、1FK7、1FT6、1FT7、1FS6 等多个系列。其中，1FT5 系列电动机与伺服驱动器 SIMODRIVE 611A 配合构成模拟驱动系统，可连接具有模拟接口的数控装置，如西门子公司生产的 SINUMERIK 810/850/880/840C 等。1FK6、1FT6 系列电动机与伺服驱动器 SIMODRIVE 611D/611U 配合构成数字驱动系统，可连接具有数字接口的数控装置，如西门子公司的 SINUMERIK 802D/810D/840D/840Di 等。1FK7

系列电动机是用于替代 1FK6 系列的替代品，可与伺服驱动器 SINAMICS S120 配合构成一种多功能、高效率的驱动装置。下面主要介绍目前广泛应用的 1FK7 和 1FT6 系列电动机。

1）1FK7 系列交流伺服电动机

1FK7 系列交流伺服电动机是一种结构紧凑的高性能交流永磁同步伺服电动机。通过各种选件、传动级、编码器，以及丰富的附属产品，可以配置为最优化系统。电动机采用了新的定子绕组技术，长度比 1FK6 电动机短，力矩波动较 1FK6 电动机小，运动精度更高，而且具有很高的过载能力。电动机主要用于不带外部通风的运行环境。1FK7 系列电动机可分为紧凑（CT）型（0.08N·m～37N·m）和高动态性能（HD）型（0.9N·m～8N·m）两类。CT 型电动机主要用于安装空间狭小的场合，适用于大多数的行业应用。HD 型电动机具有很低的转动惯量，动态性能非常好，可以实现很高的加速度，特别适用于对动态性能要求高的数控机床。电动机可配增量式编码器、绝对值式编码器或旋转变压器。

1FK7 系列交流伺服电动机的型号与意义如图 7-9 所示。

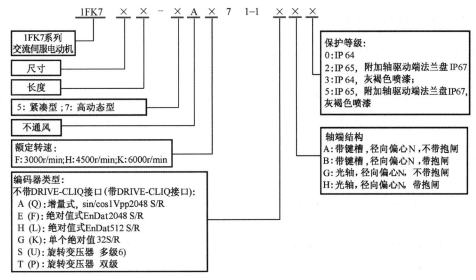

图 7 - 9　1FK7 系列交流伺服电动机的型号与意义

西门子公司有多种伺服驱动器与 1FK7 系列电动机配合使用,如 810D 内部的驱动器、伺服驱动器 SIMODRIVE 611D、伺服驱动器 SIMODRIVE 611U、伺服驱动器 SINAMICS S120 等。

2) 1FT6 系列交流伺服电动机

1FT6 系列电动机是一种结构紧凑的高性能永磁同步伺服电动机。电动机可分为自然风冷(0.3N·m~88N·m)、强制风冷(17N·m~540N·m)和水冷(10N·m~690N·m)三类。1FT6 系列电动机可与伺服驱动器 SINAMICS S120 配合使用,适用于动态性能好以及径向跳动精度和定位精度高的高性能机床。电动机广泛用于不带外部通风的运行方式。电动机可配增量式编码器、绝对值式编码器或旋转变压器。

1FT6 系列交流伺服电动机的型号与意义如图 7 - 10 所示。

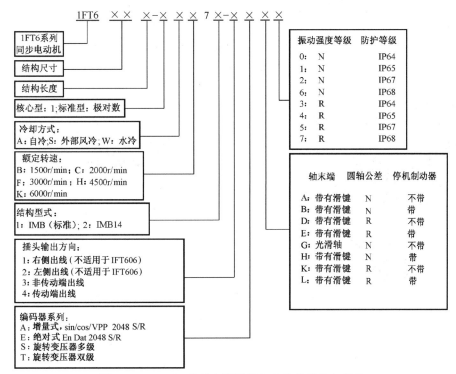

图 7 - 10　1FT6 系列交流伺服电动机的型号与意义

7.2.3 交流永磁直线电动机

随着航空航天、汽车制造、模具加工和电子制造行业等领域对高效加工的要求越来越高,开发高速高效数控机床成为必然。而直线电动机驱动系统由于彻底克服了传统的滚珠丝杠传动方式存在弹性变形大、响应速度慢、反向间隙、易磨损等缺点,并具有速度高、加速度大、定位精度高、行程长度不受限制等优点,成为了数控机床高速驱动系统领域发展的主流技术。

直线电动机是直接产生直线运动的电磁装置,可看成由旋转电动机演化而来。设想把旋转电动机沿径向剖开,并将圆周展开成直线,就得到了直线电动机,如图7-11所示。

与旋转电动机对应,直线电动机可分为感应直线电动机、同步直线电动机、直流直线电动机、步进直线电动机和开关磁阻直线电动机等。同步直线电动机又可分为电磁式、永磁式和磁阻式三种,其中永磁同步直线电动机采用高能永磁体(如钕铁硼),具有推力大、损耗低、电气时间常数小、响应速度快等优点,在高精度快速响应的直线式交流伺服系统中已得到广泛应用。

1. 交流永磁同步直线电动机的结构及工作原理

交流永磁同步直线电动机是在定子侧,沿全行程方向的一条直线上一块接一块交替地安装 N、S 永磁体(如钕铁硼等),并固定在机床床身上,如图7-12所示。在转子下方的全长上,对应地安装含铁芯的通电绕组,并安装在工作台下表面。为此,转子必须带电缆一起运动,其横向剖面图如图7-13所示。在直线电动机中定子和转子分别称为次级和初级。

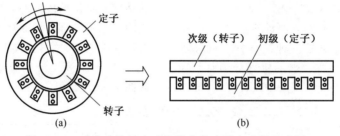

图 7-11 感应式旋转电动机演变为直线电动机示意图

(a) 旋转电动机;(b) 直线电动机。

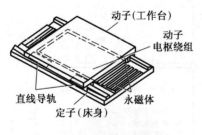

图 7-12 永磁同步直线电动机结构示意图

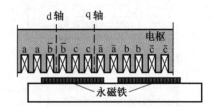

图 7-13 永磁同步直线电动机的横向剖面图

由于直线电动机的初级和次级都存在边端,在作相对运动时,初级与次级之间互相耦合的部分将不断变化,不能按规律运动。为使其正常运行,需要保证在所需的行程范围内初级与次级之间的耦合不变。因此,实际应用时,电动机的初级和次级长度不相等。在通常情况下,采用短初级、长次级的方式,即固定在工作台的初级具有固定尺寸,而固定在床身上的次级可以根据所需长度由几段组成。此外,直线电动机还有单边型和双边型两种结构,如图7-14所示。双边型电动机的次级位于两个初级之间,两个初级中一个带有标准绕组,另一个带有辅助绕组。

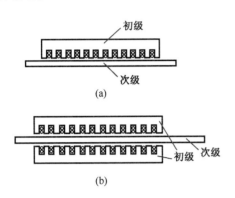

图 7-14　直线电动机外形结构

(a)单边型直线电动机;(b)双边型直线电动机。

直线电动机不仅在结构上与旋转电动机类似,而且工作原理也是相似的。永磁直线同步电动机工作原理如图7-15所示。直线电动机初级绕组中通入三相正弦交流电后,会产生气隙磁场。在不考虑由于铁芯两端开断而引起的纵向端部效应时,这个气隙磁场的分布情况与旋转电动机相似,即可以看成沿展开的直线方向呈正弦分布。当三相电流随时间变化时,气隙磁场将按 A、B、C 相序沿直线运动,该气隙磁场称为行波磁场。行波磁场的移动速度与旋转电动机的旋转磁场在定子内圆表面上的线速度 v_s 相等,此速度称为同步线速度,计算公式如下:

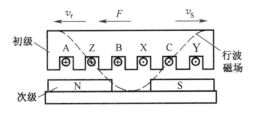

图 7-15　交流永磁同步直线电动机工作原理

$$v_s = 2f\tau \qquad (7-25)$$

式中　τ ——初级的极距;

　　　f ——电源频率。

当行波磁场与电动机次级的永磁体的励磁磁场相互作用时,便会产生电磁推力 F。在电磁推力的作用下,由于次级固定不动,那么初级就会沿行波磁场运动相反的方向作直线运动,移动速度 v_r 与同步线速度 v_s 大小相等。

直线电动机电磁推力计算公式如下:

$$F = KpI_2\Phi_m\cos\varphi_2 \qquad (7-26)$$

式中　K ——电动机结构常数;

　　　p ——磁极对数;

　　　I_2 ——次级电流;

　　　Φ_m ——初级一对磁极的磁通量幅值;

　　　$\cos\varphi_2$ ——初级的功率因数。

2. 交流永磁同步直线电动机的工作特性及选用原则

1)交流永磁同步直线电动机的工作特性

(1)进给速度范围宽,一般为 $1\mu m/s \sim 20m/min$,目前加工中心快进速度已达 $208m/min$;而传统机床快进速度在 $60m/min$ 以下,一般为 $20m/min \sim 30m/min$。

(2)速度特性好。同步直线电动机的速度偏差可达 0.01% 以下。

(3)加速度大。直线电动机最大加速度可达 $30g$,目前加工中心进给加速度可达 $3.24g$,激光加工机进给加速度可达 $5g$,而传统机床进给加速度在 $1g$ 以下,一般为 $0.3g$。

(4)定位精度高。直线电动机采用光栅闭环控制,定位精度可达 $0.1\mu m \sim 0.01\mu m$;应用前馈控制直线电动机驱动系统可减少到原来跟踪误差的 $1/200$ 以上;由于直线电动机运动部件的动态特性好,响应灵敏,加上插补控制精细化,因此易于实现纳米级控制。

(5)行程不受限制。传统丝杠传动受丝杠制造工艺限制,一般为 $4m \sim 6m$,更长行程需要接长丝杠,从制造工艺性能上都不理想。而采用直线电动机驱动,定子可无限加长,且制造工艺简单,已有大型高速加工中心 X 轴长达 $40m$ 以上。

（6）结构简单、运动平稳、噪声小，运动部件摩擦小、磨损小、使用寿命长、安全可靠。

2）交流永磁同步直线电动机的选用原则

（1）在低速直线电动机中，希望品质因数大些。

（2）在短时运行的工况下，直线电动机的电密度、磁密度可取大些，电动机体积可小些。

（3）在考虑边端效应的影响时，直线电动机的极数尽量取多些（一般大于6）。

（4）平板电动机次级宽度大于初级铁芯宽度。

（5）多台直线电动机采用相位互换方法。

由于直线电动机的定子铁芯磁路是沿直线分布，并非封闭，磁路在两端被开断。在初级两端断开处的磁通分布与中间部位的磁通分布不同，不但磁场较弱，而且发生了严重畸变，这就是直线电动机的端部效应。直线电动机的端部效应将引起推力波动，且波动是位移的周期性函数。推力波动的大小和形状，与初级电流的大小、铁芯的饱和程度，以及转子（初级）运动速度有关。消除永磁同步直线电动机端部效应有很多措施：在电动机的端部增设专门的补偿绕组；增加电动机的极数，通过减小各绕组间阻抗的不对称，来抑制推力波动；增加补偿电气元件，使三相绕组的阻抗对称，以减小推力波动；通过改善磁路来降低端部效应，如采用多极方式、齿宽排列不相等方式、改变齿槽宽度方式、不等极数的方式、改变电动机两端部磁导的方式和增加电动机初级两端的齿宽的方式等，都将有效地削弱端部效应，减小推力的波动。

3. 典型交流永磁同步直线电动机

典型交流永磁同步直线电动机主要有德国西门子公司生产的直线电动机。德国西门子公司生产的直线电动机有1FN1和1FN3两个标准系列，以及1FN4和1FN5两个非标准系列。1FN1和1FN3标准直线电动机均为永磁同步电动机。1FN系列电动机提供短定子（初级部件运动，即初级部件比次级部件短）和长定子（次级部件运动，即初级部件比次级部件长）两种运动方式。电动机可与西门子的SIMODRIVE 611D/611U伺服驱动器配合构成伺服控制系统。1FN系列电动机的初级部件内部安装了水冷却回路。为进一步降低电动机温升对机械的影响，还提供具有热夹层结构的电动机，即在初级部件与托板之间安装精密冷却回路，能可靠地将电动机与托板处的温升控制在2℃～4℃范围内。

1）IFN1系列电动机

1FN1系列电动机采用了Thermo - Sandwich热隔离技术，可以保证电动机与机床机械接口处的温升低于2℃。电动机内部具有力波动补偿器，可提供稳定的推力。电动机的过载能力较高，其最大推力与额定推力之比为2.25。同时，因自身重量较轻，电动机的最大加速度可达20g。基于以上特点，1FN1系列电动机主要用于高速铣削、锥圆加工和超精加工机床等。

2）IFN3系列电动机

1FN3系列电动机优化了初级部件内部绕组技术，不仅提供稳定的推力，且进一步提高了电动机的过载能力，其最大推力与额定推力之比为2.75。电动机的最大加速度可达32g。基于以上特点，1FN3系列电动机广泛适用于高动态柔性机床。Thermo - Sandwich热隔离技术是1FN3系列电动机的选件，使用后可保证电动机和机床连接处的温升低于4℃。1FN3系列电动机采用模块化设计，可根据机床需要选用精密冷却、防护板，以及次级冷却部件。为此，1FN3系列电动机与1FN1系列电动机相比具有效率高、精度好、寿命长、以及维护方便等优点。

7.2.4 交流永磁力矩电动机

当机床进给速度比电动机的转速低得多时，常常需要引入减速机构降速。减速机构的采用，一方面使系统装置变得复杂；另一方面它将引起闭环控制系统产生自激振荡，影响驱动系统的性能。为此，希望有一种低转速、大转矩的伺服电动机。力矩电动机就是一种能和负载直接连接产生较大转矩,能带动负载在堵转或远远低于空载转速下运转的电动机。

力矩电动机响应速度快,转速波动小,能在低转速和大转矩下稳定运行,机械特性和调节特性线性度好,具有高耦合刚度。因此,它特别适合于在位置控制系统和宽调速系统中作执行元件,也适用于需要大转矩、低速、转速调节、转速反馈和需要一定张力的场合。

力矩电动机可分交流和直流两大类。交流力矩电动机又可分为异步和同步两种类型。交流异步力矩电动机的工作原理与交流感应电动机相同,但为了产生低转速和大转矩,电动机多为径向尺寸大、轴向尺寸小的多极扁平结构。

1. 交流永磁同步力矩电动机的结构及工作特性

交流永磁同步力矩电动机主要由定子和转子两部分构成,两者之间有气隙。转子为励磁,产生感应电动势和电磁转矩,一般由钢制圆柱体空心轴构成。轴的周围装有永磁体,永磁材料通常采用铁氧化体或稀土材料,磁场强度高,矫顽磁力很强,可有效地减小转子的转动惯量,提高输出转矩和电动机的功率比。由于转子上没有绕组,不通过电流,所以在运行时电动机轴的温度不会升高,这样就避免了像直流力矩电动机那样,由于温升而引起的轴变形,从而影响系统精度。定子由一个铁芯和三相绕组构成,主要是产生磁场。为了能更好地排出损耗热量,绕组通常用浇注方法制成。

交流永磁同步力矩电动机的工作原理如图 7-16 所示。假设某交流力矩永磁同步电动机为二极,转子永磁体的磁场在空间为正弦分布,定子电枢为三相集中绕组,定子与转子绕组之间的相互位置转角用 α 表示。

由图 7-16 可见,通过三个绕组的磁感应强度分别为

$$\begin{cases} B_U = B_m \sin\alpha \\ B_V = B_m \sin(\alpha + 2\pi/3) \\ B_W = B_m \sin(\alpha + 4\pi/3) \end{cases} \quad (7-27)$$

式中　B_m——励磁感应强度的最大值。

图 7-16　交流永磁同步力矩电动机工作原理

因为电动机的转子由永磁铁励磁,所以 B_m 是一个常数。定子中绕组通入三相正弦交流电后,并控制各相的电流瞬时值,使得它们产生的电枢磁场的方向矢量和正好与励磁磁通的方向正交。三相电流分别为

$$\begin{cases} i_U = I_m \sin\alpha \\ i_V = I_m \sin(\alpha + 2\pi/3) \\ i_W = I_m \sin(\alpha + 4\pi/3) \end{cases} \quad (7-28)$$

由于电枢磁场与励磁磁场的相互作用,因此在每相绕组中都会产生电磁转矩,三相绕组产生的转矩之和为

$$\begin{aligned} T &= K[B_U i_U + B_V i_V + B_W i_W] = \\ &KB_m I_m[\sin^2 a + \sin^2(a + 120°) + \\ &\sin^2(a + 240°)] = 1.5KB_m I_m \end{aligned}$$

$$(7-29)$$

由式(7-29)可以看出,当各相电流严格按照式(7-28)控制时,电动机轴的输出转矩与转子的位置角 α 无关。考虑到 K 与 B_m 都是常数,所以转矩的大小完全由交流电流的最大值 I_m 决定。通过控制 I_m 的值,便可以实现对输出转矩的控制。

2. 交流永磁同步力矩电动机的工作特性

(1) 快速响应。由于力矩电动机直接驱动负载,电动机轴与负载轴相连,省掉机械减速装置,因而减少了整个运转部分的摩擦,消除系统的低速跳动现象,对改善系统低速跟踪的平滑性十分有利。同时,由于力矩电动机通常运行在低速状态,且理论加速度较大,因此系统的机械时间常数很小,一般为十几毫秒至几十毫秒。另外,力矩电动机的电气时间常数也很小,为零点几毫秒至几毫秒。所以,由力矩电动机构成

的系统,其动态响应迅速。

(2)速度和位置精度高。由于力矩电动机直接驱动的伺服系统可以消除因采用齿轮传动时带来的齿隙"死区"和材料弹性变形引起的误差,因此它既可使系统的放大倍数很高,又能保持系统的稳定。

(3)耦合刚度高。由于力矩电动机电枢与负载传动轴直接耦合,轴径粗、距离短,耦合稳定性好,机械共振频率高。

(4)特性的线性度好。力矩电动机的机械特性和调节特性的线性度都很好。为了使力矩电动机的转矩正比于输入电流,而与电动机的转速、转角位置无关,通常将其磁路设计成高饱和状态,并选用磁导率小、回复线较"平"的永磁材料做磁极,而且选择较大的气隙。这样,就可以使电枢反应的影响显著减小,从而保证了力矩电动机具有良好的线性调节特性。同时,由于省去了齿轮传动装置,消除了齿隙"死区",又使摩擦力矩减小。这些都为系统的灵活控制和平稳运行创造了条件。

(5)可堵转工作。力矩电动机可长期处于堵转状态下工作,但要注意的是电枢电流不能超过峰值堵转电流。

此外,力矩电动机直接驱动的系统还具有运行可靠、维护简便、振动小、机械噪声小、结构紧凑等优点。

选择力矩电动机时应主要考虑:所需的峰值力矩与持续力矩;所期望的转速与角加速度;可供使用的安装空间;所期望的或可能的驱动配置;所需要的冷却方式等。

3.典型交流力矩电动机

典型交流力矩电动机主要有德国西门子公司的1FW6系列力矩电动机。1FW6系列力矩电动机是一种内装式高极数的永磁同步力矩电动机。电动机结构如图7-17所示,由定子、转子和冷却连接适配器(可选件)组成。定子由铁芯和绕组构成,为了能更好地排出热量,绕组用浇注方法制成;转子由钢制圆柱体空心轴构成,轴的周围装有永磁铁。带有

集成冷却装置的电动机,采用主冷却器和精密冷却器并联驱动冷却装置时,可以选购冷却连接适配器。

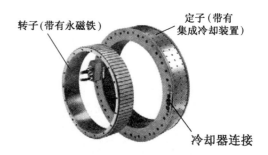

图 7-17 1FW6 系列内装式力矩电动机结构

1FW6 系列力矩电动机具有功率密度高、输出转矩大、过载能力强(额定转矩的 1.6~2.2)、惯性矩小、结构紧凑等特点,通过液体冷却可使其满足机床结构内部有关热学性能的高标准要求。

1FW6 系列力矩电动机可与 SIMODRIVE 611 D/U HR 配合,用于带有较大转矩输出的慢速运行直接驱动系统,如 5 轴加工机床上的回转轴(A、B、C 轴)、圆工作台、分度器、动态刀具库、单主轴和多主轴机床上的转塔转换与滚筒转换等直接驱动。力矩电动机在回转工作台直接驱动结构原理如图 7-18 所示。

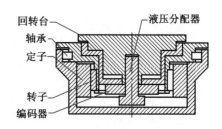

图 7-18 力矩电动机在回转工作台
直接驱动结构原理图

1FW6 系列电动机的型号及意义如图7-19所示。1FW6 系列各个型号的电动机均包括 6 类结构尺寸(或外径),每类有 4 种轴长。每台电动机至少有两个不同的转速范围可供选择。为了便于安装,定子和转子都装有带定心面和螺孔的法兰。

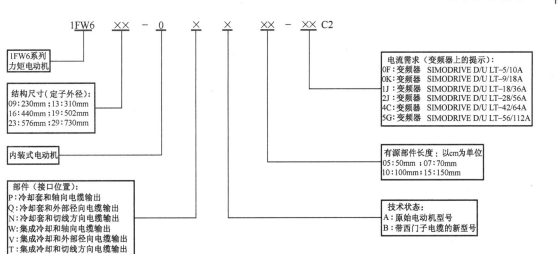

图 7-19　1FW6 系列力矩电动机的型号与意义

7.2.5　交流异步主轴电动机

交流主轴电动机通常有感应式异步电动机和永磁同步电动机。由于永磁同步电动机的同步转速不会超过 3000r/min，这就要求永磁同步电动机具有较高的弱磁调速功能。在弱磁控制区间内，电压通常会非常接近电压极限值，一旦超出电压极限，d 轴和 q 轴电流调节器将达到饱和，并相互影响，这样通常会导致电流、转矩输出结果变差；并且主轴电动机功率要求较大时，用永磁同步电动机的稀土材料成本过高。因此，目前感应式异步电动机仍是主轴电动机的主流。

1. 交流异步主轴电动机的结构及工作特性

交流异步主轴电动机采用感应电动机的结构形式，但是需专门设计。为提高输出功率和减小电动机尺寸，电动机的定子采用定子铁芯在空气中直接冷却的方式，没有机壳；同时，在定子铁芯上设计有轴向孔，以便于通风。电动机外形呈多边形。电动机的转子结构多采用带斜槽的铸铝结构，与一般笼型感应电动机相同。转子尾部装有光电编码器，用于轴的位置检测。

交流异步主轴电动机的机械特性曲线有功率-转速和力矩-转速关系曲线，如图 7-20 所示。

由特性曲线可见，电动机在基准转速

（1500r/min）以下为恒转矩区域、基准速度以上为恒功率区域。某些电动机在恒功率区域内，当电动机速超过一定值之后，功率-转速曲线会下降，即不能保持恒功率特性，恒功率速度范围的速度比只有 1∶3。目前，国外公司已开发出输出转换型交流主轴电动机，输出切换方法有三角形-星形切换、绕组数切换，或二者组合切换等。特别是绕组数切换方法很方便，而且，每套绕组都能分别设计成最佳的功率特性，可获得速度比 1∶8～1∶30的宽恒功率范围。

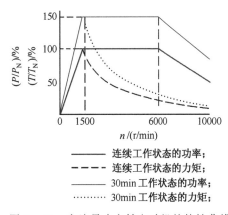

图 7-20　交流异步主轴电动机的特性曲线

在电动机尺寸一定的条件下，为了提高输出功率和转速，必然会大幅度增加电动机发热量，为此，主轴电动机必须解决散热问题。目前，除传统的风扇冷却散热方法外，还可采用液体(润滑油)强迫冷却方法。液体冷却主轴电动机结构如图7-21所示,在电动机外壳和前端盖中间有一个独特的油路通道,通以强迫循环的润滑油来冷却绕组和轴承,使电动机可在200000r/min以下连续运行,这类电动机的恒功率范围也很宽。

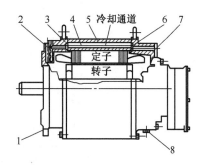

图7-21 液体冷却主轴电动机结构

1、8—油/空气出口;2—油/空气入口;

3、6—O形圈;4—冷却液入口;

5—定子外壳;7—通道挡板。

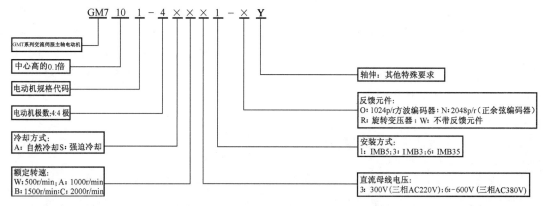

图7-22 GM7系列交流主轴电动机的型号与意义

2)广州数控设备有限公司生产的交流主轴电动机

广州数控设备有限公司生产的交流主轴电动机有 GSK ZJY 系列。GSK ZJY 系列电动机为全封闭式无外壳风冷结构。电动机采用优化的电磁设计、高精度轴承和转子高精度动平衡工艺等,具有电磁噪声低、运行平稳、效率高、稳定可靠、振动小等特点。同时,采用变频电动机专用漆包线、F级绝缘等级、IP54 防护等级,确保电动机在 −15℃～40℃ 环境温度及粉尘油雾

2. 典型交流主轴电动机

目前,国内市场应用较多的交流伺服电动机有国内的武汉登奇机电技术有限公司、广州数控设备有限公司和日本发那科公司、德国西门子公司等生产的产品。

1)武汉登奇机电技术有限公司生产的交流主轴电动机

武汉登奇机电技术有限公司生产的 GM7 系列交流异步主轴电动机不仅在结构和磁路上进行了优化设计,同时采用 F 级特殊绝缘结构,以及整机加工和高精度动平衡等工艺,具有结构紧凑、功率密度高、电磁振动小、噪声小、旋转精度高、恒功率调速范围宽、转子转动惯量小、响应速度快、气隙均匀、平衡精度高、转矩脉动小以及性价比高等特点。可与国内外各类高、中、低档交流主轴伺服驱动器配套。

GM7 系列交流主轴电动机的型号与意义如图7-22所示。

环境下可靠使用。电动机还具有过载能力强(可在30min 150% 额定功率下可靠运行)、调速范围广(最高转速可达 10000r/min)、耐冲击、寿命长、性价比高等特点。

GSK ZJY 系列交流主轴电动机的型号与意义如图7-23所示。

3)日本发那科公司生产的交流主轴电动机

日本发那科公司应用最广泛的交流电动机有 βi 和 αi 两大系列。αi 系列电动机用于主轴驱动系统的有 AC 200V 的 $\alpha i I$、$\alpha i I_P$、$\alpha i I_T$、$\alpha i I_L$ 四个

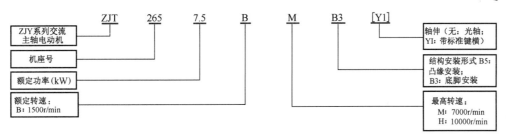

图 7-23　GSK ZJY 系列交流主轴电动机
的型号与意义

类型和 AC 400V 的 αiI、αiI$_P$、αiI$_T$ 三个类型；

αi 系列交流主轴电动机采用最优化绕组设计和高效率的冷却结构，提高了进入高速区之前的加速能力，通过采用伺服 HRV 控制方式，实现了高响应性和高精度控制，特别适用于大功率高速机床的主轴驱动系统。通过利用绕组温度信息的最佳电流相位控制，降低电动机的发热量，可实现不受温度影响的恒定输出，在位置控制方式下可对主轴实现纳米控制。

αiI 为感应电动机；αiI$_P$ 为宽幅恒定功率感应电动机；αiI$_T$ 为电动机与加工中心主轴直接相连，电动机为气冷方式与主轴贯通冷却；αiI$_L$ 为电动机与加工中心主轴直接相连，电动机为冷却液方式与主轴贯通冷却。

βi 系列交流主轴电动机有 AC 200V/400V 的 βiI 和 βiI$_P$ 两个类型。βiI 为感应电动机，βiI$_P$ 为宽幅恒定功率型感应电动机。

4) 西门子公司交流主轴电动机

德国西门子公司生产的交流主轴电动机有多种类型，如水冷紧凑异步电动机 1PH4 系列、强制风冷敞开式异步电动机 1PL6 系列、强制风冷中空轴主轴电动机 1PM6 系列、水冷中空轴主轴电动机 1PM4 系列、强制风冷紧凑异步电动机 1PH7 系列、内装式水冷电动机 1PH2 系列和新一代主传动电动机（有异步和同步电动机版本）1PH8 系列等。

其中，1PH4 系列电动机用于在高功率密度的情况下，机床结构限制时，可有效地控制电动机温度，以提高加工精度，同时大扭矩和小体积（质量惯性小）的结合使加速和制动时间短，功率损耗和噪声被降低到最低程度，由于结构紧凑，可以获得较高的转速。1PM6 系列电动机是专门设计成直接安装在机床主轴上的，其空心轴可用于向需要内部冷却的刀具传送冷却剂，电动机属于坚固型并且无需维护的 4 极笼型异步电动机。1PH7 系列电动机适合于主轴的闭环速度控制，具有宽恒功率调整范围，全域恒扭矩输出，很高的过载能力，内装端子盒将噪声降低，广泛用于无特殊结构要求的数控机床的主轴伺服驱动系统。1PH2 系列电动机是液体冷却型内装式主轴电动机，经过专门设计主要用于主轴转速可调的车床上。下面主要介绍应用广泛的 1PH7 系列电动机。

强制风冷紧凑异步电动机 1PH7 系列为空气冷却的 4 极笼型感应电动机，额定力矩为 3.7kW ～ 100kW，额定速度为 500r/min ～ 2500r/min，可与西门子公司的伺服驱动器 SIMODRIVE 611U 和 SINAMIC S120 驱动器配套使用。

1PH7 系列交流主轴电动机的型号与意义如图 7-24 所示。

7.2.6　交流电主轴

随着数控机床主轴向高速化发展，主轴驱动技术也发展了革命性的变化。将电动机和机械传动以及主轴合为一体的电主轴，实现了主运动的"零传动"，彻底消除了机械传动链，从根本上解决了传统主轴系统存在的问题，成为高速主轴驱动的唯一选择。电主轴已成为高速数控机床的"心脏"部件，其性能指标直接决定机床的水平，是机床实现高速加工的前提和基本条件。

第
7
章

数控机床驱动系统

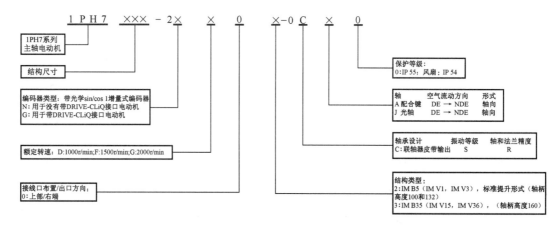

图 7-24　1PH7 系列交流主轴电动机的型号与意义

1. 电主轴的结构及工作原理

电主轴可分为普通交流变频电主轴和交流伺服控制电主轴两类。普通交流变频电主轴结构简单,成本低,但低速输出功率不稳定,难以满足低速大扭矩的要求。交流伺服控制电主轴低速输出性能好,可实现闭环控制,经常用于加工中心等要求主轴定位或有 C 轴功能传动的数控机床。

电主轴一般由内装式电动机(转子和定子)、润滑系统、冷却系统、轴承和位置检测装置等组成,结构图如图 7-25 所示。电主轴的定子由具有高磁导率的优质硅钢片叠压而成,定子内腔带有冲制嵌线槽。转子由转子铁芯、鼠笼和转轴三部分组成。电主轴空心的转子直接装在主轴上,定子通过冷却罩固定在主轴箱体孔内,形成一个完整的主轴单元。当定子通入三相交流电后,定子线圈产生旋转的正弦交流磁场,转子在旋转磁场产生的电磁力矩作用下

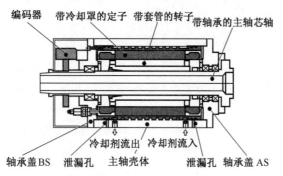

图 7-25　电主轴的结构图

转动,从而直接带动机床主轴运转。

2. 电主轴的关键技术

电主轴是高速轴承技术、润滑技术、冷却技术、动平衡技术、设计与装配技术,以及电动机运动控制等技术的综合运用。

1) 电主轴的高速轴承技术

实现电主轴高速精密化的关键是高速精密轴承的应用。目前,在高速精密电主轴中应用的轴承有精密滚动轴承、液体动静压轴承、气体静压轴承和磁悬浮轴承,以及精密角接触陶瓷球轴承和精密圆柱滚子轴承。液体动静压轴承的标准化程度不高,气体静压轴承不适合于大功率场合,磁悬浮轴承由于控制系统复杂、价格昂贵,其实用性受到限制。角接触球轴承不但可同时承受径向和轴向载荷,而且刚度高、高速性能好、结构简单紧凑、品种规格繁多、便于维修更换,因而在电主轴中得到广泛应用。但目前随着陶瓷轴承技术的发展,应用最多的电主轴轴承是混合陶瓷球轴承。混合陶瓷球轴承的滚动体使用 Si3N4 陶瓷球,采用"小珠密珠"结构,轴承套圈为 GCr15 钢圈。这种混合轴承通过减小离心力和陀螺力矩,减小了滚珠与沟道间的摩擦,从而获得较低的温升及较好的高速性能。

2) 电主轴的润滑技术

高速电主轴必须采用合理的、可控制的轴承润滑方式来控制轴承的温升,以保证数控机床工艺系统的精度和稳定性。

在润滑过程中供油量过多或过少都是有害的,脂润滑和油雾润滑由于无法准确控制供油量,因此不利于提高主轴轴承转速和寿命。而油气润滑技术是利用压缩空气将微量的润滑油分别连续不断、精确地供给每一套主轴轴承,微小油滴在滚动与内、外滚道间形成弹性动压油膜,而压缩空气则可带走轴承运转所产生的部分热量。由于油气润滑方式可精确地控制各个摩擦点的润滑油量,因此可靠性极高,目前已成为国际上最流行的润滑方式。实践证明,油气润滑是高速大功率电主轴轴承最理想的润滑方法,但其所需设备复杂、成本较高。

3)电主轴的冷却技术

电主轴有两个内部热源,分别是内置电动机的发热和主轴轴承的发热,如果不加以控制,由此引起的热变形会严重降低机床的加工精度和轴承使用寿命,从而导致电主轴的使用寿命缩短。研究表明,在电动机高速运转条件下,有近1/3的电动机发热量由电动机转子产生,并且转子产生的绝大部分热量都通过转子与定子间的气隙传入定子中,其余2/3的热量产生于电动机的定子。所以,对电动机产生发热的主要解决方法是对电动机定子采用冷却液的循环流动来实行强制冷却,典型的冷却系统是用外循环水式冷却装置来冷却电动机定子。其次主轴轴承可通过适当减小滚珠的直径、采用陶瓷材料做滚珠轴承,以及合理的润滑方式等措施以降低热量的产生。

4)电主轴的设计与装配技术

电主轴要获得好的性能和使用寿命,必须进行精心设计和制造。主轴高速旋转时,任何小的不平衡质量即可引起电主轴大的高频振动,因此精密电主轴的动平衡精度要求达到G1～G0.4级。对于这种等级的动平衡,采用常规的方法,即仅在装配前对主轴上的每个零件分别进行动平衡是远远不够的,还需在装配后进行整体的动平衡,甚至还要设计专门的自动平衡系统来实现主轴的在线动平衡。另外,在设计电主轴时,必须严格遵守结构对称原则,键

连接和螺纹连接在电主轴上被禁止使用,普遍采用过盈连接实现转矩的传递。转子与转轴之间的过盈连接分为两类:一类是通过套筒实现的,便于维修拆卸;另一类是没有套筒,转子直接过盈连接在转轴上,此类连接转子装配后不可拆卸。电动机定子通过一个冷却套固定装在电主轴的箱体中。主轴箱的尺寸精度和位置精度也将直接影响主轴的综合精度,通常将轴承座孔直接设计在主轴箱上,为加装电动机定子,必须至少开放一端。

5)电主轴的运动控制技术

在数控机床中,电主轴通常采用变频调速方法控制,目前主要有普通变频驱动控制、矢量控制驱动器的驱动控制以及直接转矩控制三种方式。

普通变频为标量驱动控制,其驱动控制特性为恒转矩驱动,输出功率和转速成正比。普通变频控制的动态性能不够理想,在低速时控制性能不佳,输出功率不够稳定,也不具备C轴功能;但价格便宜、结构简单。一般用于磨床和普通的高速铣床等。

矢量控制具有良好的动态性能。矢量控制驱动器在刚启动时具有很大的转矩值,加之电主轴本身结构简单、惯性很小,故启动加速度大,可以实现启动后瞬时达到允许极限速度。这种驱动器有开环和闭环两种。后者可以实现位置和速度的反馈,不仅具有更好的动态性能,还可以实现C轴功能;而前者动态性能稍差,也不具备C轴功能,但价格较为便宜。

直接转矩控制是继矢量控制技术之后发展起来的又一种新型的高性能交流调速技术,其控制思想新颖,系统结构简洁明了,能满足高速电主轴高转速、宽调速范围、高速瞬间准停的动态特性和静态特性的要求,特别适合于高速电主轴的驱动,已成为交流传动领域的一个热点技术。

3. 典型电主轴

1)洛阳轴研科技股份有限公司生产的电主轴

洛阳轴研科技股份有限公司先后开发了8大类,20个系列,200多种电主轴产品。电主轴的额定转速为 1500r/min～150000r/min,输出特性有恒转矩和恒功率两种形式,支撑形式有高速精密滚动轴承、气静压轴承;润滑方式有油脂、油雾、油气等。其电主轴具有结构紧凑、机械效率高、噪声小、振动小、运行平稳、易于实现高速化、动态精度和静态精度高、稳定性好等特点。可以实现准停、准位、准速功能,广泛应用于磨床、车削中心、加工中心及其他数控机床。

(1)车削用电主轴。车削用电主轴有 CD 系列,用于高速车削机床,能获得较高的加工精度和较低的表面粗糙度,特别适应于铝、铜类有色金属零件的加工。

车削用电主轴的型号与意义如图 7-26 所示。

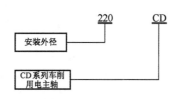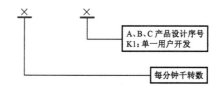

图 7-26 车削用电主轴的型号与意义

(2)加工中心铣削电主轴。铣削用电主轴包括 XD、XDS、XDJ 三大系列,分别应用于数控铣、雕铣机及并联机床。其中,XDS 系列电主轴带有自动松拉刀机构;XDJ 系列电主轴装有编码器,应用于加工中心,能对转速进行精确控制和实现准停,且具有自动更换刀具功能。

加工中心用电主轴的型号与意义如图 7-27所示。

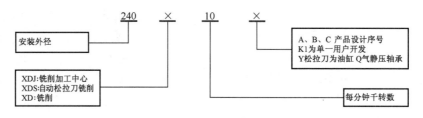

图 7-27 加工中心电主轴的型号与意义

2)西门子公司生产的电主轴

德国西门子公司生产的电主轴有铣削专用电主轴 2SP1 系列。2SP1 系列电主轴将电动机、刀具系统和冷却系统集成为一个单元,安装使用非常方便,因其内部选用的是 10000r/min、15000r/min 或 18000r/min 的高速电动机,所以可以满足高速加工的需求。

2SP1 系列电主轴的型号与意义如图 7-28 所示。

2SP1 系列电主轴驱动采用大扭矩的集成式内置电动机,有同步电动机和异步电动机两个系列。同步电动机在功率和扭矩上都明显优于异步电动机,且产生的损耗热量少,因此,标准情况下电主轴配置同步电动机,异步电动机可作为选择。两种电动机类型具有其独自特点,为此,对功率变频器有一定的要求。选择电主轴时,可以按照功率需求等级在两个不同的结构形式,即长结构形式和短结构形式之间进行选择。

2SP1 系列电主轴的前后两端均使用长寿命的油脂润滑轴承,不需要再添加润滑脂。允许 18000r/min 的最高转速,最大力矩输出为 170N·m。电主轴内置有集成式液体冷却通道,用于冷却电动机的定子。电主轴有多个刀具接口类型,如 HSK A63、SK40、CAT40 和 BT40 等。带有刀具内部冷却功能的 2SP1 电动机主轴可以作为选购件购买。

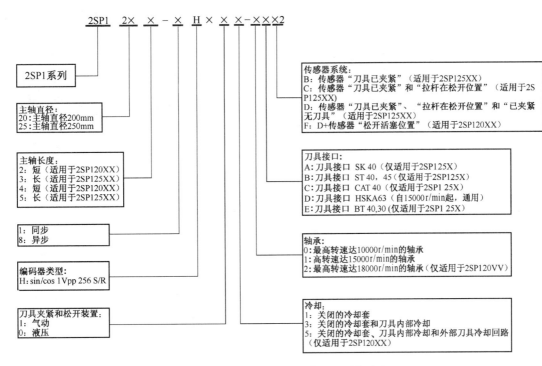

图 7-28 2SP1 系列电主轴的型号与意义

西门子公司可以为用户提供 2SP1 系列主轴的一整套系统,包括控制器、驱动器和电主轴,简化了用户的调试工作,同时这样的搭配也可以很好地发挥主轴驱动系统的性能。

2SP1 系列电主轴有 2SP1202、2SP1204、2SP1253 和 2SP1255 四种型号,其中 2SP1253 和 2SP1255 型号提供两种异步电动机和两种同步电动机。异步电动机的最高转速为 15000 r/min,力矩输出为 70N·m 或 140N·m;同步电动机的转速为 10000r/min 和 15000r/min,力矩输出为 80N·m 或 150N·m。

 数控机床进给伺服驱动系统

7.3.1 概述

进给伺服驱动系统是数控机床的重要组成部分。其功能是根据数控装置发出的指令信号,自动精确地控制执行部件的位移、方向和速度,同时,控制多个执行部件按一定的规律协调运动,从而生成复杂的合成运动轨迹。

1. 数控机床对进给伺服驱动系统的要求

进给伺服驱动系统的性能与数控机床的运动质量、跟踪精度、定位精度、加工表面质量、生产效率以及工作可靠性等一系列重要指标息息相关。为此,数控机床对进给伺服驱动系统有如下性能要求:

(1) 位置精度:包括位移精度和定位精度。位移精度是指工作台的实际位移量与数控装置发出的指令位移量之间的精确程度。目前,进给伺服驱动系统的位移精度在全程范围内可达到 $\pm 5\mu m$。定位精度是指输出量复现输入量的精确程度。数控加工对数控机床的定位精度要求很高,一般要求达到 $\pm 0.1\mu m$,甚至更高。

(2) 调速范围:是指电动机在额定负载时所能提供的最高转速和最低转速之比。为保证在任何切削条件下都能获得最佳切削速度,要求进给伺服驱动系统能提供较大的调速范围。低档伺服驱动系统的调速范围应在 1∶1000 以上,一般达 1∶5000～1∶10000;高性能伺服驱动系统的调速范围可达 1∶100000 以上。

(3)响应速度:是指伺服驱动系统对数控装置指令的跟踪快慢,是进给伺服驱动系统动态品质的重要指标。在加工过程中,要求进给伺服驱动系统跟踪指令信号的速度要快,过渡时间要短,而且无超调,这样跟随误差才会小,才能保证轮廓形状的精度和低的加工表面粗糙度。一般电动机转速由 0 到最大转速或从最大转速减为 0 时,时间应控制在 200ms 以下,甚至少于几十毫秒。

(4)工作稳定性:是指伺服驱动系统在电压波动、负载波动、电动机参数变化、上位控制器输出特性变化、电磁干扰以及其他特殊运行条件下,维持稳定运行并保证一定的性能指标的能力。工作稳定性越好,机床运动平稳性越高,工件的加工质量就越好。

(5)低速转矩:在切削加工中,粗加工一般要求低进给速度、大切削量,为此,要求进给伺服驱动系统在低速进给时输出足够大的转矩,提供良好的切削能力。

2. 进给伺服驱动系统的类型

根据控制对象,进给伺服驱动系统主要分为速度控制和位置控制两大类,转矩控制通常只作为两类系统的附加功能。只需进行交流电动机速度控制的系统简称为交流传动系统,此系统一般以交流感应电动机为执行元件。同时进行速度、位置(转角)控制的系统称为交流伺服驱动系统,主要用于大范围调速、高精度位置控制与频繁启/制动的场合,以交流伺服电动机为执行元件。

感应电动机速度控制系统有很多种类,如多速电动机变级调速、调压调速、变转差率和变频调速等。其中,变级调速只能进行有限级数(2级～4级)的变速;变转差率调速系统又有体积较大、成本高,调速范围、控制精度、经济性等

指标相对较低的缺点;而变频调速却很好地解决了感应电动机的平滑变速问题,因此感应电动机调速系统越来越多地应用变频调速技术。变频调速所采用的控制方式有恒电压频率比开环控制(开环 V/f 控制)、带速度补偿的恒电压频率比闭环控制(闭环 V/f 控制)、转差频率控制、开环磁通矢量控制和开环或闭环(电流)矢量控制等多种,其本质均是通过改变感应电动机的供电频率来达到改变电动机转速的目的。不过,受感应电动机本身结构的限制,即便采用矢量控制变频技术,其调速范围也难以超过 1∶1000。因此,在当前阶段,感应电动机的变频调速系统通常用于调速范围相对较小,以及对动态性能与调速精度要求相对较低的场合。

在交流伺服驱动系统中,其调速同样采用变频控制技术,不过最终实现的是位置跟随控制,速度与转矩控制服务于位置控制。交流伺服系统与交流传动系统相比,其调速范围更大、调速精度更高、动态特性更好,因此,广泛应用于运动精度和控制性能要求较高的数控机床的进给伺服驱动系统。

3. 进给伺服驱动系统的主要性能指标

为保证数控机床的进给伺服驱动系统定位精度和跟踪效果,其主要工作在位置控制方式下。评价位置控制方式下的进给伺服驱动系统的主要性能指标如下:

(1)系统静态误差:是指系统输入为常值时,输入与输出之间的误差。位置控制系统一般要求是无静差系统,但由于测量元件的分辨率有限等实际因素均会造成系统存在静态误差。

(2)速度误差 e_v:是指当位置控制系统处于等速跟踪状态时,系统输出轴速度与输入轴速度之间瞬时的误差(角度或角位移)。

(3)速度品质因数 K_v 和加速度品质因数 K_a:速度品质因数是指输入斜坡信号时,系统稳定输出角速度 ω_0 或线速度 v_0 与速度误差 e_v 的比值;加速度品质因数是指输入等加速度信号时,系统输出稳态角加速度 ε 或线加速度 a 与对

应的系统误差 e_a 的比值。

（4）最大跟踪角速度 ω_{max}（或线速度 v_{max}）、最低平滑角速度 ω_{min}（或线速度 v_{min}）、最大角加速度 ε_{max}（或线加速度 a_{max}）。

（5）振幅指标 M 和频带宽度 ω_b：振幅指标是位置控制系统闭环幅频特性的最大值 $A(\omega_p)$ 与 $A(0)$ 的比值；频带宽度是闭环幅频特性 $A(\omega_b)=0.707$ 时所对应的角频率 ω_b。

（6）系统对阶跃信号输入的响应特性：包括当系统处于静止状态（零初始状态）下，突加阶跃信号时，系统的最大允许超调量 $\sigma\%$、过渡过程时间 t_s 和振荡次数 N。

（7）等速跟踪状态下，负载扰动（阶跃或脉动扰动）所造成的瞬时误差和过渡过程时间。

（8）对系统工作制（长期运行、间歇循环运行或短时运行）、可靠性以及使用寿命的要求。

7.3.2 交流电动机调速系统

1. 交流电动机调速原理

根据电动机学基本理论可得，交流电动机的同步转速公式为

$$n_r = n_s = \frac{60 f_1}{p} \qquad (7-30)$$

由式（7-30）可知，若平滑地改变定子供电电源的频率 f_1，则可以平滑地改变电动机的转速，这就是变频调速的基本原理。交流电动机的变频调速是一种理想的调速方法，其效率和功率因数都很高。

根据电动机学基本理论可得，交流电动机的电动势方程、转矩方程分别为

$$U_1 \approx E_1 = 4.44 f_1 N_1 K_1 \Phi_m \qquad (7-31)$$
$$M_m = C_M \Phi_m I_a \cos\varphi_2 \qquad (7-32)$$

式中　U_1——定子每相相电压；

　　　E_1——定子每相绕组感应电动势；

　　　N_1——定子每相绕组匝数；

　　　K_1——定子每相绕组匝数系数；

　　　Φ_m——每极气隙磁通量；

　　　M_m——电动机电磁转矩；

　　　I_a——转子电枢电流；

　　　φ_2——转子电枢电流的相位角。

由式（7-31）、式（7-32）可知，在变频调速过程中，在电压 U_1 不变的情况下，若增加供电电源频率 f_1，则会使定子磁通量 Φ_m 减小，势必导致电动机输出电磁转矩 M_m 下降，使电动机的利用率变差。同时，电动机的最大转矩也将降低，严重时会使电动机堵转。同样，在电压 U_1 不变的情况下，若减小供电电源频率 f_1，又会使定子磁通量 Φ_m 增加，定子电流上升，导致铁损增加。而且，电动机的磁通量与电动机的铁芯大小有关，通常在设计时已达到了最大值，因此当磁通量产生饱和时，会造成实际磁通量难以增加，从而引起电流波形畸变，削弱电磁转矩，影响机械特性。因此，在变频调速的同时，要求供电电压也随之变化，即满足 U_1/f_1 为定值，以确保磁通量 Φ_m 接近不变，即恒压频比变频调速，简称 V/F 变频调速。

交流电动机变频调速特性如图 7-29 所示。在恒压频比变频调速方式下，U_1 的最大值不能超过定子额定电压，此时 f_1 应为额定频率，对应的转速为额定转速。在基频以下调速时，为了保持电动机的负载能力，应保持磁通量 Φ_m 不变。此时，在降低供电频率的同时应降低供电电压 U_1，它属于恒转矩调速。在基频以上调速时，当工作频率 f_1 大于额定频率时，由于供电电压 U_1 不能超过额定值，这将迫使磁通量 Φ_m 与频率 f_1 成反比变化，这相当于直流电动机的弱磁升速情况，属于恒功率调速。在调频

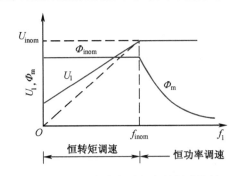

图 7-29　交流电动机变频调速特性

调速控制中,当频率很低时,由于定子阻抗不能忽略,将会导致电压 U_1 下降。为此,应人为地提高定子电压 U_1,用以补偿定子阻抗的压降。

在变频调速系统中,为了能够对电压的幅值、波形和频率进行有效控制,大多使用交-直-交变频调速,即先将交流转换为直流,然后再将直流转换为交流的工作方式。图 7-30 为交-直-交电压型变频调速。变频调速系统由整流电路、逆变电路和制动三部分组成。整流电路为三相桥式全波整流电路,其输出并通过滤波后为逆变电路提供所需要的稳定直流电压;逆变电路则通过控制信号对功率管的通断进行控制,从而将直流电压转变为幅值、频率可变的交流。

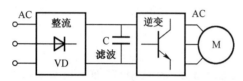

图 7-30　交-直-交电压控制型变频调速

在工程上,把交流传动系统中实现变频调速控制的装置称为变频器。通常,希望变频器具有通用性,即利用同一装置可以对不同生产厂家的、不同参数的同规格电动机进行调速控制。但是,由于交流电动机是一种多变量、强耦合、非线性的控制对象,在控制时首先需要建立电动机的数学模型,这一模型必须建立在实际电动机的基础上。也就是说,交流控制系统的性能好坏不仅与控制装置本身有关,而且与电动机密切相关。因此,目前市场上提供的变频调速控制器被分为通用型与专用型两大类。通用型变频调速控制器是指人们平时常说的变频器,由于变频器所控制的是通用感应电动机,设计者无法预知最终控制对象的各种参数,控制系统必须对电动机模型进行大量的简化与近似处理,因此,其调速范围一般较小、调速精度也较差。在矢量控制的变频器上,为了提高电动机模型的准确性,常通过自动调整(自学习)等方式由变频器自动对交流电动机的主要参数进行简单测试,以改善控制性能。

2. 电力半导体器件

在交流电动机调速系统中,逆变电路的主要器件是可用弱电控制其通断的功率管,这些功率管担负着电能的变换与调控任务,并工作在高压与大电流的状态下,因此,称为电力半导体器件。电力半导体器件以开关方式工作,损耗减小,从而提高了电能的变换效率。

电力半导体器件的发展经历了以晶闸管为代表的第一代半控型器件,以门极可关断晶闸管(GTO)、大功率晶体管(GTR)和功率场效应晶体管(P-MOSFET)为代表的第二代全控型器件,以绝缘栅双极半导体管(Insulated Gate Bipolar Transistor,IGBT)为代表的第三代复合型器件,以及以智能化功率模块(Intelligent Power Modules,IPM)为代表的第四代功率集成器件(PIC)的四个阶段。IGBT 的出现提高了交流调速系统的性能,并实现了调速系统的小型化、高效化和低噪声,成为目前通用性变频器的主导功率器件。IPM 则使交流调速系统的性能更好、功能更完善、稳定性和智能化程序更高,成为专用变频器(即交流伺服驱动装置、交流主轴驱动装置)的主导功率器件。

1)绝缘门极晶体管

IGBT 是一种既有 GTR 的高电流密度、低饱和电压,又兼顾 P-MOSFET 的高输入阻抗、高速特性的新型功率开关器件。随着 IGBT 的工作频率在 20kHz 的硬件开关及更高的软开关应用中,它已逐渐替代了 GTR 和 P-MOSFET。

IGBT 的基本结构、等效电路与电路符号如图 7-31 所示。其结构与功率 MOSFET 的结构十分相似,只是在 N 沟道的 MOSFET 漏极上增加一层 P+(IGBT 的集电极),形成 PNP-NPN 由晶体管互补连接的 4 层结构。IGBT 利用栅极电压 U_{GE} 来控制器件的开关状态。以 N 沟道的 IGBT 为例,当 IGBT 的集电极 C 与发射极 E 之间加入正向电压时,集电极电流受栅极电压 U_{GE} 的控制,当 $U_{GE} > U_{GET}$ 时(U_{GET} 为开启电压),IGBT 导通;当 $U_{GE} < U_{GET}$ 时,IGBT 关

断。IGBT 的最大工作电流可达 1600A 以上、最大工作电压可达 3300V 以上,最高开关频率可达 50kHz 以上。

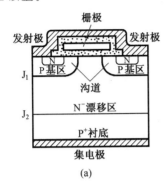

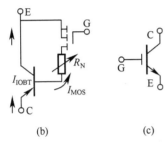

图 7-31 IGBT 基本结构、等效电路与电路符号

(a)基本结构;(b)等效电路;(c)电路符号。

IGBT 的主要特点如下:

(1) IGBT 比 MOSFET 的耐压高,电流容量大。IGBT 导通时正载流子从 P⁺ 层流入 N 型区并在 N 型区积蓄,加强了电导调制效应,这就使 IGBT 在导通时的电阻比高压(300V 以上)MOSFET 低得多,因此,IGBT 容易实现高压大电流。

(2) IGBT 开通速度比 MOSFET 快。由于 IGBT 中小电流 MOSFET 的开通速度很快,在开通之初后级 PNP 型晶体管的基极电流上升很快,使 IGBT 的开通速度不但比双极性晶体管快,而且开通延迟时间比同容量的 MOSFET 还短。

(3) IGBT 关断速度比 MOSFET 慢。虽然 IGBT 中前级 MOSFET 的关断速度很快,但后级 PNP 型晶体管是少子功率的开关器件,少数载流子要有复合、扩散和消失的时间,在电流迅速下降到约 1/3 时,下降速度明显变慢,俗称"拖尾"。后级 PNP 型管的集-射极之间有基-射极 PN 结压降和 MOSFET 的压降,故集-射极不进入深饱和状态,关断速度较快。不过,随着生产工艺的改进,IGBT 关断速度有明显的提高。

2) 智能化功率模块

IPM 是将功率管、栅极驱动电路和故障监测电路集成在一起的模块电路。IPM 的基本结构如图 7-32 所示,它由高速低功耗的管芯和优化的门极驱动电路,以及快速保护电路构成。IPM 一般使用 IGBT 作为功率开关元件,其功率性能与 IGBT 相似。在工作时,IPM 实时检测驱动电源电压和 IGBT 的电流,当检测到驱动电源低于一定值超过 10μs 时,则截止驱动信号;当发生严重过载或直接短路时,检测到的 IGBT 电流超过设定值,则 IGBT 被"软"关断,并送出一个故障信号。同时,IPM 在靠近 IGBT 的绝缘基板上安装了一个温度传感器,当基板过热时,IPM 内部控制电路将截止栅级驱动,不响应输入控制信号,有效地起到了过热保护。IPM 还可将检测信号送到 CPU 或 DSP 作中断处理,即使发生负载事故或使用不当,也可以使 IPM 自身不受损坏。

IPM 的主要特点如下:

(1) 开关速度快。IPM 内的 IGBT 芯片选用高速型,而且驱动电路紧靠 IGBT 芯片,驱动延时小,所以 IPM 开关速度快,损耗小。在小于或等于 20kHz 时都能稳定工作。

(2) 低功耗。IPM 内部的 IGBT 导通压降低,开关速度快,故 IPM 功耗小。

(3) 抗干扰能力强。优化的门级驱动与 IGBT 集成,布局合理,无外部驱动线。

(4) 缩短开发时间。IPM 内置相关的外围电路,因此开发更为简单和容易,加快了产品上市。

(5) 体积小。由于高度的集成化,大大减少了元件数目。

3. 正弦波脉宽调制技术

全控型电力半导体器件的出现,使变频器的逆变电路结构大为简化,在控制方法上也由

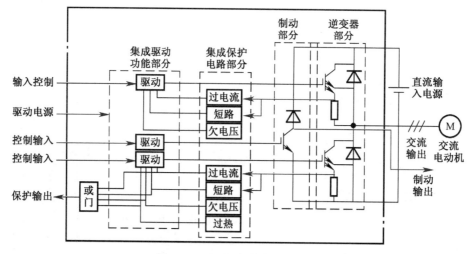

图 7 - 32　IPM 的基本结构框图

原来的晶闸管类半控型器件的相位控制技术改变为脉宽调制（PWM）技术。PWM 技术是利用频率可调、占空比可调的脉冲信号去控制逆变电路中某相功率管的通断时间，从而实现在不改变逆变电路直流电压幅值的情况下，对输出电压进行变频和变压的效果。图 7 - 33（a）为调

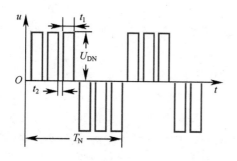

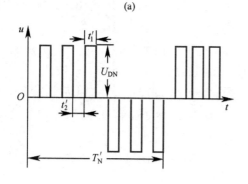

图 7 - 33　PWM 的输出电压

（a）调制前；（b）调制后。

制前逆变电路的输出电压，图 7 - 33（b）为调制后逆变电路的输出电压。可见，调制后输出电压的幅值不变、频率降低、占空比减小，因此平均电压降低。

PWM 技术不仅有效地抑制了谐波，而且在频率、效率和可靠性等方面都有着明显的提高。然而 PWM 控制型变频器输出的电压和电流的波形都是非正弦波，具有许多高次谐波成分。如果采用具有正弦波特性的脉冲信号（即正弦脉宽调制波）去控制逆变电路中功率管的通断时间，那么变频器就可输出近似于正弦波的交流电压和电流，使得电动机电源近似为正弦交流电。这种 PWM 控制技术称为正弦波脉宽调制（SPWM）技术。SPWM 型变频器是目前交流伺服电动机应用最广泛的变频器。

正弦脉宽调制波如图 7 - 34 所示，将一个正弦半波分为 N 等份，每一等份的正弦曲线与横轴所包围的面积都用一个与此面积相等的等高矩形脉冲代替，矩形脉冲的中点与正弦波每一等份的中点重合。这样，由 N 个等幅而不等宽的矩形所组成的波形就与正弦波的半波等效，这就是正弦脉宽调制波。同样，正弦波的负半波也可以用相同的方法来等效。

正弦脉宽调制波可采用模拟电路实现，在全数字式交流伺服系统中也可通过软件方式实

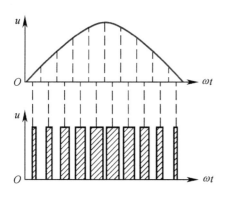

图 7 - 34　正弦脉宽调制波

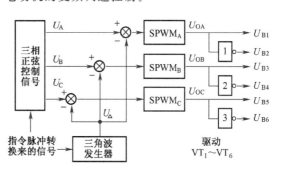

门产生另一组反相调制波。所产生的 6 路正弦脉宽调制波 $U_{B1} \sim U_{B6}$ 加在变频器控制主回路的 6 个功率管的基极电路上,从而实现对三相交流电动机的变频调速控制。

图 7 - 36　三相 SPWM 变频调速原理图

现。如图 7 - 35 所示,在电压比较器 Q 的两个输入端分别输入正弦波参考电压 U_R、频率与幅值固定不变的三角波载波电压 $U_\triangle$,在 Q 的输出端便可得到正弦脉宽调制波。当 $U_\triangle < U_R$ 时,电压比较器 Q 输出高电平;而 $U_\triangle > U_R$ 时,Q 输出为低电平。$U_\triangle$ 与 U_R 的交点之间的距离随正弦波的幅值而变化,而交点之间的距离决定了比较器输出脉冲的宽度,因此,可以得到幅值相等而宽度不等的正弦脉宽调制波。正弦脉宽调制波的频率与三角波载波电压 $U_\triangle$ 的频率相同。由此可见,通过改变正弦波的幅值可改变正弦脉宽调制波的宽度,通过改变三角波的频率可改变正弦脉宽调制波的频率。同时,进行输出电压幅值与频率的控制,就可满足变频调速对电压与频率协调控制的要求。

三相 SPWM 变频器的主回路结构如图 7 - 37 所示。主回路由两部分组成,6 个二极管组成三相整流器,是将工频的交流电转变为直流电,整流后的直流电源并联一个大容量的电容 C_d,起滤波作用,使得输出电压具有电压源特性。6 只具有单向导电性的电压型晶体管(或 MOS 管、IGBT 等)$VT_1 \sim VT_6$ 组成逆变器,逆变器由三相整流器提供的恒定直流电压供电,将直流电逆变成电压大小和频率可调的三相交流电,驱动电动机工作。每只功率管反并联一只续流二极管,为负载的电流滞后提供一条反馈到电源的通路。6 只功率管每隔 60°电角度导通一次,相邻两个功率管导通时间相差 120°,一个周期共换向 6 次,对应着 6 个不同的工作状态。根据功率管导通持续时间的不同,可以分为 180°导通型和 120°导通型两种工作方式。导通方式不同,输出电压波形不同。

4. 交流伺服电动机矢量控制技术

直流电动机能获得优异的调速性能,其原理是与电动机电磁转矩 M_m 相关的励磁磁通 Φ_m 和电枢电流 I_a 在空间上是正交,且互相独立的。而交流电动机则不同,根据交流电动机电磁转矩公式 $M_m = C_M \Phi_m I_a \cos\varphi_2$,可知电磁转矩 M_m 与气隙磁通 Φ_m、转子电流 I_a 成正比,但 Φ_m 与 I_a 不正交,不是独立的变量。因此,对它们不能分别调节和控制。同时,交流电动机的定子产生的

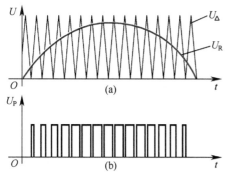

图 7 - 35　正弦脉宽调制波的产生

三相SPWM 变频调速的原理如图 7 - 36 所示。将三个互成 120°的控制电压 U_A、U_B、U_C 分别与同一个三角波比较,获得 3 路互成 120°的正弦脉宽调制波 U_{OA}、U_{OB}、U_{OC}。再通过逻辑非

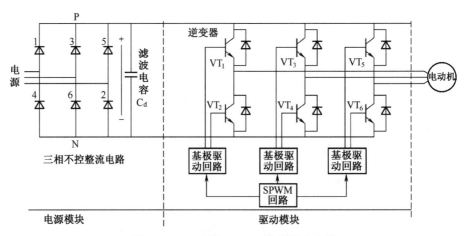

图 7-37 双极性 SPWM 变频器主电路

是随时间和空间都在变化的旋转磁场,气隙磁通 Φ_m 是一个空间交变矢量,这样,在定子侧的各物理量(电压、电流、电动势和磁动势)也都在空间上同步旋转且交变,对它们的调节、控制和计算很不方便。

矢量控制原理:将三相交流电动机输入的电流等效变换为类似直流电动机彼此独立的励磁电流和转矩电流,建立起与之等效的直流电动机数学模型,通过对这两个量的反馈控制实现对电动机电磁转矩和速度的控制;然后,再通过相反的变换,将被控制的等效直流电动机电流还原为三相交流电动机电流,从而实现用类似直流电动机调速方法对三相交流电动机调速。

根据矢量控制原理,建立交流电动机的等效直流电动机数学模型包括如下步骤:

(1) 求定子合成电流 i_s。由三相交流电动机各定子电流

$$\begin{cases} i_u = I_1\cos\omega t \\ i_v = I_1\cos(\omega t + 2\pi/3) \\ i_w = I_1\cos(\omega t + 4\pi/3) \end{cases} \quad (7-33)$$

得三相合成电流 i_s 如下:

$$i_s = I_1\cos\omega t + I_1\cos(\omega t + 2\pi/3)\cdot\cos(2\pi/3) +$$

$$I_1\cos(\omega t + 4\pi/3)\cdot\cos(4\pi/3) = \frac{3}{2}I_1\cos\omega t$$

$$(7-34)$$

(2) 求定子合成电流 i_s 在转子磁链矢量

$d-q$ 坐标系上等效矢量(即电流的 3-2 变换)。交流电动机中,定子合成电流 i_s 和转子磁链都是空间旋转的矢量,且两者保证一定的夹角(转子磁链滞后于定子电流)才能输出转矩。如果将两者在同一静止的参考坐标系 $a-b$ 上表示,可得如图 7-38 所示的矢量图。

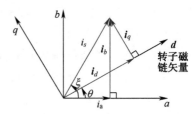

图 7-38 电流与磁场矢量

由此可得定子合成电流 i_s 转换到转子磁链矢量 $d-q$ 坐标系上的等效矢量如下:

$$\begin{cases} i_a = i_s\cos\xi \\ i_b = i_s\sin\xi \\ i_d = i_a\cos\theta + i_b\sin\theta \\ i_q = -i_a\sin\theta + i_b\cos\theta \end{cases} \quad (7-35)$$

式中 θ ——转子磁链的初始相位。

由于式(7-35)中电流分量 i_q 与转子磁链矢量成正交,因此 i_q 可看成是产生电磁转矩的有效分量。在同样的 i_s 下,若 $\xi-\theta=90°$,i_q 的值为最大,此时,电磁转矩为最大。

(3) 在转子磁链矢量 $d-q$ 坐标系中建立定子电压平衡方程。为了建立定子电压平衡方

程,需要在坐标系中分解磁链。假设永磁同步电动机的永磁体转子磁链为 ψ_f,定子线圈产生的磁链为 ψ_a,根据公式 $\psi = Li$ 计算可得

$$\psi_a = L_a i_d + jL_a i_q$$

那么,d-q 坐标中合成的磁链矢量为

$$\psi = (\psi_f + L_a i_d) + jL_a i_q \qquad (7-36)$$

因转子 d-q 坐标系以角速度 $\omega = d\theta/dt$ 旋转,考虑到方向后,磁链变化率可以表示为

$$\frac{d\psi}{dt} = \frac{\partial\psi}{\partial t} + j\omega\psi \qquad (7-37)$$

将式(7-36)代入到式(7-37),并考虑到永磁体的转子磁链 ψ_f 为常数,整理后可得定子绕组上的感应电动势为

$$e_1 = \frac{d\psi}{dt} = \left(L_a \frac{di_d}{dt} - L_a\omega i_q\right) + $$
$$j\left(L_a \frac{di_q}{dt} + L_a\omega i_d + \psi_f\omega\right) \qquad (7-38)$$

分解到转子 d-q 坐标系上,可得定子电压平衡方程式为

$$\begin{cases} u_d = R_a i_d + L_a \dfrac{di_d}{dt} - L_a\omega i_q \\ u_q = R_a i_q + L_a \dfrac{di_q}{dt} + L_a\omega i_d + K\omega \end{cases}$$
$$(7-39)$$

式中　K——电动机常数,$K = \psi_f$;

　　　R_a——电动机电枢电阻;

　　　L_a——电动机电枢电感;

　　　ω——电枢电流的角频率。

（4）根据转子磁场与定子电流的正交分量建立电动机的运动方程。交流伺服电动机的理想控制状态是,能在转子磁场强度为最大值的位置上,使定子绕组的电流也能够达到最大,这样电动机便能在同样的输入电流下获得最大的输出转矩。

要保证交流伺服电动机处于理想状态,应采用转子的磁场定向控制原理,对定子电流的幅值与相位同时进行控制。

转子磁场定向控制原理:控制与转子磁链同相的电压分量 u_d,使与转子磁链同相的电流分量 $i_d = 0$,即保证电动机在旋转过程中三相定子合成电流矢量 i_s 始终与转子磁链矢量垂直（即 $i_s = i_q$）,$\xi - \theta = 90°$,从而使电动机在按同步转速旋转的同时输出最大转矩。根据转子磁场定向控制原理,可得到交流伺服电动机的运动方程:

$$\begin{cases} u_d = -L_a\omega i_q \\ u_q = Ri_q + L_a \dfrac{di_q}{dt} + K\omega \qquad (7-40) \\ M_m = Ki_s = Ki_q \end{cases}$$

由式(7-40)可见,只需控制与转子磁链正交的电流分量就可实现对电动机输出转矩的控制。矢量控制技术的应用,使得交流电动机的控制等同于直流电动机控制,提高了交流电动机的调速特性。

7.3.3　交流进给伺服驱动系统

为实现位置、速度和转矩的精确控制,交流进给伺服驱动系统采用多闭环控制系统。交流进给伺服驱动系统一般由交流进给伺服驱动装置（即驱动器）、检测装置和交流伺服电动机组成。交流进给伺服驱动器与变频器的区别在于,它能够实现大范围、恒转矩变速,因此,进给伺服驱动系统都必须配套采用伺服驱动器生产厂家所设计与提供的专用交流进给伺服电动机。

根据通用性与否,交流进给伺服驱动器可以分为通用型伺服驱动器与专用型伺服驱动器。

通用型伺服驱动器多数采用外部脉冲输入指令或模拟电压输入来给定电动机的位置与速度。此类驱动器通过改变指令脉冲的频率与数量或模拟电压,实现运动速度与位置的控制。驱动器的脉冲输入接口既可以接收差分输出或集电极开路输出的脉冲信号,也可以接收相位差90°的差分脉冲信号或是指令脉冲加方向信号,模拟电压输入接口可以接收 DC 0～10V 电压值。

通用型伺服驱动器是一种独立的控制部件,它对数控装置无规定要求。驱动器与数控装置之间的数据传输与通信较麻烦,因此,驱动器通常都有用于数据设定与显示的控制面板。

配套通用型伺服驱动器的数控装置通常较简单,它本身不需要位置控制调节器,系统的位置与速度检测信号也无须反馈到数控装置上。但是,有时为了回参考点等动作的需要,电动机的零位脉冲需要输入到数控装置。

通用型伺服驱动器的缺点:无法简单地通过数控装置来监控驱动器的工作状态,以及对驱动器的参数进行设定与优化,性能与专用型伺服驱动器相比存在一定的差距。目前,国内市场使用较多的中小规格通用型伺服驱动器有日本三菱、安川、松下及国产华中数控、广州数控等公司生产的伺服驱动器。

专用型伺服驱动器是指那些必须与指定的数控装置配套使用的伺服驱动器。此类驱动器与数控装置之间多为专用内部总线连接,并以网络通信的形式实现驱动器与数控装置之间的数据传输,大多对外部无开放性,驱动器不可以独立使用。通过总线的通信,专用型伺服驱动器的数据设定与操作、状态监控、调试与优化等

均可以直接在数控装置的数据输入与显示单元(MDI/LCD 单元)上完成。目前,常采用的总线技术有 CC－Link、PROFIBUS、Device－NET、CANopen、EtherCAT 等现场总线。如日本发那科公司的 αi、βi 系列伺服器,德国西门子公司的 611U、SINAMICS S120 系列交流伺服器等均属于专用型伺服驱动器。

7.3.3.1 交流进给伺服驱动系统的控制原理

交流进给伺服驱动系统原理如图 7－39 所示。在进给伺服驱动器中设置了三个控制调节器,分别调节位置、速度和电流。三环之间实行串级连接:位置调节器的输出作为速度调节器的输入;速度调节器的输出作为电流调节器的输入;电流调节器的输出经坐标变换后,为交流进给伺服电动机提供三相电压的瞬时给定值,通过 SPWM 逆变器,实现对电动机三相绕组电流的控制。

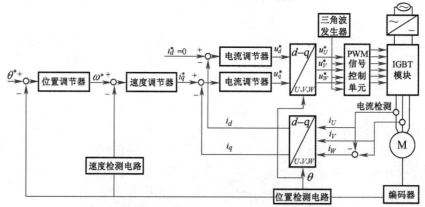

图 7－39 交流进给伺服驱动系统原理图

1. 电流控制环

电流控制环是进给伺服驱动系统的内环,其目标是实现电流的快速响应和输出纹波小的电流波形,以得到高精度的转矩控制性能。

电流控制环由电流调节器、电流检测装置、三相 SPWM 逆变器、永磁同步电动机等组成。在电流控制中,要保证电动机在旋转过程中三相定子合成电流矢量 i_s 始终与转子磁链矢量垂直(即 $i_s = i_q$),$\xi - \theta = 90°$,则需通过安装于电动机轴上的位置检测装置获取转子磁链矢量的角

度 θ,将磁极位置的空间角度 θ 转换成电压或电流的相位角,再与速度调节器的输出相乘,得到交流电流指令信号 i_q^*。i_q^* 是一个表征电流幅值的直流量。由电流控制环将直流电流指令 i_q^* 交流化,使电流指令的相位由转子磁链位置决定,电流指令的频率由转子磁链的旋转速度决定,并且把电流指令矢量控制在与转子磁链相正交的空间位置上,从而实现交流电动机的矢量控制。

由于 $d-q$ 坐标系中 i_q、i_d 与三相交流电

流 i_U、i_V、i_W 之间存在确定的坐标变换关系，因此，对电流控制一般有直流闭环控制和交流闭环控制两种方案。图 7-39 为直流闭环控制方案，即在变换后的 $d-q$ 坐标系中，对直

流电流 i_q、i_d 分别进行闭环控制，从而实现对电磁转矩的直接控制。图 7-40 为交流闭环控制方案，即对交流电流 i_U、i_V、i_W 进行闭环控制。

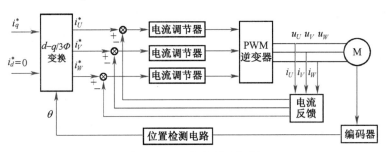

图 7-40　交流闭环控制

交流进给伺服驱动系统要求电流控制环输出电流谐波分量小、响应速度快。由于电流频率较高时电流控制所产生的滞后变得十分明显，直接影响电流的控制性能，因此，快速响应是电流控制的主要性能指标。

提高电流控制精度的方法如下：

（1）采用开关频率高的电力电子器件。这样可降低逆变器开关延迟时间 T_{PWM}，获得快速电流响应，从而提高电流控制环精度。

（2）提高 SPWM 载波频率。由于在 SPWM 控制方式中，逆变器输出电流的纹波大小取决于三角波载波频率的上限，因此，提高 SPWM 载波频率也可提高电流控制环精度。

（3）合理选择电流调节器的参数。一般来说，增大电流调节器的比例增益 K_P，将加快电流的响应速度，有利于减小稳态误差，但过大的 K_P 又会导致电流有较大的超调，使电流产生振荡，系统稳定性降低。而增大电流调节器的积分时间常数 T_i，有利于减小电流的超调量，减小振荡，使电动机运转稳定，但电流稳态误差的消除将随之减慢。因此，在电流控制环参数整定时，应进行反复调试，以达到最佳控制效果。

2. 速度控制环

速度控制环也是交流进给伺服驱动系统中极为重要的一个环节。交流进给伺服驱动系统要求速度控制具有高精度、快响应和宽调速范围等特性。具体要求：速度频率响应至少在

200Hz 以上（高性能伺服驱动系统速度响应频率已达 1600Hz，甚至更高）；速度控制范围至少为 1∶1000 以上（高性能伺服驱动系统调速范围已到 1∶100000 以上）；转速不均匀度至少小于 5%。

速度控制环由速度调节器、内环电流控制环和速度检测元件组成。为实现速度控制的高精度、快响应和宽调速范围等特性，交流进给伺服驱动系统的速度调节器大多采用比例-积分形式。在速度控制环中，由位置检测装置产生的经频率与电压转换后正比于电动机速度的直流电压信号，作为速度控制环的反馈信号，与位置控制环给定的速度指令 ω^*（电压信号）进行比较，其误差经速度调节器产生电流分量 i_q^* 作为电流控制环的指令值。

提高速度控制精度的方法如下：

（1）采用高分辨率的速度检测元件。在采用编码器作为速度反馈检测元件的速度控制系统中，当电动机处于极低速度范围内时，编码器的输出脉冲间隔可能比速度采样周期长得多，因此速度采样存在延时现象，产生控制误差；同时还会使伺服驱动系统在由高速切换到低速运行时产生振荡，从而限制了速度控制的响应频率，增大稳定可控的最低转速，减小了速度控制范围。编码器的分辨率越高，速度采样延时时间就越小，因此要获得高精度的速度控制，应尽量提高编码器的分辨率。

第7章 数控机床驱动系统

（2）提高电流控制环的精度。从永磁同步电动机的运动方程可知，电磁转矩脉动和转速脉动之间有明显的线性关系。而电磁转矩脉动是由三相定子电流畸变引起的，因此采用内部结构品质高的电动机、检测漂移误差小的电流检测元件以及高开关频率的大功率电力电子器件，同时，提高电流控制环控制精度，均可提高速度控制精度。

（3）合理选择速度调节器的参数。由于机床运行过程中负载对象的多样性，因此速度调节器参数的选择比较麻烦。同样，增大速度调节器的比例增益 K_ω，伺服驱动系统的动态响应速度提高，但过分增大又会引起系统振荡。增大速度调节器的时间常数 T_ω，可减小速度超调量，提高稳定性，但会减慢消除稳态误差的过程。同时，在负载对象的特性发生变化时，整个伺服驱动系统的特性也将引起变化。负载对象的转动惯量与伺服电动机的转动惯量之比越大，或负载的摩擦转矩增大，系统的响应速度就会变慢，容易造成系统不稳定，产生"爬行"现象，此时，宜增大 K_ω 和 T_ω，以满足系统的稳定性要求；相反，转动惯量之比越小，动态响应速度快，但低速运行时转速脉动较大，则宜减小 K_ω 和 T_ω，以保证低速运行时的速度控制精度。

3. 位置控制环

位置控制的目标是在保证定位精度和不产生位置超调的前提下，使系统具有尽可能快的瞬态位置响应性能，以减小跟踪误差、缩短加工时间。因此，位置控制的精度决定了零件形状精度。位置控制环由位置调节器、速度控制环和位置检测元件组成。要保证位置跟踪误差小，且位置响应无超调，位置控制调节器一般采用比例控制器。

位置控制环的输入量是给定位置指令 θ^*，反馈量是位置检测装置检测的转子磁链的位置 θ。给定的位置值 θ^* 与位置反馈量 θ 进行比较，其误差值经过位置调节器，输出作为速度控制环的速度指令值 ω^*。当给定的位置指令与实际位置相等时，即位置误差为零时，系统停止工作，执行部件到达指令所要求的位置。

提高位置控制精度的方法如下：

（1）采用高分辨力的位置检测元件。位置检测元件的分辨力越高，位置控制精度越高。

（2）提高速度环的控制精度。由系统频率特性可知，位置控制器的比例增益 K_θ 受速度环的截止频率限制。为了获得高的 K_θ，位置控制环截止频率将随之提高，这样就必须提高内环速度控制环的截止频率。而速度控制环的截止频率受诸多参数的影响，如机械部分的负载转动惯量和传动机构的刚性，伺服电动机的机电时间常数和转动刚性，以及伺服放大环节的载波频率和速度检测器的分辨力等。因此，提高速度环的控制精度，才可能获得较高的 K_θ。

（3）合理选择位置调节器的参数。通常，位置环增益 K_θ 越高，位置跟踪误差越小，位置控制精度越高。但 K_θ 很大、速度突变时，机械负载会承受很大的冲击，引起系统振荡，因此，K_θ 值不易选择太大。

7.3.3.2　数字式交流进给伺服驱动系统

数字式交流伺服驱动系统以微处理器为基本控制器件，所有控制量均为二进制形式的数字量，具有控制精度高、稳定性好，结构紧凑，驱动器工作调试和监控方便等优点。

图7-41为数字式交流进给伺服驱动系统结构框图。为提高运算能力与处理速度，该驱动系统采用了专用运动控制 DSP、FPGA 和 IPM 等最新技术设计。可通过修改参数、选择驱动系统的控制工作方式和内部参数设置，以适应不同工作环境和要求；并能显示驱动系统工作过程的状态信息和一系列的故障诊断信息等。

驱动系统的主控电路由 DSP 和 FPGA 组成。驱动系统通过脉冲接口、模拟量接口或总线接口接收来自数控装置的位置指令信号或速度指令信号。DSP 通过定时中断处理实时性很强的控制任务，如位置控制、速度控制和电流控制，电流检测与计算、编码器信号分解与处理，以及 PWM 信号产生、电流控制和速度与位置

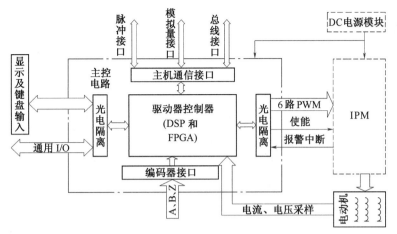

图 7 - 41　数字式交流进给伺服驱动系统结构框图

指令值处理等。FPGA 实现 DSP 与外围电路之间的通信,如与外部的时序逻辑处理,与其他外设实时的数据交换等。通过键盘可以对驱动器的参数进行设置,同时,LED 能实时显示当前驱动器的运行模式、控制参数和故障诊断等信息。

功率驱动电路采用 IPM,集成了三相 6 个大功率管和 1 个制动回路,以及报警保护的输出电路。提供控制电压欠压(UV)、过热(OT)、短路(SC)和过流(OC)四种保护。当 IPM 发生任一故障时,输出故障信号,IPM 会封锁门极驱动,关断 IPM。当故障源消失后,IPM 内部自动复位。DC 电源模块为主控电路、IPM 逆变电路等提供稳定的直流电压,如 ±5V、±12V、15V 等。

除了上述主控电路和功率驱动电路以外,驱动系统还包括与外部的通信模块,以及一些辅助电路,如故障检测电路等。

7.3.3.3　交流进给伺服驱动系统主回路的设计与计算

交流进给伺服驱动系统主回路设计主要是根据选定的进给伺服电动机规格,进行伺服驱动系统以及主回路配套件的型号规格选择与电路设计。

1. 交流进给伺服驱动器的选择

交流进给伺服驱动器的主要性能指标如下:

(1)调速范围:是衡量驱动器变速能力的指标,通常以最低转速与最高转速之比表示。交流伺服驱动器的调速比一般在 1：5000 以上。

(2)调速精度:是衡量系统调速稳定性的指标,通常以空载转速与满载转速的差值占额定转速的百分比来表示,即

$$\delta = \frac{空载转速 - 满载转速}{额定转速} \times 100\%$$

$$(7 - 41)$$

(3)最高转速:驱动器的速度调节是通过改变电源频率来实现的,因此最高输出转速是决定驱动器调整范围与衡量最高速性能的重要指标。交流伺服驱动器的最高转速通常为额定转速的 2 倍左右(即最大输出频率为电动机额定频率的 2 倍)。

(4)速度(频率)响应:速度响应是衡量驱动器对指令的跟随性能与灵敏度的重要指标,通常以给定正弦波速度指令时系统输出速度的相位滞后不超过 90°、幅值不小于 50% 时的最大正弦波输入频率值来表示。一般交流伺服驱动器的速度(频率)响应在 400Hz～600Hz 以上。

(5)调速效率:是衡量驱动器经济性的技术指标,以驱动器输出功率与输入容量之比表示,即

$$\eta = \frac{输出功率}{输入容量} \times 100\% \qquad (7 - 42)$$

交流进给伺服驱动器一般都是生产厂家针

第7章

数控机床驱动系统

对某一种电动机生产的专用控制器,在伺服电动机的说明书中往往给出了与之相适应的交流伺服驱动器。有时一种驱动器可能控制几种不同的伺服电动机。这样每个驱动器必须根据被控电动机进行适当的调整。驱动器的规格多数以允许连续输出的额定电流来表示。选择驱动器时原则上不需要考虑电动机的电压(生产厂家已经配套),一般来说,所选择的驱动器的额定电流值应比伺服电动机的额定电流要大,因为驱动器的电力电子器件相比电动机定子绕组容易损坏得多。

2. 交流进给伺服驱动系统主回路附件的选择

交流进给伺服驱动系统除伺服电动机与驱动器外,还包括用于驱动器输入回路与母线上的附件,如交流电抗器、直流电抗器、电磁噪声滤波器、制动电阻等,如图7-42所示,这些配套件可以根据实际需要选配。

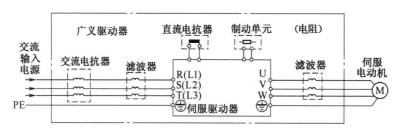

图7-42　交流进给伺服驱动系统主回路的组成示意图

1)交流电抗器的选择

交流电抗器的作用是消除电网中的电流尖峰脉冲与谐波干扰。交流进给伺服驱动器一般采用电压控制型逆变方式,这种逆变方式首先需要将交流电网电压经过整流、滤波转变成平稳的直流电,而大容量的电容充放电将导致输入端出现尖峰脉冲,对电网产生谐波干扰,影响其他设备的正常运行。此外,如果电网本身存在尖峰脉冲与谐波干扰,同样也会给驱动器上的整流元件与滤波电容带来冲击,造成元器件的损坏。通过交流电抗器可以有效地消除尖峰脉冲的干扰。但是,在实际使用时,如果驱动器的容量较小(驱动电动机一般在15kW以下),且驱动器主回路安装了变压器,处于节省成本、缩小体积等方面的考虑,也可以不使用交流电抗器。

交流电抗器的选用应根据所在国家对电网谐波干扰指标的要求,通过计算后决定。指标包括在不同电网电压下对产生谐波的设备容量限制要求、谐波电流限制要求等。其标准在不同的国家与地区稍有不同。但对于如下情况,应考虑使用交流电抗器:

(1)驱动器主回路未安装变压器。

(2)驱动器的主电源上并联容量较大的晶闸管变流设备或功率因数补偿设备。

(3)驱动器供电电源的三相不平衡度可能超过3%时。

(4)驱动器供电电源对下属用电设备有其他特殊的谐波指标要求。

当交流电抗器用于谐波抑制时,如果电抗器感抗所产生的压降能够达到供电电压(相电压)的3%,就可以使得谐波电流分量降低到原来的44%。因此,一般情况下,驱动器配套的交流电抗器的电感按照所产生的压降为供电电压的2%～4%进行选择,即

$$L = (0.02 \sim 0.04) \frac{U_1}{\sqrt{3}} \frac{1}{2\pi f I} \quad (7-43)$$

式中　U_1——电源线电压(V);

I——驱动器的输入电流(A);

L——电抗器电感(H)。

当驱动器的输入容量S(kV·A)为已知时,根据三相交流容量计算公式

$$S = \sqrt{3} U_1 I$$

可得

$$L = \frac{(0.02 \sim 0.04)}{2\pi f} \frac{U_1^2}{S} \quad (\text{mH}) (7-44)$$

对于常用的三相200V/50Hz供电的驱动

器,式(7-44)可简化为

$$L=(2.5\sim5)\times\frac{1}{S}\quad(mH)\quad(7-45)$$

电抗器可以由驱动器生产厂家配套提供,但其规格较少,因此,电感量可能与计算值有较大的差异。

2) 电磁滤波器的选择

交流进给伺服驱动器由于采用了PWM调制方式,在电流、电压中包含很多高次谐波成分,这些高次谐波中有部分已经在射频范围,即驱动器在工作时将向外部发射无线电干扰信号。同时,来自电网的无线干扰信号也可能引起驱动器内部电磁敏感部分的误动作。因此,在环境要求高的场合,需要通过电磁滤波器来消除这些干扰。

由于驱动器所产生的电磁干扰一般在10MHz以下的频段,电磁滤波器除可以与驱动器配套进行采购外,也可以直接将电源进线通过在环形磁芯(也称零相电抗器)上同方向绕制若干匝(一般为3匝~4匝)后制成小电感,以抑制共模干扰;电动机输出侧也可以进行同样的处理,如图7-43所示。

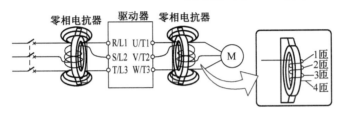

图7-43 电磁滤波器的安装

3) 直流电抗器的选择

直流电抗器安装于驱动器直流母线的滤波电容器之前,可以起到限制电容器充电电流峰值、降低电流脉动、改善驱动器功率因数等作用,而且,在加入了直流母线电抗器后,驱动器对电源容量要求可以相应降低20%~30%。因此,在大功率的驱动器上,一般需要加入直流电抗器。

直流电抗器的电感量计算方法与交流电抗器类似,由于三相整流、电容平波后的直流电压为输入电压的1.35倍,因此,电感量也可以按照同容量交流电抗器的1.35倍左右进行选择,即

$$L=\frac{(0.027\sim0.054)}{2\pi f}\frac{U_1^2}{S}\quad(mH)$$

$$(7-46)$$

4) 制动电阻的选择

驱动器在制动时,电动机侧的机械能将通过续流二极管返回到直流母线上,引起直流母线电压的升高,为此需要在驱动器上安装用于消耗制动能量(也称再生能量)的制动单元与电阻。

一般小功率(400W以下)的驱动器无内置式制动电阻,在频繁制动或制动能量较大时,可能导致驱动器的直流母线过电压报警,这时需要增加外置式制动电阻。中等功率的驱动器(0.5kW~5.5kW)一般配置有标准的内置式制动电阻,可以满足常规的控制要求,但在频繁制动或制动能量较大(如有重力作用的垂直轴)时,仍需再增加外置式制动电阻。大功率(6kW以上)的驱动器,通常不安装内置式制动电阻,必须使用外置式制动电阻。

制动电阻的选择有一定要求,阻值过大将达不到所需的制动效果,阻值过小则容易造成制动开关管损坏,为此,应尽可能选择驱动器生产厂家所配套提供的制动电阻,或通过以下计算确定电阻值与功率。

驱动器的制动能量需要根据负载的周期工作曲线来计算。对于图7-44所示的典型负载周期工作曲线,需要通过制动电阻消耗的制动能量为

$$W_R=W_S-(W_1+W_m+W_C)\quad(7-47)$$

式中　W_R——制动电阻消耗的能量(J);

W_S——制动时的总机械能(J);

W_1——制动时负载消耗的能量(J);

W_m——制动时电动机绕组消耗的能量(J);

W_C——制动时驱动器消耗的能量(J)。

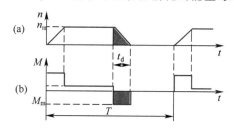

图7-44 交流进给伺服驱动器周期工作曲线

假设电动机的制动过程为线性减速,即

$$n(t) = n_m \left(1 - \frac{t}{t_d}\right)$$

制动时的输出转矩为M_m,式(7-47)中的各部分能量可分别按照如下公式计算:

$$\begin{cases} W_s = \frac{1}{2}J\omega^2 \approx \frac{1}{182}Jn^2 \\ W_1 = \int_0^{t_d} M_m\omega dt \approx \frac{\pi}{60}M_m n_m t_d \\ W_m = P_m t_d \end{cases} \quad (7-48)$$

式中 J——系统总转动惯量(包括电动机与负载转动惯量,单位为kg·m²);

ω——制动开始时的电动机角速度(rad/s),$\omega = \frac{2\pi}{60}n_m$;

n_m——制动开始时的电动机转速(r/min),可以取电动机最高转速;

M_m——电动机制动转矩(N·m),未详时可以取电动机短时最大输出转矩;

t_d——制动时间(s),指减速时间;

P_m——制动时电动机绕组消耗的平均功率(W)。

式(7-47)中的W_C与驱动器型号、规格有关,可查阅产品说明书中的驱动器能量消耗曲线获得。式(7-48)中的P_m与电动机参数有关,可查阅产品说明书中的电动机绕组平均消耗功率曲线获得。

由制动时的能量平衡式

$$W_R = P_R t_d = \frac{U_d^2}{R} t_d \quad (7-49)$$

得制动电阻为

$$R = \frac{U_d^2 t_d}{W_R} \quad (7-50)$$

式中 P_R——制动电阻在制动时所消耗的功率(W);

t_d——制动时间(s);

U_d——制动时电阻两端的电压(V);

R——制动电阻(Ω)。

由于制动电阻直接连接在驱动器的直流母线上,式(7-50)中的U_d实际为直流母线电压。对于三相桥式整流电路,整流平均电压为输入线电压的1.35倍;而单相桥式整流电路,整流平均电压为输入相电压的0.9倍;在考虑直流母线上的大电容平波后,直流平均电压可以在以上基础上提高1.1倍~1.4倍。因此,三相200V输入的驱动器,U_d为300V~370V;单相200V输入的驱动器,U_d为200V~250V。

制动电阻的额定功率为制动电阻在整个运行周期内的功率平均值,如果驱动器的制动使用率为k(制动时间占运行周期的比例),则制动电阻的额定功率为

$$P_e = kW_R \quad (7-51)$$

7.3.3.4 典型交流进给伺服驱动器

1. 武汉华中数控有限公司生产的交流进给伺服驱动器

武汉华中数控有限公司生产的交流进给伺服驱动器有HSV-18D、HSV-19D、HSV-20D等多个系列。

1) HSV-18D系列交流进给伺服驱动器

HSV-18D系列交流进给伺服驱动器是新一代高压进给驱动产品。驱动器采用专用运动控制DSP、FPGA和IPM等技术设计,采用三相380V电源直接供电,直流母线电压为DC 530V,可用于对转速和功率要求较高的场合。驱动器有很宽的功率选择范围,用户可根据要求选配不同规格驱动器和交流伺服电动机,形成高可靠、高性能的交流伺服驱动系统。

HSV-18D系列交流进给伺服驱动器可通

过操作面板或通信方式对驱动器的工作方式、内部参数进行修改,以适应不同应用环境和要求。驱动器具有脉冲指令输入接口和模拟电压指令输入接口,可实现多种控制方式。驱动器具有双位置检测接口,可连接光栅尺和编码器等检测元件,构成全闭环或半闭环位置控制系统。

2) HSV-19D 系列交流进给伺服驱动器

HSV-19D 系列交流进给伺服。驱动器在 HSV-18D 技术的基础上,采用了完全自有知识产权的网络协议——NCUC-bus 协议,通过现场总线 NCUC-bus 网络接口实现数控装置与各个驱动器的通信,丰富了系统与驱动器通信的信息量,简化了系统连接,极大地提升了数控系统性能。驱动器保留脉冲指令输入接口和模拟电压指令输入接口,控制方式灵活多样。驱动器除可配接增量式编码器接口外,同时也支持绝对式编码器及 Endat2.1(2.2)协议、多摩川协议等。驱动器有很宽的功率选择范围,用户可根据要求选配不同规格驱动器和交流伺服电动机,形成高可靠、高性能的交流伺服驱动系统。

2. 广州数控设备有限公司生产的交流进给伺服驱动器

广州数控设备有限公司生产的交流进给伺服驱动器有 DA01B、DA98D、DA98B、DA98A 等多个系列。其中 DA01B 系列驱动器采用电动机控制 DSP、大规模可编程门阵列(CPLD)和 IPM,具有集成度高、体积小、保护完善、可靠性好等特点。DA98B 系列驱动器采用新型电动机控制 DSP 和大功率 IPM,集成了单轴运动控制功能,无需上位机便能完成单轴循环运动及 I/O 控制,具有较高性价比和广泛的应用范围。驱动器均具备脉冲指令和模拟指令输入、位置反馈输出和多点 I/O,可配套各种开环或闭环控制器,实现位置闭环或速度闭环控制。

3. 西门子公司生产的 SINAMICS S120 交流伺服驱动器

SINAMICS S120 是德国西门子公司开发的新一代交流伺服驱动系统,可实现 V/F 控制、矢量控制和高精度的伺服控制,能控制普通的三相异步电动机、异步和同步伺服电动机、力矩电动机及直线电动机。驱动系统采用的是一个中央控制器对所有连接轴的驱动控制,可在驱动装置之间或在轴之间实现工艺性互连。

SINAMICS S120 系统主要由电源模块、电动机模块和控制单元,以及相关附件和选件组成。其中电源模块提供电动机模块所需的直流电压;电动机模块作为逆变器,接收来自直流链路的电力,提供电动机合适的电源以及可变频率,驱动电动机运转;控制单元用于处理轴间的驱动和工艺功能,可实现单轴和多轴控制。一个多轴控制单元 CU320 能控制多个驱动轴,控制轴数与控制方式有关。其中伺服控制可驱动 6 个轴,矢量控制可驱动 4 个轴,V/F 控制可驱动 8 个轴。各驱动组件之间通过高速通信接口 DRIVE-CLiQ 连接,能够实现组件间的快速数据交换,任一组件都可以很方便地获取其他组件的数据,即一台驱动器能够获取另一台驱动器的数据(如速度和位置的实际值等)。系统可以根据实际需要增加或减少相应的模块。所有 SINAMICS S120 组件均有一个电子式型号铭牌,该铭牌包含相应部件的所有重要技术参数,如在电动机中就有电气等效电路图的参数和安装于电动机内的编码器特性值。通过 DRIVE-CLiQ 通信接口,控制单元可自动记录这一参数,且不必在调试过程中或更换设备时输入,实现即插即用。

1) 电源模块

SINAMICS S120 系统的电源模块有非调节型模块和调节型模块两种类型。按冷却方式可分为外部冷却和内部冷却。若非调节型电源模块和调节型电源模块处于再生反馈模式,则从驱动系统供给直流回路的电力将又被馈送到电源回路中;若电源回路不支持再生反馈,则必须取消电源模块的再生反馈功能。

非调节型电源模块是不可调节的整流再生单元,具有 100% 的再生反馈功率。电源模块的再生反馈功能可通过数字量输入取消。它具有5kW、10kW等规格。

调节型电源模块配有升压变频器的自控整流/再生单元,可产生一个增高的可调直流链路电压,这样就可使所连接的电动机模块不受电网波动影响。调节型电源模块通过 DRIVE - CLiQ 与控制器 CU320 进行通信,接收其控制信息。它具有 16kW、36kW、55kW、80kW、120kW 等规格。调节型电源模块的规格与主要技术参数见表 7 - 5。

表 7 - 5　调节电源模块的规格与主要技术参数

功率/kW		输入电流/A		母线电流/A		效率/%	+24V 消耗电流/A
额定	最大	额定	最大	额定	最大		
16	35	26	59	27	59	98	1.1
36	70	58	117	60	117	98	1.5
55	91	88	152	92	152	98	1.9
80	131	128	195	134	218	98	2
120	175	192	292	200	292	98	2.5

2)电动机模块

SINAMICS S120 系统提供有各种额定电流和额定功率的单轴和双轴电动机模块。单轴电动机模块的额定输出电流为 3A～200A,双轴电动机模块的额定输出电流为 3A～18A。原则上,所有单轴电动机模块和双轴电动机模块均可以在非调节型电源模块或调节型电源模块上运行。电动机模块均通过 DRIVE－CLiQ 串行通信接口与控制器 CU320 进行通信,接收其控制信号。

3)控制单元 CU320

SINAMICS S120 系统的控制单元 CU320 为多轴工作模式,即一个控制器单元可通过 DRIVE－CLiQ 连接与单个或多个电动机模块和调节型电源模块的进行通信,实现控制功能。如果要求有多个控制器,可按照相应的数量进行扩展,然后通过上位控制器中的 PROFIBUS,实现控制器之间的耦合连接。

SINAMICS S120 系统配套有终端板卡 TB30 和 TB31,其中 TB30 可以扩展控制器 CU320 的数字量输入/输出,以及 CU320 控制单元模拟量输入/输出的数量;TM31 可以扩展驱动系统内部现有数字量输入/输出,以及模拟量输入/输出的数量。

SINAMICS S120 系统的编码器只能通过 DRIVE－CLiQ 到 SINAMICS S120 上,为此可以订购配带 DRIVE－CLiQ 接口的电动机,通过 DRIVE－CLiQ 电缆连接到相应的电动机模块上。这样,就可将电动机编码器信号、温度信号以及电子装置铭牌数据直接传送给控制单元。如果采用不带 DRIVE－CLiQ 接口的电动机,或除了电动机编码器之外还需要其他的外部编码器时,就需要使用机柜安装式编码器模块 SMC10、SMC20 或 SMC30。SMC10 可以对 2 极或多级旋转变压器信号进行处理。SMC20 可以对增量式编码器 sin/cos(幅值 1V)和绝对值编码器 EnDat 信号进行处理,此外,还可以借助温度传感器 KTY84 - 130 来检测电动机温度信号。SMC30 具有 DRIVE－CLiQ 接口,可对带/不带电缆断线检测的 TTL/HTL 增量式编码器信号进行处理。

4. 发那科公司生产 FANUC αi 系列交流伺服驱动器

FANUC αi 系列交流伺服驱动器是日本发那科公司开发的与 αi 系列伺服电动机配套的驱动器,它在 FANUC α 系列的基础上做了性能改进。产品通过特殊的磁路设计与精密的电流控制以及精密的编码器速度反馈,使转矩波动极小,加速性能优异,可靠性极高。电动机内装有 1600 万脉冲/r 极高精度的编码器,作为速度、位置检测器件,使系统的速度、位置控制达到了很高的精度。

FANUCαi 驱动系统主要由电源模块(PSM)、进给伺服驱动模块(SVM)和主轴驱动模块(SPM)等组成。进给伺服驱动与主轴驱动共用电源模块,组成伺服/主轴一体化的结构。驱动器有标准型和高电压输入型。标准型为 AC200V 输入,有单轴型、双轴型、三轴型等;高电压输入型为 AC400V 输入,有单轴型、双轴型等。FANUC αi 系列交流数字伺服器可与 FANUC 0i、FANUC 15i/150i、FANUC16i/18i/160i/180i/20i/21i 等数控装置配套使用。

1)电源模块

FANUC αi 系列的电源模块为伺服驱动模块提供电源。电源模块有 PSM、PSMR、PSM - HV、PSMV - HV 四种类型,输入电压有 200V 和 400V 两种。

2)伺服驱动器模块

FANUC αi 系列的交流伺服驱动模块有三相 200V、三相 400V 电源两种类型。200V 电源系列可分为单轴、两轴和三轴驱动模块。400V 电源系列可分为单轴、两轴驱动模块。

7.4 数控机床主轴驱动系统

7.4.1 概述

数控机床主轴驱动系统是数控机床的重要组成部分,其功能是根据数控装置发出的指令信号,为数控机床的主轴提供足够大的切削力矩和宽范围的速度,以完成切削任务。其动力占整机的 70%~80%。

1. 数控机床对主轴驱动系统的要求

主轴驱动系统的输出性能关系到数控机床的整体工作水平,为此,数控机床对主轴驱动系统有如下的性能要求:

(1)输出功率。数控机床的主轴负载性质近似于"恒功率",即当机床的主轴转速高时,输出转矩较小;主轴转速低时,输出转矩大。为此,要求主轴驱动装置也要具有"恒功率"的性质。可是当主轴电动机工作在额定功率、额定转速时,按照一般电动机的原理,不可能在电动机为额定功率下进行恒功率的宽范围调速。因此,往往在主轴的机械部分需增加一挡或二挡机械变速挡,以提高低速的转矩,扩大恒功率的调速范围;或降低额定输出功率,以扩大恒功率调速范围。

(2)调速范围。为保证数控机床适用于各种不同的刀具、加工材质,以及各种不同的加工工艺,要求主轴驱动装置具有较宽的调速范围。一般应达到 1:100,甚至达到 1:1000 以上。

(3)速度精度。如果主轴的速降过大,则加工的表面粗糙度就会受影响。一般要求主轴驱动系统的静差率小于 5%,甚至小于 1%。

(4)位置控制能力。为满足加工中心自动换刀、刚性攻丝、螺纹切削,以及车削中心的某些特定加工工艺能力,要求主轴具有位置控制能力,即 C 轴功能和定向功能(准停功能)。

(5)其他要求。电动机温升低、振动和噪声小、可靠性高、寿命长、易维护,体积小、重量轻。

2. 主轴驱动系统的类型

根据控制要求,主轴驱动系统主要分为两大类:一类是只需实现速度控制的交流变频调速主轴系统;另一类是实现速度与位置控制的交流主轴伺服驱动系统。

在交流变频调速主轴系统中,常用的又有两种类型:一类是普通感应式异步电动机配通用变频器;另一类是专用变频电动机配通用变频器。普通感应式异步电动机配套具有无反馈矢量控制功能的通用变频器,对电动机的低速特性有所改善,再配合两级齿轮变速,基本上可以满足车床低速(100r/min~200r/min)、小加工余量的加工。因此,在经济型数控车床主轴上可采用此驱动方案。专用变频电动机配套具有反馈矢量控制功能的通用变频器时,不仅可以实现在低速甚至是零速时都会有较大的力矩输出,而且还具有定向甚至分度进给的功能。因此,在中档数控机床主轴上可采用此驱动方案。

由于交流电动机是一种多变量、强耦合、非线性的控制对象,因此采用通用变频器要达到精确的控制是很难实现的。为此,出现了能实现主轴大范围、精确速度控制的交流主轴伺服驱动系统。交流主轴伺服驱动系统由交流主轴伺服驱动器和交流主轴伺服电动机构成。交流主轴伺服电动机仍以交流异步伺服为主。交流主轴伺服电动机一般由驱动器生产厂家专门设计,并经过严格的质量控制与精密的测试及试验,以便在主轴伺服驱动器内部建立精确的数学模型。一般而言,交流主轴伺服驱动器也多为数控系统生产厂家配套生产。早期的交流主轴伺服驱动器常采用独立型结构,其外观与变频器类似,但目前多数采用了模块化结构,即主轴伺服驱动器与进给伺服驱动器可以共用电源模块。

3. 主轴驱动系统的主要技术指标

主轴驱动系统一般工作在速度控制模式下,评价速度控制方式下的主轴驱动系统的主要技术指标如下:

(1) 最高运行速度:通常用最高转速 n_{max}、最高角速度 ω_{max} 或最高线速度 v_{max} 来表示。

(2) 最低平滑速度:通常用最低转速 n_{min}、最低角速度 ω_{min} 或最低线速度 v_{min} 来表示,也可以用调速范围 R_N 来表示。

(3) 转速降和静差率:转速降 Δn_N 是控制信号一定的情况下系统理想空载转速 n_0 与满载时转速 n_N 之差;静差率 S 是控制信号一定的情况下转速降 Δn_N 与理想空载转速的百分比。一个系统的调速范围是指在最低速时还能满足静差率要求的转速可调范围。调速范围 R_N 与静差率 S 有如下关系:

$$R_N = \frac{n_N S}{\Delta n_N (1-S)} \qquad (7-52)$$

(4) 阶跃信号输入下系统的响应特性:通常

用系统处于稳定时阶跃信号作用下的最大超调量 $\sigma\%$ 和响应时间 t_s 来表示。

(5) 负载扰动下系统的响应特性:负载扰动对系统动态过程的影响是调速系统的重要技术指标之一,通常用取最大转速降(升)Δn_{max} 和响应时间 t_x 来表示。

7.4.2 交流主轴驱动系统

数控机床的主轴驱动系统常用的有两大类:一是交流变频调速主轴驱动系统,用于经济型数控机床或简单数控机床;二是交流主轴伺服驱动系统,用于中、高端数控机床。

1. 交流变频调速主轴驱动系统

交流变频调速主轴驱动系统由变频器和交流电动机组成。变频器的控制方式有 V/F 控制(简称标量控制)和矢量控制。V/F 控制型变频器是一种电压发生模式装置,对调频过程中的电压进行给定变化模式的调节,常见的有线性 V/F 控制(用于恒转矩)和平方 V/F 控制(用于风机水泵变转矩)。标量控制的弱点是低频转矩不够、速度稳定性不好(调速范围仅为 1:10),因此逐步被矢量控制替代。

矢量控制型变频器相对于标量控制而言,其优点:控制特性好,能适应要求高速响应的场合,调速范围大(1:100),可进行转矩控制等。不过,矢量控制的结构较复杂、计算繁琐,而且必须存储和频繁地使用电动机的参数。矢量控制又可分为无速度传感器和有速度传感器两种方式,区别在于后者具有更高的速度控制精度(0.05%),而前者为 0.5%。

无速度传感器矢量控制型变频调速驱动系统结构如图 7-45 所示。为提高系统的调速性能,图中的变频调速驱动系统采用了转差频率矢量控制。系统通过 $d-q$ 坐标系电流的指令值计算出转差频率 ω_s^*,再根据电流的测量值估算出电动机转子的转速值 $\hat{\omega}_1$,由转速的估算值代替实际转速进行反馈,获得旋转磁场角速度指令值 ω_1^*,再通过积分获得转子磁链的位置角 θ,从而实现电动机转速的闭环控制。

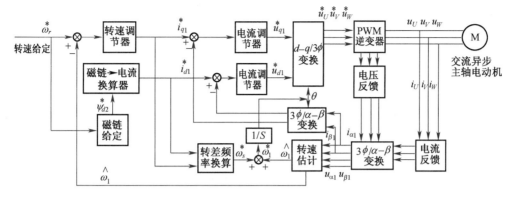

图 7-45 无速度传感器矢量控制型调速控制系统结构图

某矢量控制型变频器的外围接口如图 7-46所示。变频器与数控装置的传输信号主要包括数控装置到变频器的正/反转信号、数控装置到变频器的速度或频率信号、变频器到数控装置的故障等状态信号。

（1）输入电源。一般采用交流电源供电，输入电源的范围包括三相交流 460V、400V、380V、230V、200V 等，或在较大的范围内可调。为了实现大功率输出，变频器通常采用的电源范围为230V～400V。

（2）电动机运行指令。因为主轴电动机主要用于速度控制，因此变频器一般采用模拟电压作为速度指令，由开关量控制旋转方向，而不提供脉冲指令输入接口。很多变频器也接收－10V～＋10V或0～10V的模拟电压作为速度指令，其中信号幅值控制转速，信号极性控制旋转方向。

（3）反馈接口。由于主轴对位置控制精度要求并不高，因此对与位置控制精度密切相关的反馈装置要求也不高，多数采用 1000 线的增量式编码器。

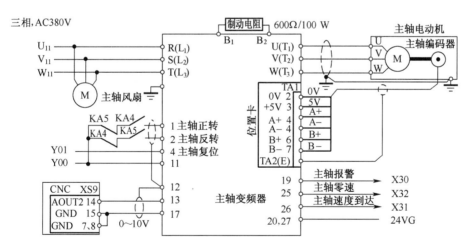

图 7-46 某矢量控制型变频器的外围接口

2. 交流主轴伺服驱动系统

交流主轴伺服驱动系统不仅要求具有较强的位置控制，以实现主轴的定向准停和联动控制功能，而且要求有很高的速度控制能力。为此，交流主轴伺服驱动系统通常采用闭环矢量控制技术和直接转矩控制两种方法，使得其调速性能大大优于通用变频器。

1）满足恒功率高速要求的弱磁控制

主轴伺服驱动系统为实现宽范围的调速和适应主轴恒功率负载特性，交流异步电动机基速以上的运动范围是通过弱磁控制实现的。要实现交流异步电动机的弱磁控制，需在矢量变换系统中设置一个变磁链给定环节,产生如图7-47所示的变化磁链。在额定转速以上,磁链保持恒定,实现恒转矩调速;在额定转速以下,磁链按图中弱磁曲线变化,实现恒功率调速。

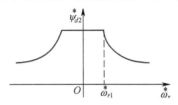

图 7-47 转子磁链变化曲线

通过上述磁链给定环节得到磁链指令值后,可以采用直接或间接控制方式对实际磁链进行控制。直接控制是通过获取实际磁链反馈值 ψ_{d2},以闭环方式对实际磁链进行直接控制,

如图 7-48 所示。图中物理量下标为 1 的表示定子物理量,下标为 2 的表示转子物理量。图中磁链计算模块是实现磁链闭环控制的关键环节,此模块根据 $3\Phi/\alpha-\beta$ 变换环节给出的 $\alpha-\beta$ 坐标系下的定子电压和电流,计算出转子磁链的幅值 ψ_{d2} 和位置角 θ。由此得到的转子磁链位置角 θ 可用为旋转变换的基准,转子磁链的幅值 ψ_{d2} 可用为反馈值,将其与转子磁链的理论值相比较,即可实现转子磁链的闭环控制。

间接控制是在转子磁链给定值 ψ_{d2}^* 的情况下,按关系式计算出 d 轴电流 i_d^*,然后对 i_d 电流进行闭环方式控制,如图 7-49 所示。图中换算器实现通过转子磁链给定值 ψ_{d2}^* 计算出 i_d^* 的功能。

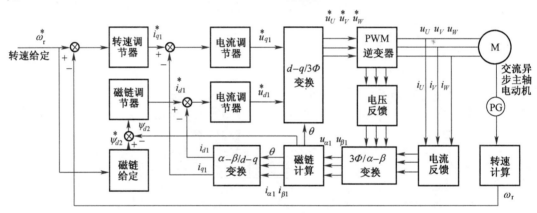

图 7-48 直接磁链闭环矢量控制系统结构图

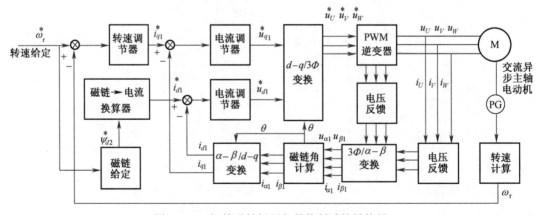

图 7-49 间接磁链闭环矢量控制系统结构图

2) 直接转矩控制

直接转矩控制是继矢量控制之后发展起来的又一种新型的高性能交流调速技术。它避免

了繁琐的坐标变换,充分利用电压型逆变器的开关特点,通过不断切换电压状态调整定子磁链与转子磁链的夹角,从而对电动机转矩进行

直接控制,使异步电动机的磁链和转矩同时按要求快速变化。

根据电动机空间矢量等效电路可以推导出电动机电磁转矩正比于定子磁链、转子磁链和转子与定子磁链在 $\alpha-\beta$ 坐标系中的夹角 θ（称为磁通角）。若保持定子磁链幅值为给定值,而转子磁链的幅值由负载决定,这时,控制电动机的转矩则可通过调节磁通角 θ 来实现。由于转子磁链的旋转速度不会发生突变,因此又可以通过控制定子磁链的旋转速度来调节磁通角 θ 的大小,从而实现对电磁转

矩的控制。直接转矩控制的主轴驱动系统结构如图7-50所示,系统利用转矩调节器和定子磁链调节器的输出量,直接对逆变器桥臂的通断状态进行控制,从而控制施加在电动机三相定子绕组上的电压及与之相关的定子磁链的大小和旋转角频率,从而控制转差角频率的大小,达到直接控制电动机转矩的目的。这种控制方式,可以将转矩的阶跃响应限制在一拍之内,且无超调。因而可以获得比矢量变换更好的动态性能,控制精度也得到了很大的提高。

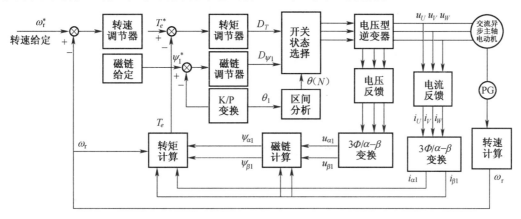

图 7-50   直接转矩控制的交流异步主轴驱动系统结构图

3. 典型交流主轴伺服驱动器

交流主轴伺服驱动器一般根据主轴伺服电动机的规格进行选择,因为驱动器一般都是生产厂家针对某一种电动机生产的专用控制器。主轴伺服电动机的功率是指在恒功率范围内运行的输出功率,是电动机负载能力的指标。当电动机的转速低于额定转速时,输出功率低于额定功率,转速越低,输出功率越小。为了满足主轴低速时的功率要求,可采用齿轮箱或V带变速,但此时机械结构较复杂,成本也相应增加。在主轴与主轴电动机直接连接的数控机床中,提高主轴低速时的功率要求有两种方式:一是选择额定速度低的主轴电动机或额定功率高一挡的主轴电动机;二是采用特种的绕组切换式主轴电动机,从而提高了主轴电动机的低速特性。另外,国外主轴驱动器的额定电压一般是三相400V,而我国工业电网是三相380V,这

会影响驱动器最大输出功率,而且电动机的过载能力一般要高于驱动器。因此,为了保证电动机的输出功率,在造型时一般选择驱动器的功率比电动机的功率高一挡的。具体实施时还应参考生产厂家的意见。

1) 武汉华中数控有限公司生产的交流主轴伺服驱动器

武汉华中数控有限公司生产的交流主轴伺服驱动器有HSV-18S,HSV-20S等系列。其中HSV-18S系列驱动器是继HSV-20S系列驱动器之后推出的新一代高压交流主轴伺服驱动产品。驱动器采用专用运动控制DSP、FPGA和IPM等技术设计,采用三相380V电源直接供电,具有结构紧凑、使用方便、可靠性高等特点。驱动器有很宽的功率选择范围,用户可根据要求选配不同规格驱动单元和交流主轴伺服电动机,形成高可靠、高性能的交流主轴伺服驱

动系统。由其构成的主轴伺服驱动系统具有主轴定向功能,稳速精度高,可实现刚性攻丝。

HSV-18S 系列主轴伺服驱动器具有四种控制方式,通过内部参数设置接收三种形式的脉冲指令(正交脉冲,脉冲+方向,正、负脉冲)实现位置控制;可以通过内部参数设置为速度控制方式,可接收幅值不超过 10V 的(如-10V~+10V 或 0~+10V)模拟量;可以通过按键(而无须外部指令)设置,给用户提供一种测试交流主轴伺服驱动系统安装、连接是否正确的运行方式。

2)广州数控设备有限公司生产的交流主轴驱动器

广州数控设备有限公司开发的交流主轴驱动器有 DAP-03、DAP-01 系列。驱动器采用专用运动控制 DSP、FPGA 和 IPM 等技术设计。

驱动器采用三相 380V 电源直接供电,直流母线电压为 DC600V,具有动态响应特性好,有效调速范围宽、转速波动小,安装方便、成本低等特点。其中,DAP-03 系列可实现位置控制或速度控制,DAP-01 系列可实现速度控制。控制输入指令信号为可接收幅值不超过 10V 的(如-10V~+10V 或 0~+10V)模拟量。驱动器具有主轴定向控制功能,可设置 8 个定位点,定向角度偏差≤180(°)/编码器线数。

3)日本发那科公司生产的 FANUC αi 系列交流主轴驱动器

FANUC αi 系列交流主轴驱动器是日本发那科公司开发的与 αi 系列主轴伺服电动机配套的驱动器。SPM 与 PSM、SVM 组成伺服/主轴一体化的结构。αi 系列交流主轴驱动器主要有驱动电源 200V、400V 主轴电动机的 SPM 系列。

7.5 位置检测装置

7.5.1 概述

数控系统的位置控制是将插补运算的理论指令值与实际反馈位置值相比较,用差值去控制伺服电动机,从而实现闭环控制。而实际反馈位置的测量,则是由相应的位置检测装置来完成的。数控机床常用于位置检测的检测装置有旋转变压器、脉冲编码器和光栅等。

1.位置检测装置的作用

位置检测装置由检测元件(传感器)和信号处理装置组成,用于检测机床运动部件的位移(线位移和角位移)并将其转变为电信号反馈到位置(或速度)控制调节器,以实现闭环或半闭环控制,使机床运动部件能跟随数控装置运动指令信号实现精确移动。图 7-51 为半闭环伺服控制系统结构图。位置检测装置的性能直接影响运动控制系统的定位精度、速度稳定性、对指令信号的响应速度和抗干扰性能、功率损失以及噪声等,因此必须合理地选用位置检测装置,才能确保机床的运动精度。

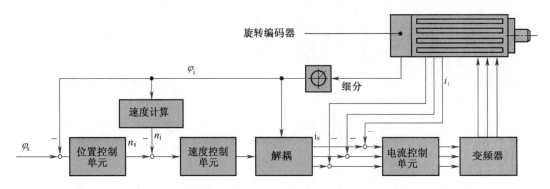

图 7-51 半闭环伺服控制系统结构图

位置检测装置的性能指标主要包括检测精度和分辨率。检测精度是指检测装置在一定长度或转角范围内测量累积误差的最大值,常见的直线位移检测精度为 $\pm(0.002\sim0.02)$ mm/m,角位移检测精度为 $\pm(0.4\sim1)('')/360°$;分辨力是指检测装置所能测量的最小位移量,常见的直线位移分辨力为 $1\mu m$,高精度系统分辨力可达 $0.001\mu m$,角位移分辨力可达 $0.01('')/360°$。不同类型的数控机床对位置检测装置的精度和适应速度的要求不同。对于大型数控机床以满足速度要求为主,而中、小型数控机床和高精度数控机床则以满足精度要求为主。

数控机床对位置检测装置的主要要求:抗干扰能力强,可靠性高,检测精度高,静态和动态响应速度快,使用维护方便,适应数控机床运行环境以及成本低等。

2. 位置检测装置的分类

数控机床的位置检测装置类型有很多种,按检测量的基准可分为增量式和绝对式;按检测信号的类型可分为数字式和模拟式;按测量值的性质可分为直接测量和间接测量。

1) 增量式和绝对式检测装置

增量式检测装置只测量运动部件位移的增量,并用脉冲个数来表示单位位移(即最小设定单位)的数量。检测装置比较简单,任何一个对中点都可以作为测量起点。但移动距离是靠对测量信号累积后读出的,一旦累计有误,此后的测量结果将出错。增量式检测装置有脉冲编码器、旋转变压器、感应同步器、光栅、磁栅、激光干涉仪等。

绝对式检测装置测量运动部件在某一绝对坐标系中的绝对坐标位置值,并且以二进制或十进制数码信号输出。绝对式检测装置分辨力越高,结构越复杂。绝对式检测装置有绝对式脉冲编码器、多圈式绝对编码器等。

2) 数字式和模拟式检测装置

数字式检测是将被测量单位量化以后以脉冲或数字信号的形式表示。数字式检测装置有脉冲编码器、光栅等。模拟式检测是将被测量

用连续变化量的形式表示,如电压的幅值变化、相位变化等。模拟式检测装置有测速电动机、旋转变压器、感应同步器和磁尺等。

3) 直接测量和间接测量检测装置

直接测量是将位置检测装置安装在执行部件(即末端件)上,直接测量执行部件末端件的直线位移或角位移。这种检测装置可以构成闭环进给伺服系统,属于直接测量方式的检测装置有直线光栅、直线感应同步器、磁栅、激光干涉仪等。间接测量是将位置检测装置安装在执行部件前面的传动元件或驱动电动机轴上,测量其角位移,经过转换以后才能得到执行部件的直线位移。这种检测装置可以构成半闭环伺服进给系统。间接测量使用可靠方便,无长度限制,但在检测信号中包含直线转变为旋转运动的传动链误差,从而影响测量精度。一般需对数控机床的传动误差进行补偿,才能提高定位精度。

7.5.2 旋转变压器

旋转变压器又称同步分解器,是利用变压器原理实现角位移测量的检测装置。旋转变压器的工作可靠性高,能在较恶劣的环境条件下使用,以及可以运行在更高的转速下,如在输出 12bit 的信号下,允许电动机的转速可达 60000r/min。而光学编码器,由于光电器件的频响一般在 200kHz 以下,在 12bit 的信号下,允许电动机的速度只能达到 3000r/min。

1. 旋转变压器的结构及工作原理

旋转变压器根据转子电信号引进、引出的方式可分为有刷和无刷两种。因无刷旋转变压器无电刷和滑环,其输出信号大、可靠性高、寿命长及不用维修等优点,因此得到广泛应用。目前,无刷旋转变压器有:环形无刷旋转变压器和磁阻式旋转变压器两种结构形式。下面以环形无刷旋转变压器为例介绍旋转变压器的工作原理。

无刷旋转变压器的结构如图 7-52 所示,由分解器和变压器组成(左边为分解器,右边为变压器)。变压器的一次线圈5与分解器转子8

上的绕组相连,并绕在与分解器转子8固定在一起的线轴6上,与转子轴1同步运行。变压器的二次线圈7绕在变压器的定子4的线轴上,分解器的定子线圈3外接励磁电压。这样,分解器转子线圈8的感应电动势通过变压器的一次线圈5,再从变压器的二次线圈7上输出。这种结构避免了电刷与滑环之间的不良接触造成的影响,提高了旋转变压器的可靠性及使用寿命,但其体积、重量、成本均有所增加。旋转变压器的励磁频率通常为400Hz、500Hz、1000Hz、2000Hz、5000Hz等,频率越高,旋转变压器的转子尺寸可以显著减小,转子的转动惯量可以大大降低,适用于速度变化很大或高精度的测量场合。

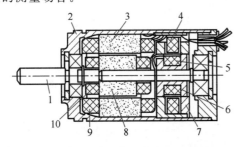

图7-52 无刷旋转变压器的结构原理图

1—转子轴;2—壳体;3—分解器定子;4—变压器定子;

5—变压器一次线圈;6—变压器转子线轴;

7—变压器二次线圈;8—分解器转子;

9—分解器定子线圈;10—分解器转子线圈。

旋转变压器根据变压器的磁极对数不同可分为单极式和多极式。单极式旋转变压器的定子与转子上仅一对磁极,多极式旋转变压定子与转子上有多对磁极。由于多极式旋转变压器增加了电气转角与机械转角的倍数,提高了检测精度,用于高精度绝对式检测系统。在数控机床上应用较多的是双极对旋转变压器。在实际使用时,还可把一个极对数少的和一个极对数多的两种旋转变压器做在一个机壳内,构成"精测"和"粗测"双通道检测装置,用于高精度检测系统和同步系统。

旋转变压器是根据电流互感原理工作的,通过变压器的结构设计与制造保证了定子(二次线圈)与转子(一次线圈)之间的磁通分布呈

正弦规律,当定子绕组通入交流励磁电压时,转子绕组中产生感应电动势,其输出电压的大小取决于定子与转子两个绕组轴线在空间的相对位置(图7-53(a))。两者平行时互感最大,转子绕组的感应电动势也最大;两者垂直时互感为零,转子绕组的感应电动势也为零。这样,当两者呈一定角度时,转子绕组中产生的互感电压按正弦规律变化,如图7-53(b)所示。若变压器变压比为 N,当定子绕组输入电压为

$$U_1 = U_m \sin \omega t \qquad (7-53)$$

则转子绕组感应电压为

$$U_2 = N U_m \sin \omega t \sin \theta \qquad (7-54)$$

式中 U_m——一次绕组励磁电压的幅值;

θ—— 变压器转子偏转角。

当转子绕组磁轴转到与定子绕组磁轴平行时,最大的感应电压为

$$U_2 = N U_m \sin \omega t \qquad (7-55)$$

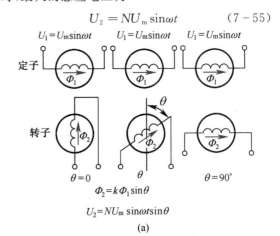

$\Phi_2 = k \Phi_1 \sin \theta$

$U_2 = N U_m \sin \omega t \sin \theta$

(a)

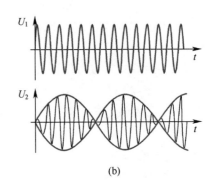

(b)

图7-53 旋转变压器的工作原理图

(a) 典型位置的感应电压;

(b) 定子与转子感应电压的变化波形。

常用的旋转变压器，其定子和转子绕组中各有互相垂直的两个绕组，如图 7-54 所示。定子上的两个绕组分别为正弦绕组（励磁电压为 U_{1s}）和余弦绕组（励磁电压为 U_{1c}），转子上的两个绕组一个输出电压 U_2，另一个接高阻抗，用来补偿转子对定子的电枢反应。旋转变压器可以通过输出电压的相位或输出电压的幅值来反映所测位移量的大小，因此有鉴相型和鉴幅型两种方式。

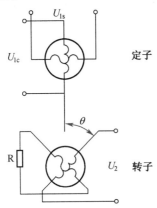

图 7-54　正余弦旋转变压器的结构示意图

1）鉴相型

在旋转变压器的两个定子绕组中分别通入同幅、同频，但相位差 $\pi/2$ 的交流励磁电压 U_{1s} 和 U_{1c}，即

$$U_{1s}=U_m\sin\omega t$$
$$U_{1c}=U_m(\sin\omega t+\pi/2)=U_m\cos\omega t$$
$$(7-56)$$

当转子正转时，这两个励磁电压在转子绕组中产生的感应电压经叠加，得到转子的输出电压，即

$$U_2=kU_m\sin\omega t\sin\theta+kU_m\cos\omega t\cos\theta$$
$$=kU_m\cos(\omega t-\theta)$$
$$(7-57)$$

式中　k——电磁耦合系数，$k<1$；

　　　θ——输出电压的相位角（即转子的偏转角）。

当转子反转时，输出电压为

$$U_2=kU_m\cos(\omega t+\theta)　　(7-58)$$

由此可见，转子输出电压的相位角（$\omega t+\theta$）

和 θ 之间有对应关系。检测出（$\omega t+\theta$），便能得到 θ 值（即被测轴角位移）。实际应用时，把定子余弦绕组励磁电压的相位 ωt 作为基准相位，与转子输出电压 U_2 的相相位（$\omega t+\theta$）比较，从而确定 θ 大小。

2）鉴幅型

在旋转变压器的两个定子绕组中分别通入同相、同频，但幅值分别按正弦和余弦变化的励磁电压 U_{1s} 和 U_{1c}，即

$$U_{1s}=U_{sm}\sin\omega t=U_m\sin\alpha\sin\omega t$$
$$U_{1c}=U_{cm}\sin\omega t=U_m\cos\alpha\sin\omega t　(7-59)$$

式中　α——励磁电压的相位角。

当转子正转时，这两个励磁电压在转子绕组中产生的感应电压经叠加，得到转子的输出电压为

$$U_2=kU_m\sin\alpha\sin\omega t\sin\theta+kU_m\cos\alpha\cos\omega t\cos\theta$$
$$=kU_m\cos(\alpha-\theta)\sin\omega t$$
$$(7-60)$$

当转子反转时，输出电压为

$$U_2=kU_m\cos(\alpha+\theta)\sin\omega t　　(7-61)$$

由此可见，若电气角 α 已知，测出输出电压的幅值便能求出 θ 角（即被测轴的角位移），θ 值的范围为 $0°\sim360°$。若将旋转变压器与数控机床的进给丝杠连接，便可获得丝杠的角位移 θ。旋转变压器是一个增量式检测装置，当 θ 值从 $0°$ 变化到 $360°$ 时，仅能反映工作台移动了一个导程的距离，因此需加上绝对位置计数器，累计所走的位移值。另外，在转子每转 1 周时，转子的输出电压将随旋转变压器的极数不止一次通过零点，因此必须在信号处理电路中有相敏检波器，识别转换点和转动方向。

旋转变压器的信号输出是两相正交的模拟信号，其幅值随着转角做正余弦变化，频率和励磁频率一致。后续的信号处理电路还需把此模拟量变换成角度值，常采用专用集成电路（RDC）来完成这个变换，如美国 AD 公司的 AD2S1200、AD2S1205 带有参考振荡器的 12 位数字 R/D 变换器，以及 AD2S1210 带有参考振荡器的 10 位～16 位数字 R/D 变换器。图

7-55是旋转变压器和数字变换器的连接示意图,位置信号和速度信号都是绝对值信号,它们的位数由RDC的类型和实际需要决定(10位~16位),励磁电源同时连接旋转变压器和RDC,在RDC中作为相位的参考,输出有串行或并行两种形式。上述的几种RDC芯片,还可将输出信号变换成编码器形式的输出,即正交的A、B和每转一个的Z信号。旋转变压器的信号变换也可采用数字信号处理器DSP技术和软件技术。

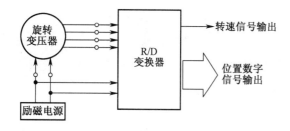

图7-55　旋转变压器信号处理电路

2. 典型旋转变压器

1) 上海赢双电动机有限公司生产的旋转变压器

上海赢双电动机有限公司生产的旋转变压器采用无刷设计,有绕线式、磁阻式两大类,其中绕线式又分单级和多级。

2) 日本多摩川公司产生的旋转变压器

日本多摩川公司生产的旋转变压器采用无刷设计,具有无需维护、使用可靠、寿命长、对机械和电气噪声不敏感等特点,广泛应用于在高温、严寒、潮湿、高速、高振动等旋转编码器无法正常工作的场合。

7.5.3　光电编码器

编码器是将测量运动部件的角位移以编码形式输出的位置检测装置,属于间接测量的数字式检测装置,它是形成进给伺服系统半闭环控制常用的位置检测装置之一。根据测量的基准可分为增量式和绝对式,根据检测原理可分为光电式、磁电式和感应式等。由于光电式编码器在精度、分辨力、信号质量方面有突出的优

点,因此广泛应用于数控机床。

1. 增量式光电编码器

增量式光编码器是利用光电转换原理将运动部件转角的增量值以脉冲的形式输出,通过对脉冲计数从而计算转角值。增量式光电编码器结构如图7-56(a)所示,由光源、聚光镜、光栏板、光电码盘、光电池以及信号处理电路组成。其中,光电码盘是在一块玻璃圆盘上制成沿圆周等距的辐射状线纹(即循环码道和索引码道)。循环码道上每个相邻线纹构成一个节距,用于产生位置信号。索引码道上仅有一条线纹,用于产生参考点信号。光栏板上有三组$(A、\overline{A})$、$(B、\overline{B})$和$(Z、\overline{Z})$线纹,A、B两组线纹彼此错开1/4节距。当光电码盘与轴同步旋转时,由于光电码盘上的条纹与光栏上的条纹出现重合和错位,光电元件感受到变化的光能,产生近似于正弦波电信号。当光栏条纹A与光电码盘条纹重合时,条纹B与另一条纹错位1/4周期,因此A、B两通道输出的波形相位也相差1/4周期,用于辨别旋转方向,如图7-56(b)所示。同时,同组条纹会产生一组差分信号$(A、\overline{A})$和$(B、\overline{B})$,用于提高光电编码器的抗干扰能力。光电码盘输出的参考点信号,以C和$\overline{C}$两相相反的信号输出。数控系统可利用光电码盘的参考点信号实现回参考点控制、主轴的准停控制,以及数控车床螺纹加工时,作为车刀进刀点和退刀点的控制信号,保证螺纹车削不乱牙。

增量式光电编码器的测量精度与最小分辨角$\alpha(\alpha=$条纹数/360°)或光电码盘圆周的线纹数(即脉冲/r)有关。目前使用的高分辨力光电编码器的最小分辨角已达到$\pm 2''$,允许的转速可达10000r/min。在数控系统中,一般要对编码器输出信号进行细分处理,以提高分辨力。如半闭环伺服系统配置2000脉冲/r的编码器驱动导程为8mm的滚珠丝杠,编码器的分辨角$\alpha=0.18°$,对丝杠的直线分辨力为0.004mm,若系统再进行4倍频处理后,对工作台的直线分辨力可提高到0.001mm。

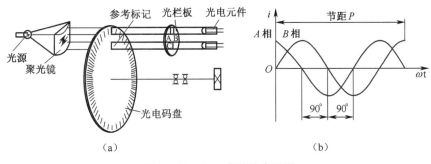

图 7-56　光电式增量编码器

(a) 光电式编码器结构；(b) A、B 电压信号相位关系。

在数控机床上，增量式编码器决定运动部件当前位置的方法是，由机床原点开始对走过的步距或细分电路的计数信号进行计数。因此，对于使用增量式编码器的机床，开机时首先必须执行回参考点操作，建立机床坐标系及编程的原点。

2. 绝对式光电编码器

绝对式光电编码器利用光电转换原理直接测量出运动部件转角的绝对值，并以编码的形式表示出来，即每一个角度位置均对应唯一的代码输出。绝对式编码器常用的代码有自然二进制码、循环二进制码（格雷码）、伪随机码等。使用绝对式光电编码器时，数控机床无需执行回参考点操作就能直接提供当前的位置值，没有累积误差，电源切除后位置信息不会丢失。

绝对式光电编码器与增量式光电编码器不同之处在于，光电码盘上码道的结构和输出信号的类型不同。绝对式光电编码器的光电码盘有多道式和单道式两种类型。多道式的光电码盘如图7-57所示。码盘上沿径向有若干同心码道，每条码道上由透光和不透光的扇形区相间组成，码道数就是二进制数码（或格雷码）的位数。在码盘的一侧是光源，另一侧对应每一码道有一光敏元件；当码盘处于不同位置时，对应透光区的光敏元件输出电信号"1"，反之输出电信号"0"，各电信号的组合形成二进制数码（或格雷码）。这种编码器的分辨力与编码的位数有关，码道越多，编码位数越多，其分辨力越高。目前常用绝对式光电编码器可以做到21

条码道以上，能分辨的最小角度 $\alpha = 360°/2^{21} = 0.00017°$，甚至更高。

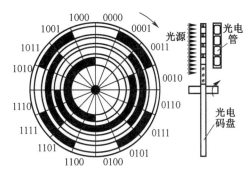

图 7-57　多道式的绝对式编码器的多道式的光电码盘

编码器的分辨力与码道的位数有关，但码盘的尺寸又限制了编码器的使用范围。可见，码盘尺寸和分辨力对于多道绝对式编码器来说是一对不可调和的矛盾。随着检测技术的不断发展，新的编码方式不断出现，如矩阵式编码、伪随机编码等，这些新的编码方式减少了码盘的码道数，简化了结构，提高了分辨力。

3. 编码器的信号传输

位置检测装置与电动机或控制系统的数据输出方式有并行或串行两种。采用并行传输，每位数据需要一根数据线。并行传输的接口电路简单，传输速率高，但所需要的数据线较多，对于长距离的数据传输，信号容易产生畸变，且并行电缆的成本增高。因此，并行传输方式多用于短距离传输和特殊要求的场合。采用串行传输，所有的数据信息通过编码的方式利用一根双绞线实现数据传送。串行传输方式用线少、成本低、传输距离远、数据安全可靠,适用于远距离和高精密传输的场合。

1) 位置检测装置信号的并行传输

增量式位置检测装置的数据输出多以并行传输方式为主,其输出信号通常有(A、$\overline{A}$)、(B、$\overline{B}$)和(Z、$\overline{Z}$)6路信号,有些还输出U、V、W 3路信号,用于电动机矢量控制中电枢初始角度的计算。图7-58为某交流伺服驱动器与带增量式编码器的伺服电动机的并行传输接口,编码器的6路信号进入伺服驱动器后,再通过相应的倍频和鉴向电路,供驱动器的计数器计数和方向辨别。

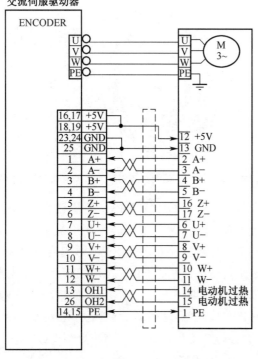

图7-58 增量式编码器并行传输接口

2) 位置检测装置信号的串行传输

对于多道绝对式编码器,若要提高测量精度,则输出码的位数应越多,这样,不利于采用并行传输方式,因此,绝对式位置检测装置的数据输出多以串行传输方式为主。目前,串行总线通信协议主要有海德汉公司的EnDat协议、宝马集团的BISS协议、斯特曼的HIPERFACE协议等。其中,海德汉公司的全双工同步串行EnDat2.2数据接口是一种适用于编码器的双向数字接口,可传输绝对式或增量式编码器的位置值,也能传输或更新保存在编码器中的信息或保存新信息。具有传输信息丰富、传输效率高、速度快(时钟频率为16MHz)等特点,而被广泛关注。

海德汉公司的EnDat 2.2数据接口如图7-59所示。由于采用串行数据传输方式,只需要4条信号线。数据传输类型与方式有14种模式,如编码器传输位置值(附加信息传输)、编码器传输位置值和带附加信息、选择存储区、编码器接收参数等。数据传输类型(位置值、参数或诊断信息等)由后续电子设备发至编码器的模式指令决定。

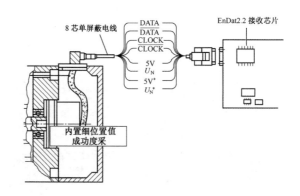

图7-59 EnDat2.2数据接口连接示意图

图7-60为无附加信息的位置值传输方式数据结构示意图。传输从时钟的第一个下降沿开始测量值被保存,计算位置值开始。在两个时钟脉冲($2T$)后,后续电子设备发送模式指令"编码器传输位置值"(带或不带附加信息)。在计算出了绝对位置值后,从起始位S开始,编码器向后续电子设备传输数据,后续的错误位F1和F2是为所有的监控功能和故障监控服务的群组信号,用来表示可能导致不正确位置信息的编码器故障。导致故障的原因保存在"运行状态"存储区,可以被后续电子设备查询。绝对位置值从最低位开始被传输,数据的长度由使用的编码器分辨力决定。位置值数据的传输以循环冗余检测码(CRC)结束。图7-61为带附加信息的位置值传输方式数据结构示意图。位

置值后带附加信息 1 和 2,附加信息含诊断和测试值、增量式编码器参考点回零后的绝对位置值、发送和接收参数、换向信号、加速度、限位信号等,附加信息的内容由存储区的选择地址决定。

使用者可以根据 EnDat2.2 接口协议和电路电气特性自行设计接口电路进行数据采集与处理,同时海德汉公司也提供了特定的数据处理芯片供用户选择,如 EnDat2.2 接收芯片。如果用户自行设计电路,需遵循 EnDat2.2 接口的电气特性,并需要掌握 EnDat2.2 接口协议,保证严格遵循协议的时序要求和数据帧格式。而如果采用海德汉公司提供的数据处理芯片,则可以简化设计,用户只需配置 FPGA 的寄存器,按照芯片可接收的指令格式发送指令,就可获得需要的数据。

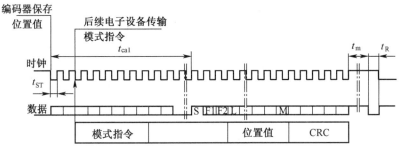

图 7-60　无附加信息的位置值传输方式数据结构示意图

S—开始;F1—错误 1;F2—错误 2;L—LSB;M—MSB。

注:图中未显示出传输延迟补充。

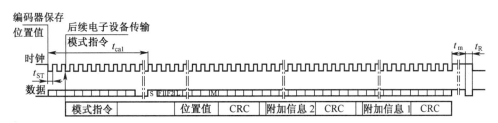

图 7-61　带附件信息的位置传输方式数据结构示意图

4. 典型光电式编码器

1) 武汉博盛科技有限公司生产的光电编码器

武汉博盛科技有限公司生产的编码器有增量式和绝对式两种。绝对式光电编码器的分辨力可达 0.08″,精度达 ±2″,信号接口为二进制码串口 485 输出。增量式光电编码器的分辨力可达 5″,精度达 ±5″,信号接口有 A、B 两路相位差 90°方波信号,一路零位脉冲信号 Z。

2) 德国海德汉公司生产的旋转编码器

德国海德汉公司生产的旋转编码器以高精度、高分辨力、传输快捷等特点,广泛应用于高档数控机床。旋转编码器的线数可达 10000,精度达 ±12″。旋转编码器通过高速纯串行

EnDat 2.2 接口传输位置值和附加增量信号,使信号无延迟地传输到速度和位置控制系统中。

海德汉公司的旋转编码器可为全数字式位置和速度控制系统提供 1V(峰-峰值)电平信号的正弦增量信号,由于信号质量高,因此可在后续信号处理电路中进行高倍频细分。如每圈 2048 个信号周期的旋转编码器,进行 1024 倍或 4096 倍细分处理后可在 1 圈内分别产生 200 万或 800 万个测量步距,相当于 23bit 的分辨力。轴速达到 12000r/min 时,信号频率约为 400kHz。

应用于伺服驱动系统的海德汉公司的旋转编码器根据信号类型有绝对式和增量式,根据安装方式有安装在电动机上、内置在电动机中

和内置在电动机或空心轴电动机中的多种。安装在电动机上的编码器应用于强制通风的电动机,可安装在电动机外壳上或电动机内。这种结构由于长期暴露在未经过滤的强力对流空气中,所以具有 IP 64 或更高等级的防护。内置在电动机中的旋转编码器应用于没有独立通风的电动机,安装在电动机壳上。这种结构对编码器没有很高的防护要求。内置在电动机或空心轴电动机中的旋转编码器方便电源线穿过电动机轴和编码器轴。根据应用条件,编码器必须具有 IP 66 防护等级(如采用光学扫描原理的模块式编码器),机床应为编码器提供污染防护能力。

以内置在电动机中的旋转编码器为例,根据安装方式又可分为有内置轴承和无内置轴承两种。有内置轴承的旋转编码器其圆光栅直接连接被测轴,读数头通过滚珠轴承安装在轴上,并由定子联轴器支承。具有测量误差小、联轴器固有频率高等特点,可适合于空心轴。具有 ECN/EQN/ERN 1100、ECN/EQN/ERN 1300 多个系列。无内置轴承的旋转编码器工作时没有摩擦,无附加启动扭矩,适用于空间小、大直径空心轴和高转速轴。具有 ECI/EQI 1100、ECI/EQI 1300、ERO 1200、ERO 1300、ERO 1400 多个系列。

7.5.4 光栅尺

光栅尺是利用光的透射、衍射制成的光电位置检测装置,用于测量运动部件的直线位移和角位移。它是形成进给伺服系统闭环控制常用的位置检测装置之一。光栅尺采用光学原理进行检测,不需要励磁电压,信号处理电路比较简单,同时还具有检测范围大、精度高、响应速度快等特点,因而广泛应用于高档数控机床。

1. 光栅尺的结构与工作原理

1) 光栅尺的分类

光栅尺根据测量对象可分为直线光栅(测量直线位移)和圆光栅(测量角位移),根据光栅尺的用途和材质可分为玻璃透射光栅和金属反射光栅,而根据刻度方法及信号输出形式可分为绝对式光栅和增量式光栅。

玻璃透射光栅是在玻璃表面感光材料的涂层上或金属镀膜上制成等距光栅条纹,相邻线纹间距 d 称为栅距,如图 7 - 62 所示。玻璃透射光栅的特点:光源可以采用垂直入射,光敏元件可直接接收光信号,因此信号幅度大,读数头结构简单。而且,每毫米上的线纹数多,目前常用的光栅可做到每毫米 100 条线,再经过细分电路,分辨力可达到微米级到纳米级。

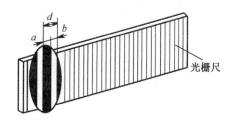

图 7 - 62　直线光栅

金属反射光栅是在钢尺或镀金钢带镜面上蚀刻出光栅条纹。金属反射光栅的特点:标尺光栅的线膨胀系数很容易做到与机床材料一致,标尺光栅的安装和调整比较方便,安装面积较小,易于接长或制成整根的钢带长光栅,不易碰碎。常用的每毫米条纹数为 40 条、50 条、80 条以上,再经过细分电路,分辨力也可达到微米级到纳米级。

2) 直线光栅尺的结构

直线光栅尺的结构如图 7 - 63 所示,主要由标尺光栅和光栅读数头两部分组成。光栅读数头中有光源、透镜、指示光栅、光电池和信号处理电路等。标尺光栅固定不动,而光栅读数头(即指示光栅)安装在运动部件上,两者之间形成相对运动。

3) 光栅尺的工作原理

以透射光栅为例,将栅距相同的标尺光栅与指示光栅互相平行地叠放并保持一定的间隙(0.1mm),然后将指示光栅在自身平面内转过一个很小的角度 θ,如图 7 - 64 所示。在光源的照射下,位于垂直的栅纹上形成明暗相间的条纹,此条纹称为莫尔条纹。当指示光栅移动一

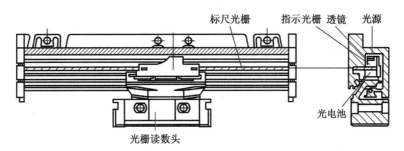

图 7-63 直线光栅尺的结构

条刻线（d）时，莫尔条纹也正好移过一个条纹（W）。由于光的衍射与干涉作用，安装在光栅读数头中的光电元件则感受到莫尔条纹所引起的变化光能，产生近似于正弦波电信号，信号变化周期数与光栅相对位移的栅距数同步。

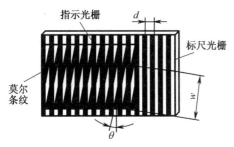

图 7-64 莫尔条纹

莫尔条纹的特点如下：

（1）放大作用。当 θ 角很小时，莫尔条纹的宽度、光栅的栅距和两光栅尺线纹的夹角满足以下几何关系：

$$W = d/\theta \qquad (7-62)$$

由式（7-62）可见，莫尔条纹的节距比栅距放大了 $1/\theta$ 倍。若 $d=0.01\text{mm}$，$\theta=0.01\text{rad}$，得 $W=1\text{mm}$。可见，无需复杂的光学系统和电子系统，利用莫尔条纹的放大作用，就能将光栅的栅距放大 100 倍，这是光栅技术独有的特点。

（2）均匀化误差作用。由于莫尔条纹是由若干条光栅线纹共同干涉形成的，所以莫尔条纹对光栅个别线纹之间的栅距误差具有平均化效应，能消除光栅栅距不均匀、断裂所造成的影响。

2. 光栅尺的信号处理

为了提高检测系统的分辨力和获得准确的位置信息，光栅读数头中光电池输出的信号均要进行细分、放大整形、辨向及计数等处理，从而实现对运动部件位移值的测量。

光栅尺常用的信号处理电路为四倍频辨向电路，如图 7-65 所示。在一个莫尔条纹宽内安装 4 个光电池 P_1、P_2、P_3、P_4，且使其相错 1/4 莫尔条纹宽度，这样，便产生相位差 90° 的 4 个正弦波信号，将相位差 180° 的两个正弦波信号 P_1、P_3 和 P_2、P_4 分别送入两个差分放大器，经放大整形后，得两路相差 90° 的方波信号 A 和 B。这两路方波信号一方面直接通过微分电路微分后，得到两路尖脉冲 A′ 和 B′，另一方面经反向器，分别得到与 A 和 B 相差 180° 的两路等宽脉冲 C 和 D；C 和 D 再经细分电路微分后，得两路尖脉冲 C′ 和 D′。4 路尖脉冲按相位关系经与门和 A、B、C、D 信号相与，再输出至或门，输出正反向控制信号。其中 A′B、AD′、C′D、B′C 分别通过 Y_1、Y_2、Y_3、Y_4 输出至或门 H_1，得正向脉冲；而 BC′、AB′、A′D、CD′ 通过 Y_5、Y_6、Y_7、Y_8 输出给或门 H_2，得反向脉冲。当指示光栅正向运动时，H_1 有脉冲信号输出，H_2 则保持低电平；而反向运动时，H_2 有脉冲信号输出，H_1 则保持低电平。可见，四倍频辨向电路不仅可辨别方向，还将信号分辨力提高了 4 倍。

国内外长光栅栅距大多为 $4\mu\text{m}$，仅靠光栅尺自身的分辨力满足不了精密测量的高分辨力要求，因此，必须采用莫尔条纹的细分技术来提高系统的分辨力。莫尔条纹的细分方法常用的有电子细分技术和数字细分技术，通过细分可将系统的分辨力提高到纳米甚至皮米级。

3. 典型光栅尺

1）苏州万濠精密仪器有限公司生产的光栅尺

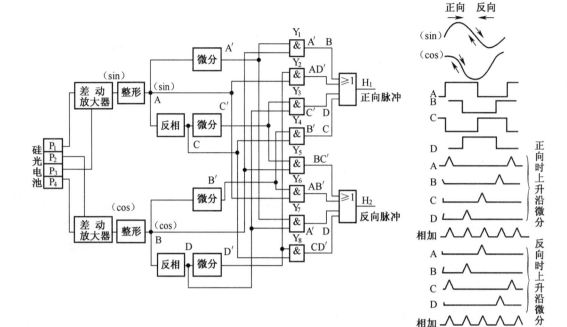

图 7-65　光栅尺四倍频辨向电路

苏州万濠精密仪器有限公司生产的光栅尺有厚尺（WTB）和薄尺（WTA）两种。光栅尺的精度等级有精密级 $\pm(3+3L_0/1000)\mu m$ 和标准级 $\pm(5+5L_0/1000)\mu m$，适应的速度在 100m/min 米以上，传输距离可达 100m 以上，中间不需增加任何界面。光栅尺安装、维护、保养简易，防水、防尘、耐腐蚀性良好，使用寿命长。

2）德国海德汉公司生产的直线光栅尺

德国海德汉公司生产的直线光栅尺以动态性能好、运动可靠性高、运动加速度大、使用寿命长等特点，广泛应用于高档数控机床的闭环控制系统。它不仅能满足常规轴动态性能要求，也能满足直接驱动设备的高动态性能要求。绝对式直线光栅尺的测量步距达 0.1μm，精度达 $\pm3\mu m$；增量式直线光栅尺的测量步距达 0.1μm，精度达 $\pm2\mu m$。绝对式直线光栅尺通过高速纯串行 EnDat 2.2、Fanuc 02、Mtsubishi 接口传输位置值，使信号无延迟地传输到速度和位置控制系统中。

海德汉公司的直线光栅尺根据结构有敞开式和封闭式。封闭式直线光栅尺能有效防尘、防切屑和防飞溅的切削液，因此适用于机床工作环境。封闭式直线光栅尺有标准外壳型和紧凑外壳型两种。其中标准外壳型结构坚固、抗振能力强、测量范围大（测长达 30040mm）。紧凑外壳型适用于有限安装空间，配安装板或紧固元件可加大测量长度。海德汉公司常用于数控机床的封闭式直线光栅尺有 LB、LC、LF、LS 系列，LC 系列为绝对式，LB、LF、LS 系列为增量式。

参　考　文　献

[1] 郭庆鼎，孙宜标，王丽梅．现代永磁电动机交流伺服系统．北京：中国电力出版社，2006.

[2] 龚仲华．交流伺服驱动从原理到完全应用．北京：人民邮电出版社 2010.

[3] 杨克冲，陈吉红，郑小年．数控机床电气控制．武汉：华中科技大学出版社，2005.

[4] 周凯．PC 数控原理系统及应用．北京：机械工业出版社，2006.

[5] 廖效果．数控技术．武汉：湖北科学技术出版社，2000.

[6] 吴玉厚．数控机床电主轴单元技术．北京：机械工业出版社，2006.

[7] 王爱玲，王俊元，马维金，等．现代数控机床伺服及检测技术．北京：国防工业出版社，2009.

第8章
计算机数控装置

主编 叶伯生 宋 宝

8.1 计算机数控装置概述

8.1.1 计算机数控装置的定义及其在数控系统中的作用

1. 计算机数控装置的定义

计算机数控(CNC)装置是由实现数控系统相关功能的软、硬件模块组成的有机体。其主要作用是根据输入的零件程序和操作指令,控制相应的执行部件(伺服单元、驱动装置和PLC等)运动或动作,加工出符合零件图样要求的零件。

CNC装置的硬件主要由计算机系统及其与其他部分联系的接口模块(包括位置控制接口、PLC接口、通信接口、扩展功能模块接口等)组成,它是CNC装置的物质基础;CNC装置的软件是CNC的系统程序(也称控制程序),在硬件的支持下,实现部分或全部数控功能,它是CNC装置的灵魂。

2. 计算机数控装置在数控系统中的作用

计算机数控装置是计算机数控系统的核心。它与计算机数控系统的其他组成部分(输入/输出设备、进给伺服驱动系统、主轴驱动系统、PLC、操作面板、机床I/O电路等)一起,共同完成数控系统的全部功能。

具体而言,计算机数控装置首先接收四方面的输入信息,即一路来自输入/输出设备(包括通信)的零件加工程序,一路来自操作面板的操作指令,一路来自机床侧的I/O信号,一路来自测量装置的反馈信息;然后对这些输入信息进行相应的处理(如运动轨迹处理、PLC处理等);最终输出控制命令到相应的执行部件(伺服单元、驱动装置和机床I/O等),完成零件加工程序或操作命令所要求的工作。

所有这些工作都是在CNC装置系统程序的协调配合和合理组织下,有条不紊地进行的。

8.1.2 计算机数控装置的主要特点和功能

1. 计算机数控装置的主要特点

(1) 具有较大的灵活性和较强的通用性。CNC装置的硬件和软件大多是采用模块化结构,方便系统的扩充和扩展;在不改变硬件的基础上,通过修改CNC装置的软件,可灵活地改变和扩充系统的功能。

(2) 可实现丰富多样的数控功能。CNC装置中的计算机具有较强的计算能力,可以实现二次曲线插补、样条插补和空间曲面直接插补等插补功能;可以实现传动链误差补偿、热误差补偿等补偿功能;可以实现加工过程的动、静跟踪显示,高级人机对话窗口显示等功能;还能实现蓝图编程、自动编程等编程功能。

(3) 具有较高的可靠性。CNC装置的高可靠性可以从以下几个方面保证:①采用集成度高的电子元件及大规模甚至超大规模集成电路芯片;②以软代硬,由软件实现大部分功能;③丰富故障诊断及保护功能,使系统故障发生的频率和发生故障后的修复时间大幅度降低。

(4) 使用维护方便。具体表现在:①操作使用方便,采用菜单结构,用户只需根据菜单的提示,便可进行正确操作;②编程方便,现代CNC大多具有多种编程功能,并且都具有程序自动校验和模拟仿真功能;③维护维修方便,大部分的日常维护工作都由数控装置承担(润滑,关键部件的定期检查等),另外,数控机床的自诊断功能,可迅速使故障定位。

(5) 易于实现机电一体化。由于采用计算机,使硬件数量相应减少,加之电子元件的集成度越来越高,使硬件的体积不断减小,控制柜的尺寸也相应减小,因此,数控系统的结构非常紧凑,使其与机床结合在一起成为可能,减少占地面积,方便操作。

2. 计算机数控装置的功能

CNC 装置的功能是指满足用户操作和机床控制要求的方法和手段,CNC 装置在系统硬件、软件支持下可实现很多功能,主要包括基本功能和选择功能。基本功能是数控系统必备的功能,选择功能是用户可根据实际要求选择的功能,见表 8-1 所列。

表 8-1 CNC 装置的功能及其说明

功能		功能说明
基本功能	控制功能	CNC 装置能够控制以及同时控制的轴数(即联动轴数)。控制的轴数越多,特别是联动轴数越多,CNC 装置就越复杂
	准备功能	用来控制机床动作的方式,包括坐标轴移动、程序暂停、平面选择、坐标系设定、刀具补偿、参考点返回、固定循环、公英制转换等功能
	插补功能	CNC 装置可实现的插补加工线型,如直线插补、圆弧插补和二次曲线与曲面插补等
	进给功能	CNC 装置对进给速度的控制功能,包括切削进给速度、同步进给速度、快速移动速度等的控制与调节
	刀具管理功能	实现对刀具几何尺寸(半径或长度)和刀具寿命的管理
	主轴功能	对主轴转速的调节与控制功能,以及对主轴准停的控制功能
	辅助功能	用来规定主轴的启/停和转向、切削液的接通和断开、刀库的启/停、刀具的更换、工件的夹紧或松开等辅助操作功能
	补偿功能	CNC 装置对刀具半径和长度以及机械传动链误差等的补偿功能
	用户界面功能	CNC 装置通过显示器提供给用户的操作提示和状态显示界面
	监测和诊断功能	CNC 装置对故障诊断和故障定位的功能
选择功能	图形加工仿真功能	CNC 装置通过显示器模拟显示实际加工过程的零件图形和动态刀具轨迹等
	通信功能	CNC 装置通过通信接口与上位机或其他制造系统通信联网的能力
	编程功能	CNC 装置提供的程序编辑、示教编程、蓝图编程、对话式编程等辅助编程手段

1)基本功能

(1)控制功能:是指 CNC 装置能控制以及能同时控制(即联动)的轴数。进给轴包括:移动轴和回转轴,基本轴和附加轴。一般数控机床至少需要两轴控制、两轴联动,在具有多刀架的机床上则需要两轴以上的控制轴。数控镗床、铣床、加工中心等需要三轴或三轴以上的联动控制轴。控制轴数越多,特别是联动控制轴数越多,CNC 装置的功能也越强,同时 CNC 装置就越复杂,加工程序编制也就越困难。

(2)准备功能:也称 G 功能,用来控制机床动作的方式,包括坐标轴移动、程序暂停、平面选择、坐标系设定、刀具补偿、参考点返回、固定循环、公英制转换等。G 功能从一个侧面代表了 CNC 功能的强弱。

(3)插补功能:是 CNC 装置实现零件轮廓(平面或空间)加工的轨迹运算功能。一般 CNC 装置仅具有直线和圆弧插补,而较为高端的 CNC 装置还具有抛物线、椭圆、正弦线、螺旋线以及样条曲线插补等功能。高级型 CNC 甚至可以对曲面进行直接插补。插补坐标系也从直角坐标系扩展到极坐标系、圆筒坐标系。

(4)进给功能:是指 CNC 装置对进给速度的控制功能,一般用 F 代码直接指定切削进给速度(mm/min)或同步进给速度(mm/r,实现切削速度和进给速度的同步,用于加工螺纹),加工过程中,可通过进给倍率修调功能实时修调 F 编程的进给速度,即通过控制面板上的倍率波段开关,在 0~200% 之间对 F 预先设定的进给速度进行实时调整,不用修改程序就可以改变机床的进给速度。

(5) 刀具管理功能:实现对刀具几何尺寸和刀具寿命的管理。刀具几何尺寸是指刀具的半径和长度,这些参数供刀具补偿功能使用;刀具寿命是指时间寿命,当某刀具的时间寿命到期时,CNC系统将提示用户更换刀具。另外,CNC装置都具有T功能,即刀具号管理功能,用于标识刀库中的刀具和自动选择加工刀具。

(6) 主轴功能:是指CNC装置对主轴工作时速度、位置等的控制能力,具体包括主轴转速控制及转速倍率(主轴修调率)控制、恒线速度控制、主轴定向控制、C轴控制等。

(7) 辅助功能:也称M功能,用于控制数控机床中诸如主轴的启/停、转向,冷却泵的接通和断开,刀库的启/停等各种开关量控制功能,在数控机床通常由PLC来实现。

(8) 补偿功能:包括刀具半径和长度补偿、反向间隙补偿和螺距误差、智能补偿等功能。刀具半径和长度补偿功能实现按零件轮廓编制的程序去控制刀具中心的轨迹,以及在刀具磨损或更换时(刀具半径变化),对刀具的半径或长度做相应的补偿;反向间隙补偿和螺距误差用于加工过程中,补偿机械传动链中存在的反向间隙(齿隙)和螺距误差(由滚珠丝杠的螺距不均等引起),以避免加工零件的实际尺寸与规定尺寸不一致所造成的加工误差。实现此功能的前提:首先,把测量出齿隙和螺距误差补偿量输入CNC系统的存储器;然后,在加工过程中,按补偿量重新计算刀具的坐标尺寸,从而加工出符合要求的零件。智能补偿功能采用现代先进的人工智能、专家系统等方法,对外界干扰产生的随机误差,如热变形引起的误差等实施智能补偿。

(9) 用户界面功能:是指CNC装置与用户之间的界面,通过软件可实现字符和图形的显示,以方便用户的操作和使用。包括系统的菜单操作、零件程序的编辑,系统和机床的参数、状态、故障的查询或修改界面等,是CNC提供给用户调试和使用机床的辅助手段。用户可利

用该功能对数控机床进行应用性构造,如将运动轴、主轴、手轮、测量系统、调节环参数、插补方式、速度和加速度等的配置,机床运动软极限开关的设置,多个主轴准停位置的定义等,以参数形式输入CNC装置,使其控制具有可编程性。

(10) 监测和诊断功能:为保证加工过程的正确进行,避免机床、工件和刀具的损坏,现代CNC通常都具有或多或少的监测和诊断功能。这种功能可以直接置于CNC装置中,也可作为附加的、可执行的功能模块置于CNC装置外。监测和诊断功能可以对CNC自身硬件和软件进行检查和处理,也可以对机床动态运行过程中刀具的磨损和破损、工件尺寸和表面质量以及润滑等状态进行检查和处理。

具有此功能的CNC装置可以在故障出现后,迅速查明故障的类型及部位,便于及时排除故障,减少故障停机时间和防止故障的扩大。

2) 选择功能

除上述核心功能外,在CNC中通常还集成了许多附加的可选功能,以适应不同机床制造厂和数控机床用户的特殊要求。常见的附加功能如下:

(1) 图形加工仿真功能:是指在不启动机床的情况下,在显示器上进行各种加工过程的图形模拟,特别是对难以观察的内部加工及被切削液等挡住部分的观察。编程者可利用此功能检查和优化所编数控加工程序,达到两个目的:一是检查加工过程中是否会出现碰撞及刀具干涉,并检查工件的轮廓和尺寸是否正确;二是识别不必要的加工运动(如空切削),将其去掉或改为快速运动,对加工轨迹进行优化,减少加工时间。

(2) 通信功能:是指CNC装置与外界进行信息和数据交换的功能,通常CNC装置都具有RS-232、RS-485接口,可以与上级计算机进行通信,传送零件加工程序;有的还备有DNC接口,以实现直接数控;高端CNC还具有各种现场总线或网络通信接口,可与制造自动化协议

(Manufacturing Automation Protocol，MAP)相连，能适应柔性制造系统（Flexible Manufacturing System，FMS）、计算机集成制造系统（Computer Integrated Manufacturing System，CIMS）、智能制造系统（Intelligent Manufacturing System，IMS）等大型制造系统的要求。

（3）编程功能：是指 CNC 装置提供的各种数控编程工具，这里主要指面向车间的编程（Workshop Oriented Programming，WOP）系统。WOP 利用图形进行编程，操作简单，编程员不需使用抽象的语言，只要以图形交互方式进行零件描述，利用 WOP 系统推荐的工艺数据，根据自己的生产经验进行选择和优化修正，WOP 系统就能自动生成数控加工程序。

（4）其他功能：除上述各功能外，在数控系统中还有一些其他的功能，如企业和机床数据统计功能、单元管理功能、数控加工程序管理器功能等。

总之，CNC 装置的功能多种多样，而且随着微电子技术、计算机技术的快速发展，功能越来越丰富，CNC 装置中的各种新功能也不断涌现，基本功能和选择功能的界限也越来越模糊，现时 CNC 装置中的选择功能在不久的将来或许就成为一种必备的功能，如 CNC 装置中的智能补偿功能、样条曲线插补功能等，都是数控技术发展的重要方向。

8.1.3 计算机数控装置对零件程序的处理流程

数控机床的编程人员在编制好零件程序后，就可以由操作人员输入（包括 MDI 输入、由输入装置输入和通信输入）至数控装置，存储在数控装置的零件程序存储区内，加工时，操作者可用菜单命令调入需要的零件程序到加工缓冲区，数控装置在采样到来自机床控制面板的"循环启动"指令后，即对加工缓冲区内的零件程序进行自动处理（如运动轨迹处理、机床输入/输出处理等），然后输出控制命令到相应的执行部件（伺服单元、驱动装置和 PLC 等），加工出符合图纸要求的零件。这个处理流程可以用图 8-1 表示。

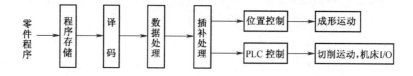

图 8-1　数控系统对零件程序的处理流程

由图 8-1 可知，零件程序调入到加工缓冲区后，下一步的任务就是进行插补运行前的各种准备，即插补预处理。插补预处理的内容主要包括译码、刀补处理及速度处理三部分（其中刀补处理及速度处理也可合称数据处理）。

（1）译码的功能是将输入的零件程序数据段翻译成 CNC 控制所需的信息；

（2）刀补处理是将编程轮廓轨迹转化为刀具中心轨迹，从而大幅减轻编程人员的工作量；

（3）速度处理主要解决加工运动的速度问题。

执行一个零件程序段，在完成插补预处理后，接下来就是插补处理：

（1）将经过刀补处理的编程零件轮廓（直线、圆弧等），按编程进给速度，实时分割为各个进给轴在每个插补周期内的位移指令，并将插补结果作为输入送位置控制程序处理；

（2）从插补预处理结果中分离出辅助功能、主轴功能、刀具功能等，并送 PLC 控制程序处理。

位置控制程序控制各进给轴按规定的轨迹和速度运行，即实现成形运动。

PLC 控制程序实现机床切削运动和机床 I/O 控制。

本章后续各节将以图 8-1 为主线，详细介绍 CNC 对零件程序的输入、译码、数据处理、插补、位置控制、PLC 控制等基本原理。

8.2 计算机数控装置的控制原理与方法

8.2.1 零件程序的输入

8.2.1.1 零件程序的输入过程

零件程序一般存放在磁盘、电子盘、U盘、CF卡、SD卡等控制介质上，相应地，零件程序的输入要通过对应的输入设备或通过通信方式完成。输入大都采用中断方式，由系统程序中相应的中断服务程序完成。

零件程序是一个一个字符输入CNC的，CNC的输入接口接收到一个字符后就向CPU发中断信号，激活相应的中断服务程序，读入一个字符，并把输入的字符暂存于零件程序缓冲区（在内存中设置的暂存一个零件程序段的存储区域）。在输入一个完整的程序段后，就把暂存于零件程序缓冲区中的程序段存入到零件程序存储区（在内存中开辟的能存放若干零件程序的存储区域）。

系统运行时从零件程序存储区中读取程序到加工缓冲区进行译码处理。

对于不同的数控系统，不同的控制介质，零件程序的输入过程可能会有所差别。

早期的数控系统，由于受内存的限制，零件程序存储区中存放的零件程序是有限的，因此零件程序的输入过程也是很严格的，即一般要经过预译码，只有预译码正确的程序才被存储。其基本过程：在读入一个字符后，先要进行奇偶校验，检查读入字符的正确性，然后检查该字符是否指令字符；再进行指令字的检查，即检查指令字符后面的数据是不是合法指令字的信息（例如，G代码后最多跟两位数字，如果接收到G代码后又接收到了第3位数字，说明输入的程序有错误；坐标指令字符后接收到的数字超过机床的控制范围，同样说明输入的程序有错误）；上述检查都通过后才把输入的字符、数字

存入零件程序缓冲区。输入一段完整的程序段后还要进行语法检查：检查各个字是否符合程序段格式；字的顺序对不对；需要的信息是否完整等。通过了这些检查之后，才可以把该程序段输入到零件程序存储区。零件程序在存储区中的存储格式是紧密的，零件程序间以程序起始符"O"或"："分隔，程序段间以空格或回车键隔开。

当然，这种系统也可边读入，边运行，即输入一个程序段后，直接对零件程序缓冲区中的程序段进行译码处理。

现代数控系统，特别是基于PC的数控系统，内存已大为增加，再加上使用磁盘交换技术后，零件程序存储区可以不受限制，其输入过程一般可不预译码，直接由控制介质读入零件程序到零件程序存储区，至于词法分析和语法分析则放在译码程序中处理。

8.2.1.2 零件程序的输入方法

1. MDI键盘

键盘由一组按压式开关组成，并以矩阵方式排列。按键的数目根据需要而定，一般包括数字键、字母键、符号键和功能键。计算机中常用的7位数编码的ASCII键盘，并不十分适用于数控系统，一是ASCII键盘中有很多键数控系统不需要，二是数控系统需要的一些特殊键ASCII键盘中没有。因此，数控系统的键盘有其特殊性，但其原理和ASCII键盘是相同的。

识别按键有行扫描法和线反转法两种方法，这里介绍行扫描法。

1) 行扫描法键盘识别和按键编码

图8-2示出了矩阵键盘的行扫描法原理。图8-2中，行线经过74LS273和与非门连接到计算数据总线DB0～DB3，接收计算机发送的扫描码；列线经过三态门连接到数据总线DB0～

DB5,可将返回的列线信号送入计算机。锁存器与三态门的地址选择由地址线经译码后得到,这样 CPU 就可以通过锁存器逐行输出扫描码,通过三态门读入列线返回信息。

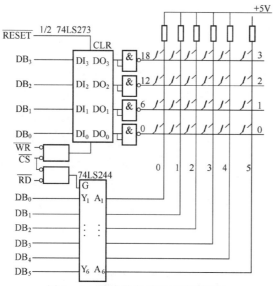

图 8-2 矩阵键盘的行扫描法原理

首先,CPU 在锁存器中写入全"1",这样经与非门反相后所有的行线均为低电平。然后通过三态门将列线状态读入进行检查:若列线信息全"1",则说明没有键按下;若不全为"1",则说明有键按下。有键按下时,延时去抖动后,对键盘进行扫描,判断是哪一个键按下。扫描的方法是,每次输出的扫描码中只有一位为"1",其余位为"0"。也就是说,可顺次输出扫描码对行线进行扫描。每输出一个扫描码,通过三态门读一次列线信息:如全为"1",则表示对应扫描码为"1"的那根行线上无键按下;当输入的列线信息不全为"1"时,则表示该行线上有键按下。综合行线扫描码为"1"的位和列线信息中"0"的位,即可知道被按下键所在位置。如扫描输出为 0100 时,读入的列线信息为 110111,则可知道第 2 行第 3 列的键被按下。综合行线、列线信息,可以生成被按下键的代码。

键代码生成的方式各异,其中一种是对第 0 列的按键给予固定的代码:0、6、12、18,其余各列的键代码为所在行第 0 列键代码加上列号。例如,上述第 2 行第 3 列的键代码为 15。键代

码的计算可由键盘扫描程序来实现。生成键代码可用查表法,即根据扫描的行线信息和列线信息值表得到键代码。但是,如果直接用扫描码和返回码查表,则键代码表是离散的,很多空间没有用上,浪费内存空间,所以应对扫描信息进行压缩。用压缩后的扫描信息查表,代码表可以是连续的。压缩方法是用扫描码和回扫码的有效位位数来表示扫描信息,如扫描码 0100 用 02H 表示,返回码 110111 用 03H 表示。

对键盘采用定时扫描的方法,无论有无键按下,CPU 总是要按规定时间扫描键盘,这样在多数情况是空扫描,影响 CPU 的工作效率。如果用延长扫描的时间间隔来提高 CPU 的效率,则可能出现漏扫现象,导致数据或命令丢失。为了提高效率并避免漏扫,可以采用中断扫描方式。

中断扫描方式是指当键按下时产生中断请求,CPU 响应中断后,进行扫描生成键代码。中断扫描方式的电路图如图 8-3 所示。若没有键按下时,每根列线都为高电平,中断请求信号 $\overline{\text{INT}}$ 为高电平,不产生中断;当有键按下时,该键所在的列线为低电平,中断请求信号 $\overline{\text{INT}}$ 为低电平,发出中断请求,CPU 响应中断转入中断服务程序进行键盘扫描,生成键代码。

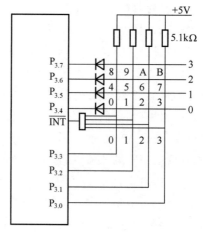

图 8-3 中断扫描方式的电路图

2) 多键保护

由于操作原因,在键盘上同时按下多键是可能的,这种情况称为串键。解决这一问题的

三种主要技术是双键同时按下保护、多键同时按下保护和 n 键连锁。

双键同时按下保护法为同时按下两个键的场合提供保护。最简单的方法是在没有出现仅有一键闭合之前不考虑从键盘读出，即只有最后保护在按下状态的键才是正确的键。此方法通常在采用软件例程提供扫描和译码时使用。当采用硬件技术时，往往采用锁定的方法，即在第一键释放前不让第二键的闭合产生选通脉冲，锁定的时间和第 1 键的闭合时间相同。

多键同时按下保护法为同时按下多于两个键的场合提供保护，是在没有出现仅有一键闭合之前不理睬所有同时按下的键。此方法需增加保护二极管，以防互连短路，因而提高了键盘造价。在较便宜的系统中很少采用多键同时按下的保护方法。

n 键连锁是指当一键被按下时，在完全释放之前，其他的键虽可被按下或松开，但不产生任何代码。此方法实现简单，因而比较常用。

3）键抖动的消除

如图 8-4 所示的按键电路，按下并抬起按键 SB，希望产生一个矩形负脉冲。但在键按下和抬起的过程中有机械抖动，因此在负脉冲开始和尾部会出现一些毛齿波，如图 8-5 所示。计算机的处理速度很快，如果检测到一个负脉冲就认为按下一次键，那么就会将毛齿波所产生的多个负脉冲作为多次按键处理。毛齿波延

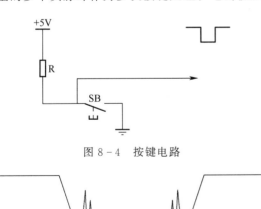

图 8-4　按键电路

图 8-5　按键抖动产生的毛齿波

续的时间与键的机械性能有关，一般为 5ms～15ms。按键抖动影响键盘的正常信号输入，必须消除。消除抖动的方法可以用硬件实现，也可以用软件实现。

硬件去抖动的电路如图 8-6 所示，先用 RC 电路对按键产生的带毛齿的负脉冲加以滤波，然后用施密特门对滤波后的信号进行整形，形成无毛齿的矩形负脉冲。这种方法通常在键数较少的情况下使用。

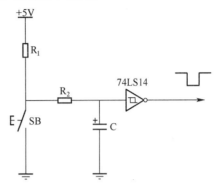

图 8-6　硬件去抖动电路

在键数多于 16 个时，一般用软件去抖动技术。软件去抖动的程序流程图如图 8-7 所示。软件去抖动采用延时的方法，即当检测到有键按下或抬起时，先延时一段时间，避开抖动区再去检查哪个键按下或抬起，延时时间可选用 5ms～15ms。

2. 串口通信

数据在设备之间传送可以采用并行方式或串行方式，传送距离较远用串行方式。为了保证数据传送的正确性和一致性，接收和发送双方对数据的传送应确定是一致的且共同遵守约定，包括定时、控制、数据格式和数据表示方法等。这些约定称为通信协议。串行通信协议分为同步协议和异步协议。异步串行通信协议比较简单，但速度不快；同步串行通信协议传送速度比较快，但接口比较复杂，一般在传送大量数据时使用。

数控机床广泛应用异步串行通信接口传送数据，主要的接口标准有 EIA RS-232C 和 RS-422。

RS-232C 接口的传送波特率（每秒所传送

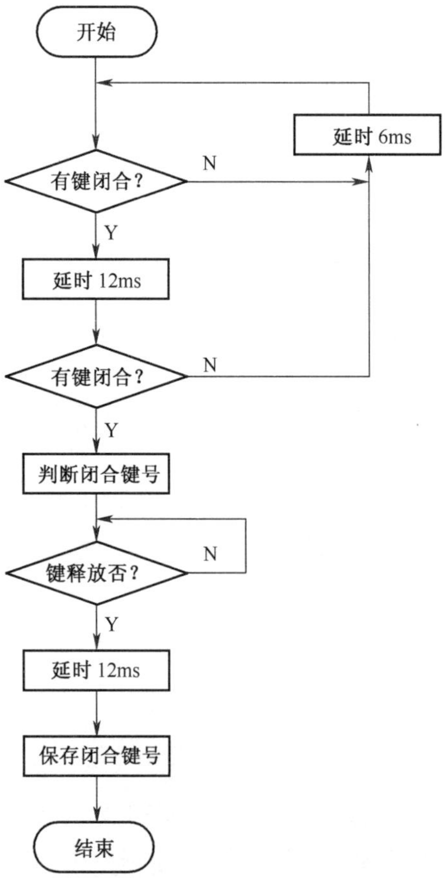

图 8-7 软件去抖动程序流程图

的数据位数）典型值为 75b/s、110b/s、150b/s、300b/s、600b/s、1200b/s、2400b/s、4800b/s、9600b/s 和 19.2Kb/s。

RS-232C 接口共包括 25 条线,使用 25 针的 D 型连接器 DB-25,但大多数计算机终端仅需其中的 3 条~5 条用以操作,表 8-2 列出了 DB-25 型 25 针连接器所定义的 RS 232C25 条线中常用信号的作用。

25 线标准在实际使用中很多线用不着,所以现在常用 9 线标准。如在微型计算机的 RS-232C 串行端口上,大多使用 9 针连接器 DB-9。

在近距离的两台计算机之间进行通信时,一般不用调制解调器,而是进行直接连接,如图 8-8 所示。

3. 网络通信

通过工业局域网,可将计算机和数控系统连接在一个信息系统中,构成柔性制造系统或计算机集成制造系统。联网的计算机应能保证高速和可靠地传输程序和数据,在这种情况下,通常采用同步串行通信传送数据。当不同配置的计算机互连通信时,必须事先建立实现网络数据交换的规则标准（或称协议）。网络通信协议大多采用 ISO 开放互联系统参考模型的 7 层结构为基础的有关协议,或采用 IEEE802 局域网络的有关协议。局域网要求有较高的传输速度、较低的误码率,采用的传输介质有双绞线、同轴电缆光纤等,也可以通过调制解调器用电话线进行传输。

表 8-2　RS-232C 常用信号的作用

插针号	说　　明	插针号	说　　明
1	保护地(SHG)	6	数据传输设备就绪(DSR)
2	发送数据(TxD)	7	信号地(SIG)
3	接收数据(RxD)	8	载波检测(DCD)
4	请求发送(RTS)	9	数据终端就绪(DTR)
5	允许发送(CTS)	10	振铃指示(RI)

ISO 开放式互联系统参考模型（OSI/RM）是国际标准化组织提出的分层结构的计算机通信协议的模型,它采用结构化的描述方法,将整个网络的通信功能划分成 7 个层次,目的是将一个复杂的通信问题分成若干个独立且比较容易解决的子问题,如图 8-9 所示。OSI/RM 每个层次完成各自的功能,通过各层间接口的功能组合与其相邻的层连接,从而实现两系统间、各节点间信息的传输。

OSI/RM 最高层为应用层,面向用户提供网

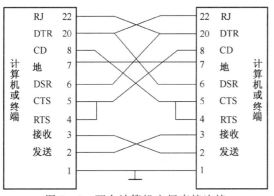

图 8-8　两台计算机之间直接连接

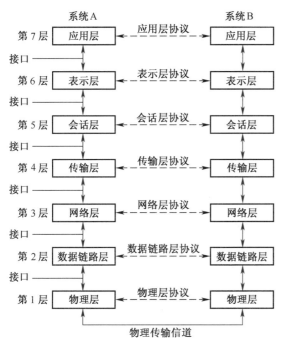

图 8-9　ISO 的 OSI/RM 及协议

络服务;最低层为物理层,连接通信媒体实现数据通信。层与层之间的联系通过各层之间的接口来进行,上层通过接口向下层提出服务请求,而下层通过接口向上层提供服务。从图 8-9 中可以看出,两个用户计算机通过网络进行通信时,只有物理层之间进行真正的数据通信(用实线连接),而其余各对等层(即双方的相同层)之间均不存在直接的通信关系(用虚线连接),而是通过对等层的协议来进行通信,这种通信是虚拟通信。

OSI/RM 各层的主要功能如下:

第1层:物理层,为相邻节点间传送信息及编码。

第2层:数据链路层,为相邻节点间帧传送的差错控制。

第3层:网络层,完成节点间数据传送的数据包的路由选择。

第4层:传输层,提供节点至最终节点间可靠透明的数据传送。

第5层:会话层,为表示层提供建立、维护和结束会话连接的功能,并提供会话管理服务。

第6层:表示层,为应用层提供信息表示方式的服务,如数据格式的变换、文本压缩、加密技术等。

第7层:应用层,为网络用户或应用程序提供各种网络服务,如文件传输、分布式数据库、网络管理等

8.2.2　零件程序的译码解释

零件程序是数控加工的原始依据,它含有待加工零件的轮廓信息、工艺信息和辅助信息。但是这些人为规定的代码所表达的信息数控系统是无法识别的,必须由译码程序来完成翻译和解释工作。

零件程序存储到零件程序存储区后,可用菜单命令从存储区中调出指定的程序到加工缓冲区。此后只要操作者选择工作方式为"自动",并按下"循环启动"按钮,系统程序就会调用译码程序对加工缓冲区中的零件程序进行译码处理。

所谓译码(也可称为解释),准确地说,就是将用文本格式(通常为 ASCII 码)表达的零件程序,以程序段为单位转换成刀补处理程序所要求的数据结构(格式)。该数据结构用来描述一个程序段解释后的数据信息,主要包括 X、Y、Z 等坐标值;进给速度 F;主轴转速 S;准备功能 G;辅助功能 M;刀具功能 T、H;子程序处理和循环调用处理等数据或标志的存放顺序和格式等。在数控系统中,习惯上称存放此数据结构的存储区为译码缓冲区。

1. 译码缓冲区

译码缓冲区是在 CNC 的存储器中开辟的

一个系统专用区域。零件程序段中的专用地址字(如 G、X、Y、Z、M、S、T、F 等)在该区域中都有一个偏移量,该区域首地址加上地址码对应的偏移量,就可得到该地址码所存放的区域。

译码缓冲区一般以字节为单位进行组织,每个地址字可以占用若干个字节或若干位,每个字节中存放的可以是二进制码,也可以是 BCD 码,其格式由系统程序员规定,数控系统的操作者无法知道,但掌握这些地址字的格式和意义有助于了解数控系统的工作原理。坐标值

地址字有一个最低有效位的问题,它与 CNC 的控制精度直接相关,如精度为 0.001mm 时,坐标值地址字的最低有效位就是 0.001mm,同时,其字节数要满足行程范围的要求。

下面是以 C 语言给出的一个简单三坐标铣床数控系统的译码缓冲区,为便于后面的描述,该缓冲区中没有使用数组,尽管数组可简化缓冲区结构(如 x_offset、y_offset、z_offset 可简化为 offset[3]):

```
struct decode_buf {          //译码数据缓冲区
    char buf_state;          //缓冲区状态,0:缓冲区空;1:缓冲区准备好
    int prog_num;            //零件程序号
    int block_num;           //程序段号
    int cmd;                 //控制命令:直线、圆弧、时延等,其值可为
                             //ICMD_DWELL:延时
                             //ICMD_HOME:回零
                             //ICMD_CW:   顺时针圆弧
                             //ICMD_CCW:  逆时针圆弧
                             //ICMD_LINE: 直线
                             //ICMD_RAPID:快移
    int    plane;            //圆弧平面或刀补平面,0:XY;1:YZ;2:ZX
    int    S;                //S 代码,主轴速度值(单位 r/min)
    int    t;                //T 代码,刀具号
    long f;                  //F 代码,进给速度(单位为 mm/min)
    unsigned out_enable;     //输出允许屏蔽字,虚拟轴对应位为 0
                             //坐标系变换参数
    double x_offset;         //工件坐标系 X 轴方向偏置值
    double y_offset;         //工件坐标系 Y 轴方向偏置值
    double z_offset;         //工件坐标系 Z 轴方向偏置值
                             //刀具参数
    long c_radius;           //刀具半径补偿号 D 对应的刀具半径
    long c_length;           //刀具长度补偿号 H 对应的刀具长度
                             //G 代码
    char g_code0;            //7 6 5 4 3 2 1 0
                             //            *     G00
                             //          *       G01
                             //        *         G02
                             //      *           G03
```

```
//              *                    G33
//            *                      G41
//          *                        G42
// *                                 G20/G21
char g_code1;                 //7 6 5 4 3 2 1 0
//                      *            G17
//                    *              G18
//                  *                G19
//          *
//          *                        G43
//        *                          G44
//        *                          G94/G95
// *                                 G90/G91
                              //M代码
char m_code;                  //7 6 5 4 3 2 1 0
//                *                  M30
//              *                    M07
//                *                  M09
//          *                        M04
//          *                        M03
//        *                          M02
//      *                            M01
// *                                 M00
                              //坐标参数
double x_prog;                //X 轴编程坐标位置值
double y_prog;                //Y 轴编程坐标位置值
double z_prog;                //Z 轴编程坐标位置值
long i,j,r;                   //圆心及半径
double x_mid_g28;             //X 轴 G28 中间点
double y_mid_g28;             //Y 轴 G28 中间点
double z_mid_g28;             //Z 轴 G28 中间点

long dealy_time;              //延时时间(单位:ms)
};
```

在数控系统中,一般应设置多个这样的译码缓冲区,主要原因如下:

(1)刀具半径补偿是根据相邻两个程序段的转接情况进行处理的(8.2.3节将详细介绍其基本原理),为使后续刀具半径补偿能正常进行,需要 2 个运动程序段的信息,因此应至少设置 3 个译码缓冲区(1 个运动程序段的起点和终点是跨越 2 个译码缓冲区的)。

(2)设置多个译码缓冲区也是避免程序段间停顿、提高系统性能的有效手段,如高性能的

GE-FANUC15 系统可预处理 64 个程序段,以便实时预测轨迹形状和进行速度平滑修正。

（3）译码任务在 CNC 系统属实时性较低的任务,为充分利用 CNC 系统的空闲时间也需设置多个译码缓冲区。

多个译码缓冲区在 CNC 系统内是一种先进先出的环形对列,即最后一个缓冲区的下一个为第 1 缓冲区。缓冲区的管理通过设置指针来实现,如图 8-10 所示(图中以设置 6 个译码缓冲区 BLOCK0～BLOCK5 为例说明)。缓冲区的数目要综合 CNC 的功能及 CPU 的处理能力来考虑。

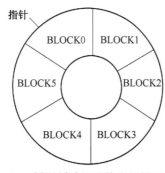

图 8-10　译码缓冲区及其指针管理

在每个译码缓冲区中,均设置一个 buf_state 标志来区分该区域是空闲缓冲区(buf_state＝0),还是译码完成缓冲区(buf_state＝1)。

2. 译码处理准则

与编程准则相一致,对一个程序段进行译码处理时也要规定一些处理准则,主要有如下 4 条。

1）刀具上一段运动的终点是下一段运动的起点

刀具在运动中只能是连续运动,不会发生跳跃,所以在编制零件程序时,每个程序段只有运动终点的信息,而没有运动起点的信息,那么上一段的运动终点将是下一段的运动起点。根据这一准则,译码时就可以完整地知道一条曲线的全部信息。

零件程序第一段的起点是刀具当前的位置,即对刀点,所以在零件加工时,按"循环启动"按钮前要进行准确的对刀。

2）译码按零件编程轮廓进行

CNC 是把刀具作为一个动点来加以控制的,但刀具是有几何形状的固体,而且还存在一个安装位置问题,所以要选择一个控制点,CNC 就是要控制这一点的运动。

在立式铣床的控制中,主平面(X-Y)常以刀具中心为控制点,因此需要刀具半径补偿;Z 方向则常以刀具的最前端为控制点,使用标准刀具时,无需刀具长度补偿,如果使用非标准刀具或控制点选择在刀具锥柄端,则需要刀具长度补偿。而车床则有所不同,经常选择的控制点为安装刀具的刀架中心,因而车床的控制始终需要刀具半径补偿和刀具长度补偿。

刀具半径补偿和刀具长度补偿将在刀补处理程序中完成,而译码是按零件编程轮廓进行的,只是它必须为刀补程序准备好半径和刀具补偿值。

3）译码以机床坐标系为基准

数控机床都有其固有坐标系,即机床坐标系,机床的控制,如译码、数据处理、插补、位置控制等都是以机床坐标系为基准的,也就是说要统一到机床坐标系进行。

4）模态代码具有继承性

模态代码一旦指定,后续程序段中如果没有出现同组(G 代码)或同类(M 代码)的代码,或者没有改变指令值(S,F,D,X,Y,Z 代码),则该代码一直有效,其对应的译码信息一直保持不变,即下一程序段是在继承上一程序段模态信息的前提下进行译码的。

同组的模态代码如果一个也没有指定,则以默认值作为指定值。

3. 译码处理流程

译码程序在把译码信息存储到译码缓冲区的同时,要对读入的程序段进行词法分析和语法分析,发现错误应给出错误提示(即报警)并停止译码过程,以免加工中造成工件报废。

1）词法分析

词法分析是译码流程的第一个阶段,其主要任务是从左到右逐个字符(包括数字)地读入零件程序,对构成程序的字符流进行扫描和分解,从而识别出一个个指令字。词法分析包括紧缩格式处理,即去除空格、注释等冗余信息。

读入一个有效字符后,先检查该字符是否数控系统规定的指令字符,若不是,则报警;然后进行指令字的检查,即检查指令字符后面的数据是否合法指令字的信息,若不是,则报警。例如,若规定 G 代码后最多跟两位数字,如果在 G 后接收到 3 位数字,则报警;坐标指令字符后接收到的数字超过机床的控制范围,同样报警。

词法检查通过的指令字信息经处理后,才能存入译码缓冲区中对应的位置。

2) 语法分析

语法分析依据的是零件程序的语法规则。

语法分析的任务是在词法分析的基础上,判断一个程序段中指令字的组合是否合法程序段(句子)。即检查各个指令字是否符合程序段格式;指令字的顺序是否正确;需要的信息是否完整等。

如果语法分析有错,就转去进行错误信息处理;否则,置程序段译码完成标志(buf_state＝1)。

3) 译码流程

一个程序段的译码流程如图 8-11 所示。

4. 坐标值的译码

程序段中的坐标值译码最为复杂,这是因为,为满足不同的零件加工需要,坐标值有多种编程方法,如绝对方式和增量方式编程、镜像功能编程、旋转变换功能编程、缩放功能编程、极坐标编程等。此外,还可以用指令设置新的工件坐标系。下面讨论几种常见编程方法的坐标值译码处理。

1) 增量编程译码

CNC 系统一般具有绝对方式和增量方式两种编程方法。系统内部是以绝对方式处理的,当用增量方式编程时,需要进行相应的转换。

例如:G91 G01 X100 Y200

CNC 对该程序段进行译码时,需把 G91 后

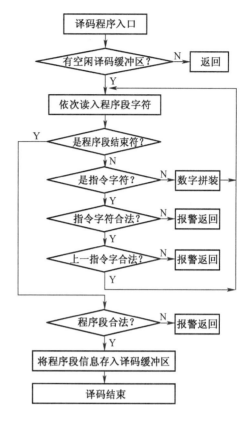

图 8-11　译码流程

的编程增量值(本段终点相对于前一段终点的坐标增量)换算为机床坐标系下的绝对坐标值。换算公式为

$$\begin{cases} x\_prog = x\_prog + X \\ y\_prog = y\_prog + Y \\ z\_prog = z\_prog + Z \end{cases} \quad (8-1)$$

其中:x_prog、y_prog、z_prog 为前一程序段终点在机床坐标系下的绝对坐标值;X、Y、Z 为本段编程的增量值(本例分别为 100、200、0)。两者相加,就可得到本段终点在机床坐标系下的绝对坐标值。

2) 工件坐标系下的编程译码

为了编程和加工方便,CNC 系统允许编程人员在坐标轴全行程范围内选择或设置编程的程序原点,零件程序可以此为起点编程,不必每次都去考虑与机床零点的关系。以程序原点形成的坐标系统称为工件坐标系。程序原点的选择一般用 G54~G59 指令;程序原点的设置一般用 G92 指令。

（1）G54～G59 编程的译码。

例如：G54 G90 G01 X500 Y400 Z100

CNC 对该程序段进行译码时，首先要把系统存储记忆的 G54 坐标系偏置值（工件坐标系原点在机床坐标系中的坐标值）读出，并存入 x_offset、y_offset、z_offset。

然后把工件坐标系下的编程绝对坐标值换算为机床坐标系下的绝对坐标值。换算公式为

$$\begin{cases} x\_prog = X + x\_offset \\ y\_prog = Y + y\_offset \\ z\_prog = Z + z\_offset \end{cases} \quad (8-2)$$

其中：X、Y、Z 为工件坐标系下的编程绝对坐标值（本例分别为 500、400、100）；x_offset、y_offset、z_offset 为工件坐标系的偏置值。

（2）G92 编程的译码。

例如：G92 X10 Y20 Z30

CNC 对该程序段进行译码时，需计算新设置的工件坐标系偏置值（工件坐标系原点在机床坐标系中的坐标值），并存入 x_offset、y_offset、z_offset。其换算公式为

$$\begin{cases} x\_offset = x\_prog - X \\ y\_offset = y\_prog - Y \\ z\_offset = z\_prog - Z \end{cases} \quad (8-3)$$

其中：x_prog、y_prog、z_prog 为刀具现行位置在机床坐标系中的坐标值；X、Y、Z 为 G92 的编程值（本例分别为 10、20、30）。

在 CNC 用 G92 建立工件坐标系后，后续程序段如果采用绝对值编程方式，需把编程坐标值换算为机床坐标系下的坐标值。换算公式为

$$\begin{cases} x\_prog = X + x\_offset \\ y\_prog = Y + y\_offset \\ z\_prog = Z + z\_offset \end{cases} \quad (8-4)$$

其中：X、Y、Z 为工件坐标系下的编程绝对坐标值；x_offset、y_offset、z_offset 为由式（8-3）计算的工件坐标系偏置值。

3）公英制编程译码

不加专门的说明，CNC 都认为坐标值的单位是公制（mm）。如果程序段中编入了 G20，说明后面的坐标值的单位是英制（in），这就需要进行换算。公英制换算很简单，只要把编程值乘以 25.4，再转换为二进制即可。

5. 译码举例

下面以设置 6 个译码缓冲区 BLOCK0～BLOCK5 为例，说明一个零件程序的译码过程，该程序如下：

```
O2345
N10    G90 G00 X10 Y10 G41 D03
       M03 S1000
N20    G01 X30 F300
N30    G03 X40 Y20 I0 J10
N40    G02 X30 Y30 I0 J10
N50    G01 X10 Y20
N60    Y10
N70    G00 X̃10 Ỹ10 G40 M05 M02
```

当操作者选择了这个零件程序，按下"循环启动"键后，系统程序激活译码子程序，对其进行译码。

系统初始化时，首先把所有的译码缓冲区清0，并把 BLOCK0 的模态代码（G、M、S、F）等置为默认值。如 g_code0 = 10000001B（表示默认值为公制输入、刀具半径补偿取消、快速定位方式）；g_code1 = 00000001B（表示默认值为绝对值编程方式、每分钟进给、刀具长度补偿取消、固定循环取消、加工主平面为 XY 平面）；m_code = 00100000B（表示默认值为冷却液关、主轴停）；s = 500（表示如果 M03/M04 有效时，若没有编制 S，则主轴转速为 500r/min）；f = 600（表示如果 G01/G02/G03 有效时，若没有编制 F，则进给速度为 500mm/min）；同时把默认工件坐标系 G54 的偏置值（G54 原点在机床坐标系中的坐标值）存入 BLOCK0 的 x_offset ～ z_offset 中。

译码的第一步是读入程序头，并把程序号置于 prog_num。接着读第 1 程序段的信息，当读到 G90 时，把 g_code1 的 D7 位清 0；当读到 G00 时，把 g_code0 的 D0 位置 1，同时还要把 D1～D4 位清 0，因为 G01、G02、G03、G33 和

G00 是同组的互不相容的 G 功能(所有不相容的 G 功能都要这样处理);当读到 X10 时,把 10＋x＿offset 放入 x＿prog;Y10 的译码过程和 X10 相同,即把 10＋y＿offset 存入 y＿prog;当读到 G41 时,把 g＿code0 的 D5 位置 1,D6 位清 0;当读到 D03 时,从刀具表中取出 03 号刀具半径值放入 c＿radius;当读到 M03 时,把 m＿code 的 D4 置 1,D3 清 0;当读到 S1000 时,把 1000 存入 s。至此第一段就全部译码完成了,上述结果存入 BLOCK0,同时置 BLOCK0 的 buf＿state 为 1,说明 BLOCK0 中存储的是译码好的信息。

第 2 段当读到 G01 时,在 g＿code0 的 D1 位置 1,同时把 D0、D2～D4 位清 0;X30 的译码过程同前;当读到 F100 时,将 300 存入 f 中,后面的速度计算要用到它。这一段的译码结果存入 BLOCK1,同时置 BLOCK1 的 buf＿state 为 1。

第 3 段当读到 G03 时,在 g＿code0 的 D3 位置 1,同时把 D0～D2、D4 位清 0;X40、Y20 的译码过程同前;当读到 I0、J10 时,将 0、10 分别存入 i、j 中,并由 I、J 值计算圆的半径值存入 r。这一段的译码结果存入 BLOCK2,同时置 BLOCK2 的 buf＿state 为 1。

第 4 段的译码过程与第 3 段相同,只是 g＿code0 的 D2＝1,D3＝0。这一段的译码结果存入 BLOCK3,同时置 BLOCK3 的 buf＿state 为 1。

第 5、6 段的译码过程与第 2 段相同,这两段的译码结果分别存入 BLOCK4、BLOCK5。

由于总共只有 6 个译码缓冲区,第 7 段的译码信息暂时无法保存,因此第 7 程序段的译码必须等到第 1 程序段的译码信息被刀补程序消耗,并腾出空闲译码缓冲区(置 buf＿state＝0)后才能进行。译码结果存入空出的 BLOCK0。

第 7 段的 G00、X̃10、Ỹ10 的译码过程与第 1 段相同。当读到 G40 时,译码程序把 g＿code0 的 D5 位、D6 位清 0;当读到 M05 时,要把 m＿code 的 D4、D3 清 0;当读到 M02 时,要把 m＿code 的 D5 位置 1。

8.2.3 刀具半径补偿

8.2.3.1 刀具半径补偿的概念

零件加工程序通常是按零件轮廓编制的,而数控机床在加工过程中的控制点是刀具中心,因此在加工前数控系统必须将零件轮廓变换成刀具中心的轨迹。只有将编程轮廓数据变换成刀具中心轨迹数据,才能用于插补。

如图 8-12 所示,当用半径为 R 的刀具加工工件时,刀具中心的轨迹应是与编程轨迹 A 偏移 R 距离的 B 线。刀具中心的偏移量叫做补偿量,也称偏置量。

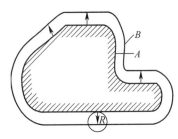

图 8-12　刀具半径补偿示意图

刀具半径补偿的任务就是作出加上补偿量以后的刀具中心轨迹。

刀具半径补偿功能的优越性在于:

(1) 在编程时可以不考虑刀具的半径,直接按图样所给尺寸编程。

(2) 可以使粗加工的程序简化。如图 8-13 所示,有意识地改变刀具半径补偿量,则可用同一刀具、同一程序、不同的切削余量可完成粗、半精、精加工。从图中可以看出,当设定补

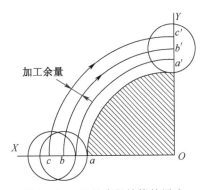

图 8-13　刀具半径补偿的用法

偿量为 ac 时，刀具中心按 cc' 运动；当设定补偿量为 ab 时，刀具中心按 bb' 运动完成切削。

刀具半径补偿功能不是由编程人员完成的，其具体工作由数控系统中的刀具半径补偿程序完成。

编程人员只需在程序中指明何处进行刀具半径补偿，并指明是左刀补（由 G41 实现）、右刀补（由 G42 实现），还是取消刀具半径补偿（用 G40 实现）。G41、G42 后面用 D 指令指示刀补号，译码程序根据刀补号从刀补内存表中取出相应刀补半径值存入 c_radius，供刀具半径补偿程序计算刀具中心轨迹使用。

刀具半径补偿方式有 B 功能刀具半径补偿和 C 功能刀具半径补偿两种。

1. B 功能刀具半径补偿

早期的数控系统在确定刀具中心轨迹时，都采用读一段、算一段、再走一段的 B 功能刀具半径补偿（简称 B 刀补）控制方法，它仅根据本程序段的编程轮廓尺寸进行刀具半径补偿。对于直线而言，刀补后的刀具中心轨迹为平行于轮廓直线的直线段（图 8-14(a)）；对于圆弧而言，刀补后的刀具中心轨迹为轮廓圆弧的同心圆弧段（图 8-14(b)）。因此，B 刀补要求编程轮廓间以圆弧连接，并且连接处轮廓线必须相切；而对于内轮廓的加工，为了避免刀具干涉，必须合理地选择刀具的半径（应小于过渡圆弧的半径）。

由于 B 刀补编程轮廓为圆角过渡，前一程序段刀具中心轨迹的终点即为后一程序段刀具中心轨迹的起点，因此数控系统无需计算段与段间刀具中心轨迹的交点。也就是说，数控系统进行刀具半径补偿时仅需知道本程序段的轮廓尺寸。

B 刀补仅根据本程序段的编程轮廓尺寸进行刀具半径补偿，无法预计由于刀具半径所造成的下一段加工轨迹对本段加工轨迹的影响，不能自动解决程序段间的过渡问题，需要编程人员在相邻程序段转接处插入恰当的过渡圆弧作圆角过渡。显而易见，这样的处理存在着致命的弱点：一是编程复杂；二是工件尖角处工艺性不好。

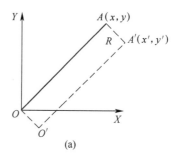

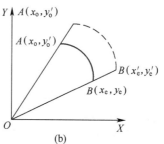

图 8-14　直线和圆弧的 B 刀补

(a) 直线的 B 刀补；(b) 圆弧的 B 刀补。

随着计算机技术的发展，数控系统的计算机计算相邻程序段刀具中心轨迹交点已不成问题，因此现代 CNC 系统已不再采用 B 功能刀具半径补偿，而采用 C 功能刀具半径补偿。

2. C 功能刀具半径补偿

C 功能刀具半径补偿（简称 C 刀补）在计算本程序段刀具中心轨迹时，除了读入本程序段编程轮廓轨迹外，还提前读入下一程序段编程轮廓轨迹（这也是前述需要设置多个译码缓冲区的原因），然后根据它们之间转接的具体情况，计算出正确的本段刀具中心轨迹。

C 刀补自动处理两个程序段刀具轨迹的转接，编程人员完全可以按工件轮廓编程而不必插入转接圆弧，因而在现代 CNC 系统中得到了广泛应用。

本节将以 C 刀补为例讲述刀具半径补偿的原理和实现方法。

8.2.3.2　C 刀补轨迹过渡方式和转接类型

1. 段间过渡方式

常见的数控系统一般只具有直线和圆弧两种插补功能，因而编程轨迹程序段间的过渡方式有直线接直线、直线接圆弧、圆弧接直线和圆弧接圆弧 4 种情况。

2．段间转接类型

根据两个要进行刀补的编程轨迹在转接处工件内侧（非加工侧）所形成的角度 α 的不同（如果是圆弧轨迹，则以圆弧在转接点处的切线来判断），有 3 种刀补转接类型：

（1）$\pi \leqslant \alpha < 2\pi$，缩短型——相对于编程轨迹，刀补轨迹缩短了；

（2）$2 \leqslant \alpha < \pi$，伸长型——相对于编程轨迹，刀补轨迹伸长了；

（3）$0 \leqslant \alpha < \dfrac{\pi}{2}$，插入型——相对于编程轨迹，刀补轨迹插入了新的轨迹段。

对于插入型刀补，可以插入一个圆弧段转接过渡，插入圆弧的半径为刀具半径；也可以插入 1 个～3 个直线段转接过渡。前者使转接路径最短，但尖角加工的工艺性比较差；后者能保证尖角加工的工艺性问题。

8.2.3.3 C 刀具半径补偿计算

C 刀具半径补偿的任务是对不同的编程轨迹计算出合理的刀补路径，即刀具中心轨迹，刀补计算可采用平面解析几何方法，也可以采用矢量算法。

1．缩短型刀补计算

1）直线接直线

如图 8-15 所示，图中实线表示工件轮廓，虚线是刀具中心轨迹（后续图中的实线、虚线表示的含义与此相同）。L_1 是要刀补计算的编程直线轨迹，起点 (X_0, Y_0) 是上一个编程轨迹的终点，终点为 (X_1, Y_1)。L_2 是下一段编程直线轨迹，其终点为 (X_2, Y_2)。L_1'、L_2' 是从 L_1、L_2 平移刀具半径 R 后所得到的刀具中心实际轨迹。刀补计算的任务就是要求得交点 $A(X_R, Y_R)$。

（1）平面解析几何算法。由平面解析几何知识可得 L_1'、L_2' 的方程式为

$$L_1': a_1 X + b_1 Y + c_1 = 0$$

式中

$$a_1 = Y_0 - Y_1, b_1 = X_1 - X_0$$

$$c_1 = R\sqrt{a_1{}^2 + b_1{}^2} - a_1 X_0 - b_1 Y_0$$

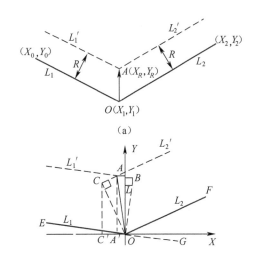

图 8-15 缩短型刀补轨迹计算（直线接直线）

$$L_2': a_2 X + b_2 Y + c_2 = 0$$

式中

$$a_2 = Y_1 - Y_2, b_2 = X_2 - X_1$$

$$c_2 = R\sqrt{a_2{}^2 + b_2{}^2} - a_2 X_2 - b_1 Y_2$$

解联立方程组 L_1'、L_2' 即可得点 $A(X_R, Y_R)$。

（2）矢量算法。矢量算法计算过程如下：

参考图 8-15(b)，图中 $\overrightarrow{EO}$、$\overrightarrow{OF}$ 为编程轨迹矢量，$\overrightarrow{OB}$、$\overrightarrow{OC}$ 为刀具半径矢量，由于 $\overrightarrow{EO}$、$\overrightarrow{OF}$、$\overrightarrow{OB}$、$\overrightarrow{OC}$ 均为已知量，所以 $\angle XOG$、$\angle XOF$ 也为已知角 α 和 β，$OB = OC = R$。现在的任务是求 $\overrightarrow{OA}$。

先求 $\overrightarrow{OA}$ 在 X 轴的分量 OA_X。图中：

$$OA_X = OA' = OC' - A'C'$$

$$OC' = -OC\sin\angle OCC' = -R\sin\beta$$

$$A'C' = -AC\cos\beta$$

$$\angle BOC = \angle GOF = 2\pi - \alpha + \beta$$

则

$$\angle AOC = \pi - (\alpha - \beta)/2$$

所以

$$A'C' = -R\tan[\pi - (\alpha - \beta)/2]\cos\beta$$

$$= -R\tan[(\beta - \alpha)/2]\cos\beta$$

于是

$$OA_X' = R\tan[(\beta - \alpha)/2]\cos\beta - R\sin\beta$$

用同样的方法可求得 $\overrightarrow{OA}$ 在 Y 轴上的分量：

$$OA_Y' = R\tan[(\beta - \alpha)/2]\sin\beta + R\cos\beta$$

一旦求出 $\overrightarrow{OA}$，那么对于编程轨迹 $\overrightarrow{EO}$、$\overrightarrow{OF}$ 来说，对应的刀具中心轨迹显然为 $\overrightarrow{EO} + (\overrightarrow{OA} - \overrightarrow{OB})$

第8章

计算机数控装置

与 $(\overrightarrow{OC}-\overrightarrow{OA})+\overrightarrow{OF}$。

2）直线接圆弧或圆弧接直线

如图 8-16 所示，L 是要刀补计算的编程轨迹，C 是下一段编程轨迹。L'、C' 分别是与 L、C 相距刀具半径 R 的平行线和同心圆，即刀具中心实际轨迹。

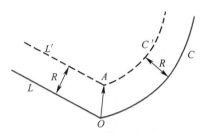

图 8-16 缩短型刀补轨迹计算（直线接圆弧）

刀补计算的任务就是要求得交点 $A(X_R, Y_R)$。其计算方法在用平面几何方法时与直线接直线类似，即求联立方程组的解，而在用矢量算法时则有所不同，这里不再详述。

圆弧接直线处理基本相同，在此不赘述。

3）圆弧接圆弧

如图 8-17 所示，C_1 是要刀补计算的编程轨迹，C_2 是下一段编程轨迹，C_1'、C_2' 分别是与 C_1、C_2 相距刀具半径 R 的同心圆，即刀具中心实际轨迹。

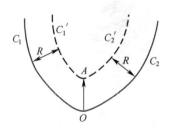

图 8-17 缩短型刀补轨迹计算（圆弧接圆弧）

刀补计算的任务就是要求得交点 $A(X_R, Y_R)$。刀补轨迹点的计算过程略。

2. 伸长型刀补计算

1）直线接直线

如图 8-18 所示，L_1 是要刀补计算的编程直线轨迹，L_2 是下一段编程直线轨迹，L_1'、L_2' 是从 L_1、L_2 平移刀具半径 R 后所得到的刀具中心实际轨迹。

刀补计算的任务就是要求得交点 $A(X_R,$

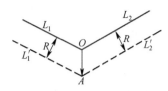

图 8-18 伸长型刀补轨迹计算（直线接直线）

Y_R）。刀补轨迹点的计算过程略。

2）直线接圆弧或圆弧接直线

如图 8-19 所示，L 是要刀补计算的编程轨迹，C 是下一段编程轨迹。L'、C' 分别是与 L、C 相距刀具半径 R 的平行线和同心圆，即刀具中心实际轨迹。

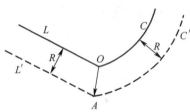

图 8-19 伸长型刀补轨迹计算（直线接圆弧）

刀补计算的任务就是要求得交点 $A(X_R, Y_R)$。刀补轨迹点的计算过程略。

3）圆弧接圆弧

如图 8-20 所示，C_1 是要刀补计算的编程轨迹，C_2 是下一段编程轨迹，C_1'、C_2' 分别是与 C_1、C_2 相距刀具半径 R 的同心圆，即刀具中心实际轨迹。

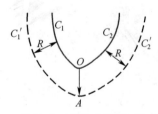

图 8-20 伸长型刀补轨迹计算（圆弧接圆弧）

刀补计算的任务就是要求得交点 $A(X_R, Y_R)$。刀补轨迹点的计算过程略。

3. 插入型刀补计算

1）直线接直线

如图 8-21 所示，L_1 是要刀补计算的编程直线轨迹，L_2 是下一段编程直线轨迹，L_1'、L_2' 分别是于 L_1、L_2 相距刀具半径 R 的平行线。图 8-21(a) 为插入圆弧段转接过渡的情况，OA_1A_2 是

以 O 为圆心、R 为半径的插入圆弧，是刀具中心轨迹的一部分，它分别与 L_1'、L_2' 相切；图 8-21（b）为插入直线段转接过渡的情况，图中，$OB \perp L_1'$、$OC \perp L_2'$、$BA_1 = CA_2 = R$，$A_1 A_2$ 是插入的直线段，也是刀具中心轨迹的一部分。

刀补计算的任务就是要求得图中 A_1 及 A_2 两点的坐标值。

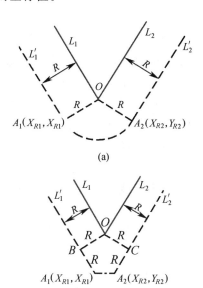

(a)

(b)

图 8-21　插入型刀补轨迹计算（直线接直线）

2）直线接圆弧或圆弧接直线

如图 8-22 所示，L 是要刀补计算的编程轨迹，C 是下一段编程轨迹。L'、C' 分别是与 L、C 相距刀具半径 R 的平行线和同心圆。图 8-22（a）为插入圆弧段转接过渡的情况，$OA_1 A_2$ 是以 O 为圆心、R 为半径的插入圆弧，是刀具中心轨迹的一部分，它分别与 L'、C' 相切；图 8-22（b）为插入直线段转接过渡的情况，图中，$OB \perp L'$、$OD \perp C'$ 在 D 点处的切线、$BA_1 = DA_2 = R$，$A_1 A_2$ 和 $A_2 D$（与 C' 在 D 点处的切线相切）是插入的两个直线段，也是刀具中心轨迹的一部分。

刀补计算的任务就是要求得图中 A_1、A_2 及 C 点的坐标值。

3）圆弧接圆弧

如图 8-23 所示，C_1 是要刀补计算的编程轨迹，C_2 是下一段编程轨迹，C_1'、C_2' 分别是与

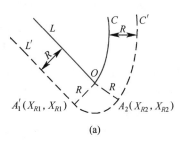

(a)

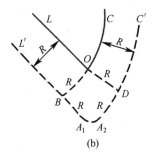

(b)

图 8-22　插入型刀补轨迹计算（直线接圆弧）

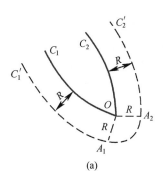

(a)

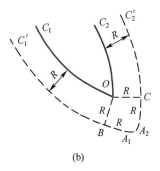

(b)

图 8-23　插入型刀补轨迹计算（圆弧接圆弧）

C_1、C_2 相距刀具半径 R 的同心圆。图 8-23（a）为插入圆弧段转接过渡的情况，$OA_1 A_2$ 是以 O 为圆心、R 为半径的插入圆弧，是刀具中心轨迹的一部分，它分别与 C_1'、C_2' 在 A_1、A_2 点处的切

线相切;图 8-23(b)为插入直线段转接过渡的情况,图中,$OB \perp C_1'$ 在 B 点处的切线、$OC \perp C_2'$ 在 C 点处的切线、$BA_1 = CA_2 = R$,BA_1(与 C_1' 在 B 点处的切线相切)、A_1A_2 和 A_2C(与 C_2' 在 C 点处的切线相切)是插入的三个直线段,也是刀具中心轨迹的一部分。

刀补计算的任务就是要求得图中 A_1、A_2、B 及 C 点的坐标值。

8.2.3.4　C 刀具半径补偿的执行过程

C 刀具半径补偿的执行过程一般可分为 3 步。

1. 刀补建立

数控系统用 G41/G42 指令建立刀补,在刀补建立程序段,动作指令只能用 G00 或 G01,不能用 G02 或 G03。刀补建立可分为以下两种情况:

(1)如果本段(刀补建立段)与下段的编程轨迹是非缩短型方式,则刀具中心将移至本段程序终点的刀具矢量半径顶点(图 8-24 中的 A 点)。

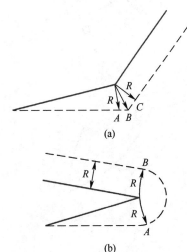

(a)

(b)

图 8-24　非缩短型刀补建立

(2)如果本段(刀补建立段)与下段的编程轨迹是缩短型方式,则刀具中心将移至下段程序起点的刀具矢量半径顶点(图 8-25 的 A 点)。

刀补建立过程中不能进行零件加工。

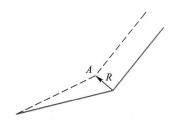

图 8-25　缩短型刀补建立

2. 刀补进行

在刀补进行状态下,G01、G00、G02、G03 都可使用。它根据读入的相邻两段编程轨迹,判断转接处工件内侧所形成的角度自动按照 8.2.3.3 节所述的方法,计算刀具中心的轨迹。

在刀补进行状态下,刀具中心轨迹与编程轨迹始终偏离一个刀具半径的距离。

3. 刀补撤消

刀补撤消也只能用 G01 或 G00,而不能用 G02 或 G03。

刀补撤消是刀补建立的逆过程,刀具中心的移动同样也分两种情况:

(1)如果上段与本段(刀补撤消段)编程轨迹是非缩短型转接方式,则刀具中心将自本段(即刀补撤消段)起点处刀具半径矢量的顶点(图 8-26 的 B 点)移至编程轨迹终点。

(2)如果上段与本段(刀补撤消段)编程轨迹是缩短型转接方式,则刀具中心将直接移到上段编程轨迹终点处刀具半径矢量顶点(图 8-27 的 B 点),再移至本段编程轨迹终点。

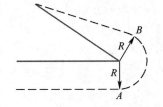

图 8-26　非缩短型刀补撤消

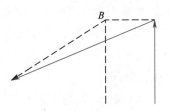

图 8-27　缩短型刀补撤消

同样,在该过程中不能进行零件加工。

4. 刀具半径补偿实例

下面以一个实例来说明刀具半径补偿的工作过程,如图 8-28 所示。数控系统完成从 O 点到 E 点编程轨迹的刀具半径补偿过程如下:

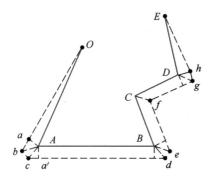

图 8-28　刀具半径补偿实例

(1) 读入 OA,判断出是刀补建立,继续读下一段。

(2) 读入 AB,因为 $\angle OAB<90°$,是插入型(非缩短型)段间转接形式:

① 过 A 点作 OA 的垂线,在垂线上取 $Aa=R$;

② 过 a 点作 OA 的平行线,在平行线上取 $ab=R$;

③ 过 A 点作 AB 的垂线,在垂线上取 $Aa'=R$;

④ 过 a' 点作 AB 的平行线,在平行线上取 $a'c=R$;

⑤ 连接 bc;

⑥ 分别计算出 a、b、c 的坐标值,并输出直线段 oa、ab、bc,供插补程序运行。

(3) 读入 BC,因为 $\angle ABC<90°$,是插入型段间转接形式,按与(2)相同的方法分别计算出 d、e 点的坐标值,并输出直线段 cd、de。

(4) 读入 CD,因为 $\angle BCD>180°$,是缩短型段间转接形式,计算出距离 BC 为 R 的等距线 ef 和距离 CD 为 R 的等距线 fg 的交点 f 的坐标值,由于是内侧加工,须进行过切判别(过切判别的原理和方法见后述),若过切则报警,并停止输出,否则输出直线段 ef。

(5) 读入 DE(假定是撤消刀补程序段,即

有 G40 指令),因为 $90°<\angle ABC<180°$,是非缩短型刀补撤消段:

① 过 D 点作 DE 的垂线,在垂线上取 $Dh=R$;

② 过 h 点作 DE 的平行线,与 fg 相交于 g;

③ 连接 hE;

④ 分别计算出 g、h 的坐标值,并输出直线段 fg、gh、hE。

(6) 刀具半径补偿处理结束。

8.2.3.5　加工过程中的过切判别

C 刀补除能根据相邻两段编程轨迹的转接情况,自动进行刀具中心轨迹的计算外,还有一个显著的优点,即能避免过切现象。若编程人员因某种原因编制了肯定要产生过切的加工程序时,系统在运行过程中能提前发出报警信号,避免发生过切事故。

1. 直线加工时的过切判别

图 8-29 为直线加工时的过切现象。被加工的轮廓是由直线段组成的,若刀具半径选用过大,就将产生过切削,从而导致工件报废。图中,编程轨迹为 $ABCD$,对应的刀具中心轨迹为 $A'B'C'D'$。显然,当刀具中心从 A' 点移到 B' 点以及从 B' 点移到 C' 点时,必将产生如图 8-29 所示的过切削现象。

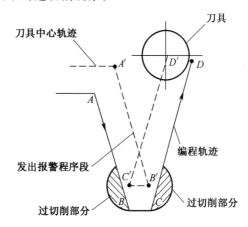

图 8-29　直线加工时的过切实例

在直线加工时,可以通过编程矢量与其相对应的刀补修正矢量的标量积的正、负进行判别。在图 8-29 中,$\overrightarrow{BC}$ 为编程矢量,$\overrightarrow{B'C'}$ 为对应

的刀补修正矢量，α 为它们之间的夹角。则标量积为

$$\overrightarrow{BC} \cdot \overrightarrow{B'C'} = |\overrightarrow{BC}| |\overrightarrow{B'C'}| \cos\alpha$$

显然，当 $\overrightarrow{BC} \cdot \overrightarrow{B'C'} < 0$（即 $90° < \alpha < 270°$）时，刀具就要背向编程轨迹移动，从而造成过切削。在图 8-29 中，$\alpha = 180°$，所以必定产生过切削。

2. 圆弧加工时的过切削判别

在内轮廓圆弧加工（圆弧加工命令为 G41 G03 或 G42 G02）时，若选用的刀具半径 R 过大，超过了所需加工的圆弧半径 r，即 $R > r$，那么就会产生过切削，如图 8-30 所示。

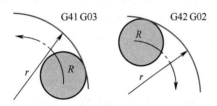

图 8-30　可能发生圆弧过切的情况

由此可知，只有当圆弧加工的命令为 G41 G03 或 G42 G02 组合时，才会产生过切削现象；若命令为 G41 G02 或 G42 G03，即进行外轮廓切削时，就不会产生过切削的现象。分析这两种情况，可得到刀具半径大于所加工圆弧半径时的过切削判别流程，图 8-31 所示。

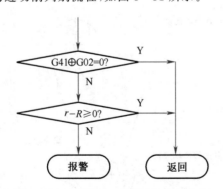

图 8-31　圆弧加工时的过切判别流程

图 8-32 给出了圆弧加工时产生过切的一个实例。

在实际加工中，可能还有各种各样的过切削情况，限于篇幅，此处不一一列举。但是通过

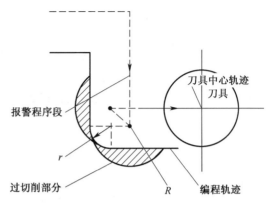

图 8-32　圆弧加工时的过切实例

上面的分析可知，过切削现象都发生在缩短型转接形式，因而可以根据这一原则，来判断发生过切削的条件，并据此设计过切削判别程序。

8.2.4　刀具长度补偿

根据加工情况，有时不仅需要对刀具半径进行补偿，还需要对刀具长度进行补偿。

1. 铣刀长度补偿

铣刀的长度补偿与控制点有关，一般是以一把标准刀具的刀头作为控制点的，则此刀具称为零长度刀具，无需长度补偿。如果加工时用到长度不一样的非标准刀具，则要进行刀具长度补偿。长度补偿值等于所用刀具与零长度刀具（标准刀具）的长度差。

另一种情况是把刀具长度的测量基准面作为控制点，则铣刀长度补偿始终存在。不论使用哪把刀具，都要进行刀具的绝对长度补偿才能加工出正确的零件表面。

此外，铣刀用过一段时间后，由于磨损长度会变短，也需要进行长度补偿。

刀具长度补偿是对垂直于主平面的坐标轴实施的。例如 G17 编程时，主平面为 XY 平面，则刀具长度补偿对 Z 轴实施。

刀具长度补偿用 G43、G44 指令指定偏置的方向，其中 G43 为正向偏置，G44 为负向偏置。G43、G44 后用 H 指令指示偏置号，译码程序根据偏置号从偏置存储器中取出相应的偏置量存入译码缓冲区 c_length，供刀具长度补偿程序使用。

刀具长度补偿时，则是从译码缓冲区取出

c_length并进行补偿处理。例如,Z 轴要进行长度补偿,有

$$z\_cmpnst = z\_prog \pm c\_length$$

式中:z_prog、z_cmpnst 分别为刀具长度补偿前后的 Z 坐标,在 G43 时用加号,在 G44 时用减号。计算结果存入刀具补偿缓冲区中的 z_cmpnst,供后续插补程序使用。

要取消刀具长度补偿用指令 G49 或 H00。

2. 车刀长度补偿

车床的控制情况与铣床有所不同。铣床的控制点可以是刀具中心或刀具的测量基准面,因而不一定必须进行刀具长度补偿;而车床的控制点是刀架转台的中心点(标准点),在编程时,不管是按刀具中心轨迹编程,还是按理想刀具头(刀尖圆弧外侧 X、Z 向两切线的交点)编程,任何刀具的编程点和标准点之间都存在 X、Z 向补偿量,称为刀具的几何补偿量,如图 8-33 所示,所以车床始终需要刀具长度(几何)补偿。

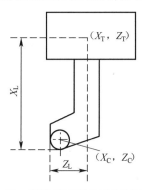

图 8-33 车床的刀具长度(几何)补偿

控制车床的 CNC 系统要根据编程尺寸先进行刀尖半径补偿,再进行刀具长度补偿,把理论轨迹折算为刀架中心的实际轨迹。图 8-33 中,X_L 表示 X 轴方向刀具补偿量,Z_L 表示 Z 轴方向刀具补偿量,(X_T, Z_T) 为刀架中心,即机床控制点,(X_C, Z_C) 为刀尖中心。

车床的刀具可以多方向安装,并且刀具的刀尖也有多种形式。为使数控系统准确知道刀具的安装情况,定义了车刀的位置码。位置码是 $0 \sim 9$ 中的一个数,它表示理论刀尖参考点 P 与刀尖圆弧中心 C 的位置关系。理论刀尖参考点是刀尖圆弧外侧的 X 向和 Z 向两条切线的交点。图 8-34 示出了车床位置码的定义。表 8-3 列出了位置码的意义。

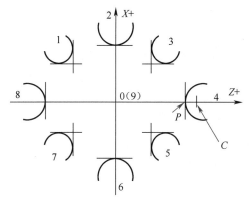

图 8-34 车床位置码的定义

表 8-3 位置码的意义

位置码	P 相对于 C	位置码	P 相对于 C
0 和 9	两点重合	5	$X+$　$Z-$
1	$X-$　$Z+$	6	$X+$
2	$X-$	7	$X+$　$Z+$
3	$X-$　$Z-$	8	$Z+$
4	$Z-$		

8.2.5 速度处理

速度处理因系统控制特点不同而不同。在开环系统中,坐标轴运动速度是通过控制向步进电动机输出脉冲的频率来实现的,速度处理的任务是根据编程 F 值来确定这个频率值。在半闭环和闭环系统中,速度处理的任务是采用时间分割的思想,根据编程进给速度 F 值求出轮廓曲线在每个插补周期的进给量——轮廓步长。当为直线插补时,需计算出各坐标轴一个插补周期的步长分量;当为圆弧插补时,根据插补方法的不同,可以为插补程序计算出一个插补周期的弦长,也可以为插补程序计算出一个插补周期的弦长对应的圆心角(也称为步距角)。

1. 开环系统的速度处理

开环系统中,采用步进电动机作为驱动元件,每输出一个脉冲,步进电动机就转过一定的角度,从而驱动坐标轴进给一定的距离——脉

冲当量 δ（mm）。插补程序根据零件轮廓要求向各个坐标轴分配脉冲，提供位置命令。而脉冲发送到步进电动机的频率与脉冲当量 δ 一起确定了进给速度。

进给速度 F（mm/min）与脉冲发送频率 f 有下列关系：

$$F = \delta \times f \times 60$$

$$f = F/(\delta \times 60)$$

根据编程进给速度 F 确定脉冲发送频率 f，可以使坐标轴按要求的速度进给。

CNC 系统常采用下述方法来获得要求的频率：

（1）采用软件模拟 DDA 的方法。将所计算的 f 值作为被积函数，在一定容量的累加器中按一定频率累加，在有进位时输出一个脉冲。

（2）采用实时时钟中断的方法。按照所计算的 f 值预置适当的实时时钟，从而产生频率为 f 的定时中断。

2. 半闭环和闭环系统的速度处理

在半闭环和闭环系统中，采用数字增量插补方法。

1）直线插补的速度处理

在直线插补时，速度处理的任务是为插补程序提供各坐标轴在一个周期中的运动步长分量。在三坐标铣床 CNC 系统中，有

$$\begin{cases} f\_x = F \times T \times \cos\alpha \\ \qquad = \dfrac{F \times T \times x\_inc}{\sqrt{x\_inc^2 + y\_inc^2 + z\_inc^2}} \\ f\_y = F \times T \times \cos\beta \\ \qquad = \dfrac{F \times T \times y\_inc}{\sqrt{x\_inc^2 + y\_inc^2 + z\_inc^2}} \\ f\_z = F \times T \times \cos\gamma \\ \qquad = \dfrac{F \times T \times z\_inc}{\sqrt{x\_inc^2 + y\_inc^2 + z\_inc^2}} \end{cases} \quad (8-5)$$

式中：F 为编程速度；T 为插补周期；x_inc、y_inc、z_inc 为直线段在 X、Y、Z 方向的位移分量；f_x、f_y、f_z 为各坐标轴在一个周期中的运动步长分量。

2）快速定位的速度处理

在快速定位时，各轴的快速定位速度

F_{G00_X}、F_{G00_Y}、F_{G00_Z} 是基本的机床参数，速度处理的任务是把各轴的快速定位速度转化为各坐标轴在一个插补周期中的运动步长。在三坐标铣床 CNC 系统中，有

$$\begin{cases} f\_x = F_{G00\_X} \times T \\ f\_y = F_{G00\_Y} \times T \\ f\_z = F_{G00\_Z} \times T \end{cases}$$

3）圆弧插补的速度处理

在圆弧插补时，尽管轨迹轮廓速度的大小维持不变，但速度的方向逐点改变，各插补周期中坐标轴的步长分量是不断变化的。但每个插补周期走过的轮廓步长 Δl 不变，轮廓弦所对应的圆心角 θ 也是常量。由 Δl 或 θ 可与圆弧上的一插补点确定下一插补点，进而求得各坐标轴在一个插补周期内的进给步长。

因此，对于圆弧程序段，速度处理的任务因插补方法的不同而不同：要么计算一个插补周期的轮廓步长 Δl；要么计算一个插补周期的步距角 θ：

$$\begin{cases} \Delta l = FT \\ \theta = \dfrac{FT}{R} \end{cases} \quad (8-6)$$

式中：R 为圆弧半径。

对于某些圆弧插补，则不仅需计算步距角 θ，还应计算第一个插补点 (X_1, Y_1)。第一个插补点的计算可采用其他算法。

此外，对于圆弧的外表面和内表面加工，还要考虑由于刀具半径补偿引起的切削点进给速度与刀具中心运动速度的差异。

现代 CNC 系统只要求编程者按零件的外形尺寸编制零件程序，CNC 系统自动计算刀补轨迹，并控制刀具按刀补轨迹运行。如果把编程速度当作刀具中心的运动速度，就会造成刀具切削点的进给速度不同于编程速度。如图 8-35 所示，刀具中心的速度是 F，那么刀具在零件表面切削点的进给速度并不等于 F，而是 F^*。

在图 8-35（a）（切削内表面）中，有

$$F^* = \frac{r}{r-R}F \quad (8-7)$$

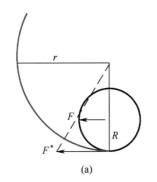

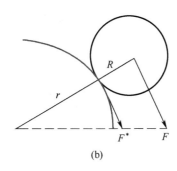

图 8-35　编程速度与实际进给速度的关系

在图 8-35(b)(切削外表面)中,有

$$F^* = \frac{r}{r+R}F \qquad (8-8)$$

式中:R 为刀具半径;r 为零件圆弧半径。

直线表面不会发生速度的变化,因为直线的 $r=\infty$。

如果加工中要求恒定的零件表面切削点进给速度,即把编程的速度视为零件表面的切削点进给速度,则速度处理前要用式(8-7)或式(8-8)反算出刀具中心的进给速度。显而易见,在恒表面切削点进给速度的加工中,如遇到圆弧表面的加工,则刀具中心的速度需要提高(外表面)或降低(内表面)。

4) G95 编程的速度处理

上述的速度处理是按 G94 编程(编程速度 F 的单位为 mm/min)进行的。如果程序中编入 G95 指令,则 F 的单位是 mm/r,即机床的主轴每转一转刀具进给的毫米数。这时在速度处理前要进行如下换算:

$$F = F_{G95}S$$

式中:F 为编程速度(mm/min);F_{G95} 是 G95 的

编程进给速度(mm/r);S 是编程的主轴转度(r/min)。

3. 车床的主轴转速处理

众所周知,铣床的工件安装在工作台上,刀具安装在主轴上,刀具旋转切削工件,而车床的工件是装夹在主轴上,刀具不旋转而工件旋转完成切削。这就决定了车床控制的一些特点,在速度处理中,除了要进行上述的进给速度的分解计算外,还要进行主轴的转度处理。

车床的主轴转度有两种编程方法:一种是与铣床一样的 G97 指令编程,其单位是 r/min,另一种是用 G96 指令编程,其单位是 m/min,表示切削点的切线速度。两种主轴转度可以换算:

$$S_{G96} = 2\pi R_X S_{G97}$$

式中:S_{G96} 为 G96 指令编程的主轴转度;S_{G97} 为 G97 指令编程的主轴速度;R_X 为切削点零件表面半径(切削点的 X 坐标值)。

车床控制时,CNC 系统发给主轴伺服单元的速度控制量的含义是控制主轴转速(r/min)。如果程序中用 G96 指令编程(m/min),则速度处理程序的任务是根据编程的 S 值(m/min)和切削点的 X 坐标值不断修正发给主轴伺服单元的速度控制量,以保证切削点的切线速度恒定,即表面恒线速控制。

8.2.6　插补计算

8.2.6.1　插补概述

1. 插补的概念

由 CNC 系统对零件程序的处理流程可知,零件程序经过插补预处理(译码、刀补计算和速度处理)后,紧接着就是插补。

插补预处理为插补程序准备好了刀具中心的速度、轨迹形状以及描述该轨迹形状所必需的相关参数。如对直线,提供各轴速度分量(对应于零件程序段的进给速度)和位移增量(对应于零件程序段的起点和终点);对圆弧,提供一个插补周期的轮廓步长 Δl 或步距角 θ(对应于零件程序段的进给速度），起点、终点相对于圆心的坐标值（对应于零件程序段的起点、终点及圆心），以及顺圆或逆圆标志（对应于零件程序段的 G02/G03）。

插补计算的任务是根据插补预处理提供的信息，用一种简单快速的算法在刀具中心轨迹的起点和终点之间实时计算出满足线形要求的若干中间点，以实现精确的轨迹控制。

据此，可以给出插补的定义：根据给定轮廓轨迹的曲线方程和进给速度，在轮廓的起点和终点之间，"插入、补上"轮廓轨迹各个中间点的坐标，这个过程称为插补。

插补计算各中间点坐标的具体计算方法称为插补算法。

对于轮廓控制系统而言，插补是最重要的功能。轮廓控制系统正是因为有了插补功能，才能加工出各种形状复杂的零件。可以说，插补功能是轮廓控制系统的本质特征。因此，插补算法的优劣将直接影响 CNC 系统的性能指标。

在 NC 系统中，插补计算由一个称为插补器的硬接线数字电路装置完成；而在 CNC 系统中，插补器的硬件功能全部或部分地由计算机的系统程序来实现。

直线和圆弧是构成工件轮廓的基本线条，因此 CNC 系统一般都具有直线和圆弧插补功能，它也是 CNC 系统的基本功能。一些较高端的 CNC 系统，还具有螺旋线插补、正弦线插补、渐开线插补、样条插补、极坐标插补、圆筒坐标插补、指数插补、圆球面螺纹插补等插补功能。

2. 评价插补算法的指标

根据轮廓控制对插补算法的要求，评价插补算法的指标有以下几个：

1）实时性指标

由于在机床运动过程中，插补程序必须在有限的时间内实时地计算出各进给坐标轴的位置或速度控制信息，而且每次插补运算时间（实时计算一个插补点的时间）的长短将直接影响

CNC 系统的进给速度指标和精度指标。因此，插补运算是 CNC 系统中实时性很强的任务，插补运算时间应尽可能短。这就要求插补算法要尽可能简单、省时。

2）稳定性指标

插补运算实质上是一种迭代运算，即由之前计算出的已知插补点信息计算后续的插补点坐标，所以插补算法存在一个稳定性的问题。

根据数值分析理论，插补算法稳定的充分必要条件是，在插补运算过程中，其舍入误差（插补结果圆整处理时产生的误差）和近似误差（由于采用近似计算而产生的误差）不随迭代次数的增加而增加，即没有累积效应。

为了确保轮廓精度的要求，实用的插补算法首先应该是稳定的；否则，有可能由于近似误差和舍入误差的累积而使插补误差不断增大，导致插补轨迹严重偏离给定轨迹，难以加工出合格的零件。

3）精度指标

插补精度是指插补轮廓与编程给定轮廓的符合程度，可用插补误差来评价。插补误差包括逼近误差（指用直线段逼近曲线时产生的误差）、近似误差和舍入（圆整）误差，三者的综合效应（轨迹误差）应不大于系统的最小运动指令或脉冲当量值。其中，逼近误差和近似误差与插补算法密切相关。因此，应尽量采用逼近误差和近似误差较小的插补算法。

4）合成速度的均匀性指标

合成速度的均匀性是指插补输出的各轴进给速度的合成进给速度与编程给定的进给速度的符合程度，可用速度不均匀性系数来评价：

$$\lambda = \left| \frac{F - F_r}{F} \right| \times 100\%$$

式中：F 为给定的进给速度；F_r 为实际合成进给速度。

在加工过程中，给定的进给速度 F 往往是根据被加工零件的材质以及所要求的加工工艺和生产率等因素确定的。而实际合成进给速度 F_r 则是由 F 经过一系列的变换得到的，这个变

换过程必然会产生误差(其中插补运算是主要来源)。该误差将使 F_r 偏离 F,若该误差过大,势必影响零件的加工质量,尤其是表面质量,严重时还会使机床在加工过程产生过大的噪声,甚至发生振动,从而导致机床和刀具的使用寿命降低。

一个实用的插补算法,应该保证速度不均匀性系数尽可能小,一般要求:

$$\lambda_{max} \leqslant 1\%$$

3. 插补方法分类

1) 脉冲增量插补(行程标量插补)

这类插补算法的特点如下:

(1) 每次插补输出的是单个的行程增量,以一个个脉冲的方式输出给步进电动机。其基本思想是用折线来逼近曲线(包括直线)。

(2) 插补输出的进给速度主要受插补运算速度的限制,因而进给速度指标难以提高。如果要求保证一定的进给速度,只有增大脉冲当量,以牺牲精度为代价。

(3) 脉冲增量插补算法较简单,通常仅有加法和移位运算,因此比较容易用硬件来实现,而且用硬件实现的这类插补运算速度很快。也有用软件来完成这类算法的。

脉冲增量插补的常见算法有逐点比较法、数字积分法、最小偏差法、目标点跟踪法、单步追综法等,它们主要用在中低等精度和中低等速度,以步进电动机为驱动元件的的数控系统。由于此算法的速度指标和精度指标都难以进一步提高,不能满足高速、高精零件加工的要求,现在的数控系统已较少采用这类算法。

2) 数字增量插补

数字增量插补也称数据采样插补,其特点如下:

(1) 每次插补输出的是,根据进给速度计算的各坐标轴在一定的时间间隔(一个插补周期 T)内的位移增量(是数字量,不是脉冲)。其基本思想是用直线段(内接弦线、内外均差弦线、切线)来逼近曲线(包括直线)。

(2) 插补运算速度与进给速度无严格的关系。插补程序的时间负荷已不再是限制轨迹速度的主要原因,轨迹速度的上限将取决于圆弧径向误差以及伺服驱动系统的特性。因而采用这类插补算法时,可达到较高的进给速度(可达 10m/min 以上)。

(3) 数字增量插补的实现算法较脉冲增量插补复杂,它对计算机的运算速度有一定的要求,不过现在的计算机均能满足要求。

这类插补方法有二阶递归插补法、数字积分法(DDA)、直接函数法、双 DDA 插补法、角度逼近插补法等。这类插补算法主要用于以交、直流伺服电动机为执行机构的闭环、半闭环数控系统,也可用于以步进电动机为伺服驱动系统的开环数控系统。目前广泛使用的 CNC 系统中,大多数都采用这类插补方法。

有时,曲线的数字增量插补是分两步完成的:第一步为粗插补,它是在给定起点和终点的曲线之间插入若干个点,即用若干条微小直线段来逼近给定曲线,每一微小直线段的长度取决于径向精度,可相等,也可不等,且与给定进给速度 F 无关;第二步为精插补,它是在粗插补算出的每一条微小直线段上再做"数据点的密化"工作,这一步相当于直线的数字增量插补,即算出每个插补周期的各坐标轴位置增量值(与进给速度 F 和插补周期 T 有关)。

此外,由华中科技大学独创的曲面直接插补(SDI)算法拓宽了插补的内涵。SDI 算法思想是在 CNC 内实现曲面加工中连续刀具轨迹的直接插补,正如 CNC 系统中具有圆弧功能后可对圆弧直接加工一样,SDI 使得工程曲面也成为 CNC 的内部功能而能直接引用。SDI 除简化加工信息外,更为重要的是使 CNC 具有高速、高精度加工能力。

8.2.6.2 脉冲增量插补

脉冲增量插补虽然现在用的不是很多,但掌握其插补原理与方法有助于理解数控系统的控制思想和发展历程,因此本节讲述其中较常使用的两种插补方法,即逐点比较法和数字积分法。

8.2.6.2.1 逐点比较法

逐点比较法又称区域判断法或醉步法,其基本原理:每走一步都要将加工点的瞬时坐标与规定的插补轨迹相比较,判断偏差,然后根据偏差决定下一步的走向。

逐点比较法的特点:运算直观,插补误差小于一个脉冲当量,输出脉冲均匀(即输出速度变化小)。因此,在两坐标联动的数控机床中获得了广泛的应用。

在逐点比较法中,每进给一步都需要四个节拍:

(1) 偏差判别;

(2) 坐标进给:根据偏差情况,决定进给方向;

(3) 新偏差计算:计算新偏差值,作为下一次偏差判别的依据;

(4) 终点判断:判断是否到终点,若到终点,则停止插补,未到终点,继续插补。

逐点比较法插补的工作流程图如图 8-36 所示。

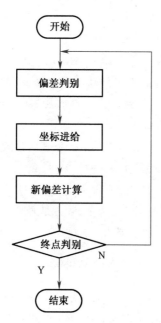

图 8-36 逐点比较法插补的工作流程图

逐点比较法能很方便地实现平面直线、曲

线的插补运算,下面介绍逐点比较法直线插补和圆弧插补的原理及方法。

1. 逐点比较法直线插补

1) 逐点比较法直线插补原理

如图 8-37 所示,第 Ⅰ 象限直线 OE 的起点为坐标原点 O,终点为 $E(X_e,y_e)$,插补动点为 $P_i(x_i,y_i)$,则直线的方程为

$$\frac{y_i}{x_i}=\frac{y_e}{x_e}$$

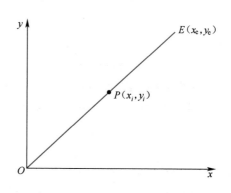

图 8-37 逐点比较法直线插补

即

$$x_ey_i-y_ex_i=0$$

若动点 $P_i(x_i,y_i)$ 在直线 OE 上方,则有

$$\frac{y_i}{x_i}>\frac{y_e}{x_e}$$

即

$$x_ey_i-y_ex_i>0$$

若动点 $P_i(x_i,y_i)$ 在直线 OE 下方,则有

$$\frac{y_i}{x_i}<\frac{y_e}{x_e}$$

即

$$x_ey_i-y_ex_i<0$$

由此可以取偏差判别函数为

$$F_i=x_ey_i-y_ex_i \qquad (8-9)$$

则逐点比较法直线插补的步骤(四个节拍)如下:

(1) 偏差判别。由 F_i 的数值可以判别动点 P_i 与直线的相对位置:

① 当 $F_i=0$ 时,动点 $P_i(x_i,y_i)$ 正好在直线上;

② 当 $F_i > 0$ 时,动点 $P_i(x_i, y_i)$ 在直线上方;

③ 当 $F_i < 0$ 时,动点 $P_i(x_i, y_i)$ 在直线下方。

（2）坐标进给。从图 8-37 可知,对于起点在原点,终点为 $E(X_e, y_e)$ 的第 I 象限直线,为减少偏差:

① 当动点 $P_i(x_i, y_i)$ 在直线上方($F_i > 0$)时,应该向 $+x$ 方向进给一步;

② 当动点 $P_i(x_i, y_i)$ 在直线下方($F_i < 0$)时,应该向 $+y$ 方向进给一步;

③ 当动点 $P_i(x_i, y_i)$ 在直线上($F_i = 0$)时,既可向 $+x$ 方向进给一步,又可向 $+y$ 方向进给一步,但通常将 $F_i = 0$ 与 $F_i > 0$ 归于一类处理,即 $F_i \geqslant 0$。

（3）新偏差计算。每进给一步,都要计算新偏差值,由 $F_i = x_e y_i - y_e x_i$ 可知
$$F_{i+1} = x_e y_{i+1} - y_e x_{i+1}$$
则在计算新偏差函数 F_{i+1} 值时,要进行乘法和减法运算。如果用硬件实现插补,则会增加硬件电路的复杂程度;如果用软件实现插补,则会增加软件计算的时间。为简化运算,通常采用迭代法(递推法),即由前一步的已知偏差值 F_i 递推出后一步的新偏差值。

当 $F_i \geqslant 0$ 时,向 $+x$ 方向进给一步后,加工新动点为 $P_i(x_{i+1}, y_{i+1})$,其中 $x_{i+1} = x_i + 1$,$y_{i+1} = y_i$,则新偏差值为

$$
\begin{aligned}
F_{i+1} &= x_e y_{i+1} - y_e x_{i+1} \\
&= x_e y_i - y_e (x_i + 1) \\
&= x_e y_i - y_e x_i - y_e \\
&= F_i - y_e
\end{aligned} \tag{8-10}
$$

当 $F_i < 0$ 时,向 $+y$ 方向进给一步后,新动点坐标为 $P_i(x_{i+1}, y_{i+1})$,其中 $x_{i+1} = x_i$,$y_{i+1} = y_i + 1$,则新偏差值为

$$
\begin{aligned}
F_{i+1} &= x_e y_{i+1} - y_e x_{i+1} \\
&= x_e (y_i + 1) - y_e x_i \\
&= x_e y_i - y_e x_i + x_e \\
&= F_i + x_e
\end{aligned} \tag{8-11}
$$

由此可知,新加工点的偏差 F_{i+1} 完全可以用前加工点的偏差 F_i 递推出来,偏差 F_{i+1} 的计算只有加法和减法运算,没有乘法运算,计算简单。

其他象限直线的插补偏差递推公式可同理推导。在插补计算中,可以使坐标值带有符号,此时四个象限的直线插补偏差计算递推公式见表 8-4;也可以使运算中的坐标值不带符号,用坐标的绝对值进行计算,此时偏差计算的递推公式见表 8-5。

（4）终点判断。终点判断有如下三种方法:

① 总步长法。设置一个终点判断计数器 Σ,Σ 中存入 x 和 y 方向要进给的总步数,$\Sigma =$

表 8-4　坐标值带符号的直线插补公式

象限	$F_i \geqslant 0$		$F_i < 0$		象限	$F_i \geqslant 0$		$F_i < 0$	
	坐标进给	偏差计算	坐标进给	偏差计算		坐标进给	偏差计算	坐标进给	偏差计算
I	$+\Delta x$	$F_{i+1} = F_i - y_e$	$+\Delta y$	$F_{i+1} = F_i + x_e$	III	$-\Delta x$	$F_{i+1} = F_i + y_e$	$+\Delta y$	$F_{i+1} = F_i - x_e$
II	$-\Delta x$	$F_{i+1} = F_i - y_e$	$+\Delta y$	$F_{i+1} = F_i - x_e$	IV	$+\Delta x$	$F_{i+1} = F_i + y_e$	$-\Delta y$	$F_{i+1} = F_i + x_e$

表 8-5　坐标值为绝对值的直线插补公式

象限	$F_i \geqslant 0$		$F_i < 0$		象限	$F_i \geqslant 0$		$F_i < 0$	
	坐标进给	偏差计算	坐标进给	偏差计算		坐标进给	偏差计算	坐标进给	偏差计算
I	$+\Delta x$	$F_{i+1} = F_i - y_e$	$+\Delta y$	$F_{i+1} = F_i + x_e$	III	$-\Delta x$	$F_{i+1} = F_i - y_e$	$-\Delta y$	$F_{i+1} = F_i - y_e$
II	$-\Delta x$		$+\Delta y$		IV	$+\Delta x$		$-\Delta y$	

$|x_e - x_0| + |y_e - y_0|$，当 x 或 y 方向进给一步时，$\sum$ 减 1，减到零时，停止插补。

② 投影法。设置一个终点判断计数器 $\sum$，$\sum$ 中存入 $|x_e - x_0|$、$|y_e - y_0|$ 中的较大者，当该方向进给一步时，$\sum$ 减 1，直到 $\sum$ 为 0 时，停止插补。

③ 终点坐标法。设置 $\sum x$、$\sum y$ 两个计数器，加工开始前，在 $\sum x$、$\sum y$ 中分别存入 $|x_e - x_0|$、$|y_e - y_0|$。x 或 y 坐标方向进给

一步时，就在相应的计数器中减 1，直至 $\sum x$、$\sum y$ 为 0 时，停止插补。

2）逐点比较法直线插补举例

设要加工第 I 象限直线 OE，起点坐标为 $O(0,0)$，终点坐标为 $E(6,4)$，试用逐点比较法进行插补运算，并画出插补运动轨迹图。

用总步长法进行终点判断，则 $\sum = 6 + 4 = 10$，其插补运算过程见表 8 - 6。由运算过程可以画出加工轨迹图，如图 8 - 38 所示。

表 8 - 6　逐点比较法直线插补运算过程

序号	偏差判别	坐标进给	新偏差计算	终点判别	序号	偏差判别	坐标进给	新偏差计算	终点判别
1	$F_0 = 0$	$+x$	$F_1 = F_0 - y_e = -4$	$\sum = 10 - 1 = 9$	6	$F_5 = 0$	$+x$	$F_6 = F_5 - y_e = -4$	$\sum = 5 - 1 = 4$
2	$F_1 = -4 < 0$	$+y$	$F_2 = F_1 + x_e = +2$	$\sum = 9 - 1 = 8$	7	$F_6 = -4 < 0$	$+y$	$F_7 = F_6 + x_e = +2$	$\sum = 4 - 1 = 3$
3	$F_2 = +2 > 0$	$+x$	$F_3 = F_2 - y_e = -2$	$\sum = 8 - 1 = 7$	8	$F_7 = +2 > 0$	$+x$	$F_8 = F_7 - y_e = -2$	$\sum = 3 - 1 = 2$
4	$F_3 = -2 < 0$	$+y$	$F_4 = F_3 + x_e = +4$	$\sum = 7 - 1 = 6$	9	$F_8 = -2 < 0$	$+y$	$F_9 = F_8 + x_e = +4$	$\sum = 2 - 1 = 1$
5	$F_4 = +4 > 0$	$+x$	$F_5 = F_4 - y_e = 0$	$\sum = 6 - 1 = 5$	10	$F_9 = +4 > 0$	$+x$	$F_{10} = F_9 - y_e = 0$	$\sum = 1 - 1 = 0$

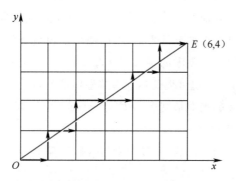

图 8 - 38　逐点比较法直线插补运动轨迹

3）逐点比较法直线插补逻辑电路

根据逐点比较法直线插补原理，可设计第 I 象限直线插补运算逻辑电路，如图 8 - 39 所示。

图中 J_{x_e}、J_{y_e}、J_F 为三个移位寄存器，其中 J_{x_e}、J_{y_e} 分别存放终点坐标 x_e、y_e，J_F 存放偏差 F_i；J_E 为终点判断计数器，存放计数长度 $\sum$；$\sum_{QJ}$ 为全加器；MF 为可变频脉冲发生器，用来控制进给速度。

插补运算前，将终点坐标 x_e、y_e 和初始偏差 F_0 分别送入 J_{xe}、J_{ye}、J_F，将 x_e、y_e 绝对值之和送入 J_E，以做好插补准备。

插补器的工作原理：插补器接收到插补启

动控制信号后，使运算开关触发器 T_C 的 $Q = 1$，打开与门 Y_0，从而 MF 发出的脉冲经与门 Y_0 到达时序脉冲发生器 M_1，经 M_1 产生 4 个具有先后顺序的时序脉冲 t_1、t_2、t_3、t_4，按次序完成一次插补运算的 4 个工作节拍。

具体工作过程如下：

（1）t_1 完成偏差 F_i 的符号判断。为此，将 J_F 寄存器的最高位（符号位）连接到两个与门 Y_8 和 Y_9 的控制端，当 $F_i \geqslant 0$ 时，其符号位为 0，Y_9 输出为 0，Y_8 输出为 1，使 T_F 输出为 0，$Q = 0$，$\bar{Q} = 1$；反之，T_F 的输出 $Q = 1$。

（2）t_2 完成坐标进给。当 $F_i \geqslant 0$，t_2 内打开与门 Y_1，则向 $+x$ 方向进给一步；反之，当 $F_i < 0$，则 t_2 打开与门 Y_2，向 $+y$ 方向进给一步。

（3）t_3 完成新偏差的计算。$F_i \geqslant 0$ 时，触发器 T_F 的 $\bar{Q} = 1$，打开与门 Y_3，使 t_3 送往 J_{ye} 和 J_F，同时打开与门 Y_5 和变补器，在移位脉冲的作用下，J_{ye} 通过变补器和 J_F 中的内容逐位进入全加器 $\sum_{QJ}$ 进行相加运算，相加结果送偏差寄存器 J_F 中，完成 $F_{i+1} = F_i - y_e$ 的运算。$F_i < 0$ 时，触发器 T_F 的 $Q = 1$，打开与门 Y_4 和 Y_6，t_3 移位脉冲使 J_F 和 J_{xe} 中的内容逐位移入全加器 $\sum_{QJ}$ 进行

加法运算,相加结果再送回 J_F 中,完成 $F_{i+1} = F_i + X_e$ 的运算。

（4）t_4 完成终点判别。当 x 或 y 方向每进给一步时,J_E 计数器减 1,当减至 0 时,使 Y_7 输出为 0,待 t_4 时序脉冲到来时,使运算开关 T_C 触发器为 0,关闭时序脉冲,插补运算停止。

硬件插补器虽然具有速度快的优点,但由于柔性低、成本高,现代 CNC 系统一般采用软件插补器取而代之。用软件实现逐点比较法直线插补十分简单,这里不再赘述。

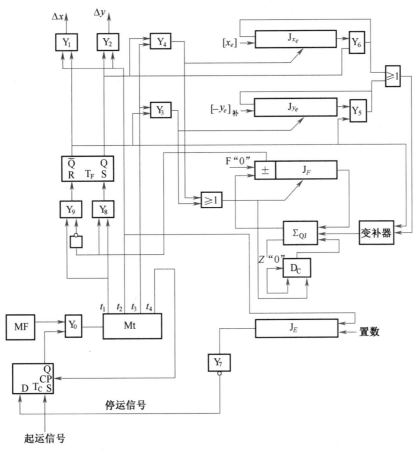

图 8-39 第 I 象限直线逐点比较法插补运算逻辑电路

2. 逐点比较法圆弧插补

1）逐点比较法圆弧插补原理

在逐点比较法圆弧插补中,一般以圆心为坐标原点。如图 8-40 所示,设圆弧 SE 为所要插补的第 I 象限的逆圆弧,圆弧起点为 $S(x_0, y_0)$,圆弧终点为 $E(x_e, y_e)$,圆弧半径为 R,插补动点为 $P_i(x_i, y_i)$。

若 P_i 点在圆弧上,则有

$$(x_i^2 + y_i^2) - R^2 = 0$$

由此可选择偏差函数为

$$F_i = (x_i^2 + y_i^2) - R^2 \qquad (8-12)$$

则逐点比较法圆弧插补的步骤如下：

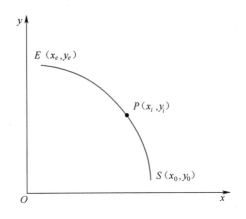

图 8-40 逐点比较法圆弧插补

（1）偏差判别。由 F_i 的数值可以判别动点 P_i 与圆弧的相对位置：

① 若 $F_i > 0$，则动点在圆弧外；

② 若 $F_i = 0$，则动点在圆弧上；

③ $F_i < 0$，则动点在圆弧内。

（2）坐标进给。从图 8-40 可知，对于起点为 $S(x_0, y_0)$，终点为 $E(x_e, y_e)$，半径为 R 的第Ⅰ象限的逆圆弧，为减少偏差：

① 若动点 $P_i(x_i, y_i)$ 在圆弧外（$F_i > 0$）时，则应该向 $-x$ 方向进给一步；

② 若动点 $P_i(x_i, y_i)$ 在圆弧内（$F_i < 0$）时，则应该向 $+y$ 方向进给一步；

③ 若动点 $P_i(x_i, y_i)$ 在圆弧上（$F_i = 0$）时，则既可向 $-x$ 方向进给一步，也可向 $+y$ 方向进给一步，但通常将 $F_i = 0$ 和 $F_i > 0$ 合在一起考虑，即当 $F_i \geqslant 0$ 时，向 $-x$ 方向进给一步。

（3）新偏差计算。每走一步都要计算新偏差值，为简化插补计算，通常建立圆弧插补的递推公式。

当 $F_i \geqslant 0$ 时，向 $-x$ 方向进给一步，新插补点为 $P_{i+1}(x_{i+1}, y_{i+1})$，其中 $x_{i+1} = x_i - 1$，$y_{i+1} = y_i$，则新偏差值为

$$
\begin{aligned}
F_{i+1} &= x_{i+1}^2 + y_{i+1}^2 - R^2 \\
&= (x_i^2 - 1)^2 + y_i^2 - R^2 \\
&= x_i^2 - 2x_i + 1 + y_i^2 - R^2 \\
&= F_i - 2x_i + 1
\end{aligned} \quad (8-13)
$$

当 $F_i < 0$ 时，向 $+y$ 方向进给一步，新插补点为 $P_{i+1}(x_{i+1}, y_{i+1})$，其中 $x_{i+1} = x_i$，$y_{i+1} = y_i + 1$，则新偏差值为

$$
\begin{aligned}
F_{i+1} &= x_{i+1}^2 + y_{i+1}^2 - R^2 \\
&= x_i^2 + (y_i + 1)^2 - R^2 \quad (8-14) \\
&= F_i + 2y_i + 1
\end{aligned}
$$

同理，可以推导出其他象限顺、逆时针圆弧插补的递推公式。图 8-41 给出了各种情况的坐标进给方向，表 8-7 列出了各种情况下圆弧插补的偏差计算的递推公式（所有坐标值均为绝对值）。

（4）终点判断。逐点比较法圆弧插补的终点判断方法与直线插补相同。

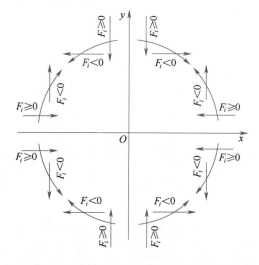

图 8-41　四象限顺、逆时针圆弧插补坐标进给方向

表 8-7　逐点比较法圆弧插补偏差计算公式

圆弧种类	$F_i \geqslant 0$		$F_i < 0$		圆弧种类	$F_i \geqslant 0$		$F_i < 0$	
	进给方向	计算公式	进给方向	计算公式		进给方向	计算公式	进给方向	计算公式
SR_1	$-y$	$\begin{cases} x_{i+1}=x_i \\ y_{i+1}=y_i-1 \end{cases}$ $F_{i+1}=F_i-2y_i+1$	$+x$	$\begin{cases} x_{i+1}=x_i+1 \\ y_{i+1}=y_i \end{cases}$ $F_{i+1}=F_i+2x_i+1$	NR_1	$-x$	$\begin{cases} x_{i+1}=x_i-1 \\ y_{i+1}=y_i \end{cases}$ $F_{i+1}=F_i-2x_i+1$	$+y$	$\begin{cases} x_{i+1}=x_i \\ y_{i+1}=y_i+1 \end{cases}$ $F_{i+1}=F_i+2y_i+1$
SR_3	$+y$		$-x$		NR_3	$+x$		$-y$	
NR_2	$-y$		$-x$		SR_2	$+x$		$+y$	
NR_4	$+y$		$+x$		SR_4	$-x$		$-y$	

2）逐点比较法圆弧插补运算举例

设要加工如图 8-42 所示第Ⅰ象限逆时针圆弧 AB，起点为 $A(4,0)$，终点为 $B(0,4)$。试写出逐点比较法插补运算过程，并且画出插补运动轨迹图。

以 x、y 两个方向应进给的总步数作为 Σ，则 $\Sigma = 8$。起点在圆弧上，则 $F_0 = 0$。其插补运算过程见表 8-8，插补动点运动轨迹如图 8-42 所示。

3）逐点比较法圆弧插补的跨象限问题

圆弧插补的进给方向和偏差计算与圆弧所

表 8-8　圆弧插补运算过程

序号	偏差判别	坐标进给	计算	终点判别
1	$F_0=0$	$-x$	$F_1=F_0-2x_0+1=-7, x_1=4-1=3, y_1=0$	$\Sigma=8-1=7$
2	$F_1=-7<0$	$+y$	$F_2=F_1+2y_1+1=-6, x_2=x_1=3, y_2=y_1+1=1$	$\Sigma=7-1=6$
3	$F_2=-6<0$	$+y$	$F_3=F_2+2y_2+1=-3, x_3=x_2=3, y_3=y_2+1=2$	$\Sigma=6-1=5$
4	$F_3=-3<0$	$+y$	$F_4=F_3+2y_3+1=+2, x_4=x_3=3, y_4=y_3+1=3$	$\Sigma=5-1=4$
5	$F_4=+2>0$	$-x$	$F_5=F_4-2x_4+1=-3, x_5=x_4-1=2, y_5=y_4=3$	$\Sigma=4-1=3$
6	$F_5=-3<0$	$+y$	$F_6=F_5+2y_5+1=+4, x_6=x_5=2, y_6=y_5+1=4$	$\Sigma=3-1=2$
7	$F_6=+4>0$	$-x$	$F_7=F_6-2x_6+1=+1, x_7=x_6-1=1, y_7=y_6=4$	$\Sigma=2-1=1$
8	$F_7=+1>0$	$-x$	$F_8=F_7-2x_7+1=0, x_8=x_7-1=0, y_8=y_7=4$	$\Sigma=1-1=0$

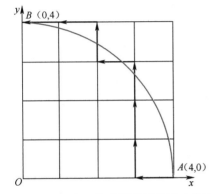

图 8-42　逐点比较法圆弧插补运动轨迹

在的象限和顺、逆时针方向有关。一个圆弧有时可能分布在几个象限上，如图 8-43 所示的圆弧 AC 分布在第Ⅰ、Ⅱ两个象限内。对于这种圆弧的加工有两种处理方法：一种是将圆弧按所在象限分段，然后按各象限中的圆弧插补方法分段编写零件加工程序；另一种是按整段圆弧编制加工程序，系统自动进行跨象限处理。

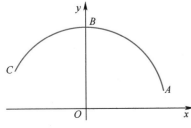

图 8-43　跨象限圆弧

要使圆弧自动跨象限必须解决两个问题：一是何时变换象限；二是变换象限后的走向。变换象限的点必定在坐标轴上，即一个坐标值为 0 时，当象限由第Ⅰ象限 ↔ 第Ⅱ象限或第Ⅲ象限 ↔ 第Ⅳ象限时，必有 $x=0$；由第Ⅱ象限 ↔ 第Ⅲ象限或第Ⅰ象限 ↔ 第Ⅳ象限时，必有 $y=0$。

顺时针圆弧变换象限的转换次序为 $SR_1 \rightarrow SR_4 \rightarrow SR_3 \rightarrow SR_2 \rightarrow SR_1 \rightarrow \cdots$，逆时针圆弧转换的次序为 $NR_1 \rightarrow NR_2 \rightarrow NR_3 \rightarrow NR_4 \rightarrow NR_1 \rightarrow \cdots$。

8.2.6.2.2　数字积分法插补

数字积分法又称数字微分分析器（DDA），具有运算速度快、易于实现多坐标联动等优点。另外，还可以实现一次、二次曲线及高次曲线的插补。因此，数字积分法在轮廓控制数控系统中应用广泛。

1. 数字积分器的工作原理

如图 8-44 所示，设函数 $y=f(t)$，对该函数求积分的运算就是求此函数曲线所包围的面积 S，此面积可近似认为曲线下许多小矩形面积之和，即

$$S=\int_{t_0}^{t_n} y\,\mathrm{d}t \approx \sum_{i=0}^{n-1} y_i \Delta t \qquad (8-15)$$

式中：y_i 为 $t=t_i$ 时函数 $f(t)$ 值。

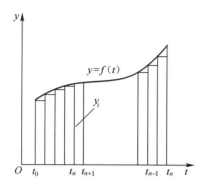

图 8-44　函数 y＝f(t) 的积分

在式(8-15)中，若取 Δt 为基本单位"1"（相当于一个脉冲），则可简化为

$$S = \sum_{i=0}^{n-1} y_i \qquad (8-16)$$

设置一个累加器，令累加器的容量为一个单位面积。用此累加器来实现这种累加运算，在累加过程中超过一个单位面积时，产生一个溢出脉冲，则累加过程中所产生的溢出脉冲总数就是要求的面积近似值。

图 8-45 是数字积分器的逻辑框图，它由函数值寄存器 J_V、累加器 J_R、与门和面积寄存器等部分组成。其工作原理：每来一个累加脉冲，与门打开，将 J_V 中的函数值送往 J_R 相加一次，当累加和超过 J_R 的容量时，便向面积寄存器发出进出脉冲，余数仍然在 J_R 中。累加结束后，面积寄存器的计数值就是面积的近似值。

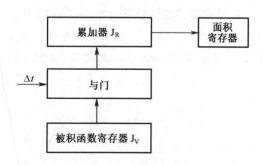

图 8-45　数字积分器的逻辑框图

2. 数字积分法直线插补

1) 数字积分法直线插补原理

欲加工Ⅰ象限直线 OE，如图 8-46 所示，其起点为坐标原点，终点坐标为 $E(x_e, y_e)$。假

设刀具进给速度 v 在两个坐标轴上的速度分量为 v_x、v_y。

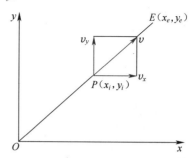

图 8-46　数字积分法直线插补

由图 8-46 中的几何关系可得

$$\frac{v}{\overline{OE}} = \frac{v_x}{x_e} = \frac{v_y}{y_e} = K（常数）$$

则刀具在 x、y 方向上的微小位移量 Δx、Δy 分别为

$$\begin{cases} \Delta x = v_x \Delta t = K x_e \Delta t \\ \Delta y = v_y \Delta t = K y_e \Delta t \end{cases} \qquad (8-17)$$

因此，刀具从原点 O 走向终点 E 的过程，可以看作各个坐标轴每经过一个单位时间间隔 Δt 以增量 $K x_e$ 和 $K y_e$ 同时累加的过程。当累加值超过一个坐标单位（累加器容量）时产生溢出脉冲，溢出脉冲驱动伺服系统进给一个脉冲当量，从而走出给定直线，即

$$\begin{cases} x = \sum_{i=1}^{n} \Delta x_i = \sum_{i=1}^{n} K x_e \Delta t \\ y = \sum_{i=1}^{n} \Delta y_i = \sum_{i=1}^{n} K y_e \Delta t \end{cases}$$

取 Δt 为一个单位时间间隔"1"，则上式简化为

$$\begin{cases} x = \sum_{i=1}^{n} K x_e = n K x_e \\ y = \sum_{i=1}^{n} K y_e = n K y_e \end{cases}$$

假设经过 n 次累加后，刀具正好到达终点 E，则有

$$nK = 1$$

式中：n 为累加次数；K 为比例系数，K 值与累加器容量有关。

为保证坐标轴每次分配的进给脉冲不超过一个单位，由式(8-17)有

$$\begin{cases} \Delta x = K x_e \leqslant 1 \\ \Delta y = K y_e \leqslant 1 \end{cases} \qquad (8-18)$$

而为了保证每次累加最多溢出一个脉冲，累加器的容量应大于各坐标轴终点坐标值中的最大者，一般取两者的位数相同。假设累加器容量为 m 位，则当各位全为 1 时，最大允许坐标值为 2^m-1，由式(8-18)得下式成立：

$$K(2^m-1)\leqslant 1$$

即

$$K\leqslant \frac{1}{(2^m-1)}$$

据此不妨选取 $K=\frac{1}{2^m}$，则

$$n=\frac{1}{K}=2^m \qquad (8-19)$$

也就是说，经过 $n=2^m$ 次累加后，动点将正好到达终点 E。

2) 数字积分法直线插补器

图 8-47 为数字积分法直线插补器框图。在被积函数寄存器中分别存放终点坐标 x_e 和 y_e。Δt 为累加脉冲，每发出一个脉冲，与门打开一次，被积函数 x_e、y_e 向各自的累加器相加一次，当累加器满容量后，分别发出 x 和 y 方向的进给脉冲，余数仍然放在累加器中寄存，经过 n 次累加后，到达终点，完成插补运算过程。

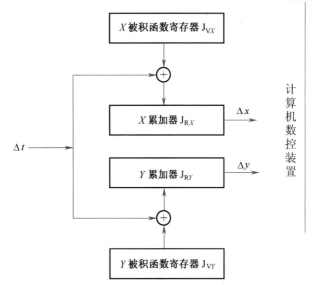

图 8-47 数字积分法直线插补器框图

3) 数字积分法直线插补举例

例如，要用数字积分法插补第 I 象限直线 OE，起点为 O(0,0)，终点为 E(4,6)。试写出插补运算过程，并画出动点运动轨迹图(寄存器和累加器均为 3 位)。

累加次数 $n=2^3=8$，插补前 $J_{VX}=x_e=4$，$J_{VY}=y_e=6$，$J_{RX}=J_{RY}=0$，其插补运算过程见表 8-9 所列，插补轨迹如图 8-48 所示。

表 8-9 数字积分法直线插补运算过程

累加次数	X 轴数字积分器			Y 轴数字积分器		
	X 被积函数寄存器	X 累加器	X 累加器溢出脉冲	Y 被积函数寄存器	Y 累加器	Y 累加器溢出脉冲
0	4	0	0	6	0	0
1	4	0+4=4	0	6	0+6=6	0
2	4	4+4=8+0	1	6	6+6=8+4	1
3	4	0+4=4	0	6	4+6=8+2	1
4	4	4+4=8+0	1	6	2+6=8+0	1
5	4	0+4=4	0	6	0+6=6	0
6	4	4+4=8+0	1	6	6+6=8+4	1
7	4	0+4=4	0	6	4+6=8+2	1
8	4	4+4=8+0	1	6	2+6=8+0	1

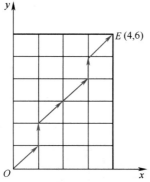

图 8-48　数字积分法直线插补运动轨迹

4）空间直线插补

数字积分法的优点是可以对空间直线进行插补。空间直线插补与平面直线插补的原理相同，只是需要增加一个 Z 轴的积分器。Z 轴的积分器的被积函数为 Z 坐标终点 Z_e。每插补一次，对三个积分器积分，即累加。哪个轴累加器有溢出脉冲，就控制该轴进给一步。

3. 数字积分法圆弧插补

1）数字积分法圆弧插补原理

如图 8-49 所示，设第 I 象限逆对针圆弧的起点为 $S(x_s, y_s)$，终点为 $E(x_e, y_e)$，圆弧半径为 R，插补动点为 $P_i(x_i, y_i)$，刀具进给速度为 v，在两个坐标轴上速度分量为 v_x 和 v_y。

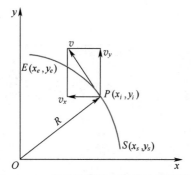

图 8-49　第 I 象限数字积分法圆弧插补

由圆的参数方程可知

$$\begin{cases} x = R\cos t \\ y = R\sin t \end{cases}$$

对 t 求微分得

$$\begin{cases} v_x = \dfrac{\mathrm{d}x}{\mathrm{d}t} = -R\sin t = -y \\ v_y = \dfrac{\mathrm{d}y}{\mathrm{d}t} = R\cos t = x \end{cases}$$

写成微分形式，有

$$\begin{cases} \mathrm{d}x = -y\mathrm{d}t \\ \mathrm{d}y = x\mathrm{d}t \end{cases}$$

用累加和来近似积分，有

$$\begin{cases} x = \displaystyle\sum_{i=1}^{n} -y_i \Delta t \\ y = \displaystyle\sum_{i=1}^{n} x_i \Delta t \end{cases} \qquad (8-20)$$

2）数字积分法圆弧插补器

由式（8-20），依照数字积分法插补器工作原理也可用如图 8-50 所示的两个积分器完成数字积分法圆弧插补。x 轴被积函数寄存器中存放插补动点 y 坐标的瞬时值 y_i；y 轴被积函数寄存器中存放插补动点 x 坐标的瞬时值 x_i。Δt 为累加脉冲。

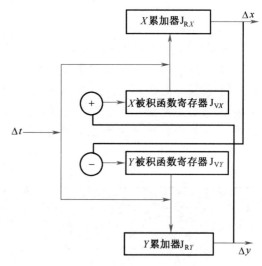

图 8-50　数字积分法圆弧插补器

与直线插补器相比较可知，数字积分法圆弧插补器有如下特点：

（1）被积函数寄存器中的内容不同。数字积分法直线插补器中，$J_{VX} = x_e$，$J_{VY} = y_e$，对于给定直线来说是一个常数；而数字积分法圆弧插补器中，$J_{VX} = y_i$，$J_{VY} = x_i$，即 J_{VX} 和 J_{VY} 中分别存放插补动点的 y、x 坐标，是一个变量。

（2）数字积分法圆弧插补过程中，要不断地对 J_{VX} 和 J_{VY} 中的内容进行修正。对于第 I 象限逆时针圆弧，x 方向进给一步，x_i 值减 1，应将 J_{VY} 中的内容减 1;y 方向进给一步,y_i 加 1,应将 J_{VX} 中的内容加 1。其他象限数字积分法圆弧插补原理与第 I 象限逆时针圆弧插补类似,不同之处在于:进给方向不同,被积函数修正不同。数字积分法圆弧插补的进给方向及修正符号见表 8-10 所列。

表 8-10 中共有 8 种圆弧,分别为逆圆第

I、II、III、IV 象限(符号为 NR_1、NR_2、NR_3、NR_4)和顺圆第 I、II、III、IV 象限(符号为 SR_1、SR_2、SR_3、SR_4)。"+"号表示修正被积函数时该被积函数加 1,"-"号表示修正被积函数时该被积函数减 1。被积函数值和余数值均按绝对值处理。

表 8-10　数字积分法圆弧插补的进给方向及修正符号

圆弧类型		NR_1	NR_2	NR_3	NR_4	SR_1	SR_2	SR_3	SR_4	圆弧类型		NR_1	NR_2	NR_3	NR_4	SR_1	SR_2	SR_3	SR_4
累加器溢出时	J_{RX}	$-x$	$-x$	$+x$	$+x$	$+x$	$+x$	$-x$	$-x$	被积函数	J_{VX}	$+$	$-$	$+$	$-$	$-$	$+$	$-$	$+$
进给方向	J_{RY}	$+y$	$-y$	$-y$	$+y$	$-y$	$+y$	$+y$	$-y$	修正符号	J_{VY}	$-$	$+$	$-$	$+$	$+$	$-$	$+$	$-$

数字积分法圆弧插补的终点判别必须对 x、y 两个坐标轴同时进行。这时可利用两个终点判别计数器 $\Sigma_X = |x_e - x_s|$,$\Sigma_Y = |y_e - y_s|$ 来实现,当 x、y 坐标轴进给一步,则将相应终点判别计数器减 1,当减到 0 时,则说明该坐标轴已到达终点,停止该坐标轴的累加运算,两个终点判别计数器均减到 0 时,整个圆弧插补过程才结束。

3)数字积分法圆弧插补实例

设第 I 象限逆时针圆弧 SE,起点为 $S(4, 0)$,终点为 $E(0, 4)$,且寄存器和累加器为 3 位。试写出其 DDA 圆弧插补运算过程,并画出动点运动轨迹图。

插补开始时,被积函数初始值:$J_{VX} = y_s = 0$,$J_{VY} = x_s = 4$。终点判别寄存器 $\Sigma_X = |x_e - x_s| = 4$,$\Sigma_Y = |y_e - y_s| = 4$。其插补运算过程见表 8-11,插补轨迹如图 8-51 所示。

表 8-11　数字积分法圆弧插补运算过程

累加次数	X 轴数字积分器				Y 轴数字积分器			
	X 被积函数寄存器(y_i)	X 累加器	X 溢出脉冲	X 终点寄存器	Y 被积函数寄存器(x_i)	Y 累加器	Y 溢出脉冲	Y 终点寄存器
0	0	0	0	4	4	0	0	4
1	0	0+0=0	0	4	4	0+4=4	0	4
2	0	0+0=0	0	4	4	4+4=8+0	1	3
3	1	0+1=1	0	4	4	0+4=4	0	3
4	1	1+1=2	0	4	4	4+4=8+0	1	2
5	2	2+2=4	0	4	4	0+4=4	0	2
6	2	4+2=6	0	4	4	4+4=8+0	1	1
7	3	6+3=8+1	-1	3	4	0+4=4	0	1
8	3	1+3=4	0	3	3	4+3=7	0	1
9	3	4+3=7	0	3	3	7+3=8+2	1	0
10	4	7+4=8+3	-1	2	3	停止		
11	4	3+4=7	0	2	2			
12	4	7+4=8+3	-1	1	2			
13	4	3+4=7	0	1	1			
14	4	7+4=8+3	-1	0	1			
15	4	停止						

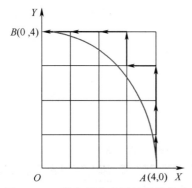

图 8-51　数字积分法圆弧插补轨迹

8.2.6.3　数字增量插补

数字增量插补在现代 CNC 系统中得到了广泛应用。在采用这类插补算法时,插补周期是一个很重要的参数,下面首先讨论插补周期的选取原则,然后介绍直线、圆弧的插补算法。

1. 插补周期的选择

1) 插补周期与精度、速度的关系

直线插补用小直线段逼近直线,不会产生逼近误差。

曲线插补(如圆弧)时,无论是用内接弦线、内外均差弦线,还是用切线来逼近曲线,都会产生逼近误差,如图 8-52 所示。

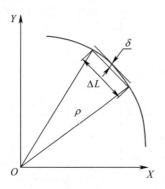

图 8-52　曲线插补逼近误差

图中,用内接弦线逼近曲线产生的逼近误差 δ 与插补周期 T、进给速度 F 以及该曲线在逼近点处的曲率半径 ρ 的关系为

$$\begin{cases} (\dfrac{\Delta l}{2})^2 = \rho^2 - (\rho - \delta)^2 = 2\rho\delta - \delta^2 \approx 2\rho\delta \\ \Delta l^2 = 8\rho\delta \\ \Delta l = FT \\ \delta = \dfrac{(FT)^2}{8\rho} \end{cases} \qquad (8-21)$$

由式(8-21)可知,插补周期 T 与进给速度 F、逼近误差 δ 以及曲率半径 ρ 有关:

(1) 当 F、ρ 一定时,T 越小,δ 也就越小;

(2) 当 δ、ρ 一定时,T 越小,所允许的进给速度 F 就越大。

从这个意义上讲,T 越小越好,但是 T 的选择将受到插补运算时间、位置控制周期的限制而不能取得太小。

在实际的 CNC 系统中,T 是固定的,而 F、ρ 都是用户编程给定的,因而 δ 就有可能超差,这是不允许的。为保证加工精度(控制 δ 在允许的范围内),CNC 系统必须对进给速度 F 进行限制,即

$$F \leqslant \frac{\sqrt{8\rho\delta}}{T}$$

为减小逼近误差,提高最大进给速度,可用内外均差割线代替弦线进行插补计算。这样插补计算出的插补点不在曲线上,而是落在曲线的外侧。

2) 插补周期 T 与插补运算时间 Δt 的关系

一旦系统的插补算法设计完毕,那么该系统插补运算的最长时间 Δt 确定了。显然,要求:

$$\Delta t < T$$

这是因为系统除进行插补运算外,CPU 还要执行诸如位置控制、显示等其他任务。

3) 插补周期 T 与位置控制周期 T_p 的关系

由于插补运算的输出是位置控制的输入,为了使整个 CNC 系统易于实现协调控制,一般设计:插补周期要么与位置控制周期相等,要么是位置控制周期的整数倍。

$$T = nT_p \qquad (n \text{ 为正整数})$$

例如,日本 FANUC 系统的插补周期是 8ms,位置控制周期是 4ms。华中 I 型数控系统的插补周期可以设定为 16ms、8ms、4ms,位置控制周期为 4ms。

2. 直线插补

1) 插补算法

设刀具作如图 8-53 所示的空间直线运

动,直线的起点为 $P_0(X_0,Y_0,Z_0)$,终点为 $P_e(X_e,Y_e,Z_e)$,刀具沿直线运动的速度为 F,插补周期为 T。

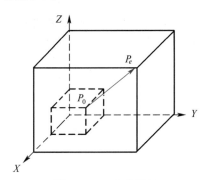

图 8-53 直线插补

根据数字增量插补的基本原理,直线插补的任务是从起点 $P_0(X_0,Y_0,Z_0)$ 开始,根据 F 和 T 由前一插补点 $P_i(X_i,Y_i,Z_i)$ 计算下一插补点 $P_{i+1}(X_{i+1},Y_{i+1},Z_{i+1})$ 的坐标,进而求得各坐标轴在一个插补周期内的位移增量,直到终点 $P_e(X_e,Y_e,Z_e)$ 为止。

直线插补的关键是先求得在一个插补周期内轮廓步长沿各坐标轴的投影分量。视插补的直线为一空间矢量,则其方向余弦为

$$\begin{cases} \cos\alpha = \dfrac{X_e - X_0}{\sqrt{(X_e-X_0)^2+(Y_e-Y_0)^2+(Z_e-Z_0)^2}} \\[2mm] \cos\beta = \dfrac{Y_e - Y_0}{\sqrt{(X_e-X_0)^2+(Y_e-Y_0)^2+(Z_e-Z_0)^2}} \\[2mm] \cos\gamma = \dfrac{Z_e - Z_0}{\sqrt{(X_e-X_0)^2+(Y_e-Y_0)^2+(Z_e-Z_0)^2}} \end{cases}$$

于是 F 在三个坐标轴上的投影为

$$\begin{cases} F_X = F\cos\alpha \\ F_Y = F\cos\beta \\ F_Z = F\cos\gamma \end{cases}$$

用插补周期 T 乘以速度的投影分量,就可以得到直线插补时一个轮廓步长沿各坐标轴的理论位移增量 ΔX、ΔY 和 ΔZ,即

$$\begin{cases} \Delta X = F_X T \\ \Delta Y = F_Y T \\ \Delta Z = F_Z T \end{cases}$$

这就是在速度处理中,式(8-5)算出的 f_x,f_y 和 f_z,可分别从数据处理缓冲区内相应存储单元中取出。

直线插补时,每个插补周期内各坐标轴的理论位移增量都是一个常量,因而由点 $P_i(X_i,Y_i,Z_i)$ 求取点 $P_{i+1}(X_{i+1},Y_{i+1},Z_{i+1})$ 的算法为

$$\begin{cases} X_{i+1} = X_i + \Delta X \\ Y_{i+1} = Y_i + \Delta Y \\ Z_{i+1} = Z_i + \Delta Z \end{cases} \quad (8-22)$$

由于插补的最后一步往往不是刚好等于一个轮廓步长,所以可直接用直线段终点坐标 $P_e(X_e,Y_e,Z_e)$ 作为最后一个插补点的坐标,从而保证插补精度。

直线插补的最终输出是各坐标轴在一个插补周期内的实际位移增量 ΔX_i、ΔY_i 和 ΔZ_i,其算法为

$$\begin{cases} \Delta X_i = [X_{i+1}] - [X_i] \\ \Delta Y_i = [Y_{i+1}] - [Y_i] \\ \Delta Z_i = [Z_{i+1}] - [Z_i] \end{cases} \quad (8-23)$$

式中:符号“[ ]”表示取整数部分,即插补的圆整处理。这是因为数控系统的伺服分辨力总是有限的(如为 $1\mu m$),而插补计算过程中总是不可避免地出现小于伺服分辨力的小数部分,如果简单地进行四舍五入,则累积误差会造成严重超差,从而大大影响加工精度。因此,CNC系统常用的处理方法是取以最小分辨力为单位的整数部分输出,剩余的小数部分则暂存起来参与下一次的插补计算,直到累积为一个整数单位时连同当次的整数部分一起输出。

插补的圆整处理只会引起实际轮廓步长及相应轨迹速度的微小波动,而这种小于一个伺服单位的量引起的波动基本上可以忽略。由于圆整处理的下一次总考虑到了上一次的舍入误差,因此圆整处理不会形成累积误差。

2) 插补实时性分析

式(8-22)中,固定不变的常量 ΔX、ΔY 和 ΔZ 是在插补预处理中算得的(算法里有乘除、开方运算,比较耗时),它在一个程序段里只运行一次,是实时插补计算的必要准备。而式(8-23)中 ΔX_i、ΔY_i 和 ΔZ_i 则由实时插补过程计算,它在每个插补周期里执行一次(算法里只有加

法运算,比较省时)。这样的两步处理,大大提高了实时插补计算的速度,减轻了实时插补处理的负担。

3) 插补精度分析

由直线插补的处理过程可知,每次迭代形成的子线段的方向余弦等于直线段的方向余弦,因而直线插补没有逼近误差和近似误差,也不会产生累积误差。舍入误差虽不可避免地存在,但由于下一次总是考虑到了上一次的舍入误差(见插补的圆整处理),使舍入误差的影响减到最小。

因此数字增量的直线插补具有简单、准确的特点。

3. 圆弧插补

圆弧插补的基本思想:在满足精度的前提下,用切线、内接弦线或内外均差割线逼近圆弧。其中切线近似具有较大的轮廓误差,不宜采用。

到目前为止发展起来的圆弧插补算法很多,如二阶递归算法、数字增量式 DDA 算法、直接函数法、扩展 DDA 算法、角度逼近圆弧插补算法等。下面仅介绍二阶递归算法、直接函数法和扩展 DDA 算法,其余算法可查阅相关参考书。

1) 二阶递归算法

(1) 插补公式推导。递归函数数字增量插补是通过对轨迹曲线参数方程的递归计算实现插补的,由于它是根据前一个或两个已知插补点来计算下一个插补点,故称递归插补。下面以插补逆圆为例介绍由两个已知插补点求第三插补点的二阶递归圆弧插补算法。

图 8-54 为要插补的圆弧,起点为 $P_0(X_0, Y_0)$,终点为 $P_e(X_e, Y_e)$,圆弧半径为 R,圆心在原点,编程速度为 F。设刀具现时位置在 $P_i(X_i, Y_i)$,经过一个插补周期 T 后到达 $P_{i+1}(X_{i+1}, Y_{i+1})$,再经过一个插补周期 T 后到达 $P_{i+2}(X_{i+2}, Y_{i+2})$,数控系统协调地控制刀具由 P_i 点沿直线走到 P_{i+1} 点,再由 P_{i+1} 点沿直线走到 P_{i+2} 点,用弦线 $\overline{P_iP_{i+1}}$、$\overline{P_{i+1}P_{i+2}}$ 逼近圆弧

$\overparen{P_iP_{i+1}}$、$\overparen{P_{i+1}P_{i+2}}$,多次插补后形成的很多弦线逼近所求的圆弧 $\overparen{P_0P_e}$。

每次插补所转过的圆心角即步距角 θ 由式 (8-6) 算得,可直接从数据处理缓冲区内 step_angle 存储单元中取出。

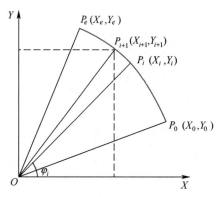

图 8-54　二阶递归圆弧插补

由圆弧的参数方程知

$$\begin{cases} X_i = R\cos\varphi_i \\ Y_i = R\sin\varphi_i \end{cases}$$

插补一步后,参数 $\varphi_{i+1} = \varphi_i + \theta$,有

$$\begin{cases} X_{i+1} = X_i\cos\theta - Y_i\sin\theta \\ Y_{i+1} = X_i\sin\theta + Y_i\cos\theta \end{cases} \quad (8-24)$$

式 (8-24) 可用于速度处理时计算第一插补点 $P_1(X_1, Y_1)$。

再插补一步后,参数 $\varphi_{i+2} = \varphi_{i+1} + \theta$,同理有

$$\begin{cases} X_{i+2} = X_{i+1}\cos\theta - Y_{i+1}\sin\theta \\ Y_{i+2} = X_{i+1}\sin\theta + Y_{i+1}\cos\theta \end{cases} \quad (8-25)$$

把式 (8-24) 代入式 (8-25) 并化简,有

$$\begin{cases} X_{i+2} = 2X_{i+1}\cos\theta - X_i \\ Y_{i+2} = 2Y_{i+1}\cos\theta - Y_i \end{cases} \quad (8-26)$$

和

$$\begin{cases} X_{i+2} = X_i - 2Y_{i+1}\sin\theta \\ Y_{i+2} = Y_i + 2X_{i+1}\sin\theta \end{cases} \quad (8-27)$$

由于具有 $2\cos\theta$ 因子的二阶递归对于轨迹速度应用范围有强烈限制,因此一般不予采用。实用的二阶递归圆弧插补采用含 $2\sin\theta$ 因子的式 (8-27)。

对顺圆插补,同样可推导出

$$\begin{cases} X_{i+2} = X_i + 2Y_{i+1}\sin\theta \\ Y_{i+2} = Y_i - 2X_{i+1}\sin\theta \end{cases} \quad (8-28)$$

圆弧插补的最终输出是各坐标轴在一个插补周期内的实际位移增量 ΔX_{i+1}、ΔY_{i+1},其算法为

$$\begin{cases} \Delta X_{i+1} = [X_{i+2}] - [X_{i+1}] \\ \Delta Y_{i+1} = [Y_{i+2}] - [Y_{i+1}] \end{cases}$$

(2)插补实时性分析。由式(8-27)及式(8-28)可知。若让 θ 的符号对应插补的方向,则顺圆(θ 为负)和逆圆(θ 为正)能统一由式(8-27)进行插补。

事实上,为满足加工精度,一个周期(8ms 左右)的步距角 θ 一般很小,由 $\sin\theta$ 的展开式

$$\sin\theta = \theta - \frac{\theta^3}{3!} + \frac{\theta^5}{5!} - \cdots$$

可知,完全可以略去 θ 的高次项,用 θ 代替式(8-27)中的 $\sin\theta$,所以实用的近似插补公式为

$$\begin{cases} X_{i+2} = X_i - 2Y_{i+1}\theta \\ Y_{i+2} = Y_i + 2X_{i+1}\theta \end{cases} \quad (8-29)$$

由于在插补预处理(译码、刀补、速度处理)中完成了 $P_0(X_0,Y_0)$、$P_e(X_e,Y_e)$、θ 及 $P_1(X_1,Y_1)$ 的计算,在用式(8-29)进行实时插补处理时,每次每轴只有一次乘法运算及加法运算,因此二阶递归圆弧插补算法简单,是一种实时性很好的插补算法。

(3)插补精度分析。在这种算法中,用弦线逼近弧线,因而存在逼近误差,由式(8-21)给出。控制逼近误差的方法是限制进给速度,即 F 必须满足下式:

$$F \leqslant \frac{\sqrt{8R\delta}}{T}$$

此外,用 θ 代替 $\sin\theta$,不可避免地带来了近似误差 δ_a:

$$\begin{cases} |\delta_a(X_{i+2})| \approx \left| 2Y_{i+1}\dfrac{\theta^3}{3} \right| \\ |\delta_a(Y_{i+2})| \approx \left| 2X_{i+1}\dfrac{\theta^3}{3} \right| \end{cases}$$

$$\delta_a \approx \left| 2R\dfrac{\theta^3}{3} \right|$$

近似误差 δ_a 的存在只会引起实际步距角及相应轨迹速度的微小变化,而不会影响圆弧半径的变化,即插补点总是在圆弧上,因而不会影响轨迹插补过程。

事实上总可以找到 α,使得 $\sin\alpha = \theta$,于是式(8-29)变为

$$\begin{cases} X_{i+2} = X_i - 2Y_{i+1}\sin\alpha \\ Y_{i+2} = Y_i + 2X_{i+1}\sin\alpha \end{cases} \quad (8-30)$$

这与式(8-27)是一致的,同样能满足圆的方程,即保证插补点在圆弧上。

2)直接函数法

(1)插补公式推导。以第Ⅰ象限顺圆插补为例来推导插补计算公式,如图 8-55 所示。图中 O 为圆心,$P_0(X_0,Y_0)$ 为起点,$P_e(X_e,Y_e)$ 为终点,R 为圆弧半径,$P_i(X_i,Y_i)$ 为圆上第 i 个插补点,$P_{i+1}(X_{i+1},Y_{i+1})$ 为经过一个插补周期后的下一插补点,OP_i 与 Y 轴夹角为 φ_i,直线段 $P_i P_{i+1}(=\Delta l)$ 为轮廓步长,θ 为对应的步距角,δ 为本次插补的逼近误差。圆弧插补的实质就是求在一个插补周期内各轴的位移增量 ΔX_i、ΔY_i,在这里即是由 $P_i(X_i,Y_i)$ 点求出 $P_{i+1}(X_{i+1},Y_{i+1})$ 点。

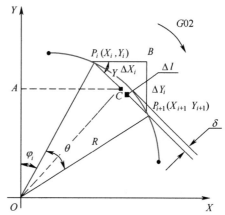

图 8-55 直接函数法圆弧插补

取 $P_i P_{i+1}$ 的中点 C,过 C 作 X 轴的平行线 CA 交 Y 轴于 A,过 P_i 作 X 轴的平行线 $P_i B$,过 P_{i+1} 作 Y 轴的平行线 $P_{i+1}B$,两者($P_i B$ 与 $P_{i+1}B$)相交于 B,由图中的几何关系可知

$$\Delta P_i P_{i+1} B \backsim \Delta OCA$$

设 $\angle BP_i P_{i+1} = \gamma_i$,则有

$$\gamma_i = \varphi_i + \theta$$
$$\cos\gamma_i = \cos(\varphi_i + \theta)$$
$$= Y_A/(R - \delta)$$
$$= (Y_i + \Delta Y_i/2)/(R - \delta)$$

(8-31)

由于 ΔY_i(此处为负值)、δ 都为未知数,故对式(8-31)进行下列近似:

① 由于 Δl 很小,可用 ΔY_{i-1} 近似 ΔY_i;

② 由于 $R \gg \delta$,可用 R 近似 $R-\delta$,有

$$\cos\gamma_i \approx (Y_i + \Delta Y_{i-1}/2)/R \quad (8-32)$$

式中:ΔY_{i-1} 是在上一次插补运算中自动生成的。由于插补开始时没有 ΔY_0,要用其他方法计算 ΔX_0 和 ΔY_0。可由式(8-24)计算出第一插补点 $P_1(X_1,Y_1)$,并与圆弧起点 $P_0(X_0,Y_0)$ 相比较求得($\Delta X_0 = X_1 - X_0$,$\Delta Y_0 = Y_1 - Y_0$);或用如下 DDA 法直接求取:

$$\begin{cases} \Delta X_0 = \dfrac{\Delta l \cdot Y_0}{R} \\[2mm] \Delta Y_0 = -\dfrac{\Delta l \cdot X_0}{R} \end{cases} \quad (8-33)$$

有了 ΔX_0 和 ΔY_0,就可用下列递推公式求取 ΔX_i、ΔY_i:

$$\begin{cases} \Delta X_i = \Delta l \cos\gamma_i = \dfrac{\Delta l(Y_i + \Delta Y_{i-1}/2)}{R} \\[2mm] \Delta Y_i = \sqrt{R^2 - (X_i + \Delta X_i)^2} - Y_i \end{cases}$$
$$(8-34)$$

于是由 $P_i(X_i,Y_i)$ 点求出 $P_{i+1}(X_{i+1},Y_{i+1})$ 点的实时插补公式为

$$\begin{cases} \Delta X_i = \dfrac{\Delta l(Y_i + \Delta Y_{i-1}/2)}{R} \\[2mm] X_{i+1} = X_i + \Delta X_i \\[2mm] Y_{i+1} = \sqrt{R^2 - X_{i+1}^2} \end{cases} \quad (8-35)$$

同样,如果先求 ΔY_i,还可以推导出实时插补公式,即

$$\begin{cases} \Delta Y_i = -\dfrac{\Delta l(X_i + \Delta X_{i-1}/2)}{R} \\[2mm] Y_{i+1} = Y_i + \Delta Y_i \\[2mm] X_{i+1} = \sqrt{R^2 - Y_{i+1}^2} \end{cases} \quad (8-36)$$

圆弧插补的最终输出是各坐标轴在一个插补周期内的实际位移增量 ΔX_i、ΔY_i,其算法为

$$\begin{cases} \Delta X_i = [X_{i+1}] - [X_i] \\ \Delta Y_i = [Y_{i+1}] - [Y_i] \end{cases}$$

(2)插补精度分析。在式(8-35)和式(8-36)的推导中,由于 $\cos\gamma_i$ 值采用了近似计算,必然导致所求的插补点也有误差,但由于在算法中采用了公式:

$$Y_{i+1} = \sqrt{R^2 - X_{i+1}^2}$$

或

$$X_{i+1} = \sqrt{R^2 - Y_{i+1}^2}$$

则所求出的插补点(X_{i+1},Y_{i+1})总可保证在圆上。因此,近似计算对算法的稳定性和轨迹精度没有影响,只是对逼近误差和进给速度的均匀性有影响。

从图8-56可以看出:

① 当 $\gamma_i' < \gamma_i$ 时,在插补周期内的实际合成进给量为 $\Delta l'$,且有 $\Delta l' > \Delta l$。

② 当 $\gamma_i'' < \gamma_i$ 时,在插补周期内的实际合成进给量为 $\Delta l''$,且有 $\Delta l'' < \Delta l$。

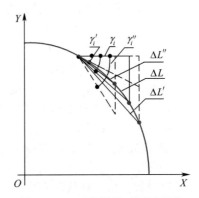

图8-56 近似计算对逼近误差
和进给速度的影响

由此可知,$\cos\gamma_i$ 的误差将直接导致实际合成进给量 Δl 的波动,而 Δl 忽大忽小则表现为进给速度不均匀。但是由这种误差导致的进给速度的波动是很小的,可证明其不均匀性系数最大为

$$\lambda_{\max} < 0.35\%$$

这种速度波动在机加工中是允许的。

(3)算法稳定性分析及插补公式的选用。在式(8-35)和式(8-36)中,由第一个坐标轴位移增量求得第二个轴位移增量的算法可表示为

$$\begin{cases} \Delta Y_i = \sqrt{R^2 - (X_i + \Delta X_i)^2} - Y_i \\ \Delta X_i = \sqrt{R^2 - (Y_i + \Delta Y_i)^2} - X_i \end{cases}$$
$$(8-37)$$

分别对式(8-37)两边求微分,得

$$\begin{aligned}
\mid \mathrm{d}\Delta Y_i \mid &= \left| \frac{X_i + \Delta X_i}{\sqrt{R^2 - (X_i + \Delta X_i)^2}} \right| \mid \mathrm{d}\Delta X_i \mid \\
&= \left| \frac{X_{i+1}}{Y_{i+1}} \right| \mid \mathrm{d}\Delta X_i \mid \qquad (8-38)
\end{aligned}$$

$$\begin{aligned}
\mid \mathrm{d}\Delta X_i \mid &= \left| \frac{Y_i + \Delta Y_i}{\sqrt{R^2 - (Y_i + \Delta Y_i)^2}} \right| \mid \mathrm{d}\Delta Y_i \mid \\
&= \left| \frac{Y_{i+1}}{X_{i+1}} \right| \mid \mathrm{d}\Delta Y_i \mid \qquad (8-39)
\end{aligned}$$

由此可知：

① 当 $\mid X_{i+1} \mid < \mid Y_{i+1} \mid$ 时，式(8-38)对误差有收敛作用（$\mid \mathrm{d}\Delta Y_i \mid < \mid \mathrm{d}\Delta X_i \mid$），式(8-39)对误差有放大作用（$\mid \mathrm{d}\Delta X_i \mid > \mid \mathrm{d}\Delta Y_i \mid$）。

② 当 $\mid X_{i+1} \mid > \mid Y_{i+1} \mid$ 时，式(8-38)对误差有放大作用（$\mid \mathrm{d}\Delta Y_i \mid > \mid \mathrm{d}\Delta X_i \mid$），式(8-39)对误差有收敛作用（$\mid \mathrm{d}\Delta X_i \mid < \mid \mathrm{d}\Delta Y_i \mid$）。

因此，当 $\mid X_i \mid \leqslant \mid Y_i \mid$ 时，应采用式(8-35)；当 $\mid X_i \mid > \mid Y_i \mid$ 时，应采用式(8-36)。即在插补计算时总是先计算大的坐标增量，后计算小的坐标增量。

（4）插补实时性分析。由式(8-35)及式(8-36)可知，由于在插补预处理（译码、刀补、速度处理）中可完成 $P_0(X_0, Y_0)$、$P_e(X_e, Y_e)$、Δl、ΔX_0 和 ΔY_0 的计算，在用式(8-35)及式(8-36)进行实时插补处理时，每次共有三次乘除法和一次开方运算，因此插补算法的实时性稍逊于二阶递归法，但能满足数控系统的要求。

3）扩展DDA算法

以第 I 象限顺圆插补为例来推导插补计算公式。如图8-57所示，O 为圆心，$P_0(X_0, Y_0)$

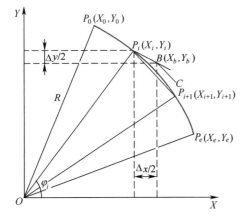

图 8-57 扩展 DDA 算法圆弧插补

为起点，$P_e(X_e, Y_e)$ 为终点，R 为圆弧半径，$P_i(X_i, Y_i)$ 为圆上第 i 个插补点，$P_{i+1}(X_{i+1}, Y_{i+1})$ 为经过一个插补周期后的下一插补点，OP_i 与 Y 轴夹角为 φ_i，直线段 $P_i P_{i+1}(=\Delta l)$ 为轮廓步长。圆弧插补的实质就是求在一个插补周期内各轴的位移增量 ΔX_i、ΔY_i，在这里即是由 $P_i(X_i, Y_i)$ 点求出 $P_{i+1}(X_{i+1}, Y_{i+1})$ 点。

P_i 的速度分量分别为

$$\begin{cases}
v_{ix} = \dfrac{\mathrm{d}X_i}{\mathrm{d}t} = KY_i \\[2mm]
v_{iy} = \dfrac{\mathrm{d}Y_i}{\mathrm{d}t} = -KX_i
\end{cases}$$

从而有 $v_i = \sqrt{{v_{ix}}^2 + {v_{iy}}^2} = KR$，若直接用数字积分法计算，则有

$$\begin{cases}
\Delta X_i = \dfrac{\Delta l v_{ix}}{v_i} = \dfrac{\Delta l Y_i}{R} \\[2mm]
\Delta Y_i = \dfrac{\Delta l v_{iy}}{v_i} = -\dfrac{\Delta l X_i}{R}
\end{cases}$$

按上式计算，合成进给速度 v_i 的方向为插补点 P_i 处的切线方向，其斜率为 $-X_i/Y_i$。

DDA算法以切线逼近圆弧势必造成较大的逼近误差。为此，需采用扩展DDA算法，即将DDA算法的切线逼近改进为割线逼近。如图8-57所示，用DDA算法算出 ΔX_i、ΔY_i 后，取其 $1/2$ 得到点 $B(X_b, Y_b)$ 的坐标为

$$\begin{cases}
X_b = X_i + \Delta X_i/2 \\
Y_b = Y_i + \Delta Y_i/2
\end{cases}$$

再以直线 OB 的垂线 BC 方向作为合成速度方向计算修正的各轴进给增量，即

$$\begin{cases}
\Delta X_i' = \dfrac{\Delta l Y_b}{\sqrt{{X_b}^2 + {Y_b}^2}} \\[2mm]
\Delta Y_i' = -\dfrac{\Delta l X_b}{\sqrt{{X_b}^2 + {Y_b}^2}}
\end{cases} \qquad (8-40)$$

由点 $P_i(X_i, Y_i)$ 求取点 $P_{i+1}(X_{i+1}, Y_{i+1})$ 的算法为

$$\begin{cases}
X_{i+1} = X_i + \Delta X_i' \\
Y_{i+1} = Y_i + \Delta Y_i'
\end{cases} \qquad (8-41)$$

从图8-57可以看出，扩展DDA算法由 $P_i(X_i, Y_i)$ 点以 BC 方向进给，走出割线 $P_i P_{i+1}$，P_{i+1} 的坐标为 (X_{i+1}, Y_{i+1})。

4. 螺旋线插补

螺旋线是除直线和圆弧之外常见的一种曲线,如果 CNC 系统没有螺旋线插补功能,在遇到这种曲线的加工时,则需要操作者按一定的步距对曲线进行插值。但用多段直线逼近螺旋线,会给编程造成困难,因此 CNC 系统最好具有螺旋线插补功能,而这是很容易实现的。

图 8-58 为要插补的螺旋线(假设投影圆弧所在的平面为 XY 平面),起点为 $P_0(X_0,Y_0,Z_0)$,终点为 $P_e(X_e,Y_e,Z_e)$,半径为 R,编程速度为 F。螺旋线插补的要求是,X 和 Y 轴坐标按圆弧走到终点的同时,Z 坐标同步地按直线走到编程的 Z 坐标终点值。这样控制机床运动形成的空间轨迹就是所希望的螺旋线。

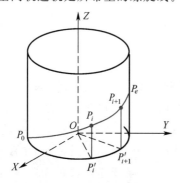

图 8-58　螺旋线插补

设刀具现行位置为 $P_i(X_i,Y_i,Z_i)$,插补计算要求得经过一个插补周期 T 后刀具应到达的下一点 $P_{i+1}(X_{i+1},Y_{i+1},Z_{i+1})$,进而得到一个插补周期里的增量,由于螺旋线在 XY 平面上的投影为一段圆弧,P_i 和 P_{i+1} 在 XOY 平面上的投影为 $P_i{}'(X_i,Y_i,0)$ 和 $P_{i+1}{}'(X_{i+1},Y_{i+1},0)$,插补计算可以先对圆弧进行插补求得 (X_{i+1},Y_{i+1}),再根据比例关系求得相应的 Z 轴增量。

图 8-59 是螺旋线的展开图,其中 L 为投影圆弧的弧长,对应的圆心角为 α,则编程速度 F 在 XY 平面上投影为

$$F_{XY}=\frac{R\alpha}{\sqrt{(R\alpha)^2+(Z_e-Z_0)^2}}$$

用这个速度插补投影圆弧,则由 $P_i{}'$ 到 $P_{i+1}{}'$ 的圆弧对应的步距角为

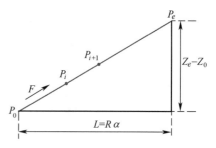

图 8-59　螺旋线的展开图

$$\theta=\frac{F_{XY}T}{R}$$

根据螺旋线插补的要求,插补走完圆心角 α,Z 坐标同步地线性走完增量 (Z_e-Z_0),那么每走一个步距角与对应的 Z 坐标增量 ΔZ_{i+1} 有如下关系:

$$\frac{\Delta Z_{i+1}}{\theta}=\frac{Z_e-Z_0}{\alpha}$$

即

$$\Delta Z_{i+1}=\frac{(Z_e-Z_0)\theta}{\alpha}$$

所以螺旋线的实时插补算法是在任一种圆弧插补算法的基础上,辅以下式计算第三轴(Z 轴)的坐标,即

$$Z_{i+1}=Z_i+\frac{(Z_e-Z_0)\theta}{\alpha} \qquad (8-42)$$

5. 正弦线插补

假设投影圆弧所在的平面为 XY 平面,如果按螺旋线插补计算的结果控制 X、Z 轴运动(Y 轴不动)或 Y、Z 轴运动(X 轴不动),将加工出正弦线,这不难从螺旋线的参数方程中理解。

因此正弦线插补是在螺旋线插补结果的基础上,通过控制圆弧所在平面的其中一轴不动(不输出插补结果)来实现。

6. 椭圆插补

如图 8-60 所示为要插补的椭圆弧,起点为 $P_0(X_0,Y_0)$,终点为 $P_e(X_e,Y_e)$,长轴为 a,短轴为 b,编程速度为 F。设刀具现时位置在 $P_i(X_i,Y_i)$,经过一个插补周期 T 后到达 $P_{i+1}(X_{i+1},Y_{i+1})$,再经过一个插补周期 T 后到达 $P_{i+2}(X_{i+2},Y_{i+2})$,数控系统协调地控制刀具由 P_i 点沿直线走到 P_{i+1} 点,再由 P_{i+1} 点沿直

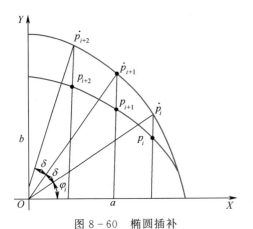

图 8 - 60　椭圆插补

线走到 P_{i+2} 点,用弦线 P_iP_{i+1}、$P_{i+1}P_{i+2}$ 逼近椭圆弧 $\widehat{P_iP_{i+1}}$、$\widehat{P_{i+1}P_{i+2}}$,多次插补后形成的很多弦线逼近所求的椭圆弧 $\widehat{P_0P_e}$。

每次插补所转过的圆心角即步距角 θ 由 FT/a 算得。

由椭圆弧的参数方程知:

$$\begin{cases} X_i = a\cos\varphi_i \\ Y_i = b\sin\varphi_i \end{cases}$$

插补一步后,参数 $\varphi_{i+1} = \varphi_i + \theta$,有

$$\begin{cases} X_{i+1} = X_i\cos\theta - \dfrac{a}{b}Y_i\sin\theta \\ Y_{i+1} = \dfrac{b}{a}X_i\sin\theta + Y_i\cos\theta \end{cases} \quad (8-43)$$

再插补一步后,参数 $\varphi_{i+2} = \varphi_{i+1} + \theta$,同理有

$$\begin{cases} X_{i+2} = X_{i+1}\cos\theta - \dfrac{a}{b}Y_{i+1}\sin\theta \\ Y_{i+2} = \dfrac{b}{a}X_{i+1}\sin\theta + Y_{i+1}\cos\theta \end{cases} \quad (8-44)$$

把式(8-43)代入式(8-44)并化简,有

$$\begin{cases} X_{i+2} = X_i - \dfrac{2a}{b}Y_{i+1}\sin\theta \\ Y_{i+2} = Y_i + \dfrac{2b}{a}X_{i+1}\sin\theta \end{cases} \quad (8-45)$$

7. 抛物线插补

设抛物线方程 $y = ax^2 + bx + c(a>0,b>0,c>0)$,起点为 $P_0(X_0,Y_0)$,终点为 $P_e(X_e,Y_e)$,编程进给速度为 F。设刀具现时位置在 $P_i(X_i,Y_i)$,经过一个插补周期 T 后到达 $P_{i+1}(X_{i+1},Y_{i+1})$,则一个周期的进给量 $f = FT$。

由抛物线的方程可知,P_i 的斜率为

$$K_i = 2ax_i + b_i$$

$$\Delta x_i = f/\sqrt{1+K_i^2}$$

$$x_{i+1} = x_i + \Delta x_i$$

$$y_{i+1} = ax_{i+1}^2 + bx_{i+1} + c$$

$$\Delta y_i = y_{i+1} - y_i$$

8. 样条曲线插补

通常,三次参数曲线可表示为如下通式:

$$\boldsymbol{P}(u) = \boldsymbol{UMB} \quad (8-46)$$

式中:$\boldsymbol{U} = [u^3\ u^2\ u\ 1]$($0 \leq u \leq 1$)、$\boldsymbol{B} = [B_1\ B_2\ B_3\ B_4]^T$ 为特征多边形顶点或曲线端点的几何特征;$\boldsymbol{M}$ 可有三种形式,分别对应于三次参数样条、BEZIER 曲线、B 样条曲线。当对应于 B 样条曲线时,有

$$\boldsymbol{M} = \frac{1}{6}\begin{bmatrix} -1 & 3 & -3 & 1 \\ 3 & -6 & 3 & 0 \\ -3 & 0 & 3 & 0 \\ 1 & 4 & 1 & 0 \end{bmatrix}$$

展开式(8-46)可得

$$\boldsymbol{P}(u) = \boldsymbol{R}_3 u^3 + \boldsymbol{R}_2 u^2 + \boldsymbol{R}_1 u + \boldsymbol{R}_0 \quad (8-47)$$

式中:$0 \leq u \leq 1$ 为无量纲步长参数;$\boldsymbol{R}_n(n=0,1,2,3)$ 为三维常矢量。

B 样条曲线插补的目的:求得在一个采样周期 T 内,刀具在样条曲线上截取弦长 f(等于编程进给速度 F 和 T 的乘积)后所到达新的坐标点的坐标。由式(8-47)知,要计算三次 B 样条参数曲线的值,需求解步长参数 u,步长参数确定后,对应的一组位置坐标即可求出。

u 可以是均匀变化的,即取固定步长(等步长插补),此时可获得极高的插补速度,但不能保证恒定的进给速率;如果要求每次插补所形成的弦长相等(等弦长插补),即保持恒进给速率,则 u 必然是不均匀变化的。

在数控加工中,最自然的步长选取方法是等弦长步长,由于在每个采样周期内刀具运行的距离相等,因而是恒速率切削,它符合工艺要求。因此本节以等弦长插补为例推导 B 样条曲线插补算法。

弦长 f 根据加工精度要求由编程进给速度

给定。由式(8-47)可得

$$\Delta P(u)=P(u+\Delta u)-P(u)$$
$$=R_3\Delta u^3+3R_3u\Delta u^2+R_2\Delta u^2+(3R_3u^2+$$
$$2R_2u+R_1)\Delta u \qquad (8-48)$$

根据插补原理

$$f=|\Delta P(u)|$$
$$=|R_3\Delta u^3+3R_3u\Delta u^2+R_2\Delta u^2+(3R_3u^2+$$
$$2R_2u+R_1)\Delta u| \qquad (8-49)$$

由式(8-49)计算步长增量 Δu 需求解高次方程(6次),将包括大量的乘除开方运算,运算耗时太长,这是与数控系统的高实时性要求相矛盾的。为保证步长增量的计算能在一个插补周期内完成,算法应尽量简化。

由于每个步长都是对应于一个插补周期的,弦长相对于整个曲线而言是一个小量,因此,可用弧长 ds 替代弦长 f,由式(8-47),有

$$dP(u)=(3R_3u^2+2R_2u+R_1)du$$
$$ds=|dP(u)|=|3R_3u^2+2R_2u+R_1|du$$

从而

$$\Delta u=du=\frac{ds}{|3R_3u^2+2R_2u+R_1|}$$
$$\approx\frac{f}{|3R_3u^2+2R_2u+R_1|} \qquad (8-50)$$

此时求参数 u 的过程如下:

初始条件

$$u_0=0$$
$$\Delta u_0=\frac{f}{|R_1|}$$

递推过程

$$u_i=u_{i-1}+\Delta u_{i-1} \qquad (8-51)$$
$$\Delta u_i=\frac{f}{|(3R_3u_i+2R_2)u_i+R_1|} \qquad (8-52)$$

用式(8-52)代替式(8-50),可进一步减少乘法次数,提高运算速度。

求出参数 u 后,各插补点坐标可以方便地由式(8-47)给出。同样,把式(8-47)写成下列形式(令 $P_i=P(u_i)$)

$$P_i=((R_3u_i+R_2)u_i+R_1)u_i+R_0$$
$$(8-53)$$

式(8-51)～式(8-53)联合求解,即为三次B样条曲线的等弦长插补递推公式。

9. 曲面直接插补

1)曲面直接插补算法思想

曲面直接插补(Surface Direct Interpolation,SDI)算法思想是在 CNC 上实现曲面加工中连续刀具轨迹的直接插补,正如 CNC 中具有圆弧功能后可对圆直接加工一样,SDI 使得工程曲面也成为 CNC 的内部功能而能直接引用。除简化加工信息外,更为重要的是使 CNC 具有高速高精度加工能力。SDI 算法思想主要有以下几个方面:

(1)在插补中,输入的是零件的面信息,并包括刀具形状补偿,插补获得的是机床轴的运动轨迹,将刀具补偿加以引伸,其半径的变化等价于不同的加工余量,由此实现粗精加工的补偿能力。

(2)在轨迹插补中采用 CNC 系统周期所决定的进给步长直接逼近,其步长取决于加工速度和系统插补周期,是 CNC 原理上的最短直线。而目前 CNC 的加工精度是由 CAM 编程决定的,CNC 只是忠实执行,限于信息量,CAM 编程步长不能过小。因此,直接插补可获得最高加工精度。同时,插补是在 CNC 内部进行,避免了连续微段程序的传输过程,可以实现高速加工运动控制。

(3)由于轨迹插补中考虑了刀具和加工余量的补偿,因此可由操作者根据实际加工情况对工艺参数进行现场修改、调整,以适应具体的加工条件,运用操作者的丰富经验。

2)算法功能

上述思想造成 SDI 类似于 CAM 使 CNC 实现下述功能:

(1)线加工。在光滑且无干涉的曲面 S_i 上,给定曲面曲线的起点、终点 $[P_0,P_e]$,则 CNC 能根据所用刀具和加工余量,沿行切方向实现相应刀具轨迹的插补,完成机床加工运动控制,若将曲面上的一系列边界点做成加工序列 $[P_0,P_e]_k$,辅以适当的进刀和退刀运动并加以组合,就能实现整个区域加工,如图 8-61(a)

所示。其加工语句为

$$Curve = S_i/[P_0,P_e]$$

（2）区域加工。在由对角点$[P_0,P_e]$给出的矩形域曲面S_i上，SDI除完成当前刀具轨迹插补外，还要根据表面允许残余高度自动进行下一走刀的行距确定，并按指定的加工路线方式完成相应的辅助进退刀运动，从而自动完成整张曲面的加工，如图8-61(b)所示。其加工语句为

$$Surf = S_i/[P_0,P_e], Path-type$$

其中：Path-type 为加工路线方式。

SDI共提供3种走刀方式：zig-zag（双向来回走刀）、zig（单向走刀）、close（闭合走刀），默认值为 zig-zag。

在上述定义中，SDI插补类似于APT中的加工语句，其区域加工的表达，除刀具干涉处理外，已与大型CAM的实现内容相同；线加工的表达，在形式上也类似于APT中的轮廓加工语句，其S_i为零件面，P_0、P_e类似于导动面，以两点形式代替原来的离散直线。

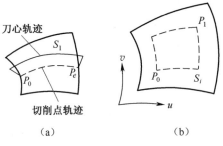
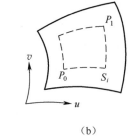
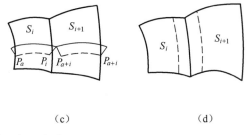

图8-61 曲面加工方式

（3）组合曲面加工。对于复杂组合曲面，可由Surf功能逐片进行加工，完成大部分加工任务，再在边界上按标准NC功能完成干涉区加工，如图8-61(c)所示；也可按线加工方式进行连续加工，如图8-61(d)所示。

按上述定义，整个零件的SDI程序可由简洁的高级语言形式表示，由此构成的CAD/CAM系统有如图8-62所示的3级加工能力。

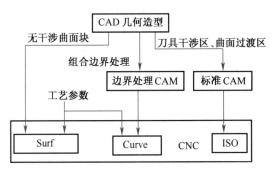

图8-62 新型CNC的工作方式

由上可见，SDI极大地简化了零件加工信息，使CNC能直接使用类似于APT级的直接面向加工问题的高级语言；CAD数据经少量处理即可用于加工，程序简单明了，便于校核和修改；辅以图形功能，可免除昂贵的试切加工；SDI的实现，不仅对CNC本身有利，且可提高整个CAD/CAM的工作效率。

3）SDI算法原理

在CNC上实现SDI功能，核心问题在于插补器的实现，SDI对常规NC插补概念有了较大扩充，它不仅针对轨迹上的进给分量进行脉冲分配，而且包括工艺参数（刀具、余量）和加工过程（加工路线、进退刀）的综合表达。其Surf语句即相当于一曲面片的NC编程和整个CAM过程，而该过程都在CNC内部实时操作下进行，完成一系列的机床运动轨迹插补、行距判别、辅助进退刀处理等，实现整张曲面的加工。

在SDI的实时操作下，主要任务如下：

（1）刀具轨迹插补。它是SDI工作核心，由曲面给出定义，根据刀具形状和加工余量，按指定的进给速度在规定的系统插补周期内实时地插补出机床各轴运动分量，作为伺服驱动的速度指令。其数学表达如下：

设曲面$r_s = r_s(u,v)$，CAD/CAM中的各种参数曲面均可写为

$$r_s = \sum_{i=0}^{m} \sum_{j=0}^{n} x_{i,k}(u) x_{j,k}(v) Q_{i,j} \quad (0 \leqslant u, v \leqslant 1)$$

式中：k 为曲面的阶次，工程实用中 $k=3$；$x(u)$ 为基函数，改变基函数，可分别表示 B 样条、Bezier 等自由曲面。

三坐标加工一般使用球头铣刀，也可使用环形、鼓形和平底刀具，这些刀具均可用 R_1 和 R_2 半径参数来表示，加工余量与刀具补偿关系如图 8-63 所示。设曲面单位法矢为 $\boldsymbol{n}$，加工余量 $\boldsymbol{r}_\delta = b\boldsymbol{n}$，刀具长度补偿 $\boldsymbol{r}_L = (0,0,\Delta L)$，则刀具在工件坐标系下的运动轨迹为

$$\boldsymbol{r}_m(t) = \boldsymbol{r}_s(u(t),v(t)) + \boldsymbol{r}_\delta(t) + R_1\boldsymbol{n} + \overrightarrow{O_1O_2} + \boldsymbol{r}_L(t)$$

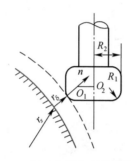

图 8-63　加工余量与刀具补偿关系

轨迹插补的任务是在时间 $t=kT$（T 为插补周期）时，按指定的进给速度 $F(t)$，实时计算机床运动分量，即

$$\Delta\boldsymbol{r}_m(kT) = \boldsymbol{r}_m(kT) - \boldsymbol{r}_m((k-1)T)$$

一般情况下，总希望刀具相对于加工表面成恒速关系，但三坐标加工时，随型面变化刀具在各切削点的切削情况不同。因此，保持恒表面速度不具意义，而应按标准 NC 方式使刀具中心作恒速运动。由机床运动规律有

$$|\Delta\boldsymbol{r}_m(t)| = F(t)T$$

（2）加减速控制。为了在机床启动/停止、轨迹转折、速度变化处作平滑过渡，必须使机床按给定平滑规律进行加减速处理（详见 8.2.7 "加减速控制"）。SDI 采用了常用的线性和指数规律，在切削加工时，使用平滑性好的指数规律，在辅助进退刀时，使用快速性好的直线规律。

设机床时间常数为 τ，则正常时，$F(t)=F_0$；指数加、减速时

$$F(t) = \begin{cases} F_0[1 - e^{-K\tau}], & \text{加速} \\ F_0 e^{-K\tau}, & \text{减速} \end{cases}$$

在加、减速控制中，其指数变化可由递推计算代替指数运算。在加速时，按速度依次递增即可；但在减速时，减速区的判别较为困难，需要重点解决。

在加、减速控制方式中，有插补前加、减速和插补后加、减速方式。其中插补前加、减速方式沿轨迹方向上对速度进行控制，不会造成轨迹误差，但需较复杂的沿弧长方向上的路程计算；而插补后加、减速方式则根据各轴至终点的坐标方向上的差值通过改变回路增益来控制，其减速区计算简单，但会由于各轴伺服特性不一而形成轨迹误差。

由于刀具轨迹是空间曲线，计算其弧长较为困难，而采用按各轴与终点距离的坐标判别方式，则会由于曲线凹凸不定，造成误判别。虽然可将其分段处理，但又会给 SDI 解释和 CAM 造成困难。为解决这些问题，SDI 采用了沿轨迹方向上的加、减速方式，采用快速数值积分计算至终点的弧长来判别减速区，实现高精度的插补前加减速控制方式。

此外，在一般 CNC 中，都假定当前程序段较长，能有充分的减速时间。但如果当前程序段较短且机床速度很高时，则有可能还未达到正常速度就已超过减速区。为此，SDI 在插补过程中，处处根据当前速度进行减速区域监视，以保证具有足够的减速区域。

（3）随加工型面变化的速度修调。SDI 根据型面曲率变化进行速度修调，以提高加工精度。其速度修调可按型面凹、凸两种情况进行考虑。

凹曲面时，刀具轨迹曲率半径为型面曲率半径与刀具半径之差，当两者相差很小时，若仍按正常速度进给，则会造成较大的逼近误差。此外，也会由于速度方向转折太大和机床惯性导致型面成为多角形。其加工情况如图 8-64 所示。忽略三阶扰度影响，在局部域内以最小曲率半径 ρ 作圆近似代替型面轮廓，设刀具半径为 R，插补进给量为 f，则有

$$\delta = (\rho - R)(1 - \cos\theta) \qquad (8-54)$$

$$\theta = \arcsin \frac{f}{2(\rho - R)} \qquad (8-55)$$

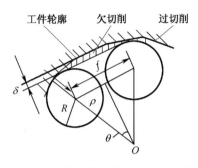

图 8-64 凹曲面曲率较大时的加工情况

当 $\rho \rightarrow R$ 时,即使 f 很小,但其引起的非线性误差仍然不可忽视。因此,必须加以限制,保证逼近误差和速度的平滑过渡。

对此,SDI 做如下修正,在凹曲面时,修调后的实际进给为

$$f_{修调} = \begin{cases} f_{指定} \times \dfrac{\rho - R}{\rho}, & \rho > R \\ 0, & \rho \leqslant R \end{cases}$$

实际上,当 $\rho \leqslant R$ 时,由于刀具半径大于零件曲率半径,已经出现加工干涉,此时应该停机。当 $\rho > R$ 时,将修调后的速度代入式(8-55),有

$$\theta = \arcsin \frac{f_{指定}}{2(\rho - R)} = \arcsin \frac{f}{2\rho} \approx \frac{f}{2\rho} \qquad (8-56)$$

将式(8-56)代入式(8-54),可得此时的逼近误差为

$$\begin{aligned} \delta &= (\rho - R)(1 - \cos\theta) \\ &= (\rho - R)\frac{\theta^2}{2} \\ &= (\rho - R)\frac{f^2}{8\rho^2} \end{aligned}$$

在凸曲面时,由于刀具轨迹为零件曲率半径和刀具半径之和,较为平坦,为提高实时性,SDI 对此未做处理。

(4)切削行宽度的确定。切削行宽度 d 的合理与否,对加工效率和表面质量有着重要影响。切削行宽度需按两条曲面曲线的最小距离

确定,保证残留高度 h 符合加工要求,如图 8-65 所示。严格计算要涉及曲面形状,计算量大,但意义不大。SDI 采用简化算法,在局部区域上以平面近似代替曲面,计算另一方向参数增量,这也是许多 CAM 中的实际算法,即

$$d \approx 2\sqrt{2Rh - h^2}$$

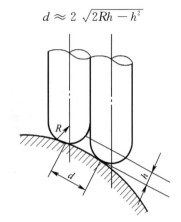

图 8-65 行间残留高度

在精加工时,由于行距不大,可获得满意的效果,为能按轨迹全长考虑,SDI 中使用了以 32ms 为中断周期的行距监视,来获得行方向全长上的最小增量控制。

8.2.7 加减速控制

8.2.7.1 加减速控制的目的

为了保证机床在启/停或速度突变时不产生冲击、失步、超程或振荡,数控系统必须对送到伺服电动机的进给脉冲频率或电压进行控制。在机床启动及进给速度大幅度上升时,控制加在伺服电动机上的进给脉冲频率或电压逐渐增大;而当机床停止或进给速度大幅度下降时,控制加在伺服电动机上的进给脉冲频率或电压逐渐减小。

在 CNC 装置中,加减速控制多用软件实现。这种用软件实现的加减速控制可以放在插补前进行,称插补前加减速;也可以放在插补后进行,称插补后加减速。

8.2.7.2 插补后加减速

根据使用情况不同,插补后加减速可选择

指数加减速控制算法、直线加减速控制算法或其他加减速控制算法。

1. 指数加减速控制算法

指数加减速控制可使进给速度按指数规律上升或下降，如图 8-66 所示。

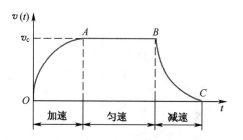

图 8-66　指数加减速控制的速度-时间关系

加速时　　　　　　$v(t) = v_c(1 - e^{-t/\tau})$

匀速时　　　　　　$v(t) = v_c$

减速时　　　　　　$v(t) = v_c e^{-t/\tau}$

式中：τ 为时间常数；v_c 为稳定速度。

图 8-67 是指数加减速控制原理图。图中 T 为采样周期，它在算法中控制加减速运算在每个采样周期内运行一次。误差寄存器 E 的作用是对每个采样周期的输入速度 v_c 与输出速度 v 之差 $(v_c - v)$ 进行累加，累加结果一方面存于误差寄存器供下次使用，另一方面与 $1/\tau$ 相乘，乘积作为当前采样周期加减速控制的输出 v。同时，v 又反馈到输入端，准备下一次采样周期重复上述过程。

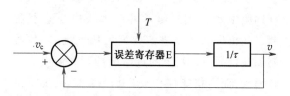

图 8-67　指数加减速控制原理

上述加减速过程可用迭代公式来描述：

$$\begin{cases} E_i = \sum_{K=0}^{i-1}(v_c - v_k)T \\ v_i = E_i \dfrac{1}{\tau} \end{cases} \qquad (8-57)$$

式中：E_i、v_i 分别为第 i 个采样周期误差寄存器 E 中的值和输出速度值。迭代初值 E_0、v_0 为零。

可以证明式(8-57)实现的是指数加减速

控制。只要 T 取得足够小（一般为 8ms 左右），式(8-57)可近似为

$$\begin{cases} E(t) = \int_0^t [v_c - v(t)]dt \\ v(t) = \dfrac{1}{\tau} E(t) \end{cases} \qquad (8-58)$$

对式(8-58)求导，得

$$\begin{cases} \dfrac{dE(t)}{dt} = v_c - v(t) \\ \dfrac{dv(t)}{dt} = \dfrac{1}{\tau}\dfrac{dE(t)}{dt} = \dfrac{1}{\tau}(v_c - v(t)) \end{cases}$$
$$(8-59)$$

由式(8-59)得

$$\frac{dv(t)}{v_c - v(t)} = \frac{dt}{\tau}$$

两端积分，得

$$\frac{v_c - v(t)}{v_c - v(0)} = e^{-t/\tau} \qquad (8-60)$$

加速时，$v(0) = 0$，故

$$v(t) = v_c(1 - e^{-t/\tau})$$

匀速时，$t \to \infty$，有

$$v(t) = v_c$$

减速时输入为 0，$v(0) = v_c$，由式(8-60)得

$$v(t) = v(0)e^{-t/\tau} = v_c e^{-t/\tau}$$

证毕。

若令 $\Delta S_i = V_i T$，$\Delta S_c = V_c T$，则 ΔS_i 为第 i 个采样周期加减速输出的位置增量值，ΔS_c 为每个采样周期加减速的输入位置增量。将 ΔS_i 和 ΔS_c 代入式(8-57)，得

$$E_i = \sum_{k=0}^{i-1}(\Delta S_c - \Delta S_k) = E_{i-1} + (\Delta S_c - \Delta S_{i-1})$$
$$(8-61)$$

$$\Delta S_i = E_i \frac{T}{\tau} \qquad (8-62)$$

式(8-61)和式(8-62)就是实用的数字增量式指数加减速迭代公式。

2. 直线加减速控制算法

直线加减速控制机床在速度突变时，速度沿一定斜率的直线上升或下降。如图 8-68 所示，速度变化曲线是 $OABC$。

直线加减速控制分为如下 5 个过程：

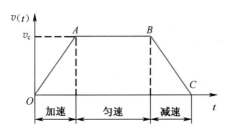

图 8-68　直线加减速控制

（1）加速过程。若输入速度 v_c 与输出速度 v_{i-1} 之差大于或等于一个常值 K_L 时，即 $v_c - v_{i-1} > K_L$ 时，则使输出速度增加 K_L 值，即

$$v_i = v_{i-1} + K_L$$

式中：K_L 为加减速的速度阶跃因子。显然在加速过程中，输出速度沿斜率为 K_L/T 的直线上升（T 为采样周期）。

（2）加速过渡过程。若输入速度大于输出速度 v_{i-1}，但其差值小于 K_L 时，即 $0 < v_c - v_{i-1} < K_L$ 时，改变输出速度，使其等于输入速度，即

$$v_i = v_c$$

（3）匀速过程。在这个过程中，输出速度维持不变，系统进入稳定状态，即

$$v_i = v_{i-1}$$

（4）减速过程。若输入速度 v_c 与输出速度 v_{i-1} 的差值大于 K_L，且 $v_c < v_{i-1}$ 时，即 $v_{i-1} - v_c > K_L$ 时，改变输出速度，使其减小 K_L 值，即

$$v_i = v_{i-1} - K_L$$

在减速过程中，输出速度沿斜率为 $-K_L/T$ 的直线下降。

（5）减速过渡过程。若输入速度 v_c 小于输出速度 v_{i-1}，但其差值不足 K_L 时，即 $0 < v_{i-1} - v_c < K_L$ 时，改变输出速度，使其等于输入速度，即

$$v_i = v_c$$

无论是直线加减速还是指数加减速，都必须保证系统不产生失步和超步，这是由采用位置误差累加器来解决的。加速过程中，用位置误差累加器记忆由于加速延迟失去的位置增量之和，在减速过程中，又将位置误差累加器中的位置增量和按一定规律（指数或直线）逐步释放，以保证在加减速过程全部结束时，机床到达指定的位置。

插补后，加减速控制在插补输出为 0 时开始减速，无需预测减速点，因而算法简单。但由于它对各坐标轴分别进行控制，在加减速过程中各坐标轴的实际合成轨迹就可能偏离编程理论轨迹，位置精度受到影响，这种影响只有在系统处于匀速状态时才不存在。要想获得不影响位置精度的插补输出，最好采用插补前加减速控制。

8.2.7.3　插补前加减速

插补前加减速对合成速度——编程速度 F（mm/min）进行控制，当机床启/停或切削过程中发生速度突变时，使合成进给速度按一定规律逐步上升或下降，自动完成加减速控制。下面主要介绍插补前线性加减速控制原理。

1. 稳定速度和瞬时速度

稳定速度在这里指系统处于稳定进给状态时每个插补周期 T 的进给量。在数控系统中零件程序段中用 F 指令的进给速度（mm/min）或由参数设定的快进速度（mm/min），需要转换为每个插补周期的进给量。稳定速度的计算公式为

$$f_s = \frac{TKF}{60}$$

式中：f_s 为稳定速度；T 为插补周期；K 为速度系数，包括快速倍率、切削进给倍率等。

此外，稳定速度计算完要进行速度限制检查，若 f_s 大于由参数设定的最大速度，则以最大速度取代稳定速度。

瞬时速度是指系统在每个插补周期内的进给量。系统在稳定状态时，瞬时速度 $f_i = f_s$；当系统处于加速（或减速）时，$f_i < f_s$（或 $f_i > f_s$）。

2. 线性加减速控制

加减速率（或称加速度 a）分快速进给和切削进给两种，快速进给时 a 可以大一些，而切削进给时 a 应该小一些，以保证加工精度。它们

必须作为机床的参数预先设置好。系统每插补一次都要计算稳定速度、瞬时速度并进行加减速处理。

1) 加速处理

当计算出的稳定速度 f_s' 大于原来的稳定速度 f_s 时,则要进行加速处理。每加速一次,瞬时速度 $f_{i+1} = f_i + aT$。新的瞬时速度参加插补运算,对各坐标轴进行分配,直至加速到 f_s' 为止。

2) 减速处理

当计算出的稳定速度 f_s' 小于原来的稳定速度 f_s 时,则本程序段要进行减速处理。系统每插补一次,都要进行终点差别,计算出当前位置离开终点的瞬时距离 S_i,并检查是否已到达

减速区域 S。若已达到,则开始减速,每减速一次,瞬时速度 $f_{i+1} = f_i - aT$。新的瞬时速度参加插补运算,对各坐标轴进行分配,直到减速到新的稳定速度 f_s'。

当新、旧稳定速度为 f_s' 和 f_s 时,可求得减速区域,即

$$S = \frac{f_s^2 - f_s'^2}{2a}$$

若需要提前一段距离开始减速,可将提前量 ΔS 作为参数设置好,由下式计算 S,即

$$S = \frac{f_s^2 - f_s'^2}{2a} + \Delta S$$

插补前加减速处理原理框图如图 8-69 所示。

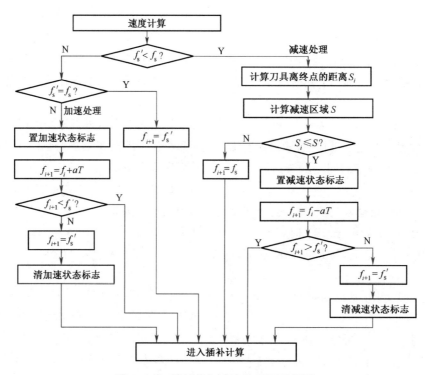

图 8-69　插补前加减速处理原理框图

3. 插补瞬时点离开终点的瞬时距离的计算

1) 直线插补时 S_i 的计算

如图 8-70 所示,设刀具沿 OP_e 作直线运动,P_e 为程序段终点,$A(x_i, y_i)$ 为某一瞬时点。X 为长轴,刀具在 X 方向上离终点的距离为 $|X_e - X_i|$。因为长轴与刀具移动方向的夹角是定值,且 $\cos\alpha$ 的值已计算好。因而,瞬时点 A

离终点 P_e 的距离 S_i 为

$$S_i = |X_e - X_i| \frac{1}{\cos\alpha}$$

2) 圆弧插补时 S_i 的计算

(1) 当程序圆弧对应的圆心角小于 π 时,瞬时点离圆弧终点的直线距离越来越小,如图 8-71(a) 所示。$A(X_i, Y_i)$ 为顺圆插补时圆弧上某

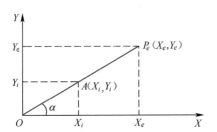

图 8-70　直线插补 S_i 的计算

一瞬时点，$P_e(X_e,Y_e)$ 为圆弧终点，$|AM|=|X_e-X_i|$ 为 A 点在 X 方向离开终点的距离；$|MP_e|=|Y_e-Y_i|$ 为 A 点在 Y 方向离终点的距离，则 A 点离终点的距离 $S_i=|AP_e|$，即

$$S_i=\sqrt{(X_e-X_i)^2+(Y_e-Y_i)^2}$$

（2）当编程圆弧对应的圆心角大于 π 时，设 P_0 为圆弧起点，B 为离终点 P_e 的弧长所对应的圆心角等于 π 的分界点，A 点为插补到离终点的弧长所对应的圆心角小于 π 时的某一瞬时点，如图 8-71(b) 所示。显然，此时插补点离圆弧终点的距离 S_i 的变化规律：当从圆弧起点 P_0 开始插补到 B 点时，S_i 越来越大，此时可不计算 S_i，直到 $S_i=2R$；当插补越过分界点 B 后，S_i 越来越小，此时情况与（1）相同，需判定插补点是否到达减速区域。

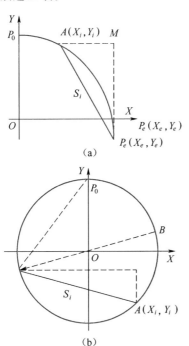

(a)

(b)

图 8-71　圆弧插补 S_i 的计算

8.2.8　位置控制原理

位置控制是进给伺服系统的重要组成部分，是保证位置控制精度的重要环节。位置控制按其结构可分为开环控制和闭环控制两大类。

位置控制功能的实现既可以在 CNC 装置内完成，也可以在 CNC 装置外完成，这取决于数控系统的配置。在开环数控系统和配置数字式交流伺服单元的闭环数控系统中，位置控制是在伺服单元内完成的；在配置模拟式交流伺服单元和直流伺服单元的闭环数控系统中，位置控制是在 CNC 装置内完成的。

为了不影响本章内容的完整性，本章有必要对数控系统中位置控制进行简单介绍。

1. 开环位置控制

开环位置控制一般以功率步进电动机作为驱动装置。其驱动控制电路将插补输出的进给脉冲序列转换为具有一定方向、大小和速度的步进电动机转角位移，并通过丝杠传动带动机床运动部件（工作台或刀架）按所要求的速度、轨迹、方向和距离移动（一个脉冲控制步进电动机转动一步，相应地，控制运动部件移动一个脉冲当量），插补输出脉冲与机床运动部件位移的关系如下：

（1）脉冲个数对应位移量；

（2）脉冲频率对应位移速度；

（3）脉冲方向对应位移方向；

（4）脉冲输出的次序对应位移轨迹形状。

步进电动机的驱动控制电路主要由环形分配器、加减速电路和功率放大器组成。环形分配器的作用是把来自 CNC 插补输出的指令脉冲按一定规律分成若干路电平信号，去激励步进电动机的几个定子绕组，控制步进电动机的转子按顺时针或逆时针方向转动；加减速电路的作用是使控制加到环形分配器的指令脉冲的频率平滑上升与下降，以适应步进电动机的驱动特性；功率放大器的作用是将通电状态弱电信号经过功率放大，控制步进电动机各相绕组电流按一定顺序切换,使步进电动机运转。

步进电动机的详细结构和工作原理将在本书后续章节详细介绍。

2. 闭环位置控制

1) 位置环

闭环位置控制一般以交流或直流伺服电动机作为驱动装置。在这类控制中,驱动装置和CNC单元、伺服单元、测量装置一起组成位置控制回路,称为位置环。这个回路无论是闭环还是半闭环,都是由软件和硬件两部分组成的。

图 8-72 是以编码器为位置测量装置的典型 CNC 位置环。图中三个虚线框由外到内分别为位置环、速度环和电流环(力矩环)。根据位置环、速度环和电流环所处理的信息是数字量还是模拟量,闭环和半闭环位置控制可分为模拟式(三环信息均为模拟量)、全数字式(三环信息均为数字量)和混合式(位置环处理数字量、速度环和电流环处理模拟量)几种。本章以混合式位置控制为例说明闭环位置控制原理,其他方式将在后续章节中详细介绍。

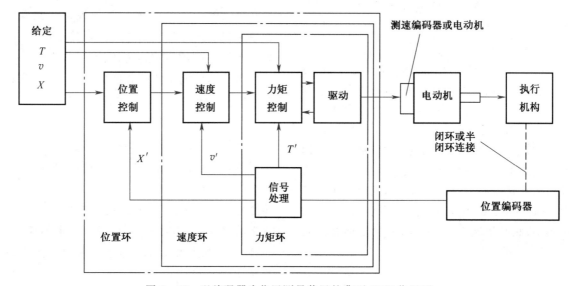

图 8-72　以编码器为位置测量装置的典型 CNC 位置环

混合式位置环的工作原理:位置环中的位置控制程序(位置调节器)每个采样周期执行一次,读入由插补计算和倍率调整后的理论位置 X(每个坐标轴分别有一个位置环,图中以 X 轴为例);并采样由位置测量组件(位置测量装置及其信号处理电路)反馈的实际位置 X'(如果是半闭环,还需经误差补偿生成真正的坐标轴实际位置);理论位置与实际位置相比较求得跟随误差;根据跟随误差采用相应的控制算法算出速度指令(数字量),作为速度环的输入理论速度 v。

速度环和电流环的工作原理与位置环基本相同。速度环根据位置环输出理论速度 v 与采样实际速度 v' 的差值,计算电流环的输入理论力矩 T(与电流成正比);电流环从速度环的输出获得理论力矩 T,从电流反馈环节获得实际的力矩 T',经过一定的计算为驱动电动机提供控制信号,按要求控制相应轴的运动。

速度环中可用测速发电动机或编码器作为速度检测装置。当用编码器检测速度时,编码器必须连接于电动机以减少传动链误差;而位置控制用码盘可连接于电动机,也可连接于丝杠。

在一个采样周期内,位置环、速度环和电流环的输出指令值保持不变。

在数控系统中,位置环、速度环和电流环分别隶属于数控单元和伺服单元。各环的任务具体由谁完成,则取决于伺服单元的类型。采用速度控制接口的模拟式交、直流伺服单元时,由于伺服单元内含速度环和电流环,位置环包含在数控单元内;采用电流控制接口的模拟式伺服单元时（这种情况应用较少，如 Siemens 的 611A 伺服单元），由于伺服单元内只含电流环，位置环和速度环都由数控单元实现；采用位置控制接口的数字式交流伺服单元时，由于伺服单元内含位置环、速度环和电流环，数控单元只需提供向伺服单元输出插补指令的接口即可。

随着加工精度和加工速度要求的提高，传统的模拟伺服驱动将逐渐被智能化的数字伺服驱动所取代，它一方面集成了轴控制的全部功能，另一方面还集成了参数处理、监控和诊断等先进功能。数字式伺服驱动系统的结构如图 8－73 所示。

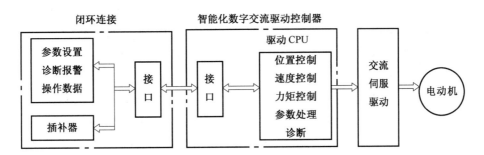

图 8－73　数字式伺服驱动系统的结构

数字式伺服的接口必须满足实时控制的要求，以及满足命令、反馈值、用户参数、内部监测数据和诊断数据在交换时的同步要求。适合的接口规范有 SERCOS、INTERBUS－S、PROFIBUS 和 CAN 等。

2）位置环的数学模型

由控制理论可知，计算机数字采样离散控制系统与无采样器的相应的连续控制系统有着完全相同的无差度和误差特性。

在图 8－72 中，测量装置（位置编码器）采样实际位置，送入位置测量组件，这一路可简化为增益为 1 的线性环节。而速度环和执行机构可用下述传递函数表示：

$$G(s) = \frac{K_M e^{-T_d s}}{s(1+\tau s)}$$

式中：K_M 为速度环增益；τ 为电动机的时间常数；T_d 为停滞时间。

于是图 8－72 中的位置环可用拉普拉斯变换后的简化框图 8－74 表示。$X(s)$ 和 $X'(s)$ 分别表示输入量和输出量的拉普拉斯变换，T 是采样周期，而 $G_h(s) = \dfrac{1-e^{-Ts}}{s}$ 是系统中数据缓冲器的传递函数，它相当于零阶保持器。

由图 8－74 可知，CNC 的位置环是一个一

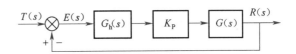

图 8－74　位置环的拉普拉斯变换简化框图

阶无静差系统，对于典型的外作用——匀速斜坡输入（直线插补时）$X(t)=vt$ 的稳态误差为一常量 E，称为跟随误差，且

$$E = \frac{v}{K_V} \tag{8-63}$$

式中：$K_V = K_P K_M$，为位置环增益（K_P 为由位置调节器引入的调整增益）；v 为运动速度。

如图 8－75（a）所示，曲线 1 是直线插补时 X 轴的位置指令输入 $X(t)=vt$，其斜率 v 是该轴的恒定进给速度指令。曲线 2 是 X 轴实际运动的位置-时间关系曲线。从起点开始，速度环接收来自位置控制器的指令速度 v，如图 8－75（b）所示。执行部件的实际速度并不能立即达到指令速度值 v，而是从零逐渐上升，如图 8－75（c）所示，在 t_a 时刻达到 v 值，以后就稳定在此速度值上运行。从此系统进入稳态，指令位置曲线与实际位置曲线斜率相同，但两者的瞬时位置有一恒定的滞后（实际位置总是滞后于指令位置），即存在跟随误差。在 t_e 时刻，位置指令

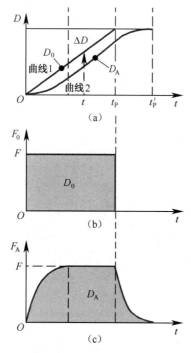

图 8-75 闭环系统的跟随误差及速度相应

到达指令值 X_e，指令速度下降至零，但是执行部件的实际速度只能逐渐下降，在 t_e' 时刻达到零，相应地实际位置到达指令终点 X_e。

在坐标轴运动期间，跟随误差是在不断变化的，它由执行部件升速启动时的零值逐渐增大到某一稳态值，称为稳态位置误差。当执行部件减速并停止时，它由稳态值逐渐减小到零。

由式(8-63)可知，K_V 是已知数，只要知道位置环的跟随误差 E，就可求得运动速度 v。下面介绍跟随误差的求法。

3）跟随误差的计算

跟随误差的计算方法有绝对方式和增量方式两种。采用绝对方式时，利用下式按坐标轴分别进行：

$$E_i = X_i - X_i'$$

式中：X_i 为指令位置；X_i' 为反馈实际位置；i 表示第 i 个采样周期。

这种方法比较明了，但在计算中有不方便之处。多数 CNC 系统中跟随误差计算是按采样周期的增量方式进行的，第 i 周期的跟随误差按下式计算：

$$E_i = E_{i-1} + \Delta X_i - \Delta X_i'$$

式中：E_i 为本周期计算的当前跟随误差；E_{i-1} 为前一周期计算的跟随误差；ΔX_i 为插补输出的本周期 X 轴位置增量命令；$\Delta X_i'$ 为反馈计算的本周期 X 轴实际位置增量（等于计数器增量与反馈分辨力的乘积）。

计算出的跟随误差 E_i 供位置控制程序进行位置调节，实现基于偏差的位置控制。

4）速度指令的计算

由式(8-63)得

$$v = K_V E = K_P K_M E \qquad (8-64)$$

从式(8-64)可知，由当前的跟随误差可以确定系统能够产生的工作台或刀架运动速度。

若把其中由位置调节器计算的部分称为速度指令或进给速度的数字量 v_{cmd}，则 v_{cmd} 由位置环调节计算并经 D/A 转换器输出，变成 $-10V \sim 10V$ 的模拟电压，作为速度环的输入。v_{cmd} 的表达式为

$$v_{cmd} = K_P E$$

在 CNC 系统中，也可采用变增益控制，使系统在不同的条件下都具有最佳的增益，增益转折的数目由伺服的特性要求确定。

典型的如采用双增益控制，以适应伺服系统轮廓加工和快速移动两种不同的工作状态。在轮廓加工时，在满足系统稳定的条件下使 K_V 尽可能高，从而保证较好的轮廓精度；在坐标轴快速移动时，适当降低位置环增益，而允许增大跟随误差，以获得较高的速度，从而提高机床的利用率。图 8-76 表示了双增益控制下速度指令与跟随误差的关系，图中折线的斜率是位置环增益，斜率发生变化的点称为增益转折点。

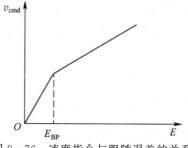

图 8-76 速度指令与跟随误差的关系

$$\begin{cases} v_{cmd} = K_{P1}E, & \text{轮廓区} \\ v_{cmd} = K_{P1}E_{BP} + K_{P2}(E - E_{BP}), & \text{快进区} \end{cases}$$

式中：E_{BP} 为增益转折点的跟随误差，它选取略大于对应于最大加工速度的跟随误差值；K_{P1}、K_{P2} 为增益转折前后的软件控制增益，是基本的机床参数，一般情况下 $K_{P2} < K_{P1}$。

5）进给速度监控

在闭环 CNC 系统中，若发生反馈断开故障，系统实际上成为开环状态，没有位置反馈增量从命令增量中减去，跟随误差会越来越大，直至溢出，以至引起过量的进给速度而造成事故；在驱动装置失效时，也会发生误差累积引起的速度冲击振荡。为避免上述现象的发生，系统软件要进行进给速度监控，当任一轴的 v_{cmd} 超过允许范围，置紧停标志并进行紧停处理，同时显示错误号码，从而避免跟随误差故障。

6）闭环位置控制流程

综上所述，闭环位置控制（以 X 轴为例）的计算流程如下：

（1）计算指令位置 X_i。进行指令位置增量 ΔX_i 累加，即

$$X_i = X_{i-1} + \Delta X_i$$

式中：X_{i-1} 为上一周期的指令位置；ΔX_i 为插补输出的一个位控周期的进给量经倍率调整后的指令位置增量（如果插补周期与位控周期不相等，应把一个插补周期的进给量均分为若干个位控周期的进给量，如当插补周期为 4ms，位控周期为 2ms 时，则应把插补输出进给量除以 2）。

（2）软件限位检查。若指令位置超出系统参数设定的范围（$X_{max} \sim X_{min}$），则进行报警处理，中断位置控制流程。

（3）计算实际位置 X'_i。包括反馈实际位置增量 $\Delta X'_i$ 的累加、反向间隙 σ 的补偿、螺距误差 δ_i 的补偿，即

$$X'_i = X'_{i-1} + \Delta X'_i + (\sigma) + (\delta_i)$$

注意：反向间隙 σ 的补偿、螺距误差 δ_i 的补偿并不是每次均参与计算，详细处理可参考 8.2.9 节。

（4）计算跟随误差 E。计算实际位置相对于指令位置的滞后值，即

$$E_i = E_{i-1} + \Delta X_i - \Delta X'_i - (\sigma + \delta_i)$$

（5）计算速度指令值 v_{cmd}。根据跟随误差 E，按给定的调节算法 $f()$，进行调节运算，即

$$v_{cmd} = f(E)$$

这里调节算法 $f()$ 可以是比例调节、比例加前馈调节，或其他较复杂的调节算法，如变结构调节、自适应调节、模糊控制调节、人工神经网络调节等，不过目前用得最多的是比例加前馈调节。

（6）对速度指令值进行零漂误差补偿。计算的速度指令值还需进行零漂误差 ΔS 补偿，得到修整后的速度指令值 v_{cmd}，即

$$v_{cmd} = v_{cmd} + \Delta S$$

闭环位置控制程序的运算流程如图 8-77 所示。

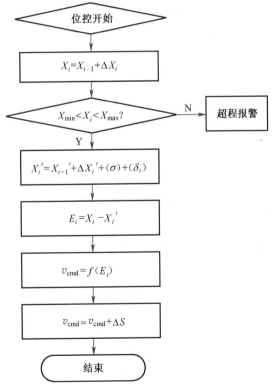

图 8-77 闭环位置控制程序的运算流程

8.2.9 误差补偿原理

本节主要介绍齿隙补偿和螺距误差补偿的原理和方法。

1. 齿隙补偿

齿隙补偿又称反向间隙补偿。机械传动链在改变转向时,由于齿隙的存在,会引起伺服电动机的空转,而无工作台的实际移动,又称失动。在开环和半闭环位置控制系统中,这种齿隙误差对机床加工精度具有很大的影响,必须加以补偿。CNC系统是在位控程序计算反馈位置增量 $\Delta X_i'$ 的过程中加入齿隙补偿以求得实际反馈位置增量的。各坐标轴的齿隙值被预先测定好,作为基本机床参数,以伺服分辨力为单位常驻内存。每当检测到坐标轴改变方向时,自动将齿隙补偿值加到由反馈元件检测到的反馈位置增量中,以补偿因齿隙引起的失动。齿隙补偿在坐标轴处于点动方式时同样有效。图8-78为齿隙补偿原理框图。

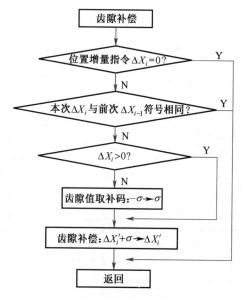

图 8-78　齿隙补偿原理框图

2. 螺距误差补偿

现代数控机床一般都是以伺服电动机直接带动滚珠丝杠来进行轨迹控制的,这避免了由于多级齿轮传动带来的累积误差,而且改善了传动系统的动态特性,减小了不稳定因素的来源。但滚珠丝杠的螺距不可能绝对准确,加上热、摩擦及扭转等的影响,势必存在误差。这种螺距误差的存在使得控制装置反馈计算的位置信息与坐标轴实际位置存在差别。螺距误差补

偿的目的就在于修正这种差别,使得由反馈量计算的位置信息与工作台的实际位置严格一致,从而最大限度地提高定位精度。螺距误差补偿可分为等间距螺距误差补偿和存储型螺距误差补偿两种。

1) 等间距螺距误差补偿

等间距是指补偿点间的距离相等。等间距螺距误差补偿选取机床参考点作为补偿的基准点,机床参考点由反馈系统提供的相应基准脉冲来选择,具有很高的准确度,是机床的基本参数之一。在实现软件补偿之前,必须测得各补偿点的反馈增量修正(Incremental Feed Correrction,IFC)值 δ_i,以伺服分辨力为单位存入 IFC 表。较高精度的 CNC 系统,一般采用激光干涉仪测量的实际位置值与发送的命令位置值相比较得到相应补偿点的 IFC 值 δ_i,即

$$\delta_i = \frac{数控指令命令值 - 实际位置值}{伺服分辨率}$$

一个完整的 IFC 表要一次装入,一般不宜在单个补偿点的基础上进行修改。在数控机床寿命期间,当其完整性遭到破坏时,可定期刷新 IFC 表,使机床精度方面的变化能得到调整。

螺距误差补偿程序一般包含在位控程序中。在控制系统算出反馈的工作台当前位置时,调用螺距误差补偿程序,实现反馈增量的补偿及位置的补偿。

等间距螺距误差补偿的软件实现过程如下:

(1) 计算工作台离开补偿基准点(参考点)的距离:

$$D_i = X_i' - X_{REF}$$

式中:D_i 为本采样周期计算的 X 轴离开补偿基准点的距离;X_i' 为本采样周期计算的 X 轴绝对位置;X_{REF} 为 X 轴补偿基准点(机床参考点)绝对位置。

(2) 确定当前位置所对应的补偿点序号 N_i:

$$N_i = \left[\frac{D_i}{校正间隔}\right]$$

式中:[]表示取整数部分,校正间隔在确定 IFC 值时确定,且恒为正数,N_i 可正可负。

(3) 判断当前位置是否需要补偿。若 $N_i =$

N_{i-1}，无需补偿；否则，需要补偿。

（4）查 IFC 表，确定补偿点 N_i 上的补偿值。当坐标轴运动方向与补偿方向一致时，补偿值取 δ_i；否则，取 $-\delta_i$。

（5）修正位置反馈增量：

$$\Delta X'_i = \Delta X_i + \delta_i$$

通过螺距误差补偿，定位误差大幅度减小。

由于等间距螺距误差补偿各坐标轴的补偿点数及补偿点间距是一定的，通过给补偿点编号，能很方便地用软件实现。但这样的补偿，由于补偿点位置定得过死而缺少柔性，要想获得满足机床工作实际需要的补偿，最好使用存储型螺距误差补偿。

2）存储型螺距误差补偿

由于机床各坐标的长度不同，同一坐标轴的磨损区间也不一样，往往坐标轴的中间区域精度丧失得快，两端则磨损较少。等间距螺距误差补偿方法暴露了这种缺陷，坐标轴两端的补偿点显得浪费，而中间部分显得不够。因此，引进存储型螺距误差补偿很有必要，在总的补偿点数不变的情况下，各轴分配的补偿点数及每轴上补偿点的位置完全由用户自己定义，这使得补偿点的使用效率得到提高，符合机床工作的实际需要。

存储型螺距误差补偿是以牺牲内存空间为代价来换取补偿的柔性的。在等间距螺距误差补偿时，一个补偿点一般只需要在内存中占用 1 个～2 个字节存储补偿点的补偿值，而在存储型螺距误差补偿时，一个补偿点一般需要至少 4 个～6 个字节存储一个补偿点的信息，其中 3 个～4 个字节（所需的字节数由机床坐标轴范围确定）用以存储补偿点坐标，1 个～2 个字节存储相应的补偿值。

存储型螺距误差补偿在位控程序计算出坐标现时位置后，判断是否越过一个补偿点来决定是否进行补偿。

8.3 计算机数控装置的硬件结构

8.3.1 计算机数控装置的硬件组成

无论 CNC 装置的体系结构如何，概括起来其硬件有计算机、接口、电源等组成部分。

8.3.1.1 计算机部分

计算机是 CNC 装置的核心，主要包括微处理器（CPU）和总线、存储器、外围逻辑电路等。这部分硬件的主要任务是对数据进行算术和逻辑运算，存储系统程序、零件程序和运算的中间变量以及管理定时与中断信号等。

1. 微处理器

CPU 主要完成信息处理，包括控制和管理两个方面的任务。

控制任务对输入到 CNC 装置中的各种数据、信息（零件加工程序，I/O 信息等）进行相应的算术和逻辑运算，包括译码、刀补计算、速度计算、插补计算和位置控制等，并根据运算结果，通过各种接口向外围设备发出控制命令，传送数据，使用户的指令得以执行。

管理任务主要负责系统资源管理和任务的调度、零件程序管理、人机界面管理、显示、诊断等任务，以保证 CNC 装置内各功能部件的协调运作。

CNC 装置中的 CPU 从最初的 8 位逐步发展到 16 位、32 位及 64 位，性能不断提高。选用时根据实时控制、指令系统、数据宽度、寻址能力、运算速度、存储容量、升档可能性、软件配置等方面考虑并兼顾经济性。

2. 总线

总线由一组传送数字信息的物理导线组成，是 CPU 与外围电路连接的信息公共传输线，即 CNC 装置内进行数据或信息交换的通道，通过它可以把各种数据和命令传送到各自要去的地方。

总线包括控制总线、地址总线和数据总线。

（1）数据总线是数据交换的通道，其上传输的是要交换的数据，数据总线的根数与数据宽度（位数）相等，通常 CPU 的位数指的就是数据总线的根数，数据总线是双向总线，即数据可向不同方向传输，数据走向由地址总线和控制总线决定。

（2）地址总线传送的是数据存放地址，用来确定数据总线上数据的来源地或目的地，地址总线是单向总线。

（3）控制总线是一组传送管理或控制信号的总线（如数据的读/写、控制、中断、复位及各种确认信号等），用来确定数据总线上信息流时间序列，控制总线是单向总线。

3. 存储器

存储器是用来存放数据、参数和程序的。

计算机领域的存储器件有如下三类：

（1）磁存储器件，如软/硬磁盘（读/写）；

（2）光存储器件，如光盘（只读）；

（3）电子（半导体）存储器件，如 ROM、PROM、EPROM（只读存储元件），RAM（易失性随机读写存储元件），E^2PROM、FLASH、带后备电池的 RAM（非易失性读写存储元件）等。

前两类一般用作外存储器，其特点是容量大、价格低。电子存储器件一般用作内存储器，其价格高于前两类。

在 CNC 装置中，外存储器和内存储器一般都选用电子存储器件。这是因为 CNC 装置的工作环境有可能受到电磁干扰，磁性器件的可靠性低，而电子存储器件的抗电磁干扰能力相对来讲要强一些。

系统程序存放在只读存储器（ROM 或 EPROM）中，通过专用的写入器由生产厂家写入程序，即使断电，程序也不会丢失。程序只能被 CPU 读出，不能写入。必要时可擦除后重写。

运算的中间变量、需显示的数据、运行中的标志信息等存放在随机存储器 RAM 中，它能随机读/写，断电后信息就消失。

加工的零件程序、机床参数、刀具参数等存放在有后备电池的 RAM 或 FLASH 中，能被随机读出，还可根据操作需要写入或修改，断电后信息仍保留。

在基于 PC 的 CNC 装置中，常把上述各类电子存储器组成电子盘，按磁盘的管理方式进行管理，并作为一个插卡插在计算机的系统总线上的。

4. 外围逻辑电路

外围逻辑电路包括定时逻辑电路、中断控制逻辑电路等，负责产生和管理定时或随机中断信号，如采样定时中断、键盘中断、阅读机中断等。

其中定时逻辑电路一般由 Intel 8253（8254）可编程定时/计数器实现；中断控制逻辑电路一般由 Intel 8259A 可编程中断控制器实现。如图 8-79 为 Intel 系列 PC 的硬件中断结构图。由图可知，硬件中断通过两片 Intel 8259 中断控制器可管理 15 级中断，其中 U_1 为主片，U_2 为从片，主片 IRQ_0 为系统最高优先级的硬件中断。

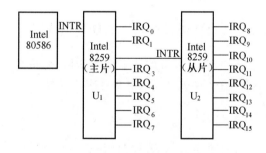

图 8-79　PC 的硬件中断结构图
IRQ_n—定时中断；IRQ_1—键盘中断。

8.3.1.2　接口部分

1. 外设接口

外设接口的主要功能是把零件程序和机床参数通过外设输入 CNC 装置或从 CNC 装置输出。常用的外设有纸带阅读机、穿孔机、电传机、磁带机、磁盘等，相应的 CNC 装置有纸带阅读机接口、穿孔机接口等。

现代数控系统的 CNC 装置还提供完备的

数据通信接口,除了具有 RS-232C 接口或 20mA 电流环接口外,还有 RS-422 和 DNC 等多种通信接口以及网络通信接口用于与其他 CNC 系统或上级计算机直接通信。

2. 面板和显示接口

这一部分接口是连接 CNC 装置与操作装置的接口,主要用于控制 MDI 键盘、机床控制面板、数码显示、CRT 显示、手持单元等。操作者的手动数据输入、各种方式的操作、CNC 的结果和信息显示都要通过这部分电路使人和 CNC 装置建立联系,即实现人机交互。

3. 伺服输出和位置反馈接口

这部分接口的功能是实现 CNC 装置与伺服驱动系统和测量装置的连接,完成位置控制。位置控制的性能取决于这部分硬件。

1) 位置反馈接口

只有闭环、半闭环数控系统才需要位置反馈接口。位置反馈接口一般由鉴相器、倍频电路、计数电路等组成,用于采样测量装置输出的位置反馈信号。CPU 定时从计数电路中取计数值,经运算处理后得到实际位置值。

2) 伺服输出接口

伺服输出接口的功能是把 CPU 运算所产生的控制策略经转换后输出给伺服驱动系统。根据 CNC 系统所使用伺服单元不同,CNC 装置的伺服输出接口可以有不同的形式。

(1) 适用于步进电动机驱动单元的伺服输出接口。这类伺服输出接口依 CNC 装置采用的插补算法不同而不同。

若采用脉冲增量插补算法,则插补输出的脉冲直接通过脉冲接口(一般为简单的并行口)与步进电动机驱动单元的环形分配器相连,由环形分配器把来自插补输出的指令脉冲按一定规律分成若干路电平信号,去激励步进电动机的几个定子绕组,控制步进电动机的转子按顺时针或逆时针方向转动。

若采用数字增量插补算法,则插补输出的数字量还需经数字/脉冲变换电路将 CPU 送来的进给指令(数字量)变换成相应频率(与进给速度相适应)的指令脉冲量;再经脉冲整形电路调整输出脉冲的占空比,以提高脉冲波形的质量;然后把整形的脉冲送给步进电动机驱动单元的环形分配器,如图 8-80 所示。

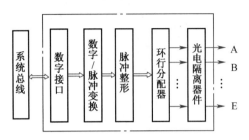

图 8-80　CNC 装置与步进
电动机驱动单元的接口

其中,数字/脉冲变换电路可用具有计数器功能的芯片(如 Intel 8253)等实现;脉冲整形电路一般由 D 触发器和相应的门电路组成。

(2) 适用于模拟交流伺服单元和直流伺服单元的伺服输出接口。这类伺服输出接口一般与位置反馈接口综合在一起进行设计,既可由大规模专用集成电路位置控制芯片实现,也可由通用芯片构成位置控制板卡实现。

① 位置控制芯片。FANUC 公司设计的 MB8739 是典型的专用位置控制芯片,其结构如图 8-81 所示。

CPU 输出的位置指令经 MB8739 处理后送往 D/A 转换器转换成电压,再经速度控制单元控制电动机转动。电动机轴上装有光电编码器,随着电动机的转动产生系列脉冲,该脉冲经接收器后反馈到 MB8739,然后将其分为两路,一路作为位置量反馈,另一路经频率/电压变换,作为速度量反馈信号送速度控制单元。

MB8739 各组成部分的功能如下:

a. DDA 插补器:作为粗精二级插补的第二级插补器,完成精插补。

b. CMR:指令值倍乘比,用于调整编程指令单位和机床实际移动单位,使其一致。

c. 误差寄存器:比较指令位置与实际位置,获得跟随误差。

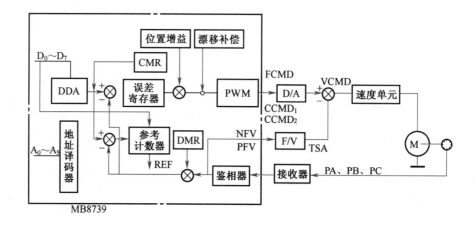

图 8-81 位置控制芯片 MB8739

d. PWM:误差的脉宽调制,将误差调制成某以固定频率,且宽度与误差成正比的矩形脉冲波。

e. 鉴相器:包括鉴相倍频电路,其作用是从接收器输出的两路相差 90°的脉冲信号中,经变换转化成一定方向的一系列脉冲。

f. 参考计数器:机床回参考点时,产生零点信号。

g. 地址译码器:用于各数据和控制寄存器的地址选择。

h. 位置增益:比例调节的软件增益。

i. 漂移补偿:漂移是指在无位置指令输出时,坐标值可能发生的移动,漂移补偿的作用是当漂移达到一定程度时,自动予以补偿。

j. DMR:实际值倍乘比,用于使实际位移值脉冲当量与指令值脉冲当量相匹配。

② 位置控制板卡。在此以华中数控研制的 HC4403 位置控制板为例说明。该板卡由两部分组成,如图 8-82 所示。

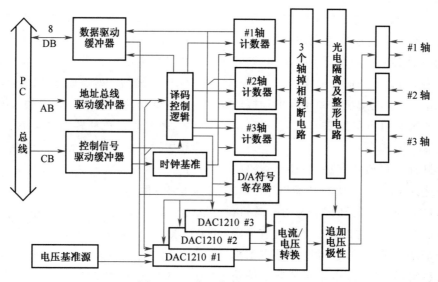

图 8-82 位置控制板 HC4403

a. 伺服输出接口部分。伺服输出部分由数据驱动缓冲器、D/A 转换器(DAC1210)和方向控制电路组成,用以完成速度指令的转换。

数据驱动缓冲器接收 CPU 算出的速度指令值并进行锁存,为 D/A 转换器提供数据;D/A 转换器将速度指令值(数字量)转换成模拟量,得到速度指令电压,由它控制进给速度的大小;进给速度方向的控制则由方向控制电路来实现;最终合成的带极性的±10V电压送模拟交流伺服单元或直流伺服单元。

b. 位置反馈接口部分。位置反馈接口部分由掉相(光电码盘断线)判断电路、光电隔离及整形电路、鉴相倍频电路和脉冲计数电路(对电脉冲进行计数)组成,用于采样实际位置。

掉相判断电路用于判断码盘是否断线,如图8-83所示。正常情况下,总有一个二极管发光,若两个二极管都发光或都不发光,说明码盘有问题,可能断线。

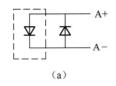

(a)

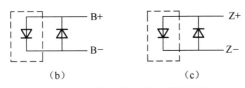

(b)　　　　　(c)

图8-83　光电码盘掉相判断电路

光电隔离及整形电路将来自光电码盘的三组输出方波信号A、B、Z(A、A-,B、B-,Z、Z-)进行电气隔离和放大,如图8-84所示,图中TLP521-4为光电隔离集成电路(IC),当要求传输的距离较远时,用差分信号传输能消除共模干扰,可采用图8-84(b)所示的连接方式。

鉴相倍频电路将整形后的A、B信号转换为一定方向和频率的脉冲,其中脉冲的方向取决于A、B两相的相位关系,输出脉冲频率取决于倍频的倍数,即等于方波A或B的频率乘以倍频倍数。图8-85(a)为鉴相单倍频电路原理框图,图8-85(b)为其输出脉冲的波形图。

由图8-85可知,单倍频输出脉冲的逻辑关系式为

$$\begin{cases} Q_P = A_1\,\overline{A_2}\,\overline{B} \\ Q_N = \overline{A_1}\,A_2\,\overline{B} \end{cases}$$

一般情况下,位置反馈接口中多采用鉴相、

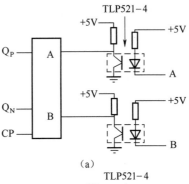

(a)

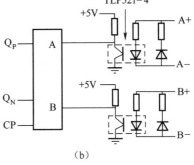

(b)

图8-84　光编码盘输出信号的光电隔离及整形电路

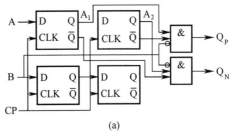

(a)

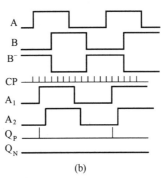

(b)

图8-85　鉴相单倍频原理电路及其输出脉冲

四倍频电路以提高反馈精度。鉴相、四倍频电路原理与图8-85中的鉴相、单倍频电路原理相同,只不过此时在A、B波形的一个周期内将产生4个脉冲而不是1个脉冲。这里只给出其

逻辑表达式,而不再画出其电路原理图。

$$\begin{cases} Q_P = A_1 \overline{A_2} B + B_1 \overline{B_2} A + \overline{A_1} A_2 B + \overline{B_1} B_2 \overline{A} \\ Q_N = \overline{A_1} A_2 \overline{B} + \overline{B_1} B_2 A + A_1 \overline{A_2} B + B_1 \overline{B_2} \overline{A} \end{cases}$$

脉冲计数电路对反馈脉冲进行计数,CPU则定时从该计数器读取计数值,经运算处理即可得到坐标轴的实际位移值。

图 8-82 所示的 HC4403 板是基于 PC 总线规范设计,可适用于各种 PC 或兼容机(如工控机)组成的工控系统。该位置控制板是不带 CPU 的,因此,位置环的调节运算是由 CNC 装置的 CPU 完成的。

如果在位置控制内加入 CPU,则调节运算可在板内进行,此时,可利用 CPU 的处理能力,采用一些调节效果好的算法,比例加前馈算法、变结构算法、模糊控制算法等,以提高位置控制的性能。

(3) 适用于数字式交流伺服单元的伺服输出接口。由于数字式交流伺服单元内集成了位置环,CNC 装置只需给它提供插补输出的位置控制命令即可,因此这类伺服输出接口一般为简单的数字接口,常用的如 RS-232 串口。

近年来,CNC 装置广泛采用现场总线接口连接数字式伺服单元,这类接口必须满足实时控制的要求,以及满足命令、反馈值、用户参数、内部监测数据和诊断数据在交换时的同步要求。适合的接口规范有 SERCOS、INTERBUS-S、PROFIBUS、CAN 以及基于实时工业以太网的高速实时现场总线等。

4. 主轴控制接口

主轴控制接口主要是对主轴转速的控制,此时的接口形式一般为 D/A 转换器。此外,CNC 装置还要控制主轴的定向,常用的主轴定向控制可采用编码器或磁性传感器的方法实现。

C 轴控制也是现代 CNC 的功能之一,它除了控制通常的主轴转速之外,还以一定的分辨力进行定位和轮廓控制。此时的接口与伺服输出接口相同。

5. 机床输入/输出接口

机床输入/输出 (I/O) 接口是指 CNC 装置

与机床侧开关信号和代码信号之间的连接电路。

机床侧开关信号和代码信号是 CNC 装置与除伺服驱动和测量装置之外的外部被控对象之间传送的 I/O 控制信号,包括机床控制面板各开关、按钮、指示灯信号,机床的各种行程限位开关以及刀库控制等有关信号。当数控系统不带 PLC 时,这些信号直接通过机床 I/O 接口在 CNC 装置与机床之间传送;当数控系统带有 PLC 时,这些信号除极少数高速信号外,均通过 PLC 在 CNC 装置与机床之间传送。

1) 机床侧开关信号和代码信号的分类

对 CNC 装置来说,由机床侧向 CNC 装置传送的信号称为输入信号,由 CNC 装置向机床侧传送的信号称为输出信号。

CNC 装置与外部被控对象之间交换的信号,按其形式大致可分为开关信号、模拟信号和脉冲信号三类。

2) 机床 I/O 接口电路的作用

CNC 装置一般不能直接与机床侧的 I/O 信号相连,而要通过 I/O 接口电路进行连接,以满足 CNC 系统的 I/O 要求。这部分接口电路的主要作用如下:

(1) 进行电平转换和功率放大。CNC 装置的信号一般是 TTL 电平,而要控制的设备和电路不一定是 TTL 电平,负载也较大,因此要进行必要的电平转换和功率放大。

(2) 为防止噪声引起误动作,用光电隔离器件将 CNC 装置和机床侧的信号加以电气隔离,以提高 CNC 装置运行的可靠性。

(3) 在 I/O 模拟信号时,在 CNC 装置和机床侧要分别接入 A/D、D/A 转换电路。

如图 8-86 所示,在机床 I/O 接口电路中,光电隔离器件起电气隔离和电平转换作用,其具体实现电路如图 8-87 所示;调理电路起对输入信号进行整形、滤波等作用。其他电路的作用是显而易见的,这里不再赘述。

3) 机床侧开关信号的传送

机床侧开关信号均送至接口存储器中的某

一位,该位是二进制的"0"和"1",分别表示"开/关"或"通/断"状态。CPU定时或随机读取该存储器状态,进行判别后做相应处理。同时,CPU定时或随机向输出接口送出各种控制信号,控制强电线路的动作。

6. 内装型 PLC

PLC是替代传统的机床强电的继电器逻辑,利用逻辑运算功能实现各种开关量的控制。

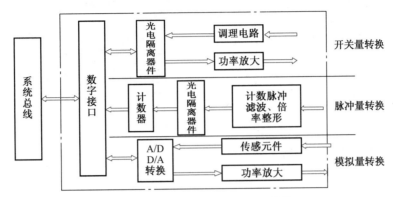

图 8-86 机床 I/O 接口电路及其作用

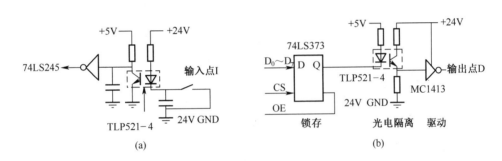

(a)　　　　　　　　　(b)

图 8-87 光电隔离 I/O 的一种实现电路

(a) 光电隔离输入;(b) 光电隔离输出。

内装型PLC是CNC装置的一部分,它与CNC中CPU的信息交换是在CNC内部进行的。这种类型的PLC一般不能独立工作,是CNC装置的一个功能模块,是CNC装置功能的扩展,两者是不能分离的。在系统的具体结构上,内装型PLC可以和CNC装置共用CPU,如西门子的SINUMERIK810/820等,也可单独使用一个CPU,如FANUC的0系统和15系统,美国A-B公司的8400、8600等;硬件电路可与CNC装置其他电路制作在一块印制电路板上,也可单独制成一块附加板;内装型PLC一般不单独配置I/O接口电路,而是使用CNC装置本身的I/O接口实现与机床侧的信号传送,如图8-88所示。

由于CNC功能和PLC功能在设计时就一同考虑,因而这种类型的系统在硬件和软件整体结构上合理、实用,性价比高,适用于类型变化不大的数控机床。由于PLC和CNC间没有多余的连线,且PLC上的信息能通过CNC显示器显示,PLC的编程更为方便,而且故障诊断功能和系统的可靠性也有所提高。

用于数控机床的PLC除了内装型PLC外,还有独立型(通用型)PLC。

独立型PLC独立于CNC装置,因而不是数控装置的组成部分,但为了比较它与内装型PLC的差别,这里作简单介绍。

独立型PLC具有完备的硬件和软件功能,能够独立完成规定的控制任务。由于这种类型PLC的生产厂家较多,品种、类型丰富,使用户有较大的选择余地,可以选择自己熟悉地产品,而且其功能的扩展也较方便。独立型 PLC 与 CNC 装置之间是通过 I/O 接口连接的，如图 8 – 89 所示。

国内已引进应用的独立型 PLC 有：西门子公司的 SIMATIC S5、S7 系列产品；AB 公司的 PLC 系列产品；FANUC 公司的 PMC – J 系列产品等。

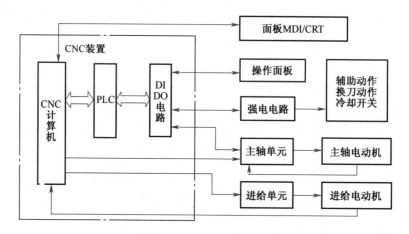

图 8 – 88　具有内装型 PLC 的 CNC 装置与机床侧的信号连接

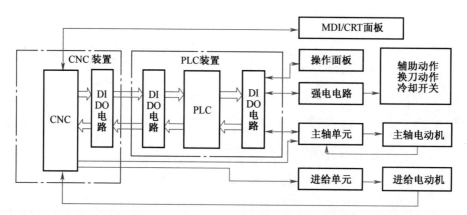

图 8 – 89　独立型 PLC 与 CNC 装置及机床侧的连接

7. 数控专用 I/O 接口

数控专用 I/O 接口在专用数控系统或通用数控系统中，用于实现用户特定功能要求，如线切割/电加工数控系统中所使用的高频电源接口模板、数控仿形系统中专用的数据采集板、通用数控系统中所使用的各种测量接口模板、刀具监控系统中的信号采集器等。

要增加特定功能，必须在 CNC 装置中增加相应的接口板才能实现。对于封闭体系结构的 CNC 装置而言，用户特殊的功能要求，必须向 CNC 系统生产厂家定制；而对于开放体系结构的 CNC 装置而言，用户即可根据自己的要求自行研制专用 I/O 接口，以增减 CNC 系统的功能。

8.3.1.3　电源部分

电源部分的任务是给 CNC 装置提供一定功率的逻辑电压、模拟电压及开关量控制电压，典型的电源电压有 $\pm 5V$、$\pm 12V$、$\pm 15V$、$\pm 24V$。

电源要能够抗较强的浪涌电压和尖峰电压的干扰。电源抗电磁干扰和工业生产过程中所产生的干扰的能力在很大程度上决定了 CNC 装置的抗干扰能力。

8.3.2　计算机数控装置的硬件结构

CNC 装置的硬件结构依据不同的分类标准有不同的分类方法：按电路板的结构特点，可分为大板式结构和模块化结构;按内部 CPU 的数量,可分为单微处理器和多微处理器结构;按所使用的计算机类型,可分为基于专用计算机的数控装置(简称专机数控)和基于通用个人计算机的数控装置(简称 PC 数控)。

研究数控装置体系结构的目的在于,使系统设计师牢固地掌握系统设计理论基础和设计方法,依据当代的物质基础,建立自己的数控系统开发平台,进行系列机的系统设计。

8.3.2.1 大板式结构和模块化结构

1. 大板式结构

CNC 装置内都有一块大板(称为主板),主板上一般包含计算机主板、各轴的伺服输出和位置反馈接口(位置控制电路)、主轴控制接口、外设接口、面板接口和显示接口等,集成度较高的系统甚至把所有的电路都安装在一块板上。其他相关子板(完成一定功能的电路板),如 ROM 板、RAM 板和 PLC 板都插在主板上面。如美国 AB 公司的 8601 系统就是大板式结构的典型实例。

大板式结构的 CNC 装置具有结构紧凑、体积小、可靠性高、性价比高等优点。但受制于硬件功能不易变动、柔性低等缺点,这种结构曾一度有被模块化结构取代之势。

随着大规模现场可编程器件在数控系统中的应用,这种结构又重新焕发了新的生命。如华中数控的"世纪星"HNC - 21/22/18/19/210 系列将所有的接口电路都集成在一块"世纪星"主板上,其核心器件是 ACTEL 公司的两片现场可编程门阵列(Field - Programmable Gate Array,FPGA)芯片,利用 FPGA 芯片的灵活性,在不改变硬件电路的情况下,通过改变 FPGA 芯片的固件,以及两个 FPGA 芯片的灵活搭配,构造出适应各种类型伺服单元的系列 CNC 装置,从而最大限度地降低成本,提高性能。

2. 模块化结构

模块化结构是为了克服大板式结构柔性低的缺点而产生的。它采用一种柔性较高的总线模块化开放系统结构,其特点是将 CNC 装置的各组成部分,如 CPU、存储器、电源、I/O 装置接口、伺服输出和位置反馈接口、面板接口和显示接口、内装 PLC 等分别做成插件板(称为硬件模块);相应的软件也采用模块化结构编制,并固化在硬件模块中。硬、软件模块共同形成一个特定的功能单元,称为功能模块。功能模块间有明确定义的接口,接口是固定的,成为工厂标准或工业标准,彼此间可进行信息交换。各模块间连接的定义,形成了总线。

工业控制系统中常用的总线有 STD bus(支持 8 位和 16 位字长)、Multibus(支持 16 位或 32 位字长)、S - 100 bus(支持 16 位字长)、VERSA bus(支持 32 位字长)、VME bus(支持 32 位字长)、IBM PC bus(支持 8 位)和 ISA 总线(支持 16 位字长)等。有的公司还定义了自己的总线,如 FANUC 公司自己定义的 32 位多主总线 FANUC bus(应用于 FANUC 15 系列)。

选择总线的基本原则:适合系统的升档和裁剪;适合利用基本模块构成单机系统或各种结构的多机系统;既要满足当前和今后几年内的使用要求,又要简单、经济、可行。

模块化结构 CNC 装置的主要优点:基于标准总线设计,设计简单,试制周期短,调整维护方便,集成省时(能以积木形式方便地集成用户要求的新 CNC 装置),可靠性高(如果某个模块坏了,其他模块可照常工作,有可能进行部分 CNC 功能的操作),有良好的适应性和扩展性。

模块化结构的典型应用有 FANUC 公司的 15 系统、A - B 公司的 8600 CNC、FAGOR 公司的 8050 CNC、GE - FAGOR 公司的 MTC1、华中数控公司的 HNC-I 等。

8.3.2.2 单微处理器和多微处理器结构

1. 单微处理器结构

在单微处理器 CNC 装置中,CPU 通过总线与存储器和各种接口相连接,构成 CNC 的硬件支持,采取集中控制、分时处理的方式完成 CNC 对存储、插补运算、I/O 控制、CRT 显示等多任务的处理。有的 CNC 装置虽然有两个以上的微处理器(如浮点协处理器以及管理键盘的 CPU),但其中只有一个微处理器能控制总线,其他的 CPU 只是附属的专用智能部件,不能控制总线,不能访问主存储器,所以可被归类为单微处理器结构(当然,由于这类 CNC 装置本身具有多微处理器,且只有一个 CPU 处于主导地位,其他 CPU 处于从属地位的结构,也可称为主从方式的多微处理器结构)。

采用单微处理器结构的 CNC 有德国西门子公司的 SINUMERIK 810/820 系列、AB 公司的 8400 系列、华中数控公司的 HNC – I 及 HNC –21/22/18/19/210 系列等。

单微处理器 CNC 装置的功能受 CPU 字长、数据宽度、寻址能力和处理速度等因素限制。为提高处理能力,人们采用了许多办法,如采用高性能的 CPU、增加浮点协处理器、由硬件分担精插补、采用带 CPU 的 PLC 和 CRT 智能部件等。但这些只能在某些方面和局部提高 CNC 的性能。为了从根本上提高 CNC 的性能,最好采用多微处理器结构的 CNC 装置。

2. 多微处理器结构

多微处理器结构的 CNC 装置把机床数字控制这个总任务划分为多个子任务,也称子功能模块。在硬件方面一般采用模块化结构,以

多个 CPU 配以相应的接口形成多个子系统,每个子系统分别承担不同的子任务,各子系统间协调动作共同完成整个数控任务。子系统之间可采用紧耦合,有集中的操作系统,共享资源;也可采用松耦合,有多重操作系统有效地实现并行处理。

多微处理器结构 CNC 装置的优点:能实现真正意义上的并行处理,处理速度快,可以实现较复杂的系统功能。

多微处理器 CNC 装置区别于单微处理器 CNC 装置的最显著特点是通信,CNC 装置的各项任务和职能都是依靠组成系统的各 CPU 之间的相互通信配合完成的。多微处理器结构的 CNC 的典型通信方式有共享总线和共享存储器两类结构。

1) 共享总线结构

共享总线结构多微处理器 CNC 装置,把组成 CNC 装置的各个功能模块划分为带有 CPU 的主模块和不带 CPU 的从模块两大类。所有主、从模块都插在配有总线插座的机柜内,共享严格设计定义的标准系统总线。系统总线的作用是把各个模块有效地连接在一起,按照要求交换各种数据和控制信息,构成一个完整的系统,实现各种预定的功能。图 8 - 90 为 FANUC 15 系统的共享总线结构。

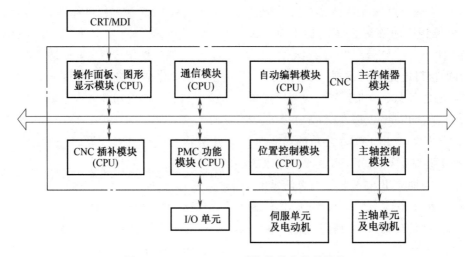

图 8 - 90   FANUC 15 系统的共享总线结构

FANUC 15 系统的主 CPU 为 Motorola   68020(32 位),在内装 PLC、轴控制、图形控制、

通信及自动编程等功能模块中也都有各自的CPU。根据不同的配置可选用7个、9个、11个和13个功能模块插件板,可构成最小至最大系统,控制2轴~15轴。

在系统中只有主模块有权控制总线。由于同一时刻只有一个模块占用总线,采用总线仲裁机构(电路)来裁定多个模块同时请求使用系统总线的竞争问题。总线仲裁的目的,是当发生总线竞争时,判别出各模块的优先级高低,将总线切换给优先级较高的模块使用。

共享总线结构的优点:系统配置灵活,结构简单,容易实现,造价低,可靠性高。

共享总线结构的缺点:总线是系统的"瓶颈",一旦系统总线出现故障,将使整个系统受到影响;由于使用总线要经仲裁,会引起竞争,使信息传输率降低。

2) 共享存储器结构

这种结构是面向公共存储器来设计的,即采用多端口来实现各主模块之间的互连和通信,同共享总线结构一样,该系统在同一时刻也只能允许有一主模块对多端口存储器进行访问(读/写),所以,也必须有一套多端口控制逻辑来解决访问冲突这一矛盾。但由于多端口存储器设计较复杂,而且对两个以上的主模块,会因争用存储器可能造成存储器传输信息的阻塞,所以一般采用双端口存储器(双端口RAM)。图8-91为GE_FAGOR公司的共享存储器结构。

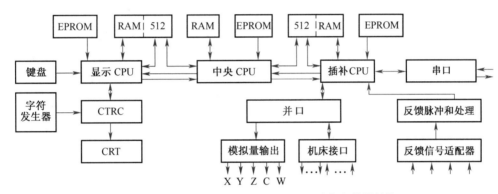

图8-91 GE_FAGOR公司MTC1的共享存储器结构

MTC1 CNC共有3个CPU:中央CPU负责数控程序的编辑、译码、刀具和机床参数的输入;显示CPU把中央CPU的指令和显示数据送到视频电路进行显示,同时还定时扫描键盘和倍率开关状态并送中央CPU进行处理;插补CPU完成插补运算、位置控制、I/O控制和RS-232C通信等任务,还向中央CPU提供机床操作面板开关状态及所需显示的位置信息等。中央CPU与显示CPU和插补CPU之间各有512B的公共存储器用于交换信息。

8.3.2.3 基于专机的体系结构和基于PC的体系结构

1. 基于专机的体系结构

专机数控所用的计算机是数控系统生产厂家为其CNC系统专门设计的,最大限度地保护了系统生产厂的知识产权。20世纪90年代中期以前的数控系统一般都采用这种结构,如前面所述的AB公司的8400、8600、8601,FAGOR公司的8050,GE_FAGOR公司的MTC1,西门子公司的SINUMERIK 810/820,FANUC公司的15系统等都是基于专机的体系结构。

采用专用计算机组成的数控系统,在选用高性能的微处理器构成分布式处理结构时,可以获得很高的性能,如多轴联动高速、高精度控制,很强的补偿功能、图形功能、故障诊断功能以及通信功能。但由于不同的数控系统生产厂家自行设计其硬件和软件,这样设计出来的封闭式专用系统具有不同的软/硬件模块、不同的编程语言、五花八门的人机界面、多种实时操作系统、非标准化接口和对外通信协议等,不仅软件的设计、维护、升级换代极为不便,车间物流层的集成相当困难,而且给用户带来了使用上的复杂性。

为解决封闭式体系结构数控系统所存在的问题,近年来,西方各工业发达国家相继提出了向规范化、标准化的方向发展,设计新一代开放式体系结构数控系统的问题。如美国 1987 年提出的 NGC(The Next Generation Work-station/Machine Controller)计划、日本和欧洲在 20 世纪 90 年代初提出的 OSEC(Open System Environment for Controller)及 OSACA(Open System Architecture for Control within Automation Systems)计划。

鉴于 NGC、OSACA 计划的庞大与复杂,以及计算机功能已发展到相互兼容、统一操作系统、为用户提供开发平台、推出开放性体系结构等阶段,到了 20 世纪 90 年代初,正当日本和欧洲相继制定开放性数控发展计划时,Ampro Computer 公司的策略发展部行政副总裁 Pick Lehrbaum 提出了"利用 PC 机体系结构,设计新一代的嵌入式应用",Software Development System 的 James S. Challenger 又提出"Windows 和嵌入式计算机技术的融合",主张利用现有 PC 的软/硬件规范设计新一代数控装置。数控装置的设计发生了巨大的变化,人机界面也越来越计算机化。

2. 基于 PC 的体系结构

基于 PC 体系结构和软/硬件规范,设计新一代开放式数控装置(简称 PC-NC)是数控装置走向开放的重要一步,也是到目前为止的最佳选择。

1)开放体系结构数控装置的特征

开放体系结构数控装置的本质特征是开放性,其含义是数控装置的开发可以在统一的平台上,面向机床厂家和最终用户,通过改变、增加或剪裁功能模块,形成系列化,并可将用户的特殊应用集成到控制系统中,实现不同品种、不同档次的开放式数控装置。具体特征如下:

(1)互操作性:通过统一的、标准的数据交换协议支持功能模块的互操作性。

(2)可移植性:功能模块可在符合规范的不同运行平台之间移植,功能模块的可移植性由标准的应用程序接口(API)保证。

(3)可伸缩性:根据需要可编辑重构数控装置。增加、减少或者修改功能模块可以改变应用系统的功能,以提高或降低应用系统的性能,便于形成系列化产品。

(4)互换性:符合规范的功能模块可实现互换或参与不同系统的集成。这样,系统生产厂、机床厂及最终用户都可以很容易地把一些符合规范的专用功能和其他有个性的模块加入其中,以形成特色产品。

开放体系结构数控系统所需要的基本功能模块由体系结构规范定义;不同功能模块之间交换信息的协议由通信规范定义;系统启动时动态地集成不同功能模块的模式由配置规范确定。

2)开放体系结构 CNC 的优点

(1)向未来技术开放。由于软、硬件接口都遵循公认的标准协议,只需少量的重新设计和调整,新一代的通用软、硬件资源就可能被现有系统所采纳、吸收和兼容,这就意味着系统的开发费用将大大降低,而系统性能与可靠性将不断改善并处于长生命周期。

(2)应用软件与底层系统软、硬件支撑无关,便于不同软件设计人员,为统一的被控对象,针对不同的运行环境,并行开发应用软件;利用软件工程的方法,实现软件模块化和软件复用,从而解决软件产业化的生产问题。

(3)标准化进线、联网通信接口和协议,能够进行快速集成。

(4)标准化的人机界面,标准化的编程语言,方便用户使用,降低了与操作效率直接有关的劳动消耗。

(5)向用户特殊要求开放。更新产品、扩充能力、提供可供选择的硬、软件产品的各种组合以满足特殊应用要求,给用户提供一个方法,从低级控制器开始,逐步提高,直到达到所要求的性能为止。另外,用户能方便地融入自身的技术诀窍,创造出自己的名牌产品。

(6) 可减少产品品种,便于批量生产、提高可靠性和降低成本,增强市场供应能力和竞争能力。

3) 基于 PC 的开放体系结构

基于通用 PC 的数控装置可以充分利用 PC 的软、硬件资源,使设计任务减轻;可利用面向对象的编程技术,实施面向对象的软件设计,将数控应用软件的建模、分析、设计和编程技术,提高到一个崭新的阶段;可充分利用计算机工业所提供的先进技术,方便地实现产品的更新换代;良好的人机界面便于操作;开放性体系结构便于在工厂环境内集成;由于有更多的硬件供选择,原始设备制造商(OEM)或最终用户将不必受由 CNC 制造厂家提供硬件的约束,CNC 的成本对于用户来说非常灵活。

由于工业现场的强抗干扰性要求,用于数控装置的 PC 一般是工业 PC(简称 IPC)。

(1) 基于 PC 的数控装置硬件结构。由 CNC 装置的组成可知,PC 固有的硬件 CPU、BIOS、协处理器、存储器、软硬盘驱动器、串行/并行端口及中断、定时、显示、键盘控制器件,都是 CNC 装置必不可少的组成部分,可以直接应用于 CNC 装置。

此外,为完成 CNC 装置的运动控制和输入/输出功能,还需开发驱动接口和 I/O 接口板卡。驱动接口用于实现机床的位置控制(伺服输出、位置反馈);I/O 接口用于 PLC 输入/输出,实现机床的 M 功能(如主轴与冷却液的接通/断开)、S 功能、T 功能、完成信号(向控制器指示机床的功能已经完成,因而允许程序继续下去)、伺服状态(向控制器表示诸坐标轴是否准备好运行)、热传感器(监测操作温度)及其他可配置的功能等。接口卡可以不带处理器,这种 CNC 装置称为 PC 直接数控,或 PC 单机数控装置(即前述的单微处理器数控装置);也可以带一个或多个处理器单独照顾实时运动的需要,并且随所用 CPU 的多少而能提高程序段执行速度 5 倍～10 倍,这种数控装置称为 PC 嵌入式数控,或 PC 多机数控装置(即前述的多微处理器数控装置)。为这一任务所用的处理器通常是数字信号处理(DSP)类型,而对于运动控制需要的特殊性质计算,也可以是 RISC(Reduced Instruction Set Computer)类型。

为了进一步提高以 PC 为基础的控制系统的性能和可靠性,可以向系统引入若干与计算机有关的硬件作为任选附加件。如不间断电源(UPS),保护计算机和用户不受不期望的主电源掉电或主电源波动之害;还有电子盘,这是插在 PC 槽中模仿机械硬盘的卡,几乎全由存储器芯片组成,这些芯片可以是 RAM、EPROM 或 Flash EPROM,随所要求的应用而定,它作为固态器件,具有可靠性高和访问速度快的特性。

将这些接口卡插入采用计算机相关总线标准的扩展插槽,即可组成一个完整的数控装置,如图 8-92 所示。

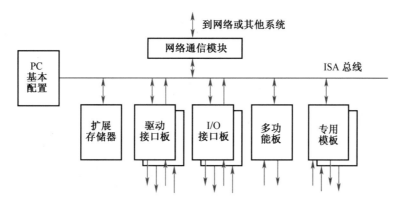

图 8-92 基于 PC 的数控装置硬件结构

第 8 章

计算机数控装置

综上所述,基于 PC 的数控装置由下述模块组成:

① PC/IPC 基本配置:包括 PC/IPC 主板、显示接口、内存、硬盘、串/并口、系统控制部件(DMA 控制器、中断控制器、定时器)等。

② 存储模块:适用于工业应用环境的后援存储介质,如电子盘、加固硬盘等,用于存放数控系统的系统控制软件。

③ 驱动接口:包括数字式接口、模拟式接口、脉冲式接口以及合适的现场总线接口,用于连接各种伺服驱动系统(即各种轴控制系统,如进给轴、主轴、PLC 轴等)。

④ I/O 接口:包括开关量 I/O 接口、模拟式 I/O 接口和脉冲式 I/O 接口及合适的现场总线 I/O 接口,用于连接机床的开关量输入/输出(操作面板按钮输入、机床检测输入、操作面板按钮指示灯、机床继电器控制等)、主轴单元、手摇脉冲发生器等部件。

⑤ 网络接口:是实现与其他数控系统、CAD/CAM 系统互连以及参与制造系统(FMS、CIMS、IMS)集成的接口。

系统硬件中,PC/IPC 基本配置、存储模块、网络接口等为外购成品;驱动接口卡和 I/O 接口卡根据需要可以是外购成品,也可以自行研制。

(2)基于 PC 的单机数控装置实现。基于 PC 的单机数控装置是指 CNC 的全部功能均由 PC 完成,并通过装在 PC 扩展槽中的驱动接口卡对伺服驱动进行控制。在 PC 中采用实时操作系统或对操作系统进行实时功能扩展,由 PC 完成数控系统中所有的实时任务和非实时任务,如编译、解释、插补和 PLC 等。

典型产品有美国 MDSI 公司的 OpenCNC、德国 Power Automation 公司的 PA8000 NT、华中数控公司的 HNC-I 及 HNC-21/22/18/19/210 系列等。

图 8-93 是华中数控公司基于 PC 的数控

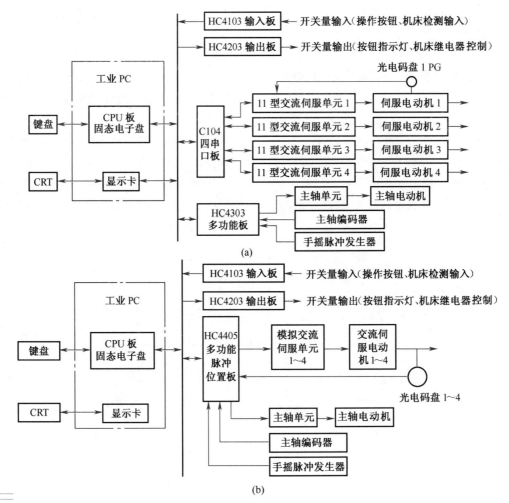

(a)

(b)

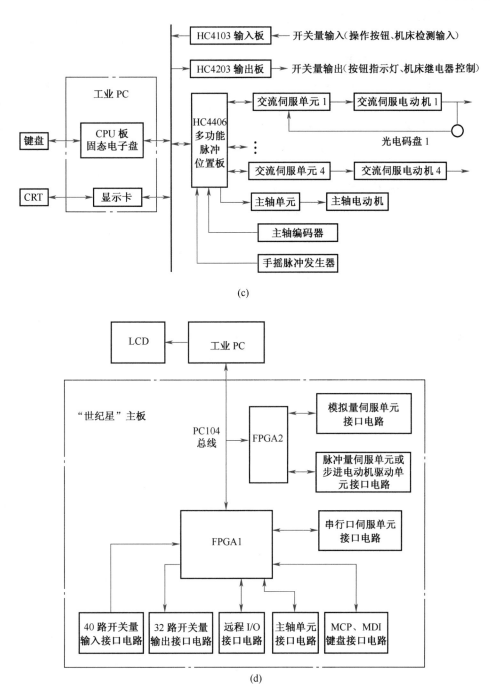

(c)

(d)

图 8-93 基于运动控制接口卡的 CNC 装置

(a) 具有数字式驱动接口的 HNC-I;(b) 具有模拟式驱动接口的 HNC-I;

(c) 具有脉冲式驱动接口的 HNC-I;(d) 基于"世纪星"主板的 HNC-21/22/18/19/210。

装置硬件结构,其中图(a)～图(c)为模块化结构的 HNC-I,图(d)为大板式结构的 HNC-21/22/18/19/210。

图 8-93(a)～(c)中,标准 I/O 接口卡包括 48 路开关量光电隔离输入板 HC4103 和 48 路开关量光电隔离输出板 HC4203,用于系统的开

关量控制（当输入/输出开关量多于48路时，可用两块或多块输入/输出板）；多功能板HC4303用于主轴的速度控制和位置反馈，以及手摇脉冲发生器的脉冲计数；而驱动接口卡根据所使用伺服单元的不同而采用不同的接口形式，可连接国内外各类模拟式、数字式、脉冲式伺服驱动单元和步进电动机驱动单元，体现出了良好的开放性。当伺服单元为华中数控公司生产的HSV-11D数字式交流伺服单元（内含位置环、速度环和电流环）时，驱动接口采用MOXA C104四串口板（内含4个标准RS-232C串口，与PC的COM1、COM2标准相同），每块板可连接4根坐标轴；当伺服单元为直流伺服单元或模拟式交流伺服单元时，驱动接口采用HC4403位置接口板，每块板可连接3根坐标轴；当伺服单元为脉冲式交流伺服单元时，驱动接口采用HC4406位置接口板，每块板可连接4根坐标轴。

图8-93（d）中，"世纪星"主板采用双FPGA设计，两个FPGA芯片通过PC104总线由工业PC控制：一个FPGA负责控制开关量接口电路，MCP、MDI键盘接口电路，主轴接口电路，串行口伺服驱动装置接口电路；另一个FPGA负责控制脉冲量伺服驱动装置或步进电动机驱动装置接口电路，模拟量伺服驱动装置接口电路。通过改变FPGA芯片的固件，构造出具有不同外部驱动接口的"世纪星"系列CNC装置。

图8-94是基于现场总线接口卡的CNC装置。驱动接口和I/O接口均采用现场总线接口卡，这种形式代表着当前数控系统体系结构的发展方向，它是在现场总线、数字驱动技术和网络技术的基础上发展起来的，适用于中高端数控系统，特别适合系统的集成，如FMC/FMS和Intranet网络等。

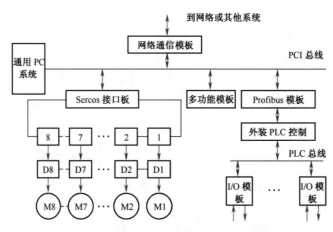

图8-94　基于现场总线接口卡的CNC装置

（3）基于PC的多机数控装置实现。

① PC嵌入NC方式。这类数控装置将PC嵌入专用CNC装置（少数情况下，也可以是开放的CNC装置），使得专用CNC装置可以享用PC的部分资源，PC主要用于大容量存储、通信、图形显示等后台操作，数字控制的大部分任务（前台任务）主要由专用CNC装置完成，数控软件一般是专有的，PC和专用CNC装置间一般通用串行线直接相连，如Mazak1998年推出的64位MAZATROL FUSION 640 CNC装置。图8-95是典型的前/后台结构的PC嵌入NC数控装置。

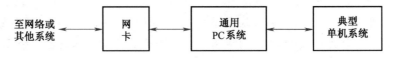

图8-95　前/后台结构的PC嵌入NC数控装置

② NC 嵌入 PC 方式。这类数控装置将 NC 作为专用控制模板嵌入 PC,PC 与 NC 之间用专用总线连接。数控软件通常可分为系统软件和应用软件,NC 控制模板直接完成加工过程中实时性要求高的任务,其他任务则由运行于 PC 通用操作系统下的软件完成。与第一类结构相比,这种系统可以随加工要求灵活配置 NC 卡的功能,如 Fanuc 150/160/180/210 系列的 CNC 装置、西门子公司的 SINUMERIK 840D CNC 装置。

③ 基于运动控制器的数控装置。实时性要求较高的运动控制(包括轴控制和机床逻辑控制)功能由独立的运动控制器(运动控制板、智能接口板等)完成,运动控制器通常由以 PC 插件形式的硬件或通过网络连接的嵌入式系统实现。非实时性的(人机界面、通信和管理诊断

等)和实时性要求较低的(解释器)数控应用软件以 PC 为计算平台,是主流操作系统之上的标准应用并支持用户定制。

这种类型 CNC 的优点:能充分保证系统性能,软件的通用性强,且编程处理灵活。典型产品有美国 DeltaTau 公司用 PMAC 可编程多轴运动控制卡构造的 MAC－NC 开放式数控装置、日本 MAZAK 公司用三菱电动机的 MELDASMAGIC64 构造的 MAZATROL 40 CNC 等。

图 8－96 为基于 PMAC 的开放式体系结构数控系统,该数控系统由 IPC、PMAC 多轴运动控制器、扩展 I/O 板和双端口存储器(DPRAM)构成。IPC 上的 CPU 与 PMAC 的 CPU(摩托罗拉公司的 DSP56001)构成主从式双微处理器结构,其中 IPC 实现系统的管理功能,PMAC 完成运动控制和 PLC 控制。

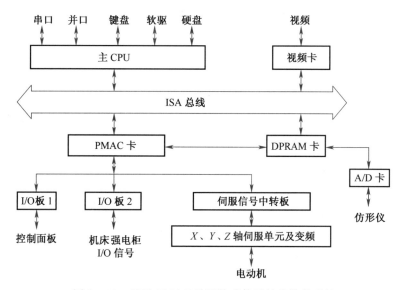

图 8－96　基于 PMAC 的开放式体系结构数控系统

PMAC 运动控制器与主机之间采用两种通信方式:一种是总线通信方式;另一种是 DPRAM 数据通信方式。DPRAM 主要用来与 PMAC 进行快速的数据通信和命令通信,一方面,用于向 PMAC 写数据,在实时状态下能够快速地将位置数据信息或程序信息进行下传;另一方面,用于从 PMAC 读取数据,可

快速获取系统的状态信息,如位置、速度、跟随误差等数据(由 PLC 或 PMAC 自动写入 DPRAM)。通过 DPRAM 进行数据存取无需经过通信口发送命令和等待响应,比用 PMAC 的在线命令(如 P、V 等)通过 PC 总线来进行数据存取所需的时间要少得多,响应速度也快得多。

8.4 计算机数控装置的软件结构

CNC 装置的许多控制任务,如零件程序的输入与译码、刀具半径的补偿、插补运算、位置控制以及精度补偿等都是由软件实现的。从逻辑上讲,这些任务之间存在着耦合关系;从时间上讲,这些任务之间存在着时序配合问题。在设计 CNC 装置的软件(系统软件)时,如何组织和协调这些任务,使之满足一定的时序及逻辑关系,就是 CNC 软件结构要考虑的问题。

本节将以 CNC 装置控制软件所承担的任务为出发点,从多任务性和实时性的角度分析 CNC 装置控制软件的特点,并介绍 CNC 装置中常用的软件结构。

8.4.1 计算机数控装置软、硬件的界面

在信息处理方面,软件和硬件在逻辑上是等价的,有些由硬件完成的工作原则上也能由软件完成。但是硬件处理和软件处理有不同的特点:

(1)硬件处理速度快,但造价高、线路复杂、故障率高,且适应性差,难于实现复杂的控制功能;

(2)软件灵活,适应性强,但处理速度相对较慢。

数控装置的功能可用硬件或软件来实现,软、硬件各有优缺点,软、硬件要进行合理分工和配合,有一个软、硬件分工方式问题,有些功能用硬件实现较好,有些功能用软件实现较好,有些功能软、硬件实现均可。

因此在数控装置中,哪些功能应由硬件来实现,哪些功能应由软件实现,即如何合理划分软、硬件的界面是数控装置结构设计的重要任务。软、硬件的分工准则通常是由性价比决定的。

图 8-97 是数控装置三种典型的软/硬件界面。

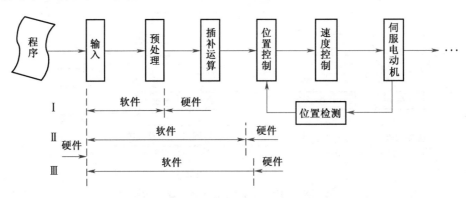

图 8-97 数控装置三种典型的软/硬件界面

早期的硬接线 NC 系统中,NC 装置的大部分信息处理功能由硬件完成,如图 8-97 中 I 所示。随着微型计算机技术的发展,微型计算机运算处理能力的不断增强,以及微型计算机在数控领域的广泛应用,由软件完成的工作在逐渐增加,硬件承担的功能越来越少。随着人们对数控功能要求的越来越高,CNC 装置的软件必将发挥更大的作用。现在的 CNC 装置常用图 8-97 中后两种方案 II、III。

8.4.2 计算机数控装置控制软件特点

CNC 装置的控制软件融合了当今计算机软件技术中的许多先进技术,其中最突出的是多任务并行处理和多重实时中断。

8.4.2.1 多任务并行处理

1. CNC 装置的多任务性质

CNC 是一个专用的实时多任务操作系统，CNC 装置通常作为一个独立的过程控制单元作用于工业自动化生产中，因此它的系统软件包括管理和控制两大任务。

管理任务包括通信、显示、诊断、零件程序的输入/输出以及人机界面管理（参数设置、程序编辑、文件管理等）等，主要承担系统资源管理和多任务的调度，这类任务实时性要求相对较低；控制任务包括译码、刀具补偿、速度处理、插补、位置控制、机床 I/O 控制等，主要完成 CNC 装置的基本功能，是实时性很强的控制任务。图 8-98 是 CNC 装置的多任务分解。

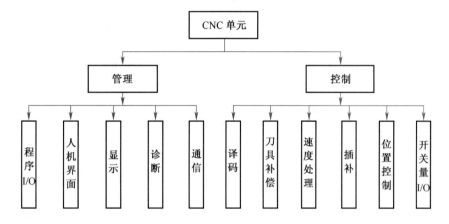

图 8-98　CNC 装置的多任务分解

2. 多任务的并行处理性质

CNC 装置要完成数控加工，不能简单地顺序执行上述各个任务，而必须同时进行多个任务的处理，即所谓的并行处理。并行处理是指软件系统在同一时刻或同一时间间隔内完成两个或两个以上任务处理的方法。

例如，为使操作人员能及时了解 CNC 装置的工作状态，软件中的显示模块（管理任务）必须与控制任务同时执行，这是控制任务与管理的并行；在管理任务内也是如此，当用户将程序送入 CNC 装置时，CRT 上要实时显示输入的内容；在控制任务中更是如此，为了保证加工的连续性，即刀具在程序段间不停刀，译码、刀具补偿、速度处理、插补运算以及位置控制必须同时不间断执行。

图 8-99 是 CNC 装置多任务并行处理关系图，其中双箭头表示两者间有并行处理关系。

3. 多任务并行处理的实现

并行处理的实现方式是与 CNC 装置的硬

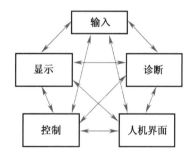

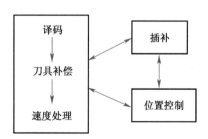

图 8-99　CNC 装置多任务的并行处理关系

件结构密切相关的。目前，在 CNC 装置的硬件设计中，已广泛使用资源重复的并行处理方法，如采用多 CPU 的体系结构来提高处理速度,而在 CNC 的软件设计中则主要采用资源分时共享和资源重叠流水处理技术。

1) 资源分时共享

在单 CPU 的 CNC 装置中,一般采用分时共享的原则来解决多任务的并行处理。其方法:在一定的时间长度(通常称为时间片,时间片的选择应合理:太大的时间片将使系统的实时性受损,过小的时间片将使任务切换太频繁,增加系统的消耗)内,根据各任务的实时性要求程度,规定它们占用 CPU 的时间,使它们按规定顺序分时共享系统的资源。因此,在采用"资源分时共享"并行处理技术的 CNC 装置中,首先要解决各任务占用 CPU(资源)的分配原则。该原则解决两个问题:一是各任务占用 CPU 的次序,即任务的优先级分配问题;二是各任务允许占用 CPU 的时间长度极限,即时间片的分配问题。

在 CNC 装置中,通常采用循环轮流和中断优先相结合的方法来解决上述问题。图 8－100 是一个典型 CNC 装置各任务分时共享 CPU 的时间分配图。

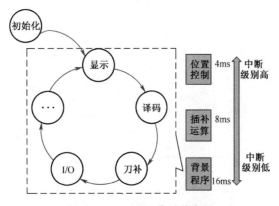

图 8－100　CPU 分时共享图

系统在完成初始化后自动进入由各任务构成的时间分配环中,在环中轮流处理各任务,只要当前任务允许占用 CPU 的时间极限到达,不论当前任务是否执行完,都将暂时释放 CPU,把 CPU 让给另一等候的任务,直到再次轮到该任务允许占用 CPU 时,再重新占用 CPU,自动跳到断点处继续执行;而对于一些实时性很强的

任务则安排在环外,分别放在不同的优先级上,可随时中断环内各任务的执行。

多任务在运行中占用 CPU 时间的情况如图 8－101 所示。

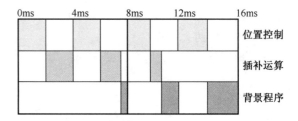

图 8－101　多任务在运行中占用 CPU 时间的情况

由图 8－101 可以看出:

(1) 在任何一个时刻只有一个任务占用 CPU;

(2) 从一个时间片(如 8ms 或 16ms)来看,CPU 并行地执行了多个任务。

因此,资源分时共享的并行处理只具有宏观上的意义,即从微观上来看,各个任务还是顺序执行的。

2) 时间重叠流水处理

当 CNC 处在零件加工工作方式时,其数据转换过程将由零件程序输入、插补准备(包括译码、数据处理)、插补、位置控制四个子过程组成。设每个子过程的处理时间分别为 t_1、t_2、t_3、t_4,那么一个零件程序段的数据转换时间 $t = t_1 + t_2 + t_3 + t_4$。如果以顺序方式处理每个零件程序段,即第一个零件程序段处理完后再处理第二个零件程序段,依此类推,这种顺序处理的时间空间关系如图 8－102(a)所示。从图中可以看出,如果等到第一个程序处理完以后才开始对第二个程序段进行处理,那么在两个程序段的输出之间将有一个时间长度为 t 的间隔。同样,在第二个和第三个程序段的输出之间也会有时间间隔。这种时间间隔反映在电动机上就是电动机的时转时停,反映在刀具上是时走时停。不管时间间隔多么小,这种时走时停在加工工艺上都是不允许的。

消除这种间隔的方法是用重叠流水处理技术,采用重叠流水处理后的时间—空间关系如

图 8-102(b)所示,其关键是时间重叠。即在一段时间间隔内不是处理一个过程,而是处理两个或更多的子过程。从图 8-102(b)可以看出,经过流水处理后从时间 t 开始,每个零件程序段的输出之间不再有间隔,从而保证了电动机转动和刀具移动的连续性。

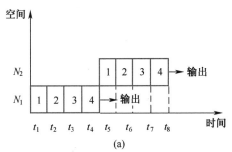

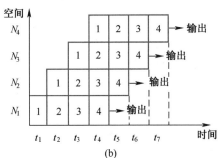

图 8-102 时间重叠流水处理

在单 CPU 的 CNC 装置中,时间重叠流水处理只有宏观的意义,即在一段时间内,CPU 处理多个子过程;但从微观上看,各子过程是分时占用 CPU 时间的。

8.4.2.2 实时任务的中断处理和优先抢占调度

CNC 控制软件的另一个重要特征是任务的实时性。

1. 实时性定义及实时任务分类

1)任务实时性定义

实时性是指任务的执行有严格时间要求,即必须在规定时间内完成或响应任务;否则,将导致系统产生错误的结果甚至崩溃。

2)实时任务分类

根据任务对实时性要求的高低,实时任务可分为强实时性任务和弱实时性任务。

(1)强实时性任务。这类任务的实时性要求相对较高,包括实时突发性任务和实时周期性任务。

① 实时突发性任务:任务的发生具有随机性和突发性,是一种异步中断事件。主要包括纸带光电阅读机读孔中断、机床 I/O 中断(如紧急停、量仪到位、机械限位开关压下、机床参考点开关到等)、硬件故障中断(板卡出错,存储器出错,定时器出错等)、软件故障中断(溢出,除零等)、操作面板和键盘输入中断等(也有些 CNC 装置把键盘和操作面板输入中断放在较低的中断优先级上,甚至用查询的方法来处理键盘和操作面板输入中断)。

② 实时周期性任务:任务是精确地按一定时间间隔发生的。主要包括插补运算、位置控制等任务。为保证加工精度和加工过程的连续性,这类任务处理的实时性是关键。在任务的执行过程中,除系统故障外不允许被其他任何任务中断。

(2)弱实时性任务。这类任务的实时性要求相对较弱,只需要保证在某一段时间内得以运行即可。在系统设计时,它们或被安排在背景程序中,或根据重要性将其设置成较低级别的中断中。这类任务主要包括 CRT 显示、零件程序的编辑和插补预处理、加工状态的动态显示、加工轨迹的静态模拟仿真及动态显示等。

2. 实时任务的中断处理和抢占式优先调度机制

通常,多任务系统的任务调度方法有循环调度法(简单循环、时间片轮换)、优先调度法(抢占式优先调度法、非抢占式优先调度法)。其中抢占式优先调度机制是实时性最强的一种调度方式,是指在 CPU 正在执行某任务时,若另一优先级更高的任务请求执行,CPU 将立即中断正在执行的任务转而响应优先级高任务的请求。

CNC 装置的多任务性和实时性决定了实时中断处理是 CNC 装置必不可少的重要组成部分,即 CNC 装置对强实时性任务一般都采用实

第8章

计算机数控装置

时中断的方式处理,因而 CNC 装置常采用抢占式优先调度法对强实时性任务进行调度。

抢占式优先调度机制是由硬件和软件共同实现的,硬件主要提供支持中断功能的芯片和电路,如中断管理芯片(8259 或功能相同的芯片)、定时器计数器(8253、8254)等。软件主要完成对硬件芯片的初始化、任务优先级的定义、任务切换处理(断点的保护与恢复、中断矢量的保存与恢复)等。

需要说明的是,在 CNC 装置中任务的调度机制除抢占式优先调度外,往往还同时采用时间片轮换调度和非抢占优先调度。

8.4.3 计算机数控装置的软件结构类型

CNC 装置的软件结构是指系统软件的组织管理模式,即系统任务的划分方式、任务调度机制、任务间的信息交换机制以及系统集成方法等。软件结构要解决的主要问题是如何组织和协调各个任务的执行,使之满足一定的时序配合要求和逻辑关系,以控制 CNC 装置按给定的要求有条不紊的运行。

软件结构取决于 CNC 装置中的软件和硬件的分工,也取决于软件本身的工作性质。一般而言,软件结构首先要受到硬件的限制,但软件结构也有其独立性,对于同样的硬件结构,可以配置不同的软件结构。

不同的软件结构对系统任务的安排方式不同,管理方式也不同。目前,CNC 装置的软件结构有如下几种模式。

1. 前后台型软件结构

前后台型软件结构将 CNC 系统软件划分成前台程序和后台程序两部分。

前台程序主要完成插补运算、位置控制、机床 I/O 控制、软/硬件故障处理等实时性很强的任务,它们由不同优先级的实时中断服务程序处理;后台程序(或称背景程序)则完成显示、零件程序的输入/输出及人机界面管理(参数设置、程序编辑、文件管理等)、插补预处理(译码、刀补处理、速度预处理)等弱实时性的任务,它们被安排在一个循环往复执行的程序环内。

后台程序运行的过程中,前台实时中断程序不断插入,后台程序按一定的协议通过信息交换缓冲区向前台程序发送数据,同时前台程序向后台程序提供显示数据及系统运行状态。前后台程序相互配合,共同完成零件加工任务。

前后台型软件结构中实时中断程序与背景程序的关系如图 8-103 所示。

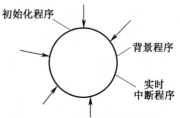

图 8-103 前后台型软件结构

前后台型软件结构的任务调度机制是优先抢占调度和顺序调度。前台程序的调度是优先抢占式的;后台程序的调度是顺序调度。

前后台型软件结构虽然具有实现简单的优点,但其致命缺点是:由于后台程序循环执行,程序模块间依赖关系复杂,功能扩展困难,协调性差,程序运行时资源不能得到合理协调,因而实时性差。例如,当插补运算没有预处理数据时,而后台程序正在运行图形显示,使插补程序处于等待(空插补)状态,只有当图形显示处理完后,CPU 才有时间进行插补准备,等到插补预处理缓冲区中有写好的数据时,插补程序可能已等待了整整一个后台程序循环周期,所以该结构仅适用于控制功能较简单的系统。早期的 CNC 系统大都采用这种结构。

2. 中断型软件结构

在中断型软件结构中,除初始化程序外,整个系统软件的各种任务模块按轻重缓急分别安排在不同级别的中断服务程序中。整个软件就是一个大的中断系统,由中断管理系统(由硬件和软件组成)对各级中断服务程序实施调度管理。中断型软件结构如图 8-104 所示。

中断型软件结构的任务调度机制是优先抢占调度。各级中断服务程序之间的信息交换是

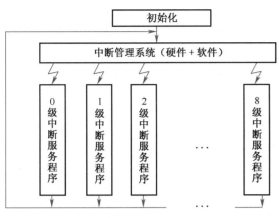

图 8 - 104　中断型软件结构

通过缓冲区来进行的。由于系统的中断级别较多(最多可达 8 级),可将强实时性任务安排在优先级较高的中断服务程序中,因此这类系统的实时性好。但模块间的关系复杂,耦合度大,不利于对系统的维护和扩充。20 世纪 80 年代至 90 年代初的 CNC 系统大多采用这种结构。

　　3. 基于实时操作系统的软件结构

　　实时操作系统(Real Time Operating System,RTOS)是操作系统的一个重要分支,它除具有通用操作系统的功能外,还具有任务管理、多种实时任务调度机制(如优先级抢占调度、时间片轮转调度等)、任务间的通信机制(如邮箱、消息队列、信号灯等)等功能。由此可知,CNC 系统软件完全可以在实时操作系统的基础上进行开发。

　　1)基于实时操作系统的软件结构优点

　　(1)弱化功能模块间的耦合关系。CNC 各功能模块之间在逻辑上存在着耦合关系,在时间上存在着时序配合关系。为了协调和组织它们,前述软件结构中,需用许多全局变量标志和判断、分支结构,致使各模块间的关系复杂。

　　基于实时操作系统的软件结构中,设计者只须考虑模块自身功能的实现,然后按规则挂到实时操作系统上,而模块间的调用关系、信息交换方式等功能都由实时操作系统来实现,从而弱化了模块间的耦合关系。

　　基于实时操作系统的软件结构如图 8 - 105 所示。

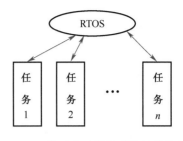

图 8 - 105　基于实时操作系统的软件结构

　　(2)系统的开放性和可维护性好。从本质上讲,前后台型软件结构和中断型软件结构采用的均是单一流程加中断控制的机制,一旦开发完毕,系统将是完全封闭的(对系统的开发者也是如此),对系统进行功能扩充和修改将很困难。

　　基于实时操作系统的软件结构中,系统功能的扩充或修改,只须将编写好的任务模块(模块程序加上任务控制块(TCB)),挂到实时操作系统上(按要求进行编译)即可。因而,采用该软件结构开发的 CNC 装置具有良好的开放性和可维护性。

　　(3)减少系统开发的工作量。在 CNC 装置软件开发中,系统内核(任务管理、调度、通信机制)的设计开发往往很复杂而且工作量也相当大。基于现有实时操作系统开发系统内核时,可大大减少系统的开发工作量和开发周期。

　　2)基于实时操作系统开发 CNC 系统软件的方法

　　(1)在商品化的实时操作系统下开发 CNC 系统软件,国外有些著名 CNC 系统厂家采用了这种方式。

　　(2)将通用 PC 操作系统(DOS、LINUX、Windows)加实时内核扩展成实时操作系统,然后在此基础上开发 CNC 系统软件。目前,国内有些 CNC 系统的生产厂家就是采用的这种方法。该法的优点在于 DOS、LINUX、Windows 是获得到普遍应用的操作系统,开发工具相对较全面,扩充扩展较容易,特别是前两种操作系统是免费软件,甚至实时 LINUX 也可免费获取。

3）基于实时操作系统的软件结构实例

这里以华中"世纪星"HNC－21/22/18/19/210数控装置为例讲述基于实时操作系统的CNC软件结构的具体实现。

华中"世纪星"HNC－21/22/18/19/210和HNC－Ⅰ一样，以"DOS操作系统＋实时扩展"为软件支持环境，实现了一个开放式的CNC装置软件平台，提供了一个方便的二次开发环境。

（1）软件结构。华中"世纪星"数控装置的软件结构如图8－106所示。

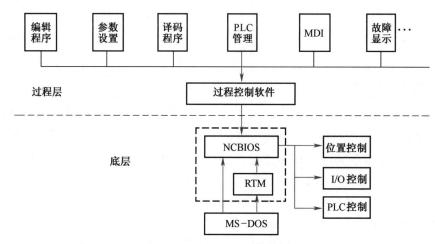

图8－106　华中"世纪星"数控装置的软件结构

图中虚线以下的部分称为底层软件，它是华中"世纪星"数控装置的软件平台，其中RTM模块为自行开发的实时多任务管理模块，负责CNC装置的任务管理和调度。NCBIOS模块为CNC装置的基本输入/输出系统，管理CNC装置所有的外部控制对象，包括设备驱动程序的管理、位置控制、PLC控制、插补计算和内部监控等。

虚线以上的部分称为过程层软件（应用层软件），它包括编辑程序、参数设置、译码程序、PLC管理、MDI、故障显示等与用户操作有关的功能模块。对于不同的数控装置，其功能的区别都在这一层，或者说功能的增减均在这一层进行，各功能模块都可通过NCBIOS与底层进行信息交换，从而使该层的功能模块与系统的硬件无关。

（2）实时多任务调度。根据CNC装置的特点，华中"世纪星"将CNC装置的任务划分为8个，按优先级从高到低排列如下（其中括号内有数字的为定时任务，该数字即为定时时间）：

① 位置控制任务（4ms）；

② 插补计算任务（8ms）；

③ 数据采集任务（12ms）；

④ PLC任务（16ms）；

⑤ 刀补运算任务（条件启动任务，有空闲刀补缓冲区时启动）；

⑥ 译码解释任务（条件启动任务，有空闲译码缓冲区时启动）；

⑦ 动态显示任务（96ms）；

⑧ 人机界面（菜单管理，一次性死循环任务）。

华中"世纪星"数控装置的实时多任务调度由实时多任务管理器（RTM）模块实现，RTM是通过修改过的DOS的INT08中断功能来实现实时多任务调度的。

华中"世纪星"数控装置采用优先抢占加时间片轮转调度机制，调度核心由时钟中断服务程序和任务调度程序组成，如图8－107所示。根据任务的状态，调度核心对任务实行管理，即决定当前哪个任务获得CPU。系统中各任务只有通过调度核心才能运行或终止。

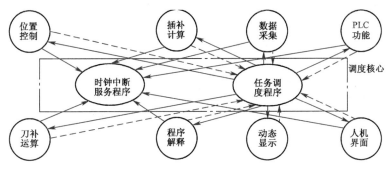

图 8-107　实时多任务调度程序

图 8-107 描述了各任务与调度核心的关系。图中:实线表示从调度核心进入任务或任务在一个时间片内未运行完返回调度核心;虚线表示任务在时间片内运行完毕返回调度核心。

系统启动进行任务调度时,首先进入位置控制任务,由于 CNC 装置轮廓控制的要求,必须保证 4ms 内完成向伺服系统的轴信息传递,所以在时间片未到之前,返回到调度核心的任务调度程序运行插补任务;此时若时间片到,则挂起正在执行的插补任务进入时钟中断处理程序,完成任务的定时后,再返回到任务调度程序重新调度,当再次转向位置控制任务并执行完后,返回到调度核心的任务调度程序,恢复插补任务的断点,继续插补运算,如果时间片未到之前完成了插补运算,则返回到调度程序,此时若键盘输入任务有效,又转向键盘扫描任务,依此类推,逐个执行。

调度核心管理多个任务的原则:在时间片内无论任务是否运行都应返回调度核心重新调度,任务之间不能相互转入完成调度。

(3)设备驱动程序的管理。对于不同的控制对象,如加工中心、铣床、车床、磨床等,或对于同一控制对象而采用不同的伺服驱动时,CNC 装置的硬件配置可能不同,而采用不同的硬件模块,必须选用相应的驱动程序驱动,即更换模块必须更换驱动程序。

在配置系统时,所有用到的板卡都要在 NCBIOS 的 NCBIOS.CFG(类似于 DOS 的 Config 文件)中说明,说明格式为 DEVICE=板卡驱动程序名(扩展名一般为 .DRV,如"世纪星"主板的驱动程序为 HNC-21.DRV)。NCBIOS 根据 NCBIOS.CFG 的预先设置,调入对应板卡的驱动程序,建立相应的接口管道。

参 考 文 献

[1] 彭炎午. 计算机数控(CNC)系统. 西安:西北工业大学出版社,1988.

[2] 毕承恩. 现代数控机床. 北京:机械工业出版社,1991.

[3] 李诚人,等. 机床计算机数控. 西安:西北工业大学出版社,1988.

[4] 全国数控培训网络天津分中心. 数控原理. 北京:机械工业出版社,1997.

[5] 叶伯生,等. 计算机数控系统原理、编程与操作. 武汉:华中理工大学出版社,1997.

[6] 叶伯生,等. 全功能数控系统的开发与相关几个问题的研究:[博士学位论文]. 西安:西北工业大学,1994.

[7] Frederick M Proctor, James S Albus. Open-architecture Controllers. IEEE SPECTRUM JUNE,1997.

[8] Hideo MATSUKA. Japanese PC-based Open Control Systems for Manufacturing Equipme-nt. Int J Papan Soc Prec Eng, 1996,130(3).

[9] 叶伯生,彭炎午. 数控机床的螺旋线和正弦线插补. 机床,1993(8):10-11.

[10] 叶伯生,樊留群,彭炎午. 数控机床的弹性螺距误差补偿. 机械工业自动化,1993,15(1):28-29.

[11] 叶伯生. 适应 CNC 系统并行处理的数据结构. 机械与电子,1996(6):27-28.

[12] 叶伯生,陈吉红. 新一代开放式、网络化数控系统的研究. 机械与金属,2005(3).

[13] 叶伯生,杨叔子. CNC 系统中三次 B 样条曲线的高速插补方法. 中国机械工程,1998,9(3):42-43.

[14] 廖效果. 数控技术. 武汉:湖北科学技术出版社,2000.

[15] 王永章,杜君文,程国全. 数控技术. 北京:高等教育出版社,2001.

[16] 罗学科,谢富春.数控原理与数控技术.北京:化学工业出版社,2004.

[17] 叶伯生、戴永清.数控加工编程与操作.武汉:华中科技大学出版社,2005.

[18] 易红.数控技术.北京:机械工业出版社,2005.

[19] 叶伯生.数控技术实用手册.北京:中国劳动社会保障出版社,2006.

[20] 罗学科,赵玉侠.典型数控系统及其应用.北京:化学工业出版社,2006.

[21] 向华,叶伯生,胡涛,徐建春,郑小年,杨虎.华中数控系统操作、编程及故障诊断与维修.北京:机械工业出版社,2007.

[22] 叶伯生,周向东,朱国文.华中数控系统编程与操作手册.北京:机械工业出版社,2010.

第9章
数控机床工装系统

主编　邓三鹏
参编　祁宇明　阎　兵
　　　刘学斌　王　旭
　　　蒋永翔

9.1 夹具系统

9.1.1 回转工作台

作为一种高效率的加工设备,数控机床总是尽可能完成被加工零件的较多工序或者一次装夹后完成所有加工工序,以扩大工艺范围和提高机床利用率。因此,除要求数控机床能够在 X、Y、Z 三个坐标轴的直线运动外,还要求在圆周方向有进给运动和分度运动。

通常,回转工作台能够实现上述运动,用以实现圆弧加工或与直线轴联动实现曲面加工,以及利用工作台精确地自动分度,实现箱体类零件的多面加工。在自动换刀的数控机床或加工中心上,回转工作台已成为不可缺少的部件。为快速更换工件,带有托板交换装置的工作台应用也越来越多。

数控机床工作台主要有数控分度工作台和数控回转工作台两种,其工作台面的形式有带托板交换装置和不带托板交换装置两种。数控回转工作台的作用有两个:一是实现分度,即在非切削时,工件在 360°范围内进行分度旋转或分度定位;二是实现圆周进给,即在进行切削时与 X、Y、Z 三个坐标轴联动,进行复杂曲面的加工,细分度数一般为 0.001°(或 0.0001°)。分度工作台只作定位分度运动,常用结构是一对上下啮合的端齿盘,通过上下端齿盘的相对旋转实现工作台的有级分度。数控分度的角度范围根据端齿盘的齿数而定,通常最小分度为 1°(或 5°)。

数控回转工作台主要应用于数控铣床、加工中心等设备,特别是在加工复杂的空间曲面方面(如航空发动机叶片、船用螺旋桨等),由于回转工作台具有圆周进给运动,易于实现与 X、Y、Z 三坐标的联动,但需与高性能的数控系统相配套。数控回转工作台生产厂家与主要产品见表 9-1 所列。

表 9-1 数控回转工作台生产厂家与主要产品

生产厂家	主要产品
烟台恒力 数控机床有限公司	HLTK12、HLTK13、HLTK14、HLTK15、HLTK16、HLTK51、HLTK56、HLQK56、HLTK83 等系列
沈阳机床股份有限公司	PIB40、PIB50、PIB40t、PIB80h、THK 系列
重庆机床(集团)有限公司	TKG、TKB 系列
烟台傲群 数控机床附件有限公司	TK12、TK13、TK14、TK51、TK56、TK83、THK56 等系列
烟台环球 机床附件有限公司	TK13400JS、TK123500、TK95、TK83、PK36B、TK62、THK56、TK51、TK15、TK14、TK13、TK12 系列
烟台华大 数控机床附件有限公司	SKT12、SKT13、SKT14、SKT15、SKT16、SKT56、SKT51、SKQ56、SKT83、THK56 等系列
台湾旭阳国际精机股份有限公司	cnc—120r、170r、200r、250r、320r
台湾潭兴 精工企业有限公司	VRNC、MRNC、BRNC、TRNC、MRHC、MINC、HINC、TVRNC、TMRNC、SWT、ACI、ACR、DRT 系列
台湾世承企业有限公司	MD、MABD、CH3、CV3 系列
台湾宝嘉城公司	MNC、PAR、FMH、FMHG、HMC、PTNC、APC、VLHI 系列
德国派士乐公司	AWU、ATU、ZAS 系列
德国霍夫曼公司	TMI、HOWIMAT、TMI—FL 系列
德国西泰克公司	CRT 系列

（续）

生产厂家	主 要 产 品
日本北川公司	TBX、TMX、TT、TTS、TU、TW、MR系列
日本日研公司	CNC、NSVZ、NSVX、5AX、NST系列

9.1.1.1 分度工作台

分度工作台是按照数控系统的指令，在需要分度时工作台连同工件回转规定的角度，有时也可采用手动分度。分度工作台只能够完成分度运动而不能实现圆周运动，并且它的分度运动只能完成一定的回转度数，如45°、60°或90°等。

1. 齿盘式分度工作台

齿盘式分度工作台主要由工作台面底座、升降液压缸、分度液压缸和齿盘等零部件组成，其结构如图9-1所示。鼠牙盘是保证分度精度的关键零件，在每个齿盘的端面有数目相同的三角形齿。当两个齿盘啮合时，能自动确定周向和径向的相对位置。

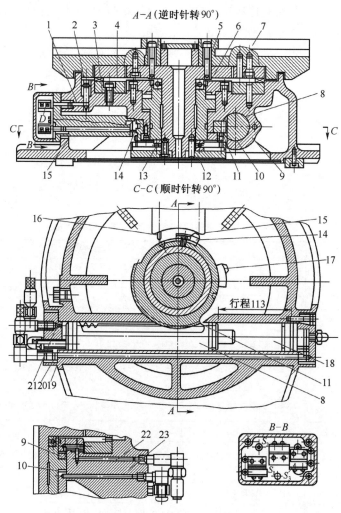

图9-1 齿盘式分度工作台

1,2,15,16—推杆；3—下齿盘；4—上齿盘；5,13—推力轴承；6—活塞；7—工作台；8—齿条活塞；9—升降液压缸上腔；10—升降液压缸下腔；11—齿轮；12—内齿轮；14,17—挡块；18—分度液压缸右腔；19—分度液压缸左腔；20,21—分度液压缸进回油孔；22,23—升降液压缸进回油孔。

机床需要进行分度工作时,数控装置就发出指令,电磁铁控制液压阀(图中未示出),使压力油经孔23进入到工作台7中央的升降液压缸下腔10推动活塞6向上移动,经推力轴承5和13将工作台7抬起,上齿盘4和下齿盘3脱离啮合,与此同时,在工作台7向上移动过程中带动内齿轮12向上套入齿轮11,完成分度前的准备工作。

当工作台7上升时,推杆2在弹簧力的作用下向上移动使推杆1能在弹簧作用下向右移动,离开微动开关S_2,使S_2复位,控制电磁阀(图中未示出)使压力油经油孔21进入分度油缸左腔19,推动齿条活塞8向右移动,带动与齿条相啮合的齿轮11作逆时针方向转动。由于齿轮11已经与内齿轮12相啮合,分度台也将随着转过相应的角度。回转角度的近似值将由微动开关和挡块17控制,开始回转时,挡块14离开推杆15使微动开关S_1复位,通过电路互锁,始终保持工作台处于上升位置。

当工作台转到预定位置附近,挡块17通过推杆16使微动开关S_3工作。控制电磁阀开启使压力油经油孔22进入到升降液压缸上腔9。下齿盘3带动工作台7下降,上齿盘4与下齿盘3在新的位置重新啮合,并定位压紧。升降液压缸下腔10的回油经节流阀可限制工作台的下降速度,保护齿面不受冲击。

当分度工作台下降时,通过推杆1及推杆2的作用启动微动开关S_2,分度液压缸右腔18通过油孔20进压力油,齿条活塞8退回。齿轮11顺时针方向转动时带动挡块14及挡块17回到原处,为下一次分度做好准备。此时内齿轮12已同齿轮11脱开,工作台保持静止状态。

齿盘式分度工作台的优点:定位刚度好,重复定位精度高,它的分度精度可达到$\pm(0.5''\sim3'')$,结构简单。缺点:齿盘制造精度要求很高,且不能任意角度分度,它只能分度能除尽齿盘齿数的角度。这种工作台不仅可与数控机床做成一体,也可作为附件使用,广泛应用于各种加工和测量装置中。

2.定位销式分度工作台

图9-2为定位销式分度工作台。分度工作台1位于长方形下底座20的中间,在不单独使用分度工作台1时,两个工作台可以作为一个整体工作台来使用。这种工作台的定位分度主要靠定位销和定位孔来实现。在工作台1的底部均匀分布着8个削边圆柱定位销7,在下底座20上制有一个定位套6以及供定位销移动的环形槽。其中只能有一个定位销7进入定位套6中,其余7个定位销则都在环形槽中。因为8个定位销在圆周上均匀分布,间隔为45°,因此工作台只能作2、4、8等分的分度运动。

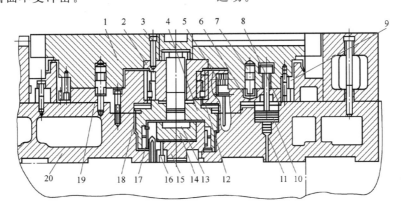

图9-2 定位销式分度工作台结构

1—工作台;2—转台轴;3—六角螺钉;4—轴套;5—活塞;6—定位套;7—定位销;
8—液压缸;9—齿轮;10—活塞;11—弹簧;12—轴承;13—止推螺钉;14—活塞;15—液压缸;
16—管道;17,18—轴承;19—转台座;20—下底座。

第
9
章

数控机床工装系统

分度时，数控装置发出指令，在电磁阀控制下底座 20 上的 6 个均匀分布锁紧液压缸 8（图中只示出 1 个）中的压力油经环形槽流向油箱，活塞 10 被弹簧 11 顶起，工作台 1 处于松开状态。与此同时，间隙消除液压缸 8 卸载，压力油经管道 16 流入中央液压缸 15，使活塞 14 上升，并通过止推螺钉 13 由轴套 4 把止推轴承 12 向上抬起，顶在工作台 1 底座上，通过螺钉 3、轴套 4 使工作台 1 抬起。固定在工作台面上的定位销 7 从定位套 6 中拔出，做好分度前的准备工作。

工作台 1 抬起之后，数控装置在发出指令使液压马达转动，驱动两对减速齿轮（图中未示出），带动固定在工作台 1 下面的大齿轮 9 回转，进行分度。在大齿轮 9 上每 45°间隔设一挡块。分度时，工作台先快速回转，当定位销即将进入规定位置时，挡块碰撞第一个限位开关，发出信号使工作台减速，当挡块碰撞第二个限位开关时，工作台停止回转，此刻相应的定位销 7 正好对准定位套 6。分度工作台的回转速度由液压马达和液压系统中的单向节流阀来调节。

完成分度后，数控装置发出信号使中央液压缸 15 卸载，工作台 1 靠自重下降。相应的定位销 7 插入定位套 6 中，完成定位工作。定位完毕后消除间隙液压缸 8 通入压力油，活塞向上顶住工作台 1 消除径向间隙。然后使锁紧液压缸 8 的上腔通入压力油，推动活塞 10 下降，通过活塞杆上的 T 形头压紧工作台。至此分度工作全部完成，机床可以进行下一工位的加工。

工作台的回转轴支承是滚针轴承 17 和径向有 1∶12 锥度的加长形圆锥孔双列圆柱滚子轴承 18。轴承 18 装在内，能随支座 4 作上升或下降移动。当工作台抬起时，支座 4 所受推力的一部分由推力轴承 12 承受，这就有效地减少了分度工作台回转时的摩擦力矩，使转动更加灵活。轴承 12 内环由螺钉 3 固定在支座 4 上，并可以带着滚柱在加长的外环内作 15mm 的轴向移动，当工作台回转时它就是回转中心。

9.1.1.2　回转工作台

回转工作台能实现进给运动，它在结构上

和数控机床的进给驱动机构有许多共同之点。不同之点在于，数控机床的进给驱动机构实现的是直线进给运动，而数控转台实现的是圆周进给运动。数控回转工作台的外形和分度工作台没有太大区别，但在内部结构和功用上则有较大的不同。数控回转工作台分为开环和闭环两种。

1. 开环数控回转工作台

开环数控回转工作台和开环直线进给机构一样，都可以用功率步进电动机来驱动。图 9-3 为开环数控回转工作台的结构图。

步进电动机 3 的输出轴上齿轮 2 与齿轮 6 啮合，啮合间隙由偏心环 1 来消除。齿轮 6 与蜗杆 4 用花键结合，花键结合间隙应尽量小，以减小对分度精度的影响。蜗杆 4 为双导程蜗杆，可以用轴向移动蜗杆的办法来消除蜗杆 4 和蜗轮 15 的啮合间隙。调整时，只要将调整环 7（两个半圆环垫片）的厚度尺寸改变，便可使蜗杆沿轴向移动。

蜗杆 4 的两端装有滚针轴承，左端为自由端，可以伸缩。右端装有两个角接触球轴承，承受蜗杆的轴向力。蜗轮 15 下部的内、外两面装有夹紧瓦 18 和 19，数控回转台的底座 21 上固定的支座 24 内均布 6 个液压缸 14。液压缸 14 上端进压力油时，柱塞 16 下行，通过钢球 17 推动夹紧瓦 18 和将蜗轮夹紧，从而将数控转台夹紧，实现精确分度定位。当数控旋转工作台实现圆周进给运动时，控制系统首先发出指令，使液压缸 14 上腔的油液流回油箱，在弹簧 20 的作用下把钢球 17 抬起，夹紧瓦 18 和 19 就松开蜗轮 15。柱塞 16 到上位发出信号，功率步进电动机启动并按指令脉冲的要求，驱动数控旋转工作台实现圆周进给运动。当工作台作圆周分度运动时，先分度回转再夹紧蜗轮，以保证定位的可靠，并提高承受负载的能力。

数控旋转工作台的分度定位与分度工作台不同，它是按控制系统所指定的脉冲数来决定转位角度，没有其他的定位元件。因此，对数控工作台的传动精度要求高、传动间隙应尽量小。

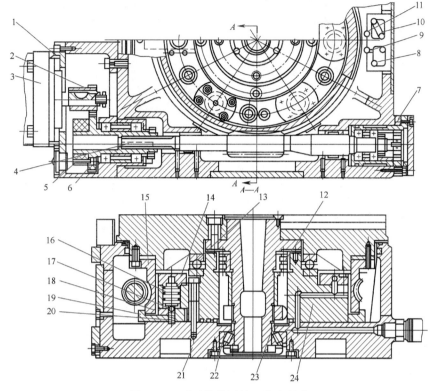

图 9-3 开环数控回转工作台结构

1—偏心环；2,6—齿轮；3—步进电动机；4—蜗杆；5—垫圈；7—调整环；8,10—微动开关；9,11—挡块；12,13—轴承；14—液压缸；15—蜗轮；16—柱塞；17—钢球；18,19—夹紧瓦；20—弹簧；21—底座；22—圆锥滚子轴承；23—调整套；24—支座。

数控工作台设有零点，当它作回零控制时，先快速回转运动至挡块 11 压合微动开关 10 时，发出"快速回转"变为"慢速回转"的信号，再由挡块 9 压合微动开关 8 发出从"慢速回转"变为"点动步进"信号，最后由功率步进电动机停在某一固定的通电相位上（称为锁相），从而使旋转工作台准确地停在零点位置上。数控旋转工作台的圆形导轨采用大型推力滚珠轴承 13，使回转灵活。径向导轨由滚子轴承 12 及圆锥滚子轴承 22 保证回转精度和定心精度。调整轴承 12 的预紧力，可以消除回转轴的径向间隙。调整轴承 22 的调整套 23 的厚度，可以使圆导轨上有适当的预紧力，保证导轨有一定的接触刚度。这种数控旋转工作台可做成标准附件，回转轴可水平安装，也可垂直安装，以适应不同工件的加工要求。

　　数控旋转工作台的脉冲当量是指数控旋转工作台每个脉冲所回转的角度（用 ϕ 表示，单位为（°）/脉冲），现在尚未标准化。现有的数控旋转工作台的脉冲当量有小到 0.001（°）/脉冲，也有大到 2（°）/脉冲。设计时应根据加工精度的要求和数控旋转工作台直径大小来选定。一般来讲，加工精度越高，脉冲当量应选得越小；数控旋转工作台直径越大，脉冲当量应选得越小。但也不能盲目追求过小的脉冲当量。脉冲当量选定之后，根据步进电动机的脉冲步距角 θ 就可决定减速齿轮和蜗轮副的传动比，即

$$\phi = \frac{z_1}{z_2} \frac{z_3}{z_4} \theta$$

式中　z_1、z_2——主动、被动齿数；

　　　　z_3、z_4——蜗杆头数和蜗轮齿数。

　　在决定 z_1、z_2、z_3、z_4 时，一方面要满足传动比的要求，同时也要考虑到结构的限制。

　　2. 闭环数控回转工作台

　　闭环数控工作台的结构与开环数控工作台

的结构大致相同,其区别在于闭环数控旋转工作台有转动角度的测量元件(圆光栅或圆感应同步器)。所测量的结果经反馈与指令值进行比较,按闭环原理进行工作,使工作台分度精度更高。

图9-4为闭环数控旋转工作台结构图。闭环回转工作台由电液脉冲马达1驱动,在它

的轴上装有主动齿轮3($z_1 = 22$),它与从动齿轮4($z_2 = 66$)相啮合,齿的侧隙靠调整偏心环2来消除。从动齿轮4与蜗杆10用楔形的拉紧销钉5来连接,这种连接方式能消除轴与套的配合间隙。蜗杆10是双螺距式,即相邻齿的厚度是不同的。因此,可用轴向移动蜗杆的方法来消除蜗杆10和蜗轮11的齿侧间隙。调整时,

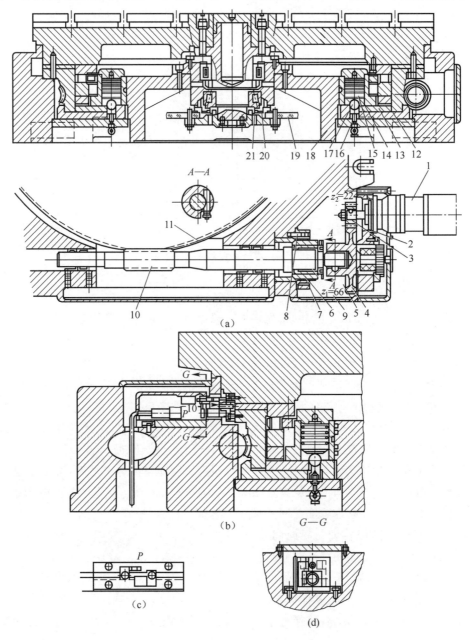

图9-4 闭环数控回转工作台结构

1—电液脉冲马达;2—偏心环;3—主动齿轮;4—从动齿轮;5—销钉;6—锁紧瓦;7—套筒;8—螺钉;9—丝杠;10—蜗杆;11—蜗轮;12,13—夹紧瓦;14—液压缸;15—活塞;16—弹簧;17—钢球;18—底座;19—光栅;20,21—轴承。

先松开壳体螺母套筒 7 上的锁紧螺钉 8,使锁紧瓦 6 把丝杠 9 放松,然后转动丝杠 9,它便和蜗杆 10 同时在壳体螺母套筒 7 中作轴向移动,消除齿侧间隙。调整完毕后,再拧紧锁紧螺钉 8,把锁紧瓦 6 压紧在丝杠 9 上,使其不能再作转动。

蜗杆 10 的两端装有双列滚针轴承作径向支承,右端装有两只止推轴承承受轴向力,左端可以自由伸缩,保证运转平稳。蜗轮 11 下部的内、外两面均有夹紧瓦 12 及 13。当蜗轮 11 不回转时,回转工作台的底座 18 内均布有 8 个液压缸 14,其上腔进压力油时,活塞 15 下行通过钢球 17 撑开夹紧瓦 12 和 13,把蜗轮 11 夹紧。当回转工作台需要回转时,控制系统发出指令,使液压缸上腔油液流回油箱。由于弹簧 16 恢复力的作用,把钢球 17 抬起,夹紧瓦 12 和 13 就不夹紧蜗轮 11,然后由电液脉冲马达 1 通过传动装置,使蜗轮 11 和回转工作台一起按照控制指令作回转运动。回转工作台的导轨面由大型滚柱轴承支承,并由圆锥滚子轴承 21 和双列圆柱滚子轴承 20 保持准确的回转中心。

闭环数控回转工作台设有零点,当它作返零控制时,先用挡块碰撞限位开关(图中未示出),使工作台由快速变为慢速回转,然后在无触点开关的作用下,使工作台准确地停在零位。数控回转工作台可作任意角度的回转或分度,由光栅 19 进行读数控制。光栅 19 沿其圆周上有 21600 条刻线,通过 6 倍频线路,刻度的分辨能力为 10″。

这种数控回转工作台的驱动系统采用开环系统时,其定位精度主要取决于蜗杆蜗轮副的运动精度,虽然采用高精度的 5 级蜗杆蜗轮副,并用双螺距杆实现无间隙传动,但还不能满足机床的定位精度($±10″$)。因此,需要在实际测量工作台静态定位误差之后,确定需要补偿的角度位置和补偿脉冲的符号(正向或反向),记忆在补偿回路中,由数控装置进行误差补偿。

图 9-5 为双蜗杆回转工作台传动结构,用两个蜗杆分别实现对蜗轮的正、反向传动。蜗杆 2 可轴向调整,使两个蜗杆分别与蜗轮左右齿面接触,尽量消除正、反传动间隙。调整垫 3、5 用于调整一对锥齿轮的啮合间隙。双蜗杆传动虽然较双导程蜗杆传动结构复杂,但普通蜗轮蜗杆制造工艺简单,承载能力比双导程蜗杆大。

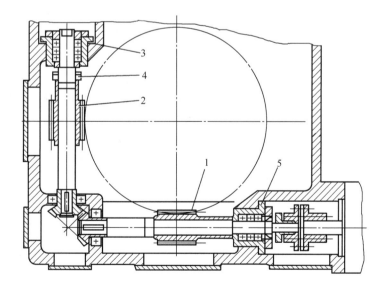

图 9-5 双蜗杆回转工作台传动结构
1—轴向固定蜗杆;2—轴向调整蜗杆;3,5—调整垫;4—锁紧螺母。

9.1.2　摆头

摆头是指多坐标数控机床中的关键部件,可以实现机床主轴 A 轴和/或 C 轴的转动,扩大机床的加工范围,实现复杂曲面与箱体类零件的加工。摆头生产厂家与主要产品见表 9-2 所列。

表 9-2　摆头生产厂家与主要产品

生产厂家	主要产品
大连光洋科技工程有限公司	VM19-T、VM20-T、SM21 系列
济南欧锐数控机床设备有限公司	XF-A 系列
德国西泰克公司	M21,G30、S8 系列
德国 TRAMEC 公司	AC7、AC8S、AC8H、AC11、AC14、AC15、AC16 系列
意大利菲迪亚公司	M5A/55、RHS/55 系列
台湾日绅精密机械有限公司	KM63、766A、755A 系列
意大利意萨公司	TM、KW、TX 系列
意大利 Alberti 公司	Control、modular、TR90、TA45、P、MA 系列

现在多轴数控机床多数配有摆头,可以实现主轴头摆动一定的角度。本节以 5 轴联动数控机床中的关键部件——双摆角数控万能铣头为例作简要介绍。

目前,国内外典型的摆头结构为摆叉式结构,具体是:C 轴安装在滑枕内,驱动整个铣头绕 C 轴旋转,带动刀具转位的 A 轴安装在一个叉形的箱体内。摆叉式结构简图如图 9-6 所示。从摆叉式基础结构又分出两种主流结构样

式:A 轴箱体是三分体式,如 CYTEC 公司的双摆头产品(图 9-7);A 轴箱体是一体式,如 Tramec 公司的双摆头产品(图 9-8)。

图 9-7　CYTEC 公司的双摆头产品

图 9-8　Tramec 公司的双摆头产品

根据驱动方式的不同,双摆头基本上可以分为力矩电动机直驱式双摆头和伺服电动机驱动的机械式双摆头。

随着加工难度的增加,在一些场合双轴的铣头已经不能满足加工需要。在德国兹默曼公司生产的新型 FZ1006 轴龙门铣床中已经出现了三摆头(图 9-9),具备更全面的加工能力。

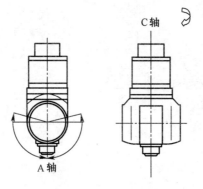

图 9-6　摆叉式结构简图

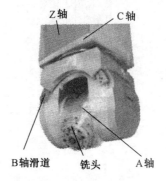

图 9-9　FZ1006 轴龙门铣床的三摆头

双摆角铣头是中、大规格 5 轴联动加工中心的核心功能部件，常用于加工具有复杂曲面的大型精密零部件。为了有效保证待加工工件的加工精度，避免因二次装夹等因素引起的加工误差，通常在一台加工中心上完成从粗加工到精加工的全部工序，即现在的机床设计中倡导的"Doneinone 理念"，这样的加工背景需要使用双摆角铣头。

图 9-10 为 GMC1230u 型龙门加工中心采用龙门框架结构，主轴带 A、B 坐标的双摆角铣

图 9-10　GMC1230u 型龙门加工中心

头，摆角达±40°。该机床是航空、航天、模具等行业加工关键设备，以前此类带 A、B 轴双摆角铣头、大扭矩的多轴联动机床全部依靠进口。该机床的研制成功得到了航空航天工业用户的极大关注和积极采用。

9.1.3　高速动力卡盘

动力卡盘动力来源主要是油缸和汽缸，分别称为液压卡盘和气动卡盘。液压卡盘通常有二爪、三爪、四爪等规格，尺寸从 4 英寸~24 英寸（1 英寸＝2.54cm）不等，功能一般分为大通孔、后拉内夹、强力浮动、偏心补偿、快速换爪、长行程、二爪三爪共用等；同时，用户还可根据自己的需要定制特殊卡盘、特殊软爪等。动力卡盘生产厂家与主要产品见表 9-3 所列。

表 9-3　动力卡盘生产厂家与主要产品

生产厂家	主要产品
松和机械（太仓）有限公司	AType、B. C. Type、CType、DType、EType、AR－Type、G－Type、S－Type、Ch(A)M
常州卡博尔机械设备有限公司	立式中空、两爪中实、三爪通孔、四爪中实
常州比优特机械设备制造有限公司	SQ、KQ、SL、KL、SQ－2、SQ－4、BQT 等系列
德锐精密机械有限公司	JAP、JAS、CHP、CPC、CPD、JA 系列
呼和浩特众环（集团）有限责任公司	K11、K72、K54、K55、K51、K52 系列
日本丰和（HOWA）公司	H063 系列、H01 系列、H05 系列、H037 系列
日本北川公司（KITAGAWA）	B－200、BB200、BT200、BL200、SC－F、HOH 系列
德国雄克（Schunk）公司	RH、PGN、MPG、KGG、PSH、GWB、NCD、NCF、THF、THW
德国 Marquart(ortlieb)公司	TS42、TS65、30B、42B、50B、60B 系列
台湾佳贺（CH－H）精机股份有限公司	TK、TH、RK、CL、VH、VP、3M－06、2M－05、3P－06、2P－08、3H－06、2H－08 等系列
台湾千岛（CHANDOX）公司	NT、OP、OPT、OPF、OPB、CL、CLT、PL、MO、MOT、MTK、MTB、TK、MR、LZ、MC、SE、SK、AS、AE、FR、MA 等系列
台湾亿川公司（AUTOSTRONG）	V、N、M、VT、DON、DOV、MS、MF、NT、NIT 等系列
台湾山川公司（YAMAKAWA）	3B、2BL、3BL、2BA 系列、高速膜片油压夹头、精密气压膜片筒型夹头、立式超精密回转型油压夹头
台湾通福（TONFOU）股份企业有限公司	TF－3XA、TF－4BA、TF2B、VT－208、VA、CL、MS、MH、RCS、DOV 系列
韩国瑞严（SEOAM）机械公司	YAH、CAS、CAH、CAHA 系列
韩国三千里（SAMCHULLY）机械有限公司	HS、HST、HC、PBL、MH、IAH(T)系列
以色列 PML－PAL 公司	AirChuck、HighSpeedTypeAir Chuck、WorkJaw 系列

9.1.3.1　楔式动力卡盘

K55 型高速通孔楔式动力卡盘如图 9-11 所示,由高速通孔回转液压缸(图中未标出)带动推拉管 1 作轴向往复运动,推拉管 1 与推拉螺母 3 连接,推拉螺母的一端通过压盖 2 连接在楔心套 4 上,于是楔心套随着推拉管的往复运动而运动。楔心套上有 3 个与套体轴向成一定角度的 T 形槽,滑座 6 上与卡盘体轴向同样成一定角度的 T 形凸起部分嵌在楔心套的 T 形槽内。由于 T 形槽与盘体轴向成一定角度,滑座随楔心套的轴向运动而进行径向运动。滑座通过 T 形块 7、梳形齿 8 和内六角螺钉 10 与卡爪 9 相对固定,这样,就通过楔心套 4 和滑座 6 把推拉管 1 的往复运动传递到卡爪 9,使卡爪 9 在盘体径向作夹紧和松开工件的运动。松开内六角螺钉 10,梳形齿脱开,T 形块 7 就可以在滑座的槽内移动,通过调整卡爪 9 与滑座的相对位置,使梳形齿啮合。

表 9-4 列出了 THF 型动力卡盘的主要技术参数。由于带有离心平衡装置,可以保证高转速下的夹紧力。

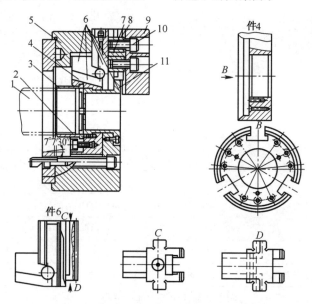

图 9-11　K55 型高速通孔楔式动力卡盘

1—推拉管;2—压盖;3—推拉螺母;4—楔心套;5—盘体;6—滑座;7—T 形块;8—梳形齿;9—卡爪;10—内六角螺钉;11—防护套。

表 9-4　THF 型动力卡盘的主要技术参数

型号	165-37	210-52	250-71	315-86	400-120	500-160
最大作用力 /×10^{-5}N	2500	4000	5500	6000	7500	9000
最大钳口压力 /×10^{-5}N	6250	10000	13750	15000	18750	20000
转动惯量 /(kg·m²)	0.04	0.1	0.27	0.65	1.95	6.1
无钳口质量/kg	12	18	28	38	79	170
最大转速 /(r·min⁻¹)	6500	6300	4500	4000	3300	2200
钳口位移量/mm	5.3	5.3	5.3	5.3	8	8

9.1.3.2　斜齿条滑块式动力卡盘

THW 型动力卡盘是一种斜齿条滑块式卡盘,其卡爪驱动方式如图 9-12 所示(图中仅画出一个滑块与卡爪)。在动力作用下,驱动丝杠转动时,同时驱动连在同一个圆环上的 3 个滑块同向转动,实现滑块上斜齿条的切向运动,与齿条啮合的卡爪作径向运动,从而夹紧、松开工件。与盘丝式卡盘相比,斜齿条滑块式卡盘具有许多优越性,见表 9-5。

表 9-6 列出了 THW 型动力卡盘的主要技术参数。

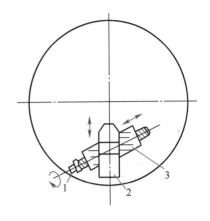

图 9-12　斜齿条滑块式卡盘驱动方式示意图
1—驱动丝杠;2—卡爪;3—滑块。

表 9-5　斜齿条滑块式卡盘与盘丝式卡盘比较

	斜齿条滑块式卡盘	盘丝式卡盘
接触方式	滑块齿与卡爪齿之间为面接触	盘丝齿型与卡爪之间为线接触
夹紧力	有利的接触方式和特有的内部增力机构传动形式,可产生很大的夹紧力	不利的接触方式及丝盘传动形式限制了夹紧力的提高
热处理	盘体及滑块均经热处理硬化	一般不经过热处理硬化
耐磨性	滑块齿与卡爪齿间耐磨性很好	盘丝齿型与卡爪齿间耐磨性较差
精度	磨损小,精度保持长久	磨损大,精度易丧失
更换卡爪	方便迅速	需较长时间
灵活性	整体卡爪或滑座可调转 180° 使用	整体爪及滑座不能调转 180° 使用

表 9-6　THW 型动力卡盘主要技术参数

型号	165—37	210—52	250—65	265—71	315—86	400—120	500—128	630—160
最大作用力 /×10^{-5}N	3300	5000	7300	7300	10000	13300	133000	133000
最大钳口压力 /×10^{-5}N	6000	9000	13200	13200	18000	24000	24000	24000
转动惯量 /(kg·m^2)	0.051	0.12	0.33	0.39	0.81	2.3	6.9	20.17
齿距/mm	4.712	4.712	5.498	5.498	5.498	5.498	7	7
最大转速 /(r·min^{-1})	6300	5800	4700	4700	4000	3500	2200	1700
钳口位移量/mm	5.2	6	6.5	6.5	6.5	6.5	9	10

第9章 数控机床工装系统

9.1.3.3 电动卡盘

JDK 型电动卡盘是一种简易的分离型电动三爪自定心卡盘,由卡盘部分、传动部分、电动机和电控部分组成,如图 9-13 所示。电动机带动空芯轴 8 转动,与空芯轴相连的偏心套 3 带动齿轮 2 在连接盘 7 和十字连接盘 6 上作快速运动。齿轮 2 以偏心套的偏心距为半径作两个坐标方向的平移,从而拨动内齿轮 1 进行慢速转动,齿轮带动盘丝 4 回转,带动卡爪 5 夹紧工件。卡爪的夹紧和松开通过电动机的正、反转来实现。

KD 型电动卡盘配有通孔、电动机和机械调力装置,适合于加工长棒料和薄壁零件。表 9-7 列出了 KD 型和 JDK 型电动卡盘的有关尺寸。

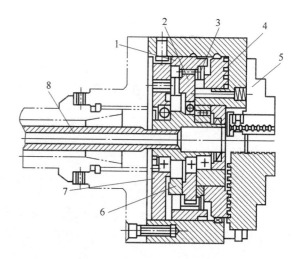

图 9-13　JDK 型电动卡盘

1—内齿轮;2—齿轮;3—偏心套;4—盘丝;5—卡爪;
6— 十字连接盘;7—连接盘;8—空芯轴。

表 9-7　分离型电动自动定心卡盘　　　　　　　　　　　　　　　　　　　　　　（mm）

型号	卡盘外径 D	正爪夹持范围	反爪夹持范围	止口孔径 D_1	止口深度 h	螺钉个数与直径 d_2	螺孔定位直径 D_0	外形尺寸（外径×高度）
KD160	160	3～160	55～145	130	4	3×M8	140	160×96.5
KD200	200	4～200	65～200	165	4	3×M10	180	200×111
KD250	250	6～250	95～250	206	4	3×M12	226	250×122.5
JDK200A	200	6～200	65～200	165	4	3×M10	180	200×113
JDK250A	250	10～250	90～250	210	4	3×M12	226	205×124

9.1.4　数控机床普通夹具与柔性夹具

9.1.4.1　数控加工常见的定位方式及其定位元件

1. 工件以平面定位

平面定位的主要形式是支承定位,工件的定位基准平面与定位元件表面相接触而实现定位。常见的支承元件有下列几种:

1)固定支承

固定支承其支承的高矮尺寸是固定的,使用时不能调整高度,有支承钉和支承板两种形式。

(1)支承钉。图 9-14 所示为用于平面定位的常用的支承钉结构,它们利用顶面对工件进行定位。其中图 9-14(a)为平顶支承钉,常用于精基准面的定位;图 9-14(b)为圆顶支承钉,多用于粗基准面的定位;图 9-14(c)为网纹顶支承钉,常用在要求较大摩擦力的侧面定位;图 9-14(d)为带衬套支承钉,由于它便于拆卸和更换,一般用于批量大、磨损快、需要经常修理的场合。支承钉限制一个自由度。

(2)支承板。支承板有较大的接触面积,工件定位稳固。一般较大的精基准平面定位多用支承板作为定位元件。图 9-15 是两种常用的支承板;图 9-15(a)为平板式支承板,结构简

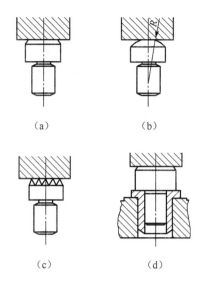

（a）　　　　　（b）

（c）　　　　　（d）

图 9-14　常用的支承钉结构

（a）平顶支承钉；（b）圆顶支承钉；

（c）网纹顶支承钉；（d）带衬套支承钉。

单、紧凑，但不易清除落入沉头螺孔中的切屑，一般用于侧面定位；图 9-15（b）为斜槽式支承板，它在结构上做了改进，即在支承面上开两个斜槽为固定螺钉用，使清屑容易，适用于底面定位。短支承板限制一个自由度，长支承板限制两个自由度。

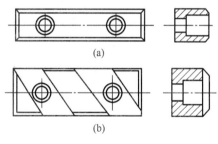

（a）

（b）

图 9-15　常用的支承板结构

（a）平板式支承板；（b）斜槽式支承板。

支承钉和支承板的结构、尺寸均已标准化，设计时可查国家标准手册。

2）可调支承

可调支承的顶端位置可以在一定的范围内调整。图 9-16 为常用的可调支承结构，按要求高度调整好支承钉 1 后，用螺母 2 锁紧。可调支承用于未加工过的平面定位，以调节补偿各批毛坯尺寸误差，一般不是对每个加工工件

进行调整，而是一批工件毛坯调整一次。

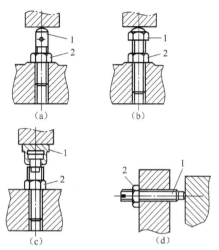

（a）　　　　　（b）

（c）　　　　　（d）

图 9-16　常用的可调支承结构

1—可调支承螺钉；2—螺母。

3）自位支承

自位支承又称浮动支承，在定位过程中，支承本身所处的位置随工件定位基准面的变化而自动调整并与之相适应。图 9-17 是几种常见的自位支承结构，尽管每一个自位支承与工件间可能是二点或三点接触，但实质上仍然只起一个定位支承点的作用，只限制工件的一个自由度，常用于毛坯表面、断续表面、阶梯表面定位。

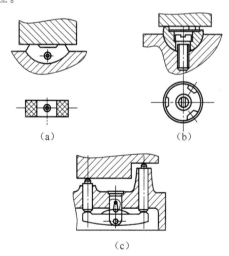

（a）　　　　　（b）

（c）

图 9-17　常见的自位支承结构

4）辅助支承

辅助支承是在工件实现定位后才参与支承

的定位元件,不起定位作用,只能提高工件加工时刚度或起辅助定位作用。图9-18为常见的辅助支承结构,图9-18(a)、(b)为螺旋式辅助支承,用于小批量生产;图9-18(c)为推力式辅助支承,用于大批量生产。

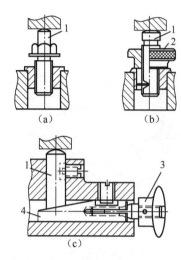

图 9-18　常见的辅助支承结构
(a)、(b)螺旋式辅助支承;(c)推力式辅助支承。
1—支承;2—螺母;3—手轮;4—楔块。

图9-19为辅助支承应用实例,9-19(a)所示的辅助支承用于提高工件稳定性和刚度;9-19(b)所示的辅助支承起预定位作用。

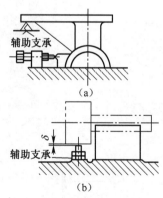

图 9-19　辅助支承应用实例

2. 工件以外圆定位

工件以外圆柱面作定位基准时,根据外圆柱面的完整程度、加工要求和安装方式,可以在V形块、定位套、半圆套及圆锥套中定位。其中最常用的是在V形块上定位。

1)V形块

V形块分为固定式和活动式。图9-20为常用的固定式V形块,图9-20(a)用于较短的精基准定位;图9-20(b)用于较长的粗基准(或阶梯轴)定位;图9-20(c)用于两段精基准面相距较远的场合;图9-20(d)中的V形块是在铸铁底座上镶淬火钢垫而成,用于定位基准直径与长度较大的场合。

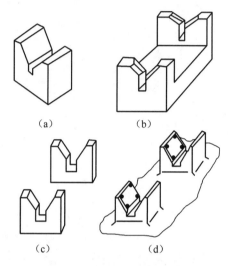

图 9-20　常用的固定式V形块

活动V形块应用实例如图9-21所示。图9-21中的活动式V形块限制工件在Y方向上的移动自由度。它除定位外,还兼有夹紧作用。

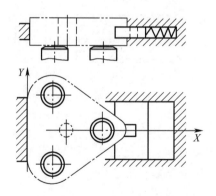

图 9-21　活动V形块应用实例

根据工件与V形块的接触母线长度,固定式V形块可以分为短V形块和长V形块,前者限制工件2个自由度,后者限制工件4个自由度。

V形块定位的优点:①对中性好,即能使工

件的定位基准轴线对中在 V 形块两斜面的对称平面上，在左右方向上不会发生偏移，且安装方便；②应用范围较广，不论定位基准是否经过加工，不论是完整的圆柱面还是局部圆弧面，都可采用 V 形块定位。

V 形块上两斜面间的夹角一般选用 60°、90°和 120°，其中以 90°应用最多。其典型结构和尺寸均已标准化，设计时可查国家标准手册。V 形块的材料一般用 20 钢，渗碳深度 0.8mm～1.2mm，淬火硬度为 60HBC～64HBC。

2）定位套

工件以外圆柱表面为定位基准在定位套内孔中定位，这种定位方法一般适用于精基准定位，如图 9-22 所示。图 9-22（a）为短定位套定位，限制工件 2 个自由度；图 9-22（b）为长定位套定位，限制工件 4 个自由度。

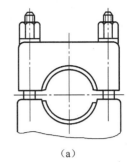
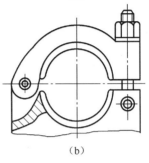

图 9-23 半圆套结构简图
（a）可卸式；（b）铰链式。

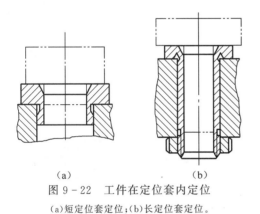

图 9-22 工件在定位套内定位
（a）短定位套定位；（b）长定位套定位。

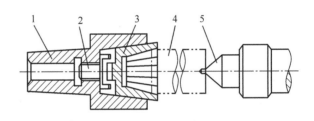

图 9-24 工件在圆锥套中定位
1—夹具体锥柄；2—传动螺钉；3—定位圆锥套；4—工件；5—后顶尖。

3）半圆套

图 9-23 为半圆套结构简图，下半圆起定位作用，上半圆起夹紧作用。图 9-23（a）为可卸式，图 9-23（b）为铰链式，后者装卸工件方便些。短半圆套限制工件 2 个自由度，长半圆套限制工件 4 个自由度。

4）圆锥套

工件以圆柱面为定位基准面在圆锥孔中定位时，常与后顶尖（或反顶尖）配合使用。如图 9-24 所示，夹具体锥柄 1 插入机床主轴孔中，通过传动螺钉 2 对定位圆锥套 3 传递扭矩，工件 4 圆柱左端部在定位圆锥套 3 中通过齿纹锥面进行定位，限制工件的 3 个移动自由度；工件

圆柱右端锥孔在后顶尖 5（当外径小于 6mm 时，用反顶尖）上定位，限制工件 2 个转动自由度。

3. 工件以圆孔定位

工件以圆孔定位大都属于定心定位（定位基准为孔的轴线），常用的定位元件有定位销、圆锥销、定位芯轴等。圆孔定位还经常与平面定位联合使用。

1）定位销

图 9-25 为常用的圆柱定位销，其工作部分直径 d 通常根据加工要求和考虑便于装夹，按 g5、g6、f6 或 f7 制造。图 9-25（a）～（c）所示的定位销与夹具体的连接采用过盈配合；图 9-

247

25(d)为带衬套的可换式圆柱销结构,这种定位销与衬套采用间隙配合,故其位置精度较固定式定位销的低,一般用于大批大量生产中。

为便于工件顺利装入,定位销的头部应有15°倒角。

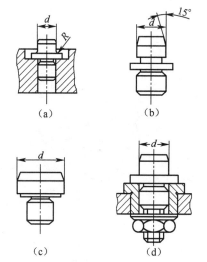

图9-25　常用的圆柱定位销

(a)$d<10$mm;(b)$d=(10\sim18)$mm;

(c)$d>18$mm;(d)$d>10$mm。

短圆柱销限制工件2个自由度,长圆柱销限制工件的4个自由度。

2)圆锥销

在加工套筒、空芯轴等类工件时,也经常用到圆锥销,如图9-26所示。图9-26(a)用于粗基准,图9-26(b)用于精基准。它限制了工件3个移动自由度。

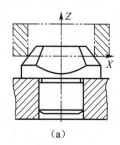
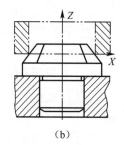

图9-26　圆锥销

工件在单个圆锥销上定位容易倾斜,所以圆锥销一般与其他定位元件组合定位。如图9-27所示,工件以底面作为主要定位基面,采用活动圆锥销,只限制2个转动自由度,即使工件的孔径变化较大,也能准确定位。

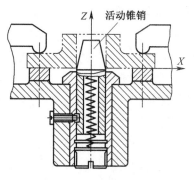

图9-27　圆锥销组合定位

3)定位芯轴

定位芯轴主要用于套筒类和空心盘类工件的车、铣、磨及齿轮加工,常见的有圆柱芯轴和圆锥芯轴等。

(1)圆柱芯轴。图9-28(a)为间隙配合圆柱芯轴,其定位精度不高,但装卸工件较方便;图9-28(b)为过盈配合圆柱芯轴,常用于对定心精度要求高的场合;图9-28(c)为花键芯轴,用于以花键孔为定位基准的场合。当工件孔的长径比$L/D>1$时,工作部分可略带锥度。短圆柱芯轴限制工件2个自由度,长圆柱芯轴限制工件的4个自由度。

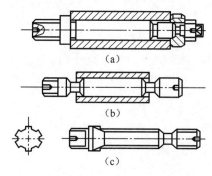

图9-28　常见的圆柱芯轴

(a)间隙配合圆柱芯轴;(b)过盈配合圆柱芯轴;(c)花键芯轴。

(2)圆锥芯轴。图9-29是以工件上的圆锥孔在圆锥芯轴上定位的情形。这类定位方式是圆锥面与圆锥面接触,要求锥孔和圆锥芯轴的锥度相同,接触良好,因此定心精度与角向定位精度均较高,而轴向定位精度取决于工件孔和芯轴的尺寸精度。圆锥芯轴限制工件的5个自由度,即除绕轴线转动的自由度无限制外均已限制。

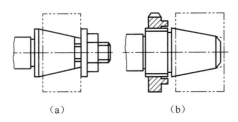

（a）　　　　　　（b）

图 9-29　圆锥芯轴

4. 工件以组合表面定位

在实际加工过程中，工件往往不是采用单一表面的定位，而是以组合表面定位。常见的有平面与平面组合、平面与孔组合、平面与外圆柱面组合、平面与其他表面组合、锥面与锥面组合等。

例如，在加工飞机结构件框类工件时，往往采用一面两孔组合定位，即一个平面及与该平面垂直的两孔为定位基准，如图 9-30 所示。当采用一平面两短圆柱销为定位元件时，此时平面限制 $\hat{X}$、$\hat{Y}$、$\vec{Z}$ 三个自由度，第一个定位销限制 $\vec{X}$、$\vec{Y}$ 两个移动自由度，第二定位销限制 $\vec{X}$ 和 $\hat{Z}$，因此 $\vec{X}$ 过定位。又设两孔直径分别为 $D_1^{+\delta_{D_1}}$、$D_2^{+\delta_{D_2}}$，两孔中心距为 $L\pm\delta_{L_D}$，两销直径分别为

$d_1-\delta_{d_1}$、$d_2-\delta_{d_2}$，两销中心距为 $L\pm\delta_{L_d}$。由于两孔、两销的直径，两孔中心距和两销中心距都存在制造误差，故有可能使工件两孔无法套在两定位销上，如图 9-30(a)所示。

解决过定位的方法如下：

（1）减小第二个销子的直径。此种方法由于销子直径减小，配合间隙加大，故使工件绕第一个销子的转角误差加大。

（2）使第二个销子可沿 X 方向移动，但结构复杂。

（3）第二个销子采用削边销结构，即采取在过定位方向上，将第二个圆柱销削边，如图 9-30(b)所示。平面限制 $\hat{X}$、$\hat{Y}$、$\vec{Z}$ 三个自由度，短圆柱销限制 $\vec{X}$、$\vec{Y}$ 两个自由度，短的削边销（菱形销）限制 $\hat{Z}$ 1 个自由度。它不需要减小第二个销子直径，因此转角误差较小。图 9-30(c)所示削边销的截面形状为菱形，又称菱形销，用于直径小于 50mm 的孔，图 9-30(d)所示削边销的截面形状常用于直径大于 50mm 的孔。

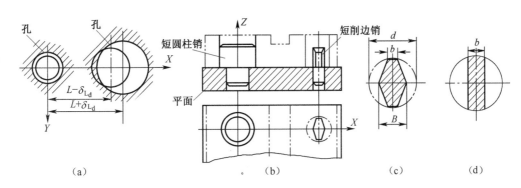

（a）　　　　　　　　（b）　　　　（c）　　　　（d）

图 9-30　一面两孔组合定位情况

9.1.4.2　数控机床夹具

在数控机床上装夹工件所使用的工艺装备称为机床夹具。在现代数控加工过程中，机床夹具是一种不可缺少的工艺装备，广泛应用于机械制造过程的切削加工、热处理、装配、焊接和检测等工艺过程中，直接影响工件的加工精度、加工效率和产品的制造成本等，在数控加工过程中应用也较为广泛。

1. 按适用范围分类

1）通用夹具

通用夹具是指已经标准化的、在一定范围内可用于加工不同工件的夹具。例如，数控车床上的三爪卡盘和四爪卡盘、顶尖和鸡心卡头、

数控铣床上的平口钳、分度头和回转工作台、槽系、孔系定位平台、方箱角板等,如图 9-31 和图 9-32 所示。它们具有一定的通用性,无用调整或稍加调整就可以用于装夹不同的工件,但无法实现自动化,效率及精度较低。这类夹具一般已经标准化,由专业厂商生产,作为标准机床附件供用户选用。

图 9-31　槽系工作台

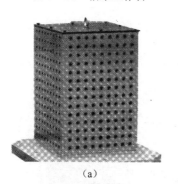

(a)

(b)

图 9-32　方箱和角板

(a)方箱;(b)角板。

2)专用夹具

专用夹具是指专为某一个或某一类工件的某道工序的加工而专门设计的夹具,通常由生产厂家根据自身需求自行设计和制造,适用于产品品种固定且批量较大的情况。

专用夹具通常是根据零件的形状特点及加

工要求,按照六点定位原理,选择合理的定位面及夹紧面,专门为这类零件设计和制造的夹具。一般多用于非回转体类零件,如框类、壳体、机架、壁板等。

专用夹具的优点:针对性强,结构紧凑、操作方便迅速,能满足零件加工的要求;缺点:设计、制造成本较高,周期长,只能适应一种零件的加工。

3)通用可调夹具

通用可调夹具是指根据不同尺寸或种类的工件,调整或更换个别定位元件或夹紧元件而形成的夹具。加工对象不确定,通用范围较大,适用于多品种、小批量生产。

4)成组夹具

成组夹具是指专为加工成组工艺中某一族(组)零件而设计的可调夹具,加工对象明确,只需调整或更换个别定位元件或夹紧元件便可使用,调整范围只限于本零件族(组)内的工件,适用于成组加工。

5)组合夹具

组合夹具是一种标准化、系列化和通用化程度较高的机床夹具。它是由一套预先制造好的不同形状、不同规格、不同尺寸、具有完全互换性和高耐磨性、高精度的标准元件及其合件,根据不同工件的加工要求组装而成的夹具。夹具使用完毕后,可将夹具拆开、清洗并归档保存,以备再次组装重复使用。组合夹具把专用夹具从“设计—制造—使用—报废”的单向过程改变为“组装—使用—拆卸—再组装—再使用—再拆卸”的循环过程。但它与专用夹具相比,结构和体积较大、质量较大、刚性较差。

组合夹具一般分为槽系和孔系两种系统。槽系组合夹具在生产制造中已经发展和使用了50 多年,通过基座上相互垂直和平行的 T 形槽实现对工件的准确定位。而孔系组合夹具主要是通过基座上的定位孔实现对夹具元件的精确定位和紧固作用。图 9-33 为孔系组合夹具示意图,元件和元件用两定位销钉定位、一个螺钉紧固。定位孔径分 4 种系列($d=10\mathrm{mm}$、$12\mathrm{mm}$、

16mm、24mm),孔距对应为 30mm、40mm、50mm、80mm,孔径公差为 H7,孔距中心误差为±0.01mm。一面两孔定位方式,可重复定位、成本较低。

6)拼装夹具

拼装夹具是一种模块化夹具,通常由基础件和其他模块元件组成,主要用于数控加工中,有时也用于普通机床中。

模块化是指将同一功能的单元设计成具有不同用途或性能的且可以相互交换使用的模块,以满足加工需要的一种方法。同一功能单元中的模块是一组具有同一功能和相同连接要素的元件,包括能增加夹具功能的小单元。

拼装夹具与组合夹具之间有许多共同点:都具有方形、矩形和圆形基础件,在基础件表面上有网络孔系。两种夹具的不同点是:组合夹具的通用性好,标准化程度高;而拼装夹具则为非标准的,一般是为本企业产品工件的加工需要而设计的。产品品种不同或加工方式不同的企业,所使用的模块结构会有较大差别。

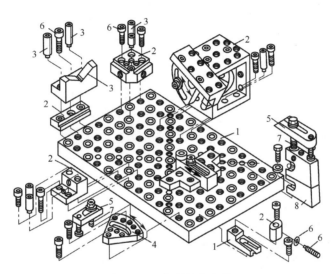

图 9-33 典型组合夹具

1—基础板;2—支承元件;3—定位元件;4—辅助件;5—压紧元件;6—紧固件;7—连接件;8—合件。

7)相变式夹具

相变式夹具的基本原理是利用材料物理性质从液相到固相再变回液相这一特性进行工件的装夹的,主要应用于零件刚性较差、不易进行装夹等特殊情况。相变的机制一般是热效应或电磁感应。所用材料有低熔点合金、聚丙烯腈类高分子聚合物等。相变机制必须易于控制,相变材料必须对工件和人无害。这类夹具通常都有一个充满相变材料的容器,当材料为液相时将工件埋入液体中,然后改变条件(如升温或降温)。在液相变成固相时,将零件装夹并固定,然后进行加工。加工结束后再将材料恢复成液相,就可将工件取出。由于升降温容易引起工件的热变形而影响精度,因此,正在研究用

电场或磁场控制相变材料。

2. 按使用的机床分类

1)车床夹具

常用车床夹具形式有加工盘套零件的自动定心三爪卡盘、加工轴类零件的拨盘与顶尖和机床通用附件的自定心中心架与自动转塔刀架等。由于数控加工的需要,这些卡盘、拨盘和中心架等除通常要求外,还有一些特定要求:如对于卡盘,要求装卸工件快,重装工件或改变加工对象时,能机动或尽量缩短更换卡爪时间,减少更换卡盘及卡盘改用顶尖的调整时间,随粗、精加工不同而要满足粗加工夹紧可靠、精加工夹紧变形小的要求等;对于拨盘,则要求粗加工时能传递最大的扭矩,由顶尖加工能快速改调为

卡盘加工,一次安装能完成工件加工等。

图9-34为用于加工盘类零件的快速可调卡盘。利用扳手使螺杆3转动90°后,可快速更

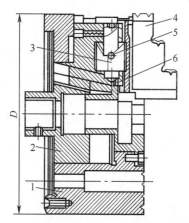

图9-34 用于加工盘类零件的快速可调卡盘
1,2—卡盘体;3—螺杆;4—卡爪;5—钢球;6—基体。

换卡爪4或单独调整卡爪4在基体6内的位置。利用卡盘体1上的圆周槽对卡爪进行定位,当卡爪4到达要求位置后,转动螺杆3,使其与卡爪4通过螺纹啮合,并由弹簧压着的钢球5固定。这样可迅速将卡爪逐个调整好。借助于装在主轴尾部的机械(或液压、气动、电气机械)传动来快速夹紧毛坯。该夹具具有刚性好、可靠性高的特点。

2)铣床夹具

铣床夹具通常可不设置对刀系统装置,利用夹具坐标系原点与机床坐标系原点之间的关系,通过对刀点的程序编制、采用试切法加工、刀具补偿功能或采用机外对刀仪来保证工件与刀具的正确位置。其位置精度由机床运动精度保证。数控铣床通常采用通用夹具装夹工件,如机床用平口虎钳、回转工作台等,对大型工件,常采用液压、气压作为夹紧动力源。

液性塑料多件夹紧夹具如图9-35所示,用于铣削多件棒状零件。定位块1和2定位工件的外圆和一个端面。旋紧铰链螺钉上的螺母3,铰链压板4中的液性塑料受压,使8个柱塞5均匀地压紧工件,同时通过压块6施压,将8个工件相贴并紧压在侧面的定位块7上。

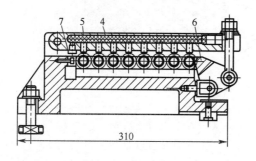
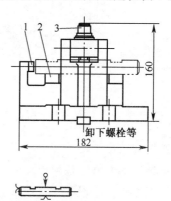

图9-35 液性塑料多件夹紧夹具
1,2,7—定位块;3—螺母;4—铰链压板;5—柱塞;6—压块。

3)钻床夹具

图9-36为连杆大头螺纹孔气动钻模。定位销1、定位板2和圆柱销5定位工件上的小头孔、大头端面和侧面。转动回转压板3,接通气源,压缩空气推动活塞7向左移动,经活塞杆6和压紧螺钉4使回转压板3压紧工件。

该夹具采用双活塞汽缸,使夹紧力增大,能保证夹紧可靠。钻模板上有喷射冷却液孔,以冷却钻头与工件。多轴钻孔头与夹具的相对位置由两导向柱保证。

4)镗床夹具

图9-37为镗箱体孔的数控机床夹具,工件在液压基础平台5及三个定位销钉3定位,通过2个液压缸8、活塞9、拉杆12、压板13将工件夹紧;夹具通过安装在基础平台底部的2个连接孔中的定位键10在机床T形槽中定位,并

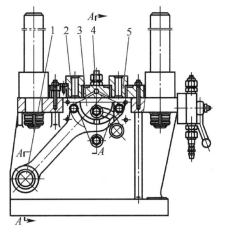
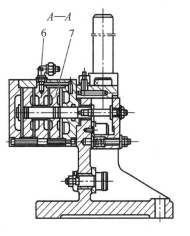

图 9-36 连杆大头螺纹孔气动钻模

1—定位销；2—定位板；3—回转压板；4—压紧螺钉；5—圆柱销；6—活塞杆；7—活塞。

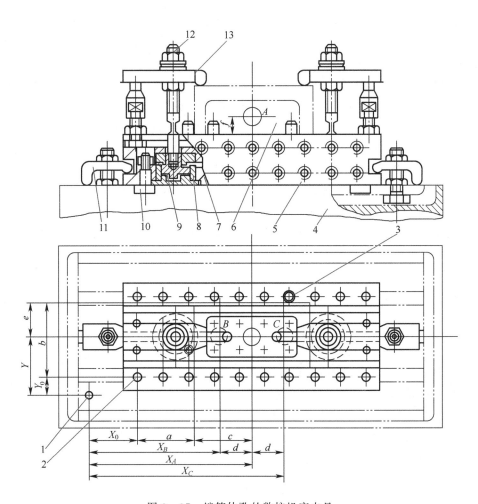

图 9-37 镗箱体孔的数控机床夹具

1,2—定位孔；3—定位销钉；4—数控机床工作台；5—液压基础平台；6—工件；

7—通油孔；8—液压缸；9—活塞；10—定位键；11,13—压板；12—拉杆。

通过2个螺旋压板11固定在机床工作台上,可选基础平台上的定位孔2作夹具的坐标原点,与数控机床工作台上的定位孔1的距离分别为 X_0、Y_0。3个加工孔的坐标尺寸可用机床定位孔1作为零点进行计算编程(称固定零点编程),也可选夹具上方便的某一定位孔作为零点进行计算编程(称浮动零点编程)。

9.1.4.3　柔性夹具

柔性夹具由一套预先制造好的各种不同形状、不同尺寸规格和不同功能的系列化、标准化元件和合件拼装而成。它是在组合夹具的基础上发展而来的,能够适用于不同机床、不同产品或同一产品的不同规格型号。柔性夹具因此而得名。

与普通夹具相比,柔性夹具元件、合件具有较强的通用性、足够的刚度和强度、较好的互换性和较高的精度及耐磨性,而且结构简单、规格统一、功能多样。

利用成组技术,可以将柔性夹具分成槽系列夹具元件、孔系列夹具元件和光面系列夹具元件3个系列。槽系列夹具元件又分成大型元件(M16系列)、中型元件(M12系列)、小型元件(M8系列)和微型元件(M6系列)4个系列,元件间使用键定位,具有组装灵活、使用可靠的特点;孔系列夹具元件分成大型元件(M16系列)和中型元件(M12系列)2个系列,元件间以销定位,具有定位可靠、组装简单的特点,这种元件国内外应用比较普遍;光面系列夹具元件主要是夹具基体精毛坯,具有灵活性高、投资小、见效快的特点,这种元件在欧美应用比较普遍。

1. 柔性夹具典型应用

在如图9-38所示的槽系柔性夹具上加工如图9-39所示的工件。该夹具在 $\phi240$mm、60°槽圆基础板上用2块圆基础板组装而成。3个V形板、3个钻模板和 $\phi20$mm定位销定位工件 $\phi100$H7外圆。用2个弯压板夹紧工件。如图 K-K 所示,在 $\phi360$mm、90°槽圆基础板上使用两个中孔钻模板支承 $\phi240$mm、60°槽圆基础板上。中心槽组装的钻模板上, $\phi18$mm孔与 $\phi360$mm、90°槽圆基础板的中心距为30mm,通过 $\phi45$mm的定位销,与 $\phi240$mm、60°槽圆基础板相连接,并构成工件分度回转的中心,同时将工件上分布于 $\phi60$mm圆周上的3个 $\phi18$H9加工孔中心,与车床回转中心重合。图示位置车削加工一个 $\phi18$H9孔和 $\phi24$mm环槽以后,松开3个压紧 $\phi240$mm、60°槽圆基础板的平压板,取出装在多槽大长方支承键槽和 $\phi240$mm、60°槽圆基础板T形槽内的平键,将 $\phi240$mm、60°槽圆基础板和工件旋转120°,将平键装入多槽大长方支承键槽和 $\phi240$mm、60°槽圆基础板T形

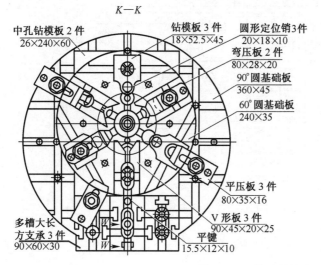
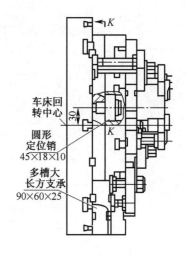

图9-38　槽系柔性夹具

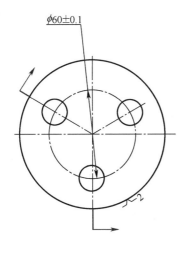

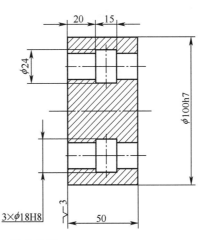

图 9-39　模芯简图

槽内,并用螺钉紧固。然后,用 3 个平压板把 $\phi240mm$、$60°$ 槽圆基础板压紧固定,即可加工下一个 $\phi18H9$ 孔和 $\phi24mm$ 环槽。

2. 柔性夹具发展趋势

作为近年来发展起来的一种新型夹具,柔性夹具发展趋势主要有以下几个方面:

(1) 夹具元件向多功能模块化方向发展;

(2) 夹具元件向高强度、高精度、高刚性方向发展;

(3) 夹具元件向专用夹具、组合夹具、成组夹具一体化方向发展;

(4) 夹具夹紧方式向快速化、自动化方向发展。

9.1.5　薄壁件与多面体夹具

加工薄壁件时,由于刚性差,在加工过程中工件容易产生变形,从而影响工件的尺寸精度和形状精度;由于工件较薄,加工过程产生的切削热会引起工件热变形,从而使工件尺寸难以控制;在切削力作用下,容易产生振动和变形,影响工件的尺寸精度、形状位置精度和表面粗糙度。因此,在零件加工时,除合理选择刀具和切削用量外,还需要对夹具的结构形式进行优化,其主要内容就是夹紧方式与定位方式的优化。

9.1.5.1　薄壁件夹具典型应用

图 9-40 是加工薄壁筒类工件用的多片膨胀芯轴。芯轴 1 上有成片的锥套 2、螺母 3、橡胶棒 4 和保持锥套片的弹簧 5。芯轴以尾锥插入机床主轴内,右端 1:8 或 1:5 的锥形与锥套 2 配合,锥套片 2 右端内有环槽,槽内的螺母 3 带动锥片 2 作轴向移动,使筒件紧固或松开。为了使锥片均布在芯轴 1 上,锥件之间用橡胶棒 4 分隔。

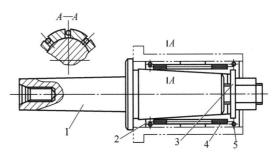

图 9-40　多片膨胀芯轴

1—芯轴;2—锥套;3—螺母;4—橡胶棒;5—弹簧。

图 9-41 为加工环形薄壁件的轴向压紧夹具。卸掉卡盘上的四爪,利用卡盘上原有工艺槽,将夹具安装、固定在机床卡盘上。找正夹具后,用工件已加工内孔及端面与夹具的定位凸台和内定位环确定工件的安装定位,避免每次

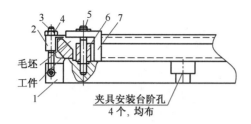

图 9-41　轴向压紧夹具

1—底座；2—外定位环；3—T 形螺栓（4 个，均布）；
4—螺母（8 个）；5—双头螺栓（4 个，均布）；6—内定位环；
7—压板（4 个，均布）。

装夹重复找正。用压板把工件压紧在夹具上，加工外圆、外倒角及端面。当工件的外圆及外倒角按加工工艺要求加工结束后，用外定位环固定（定位）已加工的外圆和端面后，将内定位环卸掉（替换）。在 4 个 T 形螺栓位置将工件压紧在夹具上，直接加工内倒角、内孔，完成工件的整个加工工序。

图 9-42 为加工大型薄壁件的磨削夹具。该夹具为芯轴、涨套可调式结构，由芯轴 1、固定销 2、左定位板 3、拉杆 4、支承板 5、右定位板 6、弹簧套 7、压板 8、带肩螺母 9 和顶丝螺栓 10 组成，其中、右定位板与工件之间的配合为 H6/h5，右定位板 6 与弹性套 7 之间的配合为 E8/h7。弹簧套 7 的内锥度为 20∶1。使用夹具时，先用固定销 2 将左定位板 3 固定在芯轴 1 上，然后在芯轴的另一端安装上支承板 5，以零件加工好的内孔为定位基准装入夹具，再将右定位板

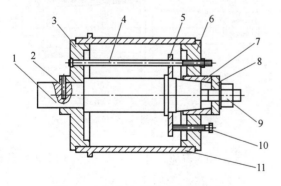

图 9-42　芯轴、涨套可调式夹具

1—芯轴；2—固定销；3—左定位板；4—拉杆；
5—支承板；6—右定位板；7—弹簧套；8—压板；
9—带肩螺母；10—顶丝螺栓；11—工件。

6 装在芯轴上并与零件内孔配合，在夹具上插入 2 根拉杆 4（位置均布）并用螺母锁紧，即将夹具紧固在工件上。然后再将弹簧套 7 插入芯轴 1 与右定位板 6 之间的间隙中，安装压板，拧紧芯轴上的带肩螺母 9，将弹簧套压入，弹簧套就可以起到自动定心作用，而使芯轴的轴线与工件的轴线保持一致，即完成了夹具安装。零件加工好后，先松开带肩螺母 9，拧动 3 个顶丝螺栓 10（3 个顶丝螺栓 10 位置均布，并与 2 根拉杆 4 位置错开），右定位板就可带动弹簧套 7 沿相反方向退出工件，夹具即可以方便拆卸。

9.1.5.2　多面体夹具典型应用

多面体是指若干个平面多边形围成的空间图形。多面体可在车床、铣床、镗床等机床上进行加工，如在数控车床上通过增加车刀的旋转轴，实现在回转的工件上车出多面体，或通过专用夹具来进行多面体工件的铣削、镗削加工。但采用这些方法加工多面体，不仅制造成本增加、生产周期延长，而且额外增加夹具体的制造误差以及工件多次安装后的定位误差，往往使得工件的加工精度无法保证。利用 5 坐标数控机床的双回转工作台，以（3＋2）轴定位进行多面体的加工，可以减小定位误差，提高加工精度。

如图 9-43（a）所示多面体零件，按照图 9-43（b）所示进行工件的安装后，利用两个旋转轴定位工件。零件加工时，应尽可能减少辅助时间和空走刀时间，减少换刀次数以提高加工效率，确定工件各表面的加工次序、刀具类型和切削参数后，进行（3＋2）式数控编程刀位点的计算，完成零件的加工。

9.1.6　计算机辅助夹具设计

夹具是用来在加工过程中定位并夹紧工件的装置，它在缩短制造周期、保证加工质量等方面都具有相当重要的作用，并由此而降低生产成本。夹具的设计、制造和测试占用了相当一

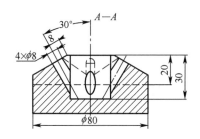

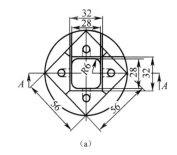

(a)

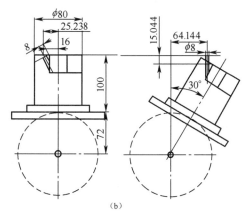

(b)

图 9-43　多面体的加工

(a)零件图;(b)安装示意图。

部分生产研发时间。

在制造系统中,人们希望夹具能够具有柔性,这样可以减少周转时间(辅助时间)。柔性装夹允许对现有夹具进行快速转换,在不用经过大的硬件改动和广泛测试的情况下就能满足新的生产要求。所以,柔性装夹应包含柔性夹具硬件、夹具设计与分析软件。硬件包括面向大规模定制零件族的模块化夹具系统和面向小批量制造的组合(和其他柔性化)夹具系统。软件包括夹具规划、设计和验证功能以适应快速高效的夹具设计及验证需要,并应用于并行工程环境。

9.1.6.1　计算机辅助夹具设计步骤与方法

传统的夹具设计一般包括下列内容:

(1)根据夹具设计任务的要求,收集、研究分析与其有关的原始资料。

(2)确定夹具结构设计方案,绘制结构草图。包括:确定零件的定位方式,选择或设计定位元件,计算定位误差;确定零件的夹紧方法,选择或设计夹紧机构,计算夹紧力;确定辅助定位装置、分度装置、工件更换装置等其他辅助装置的结构形式;确定夹具体的结构型式,保证其具有足够的刚度、强度及稳定的动态特性。

(3)绘制夹具的总装配图,必要时还包括若干部件或组件的装配图。

(4)编制零件明细表。

(5)绘制非标准零件图。

由此可知,欲建立一个完善的夹具 CAD 系统(体系结构如图 9-44 所示),应针对设计对象建立一个具有丰富的夹具元件的标准件库(主要内容如图 9-45 所示),创造一个使用方便的夹具设计环境,以实现系统的信息传递及控制,其工作流程如图 9-46 所示。

9.1.6.2　计算机辅助夹具设计典型应用

计算机辅助夹具设计领域中,现有文献讨论最多的是组合夹具的自动设计。组合夹具中的所有组件都实现了标准化。实际应用过程中,用户所使用的典型夹具结构与装配方式都是得到实践检验与优化并定型的。当用户遇到新零件时,必然要将其归类到相近的已有零件,利用该零件的夹具进行最低限度的修改以适应新零件。因此,以零件族为对象的适应性夹具设计得到了较好的应用。这种设计方法以零件族为基础,具有新产品开发周期短、对现存生产夹具和生产线改动小等特点。

图 9-47 为一个零件族中的两个零件,图 9-48 为该零件族中一个指定零件的定位基准和加工特征。当出现新零件时,通过对新零件

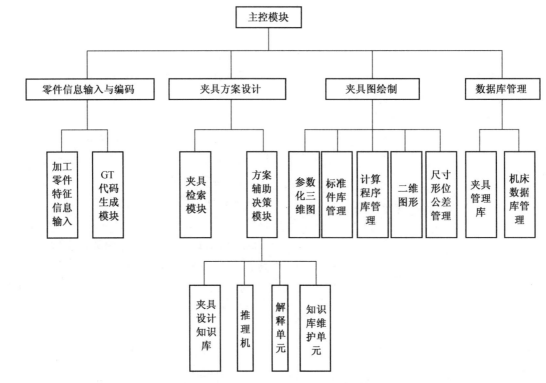

图 9-44　夹具 CAD 系统的体系结构

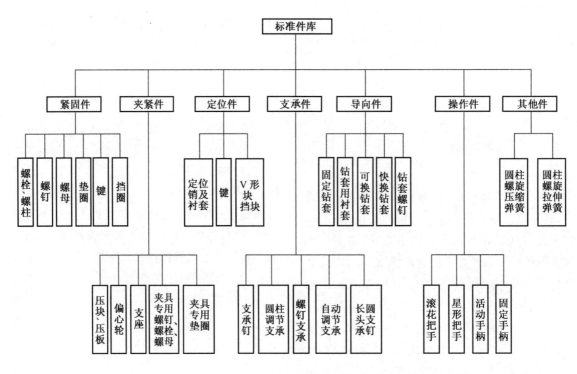

图 9-45　标准件库的内容

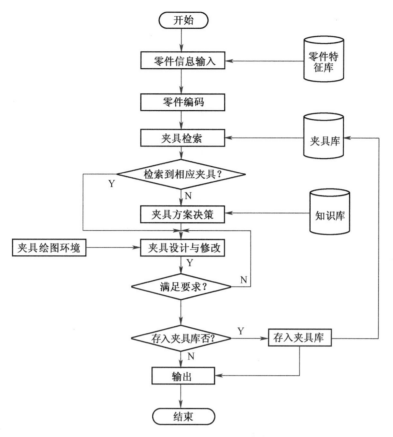

图 9-46　夹具 CAD 工作流程

图 9-47　一个零件族中的两个零件

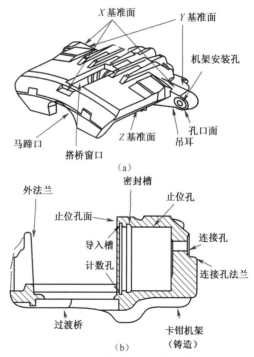

图 9-48　定位基准与加工特征

(a)定位基准;(b)加工特征。

第9章

数控机床工装系统

装夹信息的验证,通过数据分析确定新零件与现有零件间的差异,然后根据这些差异,对现有夹具进行修改以满足新零件的需要。图9-49为适应性夹具设计的流程。

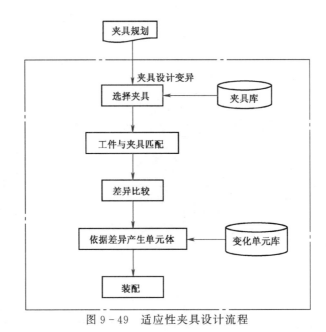

图9-49　适应性夹具设计流程

9.2 刀具系统

9.2.1　概述

刀具系统由切削刀具与装夹刀柄组成。国内刀具、刀柄生产厂家与主要产品见表9-8和表9-9所列。

表9-8　国内刀具生产厂家及主要产品

生产厂家	主要产品
苏州哈恩库博贸易有限公司	超微粒钨钢涂层铣刀:通用(立)铣刀、圆头立铣刀; 极超微粒钨钢涂层铣刀:通用立铣刀、R角立铣刀(加长)、圆头立铣刀、高效立铣刀、高速深圆头立铣刀; 4刃不锈钢铣刀:专用铣刀、粗铣刀; 超微粒钨钢铝用铣刀:立铣刀、高效立铣刀;高钴钢铣刀:通用型、粗加工型、精加工型; 钨钢钻头:超微粒钨钢NC定点钻头90°/120°及加长型、超微粒钨钢钻头、超微粒钨钢涂层高速钻头; 超微粒钨钢(长柄)机械铰刀; 黄金铣刀:2/4刃立铣刀、圆鼻2/4刃立铣刀、3刃粗铣立铣刀、4刃粗铣立铣刀、2刃球型立铣刀、6刃立铣刀;蓝色经典2刃球型立铣刀、蓝色经典4刃立铣刀
台湾万事达切削(Winstar)科技有限公司	钨钢钻头:G400系列——高效能型整体式、G400系列——高效能内冷整体式、H500系列——高硬整体式、G300系列——直柄整体式、微小径系列——微径整体式、DT系列——整体式、DR系列——整体式、DIP系列、DIW系列; 整体式钨钢机械铰刀RW系列; 整体式钨钢铣刀:Vstar系列、Gstar系列、Mstar系列、HardStar系列、Alstar系列、WinMaster系列

生产厂家	主要产品
高迈特精密刀具有限公司	KOMETKUBQuatron、KOMETKUBPentron、KOMETKUBCentron、KOMETKUBCentronPowerline、KOMET-KUBDrillmax、KOMETMicroKomhi. flex、DIHARTReamaxTS、微型螺纹铣刀、JELMKG、JELGWFTOMILLCUT、JELBGF、JEFMORE×R、DIHARTMonomax可调式铰刀、PCD刀具
宁波精锐机械有限公司	外圆车刀：MCLNR/L、MDJNR/L、MDPNN、MTGNR/L、MWLNR/L、DCLNR/L、DSDNN、DTGN/L、PCBNR/L、SCBCR/L、SRDCN、STFCR/L、STWCR/L； 内孔车刀：MCKNR/L、MDQNR/L、MWLNR/L、PDWNR/L、SCLCR/L－H、SDUCR/L、STWCR/L、STFCR/L－S； 螺纹车刀：SER/L、SER/L－G、CER/L、SIR/L、SIR/L－S； 槽刀系列、镗刀系列、铣削刀具：JRS、JRSWR、JSRF、JHU、JAP、JSP、APE； 钨钢铣刀：2刃类（长刃平头、球头、深沟平头）、4刃类（长刃平头、球头）、6刃类（长刃平头、球头）
城市超硬刀具股份有限公司	平刀系列：A700、A650、X600、X550、RP700、RP650、RP600、RP550、RT700、RT650、RT600、RT550、A700、A650、X600、X550、A650－TB、X600L、X600－TL、X600－TE、X550－TL、X550－TE、A650－TB； 重切削系列：A700R、A650R、X600R、X600RL、X550R、X550RL； 球刀系列：A700、A650、X600、X550、RP700、RP650、RP600、RP550、RT700、RT650、RT600、RT550； S型端面系列：A700J、A650J、X600J、X550J； 圆鼻刀系列：RP600、RP650、A700、A650、X600； 重切削圆鼻刀：A700R、A650R、X600R、X600RL、X550R、X550RL； 铝用平刀系列：AC100X、AC100XP、AC500X、AC100XR； 铝用圆鼻刀AC300XR；铝用波浪刀AC600X； 铝用球刀AC200X；粗铣用系列：RF100X、RF100XL、RF200X、RF200XL、RF400X、AC400X； 定点钻：DR100X、DR105X、DR150X、DR155X； 斜度刀：TA100X、TA200X、TA300X
三井物产株式会社	内径车刀：MCKN、MCLN、DCLN、MDUN、MSKN、MTUN、WTUN、DTUN、MTWN、MVUN、MWLN、DWLN、SCKC/P、SCLC、SCLP、SCLC/P、SDJC、SDNC、SDQC、SDUC、SDZC、STFC、STFC、STUB、STUB/C、STUP、STWC/P、SVJB、SVJC、SVQB/C、SVUB/C、SVVB/C、SWLC、SWUB、NC、SBHA、CH； 外径车刀：MCBN、MCKN、MCLN、MCNN、MDJN、MTQN、MSDN、MSSN、MTJN、MTEN、DTFN、MTFN、MVJN、MVQN、MVVN、WWLN、MWLN、MWLN－N、SCBC、SCKC、SCLC、SCL2C、SCNC、SDJC、SDJ2C、SDNC、SDQC、SDFC、SRAC、SRDC、SRGC、SSAC、SSBC、SSDC、SSEC、SSXC、SSYC、STAC、STFC、STFC、STGC、CTGP、CTYC、SVJB/C、SVJ2B/C、SVQB/C、SVUC、SVVC、SVVB/C； 牙刀和开槽刀：DGH、GYM、KGM、KTKH、DGT、GFNR、GHD、GHC、R/LF151. 23、A3SC、SGFH、SGIH、KTKB、NF151. 23、XLCFN、SGTBU、SGTBV、DGIR、FSL51、GIVR、GIVR、DGF、SNR/L、SNR/L、SER/L、SKER/L、WTH、WT1、WGH、WG1、SGH2、SGH、SGSL、KTGF－F、KTGFS、KTGF、CS668R、SAKGR、BTAHR、CTBH、KTKF、SABWR、JSEGR、SMALR； 铣刀：ASX、MOF、TFM、APM、BAP、BXD、AQXR、AHU、UEX、HCP、AJC、ASV、CDM、AJU、ASJ、RT、PG、WEX、CAP、CAPW、AKS、MEA、VAX、TPS、MTC、AJX、HAP、HAR、RM、ASR、ASRA、RD、TR、SE、SR、PPH、PPHT、WGR、GWV、C－VMSP、C－TPR、C－TCR、CCT、DCWR、HD、MD、HDC； 镗孔刀：DW、TB、TBJ、TBJS、BE、EC、SC、BJ/BH、BJ、SB、TBS、TSBS、SBS、SBS/A、SCFCR、SRSCL、SSSPR、STFCR、STFPR、STGCL、STSPR、STSCR

生产厂家	主 要 产 品
汉中博特工具有限责任公司	2(4)刃平底铣刀、2(4)刃球头铣刀、2(3)刃平底铝合金铣刀、2(4定柄)刃平底锥度铣刀、2(4)刃球头锥度铣刀、2(4)刃倒R角铣刀、整体硬质合金标准定柄钻头、整体硬质合金3刃钻、整体硬质合金螺纹圆孔钻头、整体硬质合金直槽直槽铰刀、整体硬质合金小孔径镗刀、整体硬质合金中心钻、锯片铣刀、莫氏锥柄镶硬质合金螺旋立铣刀、硬质合金焊接成形刀、硬质合金非标刀具

表9-9 国内刀柄生产厂家及主要产品

生产厂家	主 要 产 品
苏州哈恩库博贸易有限公司	BT-SD高速刀柄系列、BT-SK高速精密筒夹本体系列、BT-HM液压刀柄系列、BT-SR热缩刀柄系列、热缩加长杆系列、BT-DC小径精密夹头本体系列、弹性筒夹本体系列、强力筒夹本体套装组、BT-GC高速强力型刀柄系列、侧铣刀柄系列、侧固式铣刀柄系列、莫氏锥套刀柄（螺钉锁紧）、扭力伸缩攻牙本体系列、MT3/MT4/MT5扭力伸缩攻牙本体系列、免扳手丝攻夹具系列、SKS/E系列筒夹等
宁波精锐机械有限公司	BT-HPC高速精密强力铣刀夹头、BT-HPM高速精密强力铣刀夹头、DAP-HPC高速精密强力铣刀夹头、DAP-HPM高速精密强力铣刀夹头、MLC强力弹性直筒夹、BT-SK高速精密筒夹本体、BT-GSK高速精密筒夹本体、DAT-SK高速精密筒夹本体、DAT-GSK高速精密筒夹本体、SK精密弹性筒夹、SK直径弹性筒夹延长杆、DC小径筒夹、BT-ERO油路刀柄、ER止水型筒夹、CSO油路套、DAT-ER弹性筒夹本体、NC-ER夹头柄、DAT-MLC强力筒夹本体、BT-FMA平面铣刀柄、DAT-FMB平面铣刀柄等
丸荣机械股份有限公司	BSD精镗头刀柄、FBH小径精镗头刀柄、BSC模组化双刃镗刀柄、BSH大口径镗刀柄、BST大口径镗刀柄、NR高速精密筒夹刀柄、NR-WD高速精密筒夹刀柄、C—H高速强力精密铣刀夹头、C型强力精密铣刀夹头、HC高速精密筒夹刀柄、ER动平衡精密弹性筒夹刀柄、高速弹性筒夹刀柄、CTB弹性筒夹刀柄、APU钻夹刀柄、JTA钻夹刀柄、SRK热套刀柄、SLC侧固式刀柄-内孔双冷沟槽、SLN侧固式刀柄、OSL油路侧固式刀柄、OHER油路弹性筒夹刀柄、TSA锥度转换刀柄,MT莫氏锥度刀柄、锁牙式靠模铣刀柄、FMA面铣刀柄、SCA侧铣刀柄、BSA斜角型镗刀柄、BSB直角型镗刀柄、TR90角度头刀柄
世承有限公司	SC后拉筒夹刀柄、SR烧结式刀柄、ISO雕刻机-GSK系列及GER系列、GSK高速刀柄、TSK高速刀柄、GER高速弹性筒夹刀柄、微调精镗头+推拨柄、ER标准型筒夹刀柄、BT-FMA平面铣刀柄、BT-FMB平面铣刀柄、BT-APU钻夹头刀柄、BT-SPH直结式自动夹头、BT-SLA侧固式刀柄、BT-DCM强力铣刀柄、BT-MTA/MTA莫氏锥度刀柄、BT-OZ立铣刀柄、NT-OZ立铣刀柄、NT-ER弹性筒夹刀柄、R8型刀柄、MT-ER莫氏锥度刀柄、NT-FMA/FMB平面铣刀柄、NT-JT钻夹芯轴刀柄等

1. 刀具的组成

如图9-50所示,刀具由刀头、刀杆两部分组成,刀头用于切削,刀杆用于装夹。刀具的切削部分由以下部分构成(以外圆车刀为例来介绍其几何参数):

(1)待加工表面:工件上有待切除的表面。

(2)已加工表面:工件上经刀具切削后产生的表面。

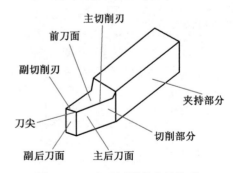

图9-50 车刀切削部分的构成

（3）过渡加工表面（过渡表面）：工件上由切削刃形成的那部分表面，它将在下一个行程，刀具或工件的下一转里被切除，或者由下一个切削刃切除。

（4）前刀面（前面）A_r：切屑沿其流出的表面。

（5）主后刀面（后面）A_a：与工作上过渡表面相对的面。

（6）副后刀面（副后面）A'_a：与刀具已加工表面相对的面。

（7）主切削刃（主刀刃）S：前刀面与后刀面相交形成的边缘，用以形成工件的过渡表面，它完成主要的金属切除工作。

（8）副切削刃（副刀刃）S'：前刀面与副后刀面相交形成的刀刃，它协调主切削刃完成金属切除工作，以最终形成工件的已加工表面。

（9）刀尖（过渡刃）：三个刀面在空间的交点，也可理解为主、副切削刃两条刀刃汇交的一小段切削刃。在实际应用中，为增加刀尖的强度与耐磨性，一般磨成小的直线段或圆弧形。

各种刀具的结构都由装夹部分和工作部分组成。整体结构刀具的装夹部分和工作部分都做在刀体上；镶齿结构刀具的工作部分（刀齿或刀片）则镶装在刀体上。

2. 刀具角度参考系

刀具角度静止参考系如图9-51所示，正交平面参考系如图9-52所示。

（1）切削平面：通过切削刃选定点与切削刃相切并垂直于基面的平面。

（2）主切削平面 P_s：通过切削刃选定点与主切削刃相切并垂直于基面的平面。它相切于过渡表面，也就是说它是由切削速度与切削刃切线组成的平面。

（3）副切削平面：通过切削刃选定点与副切削刃相切并垂直于基面的平面。

（4）基面 P_r：通过切削刃选定点垂直于合成切削速度方向的平面。在刀具静止参考系中，它是过切削刃选定点的平面，平行或垂直于

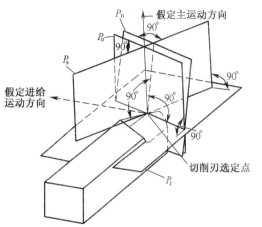

图9-51 刀具静止参考系

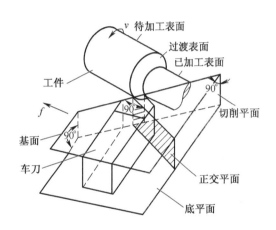

图9-52 正交平面参考系

刀具在制造、刃磨和测量时适合于安装或定位的一个平面或轴线，一般说来其方位要垂直于假定的主运动方向。

（5）切削平面 P_s：过切削刃选定点与切削刃相切并垂直于基面的平面。

（6）正交平面 P_0：过切削刃选定点同时垂直于切削平面和基面的平面。

（7）假定工作平面 P_f：在刀具静止参考系中，它是过切削刃选定点并垂直于基面，平行或垂直于刀具在制造、刃磨和测量时适合于安装或定位的一个平面或轴线，一般其方位要平行于假定的主运动方向。

（8）法平面 P_n：通过切削刃选定点并垂直于切削刃的平面。

3. 刀具角度

刀具静止角度标注如图 9-53 所示。

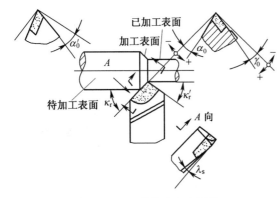

图 9-53　刀具静止角度标注

（1）前角 γ_0：在主切削刃选定点的正交平面 P_0 内，前刀面与基面间的夹角。

（2）后角 α_0：在同一正交平面 P_0 内，主后刀面与切削平面间的夹角。

（3）楔角 β_0：正交平面中测量的前刀面与后刀面间的夹角，即 $\beta_0 = 90° - (\gamma_0 + \alpha_0)$。

（4）主偏角 κ_r：主切削刃在基面上的投影与进给方向的夹角。

（5）副偏角 κ'_0：在基面 P_r 内副切削刃与进给方向的夹角。

（6）刀尖角 ε_r：基面上主切削刃与副切削刃的投影之间的夹角，即 $\varepsilon_r = 180° - (\gamma_0 + \kappa'_0)$。

（7）刃倾角 λ_s：在切削平面 P_s 内，主切削刃与基面 P_r 的夹角。

4. 刀具的装夹部分

刀具的装夹部分有带孔和带柄两类。带孔刀具依靠内孔套装在机床的主轴或芯轴上，借助轴向键或断面键传递扭转力矩，如圆柱型铣刀、套式面铣刀等。带柄的刀具通常有矩形柄、圆柱形和圆锥柄三种。车刀、刨刀等一般为矩形柄；圆锥柄靠锥度承受轴向推力，并借助摩擦力传递扭矩；圆柱柄一般适用于较小的麻花钻、立铣刀等刀具，切削时借助夹紧时所产生的摩擦力传递力矩。现在的数控机床使用的都是圆柱柄铣刀和钻头。很多带柄刀具的柄部用低合

金钢制成，而工作部分则是焊接的高速钢或硬质合金。

5. 刀具的工作部分

刀具的工作部分是产生和处理切屑的部分，包括切削刃、使切屑断碎或卷拢的结构、排屑或容贮切屑的空间、切削液的通道等结构要素。有的刀具的工作部分就是切削部分，如车刀、刨刀、镗刀和铣刀等；有的刀具的工作部分则包含切削部分和校准部分，如钻头、扩孔钻、铰刀、内表面拉刀和丝锥等。切削部分的作用是切除切屑，校准部分的作用是修光已切削的加工表面和引导刀具。

刀具工作部分的结构有整体式、焊接式和机械夹固式3种。整体结构是在刀体上做出切削刃。现代加工中多使用整体立铣刀，即直接从刀具棒料加工成成品刀具。焊接结构是把高硬度的刀片焊接到韧性材料的刀体上，这样既可以保证刀具的切削性能又有足够的韧性；机械夹固结构有两种，一种是把刀片夹固在刀体上，另一种是把焊好的刀头夹固在刀体上。硬质合金刀片一般制成焊接结构或机械夹固结构；陶瓷刀具都采用机械夹固结构。由于硬合金和陶瓷的价格比较昂贵，因此焊接和机械夹固结构可以大幅度节约成本。

6. 常见数控刀具

数控加工刀具分为常规刀具和模块化刀具两大类。模块化刀具是发展方向，其主要优点：减少换刀停机时间，提高生产加工时间；加快换刀及安装时间，提高小批量生产的经济性；提高刀具的标准化与合理化程度；提高刀具的管理及柔性加工的水平；扩大刀具的利用率，充分发挥刀具的性能；有效地消除刀具测量工作的中断现象，可采用线外预调。事实上，由于模块刀具的发展，数控刀具已经形成了三大系统，即车削刀具系统、钻削刀具系统和镗铣刀具系统。以下为几种市场常见刀具。

1）方肩铣刀

方肩铣刀结构及尺寸如下：

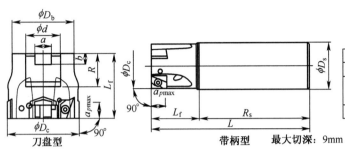

更换配件		
描述		部品型号
锁紧螺钉		CSTB-3.5L115
扳手	扭矩棒	BLDT10/S7
	握柄	SW6-SD
一体式扳手		T-10D

刀盘型　　　带柄型　最大切深：9mm

刀盘型												
型　号	齿数	尺寸/mm							质量 /kg	气孔	中心螺栓	
		D_c	D_b	d	R_s	L_f	b	a				
TPQ11R040M16.0E04	4	40	35	16	19	40	5.6	8.4	0.2	有	CM8×30H	
TPQ11R050M22.0E06	6	50	41	22	20	40	6.3	10.4	0.4	有	CM10×30H	
TPQ11R063M22.0E07	7	63	41	22	20	40	6.3	10.4	0.5	有	CM10×30H	
TPQ11R080M27.0E10	10	80	50	27	22	50	7	12.4	1.0	有	CM12×30H	
TPQ11R100M32.0E12	12	100	60	32	28.5	50	8	14.4	1.4	有	TMBA-M16H	
TPQ11R080M25.4-10	10	80	46	25.4	26	50	6	9.5	1.0	有	CM12×30H	
TPQ11R100M31.7-12	12	100	60	31.75	32	50	8	12.7	1.4	有	TMBA-M16H	

带柄型								
型　号	齿数	尺寸/mm					质量/kg	气孔
		D_c	D_s	R_s	L_f	L		
EPQ11R025M25.0-02	2	25	25	70	30	100	0.3	有
EPQ11R032M32.0-03	3	32	32	80	35	115	0.7	有
EPQ11R040M32.0-04	4	40	32	80	35	115	0.8	有
EPQ11R050M32.0-05	5	50	32	80	40	120	0.9	有
EPQ11R063M32.0-06	6	63	32	80	40	120	1.1	有
EPQ11R080M32.0-07	7	80	32	80	40	120	1.4	有

2）方肩铣削

方肩铣削的参数如下：

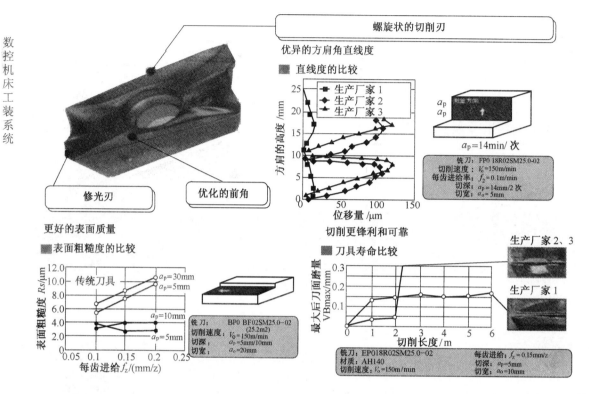

螺旋状的切削刃

优异的方肩角直线度

■ 直线度的比较

生产厂家1
生产厂家2
生产厂家3

$a_p = 14min/$ 次

铣刀：FP0 18R02SM25.0-02
切削速度：$V_0 = 150m/min$
每齿进给率：$f_z = 0.1m/min$
切深：$a_p = 14mm/2$ 次
切宽：$a_o = 5mm$

修光刃

优化的前角

更好的表面质量

■ 表面粗糙度的比较

传统刀具

铣刀：BP0 BF02SM25.0-02 (25.2m2)
切削速度：$V_0 = 150m/min$
切深：$a_p = 5mm/10mm$
切宽：$a_o = 20mm$

切削更锋利和可靠

■ 刀具寿命比较

生产厂家2、3

生产厂家1

铣刀：EP018R02SM25.0-02
材质：AH140
切削速度：$V_0 = 150m/min$
每齿进给：$f_z = 0.15mm/z$
切深：$a_p = 5mm$
切宽：$a_o = 10mm$

3）带柄型铣刀

带柄型铣刀如下：

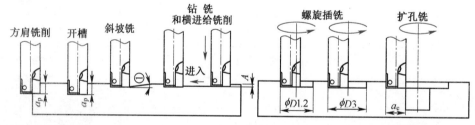

方肩铣削　开槽　斜坡铣　钻铣和横进给铣削　螺旋插铣　扩孔铣

4）可换刀头式铣刀

可换刀头式铣刀如下：

刀头	直角型	球头型	圆弧头型	钻（中心钻）	倒角型	开槽
外观						

刀柄	直的	侧固式	直柄	直柄	TungFlex
颈	直的	直的	锥度	（开槽）	专用接口
外观					

标准切削条件：

（1）方肩铣/铣槽

被加工工件材质	布氏硬度/HB	方肩铣			铣槽		
		切削速度 V_c/(m/min)	刀具直径 D/mm	进给速度 f_z/(mm/t)	切削速度 V_c/(m/min)	刀具直径 D/mm	进给速度 f_z/mm
低碳钢（S 15C,SS400 等）（C 15E 等）	～200	170～190			170～190		
高碳钢（S45C,S55C 等）（C45,C55 等）	200～300	140～150			140～150		
合金钢（SCM440,SCr415 等）（42CrMo4,17Cr3 等）	150～300	110～130			110～130		
不锈钢（SUS304,SUS316 等）（X5CrN189 等）	—	80～160			80～160		
灰铸铁（FC250,FC300 等）（GG25,GC30 等）	150～250	130～180			130～180		
球墨铸铁（FCD400 等）（GGG40 等）							
铝合金（Si 质量分数小于 13%）	—	700～800			700～800		
淬火钢	55HRC	30～40			30～40		

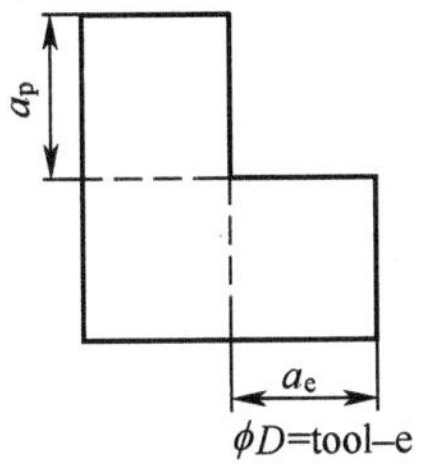

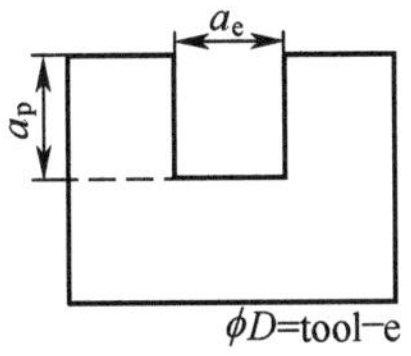

方肩铣进给速度：

$\phi 6$	0.03～0.07
$\phi 8$	0.03～0.09
$\phi 10$	0.03～0.10
$\phi 12$	0.04～0.11
$\phi 16$	0.05～0.13
$\phi 20$	0.05～0.17

铣槽进给速度：

$\phi 6$	0.03～0.06
$\phi 8$	0.03～0.08
$\phi 10$	0.04～0.09
$\phi 12$	0.04～0.10
$\phi 16$	0.05～0.12
$\phi 20$	0.05～0.15

方肩铣：
$a_p=0.6\times\phi D$
$a_e=0.25\times\phi D$
$\phi D=\text{tool-e}$

铣槽：
$a_p=0.5\times\phi D$
$a_e=1\times\phi D$
$\phi D=\text{tool-e}$

（2）VB/VST 系列割槽：

被加工工件材质	布氏硬度/HB	VTB 类型		VST 类型	
		切削速度 V_c/(m/min)	进给 mm/z	切削速度 V_c/(m/min)	进给 f_z/(mm/z)
低碳钢 （S15C,SS400 等） （C15E 等）	～200	110～140	0.08～0.2	110～140	0.05～0.15
高碳钢 （S45C,S55C 等） （C45,C55 等）	200～300	100～120	0.06～0.18	100～120	0.05～0.15
合金钢 （SCM440,SCr415 等） （42CrMo4,17Cr3 等）	150～300	100～120	0.08～0.15	100～120	0.05～0.15
不锈钢 （SUS304,SUS316 等） （X5CrNi189 等）	—	60～120	0.05～0.15	60～120	0.03～0.12
灰铸铁 （FC250,FC300 等） （GG25,GG30 等） 球墨铸铁 （FCD400 等） （GGG40 等）	150～250	80～160	0.1～0.2	80～160	0.03～0.12
铝合金 （Si 质量分数小于 13%）	—	700～800	0.1～0.2	700～800	0.05～0.15

5）数控车刀

数控车刀包括外圆车刀、内孔车刀、MBT 车刀、切断切槽刀具、螺纹加工车刀等。

（1）可转位外圆车刀，结构及尺寸如下：

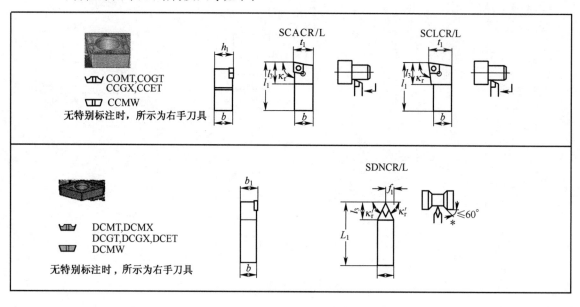

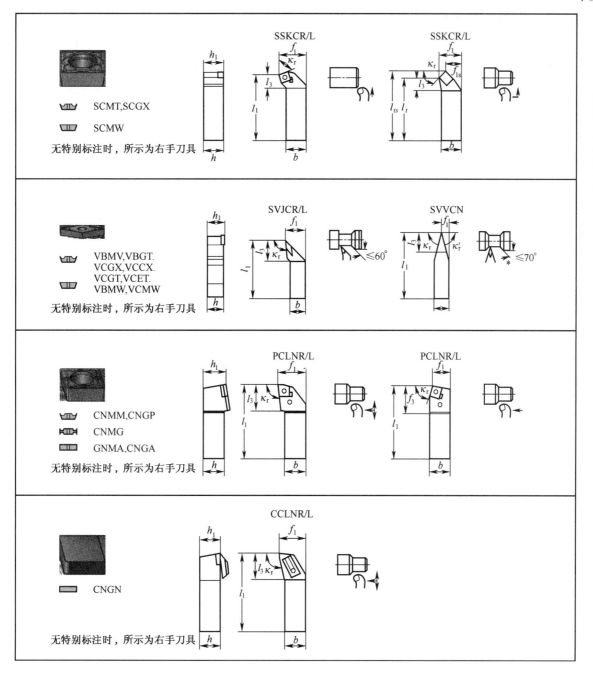

SCMT,SCGX

SCMW

无特别标注时，所示为右手刀具

VBMV,VBGT.
VCGX,VCCX.
VCGT,VCET.
VBMW,VCMW

无特别标注时，所示为右手刀具

CNMM,CNGP

CNMG

GNMA,CNGA

无特别标注时，所示为右手刀具

CNGN

无特别标注时，所示为右手刀具

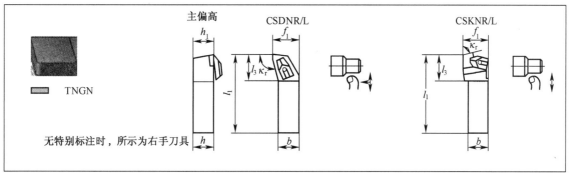

TNGN

无特别标注时，所示为右手刀具

（2）内孔车刀。车刀编号示例和各部分含义如下：

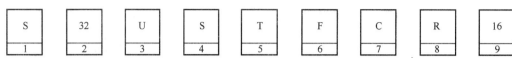

S	32	U	S	T	F	C	R	16
1	2	3	4	5	6	7	8	9

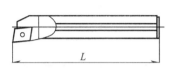

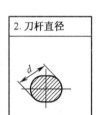

3. 刀具长度	
A = 32	N = 160
B = 40	P = 170
C = 50	Q = 180
D = 60	R = 200
E = 70	S = 250
F = 80	T = 300
G = 90	U = 350
H = 100	V = 400
J = 110	W = 450
K = 125	Y = 500
L = 140	X = 特殊
M = 150	

1. 刀具结构

S 钢刀杆
H 重金属材料刀杆
E 硬质合金刀杆
A 内冷式钢刀杆

2. 刀杆直径

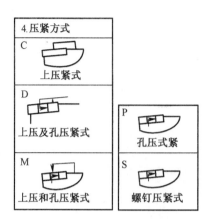

4. 压紧方式

C 上压紧式

D 上压及孔压紧式

M 上压和孔压紧式

P 孔压式紧

S 螺钉压紧式

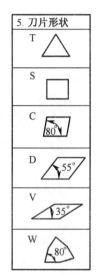

5. 刀片形状

T
S
C 80°
D 55°
V 35°
W 80°

6. 刀具形法

K 75°
F 90°
U 93°
L 95°
Q 107° 30°
J 93°
P 62°30′
S 45°
X 其他

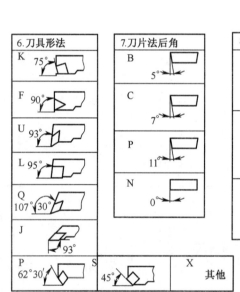

7. 刀片法后角

B 5°
C 7°
P 11°
N 0°

8. 刀具切削方向

R
N
L

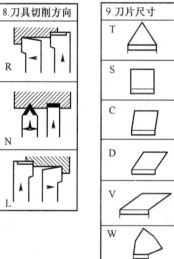

9. 刀片尺寸

T
S
C
D
V
W

以下为具体实例：

CCMT, CCGT
CCGX, CCET
CCMW

无特别标注时，所示为右手刀具

SCLCR/L

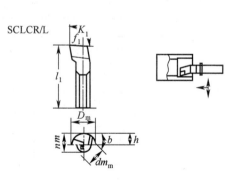

型　　号	尺寸					主偏角	前角	刃倾角	刀片	配件	
	dm_m /mm	f_1 /mm	τ_1 /mm	h/mm	D_m	κ_r/(°)	α/(°)	λ/(°)			
A08H - SCLCR/L 06	8	6	100	7	11		0	−14			
A10K - SCLCR/L 06	10	7	125	9	13		0	−11	CCMT060204	ILD2565	TBS08
A12K - SCLCR/L 06	12	9	25	11	16		0	−7			
A12M - SCLCR/L 06	12	9	150	11	16		0	−7			
A16M - SCLCR/L 09	16	11	150	15	20		0	−8			
A16R - SCLCR/L 09	16	11	200	15	20	95	0	−8	CCMT09T308	ILD3581	TBS15
A20Q - SCLCR/L 09	20	13	180	18	25		0	−6			
A20S - SCLCR/L 09	20	13	250	18	25		0	−6			
A25R - SCLCR/L 12	25	17	200	23	32		0	−3			
A25T - SCLCR/L 12	25	17	300	23	32		0	−3	CCMT120408	ILD4014	TBS15
A32U - SCLCR/L 12	32	22	350	30	40		0	−7			
A40U - SCLCR/L 12	40	27	350	37	50		0	−7			

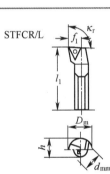

TCMT,TCMX
TCGT,TCGX,TCEX
TCMW

无特别标注时，所示为右手刀具

型　　号	尺寸					主偏角	前角	刃倾角	刀片	配件	
	dm_m /mm	f_1 /mm	l_1 /mm	h /mm	D_m	κ_r/(°)	α/(°)	λ/(°)			
A10K - STFCR/L 11	10	7	125	9	13		0	−8			
A12K - STFCR/L 11	12	9	125	11	16		0	−8			
A12M - STFCR/L 11	12	9	150	11	16		0	−8	TCMT110204	ILD2565	TBS08
A16M - STFCR/L 11	16	11	150	15	20		0	−5			
A16R - STFCR/L 11	16	11	150	15	20		0	−5			
A20Q - STFCR/L 16	20	13	180	18	25	91	0	−5			
A20S - STFCR/L 16	20	13	250	18	25		0	−5			
A25R - STFCR/L 16	25	17	200	23	32		0	−5			
A25T - STFCR/L 16	25	17	300	23	32		0	−5	TCMT16T308	ILD3581	TBS15
A32U - STFCR/L 16	32	22	300	30	40		0	−5			
A40U - STFCR/L 16	40	27	300	37	50		0	−5			

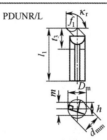

PDUNR/L

■ DNMM,DNGP
■ DNMX
■ DNMG
■ DNMA,DNGA

无特别标注时，所示为右手刀具

型　号	尺　寸									刀片	配　件		
	dm_m /mm	D_m /mm	f_1 /mm	h /mm	f_1 /mm	l_3 /mm	主偏角 κ_r/(°)	前角 α/(°)	刃倾角 λ/(°)				
A25T - PDUNR/ L 11	25	32	17	32	300	35		−6	−11	DNMG 110408	LV21	LLD15	HBS20 - A
A32U - PDUNR/ L 11	32	40	22	30	350	40	93	−6	−10		LV07	LLD01	HBS25 - A
A40V - PDUNR/ L 15	40	50	27	37	400	56		−6	−11	DNMG 150608	LV08	LLD07	HBS30
A50W - PDUNR/ L 15	50	63	35	47	450	63		−6	−10				

（3）MBT 车刀。

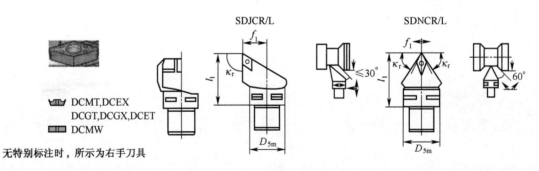

SDJCR/L　　　　SDNCR/L

■ DCMT,DCEX
DCGT,DCGX,DCET
■ DCMW

无特别标注时，所示为右手刀具

型　号		尺　寸						刀片	配　件	
POLYGON（三棱锥）	MBT	D_{5m} /mm	f_1 /mm	l_1 /mm	主偏角 κ_r/(°)	前角 α/(°)	刃倾角 λ /(°)			
C3 - SDJCR/ L - 22040 - 07	MBT32 - SDJCR/ L - 22040 - 07	32	22	40		0	0	DCMT 070204	ILD2565	TBS08
C4 - SDJCR/ L - 27050 - 7	MBT40 - SDJCR/ L - 27050 - 07	40	27	50	93	0	0			
C3 - SDJCR/ L - 22040 - 11	MBT32 - SDJCR/ L - 22040 - 11	32	22	40		0	0	DCMT 11T308	ILD3581	TBS15
C4 - SDJCR/ L - 27050 - 11	MBT40 - SDJCR/ L - 27050 - 11	40	27	50		0	0			

型号		尺寸						刀片		配件
POLYGON(三棱锥)	MBT	D_{5m} /mm	f_1 /mm	l_1 /mm	主偏角 κ_r/(°)	前角 α/(°)	刃倾角 λ/(°)			
C5-SDJCR/L-35060-11	MBT50-SDJCR/L-35060-11	50	35	60		0	0	DCMT 11T308	ILD3581	TBS15
C6-SDJCR/L-45065-11	MBT63-SDJCR/L-45065-11	63	45	65		0	0			
C3-SDNCN-00040-11	MBT32-SDNCN-000400-11	32	0.5	40	62.5°	0	0			
C4-SDNCN-00050-11	MBT40-SDNCN-00050-11	40	0.5	50		0	0	DCMT 11T308	ILD3581	TBS15
C5-SDNCN-00060-11	MBT50-SDNCN-00060-11	50	0.5	60		0	0			

CCMT,CCGT
CCGX,CCET
CCMW

无特别标注时，所示为右手刀具

SCLCR/L

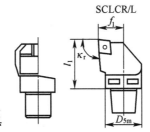

型号		尺寸						刀片		配件
POLYGON(三棱锥)	MBT	D_{5m} /mm	f_1 /mm	l_1 /mm	主偏角 κ_r/(°)	前角 α/(°)	刃倾角 λ/(°)			
C3-SCLCR/L-22040-09	MBT32-SCLCR/L-22040-09	32	22	40		0	0	CCMT 09T308	ILD3581	TBS15
C4-SCLCR/L-27050-09	MBT40-SCLCR/L-27050-09	40	27	50		0	0			
C5-SCLCR/L-35060-09	MBT50-SCLCR/L-35060-09	50	35	60		0	0			
C6-SCLCR/L-45065-09	MBT63-SCLCR/L-45065-09	63	45	65	95	0	0			
C3-SCLCR/L-22040-12	MBT32-SCLCR/L-22040-12	32	22	40		0	0	CCMT 120408	ILD4014	TBS15
C4-SCLCR/L-27050-12	MBT40-SCLCR/L-27050-12	40	27	50		0	0			
C5-SCLCR/L-35060-12	MBT50-SCLCR/L-35060-12	50	35	60		0	0			
C6-SCLCR/L-45065-12	MBT63-SCLCR/L-45065-12	63	45	65		0	0			

STJCR/L   STGCR/L

无特别标注时，所示为右手刀具

型　　号		尺　　寸						刀片	配件	
POLYGON（三棱锥）	MBT	D_{5m} /mm	f_1 /mm	l_1 /mm	主偏角 κ_r/(°)	前角 α/(°)	刃倾角 λ/(°)			
C3 – STJCR/ L – 22040 – 11	MBT32 – STJCR/ L – 22040 – 11	32	22	40		0	0	TCMT 110304	ILD2565	TBS08
C4 – STJCR/ L – 27050 – 11	MBT40 – STJCR/ L – 27050 – 11	40	27	50		0	0			
C3 – STJCR/ L – 22040 – 16	MBT32 – STJCR/ L – 22040 – 16	32	22	40		0	0			
C4 – STJCR/ L – 27050 – 16	MBT40 – STJCR/ L – 27050 – 16	40	27	50	93	0	0	TCMT 6T308	ILD3581	TBS15
C5 – STJCR/ L – 35060 – 16	MBT50 – STJCR/ L – 35060 – 16	50	35	60		0	0			
C3 – STGCR/ L – 22040 – 11	MBT32 – STJCR/ L – 22040 – 11	32	22	40		0	0	TCMT 110304	ILD2565	TBS08
C4 – STGCR/ L – 27050 – 11	MBT40 – STJCR/ L – 27050 – 16	40	27	50		0	0			
C3 – STGCR/ L – 22040 – 16	MBT32 – STJCR/ L – 22040 – 16	32	22	40		0	0			
C4 – STGCR/ L – 27050 – 16	MBT40 – STJCR/ L – 27050 – 16	40	27	50	91	0	0	TCMT 16T308	ILD3581	TBS15
C5 – STGCR/ L – 35060 – 16	MBT50 – STJCR/ L – 35060 – 16	50	35	60		0	0			
C6 – STGCR/ L – 45065 – 16	MBT63 – STJCR/ L – 45065 – 16	63	45	65		0	0			

（4）切断、切槽刀具以下为常见此类刀具。

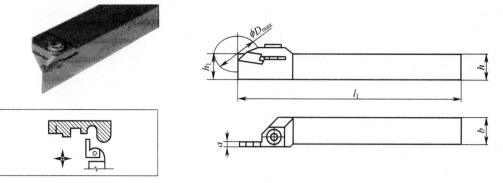

刀具，用于外圆车削

型号	R/L	尺寸/mm							质量/kg	备件	刀片
		$h=h_1$	b	τ_1	a	D_{max}					
GFIR/L 1616 H 03	●/●	16	16	100	3	18			0.03	GL03	LCMF 0316
GFIR/L 2020 K 03	●/●	20	20	125	3	18			0.40	GL04	LCMF 0316
GFIR/L 2525 M 03	●/●	25	25	150	3	18			0.60	GL05	LCMF 0316
GFIR/L 1616 H 04	●/●	16	16	100	4	24			0.30	GL03	LCMF 0416
GFIR/L 2020 K 04	●/●	20	20	125	4	24			0.40	GL04	LCMF 0416
GFIR/L2525 M 04	●/●	25	25	150	4	24			0.60	GL05	LCMF 0416
GFIR/L 2020 K 05	●/○	20	20	125	5	28			0.40	GL04	LCMF 0516
GFIR/L 2525 M 05	●/●	25	25	150	5	28			0.06	GL05	LCMF 0516
GFIR/L 2020 K 06	●/○	20	20	125	6	28			0.40	GL04	LCMF 0616
GFIR/L 2525 M 06	●/●	25	25	150	6	28			0.60	GL05	LCMF 0616
⋮											
GFKR/L 1616 H 02	●/●	16	16	100	2	32			0.30	GL03	LCMF 0220
GFKR/L 2020 K 02	●/●	20	20	125	2	32			0.40	GL04	LCMF 0220
GFKR/L 2525 M 02	●/●	25	25	150	2	32			0.60	GL05	LCMF 0220

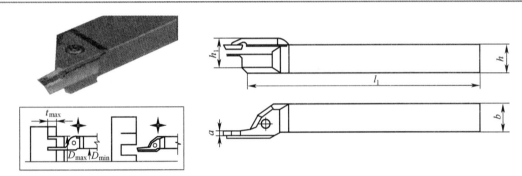

刀具,用于端面车削

型号	R/L	尺寸/mm							质量/kg	备件	刀片
		$h=h_1$	b	τ_1	a	t_{max}	D_{min}				
GFIR 2525 M 03L 030017 - A	○	25	25	150	3	9.5	17	30	0.75	GL07	LCMF 0313
GFIR 2525 M 03L 039024 - A	○	25	25	150	3	9.5	24	39	0.75	GL07	LCMF 0313
GFIR 2525 M 03L 050033 - A	○	25	25	150	3	11	33	50	0.75	GL07	LCMF 0313
GFIR 2525 M 03L 060043 - A	○	25	25	150	3	11	43	60	0.75	GL07	LCMF 0313
GFIR 2525 M 03L 076053 - A	○	25	25	150	3	11	53	76	0.75	GL07	LCMF 0313
GFIR 2525 M 03L 100070 - A	○	25	25	150	3	9	70	100	0.75	GL08	LCMF 0316
GFIR 2525 M 03L 130090 - A	○	25	25	150	3	9	90	100	0.75	GL08	LCMF 0316
GFIR 2525 M 03L 170110 - A	○	25	25	150	3	9	110	170	0.75	GL08	LCMF 0316
GFIL 2525 M 03R 030017 - A	●	25	25	150	3	9.5	17	30	0.75	GL07	LCMF 0313
GFIL 2525 M 03R 039024 - A	●	25	25	150	3	9.5	24	39	0.75	GL07	LCMF 0313
GFIL 2525 M 03R 050033 - A	●	25	25	150	3	11	33	50	0.75	GL07	LCMF 0313
GFIL 525 M 03R 060043 - A	●	25	25	150	3	11	43	60	0.75	GL07	LCMF 0313
GFIR 2525 M 03R 076053 - A	○	25	25	150	3	11	53	76	0.75	GL07	LCMF 0313
GFIL 2525 M 03R 100070 - A	○	25	25	150	3	9	70	100	0.75	GL08	LCMF 0316
GFIL 2525 M 03R 130090 - A	○	25	25	150	3	9	90	130	0.75	GL08	LCMF 0316
GFIL 2525 M 03R 170110 - A	○	25	25	150	3	9	110	170	0.75	GL08	LCMF 0316

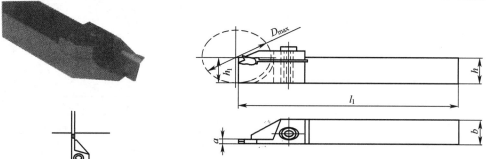

刀具，用于外圆车削

型号	R/L	尺寸/mm							质量 /kg	备件	刀片
		$h=h_1$	b	τ_1	a	D_{max}					
GLCCR/L 2020 K 2.65	●/●	20	20	130	2.65	40			0.30	ND1	LCM×02050
					3.15						LCM×03050
GLCCR/L 2020 K 4.15	●/○	20	20	130	4.15	50			0.30	ND1	LCM×04050
					5.15						LCM×05050
GLCCR/L 2525 M 2.65	●/●	25	25	150	2.65	40			0.50	ND2	LCM×02050
					3.15						LCM×03050
GLCCR/L 2525 M 4.15	●/●	25	25	150	4.15	50			0.50	ND2	LCM×04050
					5.5						LCM×05050

（5）螺纹加工车刀。

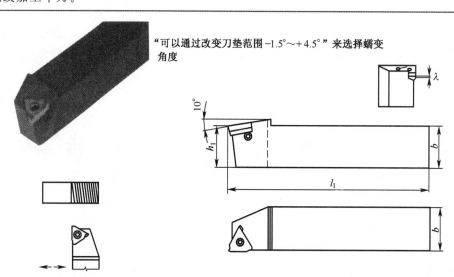

"可以通过改变刀垫范围 -1.5°~+4.5°" 来选择蠕变角度

刀具，用于端面车削

型号	R/L	尺寸/mm							质量 /kg	备件	刀片
		$h=h_1$	b	l_1							
SER/L 2020 K 16	●/●	20	20	125					0.50	Z12	TN 16ER/L
SER/L 2525 M 16	●/●	25	25	150					0.70	Z12	TN 16ER/L
SER/L 3225 P 16	●/●	32	25	170					0.80	Z12	TN 16ER/L
SER/L 2525 M 22 - A	●/●	25	25	150					0.70	Z13	TN 22ER/L
SER/L 3225 P 22 - A	●/●	32	25	170					0.80	Z13	TN 22ER/L

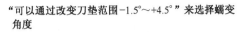

"可以通过改变刀垫范围-1.5°~+4.5°"来选择蠕变
角度

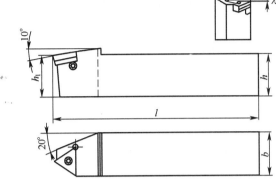

型号	R/L	尺寸/mm							质量/kg	备件	刀片
		$h=h_1$	b	l_1							
SER/L-S 2525 M 22-A	●/●	25	25	150					0.70	Z13	TN 22EN
SER/L-S 2525 P 22-A	●/●	32	25	170					0.80	Z13	TN 22EN

"可以通过改变刀垫范围-1.5°~+4.5°"来选择蠕变
角度

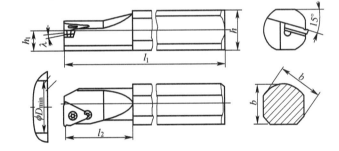

刀具,用于内孔车削

型号	R/L	尺寸/mm							质量/kg	备件	刀片
		b	a	D_{min}	h	l_1	h_1	l_2			
* SIR/L 0010 K 11-1	●/●	14.5	16	13	14	125	7	25	0.10	Z11	TN 11NR/L
* SIR/L 0013 M 11-1	●/●	14.5	16	16	14	150	7	32	0.15	Z11	TN 11NR/L
SIR/L 1416 N 16-0	●/●	14	16	22	14.5	160	7.5	—	0.25	Z9	TN 16NR/L
SIR/L 1416 N 16-1	●/●	14	16	22	14.5	160	7.5	—	0.25	Z9	TN 16NR/L
SIR/L 1820 P 16	●/●	18.5	20	27	18	170	9	—	0.35	Z12	TN 16NR/L
SIR/ 2325 Q 16	●/●	23.5	25	29	23	180	11.5	—	1.00	Z12	TN 16NR/L

（续）

型号	R/L	尺寸/mm							质量/kg	备件	刀片
		b	a	D_{min}	h	l_1	h_1	l_2			
SIR/L 2532 S 16	●/●	30	32	36	25	250	12.5	—	1.70	Z12	TN 16NR/L
SIR/L 2532 S 22 - A	●/●	30	32	36	25	250	12.5	—	1.70	Z13	TN 22NR/L
SIR/L 3240 T 22 - A	●/●	38	40	48	32	300	16	—	2.30	Z13	TN 22NR/L

7. 刀具系统中常用刀柄

1）加工中心常用刀柄分类

加工中心常用刀柄分类见表 9-10。

表 9-10 刀柄分类

种类	标准	结构特点				备注
		型号	拉钉	机械手夹持部位	传递扭矩的键槽	
7:24 锥柄	IS07388 JB3381 GB3837 DIN69871	标准型号 40 45 50	钢球位力 施力锥面45°	各国各厂不尽相同	在机械手夹持部位 对于型号 20、25 有的无此键槽	型号为锥柄大端直径舍入值
	DIN2080 BT(日本) VDI(德国)	扩展型号 20 25 30 35 60	夹爪拉力			
HSK(中空锥度刀柄)	DIN69893	40 45 50 60	不用拉钉	有,按DIN69893制造	在锥度最小端	

注:刀柄和拉钉必须与机床主轴拉刀机构和换刀机械手适配

加工中心上还有一些特殊刀柄,见表 9-11。

表 9-11 特殊刀柄

名称	用途
增速头刀柄	可将小孔加工用刀具的转速提升 3 倍～7 倍
多轴动力头刀柄	可用来同时加工多个小孔
万能铣头刀柄	可改变刀具轴线和主轴线间的夹角
内冷却刀柄	切削液经刀具内的通孔直达切削点,冲屑冷却
高速磨头刀柄	可进行磨削加工
接触式测头"刀柄"(三维接触式传感器)	和刀具一样置入刀库,换入主轴后使用各种测量循环程序进行;工件找正,工件零点侧定,工件几何尺寸测量,工件几何位置测量,数字化仪测实物生成加工程序(测头"刀柄"上有电池供电的信号发送器,机床适当部位安装信号接收器)

2）数控车床用刀柄特点

数控车床用刀柄的特点比较见表 9-12。

表 9-12 数控车床用刀柄的特点比较

项 目	刀块式	圆柱齿条式
定位方式	凸键和轴向键	圆柱,刀柄端面,齿条齿形面
手动更换	不方便,费时	快捷
刚度	好	稍差
和外部刀库自动交换刀具的可能性	尚不能自动松、夹	可自动松、夹

注:有将整个刀库盘进行交换的机床

3)动力刀具刀柄

用于车削中心的动力刀具刀柄,刀柄尾部

有驱动齿轮驱动刀具轴旋转。刀具轴上可装各种刀具,其特点见表9-13。

表9-13 动力刀具的特点

种类	用途	刀具
刀具轴线平行于Z轴	用于主轴锁定后在工件端面上进行各种加工	钻头
	利用主轴C轴功能铣螺纹	螺纹铣刀
	主轴和自驱刀具轴有固定速比,用"刀"加工六角面	圆周上均布的"飞刀"
	利用主轴C轴功能和X轴进行插补,在工件端面上铣直槽、非同心圆槽	立铣刀
刀具轴线垂直于Z轴	主轴分度后锁定,在工件外圆上钻孔、攻螺纹、铣平面、铣槽	钻头、丝锥、立铣刀、键槽铣刀
	利用主轴C轴功能和Z轴进行插补,在工件圆上铣螺线槽等	立铣刀
刀具轴线与Z轴夹角可调	铣斜面 在斜面上钻孔、攻螺纹孔、铣槽	立铣刀、钻头、丝锥、键槽铣刀
电主轴磨头	内外磨削	内外圆砂轮
接触式测头	用于工件主动测量	

数控机床常用的刀柄形式见表9-14。

表9-14 常用的刀柄形式

序号	类型	图例
1	VSSD(直柄直颈)	圆柱形 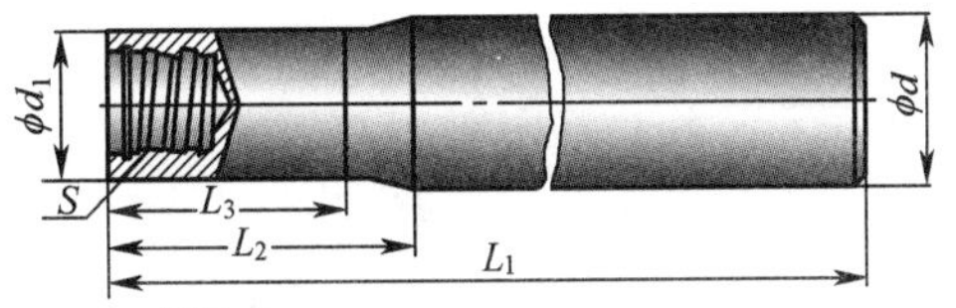 侧固式 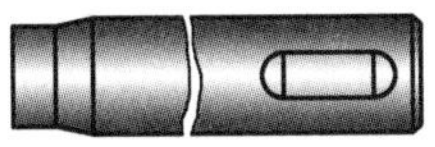
2	VSSD-W-A (直柄直颈,带内冷孔)	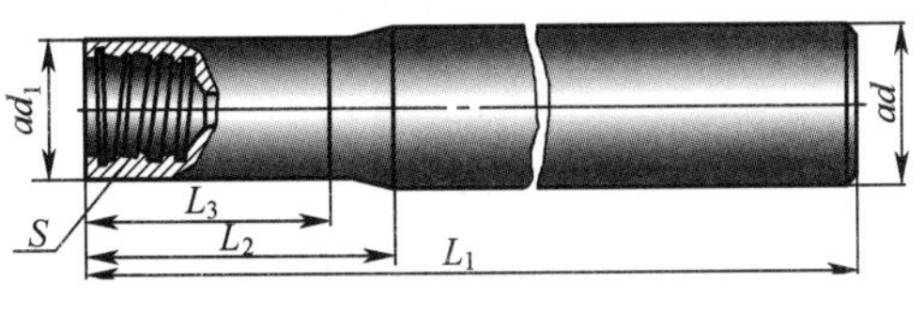
3	VTSD(直柄锥颈)	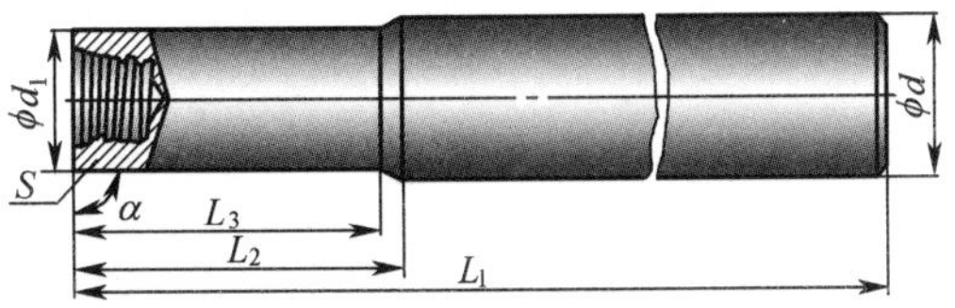

(续)

序号	类型	图例
4	VSC (适于 VST 型 刀头直柄)	
5	VSTD (适于 VTB 型 刀头直柄)	
6	VAD-M (TungRex 专用)	

8. 数控加工刀具的选择

1)影响数控加工刀具选择的因素

在选择刀具的类型和规格时,主要考虑以下因素的影响:

(1) 生产性质:在这里,生产性质是指零件的批量大小,主要从加工成本上考虑对刀具选择的影响。例如,在大量生产时采用特殊刀具可能是合算的,而在单件或小批量生产时选择标准刀具更适合一些。

(2) 机床类型:完成该工序所用的数控机床对选择的刀具类型(钻、车刀或铣刀)的影响。在能够保证工件系统和刀具系统刚性好的条件下,允许采用生产率高的刀具。例如,高速切削车刀和大进给量车刀。

(3) 数控加工方案:不同的数控加工方案可以采用不同类型的刀具。例如,孔的加工可以用钻及扩孔钻,也可用钻和镗刀来进行加工。

(4) 工件的尺寸及外形:影响刀具类型和规格的选择。例如,特型表面要采用特殊的刀具来加工。

(5) 加工表面粗糙度:影响刀具的结构形状

和切削用量。例如,毛坯粗铣加工时可采用粗齿铣刀,精铣时最好用细齿铣刀。

(6) 加工精度:影响精加工刀具的类型和结构形状。例如,孔的最后加工依据孔的精度可用钻、扩孔钻、铰刀或镗刀来加工。

(7) 工件材料:决定刀具材料和切削部分几何参数的选择,刀具材料与工件的加工精度、材料硬度等有关。

2)数控加工刀具的性能要求

由于数控机床具有加工精度高、加工效率高、加工工序集中和零件装夹次数少的特点,对所使用的数控刀具提出了更高的要求。从刀具性能上讲,数控刀具应高于普通机床所使用的刀具。

选择数控刀具时,首先应优先选用标准刀具,必要时才选用各种高效率的复合刀具及特殊的专用刀具。在选择标准数控刀具时,应结合实际情况尽可能选用各种先进刀具,如可转位刀具、整体硬质合金刀具、陶瓷刀具等。

在选择数控机床加工刀具时,还应考虑以下几个方面问题:

（1）数控刀具的类型、规格和精度等级应能够满足加工要求，刀具材料应与工件材料相适应。

（2）切削性能好。为适应刀具在粗加工或对难加工材料的工件加工时能采用大的背吃刀量和高进给量，刀具应具有能够承受高速切削和强力切削的性能。同时，同一批刀具在切削性能和刀具寿命方面一定要稳定，以便实现按刀具使用寿命换刀或由数控系统对刀具寿命进行管理。

（3）精度高。为适应数控加工的高精度和自动换刀等要求，刀具必须具有较高的精度，如有的整体式立铣刀的径向尺寸精度高达0.005mm。

（4）可靠性高。要保证数控加工中不会发生刀具意外损伤及潜在缺陷而影响到加工的顺利进行，要求刀具及与之组合的附件必须具有很好的可靠性及较强的适应性。

（5）耐用度高。数控加工的刀具，不论在粗加工或精加工中，都应具有比普通机床加工所用刀具更高的耐用度，以尽量减少更换或修磨刀具及对刀的次数，从而提高数控机床的加工效率和保证加工质量。

（6）断屑及排屑性能好。数控加工中，断屑和排屑不像普通机床加工那样能及时由人工处理，切屑易缠绕在刀具和工件上，会损坏刀具和划伤工件已加工表面，甚至会发生伤人和设备事故，影响加工质量和机床的安全运行，所以要求刀具具有较好的断屑和排屑性能。

3）刀具的选择方法

刀具的选择是数控加工工艺中的重要内容之一，不仅影响机床的加工效率，而且直接影响零件的加工质量。由于数控机床的主轴转速及范围远远高于普通机床，而且主轴输出功率较大，因此与传统加工方法相比，对数控加工刀具的提出了更高的要求，包括精度高、强度大、刚性好、耐用度高，而且要求尺寸稳定、安装调整方便。这就要求刀具的结构合理及几何参数标准化、系列化。数控刀具是提高加工效率的先

决条件之一，其选用取决于被加工零件的几何形状、材料状态、夹具和机床选用刀具的刚性。选择刀具时，应考虑以下几个方面：

（1）根据零件材料的切削性能选择刀具。例如，车或铣高强度钢、钛合金、不锈钢零件，建议选择耐磨性较好的可转位硬质合金刀具。

（2）根据零件的加工阶段选择刀具。即粗加工阶段，以去除余量为主，应选择刚性较好、精度较低的刀具；半精加工、精加工阶段，以保证零件的加工精度和产品质量为主，应选择耐用度高、精度较高的刀具，粗加工阶段所用刀具的精度最低，而精加工阶段所用刀具的精度最高。如果粗、精加工选择相同的刀具，建议粗加工时选用精加工淘汰下来的刀具。因为精加工淘汰的刀具磨损情况大多为刃部轻微磨损，涂层磨损修光，继续使用会影响精加工的加工质量，但对粗加工的影响较小。

（3）根据加工区域的特点选择刀具和几何参数。在零件结构允许的情况下应选用大直径、长径比小的刀具；切削薄壁、超薄壁零件的过中心铣刀端刃应有足够的向心角，以减少刀具和切削部位的切削力。加工铝、铜等较软材料零件时应选择前角稍大一些的立铣刀，不要超过4齿。

选取刀具时，要使刀具的尺寸与被加工工件的表面尺寸相适应。生产中，平面零件周边轮廓的加工，常采用立铣刀；铣削平面时，应选硬质合金刀片铣刀；加工凸台、凹槽时，选高速钢立铣刀；加工毛坯表面或粗加工孔时，选镶硬质合金刀片的玉米铣刀；对一些立体型面和变斜角轮廓外形的加工，常采用球头铣刀、环形铣刀、锥形铣刀和盘形铣刀。

在进行自由曲面加工时，由于球头刀具的端部切削速度为零，因此，为保证加工精度，切削行距一般很小，故球头铣刀适用于曲面的精加工。而端铣刀无论是在表面加工质量上还是在加工效率上都远远优于球头铣刀，因此，在确保零件加工不过切的前提下，粗加工和半精加工曲面时，尽量选择端铣刀。另外，刀具的耐用

度和精度与刀具价格关系极大,必须引起注意的是,在大多数情况下,选择好的刀具虽然增加了刀具成本,但由此带来的加工质量和加工效率的提高,则可以使整个加工成本大大降低。

在加工中心上,所有刀具全都预先装在刀库里,通过数控程序的选刀和换刀指令进行相应的换刀动作。必须选用适合机床刀具系统规格的相应标准刀柄,以便数控加工用刀具能够迅速、准确地安装到机床主轴上或返回刀库。编程人员应能够了解机床所用刀柄的结构尺寸、调整方法以及调整范围等方面的内容,以保证在编程时确定刀具的径向和轴向尺寸,合理安排刀具的排列顺序。

4)车削刀具的选用

数控车床一般使用标准的机夹可转位刀具。机夹可转位刀具的刀片和刀体都有标准,刀片材料可以采用硬质合金、涂层硬质合金、陶瓷、立方氮化硼等。车削刀具包括外圆刀具、外螺纹刀具、内圆刀具、内螺纹刀具、切断刀具等。机夹可转位刀具夹固不重磨刀片时通常采用螺钉、螺钉压板、杠销或楔块等结构。常规车削刀具为长条形方刀体或圆柱刀杆。方形刀体一般用槽形刀架螺钉紧固方式固定。圆柱刀杆是用套筒螺钉紧固方式固定。它们与机床刀盘之间是通过槽形刀架和套筒接杆来连接的。在模块化车削工具系统中,刀盘的连接以齿条式柄体连接为多,而刀头与刀体的连接是"插入快换式系统"。它既可以用于外圆车削又可用于内孔镗削,也适用于车削中心的自动换刀系统。

车刀刀片选用原则主要根据加工工艺的具体情况决定。一般要选通用性较高的以及在同一刀片上切削刃数较多刀片。粗车时选较大尺寸,精、半精车时选较小尺寸。

S形:4个刃口,刃口较短(指同等内切圆直径),刀尖强度较高,主要用于75°、45°车刀,在内孔刀中用于加工通孔。

T形:3个刃口,刃口较长,刀尖强度低,在车床上使用时常采用带副偏角的刀片以提高刀尖强度。主要用于90°车刀。在内孔车刀中主要用于加工盲孔、台阶孔。

C形:有2种刀尖角。100°刀尖角的2个刀尖强度高,一般做成75°车刀,用来粗车外圆、端面;80°刀尖角的两个刃口强度较高,用它不用换刀即可加工端面或圆柱面,在内孔车刀中一般用于加工台阶孔。

R形:圆形刃口,用于特殊圆弧面的加工,刀片利用率高,但径向力大。

W形:3个刃口且较短,刀尖角80°,刀尖强度较高,主要用在普通车床上加工圆柱面和台阶面。

D形:2个刃口且较长,刀尖角55°,刀尖强度较低,主要用于仿形加工。做成93°车刀时,切入角不得大于27°~30°;做成62.5°车刀时,切入角不得大于57°~60°,在加工内孔时可用于台阶孔及较浅的清根。

V形:2个刃口并且长,刀尖角35°,刀尖强度低,用于仿形加工。做成93°车刀时,切入角不大于50°;做成72.5°车刀时,切入角不大于70°;做成107.5°车刀时,切入角不大于35°。

切断刀片:在数控车床上一般使用直接压制出断屑槽形的切断刀片,它能使切屑横向产生收缩变形,切削轻快,断屑好。另外,它的侧偏角和侧后角都很大,切削热产生得少,使用寿命长,只是价格高一些。

切槽刀片:一般切深槽用切断刀片,切浅槽用成形刀片,如立装切槽刀片、平装切槽刀片、条状切槽刀片、清台阶圆弧根槽刀片,这些刀片切出的槽宽精度较高。

螺纹刀片:常用的是L形,刀片可重磨,价格也便宜,但不能切牙顶。切精度较高的螺纹要用磨好牙型的刀片,因内、外螺纹的牙型尺寸不同,所以又分内、外螺纹刀片,它的螺距是固定的,可以切出牙顶。作为夹紧方式,又分为两种:一种是刀片无孔用上压式夹紧的刀片,这种刀片在加工塑性较高的材料时还要加挡屑板;另一种是压出断屑槽并带夹紧孔的刀片,它用压孔式的梅花螺钉夹紧。

切削刃长度:应根据背吃刀量进行选择,一

般而言,通槽形的刀片切削刃长度选择大于或等于1.5倍的背吃刀量,封闭槽形的刀片切削刃长度选择大于或等于2倍的背吃刀量。

刀尖圆弧:粗车时,只要刚性允许,就尽可能采用较大刀尖圆弧半径;精车时,一般采用较小圆弧半径,不过当刚性允许时也应自较大值选取。常用压制成形的圆半径有0.4mm、0.8mm、1.2mm、2.4mm等。

刀片厚度:其选用原则是使刀片有足够的强度来承受切削力,通常是根据背吃量与进给量来选用的,如有些陶瓷刀片就要选用较厚的刀片。

刀片法后角:常用的是0°(代号N)、5°(代号B)、7°(代号C)、11°(代号P)。0°后角一般用于粗、半精车;5°、7°、11°一般用于半精、精车、仿形及加工内孔。

刀片精度:可转位刀片国家规定16种精度,其中6种适合于车刀,代号为H、E、G、M、N、U,H最高,U最低,数控车床一般用M及以上级别精度的刀片。

ISO标准和我国标准规定了可转位刀片型号的含义。可转位刀片的型号,共用10个号位的内容来表示主要特征及参数,见表9-15所列。

表 9-15　刀片编号规则

C	N	M	G	12	04	08	T	R	—	PF
1	2	3	4	5	6	7	8	9		10
刀片形状	刀片后角	刀片精度等级	刀片类型	刀片尺寸	刀片厚度	刀尖圆弧半径	刃口形状	切削方向	连接符	厂家自定标记

表9-16～表9-24按照刀片编号规则列出了在数控车床上常用的刀片类型及其参数,人们可以根据工厂实际的加工需求选择相应的刀片型号。

表 9-16　1号位-刀片形状

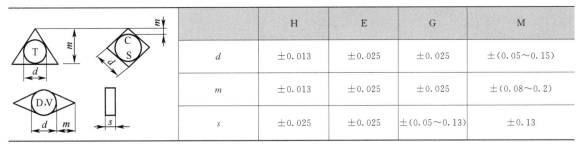

C	D	K	R
80°	55°	55°	○
S	T	V	W
□	△	35°	80°

表 9-17　2号位-刀片后角(°)

A	B	C	D	E
3	5	7	15	20
F	G	N	P	O
25	30	0	11	其他

表 9-18　3号位-刀片精度等级(mm)

	H	E	G	M
d	±0.013	±0.025	±0.025	±(0.05～0.15)
m	±0.013	±0.025	±0.025	±(0.08～0.2)
s	±0.025	±0.025	±(0.05～0.13)	±0.13

表 9-19　4号位-刀片类型

A	Q	G	R	M	T	N	W	P

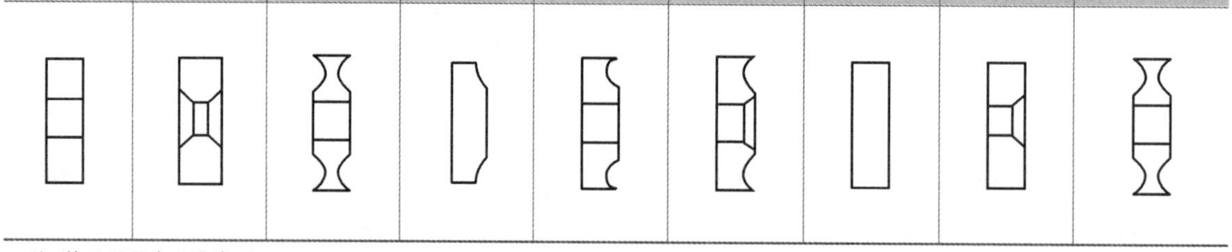

注:前刀面及中心孔类型

表 9-20　5号位-刃口长度

C	D	K	R	S	T	V	W

注:不通刀片形状的刃口长度确定取两位整数

表 9-21　6号位-刀片厚度(mm)

01	T1	02	03	T3	04	05	06	07	09	10	12
1.59	1.98	2.38	3.18	3.97	4.76	5.56	6.35	7.94	9.52	10.00	12.00

注:编码对应实际厚度尺寸

表 9-22　7号位-刀尖圆角半径(mm)

00	01	02	04	05	08	10	12	15	16	24	32
0	0.1	0.2	0.4	0.5	0.8	1.0	1.2	1.5	1.6	2.4	3.2

注:编码对应实际圆角半径

表 9-23　8号位-切削刃槽形

C	D	T	S

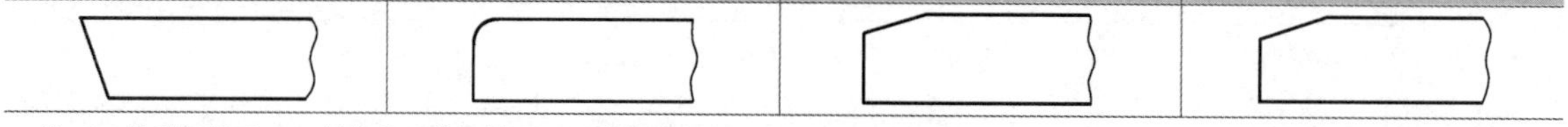

注:C—锋利切削刃;D—圆角处理的切削刃;T—负倒棱切削刃;S—负倒棱带圆角

表 9-24　9号位-切削方向

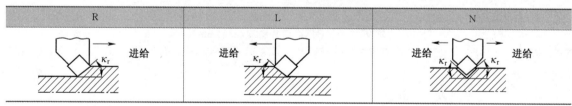

5)铣削刀具的选择

铣削是应用广泛的切削加工方法之一,常用来加工平面、沟槽、特殊型面及切断等。铣刀由分布在圆周上的多个刀齿组成,结构较车刀复杂;铣削中没有形成连续的切削过程,切削层参数也在不断变化。因此,铣削具有特有的切削规律。数控机床上用的铣销刀具常见类型规格繁多(图9-54),每个刀具厂家都有自己的刀具手册,用户可以根据自己的加工需求来选择。在工厂实际应用中,仍然有部分刀具需要专门定制。由于铣削工艺的复杂性,铣刀的合理选择和正确使用就显得格外重要。

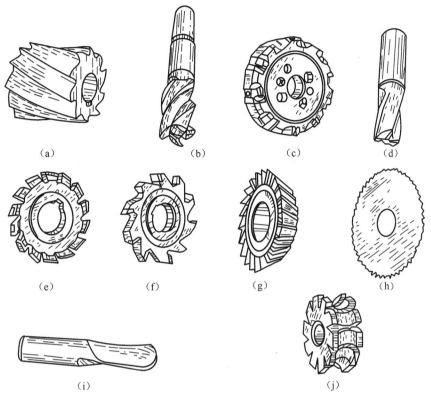

图9-54 铣削刀具常见类型

(a)圆柱形铣刀;(b)立铣刀;(c)面铣刀;(d)键槽铣刀;(e)槽铣刀;(f)三面刃铣刀;
(g)特种槽铣刀;(h)锯片铣刀;(i)模具铣刀;(j)成形铣刀。

圆柱形铣刀用于加工平面,通常采用螺旋形刀齿以提高切削平稳性,它仅在圆柱表面上有切削刃,两端面没有副切削刃。

立铣刀用于加工台阶面、槽、平面型面等,立铣刀圆柱表面上的切削刃是主切削刃,端面刃是副切削刃。

面铣刀的每个刀齿与车刀很相似,其主切削刃分布在圆锥表面或圆柱表面上,端部切削刃为副切削刃。

键槽铣刀外形像立铣刀,但只有两个刃瓣。加工时像钻头一样可以轴向进给加工孔,又可像立铣刀一样加工槽,是一种专门用来加工圆头封闭键槽的刀具。

槽铣刀仅在圆柱表面上分布有刀齿,两侧面在加工槽面时也参加切削,但切削条件较差,一般用于加工油槽、螺钉槽等浅槽。

三面刃铣刀用于加工台阶面或切槽,三面刃铣刀的主切削刃分布在圆柱表面上,两端面有副切削刃,其切削条件得到改善。

特种槽铣刀是专门用来加工特种槽子的刀具,主要有T形槽铣刀、燕尾槽铣刀、半圆键铣刀、单角铣刀和双角铣刀等。特种槽铣刀容屑空间小,刀齿强度较弱,加工中应选择合理切削用量,防止振动,以免损坏刀齿。

锯片铣刀是一种薄片槽铣刀,主要用于切断工件,也可用来加工窄槽。

模具铣刀用于加工模具型腔表面或其他成形表面,它是在立铣刀基础上发展起来的,有球头立铣刀、圆锥形立铣刀等类型。

成形铣刀是用于成形表面(如凸、凹半圆等型面)的刀具,其刀齿廓形要根据被加工表面廓形来设计。

数控铣削刀具的结构形式也多样化,主要有三种基本结构形式,即可转位铣刀、焊接铣刀、整体式铣刀。

可转位铣刀将刀片安装在刀体上来实现其铣削功能。其优点是经济性好,同一把刀体通过采用不同材质的刀片就可以满足不同工况的加工需求;缺点是精度相对较低。目前,可转位刀具已覆盖大多数应用的需求,能够实现立铣、面铣、槽铣、螺旋插补铣、螺纹铣等绝大部分应用。但其缺点是刀具尺寸较大,并且由于刀片与刀体要进行装夹连接,其精度与焊接铣刀和整体式铣刀相比要低。常见的可转位铣刀及其用途见表 9 - 25 所列。

表 9 - 25　常见可转位铣刀及其用途

刀具类型	刀具形状	主 要 用 途			
面铣刀					
立铣刀					
插铣刀					
球头铣刀					

整体铣刀是采用整体刀具棒料通过磨削而制造出的刀具,如图9-55所示。其加工精度高,刀具强度好,并且能够制造出很小的加工刀具,在高精度精加工中得到大量的应用,特别是窄槽特征等需要采用小刀具进行加工的情况,只能采用整体铣刀。其中整体硬质合金铣刀应用最为广泛,几乎覆盖了所有金属材料的加工应用。通过不同的刀具角度设计,整体合金铣刀可以满足不同的加工工艺要求,刀具直径通常在25mm以下。

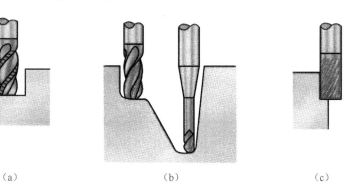

(a)　　　　　　　　(b)　　　　　　　　(c)

图9-55　整体铣刀用途

(a)粗加工;(b)半精加工;(c)精加工。

6)制孔刀具的选择

根据不同的精度和表面粗糙度要求,可以选择不同的制孔刀具。精度要求不高的孔,可以采用钻头直接加工到位;而高精度孔则可以采用钻、扩、铰的方式或钻、镗的方式。表9-26列出了常见制孔刀具及其用途。

表9-26　常见制孔刀具及其用途

刀具类型	刀具形状	主要用途
硬质合金钻头	$\kappa_r=70°$	钻削高强度金属材料钻削小直径孔 孔精度级别达到IT8～IT9
		钻削铝合金 孔精度级别达到IT8～IT9 减少孔口毛刺
		钻削叠层复合材料 防止孔壁材料撕裂

(续)

刀具类型	刀具形状	主要用途
可转位钻头	κ_r	用于金属的浅孔(5倍直径以下)加工通过更换刀片材质满足不同金属材料的加工要求
	$\kappa_r=79°～85°$	插孔钻用于钻削下刀孔,也可以用于插铣
		台阶钻一次完成台阶孔的钻削
镗刀		三刃镗刀 适用于中高功率机床 高效率

（续）

刀具类型	刀具形状	主要用途
镗刀		防振深孔镗刀 用于深孔镗削加工 刀杆有减振功能
		用于高精度小孔镗削加工

9.2.2 计算机辅助刀具设计

目前，国外设计数控刀具大多采用计算机辅助刀具设计专用软件，通过直接调用已有的设计结果或经过局部修改而形成新的品种或规格。而国内企业在数控刀具设计中则大多是在商用 CAD（多为 AutoCAD）软件平台上由设计人员进行交互式绘图。由于交互式绘图很难利用已有的设计结果，劳动强度大，设计效率低，难以满足实际生产需要。因此，研究开发先进的数控刀具 CAD/CAM 技术，对于提高数控刀具设计、制造的质量和效率十分必要。

9.2.2.1 成形车刀的计算机辅助设计

1. 设计思想

在成形车刀的设计过程中，刀刃廓形的设计尤为重要。一般来说，刀刃形状是根据具体工件的廓形来设计的，而工件形式千变万化，因此造成成形车刀的刃形也较为复杂。但工件廓形看起来复杂多变，经过分析，不外乎由两种基本形状组合而成，即直线和圆弧，如图 9-56 所示。对于较为复杂的曲线，可以用多个圆弧或直线进行逼近。所以，基于这种分析，采用先分后合的方法对成形车刀进行设计。即首先对工件进行分析，主要是廓形分析，按廓形将其划分成一个个的直线或圆弧子结构，通过对话框方式获取其相应的尺寸参数，并且给它们标记上相应的前后顺序；然后根据工件各子结构的参数，来设计对应成形车刀的子结构；最后按相应顺序把各成形车刀子结构进行组合，完成成形车刀刀刃廓形的设计。

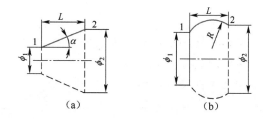

图 9-56 工件廓形分类

(a)直线形（参数为 ϕ_1、ϕ_2、L）；(b)圆弧形（参数为 ϕ_1、ϕ_2、L、R）。

2. 系统组成

图 9-57 为 CAD 系统的模块化结构，主要由刀具选型、参数输入、数据计算和图形绘制四

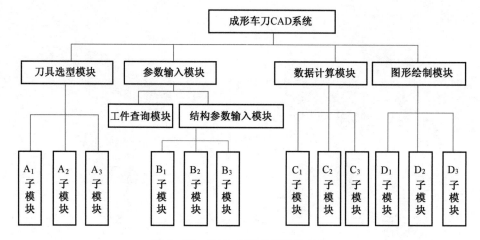

图 9-57 CAD 系统的模块化结构

大模块组成。刀具选型模块包含 A_1、A_2、A_3 三个子模块,分别可得三种类型的成形车刀(平体、棱体、圆体);参数输入模块包含工件信息查询模块和结构参数输入模块,用于输入工件特征以及相应三种类型车刀的结构参数;数据计算模块包含 C_1、C_2、C_3 三个子模块,用来进行刀具设计时相应的一些尺寸数据的计算;图形绘制模块包含 D_1、D_2、D_3 三个子模块,用来最后绘制出三种不同类型的成形车刀。

3. 系统实现

1)编程语言的选择

AutoCAD2000 版本提供了 ActiveXAutomation 技术,ActiveX 是微软公司制定的一种实现程序间通信、调用的软件复用规范,它提供了一种控制 AutoCAD 的机制,即凡是 AutoCAD 中每一个裸露的对象,如 circleline 都可以用 VB、Delphi 等支持 ActiveX 的语言来控制。每一个对象都有其相应的特性、方法,可以读取或改变其特性,可以用方法来控制对象的动作。利用该项技术进行 AutoCAD 二次开发,有着显而易见的优越性。特别是在 AutoCAD2000 内部内嵌了 VBA,编程语言简单,功能强大,使得进行计算机辅助设计系统的设计变得更加方便。本系统采用 VBA 进行开发。

2)刀具廓形的计算

为了制造和测量的方便,成形车刀的廓形是以其后刀面的法剖面 $N-N$ 内的形状来表示的。要担负切削工作的成形车刀必须有前、后角,因此其法剖面廓形就与工件的轴向廓形不相同。设计成形车刀时,必须根据工件的轴向廓形和所选的前、后角值求得刀具上相应的法向廓形。因刀具的轴向尺寸与工件的轴向尺寸一致,所以在进行成形车刀的廓形设计时,主要是求其深度尺寸。下面以棱体成形车刀为例,说明在计算模块中如何求刀刃上任一点 x 的深度 P_x。

如图 9-58 所示,由正弦定理得

$$C_x = \frac{r_1 \sin(\gamma_f - \gamma_{fx})}{\sin \gamma_{fx}}$$

由 $\triangle IGO_1$ 与 $\triangle X'GO_1$ 可得

$$r_1 \sin \gamma_f = r_x \sin \gamma_{fx} = h \qquad (9-1)$$

$$\frac{r_1}{\sin \gamma_{fx}} = \frac{r_x}{\sin \gamma_f}$$

所以

$$C_x = \frac{r_1 \sin(\gamma_f - \gamma_{fx})}{\sin \gamma_{fx}}$$

由图 9-58 可得

$$P_x = C_x \cos(\alpha_f + \gamma_f)$$

因而

$$P_x = \frac{\cos(\alpha_f + \gamma_f)}{\sin \gamma_f} r_x \sin(\gamma_f - \gamma_{fx})$$

令

$$K = \frac{\cos(\alpha_f + \gamma_f)}{\sin \gamma_f} \qquad (9-2)$$

则

$$P_x = K r_x \sin(\gamma_f - \gamma_{fx}) \qquad (9-3)$$

由式(9-2)知,α_f、γ_f 取定后,K 为定值。由式(9-1)可得

$$\sin \gamma_{fx} = \frac{h}{r_x}$$

因此,可以求得各组成点处的 γ_{fx},并代入式(9-3),即可计算出相应于 r_x 的各点处的 P_x 值。

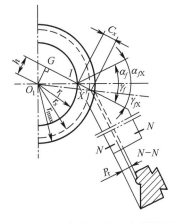

图 9-58 棱体成形车刀廓形设计图

3)用户界面的设计

用户界面的友好与否关系到整个软件的使用情况,本系统内嵌于 AutoCAD2000 中,界面采用菜单与对话框相结合的形式,主菜单"成形

车刀设计"下包含各功能模块子菜单,便于用户进行点选。对话框主要用来进行计算机和用户之间的交互,尤其在参数输入方面,可以起到明了、直观的作用。

4)图形绘制

图形绘制模块主要用来绘制三种类型的成形车刀,根据选型模块的类型进行选择,以及工件形状的描述,刀具结构参数的输入,系统会自动地进行一系列的数据计算,得到成形车刀的结构几何特征点,运用 VBA 中绘图命令,进行点、线绘制,尺寸标注、粗糙度标注和技术要求书写,即可得到标准的成形车刀工作图和样板工作图。

9.2.2.2　铣刀计算机辅助设计

数控立铣刀结构复杂、品种和规格较多,采用传统的设计方法来确定铣刀结构和参数,需要设计人员查阅大量的资料和标准,需做许多繁琐、重复性的工作,不仅使设计周期加长,同时也使设计质量下降。为此,采用图元拼合法理论,在对立铣刀的结构进行深入分析的基础上,建立了立铣刀的图元库和刀具参数库,运用高级语言对 AutoCAD 进行二次开发,从而构建功能完善的立铣刀 CAD 系统,实现刀具的参数化设计,提供设计效率,缩短开发周期。

1. 数控立铣刀 CAD 系统组成

数控立铣刀 CAD 系统由主程序、刀具参数库、铣刀图元库组成,利用开发工具对现有的通用 CAD 系统进行二次开发,创建满足生产部门实际应用的数控刀具设计 CAD 平台,实现数控刀具的高效、高质量设计,系统各功能模块如图 9-59 所示。

2. 图元拼合法的概念

所谓图元拼合法,即先对所开发的零件进行分析归纳,总结高度概括的图元,用这些图元基本上可组合出该类零件的所有结构,然后对各个图元编程,并赋予相应的约束参数。图元可以将其分为几何元素、标注、表格和辅助等几类。几何元素类包括点、直线、圆弧、椭圆等 8

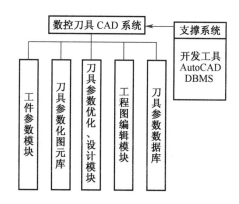

图 9-59　模块化刀具 CAD 系统

种基本图元,这些图元足够处理常规图形,但无法满足专业图形的处理要求,主要表现在图形操作灵活性差、速度慢和存储效率低等几个方面。所以开发数控立铣刀 CAD 系统的首要任务是分析立铣刀结构特征,将其分解为若干图形基本信息即图元,而后建立基于立铣刀结构特征的图元库。

3. 数控立铣刀结构分析

立铣刀从结构上看,主要有刃部、颈部、柄部三个部分。刃部是整个铣刀的主要部分,其形状决定了加工性能,所以将刃部要分得很细;而柄部的形状决定了刃部的公称直径大小;相对于这两部分来说,颈部虽然不是主要的部分,但它是刃部和柄部的连接区,其形式决定了刀具的整个方向——是整体刀具还是对焊刀具。图 9-60 为立铣刀结构分析,此分类方法综合考虑了图元概念要求、立铣刀结构特征和 AutoCAD 制图特点以及程序上实现的难易程度几个方面的因素。

4. 数控立铣刀图元库建立

将铣刀细分后的结构特征表述成一个个图元,按层次结构存储到应用系统中,即为数控立铣刀图元库。对于数控刀具几何图元采用了隐式表达方法,即对其进行抽象后以必要参数来描述其形状,在图形实现上采用参数化技术对其进行实例化。这样处理的优点是对于每一个实例只存储其设计参数而不必对图

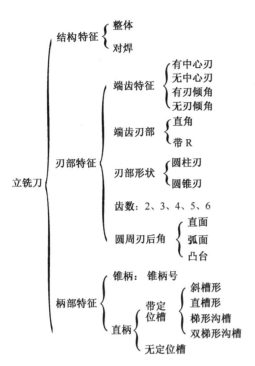

图 9-60 立铣刀结构分析

形进行存储,从而可以节省存储空间并加快检索速度。

5. 数控立铣刀参数库的建立

数据库模块的主要功能是对设计计算中产生的大量设计数据及需要调用的刀具设计手册数据进行高效、安全的管理和操作,从而提高系统的设计效率。系统采用的数据库管理系统为MSAccess,Access 数据库属于桌面数据库,用于小型单机的应用程序,它不需要网络和服务器,实现起来比较方便。

参数库所存数据为刀具设计手册中不同类型立铣刀相关数据,如刃部的公称直径、刃部长度、总长、刃带宽度、莫氏锥柄号、螺旋角等。

6. 立铣刀 CAD 系统实现

1)AutoCAD 的引用与连接

AutoCAD 的二次开发,是基于新的 ActiveX 自动化接口技术。ActiveX 技术使得可以通过编程,用其他应用程序从 AutoCAD 内部或外部来控制、操纵 AutoCAD。可以将 AutoCAD 当成开发工具中的一个图形窗口,对

其进行打开、编辑、打印、关闭等操作。

在编写 VB. NET 代码前,需要在 VB. NET 编程环境中引用 AutoCAD 对象库。具体操作步骤:在 VB. NET 编程环境中选择菜单/[项目]/[添加引用]/COM;再选择 AutoCAD2004TypeLiberary;然后单击[选择]和[确定]按钮。

创建 AutoCAD 对象变量 AcadApp、启动运行 AutoCAD 由"LinkAutoCAD"过程实现。

2)与立铣刀参数数据库的连接

同 AutoCAD 对象库的引用,选择菜单/[项目]/[添加引用]/COM,选择组件名称为 MicrosoftDAO3. 6ObjectLiberary 的 DAO 对象库;然后用下面语句创建数据库对象:

DimCuterdbAsDAO. Database
DimCuterDBEAsNewDAO. DBEngine()
Cuterdb=CuterDBE. Workspace(0)
(Application. StartupPath+""+"立铣刀参数库 . mdb",DAO. LanguageConstants. dbLang General)

3)与立铣刀图元库的链接

立铣刀图元库层次结构存储在外部存储器中,与它的链接参照与外部文件的链接即可。

4)立铣刀 CAD 人机接口设计

立铣刀 CAD 系统主要由"刀具类型选择"和"刀具参数设计"两部分组成。刀具类型选择界面如图 9-61 所示,此部分主要由刀具设计

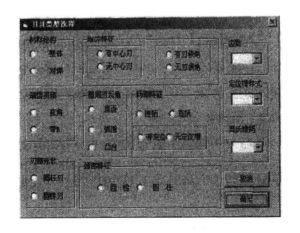

图 9-61 立铣刀类型选择界面

人员对立铣刀各部分结构进行设计,即根据需要对窗体各选项进行选择。参数设计界面如图9-62所示,设计人员根据上步对刀具结构的设计后,输入具体的设计参数,如公称直径、螺旋角等,即可完成立铣刀的设计。

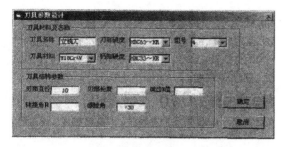

图 9-62　立铣刀参数设计界面

9.2.2.3　镗刀计算机辅助设计

1. 数控镗刀的产品模型

为了在计算机上实现数控镗刀的参数化设计,建立合适的产品模型十分关键。数控镗刀的产品模型中应包括刀片、刀杆、刀片夹紧装置等。对于较复杂的零件如刀杆,为便于模型的实现及管理,可将其进一步分解为头部、杆部两个几何体。在设计中,刀具零部件均以几何形状的形式来描述。数控镗刀产品模型框图如图9-63所示。

由图9-63可见,构成镗刀每一部分的几

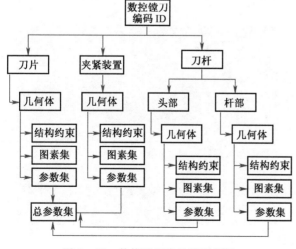

图 9-63　数控镗刀产品模型框图

何体都由结构约束、图素集和参数集组成。图素集为构成几何体的基本几何元素,如点、线段、圆弧、多边形等。为提高软件的运行效率,多采用封闭多边形来定义几何体,以减少图素的数量。结构约束用于限定几何体的结构,如长方形的相对边互相平行、相邻边互相垂直。参数集用于确定几何体的大小,如长方形的边长、圆(弧)的半径等。由于相邻图素或在空间具有共同位置约束或方向约束的图素之间应具有共用的参数集,为减少数据冗余和避免图素之间出现不合理的拼合现象,构造了总参数集,确定各几何体的参数集都是总参数集的子集,各子集之间若交集非空,则表示它们之间存在邻接关系或位置方向关系。

2. 几何体的参数化造型

由图9-63可见,实现几何体的参数化造型和确定参数集是设计的关键步骤。这两个步骤一旦完成,整个镗刀的设计就基本完成了。下面首先讨论几何体的参数化造型。为了说明整个造型过程,以图9-64所示几何图形为例进行讨论。

对于图9-64(b)所示的刀杆头部几何形状,其图素集包括刀片槽图素 II、螺钉孔图素、压板槽图素 I 和头部外轮廓图素。参数化设计过程就是在满足一定约束条件下确定特征点位置的过程。对于图9-64(b)中的头部外轮廓图素,设计中将结构约束 P_0 点、水平线 P_0P_3、$P_0P_1 \perp P_0P_3$ 固定,将 K_r、α、β 作为驱动其结构变化的参数,将 L、m、B 作为驱动其大小变化的参数(宽度 B 受刀杆宽度的限制,属于拼合约束)。当头部外轮廓图素确定后,根据刀片尺寸及其与头部的装配位置即可确定刀片槽图素 II,然后按照压板尺寸及其与刀片槽图素 II 的相对位置要求确定螺钉孔图素和压板槽图素 I。确定图9-64(b)中特征点的关键是确定 P_2 点,如果确定了 P_2 点相对于 P_0 点的坐标(即图中的 L、m 值),则一方面刀片槽图素 II、螺钉孔图素和压板槽图素 I 被确定,另一方面 P_3、P_4 以及 P_5、P_1 也随之被确定。P_6 点是考虑加

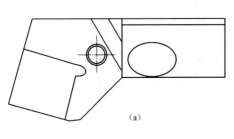 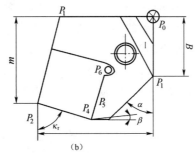 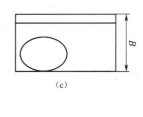

图 9-64　镗刀刀杆示意图

(a)采用压板夹紧方式安装正方形刀片的镗刀刀杆俯视图;(b)刀杆头部形状;(c)刀杆杆部形状。

工工艺性而设计的铣削让刀圆弧的圆心,其位置随着刀片槽图素Ⅱ的确定而确定。

图 9-65 是用于计算 P_2 点俯视图坐标的镗刀刀杆头部示意图,由图可见,P_2 点与刀尖点 P 有关。P 点的位置由切削要求决定,刀片厚度 h 为已知值。因此,当刀片的安装位置确定后,图中的 Δ 值便已确定。根据已知的 Δ 值、h 值和主偏角 κ_r 的大小,即可确定 P_2 点的空间坐标。

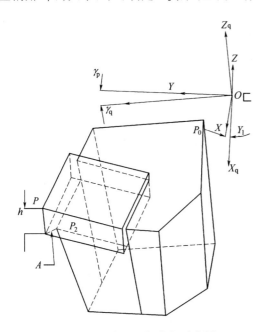

图 9-65　镗刀刀杆头部示意图

下面详细讨论确定 P_2 点坐标的算法。为了计算 P_2 点的坐标,建立两个坐标原点重合的局部坐标系(为计算方便,坐标轴方向的选取与刀具计算用坐标系的坐标轴方向不一致)$O-$

XYZ 和 $O-X_qY_qZ_q$,其中 $O-XYZ$ 为镗刀图形的投影坐标系,而 $O-X_qY_qZ_q$ 建立在前刀面上,其坐标轴与加工前刀面时使用的坐标系的坐标轴对应平行(图 9-65)。因此,两个坐标系之间具有如下关系:将 $O-XYZ$ 坐标系绕 X 轴旋转角度 γ_p(切深方向前角),使 Y 轴与 Y_q 轴重合,再绕 Y_q 轴旋转角度 φ,即得到坐标系 $O-X_qY_qZ_q$。φ 角与 γ_f(进给方向前角)和切深前角 γ_p 的关系为

$$\tan\varphi = \tan\gamma_f \cdot \cos\gamma_p$$

为简化计算过程,使 P_0 点的 X、Y 坐标为零,即位于 O 点正下方(为便于观察,图 9-65 中对坐标系的位置进行了平移),同时使 P 点的 Z 坐标为零。在坐标系 $O-X_qY_qZ_q$ 中,$P_2(X_{2q}, Y_{2q}, Z_{2q})$ 与 $P(X_q, Y_q, Z_q)$ 的关系为(设 P_2 点位于刀片对角线上,不然,Δ 与刀片底边之间的夹角可通过计算获得)

$$X_{2q} = X_q - \Delta\sin(\kappa_r - \pi/4)$$
$$Y_{2q} = Y_q - \Delta\cos(\kappa_r - \pi/4)$$
$$Z_{2q} = Z_q - h$$

得到 P_2 点在坐标系 $O-X_qY_qZ_q$ 中的坐标后,即可计算它在俯视图中投影的坐标 (X, Y, Z),其中的 X、Y 坐标值等于图 9-64(b)中的 m、L 值。

根据坐标系 $O-XYZ$ 和 $O-X_qY_qZ_q$ 之间的关系及坐标旋转公式,可得到 (X, Y, Z) 与 (X_{2q}, Y_{2q}, Z_{2q}) 之间的关系为

$$X = X_{2q}\cos\varphi + (Y_{2q}\sin\gamma_p + Z_{2q}\cos\gamma_p)\sin\varphi$$
$$Y = Y_{2q}\cos\gamma_p - Z_{2q}\sin\gamma_p$$

第9章

数控机床工装系统

$$Z = (Y_{2q}\sin\gamma_p + Z_{2q}\cos\gamma_p)\cos\varphi - X_{2q}\sin\varphi$$

由以上公式即可计算出 P_2 点的坐标 (X, Y, Z)。其中 X、Y 坐标用于确定俯视图，Z 坐标用于绘制主视图。P_2 点确定后，按前述方法确定其他特征点，即可完成图 9-64(b)所示镗刀刀杆头部的基本轮廓造型。

同样，整个镗刀刀杆的俯视图、主视图、侧视图及其他辅助视图均可按类似上述刀杆头部的设计过程进行设计。为减少实际设计中的计算量，编制了算法程序，用户只需输入相关参数，即可实现数控刀具的参数化设计。

3. 参数集的管理

在传统的数据库领域，数据库应用程序通常是指在特定的数据库管理系统支持下，用特定的内嵌式查询语言开发的程序。这种数据库程序往往需要一个庞大的数据库管理系统支持，对用户的软、硬件要求较高。ODBC 技术则提供了一种新的数据库应用程序实现途径，它建立了一组规范，提供了一组高层应用程序调用接口和一套基于动态链接库的运行支持。用这样一组接口开发的应用程序可利用标准函数和结构化查询语言对数据库进行操作，而不必关心数据源来自何种数据库管理系统，所有的数据库底层操作都由相应的 ODBC 驱动程序完成。

在 ODBC 技术中，ODBC 驱动程序管理器是 ODBC 应用程序和数据源之间的桥梁和纽带。ODBC 驱动程序管理器、ODBC 驱动程序、数据源和 ODBC 应用程序之间的关系如图 9-66所示。利用 ODBC 技术将不同种类的镗

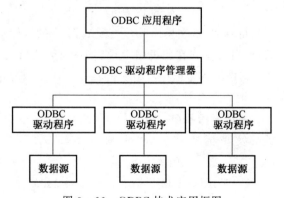

图 9-66 ODBC 技术应用框图

刀参数作为数据库中的记录存储起来，用户可根据所设计镗刀的种类检索数据库，获取相应的参数集或直接进行尺寸驱动绘图或进行局部修改后实现新产品的设计，由于无需逐个输入参数，使设计过程十分方便、快捷。

4. 镗刀的编码系统

为便于检索，数据记录采用了标准编码系统。编码第 1 位代表刀片夹紧方式，第 2 位代表刀片形状，第 3 位代表主偏角，第 4 位代表刀片后角，第 5 位代表切削方向，第 6、7 位代表刀尖高度，第 8 位代表镗刀代号，第 9 位代表镗刀安装方式，第 11、12 位代表刀片尺寸代码。例如，CSFNR25CA-12 代表压板夹紧、正方形刀片、主偏角 90°、刀片后角 0°、右切、刀尖高度 25mm、标准安装方式、刀片边长为 12.70mm 的镗刀。对于用户在原有设计基础上经修改后设计的新产品，编码时在遵循上述规定的基础上进行了相应调整。例如，用户在编码为 CSFNR25CA-12 的镗刀设计模板上将主偏角改为 93°、刀片边长改为 9.525mm，则新镗刀的编码为 CSUNR20CA-09。

5. 程序运行框架

新开发的数控刀具参数化设计平台允许用户进行标准设计和基于标准设计的派生式设计。为了便于数据管理，建立了两个数据库：标准数据库，用于存放已有的定型设计数据；非标准数据库，用于存放用户新的设计数据。相应地提供了两层设计界面，即标准设计界面和非标准设计界面。

具体设计步骤如下：

(1)确定设计编码。设计编码的确定可采用三种方法：

①直接输入法：用户在设计界面上直接输入所设计刀具的编码；

②逐项确定法：用户选取刀片夹紧方式、刀片形状、切削方向、刀片后角等项目后，系统自动确定镗刀编码；

③列表浏览法：用户通过界面上所提供的编码表，以浏览的方式查找所需编码。

为了使用户清楚地知道每种编码所代表的镗刀基本形式,在界面上以预览图的形式提供每种编码所对应的镗刀基本形状。

(2)提取设计所需数据。利用列表浏览法确定编码时,首先在标准设计界面的编码列表中浏览:若所需编码不存在,则进入非标准设计界面的编码列表中浏览;若所需编码存在,则用鼠标双击该编码,提取数据后进行步骤(4);若所需编码不存在,则进行步骤(3)。利用其他两种方法确定编码时,可通过编码查询查找数据库中是否存在该编码。首先查询标准数据库,若该编码不存在,再查询非标准数据库,若该编码存在,系统即自动为用户提取数据后进行步骤(4),若该编码不存在,则进行步骤(3)。

(3)修改参数。对于两个数据库中都不存在的编码,用户可通过交互界面上提供的编码列表选取与所设计产品相似的原有产品设计并提取参数,进行局部参数调整和修改后形成新设计。如果得到满意的结果,则进行编码后存入非标准数据库。

(4)绘图。获得所需要的输入参数后,点取绘制图形命令,系统自动进行设计计算,计算出图形的驱动尺寸后即可绘出镗刀的装配图和零件图,并标注尺寸、填写标题栏和技术要求,同时给出标准的图纸规格,最后形成完整的工程图纸。

9.2.2.4 铲磨刀具计算机辅助设计

1. 铲磨砂轮廓形计算流程

程序开始后,由菜单选择面铣刀及滚刀的种类,输入原始刀具面廓形坐标、刀具结构参数和砂轮安装参数。显示或打印输入的数据,经校对改错后继续运行,数秒后即可完成砂轮廓形的计算。

如果设计的刀具为滚刀,则输入任意截面(轴向、端面、法向等)数据均可进行铲磨砂轮廓形计算;如果设计的刀具为三螺杆泵面铣刀(齿顶角为 0.18π、0.16π 的普通型和 0.18π、0.16π 的改进圆弧型)、阿基米德、渐开线、双圆弧泵齿

轮滚刀,同步带轮滚刀等,则无需输入刀具廓形坐标值,仅需键入主要参数即可由相应软件包进行原始刀具面的计算。

各类原始数据也可用数据文件形式通过 RS-232C 串行通信接口传输。

2. 绘制放大图

放大图用于检验砂轮廓形或磨制压辊等工作。程序中设置了自动绘图程序,当计算完成后,如需绘图,可自动生成 SCR 文件。用 SCRIPT 命令在 AutoCAD 形成图形文件后,即可用各种绘图仪绘出放大图;也可生成 DXF 通用文件,利用其他软件绘图。计算机绘图的优点是速度快、接点圆滑、移位图形重合度好、精度高,手工绘图难以达到如此高的水平。

3. 辊压砂轮

图 9-67 为砂轮压辊的结构,图中不等分的双向斜槽角度是经过多年实践筛选的最佳值,可防止因周期振动和轴向受力不均而影响辊压质量。

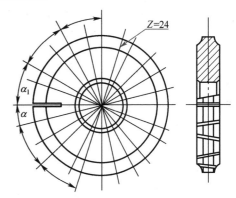

图 9-67 砂轮压辊结构图

用于高精度刀具的压辊应淬硬后再磨制型面。辊压时只要能保证压辊精度和仔细操作,即可得到与压辊廓形一致的铲磨砂轮。为保证辊压质量,应尽可能避免使用多片拼装的砂轮。

砂轮的有效直径可根据所需精度用本程序计算确定。在一般情况下,用于螺杆铣刀、普通齿轮滚刀、双圆弧泵齿轮滚刀的砂轮直径相差约 $\pm 20\mathrm{mm}$,砂轮廓形坐标变动值应小于

±0.003mm。

阿基米德、渐开线等齿轮滚刀的铲磨砂轮廓形为近似弧面,其廓形可用简单工具修整砂轮获得。但为了进一步提高此类刀具的精度和质量,精确计算出所用铲磨砂轮的廓形仍具有重要的应用价值;尤其对于复杂型面滚刀的加工,更宜采用上述方法。

4. 铲磨铣刀

严格按照设定的安装参数调整砂轮位置,进行常规铲磨操作,即可不再经任何修整而加工出符合要求的刀具廓形。

9.2.2.5 蜗轮滚刀的计算机辅助设计

1. 蜗轮滚刀 CAD 软件总体结构

蜗轮滚刀 CAD 软件系统结构如图 9-68 所示。

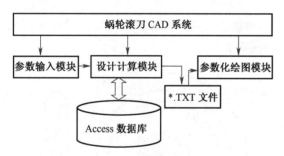

图 9-68 蜗轮滚刀 CAD 软件系统结构图

2. 参数输入模块

参数输入模块主要完成原始参数的输入,包括蜗杆蜗轮原始参数以及机床的选用,参数输入模块界面如图 9-69 所示。采用对话框的

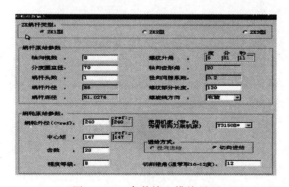

图 9-69 参数输入模块界面

方式进行人机界面的交互,具有准确、高效、简化用户操作等特点。

3. 设计计算模块

系统在获得所需的设计条件后,由设计计算模块完成蜗轮滚刀的设计计算,确定蜗轮滚刀基本参数:容屑槽数 z_k、理论铲削量 K 与修正后铲削量 k_1、容屑槽其他参数;校验刀齿强度和铲磨干涉,确定滚刀结构型式及齿形尺寸,滚刀其他结构尺寸通过建立表处理函数对相关表进行操作搜索所需数据,并从自定义函数库中调用有关函数进行设计计算;刀齿强度和铲磨干涉校验则调用专门的模块,采用计算的方法做出判断,并显示结果,如果刀齿强度不够或铲磨干涉,则会修正有关参数重新设计,直到通过校验为止。

在该模块还要完成蜗轮法向齿形及轴向齿形点的求解,完成滚刀所有参数及法向齿形和轴向齿形点文件的保存。计算模块流程如图 9-70 所示。

4. 参数化绘图模块

参数化绘图根据设计计算确定的结构型式调用相应的画图程序,画图程序需结合具体的滚刀结构型式,考虑图形中各几何要素的图法,并确定需要标注的尺寸、公差、形位公差的位置,以便一起画出。该模块主要由主视图子模块、齿形图子模块、端面齿形图子模块、轴向法向齿形图子模块、尺寸标注子模块组成。

1) 主视图子模块

对于不同的滚刀,可能切削部分长度相等,但一般齿数不相等,所以此模块除了能正确绘制整体联轴式滚刀的柄部和带孔式滚刀的轴孔及轴台外,还应能按齿数正确绘制出完整齿和不完整齿。同时,主视图中应在未剖部分填充表示螺旋方向的双点画线,其方向反映滚刀旋向,角度等于螺旋升角。该模块依次判断滚刀进给方向、旋向、结构型式等,并进入不同的子模块绘制相应的主视结构图形,整体式滚刀主视图由锥柄、齿形段、轴段各子程序组成。

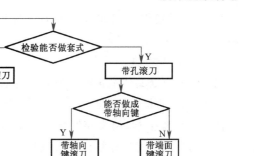
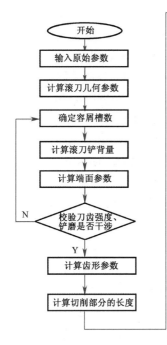
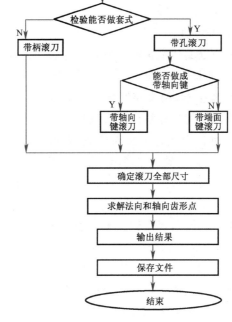

图 9 - 70　计算模块流程图

2）端面齿形图子模块

不同的结构型式具有不同的左视图，带孔式结构在该模块绘制左视图，而整体联轴式结构则是绘制剖视图。从提高刀杆刚度的角度出发，一般滚刀轴直径 d_{w2} 取等于或略小于（$d_{a0}-2H$），但不小于滚齿机支承套直径 d_{w1}，必要时也可取大于（$d_{a0}-2H$）。因此，左视图模块除可正确绘制带孔式轴向键和带

孔式端面键结构型式的左视图之外，还可正确绘制出 d_{w2} 小于或等于或大于（$d_{a0}-2H$）三种情况下的剖视图。其中，d_{w2} 小于或等于（$d_{a0}-2H$）时均从 d_{w2} 段任意位置取剖面图，而大于（$d_{a0}-2H$）时因要标注容屑槽深度 H，故从 d_{w2} 段铣出的容屑槽处取得剖视图。整体连轴式滚刀三种不同的左视图如图 9 - 71 所示。

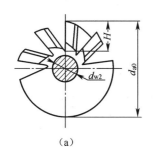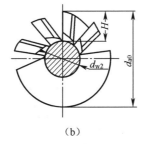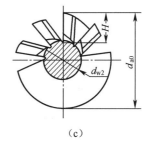

（a）　　　　　　　（b）　　　　　　　（c）

图 9 - 71　整体联轴式滚刀三种不同的左视图
(a) $d_{w2} < d_{a0}-2H$；(b) $d_{w2} = d_{a0}-2H$；(c) $d_{w2} > d_{a0}-2H$。

3）齿形图子模块

蜗轮滚刀工作图中容屑槽形式不同，齿形图也不同。对直容屑槽滚刀，要绘制轴向齿形并标注轴向截面齿形尺寸；对螺旋容屑槽滚刀，要绘制轴向齿形、法向齿形，并标注法向齿形尺

寸和轴向铲背面的角度。两种情况下轴向齿形图形式也不相同，齿形图绘制时要根据容屑槽形式和蜗轮模数不同进入不同的齿形绘制子模块，齿形绘制在轴向和法向子程序中完成，通过调用齿形点文件将各点用直线拟合成曲线，计

算出齿厚,再通过镜像等完成整个齿形绘制和尺寸标注。

4)尺寸标注子模块

系统先要从数据文件中正确读取各尺寸公差、制造公差和表面粗糙度,进行正确标注后自动计算合适的位置坐标,用文字写出技术条件和要求。技术条件中的指标数值可根据设计所得的滚刀参数通过读取数据文件而得到,若有个别尺寸位置不合适,只要在 CAD 环境下使用其编辑功能稍加修改即可。

5. 数据库

在滚刀 CAD 设计中,要用到大量的表格与线图,如滚刀外径偏差、常用滚齿机刀架参数、莫氏锥柄和螺孔尺寸、蜗轮滚刀各表面粗糙度以及蜗轮滚刀制造公差等。将这些数据内容以表的形式存入 Access 数据库,通过 VC++610MFC 的 ODBC 类进行数据库连接。通过 ODBC 类中的 CRecordset 类选择数据源中的表作为记录集,实现对表中的记录进行滚动、读取等。对于不同的数据表建立从 CRecordset 类派生的记录集,通过调用该类的记录定位函数,完成对滚刀制造公差等的检索。

6. VC++和 AutoCAD 数据的传输

Autolisp 语言是一种嵌入 AutoCAD 内容的智能设计语言,是对 AutoCAD 进行二次开发的有力工具,该语言在 AutoCAD 环境下运行,可直接调用 AutoCAD 绘图命令。在本软件设计中,采用 Autolisp 的输入/输出(I/O)功能来实现两种软件数据间的通信。在 Autolisp 的 I/O 函数中,Read-line 能够从 ASCII 码文本文件中读取数据,每次读取一行,每一行作为一个处理单元,然后再由 Autolisp 接口程序调用,读取文本文件(*.TXT)中的数据,进行参数绘图。将处理过的全部滚刀数据写入 zk.txt 文件,其程序如下:

```
ofstreamoutfile（"zk.txt：",ios_base：:
out);//ios_base::app
    outfile<<da0<<endl;
    outfile<<df0<<endl;
```

```
    outfile<<d0<<endl;
    ...
```

通过下面进程调用程序可从 VC++界面进入到 AutoCAD 的绘图屏幕:

```
STARTUPNFOacad；
_PROCESS_NFORMATIONprocinfo；
GetStartUpInfo（&acad）；
CreateProcess（Null,"C：\\ProgramFiles\\
AutoCAD2004 \\ acadexe "，NULL，NULL，
FALSE，NORMAL_PRIORITY_CLASS|
CREATE _ NEW _ CONSOLE，NULL，
NULL,&a
```

进入到 AutoCAD2004 界面后,通过 Lisp 语言编写如下读文件程序:

```
（setqf1（open"D：\\MyDocuments\\cad
18\\zk.txt""r"））//加载的滚刀数据文件
    （setqda0（atof（read_linef1）））；//滚刀外径
    （setqdf0（atof（read_linef1）））；//滚刀底径
    （setqd0（atof（read_linef1）））；//滚刀分度
圆直径
    ...
```

这样将设计计算模块得到的滚刀所需的全部数据通过文件传输到 Lisp 语言编写的绘图程序中,实现了参数化绘图。

9.2.2.6 拉刀全参数化计算机辅助设计

1. 圆孔拉刀计算机辅助设计总体程序设计

拉刀零件图的轴向视图(主视图)由柄部、过渡锥、前导部、切削部(粗切、精切)、校准及后导部组成。另外,图视内容还应辅以粗切齿容屑槽局部视图、精切齿和容屑槽局部视图、粗切和精切齿截面图等。可先将这些图形及尺寸标注做成块以备调用,总体程序设计方法及过程如下:

(1)初始化环境,并产生将要调用的图块。

(2)用 In-put 对话框输入有关粗加工工件的数据及相关技术要求。

(3)查表选用齿升量 S_z。

(4)选用刀具前、后角,根据经验公式确定齿距 t。

（5）计算最大的拉削力 P。

（6）计算拉应力 σ。

（7）将前角 λ、拉应力 σ，齿升量 S_z 等有关计算结果用 Out – put 对话框反馈给用户，用户可随时修改部分参数。

（8）用户是否修改过数据，如果是，则返回（5）；否则，下一步。

（9）调用 ZNP 对话框，允许用户决定设计方法（设有默认值）。

（10）调用拉刀柄部设计函数 BB，设计并画出柄部图形。

（11）循环调用容屑槽设计函数 CC 和刀齿轴剖面投影函数 CZN 绘制粗切齿的正面投影。

（12）调用函数 CC 和 CZN，根据精切齿的有关数据绘制精切齿部分。

（13）根据拉孔的表面粗糙度和精度绘制出相应所需校准齿。

（14）调用拉刀后导部分的设计函数绘出拉刀的后导部分。

（15）绘制粗切齿容屑槽。

（16）绘制精切齿和校准齿容屑槽。

（17）绘制粗切齿截面图和月牙槽图形。

（18）绘制粗切齿截面图和分屑槽。

（19）输出零件图。

以上是拉刀计算机辅助设计程序 main 函数的流程，其中图形函数均包括尺寸标注。用户可以调用 ViW1 函数了解拉刀各部分的详细情况，如柄部、粗切齿、精切齿、压光齿、校准齿、容屑槽、精切的分屑槽等，图样的放大倍数可由用户决定。

图 9 – 72 为一拉刀零件图。

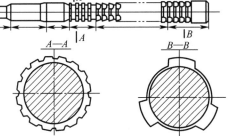

图 9 – 72　拉刀零件图

2. 驱动程序算法及模板的程序设计

1）驱动程序算法

驱动程序应具备两个方面的功能：一是，用以控制装入，显示激活对话框和卸载对话框；二是，用以捕捉用户的选择，并根据选择完成相应的操作功能。为确保对话框正确显示，在程序中还应加入查错信息显示。程序驱动基本算法如图 9 – 73 所示。

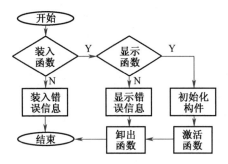

图 9 – 73　程序驱动基本算法

2）驱动程序的模板程序设计

```
(definesamplel()
(if(＞(setqindex(load – dialog"ample"))0)
(progn(if(new – dialog"sample"index
(progn
(mode – tile"first"z)
(action – tile"first""(press – me)")
(action – tile"accept""(down – dialog)")
(start – dialog)
);endprogn
(prompt"\nunabletodisplay")
);endif
(unload – dialogindex)
);endprogn
(prompt"\nunabletoopen")
);endif
);enddefun
```

9.2.2.7　插齿刀的计算机辅助设计

1. 专用插齿刀的设计计算（以直齿外插齿刀为例）

（1）检查需加工的齿轮副的原始参数是否齐全，需已知齿轮参数：模数 m，齿形角 α，齿数

第9章 数控机床工装系统

z_1、z_2，变位系数 x_1、x_2，齿顶高系数 h^*，齿根圆半径有无特殊要求等。

（2）选择插齿刀的切削角度。

（3）计算插齿刀修正后的齿形角 α_0（图9-74），即

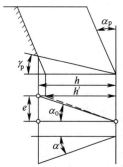

图9-74 插齿刀齿形角的修正

$$\tan\alpha_0 = \frac{\tan\alpha}{1 \pm \tan\alpha_p \tan\gamma_p}$$

式中："+"号表示前角为负值。

（4）确定插齿刀的分度圆直径 d_0 和齿数 z_0。根据所使用的插齿机，选定插齿刀的公称分度圆直径 d_0'，齿数 z_0 应为

$$z_0 = \frac{d_0'}{m}（根据计算结果取整数）$$

在确定齿数后，重算分度圆直径 d_0 表示为

$$d_0 = mz_0$$

（5）校验磨齿形。磨齿时机床鞍坐倾角 α_A 用下式计算，即

$$\cos\alpha_A = \frac{mz_0\cos\alpha_0}{d_{0k}}$$

式中 d_{0k}——渐开线凸轮板的基圆直径。

插齿刀齿形表面的基圆螺旋角 (β_{b0}) 由下式计算：

$$\tan(\beta_{b0})_e = \sin\alpha_0 \tan\alpha_p$$

（6）确定插齿刀的齿顶高系数 h_{a0}^*。

（7）根据齿顶变尖限制，确定插齿刀的最大变位系数 $(x_0)'_{max}$。其中，不同模数时插齿刀允许的最小齿顶宽度 $(s_{a0})_{max}$ 数值由经验公式得

$$(s_{a0})_{min} = -0.0107m^2 + 0.2643m + 0.3381$$

所绘制的关系通过图9-75选取。先从图9-75中查出允许的最小齿顶宽度，再用下列公式求出允许的 $(x_0)_{max}$：

$$s_{a0} = \gamma_{s0}\left[\frac{\pi + 4x_0\tan\alpha}{z_0} + 2(\text{in}v\alpha - \text{in}v\alpha_{a0})\right]$$

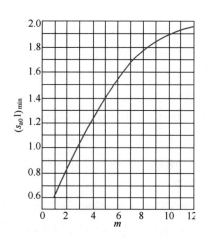

图9-75 最小齿顶宽度 $(s_{a0})_{min}$ 和模数 m 的关系

（8）根据求得的 $(x_0)'_{max}$ 校验所插齿轮是否产生过渡曲线干涉。

（9）确定插齿刀的厚度 B；

（10）根据刀齿强度限制，确定插齿刀重磨到最后时的最小变位系数 $(x_0)'_{max}$。

（11）根据求得的 $(x_0)'_{max}$ 校验插齿时齿轮是否根切。如不发生根切，继续进行下面的校验；如发生根切，则需另求不发生根切的插齿刀最小变位系数 $(x_0)''_{max}$。

（12）从上面求得的 $(x_0)''_{max}$ 校验齿轮是否发生第一类顶切。如不发生顶切，继续进行下面的校验；如发生顶切，则另求齿轮不发生顶切的插齿刀最小变位系数 $(x_0)'''_{max}$。

（13）校验插齿时齿轮是否发生第二类顶切。根据以上校验，最后确定插齿刀重磨后允许的最小变位系数 $(x_0)_{max}$。

（14）校验插出的齿轮根圆直径是否在允许范围内（如齿轮无此项要求，可不校验）。

（15）计算新插齿刀前刀面离原始剖面的距离 b_0，即

$$b_0 = \frac{m(x_0)_{max}}{\tan\alpha_p}$$

（16）计算新插齿刀前刀面在端面的投影尺寸。顶圆直径为

$$d_{a0} = m[z_0 + 2h_{a0}^* + 2(x_0)_{max}]$$

根圆直径为

$$d_{f0} = m[z_0 + 2h_{f0}^* + 2(x_0)_{max}]$$

齿顶高为

$$h_{a0} = m[h_{a0}^* + (x_0)_{max}]$$

分圆弧齿厚为

$$s_0' = s_0 + 2m(x_0)_{max}\tan\alpha$$

(17) 计算插齿刀检查剖面的尺寸。检查齿形时,所用插齿刀基圆直径为

$$(d_{a0})_e = mz_0\cos\alpha_0$$

检查剖面中插齿刀的变位系数为

$$x_0' = \frac{b_0 - 2.5}{m}\tan\varepsilon_p$$

有效渐开线起点处的渐开线曲率半径(与齿轮 z_2 啮合,如图 9-76 所示)为

$$\rho_1 = \frac{m\cos\alpha}{2}[(z_2 + z_0)\tan\alpha_{a_z} - z_2\tan\alpha_{a_z}]$$

有效渐开线终点处(顶圆)的渐开线曲率半径为

$$\rho = \sqrt{(r_{a0} - 2.5\tan\alpha_p)^2 - r_{b0}^2}$$

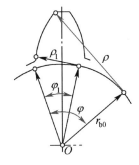

图 9-76 检查插齿刀渐开线齿形的起点和终点

(18) 插齿刀的其他结构参数选取。

2. 插齿刀的计算机辅助设计

1) 原始信息输入

(1) 齿轮副原始参数: m, a, z_1, z_2, x_1, x_2, h^*。

(2) 工艺信息:工件表面粗糙度、工件材料、热处理状态。

(3) 齿轮类型:内齿或外齿,双联或三联等,其他特殊要求。

(4) 机床型号:输入型号(或相应代码),与设计、校验有关参数后即自动进入后续关联程序。

2) 插齿刀类型修定

系统数据库中存有插齿刀的各种类型,如标准直齿刀、斜齿刀、内插刀、增大前角的粗插刀、加工修缘齿轮的修缘插刀、剃前插刀等具体型式,在输入原始信息后,系统会首先自动选定相应的设计图纸,有关参数及修改程序即可调出。设计人员也可重新选择类型。

3) 各类参数计算、校验与确定

所有计算在输入原始信息后由系统自动全部完成。首先根据加工齿轮的材料确定前角正负及其大小,具体数值随材料硬度等由相应函数逼近式计算出。同时,计算校验确定各类参数,以满足插齿刀齿顶变尖、加工齿轮曲线干涉、刀齿强度、加工齿轮根切、第一类根切等限制,并进行齿形误差和齿形角的第一、第二次修正计算,设计者可对任意数据修改,相应的所有计算重新自动完成。

4) 插齿刀结构图的生成

插齿刀基本结构要素的描述采用将其分解为简单的几何元素段或标准形式的几何元素段,由这些元素段创成复杂形状的零件轮廓的方法,包括直线段、圆弧段、列表曲线段、函数曲线段。主视图则会自动简化为直线模型,各线段交点即是图纸形状的输入点。倒角、台阶、刀槽等依据相应比例关系确定,内孔由机床装夹尺寸确定。计算机完成各类计算后,结合原始信息,自动以各数值输入图形创成程序,生成插齿刀的三视图,设计者可对包括辅助结构要素在内的任意部分修改。

5) 人机交互对话程序

设计人员进入系统后,系统将逐一打开各人机交互对话框。该对话框也可对要选用的标准或已有插齿刀加工一对特定参数齿轮的情况进行校验,输入原始信息后可在预览框内找到所有相关数据及校验的情况。直齿插齿刀设计的人机交互对话程序框图如图9-77所示。

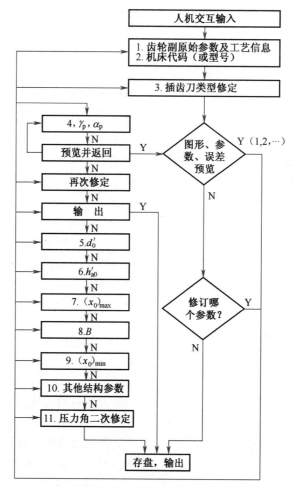

图 9-77　直尺插齿刀设计人机交互对话程序框图

9.2.3　数控机床中的刀库及换刀装置

9.2.3.1　刀具自动交换

为进一步提高数控机床的加工效率,数控机床正向着工件在一台机床一次装夹即可完成多道工序或全部工序加工的方向发展,因此出现了各种类型的加工中心,如车削加工中心、镗铣加工中心、钻削加工中心等。这类多工序加工的数控机床在加工过程中要使用多种刀具,因此必须有自动换刀装置,以便选用不同刀具,完成不同工序的加工工艺。自动换刀装置应具备换刀时间短、刀具重复定位精度高、足够的刀具储备量、占地面积小、安全可靠等特性。

数控机床的自动换刀装置结构取决于机床的类型、工艺范围、使用刀具的种类和数量。数控机床常用的自动换刀装置的类型、特点和适用范围见表9-27。

9.2.3.2　自动选刀

按数控装置的刀具选择指令,从刀库中将所需要的刀具转换到取刀位置,称为自动选刀。在刀库中,选择刀具通常采用顺序选择刀具和任意选择刀具两种方法。

1. 顺序选择刀具

刀具按预定工序的先后顺序插入刀库的刀座中,使用时按顺序转到取刀位置。用过的刀具放回原来的刀座内,也可以按加工顺序放入下一个刀座内。该方法不需要刀具识别装置,驱动控制也较简单,工作可靠。刀库中每一把

表 9 - 27　自动换刀装置类型、特点和适用范围

类 型		特 点	适用范围
转塔式	回转刀架	多为顺序换刀,换刀时间短、结构简单紧凑、容纳刀具较少	各种数控车床,数控车削加工中心
	转塔头	顺序换刀,换刀时间短,刀具主轴都集中在转塔头上,结构紧凑;但刚性较差,刀具主轴数受限制	数控钻、镗、铣床
刀库式	刀具与主轴之间直接换刀	换刀运动集中,运动部件少;但刀库容量受限	各种类型的自动换刀数控机床,尤其是对使用回转类刀具的数控镗、铣床类立式、卧式加工中心
	用机械手配合刀库进行换刀	刀库只有选刀运动,机械手进行换刀运动,刀库容量大	根据工艺范围和机床特点,确定刀库容量和自动换刀装置类型

刀具在不同的工序中不能重复使用,为了满足加工需要,只有增加刀具的数量和刀库的容量,这就降低了刀具和刀库的利用率。此外,装刀时必须十分谨慎,如果刀具不按顺序装在刀库中,将会产生严重的后果。

2. 任意选择刀具

这种方法根据程序指令的要求任意选择所需要的刀具,刀具在刀库中不必按照工件的加工顺序排列,可以任意存放。每把刀具(或刀座)都编上代码,自动换刀时,刀库旋转,每把刀具(或刀座)都经过"刀具识别装置"接受识别。当某把刀具的代码与数控指令的代码相符合时,该把刀具被选中,刀库将刀具送到换刀位置,等待机械手来抓取。任意选择刀具法的优点是:刀库中刀具的排列顺序与工件加工顺序无关,相同的刀具可重复使用。因此,刀具数量比顺序选择法的刀具少一些,刀库也相应小一些。

任意选择法主要有如下两种编码方式:

(1) 刀具编码方式:这种方式是对每把刀具进行编码,由于每把刀具都有自己的代码,因此,可以存放于刀库的任一刀座中。这样,刀库中的刀具在不同的工序中也就可重复使用,用过的刀具也不一定放回原刀座中,避免了因刀具存放在刀库中的顺序差错而造成的事故;同时,也缩短了刀库的运转时间,简化了自动换刀控制线路。刀具编码装置如图 9 - 78 所示。

在刀柄 1 后端的拉杆 4 上套装着等间隔的编码环 2,由锁紧螺母 3 固定。编码环既可以是

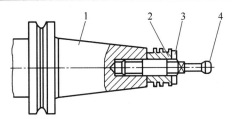

图 9 - 78　刀具编码装置示意图
1—刀柄;2—编码环;3—螺母;4—拉杆。

整体的,也可由圆环组装而成。编码环直径有大直径和小直径两种,大直径的为二进制"1",小直径的为"0"。通过这两种圆环的不同排列,可以得到一系列代码。例如,由 6 个大直径和小直径的圆环便可组成能区别 63 种刀具。通常全部为 0 的代码不许使用,以免与刀座中没有刀具的状况相混淆。为了便于操作者的记忆和识别,也可采用二-八进制编码来表示。

(2) 刀座编码方式:这种编码方式对每个刀座都进行编码,刀具也编号,并将刀具放到与其号码相符的刀座中,换刀时刀库旋转,使各个刀座依次经过识刀器,直至找到规定的刀座,刀库便停止旋转。由于这种编码方式取消了刀柄中的编码环,使刀柄结构大为简化。因此,识刀器的结构不受刀柄尺寸的限制,而且可以放在较适当的位置。另外,在自动换刀过程中必须将用过的刀具放回原来的刀座中,增加了换刀动作。与刀具编码方式相比,刀座编码方式突出优点是刀具在加工过程中可重复使用。

图 9 - 79 为圆盘形刀库的刀座编码装置。在圆盘的圆周上均布若干个刀座,其外侧边缘

上装有相应的刀座识别装置。刀座编码的识别原理与上述刀具编码的识别原理完全相同。

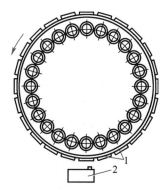

图9-79 圆盘形刀库的刀座编码装置

1—刀座；2—刀座识别装置。

9.2.3.3 识别装置

刀具（刀座）识别装置是自动换刀系统中重要组成部分，常用的有下列几种。

1. 接触式刀具识别装置

接触式刀具识别装置应用较广，特别适应于空间位置较小的刀具编码，其识别装置如图9-80所示。在刀柄1上装有两种不同直径的编码环，规定大直径的环表示二进制"1"，小直径的环为"0"，图中有5个编码环4，在刀库附近固定一刀具识别装置2，从中伸出几个触针3，触针数量与刀柄上编码环的个数相等。每个触针与一个继电器相连，当编码环是大直径时，与触针接通，继电器通电，其数码为"1"。当编码环是小直径时，与触针接通，继电器不通电，其数码为"0"。各继电器读出的数码与所需刀具的编码一致时，由控制装置发出信号，使刀库停转，等待换刀。

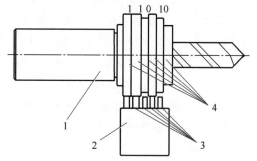

图9-80 接触式刀具识别装置

1—刀柄；2—识别装置；3—触针；4—编码环。

接触式刀具识别装置结构简单，但由于触针有磨损，故寿命较短，可靠性较差，且难于快速退刀。

2. 非接触式刀具识别装置

非接触式刀具识别装置没有机械直接接触，因而无磨损、无噪声、寿命长、反应速度快，适应于高速、换刀频繁的工作场合。常用的有磁性识别和光电识别。

1）非接触式磁性识别法

磁性识别法是利用磁性材料和非磁性材料磁感应强弱不同，通过感应线圈读取代码。编码环的直径相等，分别由导磁材料（如软钢）和非导磁材料（如黄铜、塑料等）制成，规定前者编码为"1"，后者编码为"0"。图9-81为一种用于刀具编码的非接触式磁性识别装置。

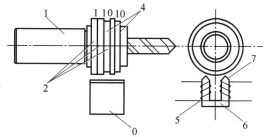

图9-81 非接触式磁性识别装置

1—刀柄套；2—导磁材料编码环；3—识别装置；
4—非导磁材料编码环；5——次线圈；
6—检测线圈；7—二次线圈。

图9-81中刀柄1上装有非导磁材料编码环4和导磁材料编码环2，与编码环相对应的有一组检测线圈6组成非接触式识别装置3。在检测线圈6的一次线圈5中输入交流电压时，如编码环为导磁材料，则磁感应较强，在二次线圈7中产生较大的感应电压；如编码环为非导磁材料，则磁感应较弱，在二次线圈中产生的感应电压较弱。利用感应电压的强弱，就能识别刀具的号码。当编码环的号码与指令刀具号码相符合时，控制电路便发出信号，使刀库停止运转，等待换刀。

2）光导纤维刀具识别装置

这种装置利用光导纤维良好的光传导特性，采用多束光导纤维构成阅读头。用靠近的二束光导纤维来阅读二进制码的一位时，其中一束将光源投射到能反光或不能反光（被涂黑）的金属表面,另一束光导纤维将反射光送至光电转换元件转换成电信号,以判断正对这二束光导纤维的金属表面有无反射光,有反射时(表面光亮)为"1",无反射时(表面涂黑)为"0",如图9-82(b)所示。在刀具的某个磨光部位按二进制规律涂黑或不涂黑,就可给刀具编上号码。中间的一小块反光部分用来发出同步信号。阅读头端面如图9-82(a)所示,共用的投光射出面为一矩形框,中间嵌进1排共9个圆形受光入射面。当阅读头端面正对刀具编码部位,沿箭头方向相对运动时,在同步信号的作用下,可将刀具编码读入,并与给定的刀具编号进行比较而选刀。

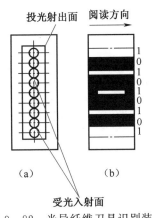

图9-82 光导纤维刀具识别装置

9.2.3.4 刀架换刀

1. 排刀式刀架

排刀式刀架一般用于小规格数控车床,以加工棒料为主的机床较为常见。其结构形式为夹持着各种不同用途刀具的刀夹沿着机床的 X 轴方向排列在横向滑板或快换台板(图9-83)上。刀具典型布置方式如图9-84所示。这种

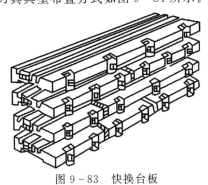

图9-83 快换台板

刀架的特点:①在使用上刀具布置和机床调整都较方便,可以根据具体工件的车削工艺要求,任意组合各种不同用途的刀具,一把刀完成车削任务后,横向滑板只要按程序沿 X 轴向移动预先设定的距离后,第二把刀就到达加工位置,这样就完成了机床的换刀动作。这种换刀方式迅速省时,有利于提高机床的生产效率。②使用快换台板,可以实现成组刀具的机外预调,即当机床在加工某一工件的同时,可以利用快换台板在机外组成加工同一种零件或不同零件的排刀组,利用对刀装置进行预调。当刀具磨损或需要更换加工零件品种时,可以通过更换台板来成组地更换刀具,从而使换刀的辅助时间大为缩短。③可以安装各种不同用途的动力刀具(如图9-84所示中刀架两端的动力刀具)来完成一些简单的钻、铣、攻螺纹等二次加工工序,以使机床可在一次装夹中完成工件的全部或大部分加工工序。④排刀式刀架结构简单,可在一定程度上降低机床的制造成本。然而,采用排刀式刀架只适合加工旋转直径比较小的工件,只适合较小规格的机床配置,不适用于加工较大规格的工件或细长的轴类零件。一般说来,旋转直径超过100mm的机床大都不用排刀式刀架,而采用转塔式刀架。

2. 经济型数控车床刀架

经济型数控车床刀架是在普通车床四方刀架的基础上发展的一种自动换刀装置,功能和普通四方刀架一样,有4个刀位,能装夹4把不同功能的刀具。方刀架回转90°时,刀具交换一个刀位,但方刀架回转和刀位号选择由加工程序指令控制。换刀时,方刀架的动作顺序是刀架抬起、刀架转位、刀架定位和夹紧刀架。为完成上述动作要求,要有相应的机构来实现,下面就以WZD4型刀架为例说明其具体结构,如图9-85所示。

该刀架可以安装4把不同的刀具,转位信号由加工程序指定。当换刀指令发出后,小型电动机1启动正转,通过平键套筒联轴器2使蜗杆轴3转动,从而带动蜗轮丝杠4转动。蜗轮的上部外圆柱加工有外螺纹,所以该零件称蜗

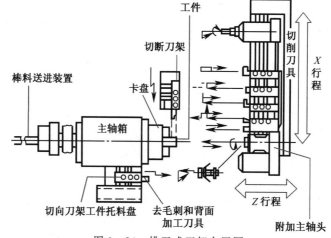

图 9-84 排刀式刀架布置图

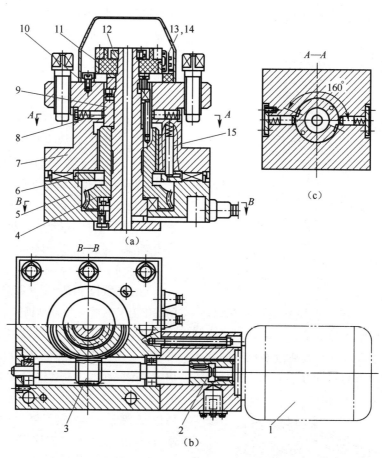

图 9-85 数控车床方刀架结构

1—电动机；2—联轴器；3—蜗杆轴；4—蜗轮丝杠；5—刀架底座；6—粗定位盘；7—刀架体；
8—球头销；9—转位套；10—电刷座；11—发信体；12—螺母；13,14—电刷；15—粗定位销。

轮丝杠。刀架体 7 内孔加工有内螺纹，与蜗轮丝杠旋合。蜗轮丝杠内孔与刀架中芯轴外圆是滑动配合，在转位换刀时，中芯轴固定不动，蜗轮丝杠环绕中芯轴旋转。当蜗轮开始转动时，由于在刀架底座 5 和刀架体 7 上的端面齿处在啮合状态，且蜗轮丝杠轴向固定，这时刀架体 7

抬起。当刀架体抬至一定距离后,端面齿脱开。转位套9用销钉与蜗轮丝杠4连接,随蜗轮丝杠一同转动,当端面齿完全脱开,转位套正好转过160°,球头销8在弹簧力的作用下进入转位套9的槽中,带动刀架体转位。刀架体7转动时带着电刷座10转动,当转到程序指定的刀号时,粗定位销15在弹簧的作用下进入粗定位盘6的槽中进行粗定位,同时电刷13、14接触导通,使电动机1反转。由于粗定位槽的限制,刀架体7不能转动,使其在该位置垂直落下,刀架体7和刀架底座5上的端面齿啮合,实现精确定位。电动机继续反转,此时蜗轮停止转动,蜗杆轴3继续转动,译码装置由发信体11与电刷13、14组成,电刷13负责发信,电刷14负责位

置判断。刀架不定期位出现过位或不到位时,可松开螺母12调好发信体11与电刷14的相对位置。随夹紧力增加,转矩不断增大,达到一定值时,在传感器的控制下,电动机1停止转动。

3. 一般转塔回转刀架

转塔回转刀架用于数控车床,如图9-86所示。

图9-87为数控车床的一般转塔回转刀架,它适用于盘类零件的加工。在加工轴类零件时,可以换用四方回转刀架。由于两者底部安装尺寸相同,因此更换刀架十分方便。回转刀架动作根据数控指令进行,由液压系统通过电磁换向阀和顺序阀进行控制,其动作过程分为如下四个步骤:

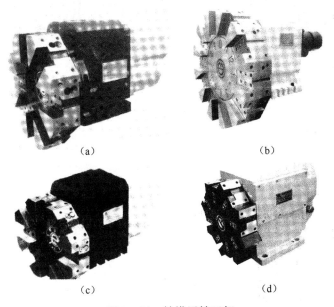

(a)   (b)

(c)   (d)

图9-86 转塔回转刀架

(a)数控车床用8工位电动刀架(HLT系列——亚兴刀架);(b)数控车床用12工位数控液压刀架
(HLT系列——亚兴刀架);(c)BWD系列刀架(亚兴刀架);(d)XWD系列刀架(亚兴刀架)。

(1)刀架抬起。当数控装置发出换刀指令后,压力油从A孔进入压紧液压缸的下腔,使活塞1上升,刀架2抬起,使定位用活动插销10与固定插销9脱开。同时,活塞杆下端的端齿离合器5与空套齿轮7结合。

(2)刀架转位。当刀架抬起后,压力油从C孔进入转位液压缸左腔,活塞6向右移动,通过接板13带动齿条8移动,使空套齿轮7连同端

齿离合器5逆时针旋转60°,实现刀架转位。活塞行程应等于齿轮7的节圆周长的1/6,并由限位开关控制。

(3)刀架压紧。刀架转位后,压力油从B孔进入压紧液压缸的上腔,活塞1带动刀架2下降。定位杆3的底盘上精确地安装着6个带斜楔的圆柱固定插销9,利用活动销10消除定位销与孔之间的间隙,实现反靠定位。当刀架体2

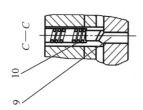

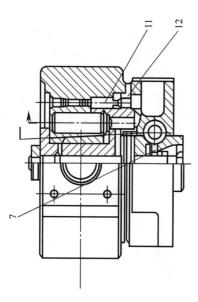

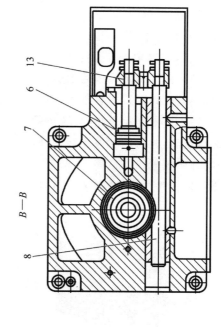

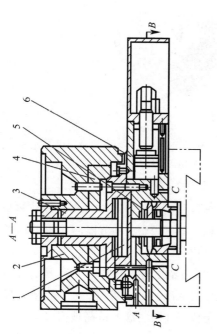

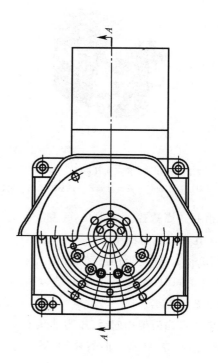

图9-87 一般转塔回转刀架

1—活塞；2—刀架；3,4—定位杆；5—离合器；6—活塞；7—齿轮；8—齿条；9,10—插销；11—推杆；12—触头；13—接板。

下降时,定位活动插销与另一个固定插销9卡紧,同时,定位杆3与定位杆4以锥面接触,刀架在新的位置上定位并压紧。此时,端面离合器与空套齿轮脱开。

(4)转位液压缸复位。刀架压紧后,压力油从D孔进转位液压缸右腔,活塞6带动齿条复位。由于此时端齿离合器已脱开,齿条带动齿轮在轴上空转。如果定位,压紧动作正常,推杆11与相应的触头12接触,发出信号表示已完成换刀过程,可进行切削加工。

9.2.3.5 数控机床中的刀库

刀库用于存放刀具,是自动换刀装置中主要部件之一,其容量、布局和具体结构对数控机床的设计有很大影响。

根据刀库存放刀具的数目和取刀方式,刀库可设计成多种形式。图9-88为常见的刀库形式。单盘式刀库(图9-88(a)~(d))存放的刀具数目一般为15把~40把,为适应机床主轴的布局,刀库上刀具轴线可以按不同方向配置,如轴向、径向或斜向。图9-88(d)是刀具可作90°翻转的圆盘刀库,采用这种结构可以简化取刀动作。单盘式的结构简单,取刀也很方便,因此应用广泛。当刀库存放刀具的数目要求较多时,若仍采用单圆盘刀库,则刀库直径增加太大而使结构庞大。为了既能增大刀库容量而结构又较紧凑,研制了各种形式的刀库。如图9-88(e)为鼓轮弹仓式(又称"刺猬"式)刀库,其结构十分紧凑,在相同的空间内,它的刀库容量最大,但选刀和取刀动作较复杂。

表9-28列出了国内刀库主要产品。

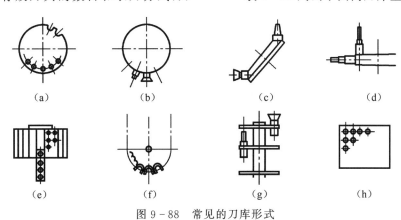

图9-88 常见的刀库形式

表9-28 国内刀库主要产品

刀库	规格	选刀方式	刀仓容量/把	刀柄型号	刀具最大直径/mm	刀具质量/kg	刀具长度/mm	气源最大压力/MPa	电源电压/V	净重/kg
盘式斗笠气动刀库	30-10PQL	双向任意	10	BT30	75	4	200	0.6	380	68
	30-12PQL	双向任意	12	BT30	75	4	200	0.6	380	70

刀库	规格	选刀方式	刀仓容量/把	刀柄型号	刀具最大直径/mm	刀具质量/kg	刀具长度/mm	气源最大压力/MPa	电源电压/V	净重/kg
盘式斗笠气动刀库	40-16PQ	双向任意	16	BT40	90	8	250	0.6	380	138
	40-20PQ	双向任意	20	BT40	90	8	250	0.6	380	167
	40-24PQ	双向任意	24	BT40	90	8	250	0.6	380	195
盘式斗笠气动刀库	40-10PQL	双向任意	10	BT40	90	8	250	0.6	380	95
	40-16PQL	双向任意	16	BT40	90	8	250	0.6	380	127
	40-20PQL	双向任意	20	BT40	90	8	250	0.6	380	156
圆盘式刀库	40-16P	双向任意	16	BT40	105（满刀），205（相邻刀）	8	300	0.6	220 380	195
	40-20P(小)	双向任意	20	BT40	84（满刀），165（相邻刀）	8	300	0.6	220 380	200
	40-20P	双向任意	20	BT40	95（满刀），190（相邻刀）	8	300	0.6	220 380	280
	40-24P	双向任意	24	BT40	79（满刀），159（相邻刀）	8	300	0.6	220 380	295
	40-24P（大）	双向任意	24	BT40	100（满刀），198（相邻刀）	8	300	0.6	220 380	320
	40-30P	双向任意	30	BT40	80（满刀），160（相邻刀）	8	300	0.6	220 380	340

刀库	规格	选刀方式	刀仓容量/把	刀柄型号	刀具最大直径/mm	刀具质量/kg	刀具长度/mm	气源最大压力/MPa	电源电压/V	净重/kg
圆盘式刀库	50-20P	双向任意	20	BT50	130（满刀），260（相邻刀）	15	300	0.6	220 380	845
圆盘式刀库	50-24P	双向任意	24	BT50	110（满刀），220（相邻刀）	15	300	0.6	220 380	850
链条式刀库	50-32-65L	双向任意	32	BT50	120（满刀），250（相邻刀）	15	300	0.6	380	—
链条式刀库	LB63020	双向任意	20	HSK-63A	120	6	280		380	98
数控立车刀库	CL-12G	双向任意	12			20	300		380	700

图9-89为链式刀库，其结构有较大的灵活性，图9-89(a)是某一自动换刀数控镗铣床所采用的单排链式刀库简图，刀库置于机床立柱侧面，可容纳45把刀具，如刀具存储量过大，将使刀库过高。为了增加链式刀库的存储量，可采用图9-89(b)所示的多排链式刀库，我国JCS-013型自动换刀数控镗铣床采用了4排刀链，每排储存15把刀具，整个刀库储存60把刀具。这种刀库常独立安装于机床之外，因此占地面积大；由于刀库远离主轴，必须有刀具中间搬运装置，使整个换刀系统结构复杂。图9-89(c)为加长链条的链式刀库，采用增加支承链轮数目的方法，使链条折叠回绕，提高其空间利用率，从而增加了刀库的储存量。此外，还有多盘式和格子式刀库，这种刀库虽然储存量大，但结构复杂，选刀和取刀动作多，故较少采用。

刀库除存储刀具之外，还要能根据要求将各工序所用的刀具运送到取刀位置。刀库常采

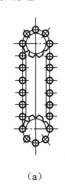

（a）

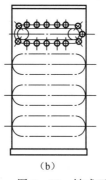

（b）

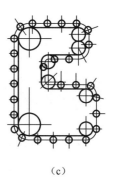

（c）

图 9-89　链式刀库

(a)单排链式刀库;(b)多排链式刀库;(c)加长链条的链式刀库。

用单独驱动装置。图 9-90 为圆盘式刀库的结构示意图,可容纳 40 把刀具。图 9-90(a)为刀库的驱动装置,由液压马达驱动,通过蜗杆 4 和蜗轮 5,端齿离合器 2 和 3 带动与圆盘 13 相连的轴 1 转动。如图 9-90(b)所示,圆盘 13 上均布 40 个刀座 9,其外侧边缘上有固定不动的刀座号读取装置 7。当圆盘 13 转动时,刀座号码板 8 依次经过刀座号读取装置,并读出各刀座的编号,与输入指令相比较,当找到所要求的刀座号时,即发出信号,高压油

进入液压缸 6 右腔使端齿离合器 2 和 3 脱开,圆盘 13 处于浮动状态。同时,液压缸 12 前腔的高压油通路被切断,并使其与回油箱连通,在弹簧 10 的作用下,液压缸 12 的活塞杆带着定位 V 形块 14 使圆盘 13 定位,以便换刀装置换刀。这种装置比较简单,总体布局比较紧凑,但圆盘直径较大,转动惯量大。一般而言,这种刀库多安装在离主轴较远的位置,因此,要采用中间搬运装置将刀具传送到换刀位置。

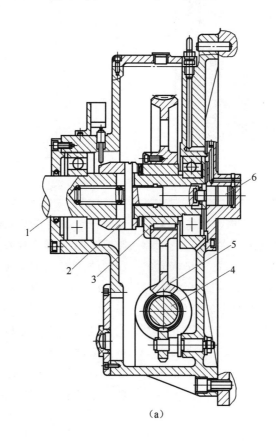

（a）

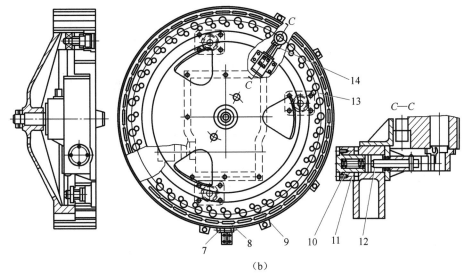

(b)

图 9-90　圆盘式刀库结构示意图

1—轴;2,3—端齿离合器;4—蜗杆;5—蜗轮;6,12—液压缸;7—刀座号读取装置;
8—刀座号码板;9—刀座;10—弹簧;11—套;13—圆盘;14—V形块。

THK6370 自动换刀数控卧式镗铣床采用链式刀库,其结构示意图如图 9-91 所示。

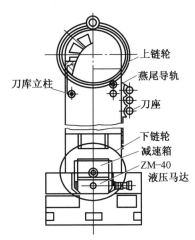

图 9-91　链式刀库结构示意图

刀库由 45 个刀座组成,刀座就是链传动的链节,刀座的运动由 ZM-40 液压马达通过减速箱传到下链轮轴上,下链轮带动刀座运动。刀库运动的速度通过调节 ZM-40 液压马达的速度来实现。刀座的定位用正靠的方法将所要的刀具准确地定位在取刀(还刀)位置上。在刀具进入取刀位置之前,刀座首先减速。刀座上的燕尾进入刀库立柱的燕尾导轨,在选刀与定位区域内,刀座在燕尾导轨内移动,以保持刀具编码环与选刀器的位置关系的一致性。

9.2.3.6　换刀机械手

采用机械手进行刀具交换的方式应用最为广泛,这是因为机械手换刀有很大的灵活性,而且可以减少换刀时间。

1. 机械手的形式与种类

在自动换刀数控机床中,机械手的形式也是多种多样的,常见的有如图 9-92 所示的几种形式。

1) 单臂单爪回转式机械手(图 9-92(a))

机械手的手臂可以回转不同的角度进行自动换刀,手臂上只有一个夹爪,不论在刀库上或在主轴上,均靠这一个夹爪来装刀及卸刀,因此换刀时间较长。

2) 单臂双爪摆动式机械手(图 9-92(b)):

机械手的手臂上有两个夹爪,两夹爪有所分工,一个夹爪只执行从主轴上取下"旧刀"送回刀库的任务;另一个爪则执行由刀库取出新刀送到主轴的任务。其换刀时间较单臂单爪回转式机械手要少。

3) 单臂双爪回转式机械手(图 9-92(c))

机械手的手臂两端各有一个夹爪,两个夹爪

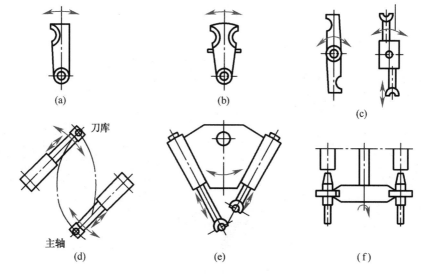

图 9 - 92　机械手形式

(a)单臂单爪回转式机械手;(b)单臂双爪摆动式机械手;
(c)单臂双爪回转式机械手;(d)双机械手;(e)双臂往复交叉式机械手;(f)双臂端面夹紧机械手。

可同时抓取刀库及主轴上的刀具,回转180°后,又同时将刀具放回刀库及装入主轴。换刀时间较以上两种单臂机械手均短,是最常用的一种形式。图9-92(c)右边的一种机械手在抓取刀具或将刀具送入刀库及主轴时,两臂可伸缩。

4)双机械手(图9-92(d))

机械手相当两个单爪机械手,相互配合起来进行自动换刀。其中一个机械手从主轴上取下"旧刀"送回刀库,另一个机械手由刀库里取出"新刀"装入机床主轴。

5)双臂往复交叉式机械手(图9-92(e))

机械手的两手臂可以往复运动,并交叉成一定的角度。一个手臂从主轴上取下"旧刀"送回刀库,另一个手臂由刀库取出"新刀"装入主轴。整个机械手可沿某导轨直线移动或绕某个转轴回转,以实现刀库与主轴间的运刀运动。

6)双臂端面夹紧机械手(图9-92(f))

机械手只是在夹紧部位上与前几种不同,前几种机械手均靠夹紧刀柄的外圆表面以抓取刀具,这种机械手则夹紧刀柄的两个端面。

2.常用换刀机械手

1)单臂双爪式机械手

单臂双爪式机械手也称扁担式机械手,是

目前加工中心采用较多的一种。这种机械手的拔、插刀动作大都由液压缸来完成。根据结构要求,可以采取液压缸动、活塞固定,或活塞动、液压缸固定的结构形式。而手臂的回转动作,则通过活塞的运动带动齿条齿轮传动来实现。机械手臂的不同回转角度,由活塞的可调行程来保证。

这种机械手采用了液压装置,既保持不漏油,又保证机械手动作灵活,而且每个动作结束之前均必须设置缓冲机构,以保证机械手的工作平衡、可靠。由于液压驱动的机械手需要严格的密封,还需较复杂的缓冲机构;控制机械手动作的电磁阀都有一定的时间常数,因而换刀速度慢。近年来,国内外先后研制凸轮联动式单臂双爪机械手,其工作原理如图9-93所示。

这种机械手的优点是:由电动机驱动,不需较复杂的液压系统及其密封、缓冲机构,没有漏油现象,结构简单,工作可靠;同时,机械手手臂的回转和插、拔刀的分解动作是联动的,部分时间可重叠,从而大大缩短换刀时间。

2)双臂单爪交叉型机械手

由北京机床研究所开发和生产的JCS13卧式加工中心,所用换刀机械手就是双臂单爪交叉型机械手,如图9-94所示。

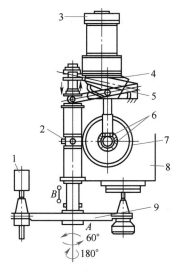

图 9-93　凸轮式换刀机械手

1—刀套；2—十字轴；3—电动机；4—圆柱槽凸轮(手臂上下)；

5—杠杆；6—锥齿轮；7—凸轮滚子(平臂旋转)；

8—主轴箱；9—换刀手臂。

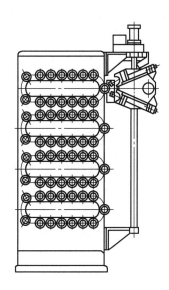

图 9-94　双臂单爪交叉机械手

3) 单臂双爪且手臂回转轴与主轴成 45°的机械手

机械手结构如图 9-95 所示，这种机械手的优点是：换刀动作可靠，换刀时间短；缺点是刀柄精度要求高，结构复杂，联机调整的相关精度要求高，机械手离加工区较近。

3. 手爪形式

1) 钳形机械手手爪

如图 9-96 所示，锁销 2 在弹簧(图中未画

出)作用下，其大直径外圆顶着止退销 3，杠杆手爪 6 就不能摆动张开，手中的刀具就不会被甩出。当抓刀和换刀时，锁销 2 被装在刀库主轴端部的撞块压回，止退销 3 和杠杆手爪 6 就能够摆动、放开，刀具就能装入和取出。这种手爪均为直线运动抓刀。

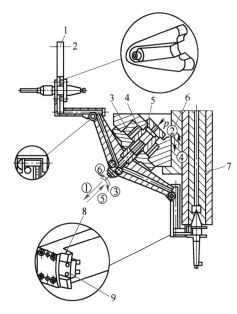

图 9-95　单臂双爪且手臂回转轴与主轴成 45°的机械手

1—刀库；2—刀库轴线；3—齿条；4—齿轮；5—抓刀活塞；

6—机械手托架；7—主轴；8—抓刀定块；9—抓刀动块。

①—抓刀；②—拔刀；③—换位(旋转 180°)；

④—插刀；⑤—松刀；⑥—返回原位(旋转 90°)。

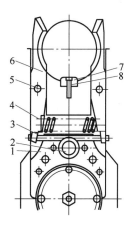

图 9-96　钳形机械手手爪

1—手臂；2—锁销；3—止退销；4—弹簧；

5—支点轴；6—手爪；7—键；8—螺钉。

2) 刀库夹爪

刀库夹爪既起着刀套的作用,又起着手爪的作用,如图 9-97 所示。

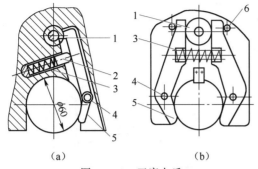

图 9-97　刀库夹爪

1—锁销;2—顶销;3—弹簧;4—支点轴;5—手爪;6—挡销。

4. 机械手结构原理

机械手结构原理如图 9-98 所示,机械手有两对抓刀爪,分别由液压缸 1 驱动其动作。当液压缸推动机械手爪外伸时(图 9-98 中上面一对抓刀爪),抓刀爪上的销轴 3 在支架上的导向槽 2 内滑动,使抓刀爪绕销 4 摆动,抓刀爪合拢抓住刀具;当液压缸回缩时(图 9-98 中下面的抓刀爪),支架上的导向槽 2 迫使抓刀爪张开,放松刀具。由于抓刀动作由机械机构实现且能自锁,因此工作安全可靠。

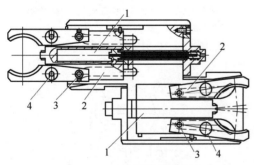

图 9-98　机械手结构原理图

1—液压缸;2—支架导向槽;3—销轴;4—销。

5. 机械手的驱动机构

图 9-99 为机械手的驱动机构。升降汽缸 1 通过杆 6 带动机械手臂升降,当机械手在上边位置时(图示位置),液压缸 4 通过齿条 2、齿轮 3、传动盘 5、杆 6 带动机械手臂回转;当机械手在下边位置时,传动汽缸 7 通过齿条 9、齿轮 8、传动盘 5 和杆 6 带动手臂回转。

图 9-100 为机械手臂和手爪结构图。手臂的两端各有一手爪。刀具被带弹簧 1 的活动销 4 紧靠着固定爪 5,锁紧销 2 被弹簧 3 弹起,使活动销 4 被锁位,不能后退,这就保证了在机械手运动过程中手爪中的刀具不会被甩出。当手臂在上方位置从初始位置转过 75°时,锁紧锁 2 被挡块压下,活动锁 4 就可以活动,使得机械手可以抓住(或放开)主轴和刀套中的刀具。

9.2.3.7　刀具交换装置

在数控机床的自动换刀系统中,实现刀库与机床主轴之间刀具传递和刀具装卸的装置称为刀具交换装置。刀具的交换方式通常分为无机械手换刀和有机械手换刀两大类。

1. 无机械手换刀

无机械手换刀的方式是利用刀库与机床主轴的相对运动实现刀具交换。XH754 型卧式加工中心就是采用这类刀具交换装置的实例。该机床主轴在立柱上可以沿 Y 轴方向上下移动,工作台横向运动为 Z 轴,纵向移动为 X 轴。鼓轮式刀库位于机床顶部,有 30 个装刀位置,可装 29 把刀具。换刀过程(图 9-101)所示如下:

(1) 加工工步结束后执行换刀指令,主轴实现准停,主轴箱沿 Y 轴上升。这时机床上方刀库的空挡刀位正好处在交换位置,装夹刀具的卡爪打开,如图 9-101(a) 所示。

(2) 主轴箱上升到极限位置,被更换刀具的刀杆进入刀库空刀位,即被刀具定位卡爪钳住,与此同时,主轴内刀杆自动夹紧装置放松刀具,如图 9-101(b) 所示。

(3) 刀库伸出,从主轴锥孔中将刀具拔出,如图 9-101(c) 所示。

(4) 刀库转出,按照程序指令要求将选好的刀具转到最下面的位置,同时,压缩空气将主轴锥孔吹净,如图 9-101(d) 所示。

(5) 刀库退回,同时将新刀具插入主轴锥孔,主轴内刀具夹紧装置将刀杆拉紧,如图 9-101(e) 所示。

(6) 主轴下降到加工位置后起动,开始下一

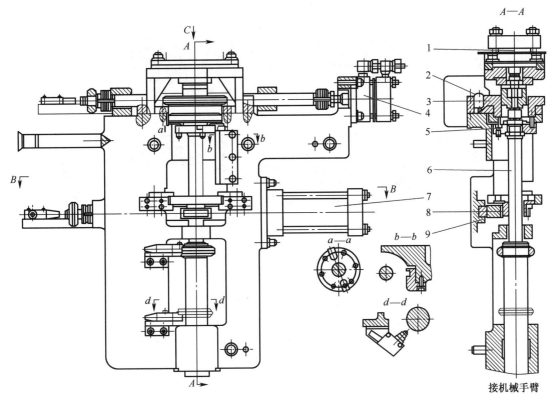

接机械手臂

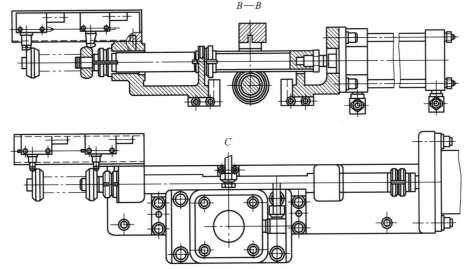

图 9-99　机械手的驱动机构

1—升降汽缸;2,9—齿条;3,8—齿轮;4—液压缸;5—传动盘;6—杆;7—传动汽缸。

工步的加工,如图 9-101(f)所示。

这种换刀机构不需要机械手,结构简单、紧凑。由于交换刀具时机床不工作,所以不会影响加工精度,但会影响机床的生产效率;其次因刀库尺寸限制,装刀数量不能太多。这种换刀方式常用于小型加工中心。

2.机械手换刀

应用最广泛是机械手交换,这是因为机械手换刀具有很大的灵活性,而且可以减少换刀时间。机械手的结构形式是多种多样的,因此

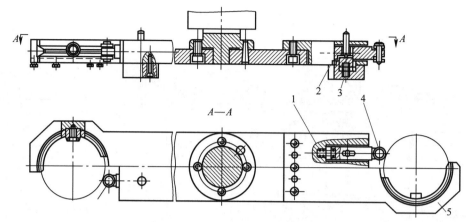

图 9-100 机械手臂和手爪结构图

1,3—弹簧;2—锁紧销;4—活动销。

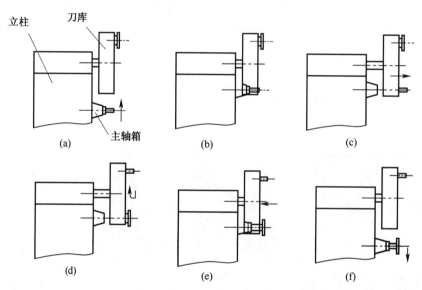

图 9-101 换刀过程

换刀运动也有所不同。下面以卧式镗铣加工中心为例说明采用机械手换刀的工作原理。

该机床采用的是链式刀库,位于机床立柱左侧。由于刀库中存放刀具的轴线与主轴的轴线垂直,故而机械手需要三个自由度。机械手沿主轴轴线的插拔刀具动作由液压缸来实现;绕竖直轴 90°的摆动进行刀库与主轴间刀具的传送,以及绕水平轴旋转 180°完成刀库与主轴上的刀具交换的动作,由液压马达实现。其换刀分解动作(图 9-102)如下:

(1)抓刀爪伸出,抓住刀库上的待换刀具,刀库刀座上的锁板拉开,如图 9-102(a)所示。

(2)机械手带着待换刀具绕竖直轴逆时针方向转 90°,与主轴轴线平行,另一个抓刀爪抓住主轴上的刀具,主轴将刀杆松开,如图 9-102(b)所示。

(3)机械手前移,将刀具从主轴锥孔内拔出,如图 9-102(c)所示。

(4)机械手绕自身水平轴转 180°,将两把刀具交换位置,如图 9-102(d)所示。

(5)机械手后退,将新刀具装入主轴,主轴将刀具锁住,如图 9-102(e)所示。

(6)抓刀爪缩回,松开主轴上的刀具。机械手竖直轴顺时针转 90°。将刀具放回刀库的相应

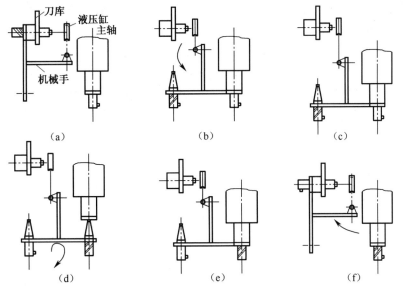

图 9-102　换刀分解动作示意图

刀座上,刀库上的锁板合上,如图 9-102(f)所示。

（7）抓刀爪缩回,松开刀库上的刀具,恢复到原始位置。

9.2.4　刀具系统的选择

9.2.4.1　自动换刀装置的选择

自动换刀装置（ATC）是加工中心、车削中心和带交换冲头数控冲床的重要执行机构。ATC 的工作质量直接影响整台数控机床尤其是加工中心的质量水平。ATC 的工作质量主要表现为换刀时间和故障发生率。据分析,在加工中心上发生的故障,约近 50% 与 ATC 的工作质量有关。而 ATC 的投资往往占整台机床投资的 40% 左右。因此,用户应在满足使用要求的情况下,尽量选用结构相对简单和可靠性高的 ATC,这样可以相应降低整机的价格,减少一次性资金的投入。

ATC 中存储刀具的数量可由十几把至上百把不等。一些现代柔性加工单元（FMC）配置中央刀库后,刀具存储量可达近千把。如果选用的加工中心将来不准备用于柔性加工单元或柔性制造系统（FMS）中,一般刀库容量不宜选得太大,因为容量大,刀库成本高,结构复杂,故障率也会相应增加,刀具的管理也相应复杂化。

机床生产厂商对同一种规格机床,通常设有多种容量的刀库供用户选择,如立式加工中心刀库容量有 16 把、20 把、24 把、32 把等;卧式加工中心刀库容量有 30 把、40 把、60 把、80 把等。用户在选定时,可根据需要来确定是何种容量的刀库。通常,以满足典型零件在一次安装中所需刀具数量来确定。因为当更换一种新的零件时,操作者要依据新的工艺资料对刀库重新进行调整安排。刀库中无关的刀具越多,整理的工作量就越大,也容易出现人为差错。

根据国内外的使用经验,对中小型机床而言,一般在立式加工中心上选用 20 把左右刀具容量的刀库、在卧式加工中心上选用 40 把左右刀具容量的刀库较为适宜,可以满足零件加工对刀具数量的要求。如果对一些复杂零件加工所需刀具数量会超出现有刀库容量,则可综合考虑工艺因素,将粗、精加工分工序进行,插入热处理工序消除内应力及变形量,工件装夹倒转工艺基准等措施,把一个复杂工件分为几个加工程序进行加工,使每个加工程序所需刀具数量不超过刀库容量。

9.2.4.2　刀库类型和刀库容量的选择

1. 车床用刀库类型

车床多用刀库盘,盘上有 8 个～12 个刀座位,车削中心可有 2 个～3 个刀库盘。

2. 加工中心用刀库类型

加工中心的刀库类型繁多,刀库容量为 8

把～120 把,见表 9 - 29。

加工中心上的新型刀库见表 9 - 30。

表 9 - 29　常用刀库类型及刀库容量

刀库类型	刀库容量/把	说　明
直线刀库	8～12	主轴可在 X、Y、Z 三个坐标轴上移动,主轴接近刀库,完成取刀和放刀; 不用机械手换刀,可靠; 换刀时间较长; 卧式机床占用加工空间
圆盘刀库	12～30	多用于立式机床; 不用机械手,换刀时主轴沿 Z 轴运动升至换刀位; 刀库移至主轴下,主轴沿 Z 轴运动取刀、放刀,刀库再移开; 换刀时间为 8s～15s
链式刀库	40～120	多用于卧式机床; 用机械手换刀; 选刀和加工时间重合,机械手双动同时取刀、放刀; 换刀时间 5s～10s,最快 0.5s～1s

表 9 - 30　新型刀库

刀库类型	刀库容量	说　明
弹夹式刀库	可变	机械手换刀,刀库可整体交换,缩短配刀时间,便于进入 FMS
格子箱式刀库	可变	
大容量刀库	200 多把	机械手换刀,200 多把 50 号锥柄刀具分布在巨大的半球上

3. 刀库容量的确定

在确定刀库容量时,需要对整个零件组的加工内容进行分析,统计需要用的刀具数。在设计多工序自动换刀数控机床时,通常是以满足一个零件在一次装夹中所需要刀具数量来确定刀库容量。根据对车床、铣床和钻床所需刀具的统计(图 9 - 103)发现,经常使用的刀具数目并不是很多。对于钻削加工,用 14 把刀就能完成 80% 的工件,即使需要完成 90% 的工件,用 20 把刀具也已足够。对于铣削加工需要的刀具数量更少,用 4 把铣刀就能完成约 90% 的工件。由此可见,刀库的容量通常不需要很大。如果不从实际加工需要出发,盲目地加大刀库容量,将会使刀库的结构过于复杂,造成很大的浪费。另外,刀库中无关的刀具越多,整理的工作量也越大,也更容易出现人为差错。为了适用各种需要,生产厂家对于同一规格的机床通

常设有 2 种～3 种不同容量的刀库,例如,卧式加工中心刀库容量有 30 把、40 把、60 把、80 把等,立式加工中心刀库容量有 10 把、12 把、16 把、20 把、24 把、32 把等。

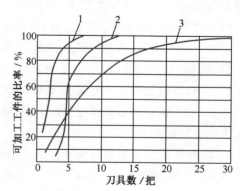

图 9 - 103　加工工件与刀具数的关系
1—铣削;2—车削;3—钻削。

从使用的角度来看,刀库的容量多取 10 把～80 把,一般而言,立式加工中心选用 20 把

刀具容量的刀库、卧式加工中心选用 40 把刀具容量的刀库较为适宜。但作为组成柔性加工单元的加工中心和车削中心用的刀库，应选取大容量。随着加工工艺的发展，目前刀库的容量有进一步增大的趋势。

9.2.4.3 刀柄系统配置选用

当 ATC 及刀库容量选定后，刀柄的配置就显得十分重要。一般来讲，机床生产商会根据使用经验为用户提供一套常用的刀柄，但对每个具体用户不一定都适用。因此，用户在订购机床时必须同时考虑订购刀柄。最佳的订购方案是，根据典型零件确定选择刀柄的品种和数量。在数控机床上使用的工具系统，世界各国都有相应的标准系列，我国采用的是由成都工具研究所制定的 TSG 工具系统刀柄。

刀柄配置与选择时应注意以下几个问题：

（1）标准刀柄与机床主轴连接的接合面是 7∶24 锥面。刀柄有多种规格，常用的有 ISO 标准的 40 号、45 号、50 号。另外，还必须考虑换刀机械手夹持尺寸的要求和主轴上拉紧螺钉的尺寸要求。目前，国内机床上使用规格较多，而且有美国、德国、日本的标准。因此，在选定机床后、选择刀柄之前，必须了解该机床主轴采用的规格、机械手夹持尺寸及刀柄的拉紧螺钉尺寸。

（2）全套的 TSG 工具系统刀柄有数百种，其中有相当部分产品是不带刃具的，这些刀柄相当于过渡的连接杆。它们必须再配置相应的刀具（如立铣刀、钻头、镗刀头和丝锥等）和附件（如钻夹头、弹簧卡头和丝锥夹头等）。因此，用户应根据典型零件的加工要求，确定所需刀柄、刀具及附件等的数量。

（3）模块化刀柄、普通刀柄与复合刀柄的选用。选用模块化刀柄，必须按一个小的工具系统来考虑才有意义。与非模块化刀柄相比，使用单个普通刀柄肯定是不合算的。如果机床刀库的容量是 30 把刀，需要配置 100 套普通刀柄；采用模块化刀柄，只需要配置 30 个柄部、50

根左右的接杆、70 个左右的刀头部分就能满足需要，而且还具有更大的灵活性。但对一些长期反复使用、不需要拼装的简单刀柄，如钻夹头刀柄等，还是配置普通刀柄合算。

在现代数控机床上，一般主轴电动机功率较大，机床刚性较好，能够承受多刀多刃的强力切削，因此，应尽可能考虑选用复合刀具，充分发挥数控机床的切削功能，提高生产效率和缩短生产时间。

总之，刀柄选择与购置机床的其他选择同等重要，必须慎重对待，不可马虎和随意，它直接影响机床的使用效率和设备一次性投资的大小。

9.2.5 对刀仪

9.2.5.1 对刀仪概述

对刀仪用于数控机床加工前精确对刀。加工中心对刀仪由对刀器、转换器、通信电缆和对刀软件组成。帕莱克生产的对刀仪如图 9-104 所示。

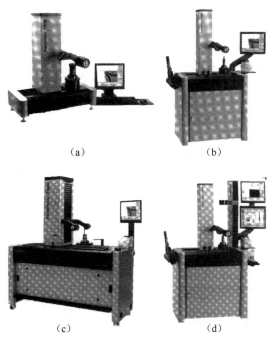

（a）　　　　　　　　　　（b）

（c）　　　　　　　　　　（d）

图 9-104　对刀仪

（a）P1500 系列；（b）P1800 系列；

（c）P2500 系列；（d）热缩刀具预调仪。

表 9-31~表 9-34 分别列出了上述产品的功能和特性。

表 9-31 P1500 系列对刀仪功能和特性

测量范围	使用范围	光栅尺	定位	显示精度
①直径:320mm 或 420mm; ②高度:400mm 或 500mm 或 600mm; ③测量尺寸可根据实际要求任意组合。所有测量范围都包含了额外的 50mm 过主轴中心量程	①可用于测量刀具的直径、长度、圆弧半径、夹角、主偏角、负偏角、跳动、切削刃记忆与比较、相对坐标测量及合并刀具二维图像; ②适用于测量各类铣刀、镗刀、钻头、螺纹工具、复合刀具以及非标刀具等	采用两组德国海德汉 LIDA487 光栅尺,分辨力为 0.5μm	符合人体工程学的快速移动与定位,可选 1μm 的微调及气动锁紧功能	1μm
主轴	**水平和立式滑轨**	**底座**	**尺寸和质量**	**工作条件**
①标准配置为 ISO50 或 ISO40 主轴,主轴硬度高达 63HRC,具有极好的耐磨性,确保长期使用的精度; ②采用两组美国铁姆肯高精度滚针轴承,先装配后磨配,主轴同心度为 1μm; ③主轴和变径套有 ISO、HSK 和 VDI 多种标准规格选择; ④360°任意位置锁紧,可选 4×90°分度及主轴气动夹紧	①精确磨制的高品质铸铁立柱和底座配合,轨道全部经过淬硬和磨配; ②轴承和轨道通过折叠带与外部环境隔离,免受外界环境的破坏	①优质延展性铸铁材料,水平对称结构和防振设计,确保良好的重复测量精度; ②刀具预调仪的基座建造在抗重压的钢结构柜上,确保长期使用的稳定性	总长度:748mm 深度:527mm 高度:890mm(立柱)/400mm-Z 轴行程 1115mm (立柱)/600mm-Z 轴行程 平均装箱质量:234kg	电源: 220(1±5%)V,50Hz 气源:0.4MPa~0.6MPa 温度:-10℃~40℃(建议) 湿度:≤90%(建议)

表 9-32 P1800 系列

测量范围	使用范围	光栅尺	定位	显示精度
①直径:420mm; ②长度:400mm,500mm,600mm。 ③测量尺寸可根据实际要求任意组合。所有测量范围都包含了额外的 50mm 过主轴中心量程	①可用于测量刀具的直径、长度、圆弧半径、夹角、主偏角、负偏角、跳动、切削刃记忆与比较、相对坐标测量及合并刀具二维图像; ②适用于测量各类铣刀、镗刀、钻头、螺纹工具、复合刀具以及非标刀具等	采用两组德国海德汉 LIDA487 光栅尺,分辨力为 0.5μm	符合人体工程学的快速移动与定位,标配 1μm 的微调及气动锁紧功能	1μm

主轴	水平和立式滑轨	底座	尺寸和质量	工作条件
①标准配置为 ISO50 或 ISO40 主轴,主轴硬度高达 63HRC,具有极好的耐磨性,确保长期使用的高精度; ②采用两组美国特姆肯高精度滚针轴承,先装配后磨配,主轴同心度为 1μm; ③主轴和变径套有 ISO、HSK 和 VDI 多种标准规格选择; ④360°任意位置锁紧,4×90°分度。标配主轴气动夹紧	①精确磨制的高品质铸铁立柱和底座配合,轨道全部经过淬硬和磨配; ②轴承和轨道通过折叠带与外部环境隔离,免受外界环境的破坏	①优质延展性铸铁材料,水平对称结构和防振设计,确保良好的重复测量精度; ②刀具预调仪的基座建造在抗重压的钢结构柜上,确保长期使用的稳定性	整体长度:1524mm 宽度:527mm 高度:890mm(立柱)/400mm-Z 轴行程 1115mm（立柱）/600mm-Z 轴行程 平均运输质量:295kg	电源:220(1±5%)V,50Hz 气源: 0.4MPa~0.6MPa 温度:−10℃~40℃(建议) 湿度:≤90%(建议)

表 9-33 P2500 系列

测量范围	使用范围	光栅尺	定位	显示精度
①直径:300mm,400mm,500mm,600mm,700mm,800mm,950mm; ②高度:450mm,550mm,650mm,750mm,850mm,1000mm; ③测量尺寸可根据实际要求任意组合。所有测量范围都包含了额外的 50mm 过主轴中心量程	①可用于测量刀具的直径、长度、圆弧半径、夹角、主偏角、负偏角、跳动、切削刃记忆与比较、相对坐标测量及合并刀具外形构造。 ②适用于测量各类铣刀、镗刀、钻头、螺纹工具、复合刀具以及非标刀具等	采用两组德国海德汉 LIDA487 光栅尺,分辨力为 0.5μm	通过游戏手柄控制伺服电动机双重速度快速定位,标准配置 1μm 的 X 轴/Z 轴微调及气动锁紧功能	1μm

主轴	水平和立式滑轨	底座	尺寸和质量	工作条件
①标准配置为 ISO50 或 ISO40 主轴,主轴硬度高达 63HRC,具有极好的耐磨性,确保长期使用的高精度; ②采用两组美国特姆肯高精度滚针轴承,先装配后磨配,主轴同心度为 1μm; ③主轴和变径套有 ISO、HSK 和 VDI 多种标准规格选择; ④360°任意位置锁紧,气动夹紧为标准配置	①精确磨制的高品质铸铁立柱和底座配合,轨道全部经过淬硬和磨配; ②轴承和轨道通过折叠带与外部环境隔离,免受外界环境的破坏	①优质延展性铸铁材料,水平对称结构和防振设计,确保良好的重复测量精度; ②刀具预调仪的基座建造在抗重压的钢结构柜上,确保长期使用的稳定性	总长度:1838mm 宽度:701mm 高度:450mm~650mm 立柱=1948mm 750mm~1000mm 立柱=2342mm 平均装箱质量:1000kg	电源:220(1±5%)V,5Hz 气源: 0.4MPa~0.6MPa 温度:−10℃~40℃(建议) 湿度:≤90%(建议)

表 9－34　热缩力具预调仪

测量范围	加热刀具范围	热缩循环定位	定位	光栅尺
① 最大测量直径：420mm； ② 最大测量长度：600mm； ③ 所有测量范围都包含了额外的 50mm 过中心量程	① 标准线圈：直径 4mm～32mm 的刀具； ② 可选线圈：大直径 32mm～50mm 的刀具	① 通过汽缸将刀柄自动移入/移出感应线圈； ② 自动冷却定位	人性化快速移动设计，标准配置 1μm X 轴/Z 轴微调及气动锁紧功能	德国海德汉姆 LIDA487 光栅尺，分辨力为 0.5μm
主轴	**水平和立式滑轨**	**底座**	**尺寸和质量**	**工作条件**
① 标准配置为 ISO50 主轴，主轴硬度高达 63HRC，具有极好的耐磨性，确保长期使用的高精度； ② 采用两组美国特姆肯高精度滚针轴承，先装配后磨配，主轴同心度为 1μm； ③ 适用于 SK、CAT、BT、NMTB 及 Big－Plus 主轴系统	① 精确磨制的高品质铸铁立柱和底座配合，轨道全经过淬硬和磨配； ② 轴承和轨道通过折叠带与外部环境隔离	① 优质延展性铸铁材料，水平对称结构和防振设计，确保良好的重复测量精度； ② 刀具预调仪的基座建造在抗重压的钢结构柜上，确保长期使用的稳定性	总长度：1552mm； 宽度：825mm； 高度：1947mm； 平均装箱总质量为 340kg	电源：220(1±5%) V，0Hz 热感应系统：400V ～480V（可通过变压器转换成其他需要的电压） 气源：0.4MPa ～ 0.6MPa

9.2.5.2　对刀仪的工作原理

对刀仪的核心部件是由一个高精度的开关（测头）、一个高硬度/高耐磨的硬质合金四面体（对刀探针）和一个信号传输接口器组成。四面体探针是用于与刀具进行接触，并通过安装在其下的挠性支承杆，把力传至高精度开关；开关所发出的通、断信号，通过信号传输接口器，传输到数控系统中进行刀具方向识别、运算、补偿、存取等。

当机床返回各自运动轴的机械参考点后，建立起来的是机床坐标系。该参考点一旦建立，相对机床零点而言，在机床坐标系轴上的各个运动方向就有了数值上的实际意义。对于安装了对刀仪的机床，对刀仪传感器距机床坐标系零点的各方向实际坐标值是一个固定值，需要通过参数设定的方法来精确确定才能满足使用（图 9－105）；否则，数控系统将无法在机床坐标系和对刀仪固定坐标之间进行相互位置的数据换算。

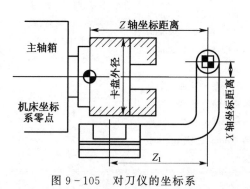

图 9－105　对刀仪的坐标系

对刀仪的工作原理如下：

（1）机床各直线运动轴返回各自的机械参考点之后，机床坐标系和对刀仪固定坐标之间的相对位置关系就建立起了具体的数值。

（2）不论是使用自动编程控制还是手动控制方式操作对刀仪，当移动刀具沿所选定的某个轴，使刀尖（或动力回转刀具的外径）靠向且触动对刀仪上四面探针的对应平面，并通过挠性支承杆摆动触发高精度开关传感器后，开关会立即通知系统锁定该进给轴的运动。因为数控系统是把这一信号作为高级信号来处理的，所以动作的控制会极为迅速、准确。

（3）由于数控机床直线进给轴上均装有进行位置环反馈的脉冲编码器，因此数控系统中也有记忆该进给轴实际位置的计数器。此时，系统只要读出该轴停止的准确位置，通过机床、对刀仪两者之间相对关系的自动换算，即可确定该轴刀具的刀尖（或动力回转刀具的外径）的初始刀具偏置值。从一个角度讲，如把它放到机床坐标系中来衡量，即相当于确定了机床参考点距机床坐标系零点的距离，与该刀具测量点距机床坐标系零点的距离及两者之间的实际偏差值。

（4）不论是工件切削后产生的刀具磨损，还是丝杠热伸长后出现的刀尖变动量，只要再进行一次对刀操作，数控系统就会自动把测得的新的刀具偏置值与其初始刀具偏置值进行比较计算，并将需要进行补偿的误差值自动补入刀补存储区中。当然，如果换了新的刀具，再对其重新进行对刀，所获得的偏置值就应该是该刀具新的初始刀具偏置值。

9.2.5.3 对刀仪作用

1. 在 $\pm X$、$\pm Z$ 及 Y 轴 5 个方向上测量和补偿刀偏值

在 5 个方向上进行刀偏值的测量和补偿，可以有效地消除人工对刀产生的误差和效率低的问题。不管采用何种切削刀具（外圆、端面、螺纹、切槽、镗孔，还是车削中心上的铣、钻削动力刀具），进行工件轮廓车削或铣削时，所有参与切削的刀尖点或刀具轴心线都必须通过调整或补偿，使其精确地位于工件坐标系的同一理论点或轴心线上。对动力型回转刀具，除要测量并补偿刀具长度方向上的偏置值外，还要测量和补偿刀具直径方向上的偏置值（刀具以轴心线分界的两个半径的偏置值）；否则，机床无法加工出尺寸正确的工件（图 9-106）。在没有安装对刀仪的机床上，每把刀具的偏置值，是对每把刀具进行仔细的试切后，对工件尺寸进行

测量、计算、补偿（手工对刀）才可得出，费时费力，稍不小心还会报废工件。当更换刀具后，这项工作还要重新进行。因而，对刀是占用机床辅助时间最长的工作内容之一。

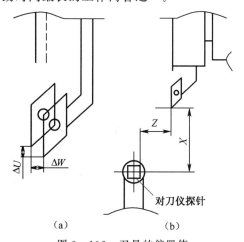

（a）　　　　　　　（b）

图 9-106　刀具的偏置值

使用了对刀仪的机床，因对刀后能够自动设置好刀具对工件坐标系的偏置值，从而自动建立起工件坐标系。在这种情况下，加工程序中就无需再用"G50指令"来建立工件坐标系。

2. 加工过程中刀具磨损或破损的自动监测、报警和补偿

在没有安装对刀仪的机床上完成磨损值的补偿很麻烦，需要多次停下机床对工件尺寸进行手工测量，还要将得到的磨损值手动修改刀补参数。安装对刀仪后，这个问题就简单多了，特别是安装 HPPA 型或 HPMA 型后更为方便。前者，只要根据刀具的磨损规律，加工完一定数量的工件后停下机床，用对刀仪再进行一遍对刀的过程即可；后者，只要在程序中设定完成多少个加工循环后执行一次自动对刀，即可完成刀补工作。

对于刀具破损报警或刀具磨损到一定程度后更换，是根据刀具允许的磨损量设定一个"门槛值"，一旦对刀仪监测到的误差超过门槛值，即认为刀具已破损或超过了允许的磨损值，则机床自动报警停机，然后强制进行刀具的更换。

3. 机床热变形引起的刀值变动量的补偿

机床在工作循环过程中产生的各种热量，

第9章

数控机床工装系统

导致机床变形特别是丝杠的热伸长,使刀尖位置发生变化,加工工件的尺寸精度会受到影响。在机床上安装对刀仪,上述问题可迎刃而解。无非是把这种由热变形产生的刀尖位置变化视为刀具的磨损值,通过对刀仪来测量这种刀具偏置值即可解决。

9.2.5.4　常见对刀仪的设定

1. T301 立式主轴对刀仪设定

T301 立式主轴对刀仪的设定见表 9-35。

表 9-35　T301 立式主轴对刀仪的设定

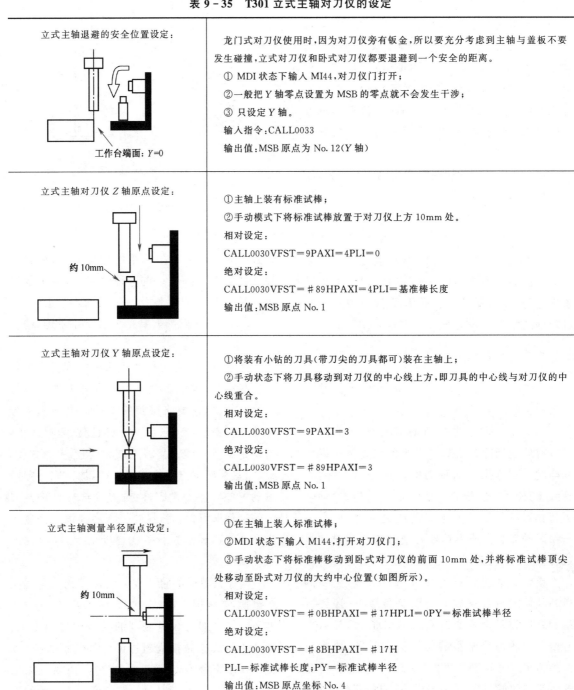

立式主轴退避的安全位置设定: 工作台端面:Y=0	龙门式对刀仪使用时,因为对刀仪旁有钣金,所以要充分考虑到主轴与盖板不要发生碰撞,立式对刀仪和卧式对刀仪都要退避到一个安全的距离。 ① MDI 状态下输入 MI44,对刀仪门打开; ②一般把 Y 轴零点设置为 MSB 的零点就不会发生干涉; ③ 只设定 Y 轴。 输入指令:CALL0033 输出值:MSB 原点为 No.12(Y 轴)
立式主轴对刀仪 Z 轴原点设定: 约 10mm	①主轴上装有标准试棒; ②手动模式下将标准试棒放置于对刀仪上方 10mm 处。 相对设定: CALL0030VFST=9PAXI=4PLI=0 绝对设定: CALL0030VFST=♯89HPAXI=4PLI=基准棒长度 输出值:MSB 原点 No.1
立式主轴对刀仪 Y 轴原点设定:	①将装有小钻的刀具(带刀尖的刀具都可)装在主轴上; ②手动状态下将刀具移动到对刀仪的中心线上方,即刀具的中心线与对刀仪的中心线重合。 相对设定: CALL0030VFST=9PAXI=3 绝对设定: CALL0030VFST=♯89HPAXI=3 输出值:MSB 原点 No.1
立式主轴测量半径原点设定: 约 10mm	①在主轴上装入标准试棒; ②MDI 状态下输入 M144,打开对刀仪门; ③手动状态下将标准棒移动到卧式对刀仪的前面 10mm 处,并将标准试棒顶尖处移动至卧式对刀仪的大约中心位置(如图所示)。 相对设定: CALL0030VFST=♯0BHPAXI=♯17HPLI=0PY=标准试棒半径 绝对设定: CALL0030VFST=♯8BHPAXI=♯17H PLI=标准试棒长度;PY=标准试棒半径 输出值:MSB 原点坐标 No.4

注:使用对刀仪在测量半径时,必须先测量长度

2. T301 立式主轴对刀仪的设定

T301 立式主轴对刀仪设定见表 9-36。

表 9-36　T301 立式主轴对刀仪的设定

卧式主轴的退避安全位置设定： 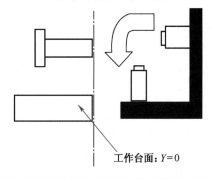 工作台面:Y=0	龙门式对刀仪使用时,因为对刀仪旁有钣金,所以要充分考虑到主轴与盖板不要发生碰撞,立式对刀仪和卧式对刀仪都要退避到一个安全的距离。 ① MDI 状态下输入 MI44,对刀仪门打开； ② 把标准试棒移动到如图位置运行程序即可； ③ 只设定 Y 轴的坐标。 输入指令:CALL0032PAT=2 输出值:MSB 原点为 No.19(Y 轴)
卧式主轴对刀仪 Z 轴原点设定： 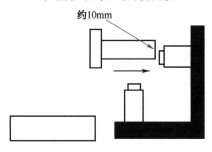 约10mm	①主轴上装有标准试棒； ②手动模式下将标准试棒移动到卧式对刀仪前方约 10mm 处(如图所示)。 相对设定： CALL0030VFST=♯49HPAXI=♯22HPLI=0 PAT=2 绝对设定： CALL0030VFST=♯C9HPAXI=♯22H PLI=标准刀具长度 PAT=2 输出值:MSB 原点坐标 No.7
卧式主轴对刀仪 Y 轴原点设定： 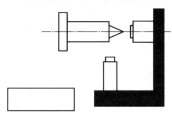	① 将小钻头或带有刀尖的刀具装入主轴上； ② 手动状态下将试棒移到卧式对刀仪的中心线上； 即刀具的中心线与卧式对刀仪的中心线重合。 相对设定： CALL0030VFST=♯49HPAXI=♯24HPAT=2 绝对设定： CALL0030VFST=♯C9HPAXI=♯24HPAT=2 输出值:MSB 原点坐标 No.7
卧式主轴对刀仪测量半径原点设定： 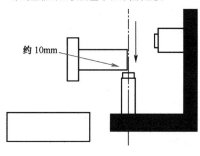 约 10mm	①在主轴上装入标准试棒； ② 手动模式下移动标准试棒在立式对刀仪的上方 10mm 处,并将标准试棒的刀尖处,移动到立式对刀仪的中心处(如图所示)。 相对设定： CALL0030VFST=♯4BHPAXI=♯47HPLI=0PAT=2PZ=标准试棒半径 绝对设定： CALL0030VFST=♯CBHPAXI=♯47HPZ=标准试棒半径PLI=标准试棒长度 PAT=2 输出值:MSB 原点坐标 No.8

注:使用对刀仪在测量半径时,必须先测量长度

9.3 检测系统

9.3.1 三坐标测量机

三坐标测量机（CoordinateMeasuring Machining，CMM）是一种三维尺寸的精密测量仪器，主要用于零部件尺寸、形状和相互位置的检测。坐标测量机是基于坐标测量原理，即将被测物体置于坐标测量机的测量空间，获得被测物体上各测点的坐标位置，根据这些点的空间坐标值，经过数学运算，求出被测的几何尺寸、形状和位置。

9.3.1.1 三坐标测量机概述

三坐标测量机生产厂家及主要产品见表 9-37，三坐标测量机分类见表 9-38～表 9-42。

表 9-37 三坐标测量机厂家企业及主要产品

生产厂家		主要产品
海克斯康测量技术（青岛）有限公司	Brown&Sharpe 桥式三坐标测量机	One、Explorer、Inspector、GlobalClassicSR、GlobalPerformance、GlobalAdvantage、GlobalSilverSF、MicroPlus
	Sheffield 测量机	Discovery 系列、Pioneer、PioneerPlus
	DEA 龙门式三坐标测量机	ApolloStatus、ApolloImage、GlobalExtra、AlphaStatus、AlphaImage、DeltaSlantClassic、DeltaSlantPerformance、LambdaSP
	DEA 悬臂式三坐标测量机	BravoHP、BravoHD、PrimaNT、ToroImage、ToroStatus
	LeitZ 超高精度三坐标测量机	Micra、ReferenceXi/XT、PMM-C 系列、PMM-CUltra、PMM-CInfinity、PMM-G、PMM-F、SirioSX
	ROMER 关节臂三坐标测量机	6 轴绝对关节臂、内置型 7 轴绝对臂测量机、外接型 7 轴绝对臂测量机、STINGERIIi、MultiGage
	Serein 思瑞三坐标测量机	Croma 系列自动三坐标测量机、Croma 系列大行程全自动三坐标测量机、Rumba 系列全自动三坐标测量机、Tango 系列手动三坐标测量机、FunctionPlus 系列龙门式测量机
	瑞士 TESA 三坐标测量机	Micro-Hite 系列
意大利 Cord3 公司		MCT、KRONOS、HERA、ARES、EOS、SWAN/JUPITER 系列
日本三丰株式会社		手动气浮型-196 系列、联人生产线型 CNC-360 系列、355 系列、191 系列、900 系列
德国温泽集团		LH 系列桥式三坐标测量机、R 系列水平臂式三坐标测量机
德国卡尔，蔡司 Carl zeiss 公司		O-INSPECT 光学测量三坐标测量机、F25 纳米测量三坐标测量机、MMZB 和 MMZE 大型龙门式三坐标测量机、MMZG 和 MMZT 大型桥式三坐标测量机、全新 ACCURA 三坐标测量机、UPMCultra 三坐标测量机、PRISMOnavigator 三坐标测量机、ACCURA 三坐标测量机、CONTURAG2 三坐标测量机
韩国 DUKIN（济南德仁三坐标测量机有限公司）		HIT（常规）、SIGMA（常规）、MHB（常规）、MHG（大型）、GIANT（大型）、HIT-V（非接触）、PGS（超精密）、PFB（超密）、LAND
AEH 测量产业集团（西安爱德华测量设备股份有限公司）		Daisy 系列、MGH 系列、ML 系列、MQ 系列、Atlas 系列、Atlas-B 系列、UG 系列
智泰集团		3DFAMILY-MMF 手动三坐标测量机系列、3DFAMILY-CMF 全自动三坐标测量机系列、3DFAMILY-CLF 全自动三坐标测量机系列、3DFAMILY-VIOLA 单悬臂坐标测量机、3DFAMILY-CELLO 双悬臂坐标测量机
英国 LK 有限公司		Integra 系列

生产厂家	主要产品
青岛麦科三维测量设备有限公司	Swift 系列、Enjoy 系列、Enjoy‑plus 系列、View 系列、Discovery 系列、Greenwich 系列
苏州天准精密技术有限公司	天准移动桥式三坐标测量机、天准龙门式三坐标测量机
贵阳新天光电科技有限公司	FASHION 系列、LUXURY 系列、CLASSIC 系列、MAGI 系列
嘉腾仪器仪表有限公司	CNC 非接触式三次元大型、CNC 非接触式三次元经济型、CNC 非接触式三次元实用型、手动三次元 JT‑654、经济型三次元、全自动三次元‑1086
昆山塞万腾测量仪器有限公司	手动可升级型、全自动、手动型、经济型、实用型、固定龙门式、大型移动龙门、激光扫描、复合式影像三坐标测量机
北京光电汇龙科技有限公司	Micro‑Vu 非接触式三坐标测量机、大量程三坐标测量机、复合式三坐标测量机
杭州博洋科技有限公司	BQC‑R 系列、BQC‑RH 系列

表 9‑38　三坐标测量机按技术水平分类

分类名称	主要特点
数字显示及打印型坐标测量机	手动测量，逐步被淘汰
带有计算机进行数据处理型坐标测量机	测量仍为手动或机动，使用较广泛
计算机数字控制型坐标测量机	技术水平较高，应用广泛，有"测量中心"之称

表 9‑39　三坐标测量机按测量范围分类

分类名称	主要特点
小型坐标测量机	测量范围一般小于 500mm，主要用于小型精密模具、工具和刀具等的测量
中型坐标测量机	测量范围一般为 500～2000mm，是应用最多的机型，主要用于箱体、模具类零件的测量
大型坐标测量机	测量范围一般大于 2000mm，主要用于汽车与发动机外壳、航空发动机叶片等大型零件的测量

表 9‑40　三坐标测量机按精度分类

分类名称	主要特点
精密坐标测量机	单轴最大测量不确定度小于 $1\times10^6 L$（L 为最大量程，单位为 mm），空间最大测量不确定度小于 $(2\sim3)\times10^6 L$。一般放在具有恒温条件的计量室内，用于精密测量
中等精度坐标测量机	单轴最大测量不确定度约为 $1\times10^5 L$，空间最大测量不确定度为 $(2\sim3)\times10^5 L$。一般放在生产车间内，用于生产过程检测
中低精度坐标测量机	单轴最大测量不确定度约 $1\times10^4 L$，空间最大测量不确定度为 $(2\sim3)\times10^4 L$

表 9‑41　三坐标测量机按接触方式分类

分类名称	主要特点
接触式坐标测量机	采用触发式测针或接触式扫描测头进行测量
非接触式坐标测量机	采用光学 CCD 和激光测头，适合测量薄片、小孔，还有一些材质较软的工件
复合式坐标测量机	集接触和非接触于一体，可同时满足两种形式为一体的工件测量

表 9 - 42　三坐标测量机按控制方式分类

分 类 名 称	主 要 特 点
手动控制坐标测量机	结构简单,成本低,精度和效率要求不高,价格低
机动控制坐标测量机	与手动相比增加了电动机、驱动器和操纵盒,减轻了劳动强度,是一种过渡机型
CNC 控制坐标测量机	测量过程由计算机控制,实现自动测量,特别适合生产线和批量零件的检测,测量精度得到很大提高

9.3.1.2　三坐标测量机结构

三坐标测量机结构如图 9 - 107 所示。

三坐标测量机主要结构形式见表 9 - 43。

对材料的总体要求如下:

(1) 导热性要好,以免引起机械结构的扭转和弯曲;

(2) 热膨胀系数小,以免引起热胀冷缩;

(3) 好的刚性,防止受力后变形;

(4) 高的硬度和耐磨性,保证使用时不易划伤和磨损;

(5) 运动部件的材料密度小;

(6) 材料的吸水率小,防止受潮变形;

(7) 工艺性好,易于加工。

三坐标测量机常用材料见表 9 - 44。

导轨是测量机的导向装置,直接影响测量机的精度,因而要求其具有较高的直线性精度。在三坐标测量机上使用的导轨有滑动导轨、滚动导轨和气浮导轨,但常用的为滑动导轨和气浮导轨,滚动导轨应用较少,因为滚动导轨的耐磨性较差,刚度也较滑动导轨低。在早期的三坐标测量机中,许多机型采用的是滑动导轨。滑动导轨精度高,承载能力强,但摩擦阻力大,易磨损,低速运行时易产生爬行,也不易在高速下运行,有逐渐被气浮导轨取代的趋势。目前,多数三坐标测量机已采用空气静压导轨(又称为气浮导轨(具体见表 9-45)、气垫导轨),它具有许多优点,如制造简单、精度高、摩擦力极小、工作平稳等。

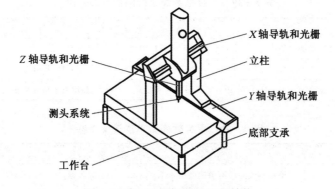

图 9 - 107　三坐标测量机的结构

表 9 - 43　三坐标测量机按结构形式分类

分 类 名 称		主 要 特 点
固定工作台式		精度不高,开敞性好,适合于小型测量机,如图 9 - 108(a)所示
桥式结构	移动桥式	固定的工作台有很大的承载能力,装卸工件方便,如图 9 - 108(b)所示
	固定桥式	结构有良好的稳定性和刚性,振动小,适合测量高精度要求,如图 9 - 108(c)所示
	单边高架桥式	结构降低了横梁对导轨的压力,提高了运动精度,此结构适合大中型测量机,如图 9 - 108(d)所示
柱式结构		高精度和高稳定性,适合小型工件的精密测量,如图 9 - 108(e)所示
悬臂式结构		无工作台面,适合大型工件的测量,如图 9 - 108(f)所示

表 9-44 三坐标测量机常用材料

材料	密度 /(g·cm⁻³)	热膨胀系数 /K⁻¹	截面导热率 /(W·mK⁻¹)
钢	7.80	10.4×10	42~63
航空铝合金	2.90	23.8×10	210
陶瓷材料	3.40	8.0×10	28
花岗岩	2.77	6.5×10	3.5

根据流体压力产生的原理,气体轴承可分为动压型、静压型和压膜型。

9.3.1.3 三坐标测量机测量系统

三坐标测量机的测量系统由标尺系统和测头系统构成,它们是三坐标测量机的关键组成部分,决定着三坐标测量机测量精度的高低。

表 9-45 圆形气浮导轨的比较

节流形式	小孔+导气槽1	小孔+导气槽2	中间单孔	中间单孔+表面节流	多孔材料
压强分布					
参考图样					
特点	承载能力较强 刚度中等 抗气振性能一般 较易堵塞	承载力较强 刚度较好 抗气振性能较好 较易堵塞	承载力一般 刚度低 易气振 不堵塞	承载力较强 刚度较好 不易气振 不堵塞	承载力强 刚度好 抗气振

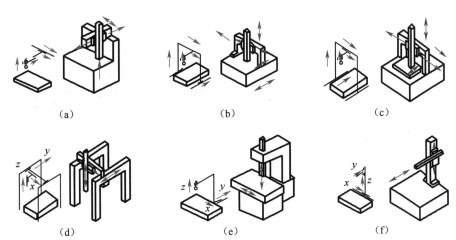

图 9-108 三坐标测量机的结构原理图和示例图

1. 标尺系统

标尺系统的分类主要有三种(见表9-46)现在应用最广泛的主要是光栅尺,也称为光栅尺位移传感器(光栅尺传感器),是利用光栅的光学原理工作的测量反馈装置,一般由尺身及读数头两部分组成,主要用作直线位移或者角位移的检测。其测量输出的信号为数字脉冲,具有检测范围大、检测精度高、响应速度快等特点。

表 9-46 常用标尺分类

分类名称	代表产品
机械式标尺系统	精密丝杠加微分鼓轮,精密齿条及齿轮,滚动直尺
光学式标尺系统	光学读数刻线尺,光学编码器,光栅,激光干涉仪
电气式标尺系统	感应同步器,磁栅

光栅按原理分为物理光栅和计量光栅,按光路分为投射式光栅和反射式光栅,按机械结构分为闭式光栅和开式光栅,按计数原理分为绝对光栅和相对光栅。

光栅的主要参数为栅距、精度、速度、加速度、热膨胀系数和不确定度。

1)光栅工作原理

常见光栅的工作原理都是根据物理上莫尔条纹的形成原理进行工作的。当使指示光栅上的线纹与标尺光栅上的线纹成一角度来放置两光栅尺时,必然会造成两光栅尺上的线纹互相交叉。在光源的照射下,交叉点近旁的小区域内由于黑色线纹重叠,因而遮光面积最小,挡光效应最弱,光的累积作用使得这个区域出现亮带。相反,距交叉点较远的区域,因两光栅尺不透明的黑色线纹的重叠部分变得越来越少,不透明区域面积逐渐变大,即遮光面积逐渐变大,使得挡光效应变强,只有较少的光线能通过这个区域透过光栅,使这个区域出现暗带,从而形成莫尔条纹。

2)莫尔条纹

以透射光栅为例,当指示光栅上的线纹和标尺光栅上的线纹之间形成一个小角度 θ,并且两个光栅尺刻面相对平行放置时,在光源的照射下,位于几乎垂直的栅纹上形成明暗相间的条纹,这种条纹称为莫尔条纹(图9-109)。严格地说,莫尔条纹排列的方向与两片光栅线纹夹角的平分线相垂直。莫尔条纹中两条亮纹或两条暗纹之间的距离称为莫尔条纹的宽度,以 W 表示。

莫尔条纹具有以下特征:

(1)莫尔条纹的变化规律。两片光栅相对移过一个栅距,莫尔条纹移过一个条纹距离。由于光的衍射与干涉作用,莫尔条纹的变化规律近似正(余)弦函数,变化周期数与光栅相对位移的栅距数同步。

(2)放大作用。在两光栅栅线夹角较小的情况下,莫尔条纹宽度 W 和光栅栅距 ω、栅线角 θ 之间有下列关系见图9-110:

$$W = \frac{\omega}{2} \sin \frac{\theta}{2}$$

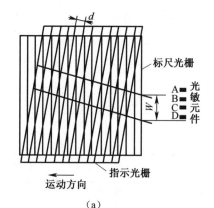

图9-109　莫尔条纹

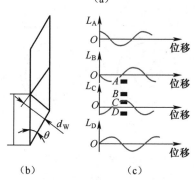

图9-110　莫尔条纹计算

式中:θ 的单位为 rad;W 的单位为 mm。

由于倾角很小,$\sin\theta$ 很小,则

$$W = \omega/\theta$$

若 $\omega = 0.01$mm,$\theta = 0.01$rad,则由上式可得 $W = 1$,即光栅放大了100倍。

(3)均化误差作用。莫尔条纹由若干光栅条纹共同形成,例如,每毫米100线的光栅,10mm宽度的莫尔条纹就有1000条线纹,这样栅距之间的相邻误差就被平均化了,消除了由于栅距不均匀、断裂等造成的误差。

3)检测与数据处理

光栅测量位移的实质是以光栅栅距为一把

标准尺子对位称量进行测量。高分辨力的光栅尺一般造价较贵,且制造困难。为了提高系统分辨力,需要对莫尔条纹进行细分,目前光栅尺位移传感器系统多采用电子细分方法。当两块光栅以微小倾角重叠时,在与光栅刻线大致垂直的方向上就会产生莫尔条纹,随着光栅的移动,莫尔条纹也随之上下移动,这样就把对光栅栅距的测量转换为对莫尔条纹个数的测量。

在一个莫尔条纹宽度内,按照一定间隔放置4个光电器件就能实现电子细分与判向功能。例如,栅线为50线对/mm的光栅尺,其光栅栅距为0.02mm,若采用四细分后便可得到分辨力为5μm的计数脉冲,这在工业普通测控中已达到了很高精度。由于位移是一个矢量,既要检测其大小,又要检测其方向,因此至少需要两路相位不同的光电信号。为了消除共模干扰、直流分量和偶次谐波,通常采用由低漂移运放构成的差分放大器。由4个光敏器件获得的4路光电信号分别送到2只差分放大器输入端,从差分放大器输出的2路信号其相位差为π/2。为得到判向和计数脉冲,需对这2路信号进行整形。首先把它们整形为占空比为1:1的方波,然后通过对方波的相位进行判别比较,就可以得到光栅尺的移动方向。通过对方波脉冲进行计数,可以得到光栅尺的位移和速度。

4) 使用注意事项

(1) 光栅尺位移传感器与数显表插头座插拔时应关闭电源后进行。

(2) 尽可能外加保护罩,并及时清理溅落在光栅尺上的切屑和油液,严格防止任何异物进入光栅尺传感器壳体内部。

(3) 定期检查各安装连接螺钉是否松动。

(4) 为延长防尘密封条的寿命,可在密封条上均匀涂上一薄层硅油,注意勿溅落在玻璃光栅刻划面上。

(5) 为保证光栅尺位移传感器使用的可靠性,可每隔一定时间用乙醇-水混合液(各50%)清洗擦拭光栅尺面及指示光栅面,保持玻璃光栅尺面清洁。

(6) 光栅尺位移传感器严禁剧烈振动及摔打,以免破坏光栅尺,如光栅尺断裂,光栅尺传感器即失效。

(7) 不要自行拆开光栅尺位移传感器,更不能任意改动主栅尺与副栅尺的相对间距,否则一方面会降低光栅尺传感器的精度,另一方面还会造成主栅尺与副栅尺的相对摩擦,损坏铬层也就损坏了栅线,从而造成光栅尺报废。

(8) 防止油污及水污染光栅尺面,以免破坏光栅尺线条纹分布,引起测量误差。

2. 测头系统

测头系统由测头及其附件组成,测头是探测系统的主体,是坐标测量机的关键部件,其精度的高低很大程度决定了测量机的测量重复性及精度。

测头分为接触式和非接触式。接触式测头系统包括固定测头系统、手动旋转测头系统、自动旋转测头系统等。测头体和测头模块用磁性连接,测头与测头座采用螺纹连接。

测头座(图9-111)有固定测头座、手动双旋转和自动双旋转等,如PH10T、MH20、PH10M、MH20i等。

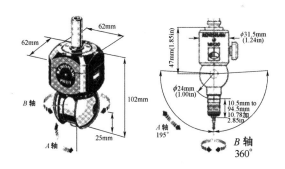

图9-111 测头座简图

测针模块(图9-112)主要连接测头座和测针,如TP7M、TP2、TP1S、TP200等。

常用的测针如图9-113所示。一般球形测针用于各种基本元素的测量。星形测针由5根相互垂直的球形测针组成,对于一些形状较为规范的工件的测量,减少了单位转换针位的麻烦。柱形测针用于测量一些薄片工件的外形尺寸或结构尺寸。

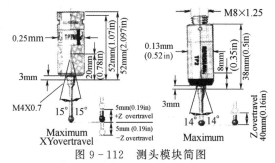

图 9-112　测头模块简图

图 9-113　常用测针

(a)盘形测针；(b)球形测针(单针)；(c)星形测针；
(d)柱形测针；(e)锥形测针；(f)半球形测针。

9.3.1.4　三坐标测量机控制系统

1. 控制系统

控制系统是三坐标测量机的三大组成部分

之一,主要是读取测头数值,对测头信号进行实时响应和处理后控制机械系统实现测量所必须的运动。三坐标系统硬件结构如图 9-114 所示,三坐标测量机按控制方式分类见表 9-42。

1) 手动型与机动型控制系统

这类控制系统结构简单、操作方便、价格低廉,在车间中应用较广。这两类坐标测量机的标尺系统通常为光栅,测头一般采用触发式。触发式标尺工作过程:当触发式测头接触工件时,测头发出触发信号,通过测头控制接口向 CPU 发出一个中断信号,CPU 则执行相应的中断服务程序,实时地读出计数接口单元的数值,计算出相应的空间长度,形成采样坐标值 X、Y 和 Z,将其送入采样数据缓冲区,供后续的数据处理使用,如图 9-115 所示。

2) CNC 型控制系统

CNC 型控制系统的测量进给是由计算机控制的,如图 9-116 所示。它可以通过程序对测量机各轴的运动进行控制以及对测量机运行状态进行实时监测,从而实现自动测量;也可以通过操纵杆进行手工测量。

CNC 型控制系统又可分为集中控制与分布控制两类。

集中控制由一个主 CPU 实现监测与坐标值

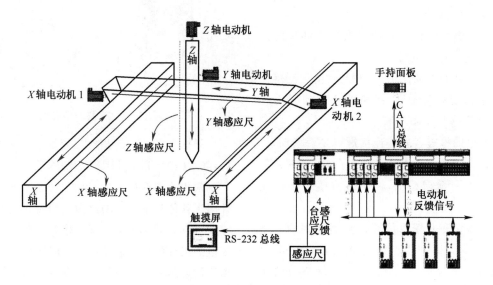

图 9-114　三坐标系统硬件结构

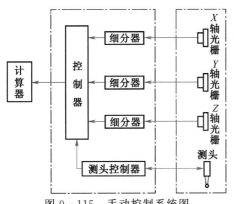

图 9-115　手动控制系统图

的采样,完成主计算机命令的接收、解释与执行、状态信息及数据的回送与实时显示、控制命令的键盘输入及安全监测等任务。它的运动控制是由一个独立模块完成的,该模块是一个相对独立的计算机系统,完成单轴的伺服控制、三轴联动以及运动状态的监测。从功能上看,运动控制 CPU 既要完成数字调节器的运算,又要进行插补运算,运算量大,其实时性与测量进给速度取决于 CPU 的速度。

　　分布式控制是指系统中使用多个 CPU,每个 CPU 完成特定的控制,同时这些 CPU 协调工作,共同完成测量任务,因而速度快,提高了控制系统的实时性。另外,分布式控制的特点是多 CPU 并行处理,由于它是单元式的,故维修方便、便于扩充。如要增加一个转台,则只需在

系统中再扩充一个单轴控制单元,并定义它在总线上的地址和增加相应的软件就可以。

　　数控系统主要由控制器、驱动器、细分器、光栅、测头、电动机等部分组成。

　　控制器:控制器是整个数控系统的核心,具有运动控制、计数、保护等功能。先进的控制器都具有比较完善的调试和自检功能。

　　光栅尺:光栅尺有金属、玻璃等几种,在 1mm 的间距内有高达 10 条～100 条刻线,每条刻线间的距离为 $10\mu m$～$100\mu m$(根据所选用的光栅尺的型号不同而定)。

　　细分器:读数头输出的是周期为 $10\mu m$～$100\mu m$ 的电流或电压信号,细分器的任务就是对这信号进行放大、细分和数字化,即可以使测量机的计数分辨力达 $1\mu m$～$0.1\mu m$ 甚至更高。细分器根据其工作原理的不同,可分为硬细分和软细分两种。硬细分主要由电阻链组成,细分倍数一般是 5 的倍数,常见的细分倍数为 20 倍、40 倍、100 倍等几种。软细分是以单片机为核心,细分倍数一般是 8 的倍数。

　　测头:测头根据不同的划分方式可分为触发式、扫描式、接触式、非接触式、电子式、光学式等几种,根据用户零件的检测需求配置不同的测头。

　　测座:一般分为固定测座、手动旋转测座和

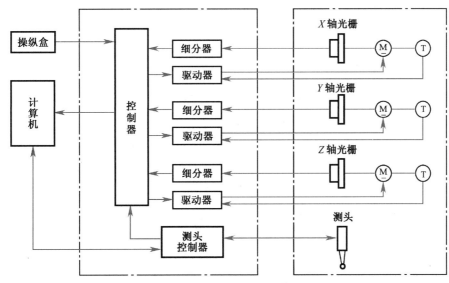

图 9-116　CNC 控制系统图

自动旋转测座几大类。固定测座不可旋转,只能垂直测量。

电动机:绝大多数的测量机采用交流或直流伺服电动机,也有少数采用直线电动机、步进电动机等。由于三坐标测量机精度高,在测量时又经常高速地正/反向切换,若每分钟采集100个点,则电动机就必须每分钟正/反向切换200次,且要求运行平稳。因此,测量机所选用的电动机性能要求很高,要求启动扭矩大、启动电压低、时间响应快。

驱动器:驱动器的性能直接影响三坐标测量机的运行特性。在20世纪80年代,三坐标测量机上一般采用的是晶体管线性放大驱动系统。进入90年代后,PWM驱动器在高精度伺服控制领域得到了最为广泛的应用,其调速比高、响应速度快、启动性能好。驱动器不但应具有良好的控制性能,还具有过压、过流、过速、过热等多种保护手段。

手操盒:由手操杆和功能键组成。操纵杆偏移的方向即是三坐标测量机运动的方向,偏移的角度控制着三坐标测量机的运行速度。功能键一般由急停键、速度控制键、快/慢速转换键、单轴锁定键、电动机加电键、虚点记录键、元素确认键、删除键等组成。

3)控制系统的通信

控制系统的通信包括内通信和外通信。内通信是指主计算机与控制系统两者之间相互传送命令、参数、状态与数据等,这些是通过连接主计算机与控制系统的通信总线实现的。外通信则是指当三坐标测量机作为FMS或CIMS中的组成部分时,控制系统与其他设备间的通信。目前,用于坐标测量机通信的主要有串行RS-232标准与并行IEEE-488标准。

2.测量进给控制

手动型以外的坐标测量机是通过操纵杆或CNC程序对伺服电动机进行速度控制,以此来控制测头和测量工作台按设定的轨迹作相对运动,从而实现对工件的测量。三坐标测量机的测量进给与数控机床的加工进给基本相同,但其对运动精度、运动平稳性及响应速度的要求更高。三坐标测量机的运动控制包括单轴伺服控制和多轴联动控制。单轴伺服控制较为简单,各轴的运动控制由各自的单轴伺服控制器完成。但当要求测头在三维空间按预定的轨迹相对于工件运动时,则需要CPU控制三轴按一定的算法联动来实现测头的空间运动,这样的控制由上述单轴伺服控制及插补器共同完成。在三坐标测量机控制系统中,插补器由CPU程序控制来实现。根据设定的轨迹,CPU不断向三轴伺服控制系统提供坐标轴的位置命令,单轴伺服控制系统则不断跟踪,从而使测头一步一步地从起点向终点运动。

9.3.1.5 三坐标测量机软件

1.测量程序的编程软件编制方式

1)图示及窗口编程

图示及窗口编程是最简单的方式,它通过图形菜单选择被测元素,建立坐标系,并通过"窗口"提示选择操作过程及输入参数,编制测量程序。该方式仅适用于比较简单的单项几何元素测量的程序编制。

2)自学习编程

这种方式是在CNC测量机上,由操作者引导测量过程,并键入相应指令,直到完成测量,而由计算机自动记录操作者手动操作的过程及相关信息,并自动生成相应的测量程序。若要重复测量同种零件,只需调用该测量程序,便可自动完成以前记录的全部测量过程。该方式适合于批量检测,也属于比较简单的编程方式。

3)脱机编程

这种方式是采用三坐标测量机生产厂家提供的专用测量机语言在其他通用计算机上预先编制好测量程序,它与坐标测量机的开启无关。编制好程序后再到测量机上试运行,若发现错误则进行修改。其优点是能解决很复杂的测量工作,缺点是容易出错。

4)自动编程

在计算机集成制造系统中,通常由CAD/

CAM 系统自动生成测量程序。三坐标测量机一方面读取由 CAD 系统生成的设计图纸数据文件,自动构造虚拟工件;另一方面接受由 CAM 加工出的实际工件,并根据虚拟工件自动生成测量路径,实现无人自动测量。这一过程中的测量程序完全由系统自动生成。

2. 测量软件包

测量软件包可含有许多种类的数据处理程序,以满足工程需要。一般将三坐标测量机的测量软件包分为通用测量软件包和专用测量软件包。通用测量软件包主要是指针对点、线、面、圆、圆柱、圆锥、球等基本几何元素及其形位误差、相互关系进行测量的软件包。通常,各三坐标测量机都配置有这类软件包。专用测量软件包是指坐标测量机生产厂家为了提高对一些特定测量对象进行测量的测量效率和测量精度而开发的测量软件包。

3. 系统调试软件

用于调试测量机及其控制系统,一般具有以下软件:

(1) 自检及故障分析软件包:用于检查系统故障并自动显示故障类别。

(2) 误差补偿软件包:用于对三坐标测量机的几何误差进行检测,在三坐标测量机工作时,按检测结果对测量机误差进行修正。

(3) 系统参数识别及控制参数优化软件包:用于三坐标测量机控制系统的总调试,并生成具有优化参数的用户运行文件。

(4) 精度测试及验收测量软件包:用于按验收标准测量检具。

4. 系统工作软件

测量软件系统必须配置一些属于协调和辅助性质的工作软件,其中有些是必备的,有些用于扩充功能。

(1) 测头管理软件:用于测头校准、测头旋转控制等。

(2) 数控运行软件:用于测头运动控制。

(3) 系统监控软件:用于对系统进行监控(如监控、气源等)。

(4) 编译系统软件:用此程序编译,生成运行目标码。

(5) DMIS 接口软件:用于翻译 DMIS 格式文件。

(6) 数据文件管理软件:用于各类文件管理。

(7) 联网通信软件:用于与其他计算机实现双向或单向通信。

5. 三坐标测量机在逆向工程上的应用

逆向工程技术(Reverse Engineering, RE)也称为反求工程技术,是指在没有技术文档的情况下,针对现有的三维实物,利用现有的数字化测量设备准确、快速地测得轮廓几何数据,并加以建构、编辑、修改生成通用输出格式的曲面数字化模型,再送入通用的 CAD/CAM 中或 RP 系统中,最后复制出实物或原形的过程。

逆向工程是由高速三维激光扫描机对已有的样品或模型进行准确、高速的扫描,得到其三维轮廓数据,配合逆向软件进行曲面重构,并对重构的曲面进行在线精度分析、评价构造效果,最终生成 IGES 或 STL 数据,据此就能进行快速成形或 CNC 数控加工。IGES 数据可传给一般的 CAD 系统(如 GeoMagic、UG、MDT 等),进一步修改和再设计。另外,也可传给一些 CAM 系统(如 ImageWare、MASTERCAM、SMART－CAM 等),做刀具路径设定,产生数控代码,由 CNC 机床将实体加工出来。STL 数据经曲面断层处理后,可以直接由激光快速成形方式将实体制作出来。利用 CAD 信息自动生成测量程序,通过三坐标测量机完成对产品的测量任务,获得测量结果再与 CAD 信息进行比较来评价产品的加工准确度。

9.3.1.6 三坐标测量机的选择及应用

1. 三坐标测量机的选择

选择三坐标测量机时,需考虑行程范围、精度和重复性、速度和效率、测量方法、软件的性能、软件的 CAD 性能、零件的装夹方法、环境要求和数据输出等因素。

2. 三坐标测量机的应用

1) 三坐标测量机一般应用

(1) 几何元素的测量。

① 基本几何元素的测量：对于不同的几何元素，其对应的测点数也有所不同（表9-47），在测量工件时，将测针放在工件的表面上运动，当条件满足时，相应几何元素的图标便被激活。可根据测量的几何元素类型点击对应的图标，测量结果就会显示在下面的结果栏中。

表9-47 基本元素参数

名称	测点数 n	X/RY/AZ	$A_1/A_2/A_3$	距离/角度/直径	形状误差
点	$n \geq 1$	点的坐标	—	—	—
圆	$n \geq 3$	圆心点的坐标	—	圆的直径	圆度
椭圆	$n \geq 5$	椭圆中心点坐标	长轴长度，短轴长度	长轴与空间最近轴的夹角	
球	$n \geq 4$	球心点的坐标	—	球的直径	圆度
直线	$n \geq 2$	当前坐标原点到该直线作垂线，垂足点的坐标	直线与空间三轴的夹角	—	直线度
平面	$n \geq 3$	当前坐标原点到该面作垂线，垂足点的坐标	平面法线与空间三轴的夹角	—	平面度
圆柱	$n \geq 8$	当前坐标原点到该直线作垂线，垂足点的坐标	轴线与空间三轴的夹角	圆柱直径	—
圆锥	$n \geq 8$	圆锥顶点的坐标	轴线与空间三轴的夹角	锥顶半角	—

② 组合元素的测量：相交、距离、夹角、垂足、对称、镜像等。

(2) 形位公差的测量。

形状公差的测量见表9-48。

位置公差的评定，一般先测量基准要素，建立坐标系，测量被测要素，点击相应图标，输入公差值后评定。将位置公差分成三类进行评定：定向公差，包括平行度、垂直度、倾斜度；定位公差，包括同柱度、同心度、对称度、位置度；跳动公差，包括径向跳动、端面跳动。

(3) 坐标系的建立方法见表9-49。

建立零件坐标系是非常灵活的，在测量过程

表9-48 形状公差的测量

名称	测点数 n	要求	公差带形状	名称	测点数 n	要求	公差带形状
平面直线度	$n \geq 3$	要选择投影面	两平行线之间的区域	圆度	$n \geq 4$	—	两同心圆之间的区域
空间直线度	$n \geq 3$	—	圆柱面内区域	圆柱度	$n \geq 8$	上、下截面各采4个点，中间区域多个截面上采点	两同轴圆柱之间的区域
平面度	$n \geq 4$	—	两平行平面内的区域				

表9-49 三坐标测量机建立坐标系的方法

分类名称	主要特点
工件位置找正建立坐标系	应用规则的几何元素建立工件坐标系
三个中心点找正建立坐标系	主要应用在三点确定工件位置的情况，适应于大批量生产
曲面321找正（复杂曲面找正）建立零件坐标系	主要应用在PCS的原点不在工件本身或无法找到相应的基准元素（如面、孔、线等）来确定轴向或原点，多为曲面薄臂、钣金类零件
RPS找正建立零件坐标系	应用场合与曲面321找正相同，但前三个RPS点不是用于直接建立第一基准轴，而且通过复杂数学方法由软件自动计算出特定平面，再用该平面建立第一基准轴

中可能根据具体情况和测量需要多次建立及反复调用零件坐标系,而只有在评价零件的被测元素时要准确地识别和采用各种要求的基准进行计算和评价。对于不清楚或不确定的计算基准问题,一定要取得责任工艺员或工程师的认可和批准,方可给出检测结论。

2) 三坐标测量机典型应用

(1) 测量箱体类工件。

(2) 测量复杂几何量(如齿轮、凸轮轴、转子、机翼、拉刀、滚刀等)。

(3) 测量自由形状轮廓曲面(模具、冲压件、塑料件等)。

(4) 测量高精度工件。

(5) 测量大型、超大型工件。

(6) 测量汽车零部件等。

9.3.2 数控机床在线检测

数控机床在线检测技术是在数控机床上安装在机测头系统,完成包括加工前测量、加工循环中监测以及加工后检测等多种自动检测功能,实现数控机床工件坐标系自动调整、在线质量监控和在线检测,并通过误差补偿技术,提高检测误差。

1977年,在汉诺威欧洲机床展览会上,展出了由英国Renishaw研制的世界上第一套"循环中测量系统"——Renishaw系统,这项技术迅速得到了推广;1981年,在汉诺威展览会上,有32种机床采用了Renishaw系统;1983年,巴黎机床展览会上则达到了65种;至20世纪80年代中期,在国外一些先进的数控机床上几乎都配有触发式测头检测系统,系统的功能和用途也随之不断完善扩大。在1997年北京国际机床工具展览会上,展出了以Renishaw为代表的多种类型的自动测量系统,包括触发式测头系统、非接触式与扫描式测头系统等。计算机辅助数控机床在线检测及误差补偿技术的研究和普及,必将使数控机床在线检测技术提高到一个新的水平。

使用在线检测系统的最大优点是能节省工时,并能改善精度。首先它减少了工件找正和手工检测所耗费的大量时间,一般可减少测量工时70%以上,工件越复杂,节约工时越明显;其次采用这种检测方法,将能随时根据加工过程中出现的变化情况及时进行调整和补偿,以达到规定的加工精度。因此,数控机床在线检测系统在某种程度上起着约束适应控制的作用,构成了数控机床质量保证系统中的一个重要环节。

但与三坐标测量机相比,数控数控机床在线检测的精度、效率及可操作性均存在很大差距。计算机辅助在线检测系统(CAIS)作为CIMS的重要组成部分之一,近年来受到密切关注,国内外开始对此项技术进行研究,其主要目标是根据CAD结果确定毛坯、零部件或成品的自动检测规划。

数控机床在线检测技术已取得了不少成果。国外以英国Renishaw公司为代表,开发了多种类型的测头,并已在许多数控机床上应用;国内北京机床研究所、航天部303所等单位也相继研制出机床在机测头,其测量控制和数据处理都在数控宏程序中完成,已可以实现简单的点、线、面等基本形体几何参数的测量。常用的测头见表9-50～表9-54所列。

表9-50　Renishaw用于工件找正和工件检测的机床测头

型号	性　能　特　点
MP12	电池寿命长,尺寸整体小
OMP40	适合小型数控机床和日益增长的高速、带HSK和小锥柄主轴机床;长度为50mm、直径为40mm,传输距离超过4m

（续）

型号	性 能 特 点
OMP400	精巧型三维测量，三维性能好，能够测量立体表面，同时维持很高的精度
OMP60	易于在中小型机床上安装；先进的调制光学传输，传输距离达6m；测头可通过M代码、旋转或刀柄上的开关开启；采用IPX8防护标准，适合任何恶劣工作环境
MP700	测量复杂轮廓工件及带有较深通孔的大型工件；优越的三维测量性能，重复精度为0.25μm(2δ)；传输距离达6m
MP700E	可在大型、多轴机床上进行测量；传输距离达9m
RMP60	适合在大中型机床上安装；直径为63mm，长度为76mm；测头可通过M代码、旋转或刀柄上的开关开启；采用IPX8防护标准，适合任何恶劣工作环境；FHSS(调频)无线电传输，没有通道选择要求，传输距离达15m
RMP600	适合对多种数控机床进行三维测量；高精度测量，小型高精度触发式测头

表 9-51　Renishaw 车削/磨削中心用工件检测测头

型号	性 能 特 点
LTO2S	安装在刀塔上的工件检测测头，用于LP2和LP2H测头的刀塔安装式紧凑型光学传输系统；可在现场更换电池，不需重新标定
LTO2T/LTO3T	坚固的防护切削用钢制罩壳；直柄式安装，用于LP2和LP2H测头的直柄安装式紧凑型光学传输系统
MP250	应变片式测头，能在曲面等高精度测量应用中达到亚微米级的三维性能；直径为25mm，长度为40mm；可用于磨床的恶劣环境，测头体的密封材料耐腐蚀、耐高温

表 9 - 52　Renishaw 对刀及刀具破损检测测头

型号	性 能 特 点
NC3/NC4	NC4 具有超小型激光发射器和接收器，30mm×35mm；监视并对机床的热变形进行补偿；可设定小如 ϕ0.2mm 的刀具及对小如 ϕ0.1mm 的刀具进行破损检测
TS27R	在机床上精确测量刀具长度和直径；可对旋转刀具进行长度或直径测量而不造成刀具或探针磨损；刀具破损检测可识别破损的刀具，避免工件报废
TRS2	快速非接触式刀具破损检测；单侧式设备，通常能在 1s 内识别旋转刀具的存在
OTS	接触式无线对刀和刀具破损检测；采用光学信号传输，可在机床工作台上进行无线操作

表 9 - 53　Renishaw 车削中心用在机测头

型号	性 能 特 点
HPRA	可用于具有"Y"轴的机床上；多种不同尺寸，高重复安装精度的插拔式对刀臂；测头探针重复定位精度在 5μm（2δ）以内
HPPA	采用专利的旋转装置自动把对刀臂锁紧到机械定位结构；多种不同尺寸，高重复工作精度的下拉式对刀臂；测头探针重复定位精度在 5μm（2δ）以内
	电动机驱动的全自动精密对刀臂，完全在程序控制下实现机内自动对刀和刀具破损检测；使用三维测头本体，可用于具有"Y"轴的机床上
LP2/LP2H	袖珍型三维侧头，灵活性好。大越量程（±12.5°）；操作重复精度：LP2 为 1μm（2δ），LP2H 为 2μm（2δ）；可与 MA4 90°转接头及 LPE 加长杆配套使用
RP3	用于高精度对刀臂的对刀测头，紧凑型 5 轴对刀测头

表 9 - 54　其他测头

型号	性能特点
RenishawNCPCB	用于 PCB 钻孔机的非接触式对刀系统,提供偏心检测、对刀和刀具破损检测的一套简单紧凑型系统
德国 blum tc 系列	可承受高加速度和测量速度,在各个测量方向有高测量精度;内部采用光电式信号触发原理;测杆带有自对心设计,更换时免除调整对心;可用于 CNC 在磨床、车床和铣床上的自动刀具测量及工件测量
意大利 marposs t25 系列测头	通用性高;接收器与发射器间无须导线连接能和各种传输系统配套使用;依机床与厂房配置,在同一厂房可同时设定,使用 316 组测头;抗干扰能力强;MIDA 无线电传输测头系统,为大型或 5 轴数控机床而设计
海克斯康 TESA 测头	TESASTAR-p 全系列高精度全方位触发式测头;TESASTAR-mp 带磁力吸盘测头,无需重复校验可手动或自动更换探针吸盘;TESASTAR-i 可定位测头,在两轴方向上 15°步距分度可实现测针在 168 个不同位置的快速定位而不用重新校正,测头拥有适合单手操作的双按钮设计
海克斯康 m&h 测头 (德国)	无线电触发测头,红外触发测头
MPP、TP、SP、MTP 系统测头	动态侧头,如 MPP-300Q/MPP-300 超高精度低测力型、MPP-100 高精度高速扫描型、SP80 带 500mm 延长杆的高精度型、MPP-10 可测有效螺纹深度、SP25M 袖珍高精度型;接触触发式测头,如 MTP2000 超高精度型、TP7M 高精度型、TP200 袖珍高精度可更换测头型、MH20i/MH20 高精度型
国产 tp300 电缆通信测头 系统	应用在各种磨床或专用测量机上检测工件的加工基准或尺寸;用于磨床、专用测量机和大批量生产;IPX8 防护等级
国产 cps-10/11	在数控车削加工中自动设定工件的加工基准或检测加工的尺寸;加工精度的控制和刀具磨损的自动补偿;自动进行测头标定
国产 触发型 ep60、tp60 电缆通信型 ops-10、tp600	用于数控机床,数控镗、铣床;加工精度的控制和刀具磨损的自动补偿自动进行测头标定

9.3.2.1　数控机床在线检测系统组成及工作原理

1. 数控机床在机检测系统组成

　　数控机床在机检测系统分为两种:一种是直接调用基本宏程序,而不用计算机辅助;另一种是要自己开发宏程序库,借助于计算机辅助编程系统,自动生成检测程序,然后传输到数控系统中。计算机辅助数控机床在机检测系统组成如图 9-117 所示。

　　硬件部分通常由以下几部分组成:

　　(1)机床本体:机床本体是实现加工、检测的

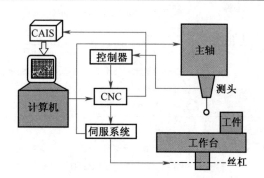

图 9-117　计算机辅助数控机床在机检测系统组成

基础,其工作部件是实现所需基本运动的部件,其传动部件的精度直接影响着加工、检测的精度。

　　(2)数控系统:目前,数控机床一般都采用

CNC 系统,其主要特点是输入存储、数控加工、插补运算以及机床各种控制功能都通过程序来实现。计算机与其他装置之间可通过接口设备连接,当控制对象或功能改变时,只需改变软件和接口。CNC 系统一般由中央处理存储器和输入/输出接口组成,中央处理器又由存储器、运算器、控制器和总线组成。

(3)伺服系统:伺服系统是数控机床的重要组成部分,用以实现数控机床的进给位置伺服控制和主轴转速(或位置)伺服控制。伺服系统的性能是决定机床加工精度、测量精度、表面质量和生产效率的主要因素。

(4)测量系统:测量系统由测头系统、信号传输器、控制器接口、数据处理单元及补偿控制单元组成。接触式触发测头像普通刀具一样安装在刀库中,由程序控制可自动调出并安装在机床主轴上,由程序控制进行自动测量并将测量结果反馈至机床控制系统。测量过程直接在数控系统控制下,通过调用用户测量宏程序完成。

①常用的触发式测头采用三点布局的结构设计,图9-118为触发式测头受力示意图。从图中看出,触发式测头由测杆座、测杆和测球组成,结构简单。信号检测系统属常闭系统,有较高的工作可靠性。触点 A、B、C 是测杆座三支承点。进行在线检测时,红宝石测球接触被测物体并达到一定测量力 $F(\theta)$(θ 为测头接触方位角),使得测杆对于支点产生的力矩大于由弹簧及芯体重力的合力 P 所产生的阻力矩时,触点开启,电流回路断开,发出触发信号。测头触

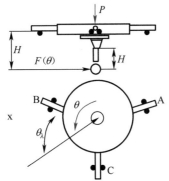

图 9-118　触发式测头受力示意图

发信号通过机床与测头接口成为数控机床可识别且反应的信号。一旦测量力消失,测头芯体带动测杆在弹簧力作用下复位。

②信号传输器根据触发式测头的安装条件,可分为信号连线传输式、信号电磁耦合式和信号红外辐射式三类。连线传输式用于测头固定连接的场合,一般多安装在数控车床刀架上。电磁耦合式和红外辐射式均为无线传输,用于测头和刀具交替更换的场合,如数控机床上使用的测头就需要这样的信号传输器。一般电磁耦合式的结构简单、可靠性较高。但当主轴本身有伸缩运动时,电磁耦合式就无法保证规定的间隙,因而此时使用红外辐射式就更为灵活方便和合适。

③控制器接口是测头与数控系统连接的中间环节。一方面,使数控系统经此供给测头电压(一般为 5V);另一方面,使触发时产生的带有不规则的振荡信号经整形输送给数控系统。如图9-119所示。信号经整形后呈理想的阶跃信号,以保证触发的控制信号无延时,并避免因信号振荡而引起的误差。

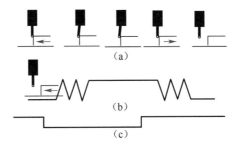

(a)

(b)

(c)

图 9-119　测头测量过程
(a)测头测量过程示意图;(b)测头发出的信号;
(c)经整形后由控制器接口输出的信号。

④坐标数据采集和处理单元在接收经过整形的触发信号后,用此信号控制数控系统的跳跃功能,中断程序的运行,并记录当前的坐标值;然后转入下一个程序段的运行,并重复上述过程,读取所需各点的坐标值。所采集的坐标值数据可经数控系统宏程序功能或外接的运算装置计算出误差值,由显示屏显示并打印输出。

⑤补偿控制单元根据反馈的误差信号自动执

行刀具的偏置或工件坐标的调整,以补偿测出的误差,保证下一个工件能获得正确的加工尺寸。

(5)计算机系统。在线检测系统利用计算机进行测量数据的采集和处理、检测数控程序的生成、检测过程的仿真及与数控机床通信等功能。在线检测系统考虑到运行目前流行的 Windows 和 CAD/CAM/CAPP/CAM 以及 VC++等软件,以及减少测量结果的分析和计算时间。

2. 数控机床在线检测的工作原理

实现数控机床的在线检测时,首先要在计算机辅助编程系统上自动生成检测主程序,将检测主程序由通信接口传输给数控机床,通过"G31"跳步指令,使测头按程序规定路径运动,当测球接触工件时发出触发信号,通过测头与数控系统的专用接口将触发信号传到转换器,并将触发信号转换后传给机床的控制系统,该

点的坐标被记录下来。信号被接收后,机床停止运动,测量点的坐标通过通信接口传回计算机,然后进行下一个测量动作。上位机通过监测 CNC 系统返回的测量值,可对系统测量结果进行计算补偿及可视化等各项数据处理工作。

9.3.2.2 在线测量基本体路径规划

测量典型几何形状时步骤如下:

(1)确定零件的待测形状特征几何要素;

(2)确定零件的待测精度特征;

(3)根据测量的形状特征几何要素和精度特征,确定检测点数及分布;

(4)根据测点数及分布形式建立数学计算公式;

(5)确定检测零件的工件坐标系;

(6)根据检测条件确定检测路径。

基本体测量路径规划见表 9 - 55。

表 9 - 55　基本体测量路径规划

名称	测量方法	检测路径
圆孔测量	圆孔采用四点测量方法,先沿 Y 轴进行圆心找正,然后沿 X 轴测量,再沿 Y 轴测量	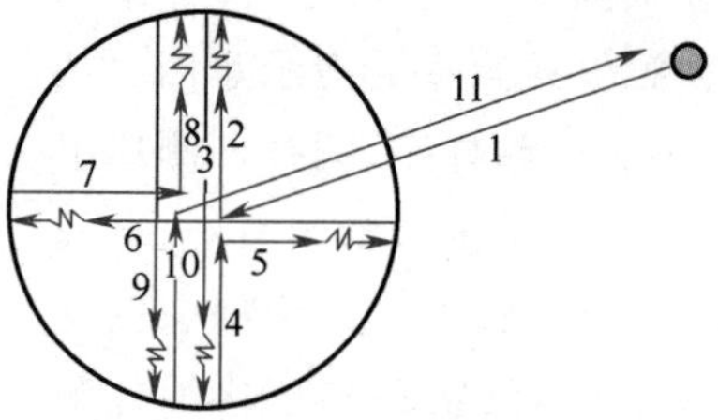
平面测量	与坐标轴平行平面	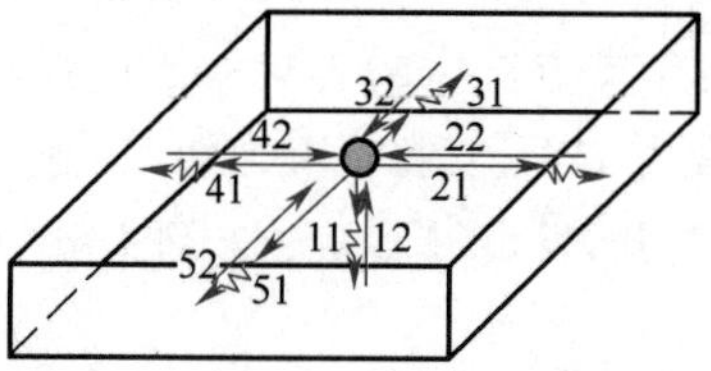
	空间任意平面(以沿 Z 轴测量为例)	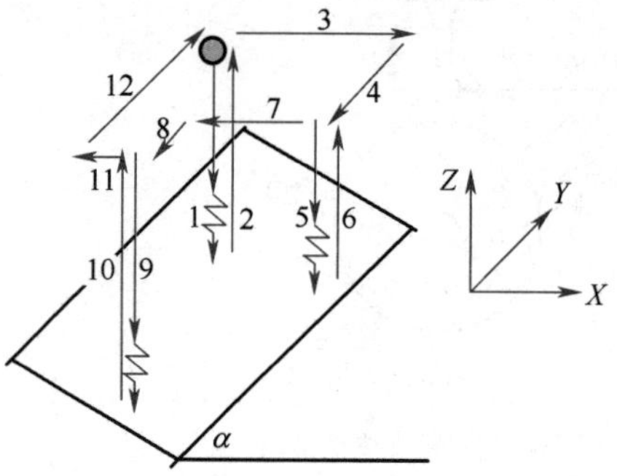

名称	测量方法	检 测 路 径
凸台类测量	凸台采用三点测量方法，对于基本与 Y 轴平行的凸台；基本与 X 轴平行的凸台，把下图旋转 90°即可	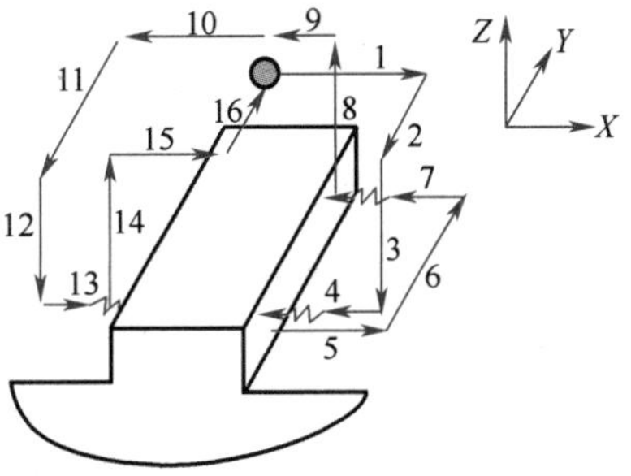
圆柱类测量	圆柱采用四点测量方法，开始时，圆柱测量和圆孔测量一样，先沿 Y 轴找正，为使图形清晰，在此图中简略	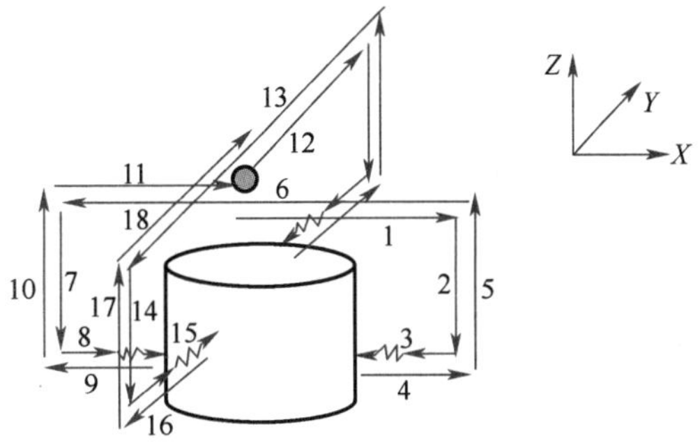
空间点测量	目前只能测量 X、Y、Z 轴三个方向上的点，因为对于空间任意一点，由于测量方向不固定，所以不能进行测球半径补偿	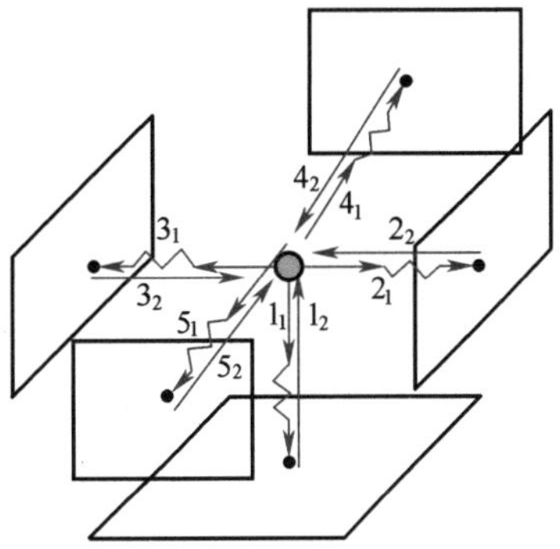
凹槽类测量	槽采用三点测量方法，对于基本与 X 轴平行的槽；基本与 Y 轴平行的槽，把下图旋转 90°即可	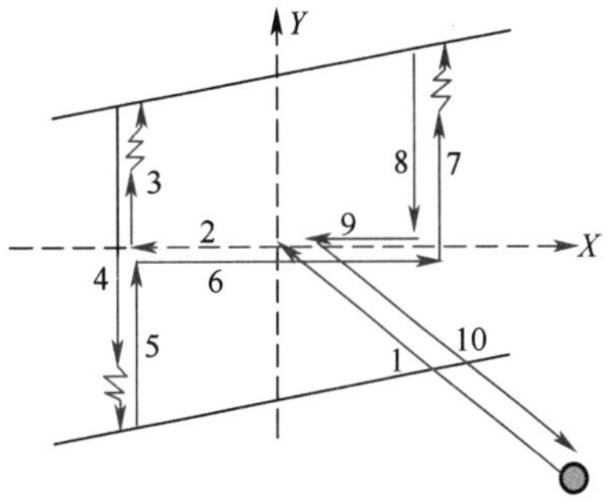

数控机床工装系统

（续）

名称	测量方法	检 测 路 径
球测量	球采用两点测量方法。首先沿 X 和 Y 轴进行测球中心找正，然后运用球顶点的 Z 坐标和底点坐标来计算球的直径	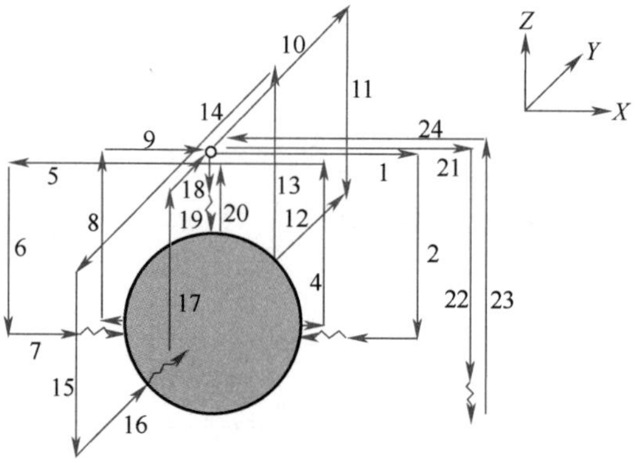
圆锥测量	圆锥采用五点测量方法，这样既可以测出圆锥底圆直径和高，也可计算出圆锥底角的大小。此类测量方法同样适用于圆台。先沿 Y 轴进行找正，再沿 X 轴测量四个点的坐标	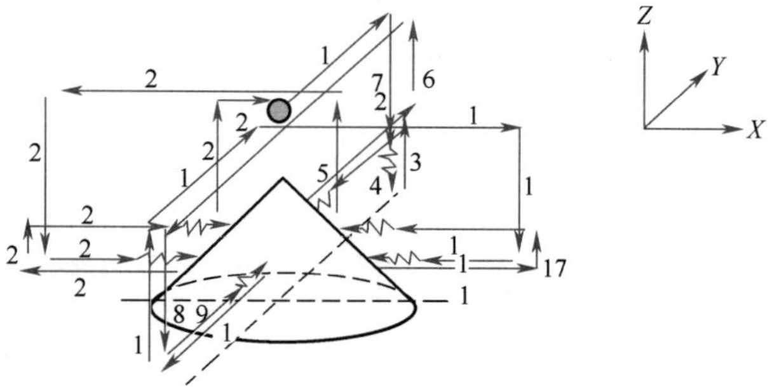
阶梯测量	阶梯采用两点测量方法	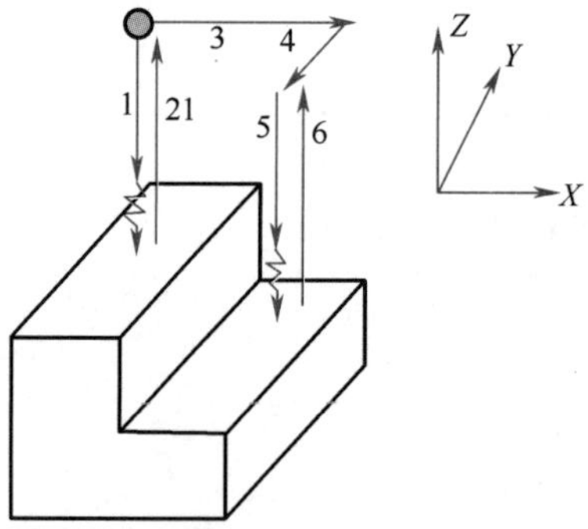
平缓曲面测量	平缓曲面的测量采用网格结构的形式，先沿 X 轴（或 Y 轴）向测量，再沿 Y 轴（或 X 轴）向测量	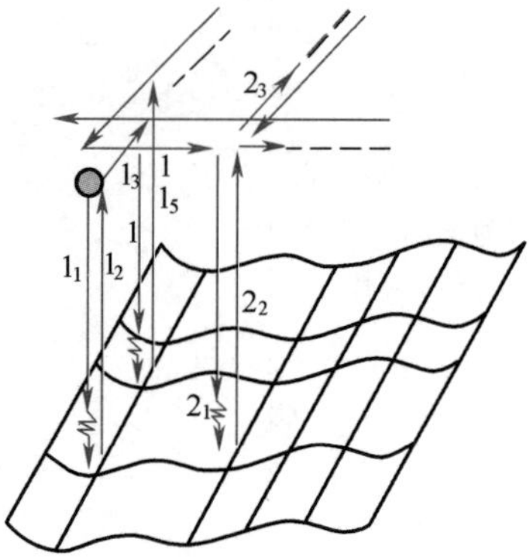

9.3.2.3　数控机床在线检测系统应用举例

检测系统的硬件环境为MAKINOFANUC86-A20立式三轴加工中心(具有 RS-232 通信接口)、Renishaw-MP3 机械触发式测头(测球直径 5mm,测杆长度 50mm)。软件支持环境为 Windows2000 操作系统。MAKINO 加工中心基本结构简图如图 9-120 所示,图中给出了机床主要结构参数。

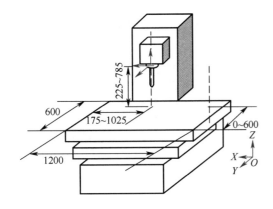

图 9-120　MAKINO 加工中心基本结构简图

所用的测量主程序如下:

```
%
O7401；
G54G90G00X0Y0Z0；
G65P7400B5.C500.F50.S5.T2.A50.D70.；
M30；
%
```

其中宏程序 O7400 中各变量代表意义如下:

B——测量过程中的后退距离;

C——测头快进速度;

F——测头慢进速度;

D——测头开始下降距离;

T——测量重复次数;

S——测球直径;

A——圆孔直径。

所用的测量宏程序如下:

```
%
O7400；
♯11＝♯5041；
♯12＝♯5042；
♯13＝♯5043；
♯28＝♯4001；
♯29＝♯4003；
M31；
M85；
G91G01Z-♯7F♯3；
G31Y♯1F500.；
G01Y-♯2F♯3；
G31Y[3＊♯2]F50.；
G01Y-♯2F♯9；
♯107＝♯5062；
G31Y-[♯1＋10.]F500.；
G01Y♯2F♯3；
G31Y-[3＊♯2]F50.；
G01Y♯2F♯9；
♯107＝♯107＋♯5062；
♯14＝♯107/2；
G90Y♯14F♯3；
G91G31X♯1F500.；
G01X-♯2F♯3；
G65P1000B♯2F♯9T♯20；
♯120＝♯100；
G31X-[♯1＋10.]F500.；
G01X♯2F♯3；
G65P1100B♯2F♯9T♯20；
♯120＝[♯120＋♯100]/2；
G90X♯120F♯3；
G91G31Y♯1F500.；
G01Y-♯2F♯3；
G65P1200B♯2F♯9T♯20；
♯121＝♯100；
G31Y-[♯1＋10.]F500.；
G01Y♯2F♯3；
G65P1300B♯2F♯9T♯20；
♯121＝[♯121＋♯100]/2；
G90Y♯121F♯3；
```

G00Z＃13；

G＃28G＃29；

M99；

％

如图9-121所示标准试件,安装在MAKI-NOFANUC86-A20立式三轴加工中心上,用Renishaw-MP3机械触发式测头,对试件上圆的直径D、矩形柱的长A和宽B及高H进行测量。其中测杆长度$H_1＝50mm$,测球直径$R＝5mm$。运行误差补偿软件,首先将系统结构参数及各测量坐标值输入误差补偿模块,计算出相应条件下数控机床几何误差及测头系统的误差参数;其次将系统结构参数及各测量坐标值输入误差补偿模块,并把实验中测的各测温点温度存入数据库,计算出相应条件下数控机床的几何误差、热误差及测头系统的误差参数;最后在MITUTOYO-BLN231三坐标测量机上,用PH9触发式测头对标准试件进行检测。测量结果的比较见表9-56。

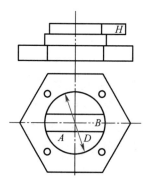

图9-121　标准试件图

9.3.3 测量仪

9.3.3.1 测量仪的种类

1. 尺类测量仪

尺类测量仪见表9-57。

表9-56　测量结果比较

名称	A	B	H	D
无补偿/mm	213.911	123.859	14.9334	245.242
三坐标测量机/mm	213.934	123.877	14.946	245.260
几何误差补偿/mm	213.923	123.869	14.941	245.251
精度提高百分比/%	52.1	55.6	60.3	50
热误差补偿/mm	213.929	123.874	14.944	245.256
精度提高百分比/%	78.3	83.3	84.1	77.8

表9-57　尺类测量仪

名称	图	特　点	技术参数	
高精度防水数显卡尺		①精度高于DIN862； ②分辨力:0.005mm； ③绝对和相对测量模式； ④防水等级IP54； ⑤不锈钢淬火	测量范围/mm 0～150 0～200 0～300	
带表卡尺		①符合DIN862； ②不锈钢淬火； ③镀钛导向面可选； ④硬质合金测量爪可选	测量范围 /mm	指示表分 辨力/mm
			0～100	0.02
			0～150	0.01
			0～150	0.02
			0～200	0.01
			0～200	0.02
			0～300	0.01
			0～300	0.02

名称	图	特　　点	技术参数	
深度游标卡尺	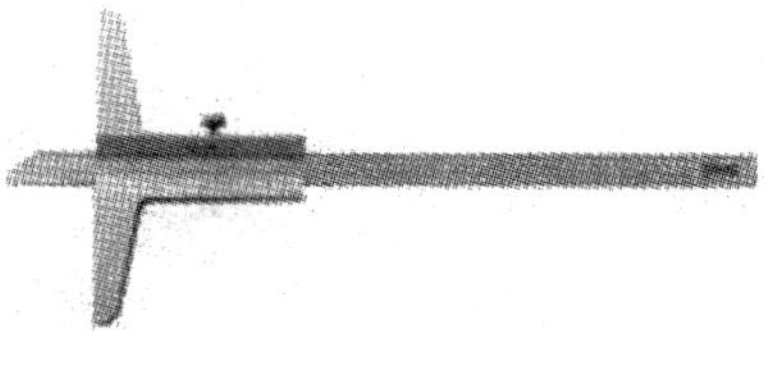	①分辨力:0.02mm; ②符合 DIN862 标准; ③不锈钢淬火	测量范围 /mm	底座长度 /mm
			0～150	100
			0～200	100
			0～300	100
			0～500	150
深度千分尺		①分度值:0.01mm; ②微分头精度:±3μm; ③测杆精度:±(2+L/75)μm, L 为测量范围(mm)		
数显齿厚卡尺	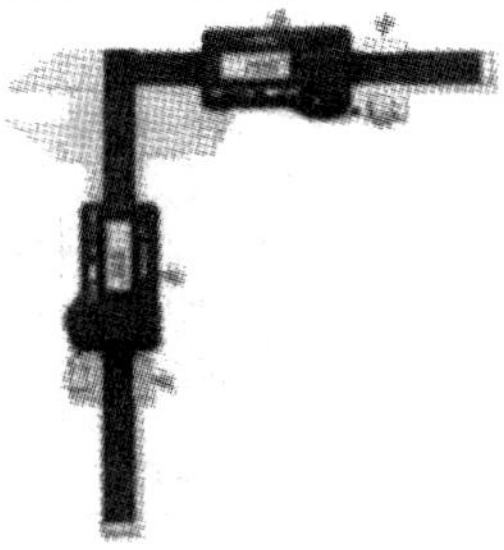	①以齿高定位测量齿厚; ②量爪测量面为硬质合金; ③分辨力:0.01mm/0.005″		
多柱数显高度尺	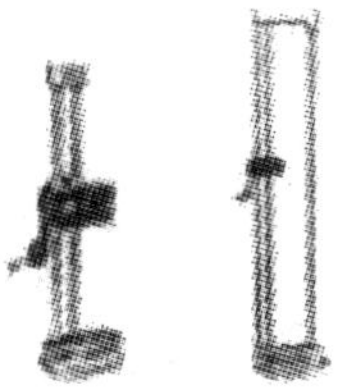	①分辨力:0.01mm; ②符合 DIN862 标准; ③不锈钢立柱及底座	测量范围 /mm	立柱数量 /个
			0～300	2
			0～450	2
			0～500	2
			0～600	2
			0～1000	3
外径千分尺	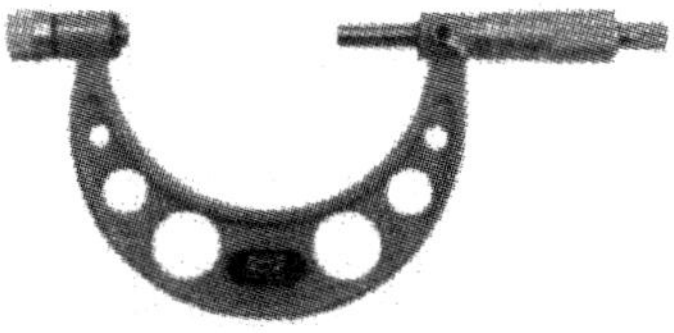	①分辨力:0.01mm; ②符合 DIN863 标准	测量范围: 0～25 25～50 50～75 75～100 100～125 125～150 150～175 175～200 200～225 225～250 250～275 275～300 0～75(3 支) 0～100(4 支) 0～150(6 支) 150～300(6 支) 0～300(12 支)	

第9章

数控机床工装系统

（续）

名称	图	特 点	技术参数
数显外径千分尺	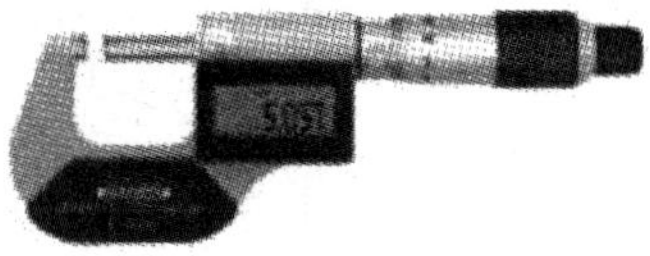	①防水等级 IP65； ②分辨力：0.001mm； ③符合 DIN863 标准； ④提供数据输出接口电缆	测量范围： 0～25 25～50 50～75 75～100 100～125 125～150 150～175 175～200 0～75(3 支)； 0～100(4 支)； 0～150(6 支)

名称	图	特 点	测量范围 /mm	精度 /μm
内径千分尺	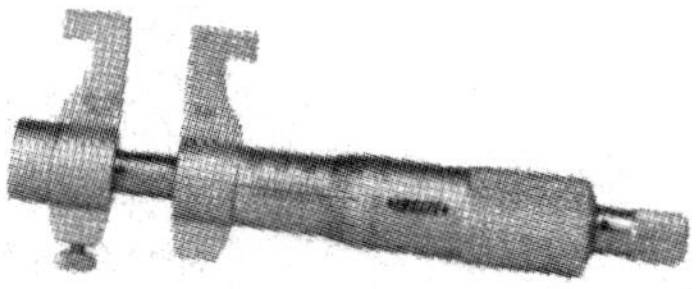	①分度值：0.01mm； ②硬质合金测量面； ③棘轮测力	5～30	5
			25～50	6
			50～75	7
			75～100	8
			100～125	9
			125～150	9

名称	图	特 点	测量范围 /(mm/(″))	精度 /μm
数显内经千分尺	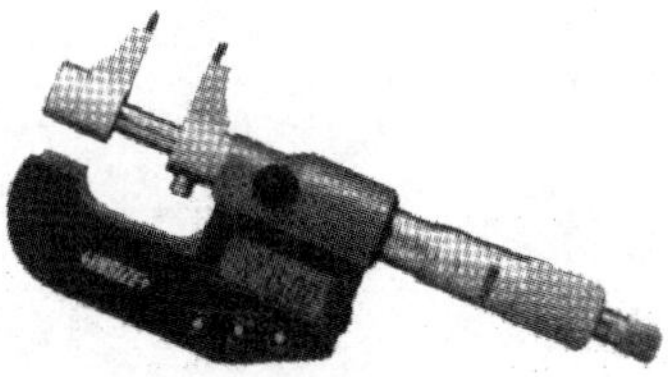	①分辨力：0.001mm/0.00005″ ②防尘/防水等级 IP54； ③RS-232 数据接口	(5～30)/(0.2～1.2)	±5
			(25～50)/(1～2)	±6
			(50～75)/(2～3)	±7

名称	图	特 点	技术参数
角度尺	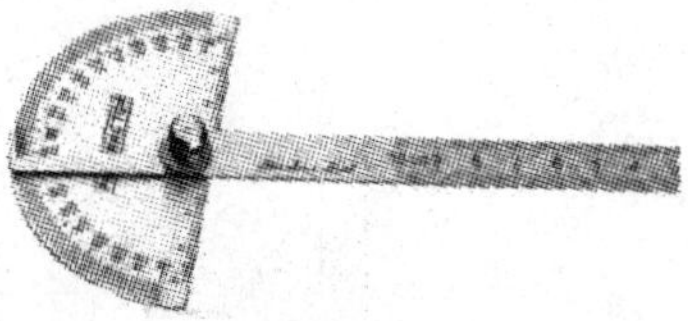	①不锈钢尺身； ②刻度面镀暗铬； ③带锁紧螺钉	测量范围：0°～180°； 分度值：1°； 精度：±0.3°
万能角度尺	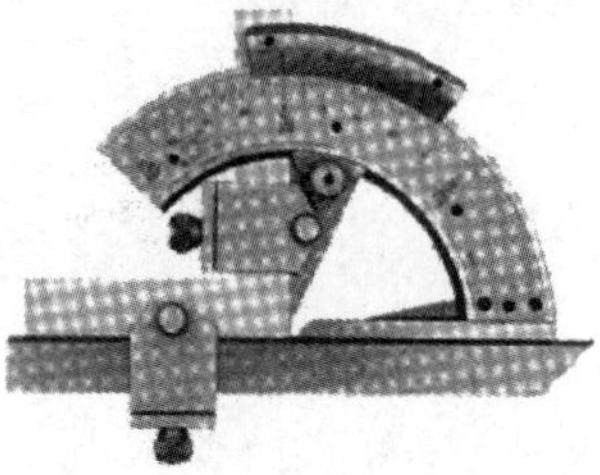	①另配 150mm 尺板； ②碳钢尺身	测量范围：0°～360°； 分度值：5′；精度：±5′

2. 量表类测量仪

量表类测量仪见表9-58。

表9-58 量表类测量仪

名称	图	特 点	技 术 参 数	
数显百分表		①分辨力:0.005mm; ②带耳后盖(平后盖可选)	测量范围 /mm	轴套直径 /mm
			0～10	8
			0～25	8
加长数显百分表		①分辨力:0.005mm; ②平耳后盖,带耳后盖备用	测量范围 /(mm/(″))	轴套直径 /mm
			(0～5) /(0～2)	8
公制百分表		①宝石轴承; ②表圈直径58mm,轴套直径8mm; ③平后盖(盖耳后盖可选); ④符合DIN878标准	测量范围 /mm	分辨力 /mm
			0～3	0.01
			0～5	0.01
			0～10	0.01
内径量表		①指示表分辨力:0.01mm; ②陶瓷活动测头和可换测砧,除6mm～10mm活动测头和可换测砧还有10mm～18mm和18mm～35mm的活动测头	测量范围 /mm	测量深度 /mm
			6～10	40
			10～18	100
			18～35	150
			35～50	150
			50～100	150
			50～160	150
			160～250	400
			250～450	400
杠杆表		①宝石轴承,防振; ②硬质合金测头,直径2mm; ③测针长度:13.5mm; ④两个夹柱:ϕ4mm和ϕ8mm; ⑤符合DIN2270标准	测量范围 /mm	分辨力 /mm
			0～0.8	0.01
			0～0.2	0.002

3. 规类测量仪

1)正弦规

正弦规技术参数见表9-59。

用途:配合使用量块按正弦原理组成标准角,在水平方向按微差比较方式测量工件角度和内、外锥体。

表 9-59　正弦规技术参数

滚轴中心间距/mm	工作台规格/mm
76.2±0.005	115×100
127±0.005	165×75
127±0.005	165×125
127±0.005	165×150
127±0.005	165×300
127±0.005	200×300
254±0.005	300×150
254±0.005	300×300

特点：

(1)与量块配合使用调试和检测角度的精密量仪；

(2)合金钢经热处理后精密研磨而成。

2)公制螺纹塞规

公制螺纹塞规技术参数见表 9-60。

表 9-60　公制螺纹塞规技术参数

用途:测量内螺纹尺寸的正确性。

特点:

(1)精度等级 6H(可选精度等级 5H、6G、7H);

(2)符合 DIN13 或 ISO1502—1996;

(3)Go 和 No Go 在一起。

规格	标准螺距/mm	规格	标准螺距/mm	规格	标准螺距/mm
M1.0	0.25	M14.0	2.00	M64.0	6.00
M1.1	0.25	M16.0	2.00	M68.0	6.00
M1.2	0.25	M18.0	2.50	M72.0	6.00
M1.4	0.30	M20.0	2.50	M76.0	6.00
M1.6	0.35	M22.0	2.50	M80.0	6.00
M1.8	0.35	M24.0	3.00	M85.0	6.00
M2.0	0.40	M27.0	3.00	M90.0	6.00
M2.2	0.45	M30.0	3.50	M95.0	6.00
M2.5	0.45	M33.0	3.50	M100.0	6.00
M3.0	0.50	M36.0	4.00	M105.0	6.00
M3.5	0.60	M39.0	4.00	M110.0	6.00
M4.0	0.70	M42.0	4.50	M115.0	6.00
M5.0	0.80	M45.0	4.50	M120.0	6.00
M6.0	1.00	M48.0	5.00	M125.0	6.00
M8.0	1.25	M52.0	5.00	M130.0	6.00
M10.0	1.50	M56.0	5.50	M140.0	6.00
M12.0	1.75	M60.0	5.50		

3)螺距规

螺距规技术参数见表9-61。

用途:适用于快速对比式测量工件的螺纹。

4)光滑极限塞规

光滑极限塞规技术参数见表9-62。

5)公制螺纹环规

公制螺纹环规技术参数见表9-63。

表9-61 螺距规技术参数

测量范围 /mm	螺纹 类型	叶片螺距/mm	叶片数量/片
0.4~7.0	公制 60°	0.4,0.5,0.7,0.75,0.8,0.9,1,1.25,1.5,1.75, 2,2.5,3,3.5,4,4.5,5,5.5,6,6.5,7	21
0.25~7.0	公制 60°	0.25,0.3,0.35,0.4,0.5,0.7,0.75,0.8,0.9,1, 1.25,1.5,1.75,2,2.5,3,3.5,4,4.5,5,5.5,6, 6.5,7	24

表9-62 光滑极限塞规技术参数

用途:用于螺纹各项参数,如大/中/小径、螺距、牙型半角的综合检测。

特点:

(1)符合 DIN2245 或 DIN2246 标准;

(2)精度等级 H7(H6 或 H8 可选);

(3)Go 和 NoGo 在一起。

货　号	规格/mm	规格/mm	规格/mm	规格/mm
4124-20	1.8	20	42	90
4124-21	2	21	44	92
4124-22	2.5	22	45	95
4124-23	3	23	46	98
4124-24	3.5	24	47	100
4124-25	4	25	48	105
4124-26	4.5	26	50	110
4124-27	5	27	52	115
4124-28	6	28	55	120
4124-29	7	29	58	125
4124-30	8	30	60	130
4124-31	9	31	62	150
4124-32	10	32	65	165
4124-33	11	33	68	180
4124-34	12	34	70	200
4124-35	13	35	72	220
4124-36	14	36	75	240
4124-37	15	37	80	250
4124-38	16	38	82	260
4124-39	17	39	85	280
4124-40	18	40	88	300

表9-63　公制螺纹环规技术参数

用途:检测外螺纹。

特点:

(1)精度等级6g(可选精度等级6e,8g);

(2)符合 DIN13 或 ISO1502—96。

类型		规格	标准螺距/mm	类型		规格	标准螺距/mm
Go	No Go	M1.0	0.25	Go	No Go	M33.0	3.50
Go	No Go	M1.1	0.25	Go	No Go	M36.0	4.00
Go	No Go	M1.2	0.25	Go	No Go	M39.0	4.00
Go	No Go	M1.4	0.30	Go	No Go	M42.0	4.50
Go	No Go	M1.6	0.35	Go	No Go	M45.0	4.50
Go	No Go	M1.8	0.35	Go	No Go	M48.0	5.00
Go	No Go	M2.0	0.40	Go	No Go	M52.0	5.00
Go	No Go	M2.2	0.45	Go	No Go	M56.0	5.50
Go	No Go	M2.5	0.45	Go	No Go	M60.0	5.50
Go	No Go	M3.0	0.50	Go	No Go	M64.0	6.00
Go	No Go	M3.5	0.60	Go	No Go	M68.0	6.00
Go	No Go	M4.0	0.70	Go	No Go	M72.0	6.00
Go	No Go	M5.0	0.80	Go	No Go	M76.0	6.00
Go	No Go	M6.0	1.00	Go	No Go	M80.0	6.00
Go	No Go	M8.0	1.25	Go	No Go	M85.0	6.00
Go	No Go	M10.0	1.50	Go	No Go	M90.0	6.00
Go	No Go	M12.0	1.75	Go	No Go	M95.0	6.00
Go	No Go	M14.0	2.00	Go	No Go	M100.0	6.00
Go	No Go	M16.0	2.00	Go	No Go	M105.0	6.00
Go	No Go	M18.0	2.50	Go	No Go	M110.0	6.00
Go	No Go	M20.0	2.50	Go	No Go	M115.0	6.00
Go	No Go	M22.0	2.50	Go	No Go	M120.0	6.00
Go	No Go	M24.0	3.00	Go	No Go	M125.0	6.00
Go	No Go	M27.0	3.00	Go	No Go	M130.0	6.00
Go	No Go	M30.0	3.50	Go	No Go	M140.0	6.00

4. 块类测量仪

1) 公制矩形量块

公制矩形量块技术参数见表 9-64。

2) 公制针规

公制针规技术参数见表 9-65。

表 9-64　公制矩形量块技术参数

特点:

(1) 采用合金钢制造;

(2) 每个量块都带有检验证书;

(3) 精度及技术条件符合 ISO36500 级(1级和2级可选)。

数量/块	规格/mm	间隔/mm	数量/块	规格/mm	间隔/mm
8	125~175	25	47	10~100	10
	200~250	50	76	1.005	
	300~500	100		1.01~1.49	0.01
10	0.991~1.000	0.001		0.5~9.5	0.5
10	1.000~1.009	0.001		10~50	10
10	1.991~2.000	0.001		75~100	25
10	2.000~2.009	0.001		0.5	
32	1.005		83	1	
	1.01~1.09	0.01		1.005	
	1.1~1.9	0.1		1.01~1.49	0.01
	1~9	1		1.5~1.9	0.1
	10~30	10		2~9.5	0.5
	50			10~100	10
46	1		87	1.001~1.009	0.001
	1.001~1.009	0.001		1.01~1.49	0.01
	1.01~1.09	0.01		0.5~9.5	0.5
	1.1~1.9	0.1		10~100	10
	2~9	1	88	1.0005	
	10~100	10		1.001~1.009	0.001
47	1.005			1.01~1.49	0.01
	1.01~1.19	0.01		0.5~9.5	0.5
	1.2~1.9	0.1	103	10~100	10
	1~9	1		1.005	

（续）

数量/块	规格/mm	间隔/mm	数量/块	规格/mm	间隔/mm
103	1.01~1.49	0.01	112	50~100	25
	0.5~24.5	0.5	122	1.0005	
	25~100	25		0.001~1.009	0.001
112	0.5			1.01~1.49	0.01
	1			1.6~1.9	0.1
	1.0005			0.5~25	0.5
	1.001~1.009	0.001		30~100	10
	1.01~1.49	0.01		75	
	1.5~25	0.5			

表 9 - 65　公制针规技术参数

特点:可选精度:±0.001mm,±0.0005mm。

数量/块	规格/mm	间隔/mm	精度/mm	数量/块	规格/mm	间隔/mm	精度/mm
71	0.30~1.00	0.01	±0.002	100	10.01~11.00	0.01	±0.002
100	1.01~2.00	0.01mm	±0.002	100	11.01~12.00	0.01	±0.002
100	2.01~3.00	0.01	±0.002	100	12.01~13.00	0.01	±0.002
100	3.01~4.00	0.01	±0.002	100	13.01~14.00	0.01	±0.002
100	4.01~5.00	0.01	±0.002	100	14.01~15.00	0.01	±0.002
100	5.01~6.00	0.01	±0.002	100	15.01~16.00	0.01	±0.002
100	6.01~7.00	0.01	±0.002	100	16.01~17.00	0.01	±0.002
100	7.01~8.00	0.01	±0.002	100	17.01~18.00	0.01	±0.002
100	8.01~9.00	0.01	±0.002	100	18.01~19.00	0.01	±0.002
100	9.01~10.00	0.01	±0.002	100	19.01~20.00	0.01	±0.002

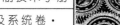
3)陶瓷量块

陶瓷量块技术参数见表9-66。

特点：

(1)由陶瓷材料制成,耐磨、耐腐蚀,尺寸稳定性好；

(2)每个量块都带有检验证书；

(3)精度等级：ISO36500级（1级和2级可选）。

表9-66　陶瓷量块技术参数

总数量/块	规格/mm	间隔/mm	总数量/块	规格/mm	间隔/mm
32	1.005		47	10～100	10
	1.01～1.09	0.01	87	1.001～1.009	
	1.1～1.9	0.1		1.01～1.49	
	1～9	1		0.5～9.5	
	10～30	10		10～100	
	50		103	1.005	
47	1.005			1.01～1.49	0.01
	1.01～1.19	0.01		0.5～24.5	0.5
	1.2～1.9	0.1		25～100	25
	1～9	1			

4)陶瓷针规

陶瓷针规技术参数见表9-67。

特点：

(1)精度±1μm,圆柱度0.5μm；

(2)由陶瓷材料制成,耐磨,耐腐蚀,尺寸稳定性好。

表9-67　陶瓷针规技术参数

数量/块	规格/mm	间隔/mm
41	1.0～5.0	0.1
91	1.0～10.0	0.1

5)角度量块

角度量块技术参数见表9-68。

表9-68　角度量块技术参数

总块数	角　度	间隔	数量	总块数	角　度	间隔	数量
94块	10°～79°	1°	70块	94块	86°,87°,94°,93°		1块
	15°10′～15°50′	10′	5块		88°,89°,92°,91°		1块
	15°1′～15°9′	1′	9块		90°,90°,90°,90°		1块
	10°0′30″		1块		89°10′,89°20′,90°50′,90°40′		1块
	80°,81°,100°,99°		1块		89°30′,89°40′,90°30′,90°20′		1块
	82°,83°,98°,97°		1块		89°50′,89°59′30″,90°10′,90°0′30″		1块
	84°,85°,96°,95°		1块				

（续）

总块数	角　度	间隔	数量	总块数	角　度	间隔	数量
36 块	30°～70°	10°	5 块	36 块	89°10′,89°20′,90°50′,90°40′		1 块
	10°～20°	1°	11 块		89°30′,89°40′,90°30′,90°20′		1 块
	15°10′～15°50′	10′	5 块		90°,90°,90°,90°		1 块
	15°1′～15°9′	1′	9 块	7	15°10′～75°50′	15°10′	5 块
	45°		1 块		50°		1 块
	10°0′30″		1 块		90°,90°,90°,90°		1 块
	80°,81°,100°,99°		1 块				

用途:用于角度的检定。

5. 高度仪

高度仪用来测量高度,并可存储。如图 9 - 122 所示的高度仪可进行一维和两维测量,可编程,带补偿的垂直度测量,内置温度传感器,可进行温度补偿,内置气浮系统,使移动轻便,可手动或自动快速移动测头,触摸按键。

6. 影像测量仪

影像测量仪是集光、机、电、计算机图像技术于一体的新型高精度、高科技测量仪器,广泛应用于模具、螺钉、金属、配件、橡胶、PCB、弹簧、五金、电子、塑料等领域。影像非接触式测量拥有效率高、操作简单、非接触测量的特点,对于电子产品、精密零配件等几何尺寸的计量有很大的优势。在质量管控过程中既可应用于被测工件的抽检,也可进行批量检测,对于逆向工程也有优势的应用。影响测量仪生产厂家和主要产品见表 9 - 69。

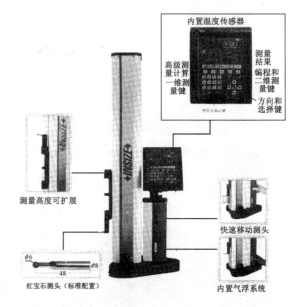

图 9 - 122　高度仪

表 9 - 69　影像测量仪厂家和主要产品

公司名称	产品型号
深圳智泰精 3DFAMILY 智泰集团 密仪器有限公司	MUMA、VMS 系列、VML 系列、VME 系列、VMH 系列、VMP 系列、VMC - S 系列、VMC 系列、NEWVISION - Ⅱ系列、NV 系列、MacroScope 系列
Hexagon （海克斯康）集团	classic、perfoumance 系列、advantage 系列、reference 系列
思瑞测量 技术深圳有限公司	SVMDCCStandard 系列、SVMDCCClassic 系列、SVMDCCAdvance 系列、SVMDCC 系列

公司名称	产品型号
苏州天准精密技术有限公司	VMU、VMC、VMG、VMA
七海测量技术（广州）公司	Miniscope、Smart、Eagle 系列、Accura Ⅰ 系列、Accura Ⅲ 系列、Accura8 系列、GM7060、MTV 系列、激光同轴自动影像测量仪系列。五合一自动影像测量仪
北京光电汇龙科技有限公司	HL‐VMS 系列、HL‐EV 系列、HL‐SP 系列

7. 视频测量仪

具体见表 9‐70。

表 9‐70　视频测量仪

名　称	特　点
JVL 经济型视频测量仪：  	①底座与立柱均采用高精密大理石，保证机械系统稳定。 ②Z 轴采用精密直线滑块导轨加配重块，镜头上下升降受力均衡确保精度。 ③激光定位指示器，快速寻找被测量工件位置。 ④0.7X～4.5X 定格卡位镜头
JVB300AC 视频测量显微镜： 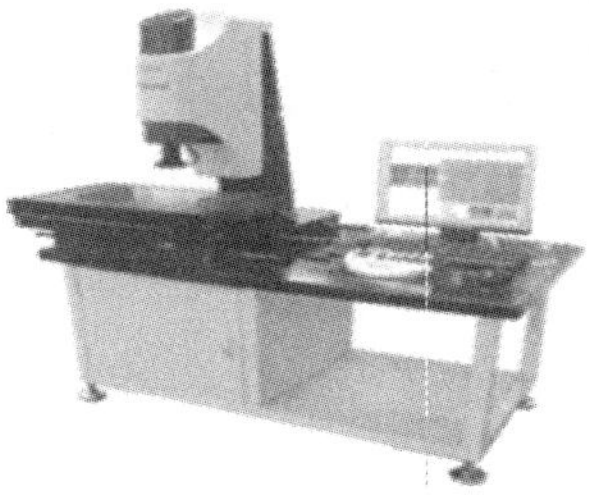 	①高精度花岗岩底座，测量稳定。 ②外型符合人体工程学设计，操作更加人性化；外罩采用 PVC 材料，防腐性更强。 ③采用 LED 冷光源，底光和顶光手动可调，寿命长、体积小。 ④采用连续变倍物镜可以快速改变图像的放大倍率，适用于不同工件的测量
JVP 高精密型视频测量仪：  	①高精密花岗岩底座和立柱，保证工作台运动性能稳定。 ②前置 Z 轴升降调节和灯光调节面板，人性化设计，方便操作。 ③采用 LED 冷光源，底光和表面光手动可调，实现透射和反射照明，亮度高、寿命长、体积小。 ④测量精度高达(2.5＋L/200)μm，可满足测量精度要求

（续）

名　　称	特　　点
JVT 复合型视频测量仪： 	①高精密花岗岩底座和立柱,坚固稳定。 ②采用 LED 冷光源,底光和表面光手动可调,实现透射和反射照明,亮度高,寿命长,体积小。 ③采用连续变倍的物镜可以快速改变图像的放大倍率,适用于不同工件的测量。 ④无间隙摩擦传动,可切换快速移动,大大提高了工作效率
JVP 增强型视频测量仪： 	①高精密花岗岩底座和立柱,保证了仪器的测量精度,性能更加稳定。 ②Z 轴和调光板采用前置面板控制,人性化设计,操作方便。 ③采用半自动测量软件,提供多种自动影像测量工具,避免了视觉误差,具备 SPC 统计公差分析和编程学习功能等,数据图形可输出至 AutoCAD

9.3.3.2　针对工件的典型测量仪分析举例

非接触影像测量仪如图 9-123 所示。

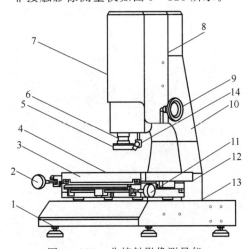

图 9-123　非接触影像测量仪

1—底脚螺丝；2—Y 轴传动组；3—工作台；4—X 轴光学尺；
5—表面光照明组；6—变焦距镜头；7—彩色 CCD 摄像机罩；
8—机身；9—立柱；10—Z 轴传动组；11—Y 轴光学尺；
12—X 轴转动组；13—仪器基座；14—探针。

1. 仪器用途

非接触影像测量仪是一种由高解析度 CCD 彩色摄像机、连续变倍物镜、PC 显示器、转接盒、精密光学尺、二维测量软体与高精度工作台等精密机械结构组成的光电测量仪器。其精度、效率较高,以二维测量为主,也能作三维测量。它广泛应用于各种不同的精密产业中,如电子元件、精密模具、精密刀具、弹簧、螺丝加工、塑胶、橡胶、油封止阀、照相机零件、脚踏车零件、汽车零件、导电橡胶、PCB 加工等各种精密加工业,是机械、电子、仪表、钟表、轻工、塑胶等行业,院校、研究所和计量检定部门的计量室、实验室以及生产车间不可缺少的计量检测设备之一。

2. 仪器规格参数

仪器规格参数见表 9-71。

3. 仪器结构与工作原理

光电影像测量是目前较为先进的精密高效测量方法之一,其工作原理（图 9-123）：被测工件（置于工作台上）由 LED 表面照明组 5 或轮廓光（在底座内）照明后,经变焦距物镜 6 彩色 CCD 摄影机罩壳 7 内摄取影像,再通过 S 端子传送至计算机及显示器上,软件在显示器上产生的视频十字线为基准,对其进行瞄准测量,通过工作台

表9-71 仪器规格参数

工作台	X、Y轴行程/mm×mm	150×75	200×100	300×200	400×300	500×400
	Z轴行程/mm	220调焦及辅助测量				
	工作台尺寸/mm×mm	305×205	356×256	456×306	600×400	706×606
	传动方式	X、Y轴光杆传动,Z轴齿轮传动				
数位测量系统		光学尺解析度:X、Y、Z轴 0.001mm				
		测量软件1套				
		脚踏开关采样接口,RS-232打印机接口				
影像描准系统		高解析度CCD彩色摄像机,PC 1套,影像卡				
		0.7×~4.5×变焦镜头,总视频放大倍率为34×~220×配2×物镜时,总视频放大倍率可到440×				
		数据转接卡				
照明系统		可调试LED环形表面光及轮廓光				
电气参数		输入电压 AC220V/110V,50Hz~60Hz				
外形尺寸/mm×mm×mm		500×550×680	500×550×680	600×900×680	960×820×940	1100×750×940
仪器质量/kg		127	140	190	350	430

3带动光学尺4与11在X、Y方向上移动,由转接卡至计算机,对测量资料进行处理显示,完成量测工作。

仪器总体结构(图9-123)可分为三大部分:

(1)仪器结构主体,包括:仪器基座13,立柱9,Z轴传动组10,工作台3及X、Y轴传动组12、2。

(2)影像系统(图9-124)(成像瞄准用),包括:变焦距镜头6,变焦范围0.7×~4.5×,总视频放大率34×~220×。彩色CCD摄像机在罩7内:将变焦镜头摄取的影像测转换成电子信号,再通过S端子传送至17英寸彩色显示器,产生对准与寻边用的十字线以供量测瞄准之用。

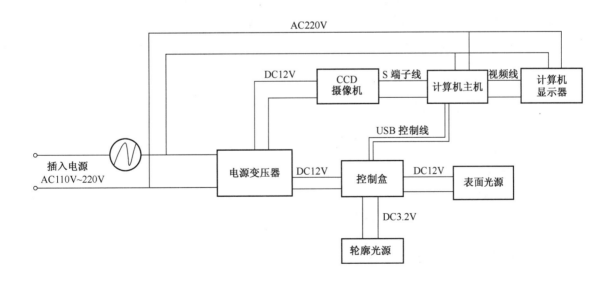

图9-124 影像系统工作示意图

轮廓光源(在仪器底座内)/表面光照明组采用可调亮度的 LED 光源,照明效果好,寿命是传统灯泡的 10 倍。

(3)数字测量系统,包括:X 轴(4)、Y 轴 11 光学尺,将几何位移量转变为数字信号,经转接卡由计算机,显示测量资料。

4. 仪器的测量方法

影像测量大致分为轮廓测量和表面测量两种测量方法。

轮廓测量一般采用底部的轮廓光源,需要时也可加表面光作为辅助照明,让被测边线更加清晰,有利于测量。

表面测量是影像测量的主要功能,凡是能看到的物体表面图形尺寸,在表面光源照明下,影像测量仪几乎全都能测量,如电路板上的线路铜箔尺寸、IC 电路等,当被测物体是黑色塑料、橡胶时,影像测量仪也能轻易测量尺寸。

5. 仪器的维护与保养

影像测量仪是一种光、电、机一体化的精密测量仪器,需要有经常和良好的维护与保养,以保持仪器良好的使用状态,这样才可以保持仪器原有的精度和延长仪器的使用寿命。

(1)仪器应放在清洁干燥的室内(室温(20±5)℃,相对湿度低于 60%),避免光学零件表面污损、金属零件生锈、尘埃杂物落入运动导轨,影响仪器性能。

(2)仪器使用完毕,工作面应随时擦拭干净,最好再罩上防尘套。

(3)仪器的传动机构及运动导轨应定期上润滑油,使机构运动顺畅,保持良好的使用状态。

(4)工作台玻璃及油漆表面脏污,可以用中性清洁剂与清水擦拭干净。绝不能用有机溶剂擦拭油漆表面;否则,会使油漆表面失去光泽。

(5)仪器 LED 光源使用寿命很长,但当有灯泡损坏时,应通知厂商,由专业人员更换。

(6)仪器精密部件,如影像系统、工作台、光学尺以及 Z 轴传动机构等均需精密调校,所有调节螺钉与紧固螺钉均已固定,客户勿自行拆

卸,如有问题应通知厂商解决。

(7)软件已对工作台与光学尺的误差进行了精确补偿,勿自行更改;否则,会产生错误的测量结果。

(8)仪器所有电气接插件一般不要拔下,如已拔掉,则必须按标记正确插回并拧紧螺钉。不正确的接插,轻则影响仪器功能,重则可能损坏系统。

6. 仪器常见故障维修

影像测量仪常见故障分为升降传动故障、工作台故障、投影屏故障、投影成像故障、影像成像故障、电气故障、电子故障以及精度故障等。

1)升降传动故障

常见故障有升降有异响、无法上升,下降、下降有坠落感,弹跳、传动时空回间隙大、微调不传动、投影屏框松动等。

2)工作台故障

常见故障有光杆空转、光杆传动有弹跳、摩擦传动时不顺、工作台运动有响声、工作台运动卡滞等。解决故障时,应找出故障原因,正确解决。可通过调整弹簧的螺钉松紧、更换轴承、新上油、加润滑油、更换光杆、调节或更换光杆支架等方式来解决。

3)投影屏故障

旋转有声响时,可清理端面上的杂质(如锈渍),换新定位轴承等。旋转时摩擦力大,可松开锁紧螺钉,或换摩擦轮。旋转不均匀时,可换新度盘座、摩擦轮、摩擦轮轴等。投影屏旋转不计数时,可扭紧角度摩擦机械,焊接好信号线,接好接插等。

4)投影成像故障

常见故障有成像模糊、成像有暗区、影像有黑斑、成像对比光线暗等。可以对物镜、投影屏、工作台玻璃、聚光镜、反光镜等进行清洗;对灯丝进行调节或更换,如果灯泡电源电压过低,则加装总电源稳压器。

5)影像成像故障

显示黑屏时可查看电源线是否接好,电源

电压等;插紧显示器信号线,如有零件损坏,则需要更换显示器或十字线产生器。当物镜变倍时,十字线与瞄准点偏移大,重调锁镜筒的螺钉,或更换镜筒。当被测工件的某一边出现暗影时,可调节摄像机或玻璃四个角上的螺钉,摆正工件。

6)电气故障

常见故障有灯泡不亮、轴流风机不转动、易烧灯泡、易烧保险丝、变压器过载等。

7)电子故障

如电箱按键失灵,可系统总清、换新面膜;如轴不计数,可换滑座或 OP 板或整个尺、重新接信号线、换主机板等;如数码管缺笔画,则需更换或维修。

8)精度故障

常见故障有轴精度不准、两坐标测量精度差、角度示值误差大、不同平面测量误差大等。应对此类故障,要注意校正和调整。

9.4 附 件

9.4.1 排屑装置

为了数控机床的自动加工顺利进行和减少数控机床的发热,数控机床应具有合适的排屑装置。在数控车床的切屑中往往混合着切削液,排屑装置应从其中分离出切屑,并将它们送入切屑收集箱内,而切削液则被回收到切削液箱。

9.4.1.1 排屑装置在数控机床上的作用

数控机床的出现和发展,使机械加工的效率大大提高,在单位时间内数控机床的金属切削量大大高于普通机床,而工件上的多余金属在变成切屑后所占的空间将成倍增大。这些切屑堆占加工区域,如果不及时排除,必将会覆盖或缠绕在工件和刀具上,使自动加工无法继续进行。此外,灼热的切屑向机床或工件散发的热量,会使机床或工件产生变形,影响加工精度。因此,迅速而有效地排除切屑,对数控机床加工而言是十分重要的,而排屑装置正是完成这项工作的一种数控机床的必备附属装置。数控铣床、加工中心和数控镗铣床的工件安装在工作台上,切屑不能直接落入排屑装置,故往往需要采用大流量冷却液冲刷,或采用压缩空气吹扫等方法使切屑进入排屑槽,然后再回收切削液并排出切屑。

排屑装置是一种具有独立功能的附件,其工作可靠性和自动化程度随着数控机床技术的发展而不断提高,并逐步趋向标准化和系列化。数控机床排屑装置的结构和工作形式,应根据机床的种类、规格、加工工艺特点、工件的材质和使用的冷却液种类等来选择。

排屑装置的安装位置一般尽可能靠近刀具切削区域,如车床的排屑装置安装在旋转工件下方,铣床和加工中心的排屑装置安装在床身的回水槽上或工作台边侧位置,以利于简化机床和排屑装置结构,减小机床占地面积,提高排屑效率。排出的切屑一般都落入切屑收集箱或小车中,有的直接排入车间排屑系统。

9.4.1.2 排屑装置的类型、特点及适用场合

1. 常见的排屑装置类型

(1)平板链式排屑装置:如图 9 - 125(a)所示,该装置以滚动链轮牵引钢质平板链带在封闭箱中运转,切屑用链带带出机床。这种装置能排除各种形状的切屑,适应性强,各类机床都能采用。在机床上使用时要与机床冷却箱合为一体,以简化机床结构。

(2)刮板式排屑装置:如图 9 - 125(b)所示,该装置的传动原理与平板链式基本相同,只是链板不同,它带有刮板链板。这种装置常用于

输送各种材料的短小切屑,排屑能力较强。因负载较大,故需采用较大功率的驱动电动机。

(3)螺旋式排屑装置:如图 9 - 125(c)所示,该装置是利用电动机经减速装置驱动安装在沟槽中的一根绞笼式螺旋杆进行工作的。螺旋杆工作时,沟槽中的切屑即由螺旋杆推动连续向前运动,最终排入切屑收集箱。螺旋杆有两种结构形式:一种是用扁形钢条卷成螺旋

弹簧状;另一种是在轴上焊有螺旋形钢板。这种装置占据空间小,适于安装在机床与立柱间空隙狭小的位置上。螺旋式排屑装置结构简单,性能良好;但只适合沿水平或小角度倾斜的直线方向排运切屑,不能大角度倾斜、提升和转向排屑。

2. 排屑装置特点及适用场合

排屑装置特点及适用场合见表 9 - 72。

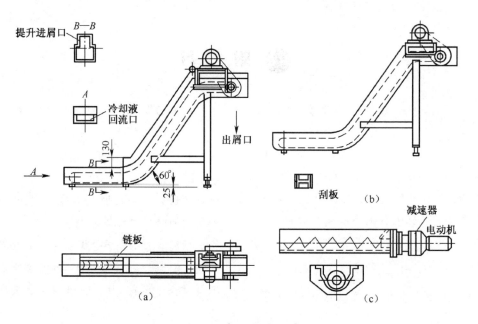

图 9 - 125　排屑装置

表 9 - 72　排屑装置特点及适用场合

名称	产品	类别	特点	适用场合
TLP 型提升式链板排屑机		轻型	通过变化输送速度,可调整排屑宽度及其排屑量,并且不受切屑种类的限制,链板采用高强度钢板或不锈钢板制作,抗拉强度高	数控机床、加工中心、组合机床、冲床设备及自动生产线的切屑运输
PLP 型平面式链板排屑机		中型		数控机床、加工中心、组合机床、冲压设备、切割设备及成套设备集中切屑输送线
		重型		

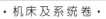
名称	产品	类别	特点	适用场合
TGP 型提升刮板式排屑机		轻型	输送速度选择范围大、工作效率高；有效排屑宽度多样化，可提供充足的选用范围；刮屑板的高度及分布间距可随机设计	数控机床、加工中心、组合机床、冲床设备等
		中型		
PGP 型平面刮板式排屑机		重型		数控机床、加工中心、组合机床、切割设备、冲床生产线排屑
CBP 型磁性板式排屑机		磁性板式	机器壳体封闭，定量排屑；自动张力结构，自动调整链条松紧度	用于钢、铁、铸铁质材料的输送
CGP 磁性刮板式排屑机		磁性刮板式	排屑机为上开式，刮屑板的高度及分布间距可随机设计，可以调整控制排屑机的实际排屑量，每片刮板独立工作	用于磁体的细切屑，通过铁素体磁石的磁力强制过滤
CPG 型磁性辊式排屑机		磁性辊式	切屑跳跃行进，切屑吸附在每个磁辊上圆周运动，与磁辊外壳没有相对摩擦运动	用于铁素体切屑，在每个辊上都可以沥油，无摩擦输送
LXP 型螺旋式排屑机			驱动装置位于排屑机的接屑端，出料口位于远离驱动电动机端，传动环节少，故障率低	金属、非金属硬质材料的粉状、块状、较短切屑的输送，可用于各种机床及机械设备排屑机，安装位置狭窄的地方，有无芯和有芯两种结构
ZDP‑A(B)型平面振动式排屑机			通过偏心振动或振动电动机来完成，不伤害被输送物品	可排屑各类金属、非金属杂质和成品

9.4.1.3 排屑装置的主要生产厂家及类型

排屑装置的主要生产厂家及类型见表 9-73。

表 9-73 排屑装置的主要生产厂家及类型

生产厂家	类 型	生产厂家	类 型
河北德利机床附件制造有限公司	链板排屑机、刮板式排屑机	山东庆云黑马鑫益机床附件制造有限公司销售部	链板排屑机、刮板式排屑机、螺旋排屑机、磁性排屑机
山东庆云天城机床附件有限公司	磁性排屑机、刮板式排屑机、螺旋排屑机	烟台力丰过滤技术有限公司	LP 系列链板式排屑机、CGP 系列磁刮板排屑装置、XP 系列螺旋式输送机、CP 系列磁性排屑机
山东庆云日盛数控机床附件制造有限公司	YSCB 系列磁性排屑机	山东中德机床附件有限公司	链板式排屑机、刮板式排屑机、磁性排屑机
河北沧州腾益机床附件管件制造有限公司业务部	链板排屑机	河北盐山恒力数控机床附件有限公司	刮板式排屑机、螺旋排屑机
德州鸿泰机床部件有限公司	链板排屑机、螺旋排屑机	山东黑马鑫益机床附件制造有限公司	链板式排屑机、刮板式排屑机、螺旋排屑机
河北天意机床附件制造有限公司	链板排屑机	河北盐山县腾益机床附件制造有限公司销售一部	链板排屑机、螺旋排屑机、磁性排屑机
河北海瑞机床附件有限公司	链板排屑机	山东黑马鑫益机床附件制造有限公司总部	链板排屑机、刮板式排屑机、磁性排屑机

9.4.2 冷却装置

1. 低速主轴冷却

主轴轴承润滑和冷却是保证主轴正常工作的必要手段。为了尽可能减少主轴部件温升引起的热变形对机床工作精度的影响,通常利用润滑油循环系统把主轴部件的热量带走,使主轴部件与箱体保持恒定的温度。在某些数控机床上,采用专用的冷却装置,控制主轴箱温升。有些主轴轴承用高级油脂润滑,每加一次油脂可以使用 7 年~10 年。

2. 高速主轴冷却

为适应主轴转速向更高速化发展的需要,相继开发出新的润滑冷却方式,下面介绍为减小轴承内外圈的温差,以及为解决高速主轴轴承滚道处进油困难所开发的几种润滑冷却方式。

1)油气润滑方式

油气润滑方式不同于油雾方式,油气润滑是用压缩空气把小油滴送进轴承空隙中,油量大小可达最佳值,压缩空气有散热作用,润滑油可回收,不污染空气。图 9-126 是油气润滑原理图。

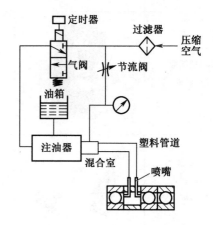

图 9-126 油气润滑原理图

根据轴承供油量的要求,定时机的循环时间可从1min～99min定时,二位二通气阀每定时开通一次,压缩空气进入注油机,把少量油带入混合室,经节流阀的压缩空气,经混合室,把油带进塑料管道内,油液沿管道壁被风吹进轴承内,油呈小油滴状。

2)喷注润滑方式

喷注润滑是一种新型的润滑方式,其原理如图9-127所示,它用较大流量的恒温油(每个轴承(3～4)L/min)喷注到主轴轴承,以达到冷却润滑的目的。回油则不是自然回流,而是用两台排油液压泵强制排油。

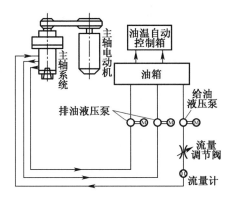

图9-127 喷注润滑系统

3)突入滚道润滑方式

内径为100mm的轴承以20000r/min速度旋转时,线速度为100m/s以上,轴承周围的空气也伴随流动,流速可达50m/s。要使润滑油突破这层旋转气流很不容易,采用突入滚道润滑方式则能可靠地将油送入轴承滚道处。

如图9-128为适应该要求而设计的特殊轴承,润滑油的进油口在内滚道附近,利用高速轴承的泵效应把润滑油吸入滚道。若进油口较高,则泵效应差。当进油接近外滚道时,则成为排放口,油液不能进入轴承内部。

4)电动机内装式主轴

电动机转子装在主轴上,主轴就是电动机轴,多用在小型加工中心机床上,这也是近来高速加工中心主轴发展的一种趋势。电动机内装式主轴结构示意及冷却油流经路线如图9-129所示。

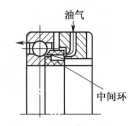

(a)

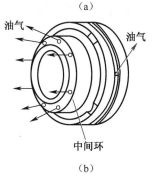

(b)

图9-128 突入滚道润滑用特种轴承

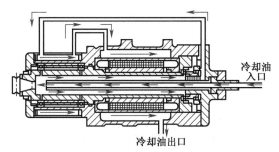

图9-129 电动机内装式主轴结构示意
及冷却油流经路线

9.4.3 防护密封

9.4.3.1 主轴密封

在密封件中,被密封的介质往往以穿漏、渗透或扩散的形式越界泄漏到密封连接处的彼侧。造成泄漏的原因:流体从密封面上的间隙中溢出,或是由于密封部件内外两侧密封介质的压力差或浓度差致使流体向压力或浓度低的一侧流动。图9-130为卧式加工中心主轴前支承的密封结构。

主轴的密封有接触式和非接触式密封。图9-131是几种非接触密封形式。

图9-131(a)是利用轴承盖与轴的间隙密

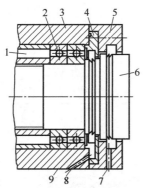

图 9-130　主轴前支承的密封结构

1—进油口；2—轴承；3—套筒；4、5—法兰盘；
6—主轴；7—泄漏孔；8—回油斜孔；9—泄油孔。

封，轴承盖的孔内开槽是为了提高密封效果，这种密封用在工作环境比较清洁的油脂润滑处；图 9-131(b)是在螺母的外圆上开锯齿形环槽，当油向外流时，靠主轴转动的离心力把油沿斜面甩到端盖 1 的空腔内，油液流回箱内；图 9-131(c)是"迷宫"式密封结构，在切屑多、灰尘大的工作环境下可获得可靠的密封效果，这种结构适用油脂或油液润滑的密封。非接触式密封时，为了防漏，应尽快排掉回油，保持回油孔畅通。

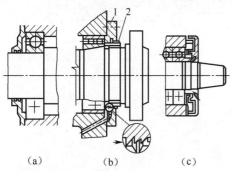

图 9-131　非接触式密封(图(a)、图(c)
间隙内填满油脂)

1—端盖；2—螺母。

接触式密封主要有油毡圈和耐油橡胶密封圈密封，如图 9-132 所示。

9.4.3.2　安全防护

随着数控机床的不断完善，其防护系统的要求也随之慢慢地提高：激光以及等离子线切割机床的应用对原材料的耐温要求特别高(瞬

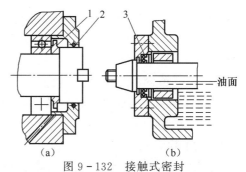

图 9-132　接触式密封

1—甩油环；2—油毡圈；3—耐油橡胶密封圈。

间高达 1000℃以上)；高效加工中心多用有腐蚀性的乳剂工作，而且工作空间小，只有采用弹性皮腔上的金属铠甲可以达到这种综合防护效果；越来越常用的匀速电动机可以加速至180r/min，对此就需要灵活、抗拉扯、质量轻的材料及防护系统。

1. 弹性皮腔

弹性皮腔是一种可以任意组合的防护罩，其基本组成材料、外形、加工处理方式及尺寸大小都可以根据实际防护情况而定。

弹性皮腔主要有弹性缝制皮腔和弹性热粘接腔两大类。

现在最常用的 TK 热粘接是成本最低的一种方法，但也有限制。在一定温度下，借助特殊助熔剂就可以使内部的 PVC 骨架与外部的褶牢固地粘接在一起。若原材料应用在一个中等温度环境下，则可选用热粘接方式。对热粘接弹性皮腔完全不用进行保养，且防水、防尘、耐油、耐酸。缝制皮腔应用于高温工作环境。使用一种特殊线缝制的皮腔，可以在极端负载的情况下实现一种坚固耐用的防护。把 PVC 骨架缝制固定在每个褶上，加固稳定皮腔。

图 9-133 是德国 HEMA 公司生产的弹性皮腔，它可以水平使用或垂直使用。水平使用时，采用塑料或铝的支承环，保持皮腔与丝杠之间有一定均匀的距离，延长使用寿命，拉伸长度大时可以在每个褶中加上金属环，提高皮腔的稳定性。连接或固定端通常使用金属法兰盘，也可以选择套箍式。

与橡胶及加厚纸壳等一般防护罩相比，弹

图 9-133 弹性皮腔

性皮腔使用了 PVC 骨架,其外形稳定性好,能够恢复初始形状,这是它的明显优势。弹性皮腔可以水平、竖直或交叉使用,保证运行平衡且无噪声。通过使用厚度小的材料,可以使其压缩达到现代机械狭小工作空间的要求。弹性皮腔表面光滑,造型规则,外观优美,为机床外形增添色彩。

2. 铠甲皮腔

铠甲皮腔就是在皮腔上面安装了一种性能好、重量小、运行灵活的钢片防护层的防护装置。其基本设计思想与弹性皮腔相同。为了实现皮腔的坚固,在每个褶中加入了一个 PVC 骨架。铠甲皮腔通过其上层固定的金属铠甲增强了防护性能,可以有效地防护高速、高温的尖锐碎屑。

铠甲片一般由不锈钢或铝合金制成,可按要求对外形进行随意设计。基本类型有平面形及圆形。一般来说,铠甲片的末棱做成刮屑板的形状封闭好,铠甲皮腔上表面就有密封性。有刮屑棱的铠甲片保证了只有极小的微粒能进入皮腔内。边的变形就形成了一个一般的刮屑板形状,而不会对其功能及寿命产生影响。铠甲片有一定的防锈、耐酸性能,但不能挤压。

铠甲防护帘为弹性皮腔中特殊构造的一种,同样也可以将所有的原材料、形状、加工方式及尺寸规格进行随意组合。可以任意选择铠甲片的位置,装在皮腔前面、某一侧面或随意哪几个面。图 9-134 是德国 HEMA 公司生产的铠甲皮腔。

图 9-134 铠甲皮腔

3. 钢制伸缩式导轨防护罩

图 9-135 所示的钢制伸缩式防护罩是机床传统防护形式,对防止切屑及其他尖锐东西的进入起着有效防护作用。通过一定的结构措施以及合适的刮屑板,也可以有效地降低切屑液的渗入。

图 9-135 钢制伸缩式导轨防护罩

4. 卷帘防护罩和防护板

在空间小且不需要严密防护的情况下,卷帘防护罩可以代替弹性皮腔防护罩,可以水平、垂直或任意混合方向上安装使用。

卷帘防护罩一般为扭动卷簧、钢带卷簧、自动钢带卷簧及空气驱动,可以根据使用情况进行选择。

柔性卷帘防护板(图 9-136)是一种低廉的

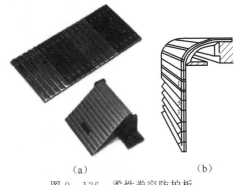

(a)   (b)

图 9-136 柔性卷帘防护板

防护方式,可以防护前方来的少量碎屑或切屑液、活动灵活、安装简单,空间需求小。

一般柔性卷帘防护板为悬挂使用或通过转轴轻松运行,采用安装在挡板末端的角铁与机床相连接。卷帘防护罩和防护板的名称和特点见表9-74。

表9-74 卷帘防护罩名称和特点

名称	产品	特点
缝合式圆形护罩		当需要强大的反旋转能力(保护球形螺钉)和非常闭合紧凑的结构时使用;适用于高温作业,抗机械力和动应力能力强
卷帘防护罩		外壳用铝合金型材或不锈钢板制作,外形美观
铝形材防护帘		原始材料为角钢、铝材、橡胶条,厚度6mm,铆钉连接
圆形、方形、多边形护罩		圆形防护罩外用橡胶尼龙内加PVC片式钢丝圈支承,可防尘、水、油,防腐蚀,外形美观,可在-40℃~110℃之间正常使用,直径大小、行程长短可根据用户要求安排生产
波纹耐油圆筒伸缩式护罩		
螺旋钢带保护套		具有防尘、防切屑、防冷却液等功能,而且能保持机床正常精度,延长机床使用寿命
钢板、不锈钢机床导轨防护罩		密封性好,能防铁屑、防冷却液,能防工具的偶然事故,坚固耐用

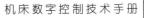
名称	产品	特点
柔性风琴式机床导轨防护罩	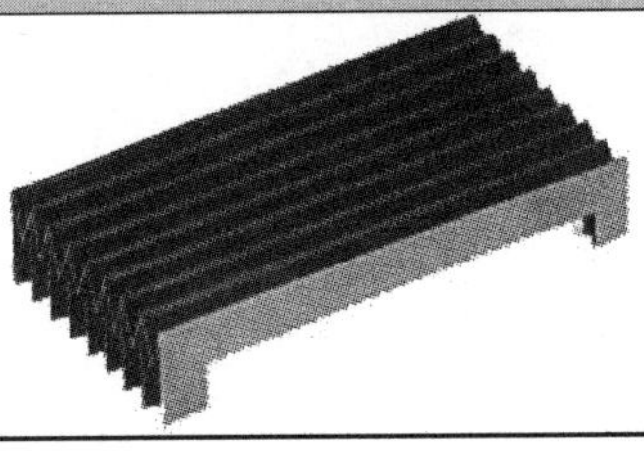	采用德国先进技术,外用德国尼龙布,内加PVC板支承,可耐油、耐腐蚀。硬冲撞不变形,寿命长,密封好,行走平稳,坚固耐用

5. 减振垫铁

减振垫铁放于机械下面支承机械重量,有减振、支承的作用。

减振垫铁主要型号:s78-10、s78-9、s78-7、s78-6。其中,S78-10、S78-9为减振可调垫铁,s78-6为可调垫铁,s78-7为减振垫铁。减振垫铁的名称和特点见表9-75。

表9-75 减振垫铁名称和特点

名称	产品	特点	适用范围
S77系列机床减振垫铁		减振橡胶有效地衰减自身的振动,减少振动力外传,阻止振动力传入;采用丁腈合成橡胶,耐油脂和冷却剂	没有机床地脚安装孔的设备
S78系列机床减振垫铁		减少振动力外传,阻止振动力传入;保证加工尺寸精度及质量,控制建筑物结构谐振传播振动力和噪声	金属加工机床,锻压机床,纺织、印刷机械,食品加工机,包装机械及重型设备
S79系列机床减振垫铁	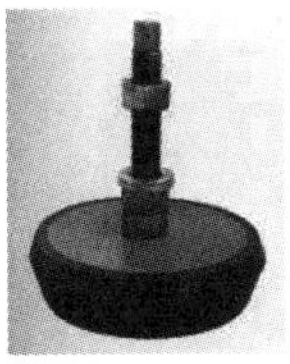	减少振动力外传,阻止振动力传入;采用丁腈合成橡胶,耐油脂和冷却剂	轻型机械加工设备,轻工、纺织、食品机械生产线
BS减振紧固件		利用减振橡胶与螺栓、螺母结合,在动力源及相连部件之间有效衰减振动,隔离振动,防止因叠加频率、频率相近而产生振动力放大,改善机械的动态条件	需要隔离振动的主机和相连部件之间

（续）

名称	产品	特点	适用范围
S83 系列机床调整垫铁		可调垫铁	重型
S85 系列机床调整垫铁		三层防振可调式垫铁	重型

参考文献

[1] 邓三鹏．数控机床结构及维修（第二版）．北京：国防工业出版社，2011.

[2] 隋秀凛，高安邦．实用机床设计手册．北京：机械工业出版社，2010.

[3] 现代实用机床设计手册编委会．现代实用机床设计手册．北京：机械工业出版社，2006.

[4] 吴拓．现代机床夹具设计（第二版）．北京：化学工业出版社，2011.

[5] 刘春时，于春明，张文博．双摆角数控万能铣头技术概述．机械制造，2011，49（5）：56 – 58.

[6] 高秀峰，孙璐．铣头自动交换技术在 A/C 轴双摆角铣头中的应用．制造技术与机床，2011（10）：160 – 162.

[7] 朱耀祥，蒲林祥．现代夹具设计手册．北京：机械工业出版社，2010.

[8] 李名望．机床夹具设计实例教程．北京：化学工业出版社，2009.

[9] 王先逵．机械加工工艺手册．北京：机械工业出版社，2006.

[10] 方和平．柔性夹具的发展与应用．现代制造工程，2002（1）：55 – 57.

[11] 梁炳文．机械加工工艺与窍门精选（第1集）．北京：机械工业出版社，2004.

[12] 杨振华．环形薄壁零件车削工装设计．金属加工（冷加工），2011（12）：58.

[13] 聂福全．典型大直径薄壁零件的磨削加工．工程机械，2004（3）：48 – 49.

[14] 刘燕，罗治平．VDW – 320 五轴机床多面体加工技术研究．机械工程师，2010（6）：21 – 22.

[15] 融亦鸣，张发平，卢继平．现代计算机辅助夹具设计．北京：北京理工大学出版社，2010.

[16] 吴睿，刘华明，任秉银．数控刀具的参数化设计．工具技术，1999（07）：7 – 10.

[17] 杨光，等．立铣刀 CAD 系统开发．机械设计与制造，2006（11）：71 – 73.

[18] 郭启珍．计算机辅助设计的铲磨刀具工艺过程及提高刀具性能的方法．工具技术，2000（06）：14 – 16.

[19] 焦锋，郑友益，吴镝．成型车刀的计算机辅助设计．机械工程师，2002（07）：32 – 33.

[20] 马新厂．蜗轮滚刀的计算机辅助设计．机械工程与自动化，2010（03）：14 – 16.

[21] 璩柏青，等．拉刀全参数化计算机辅助设计及其强度效验．机械设计与制造，2002（04）：66 – 67.

[22] 刘迎春、谭立新、宁立伟．插齿刀的计算机辅助设计．工具技术，2005（10）：49 – 51.

[23] 袁哲俊，刘华明．金属切削刀具设计手册．北京：机械工业出版社，2008.

第10章
数控机床中的可编程控制器

主编　曹锦江　朱晓春

 **概　述**

10.1.1　可编程控制器工作原理

10.1.1.1　可编程控制器基本工作原理

1. 可编程控制器的由来

在可编程序控制器问世以前,工业控制领域中是以继电器控制占主导地位的。这种由继电器构成的控制系统有着明显的缺点:体积大、耗电多、可靠性差、寿命短、运行速度不高,尤其是对生产工艺多变的系统适应性更差,一旦生产任务和工艺发生变化,就必须重新设计,并改变硬件结构,这造成了时间和资金的严重浪费。

1968 年,美国通用汽车(GM)公司为了在每次汽车改型或改变工艺流程时不改动原有继电器柜内的接线,以便降低生产成本,缩短新产品的开发周期,而提出了研制新型逻辑顺序控制装置,并提出了该装置的研制指标要求,即 10 项招标技术指标。其主要内容如下:

(1) 简便编程,可现场修改程序。

(2) 所有系统单元必须能在工厂内无特殊支持的设备、硬件及环境条件下运行。

(3) 系统的维修必须简单易行。

(4) 装置的体积应小于原有继电器控制柜的体积,它的能耗也应比较少。

(5) 必须能与中央数据收集处理系统进行通信,以便监视系统的运行状态和运行情况。

(6) 输入开关量可以是已有的标准控制系统的按钮和限位开关电压信号。

(7) 输出的驱动信号必须能驱动以交流运行的电动机启动器和电磁阀线圈等。

(8) 具有灵活的扩展能力。

(9) 具有较高的性价比。

(10) 可以存储用户程序,容量至少在 4KB以上。

这一设想提出后,美国在 1969 年研制成功第一台可编程逻辑控制器(Programmable Logic Controller,PLC),并投入运行,取得了令人满意的效果,从此开创了 PLC 的新纪元。

2. 可编程控制器的特点

PLC 能如此迅速发展的原因,除工业自动化的客观需要外,还有许多独特的优点。它较好地解决了工业控制领域中普遍关心的可靠、安全、灵活、方便、经济等问题。

(1) 编程方法简单易学。梯形图是可编程序控制器使用最多的编程语言,其电路符号和表达方式与继电器电路原理图相似。梯形图语言形象直观,易学易懂。

(2) 功能强,性价比高。一台小型可编程序控制器内有成百上千个可供用户使用的编程元件,可以实现非常复杂的控制功能。与相同功能的继电器系统相比,它具有很高的性价比。可编程序控制器可以通过通信联网,实现分散控制与集中管理。

(3) 硬件配套齐全,用户使用方便,适应性强。可编程序控制器产品已经标准化、系列化、模块化,用户能灵活方便地进行系统配置,组成不同功能、不同规模的系统。可编程序控制器有较强的带负载能力,可以直接驱动一般的电磁阀和交流接触器。硬件配置确定后,可以通过修改用户程序,方便快速地适应工艺条件的变化。

(4) 可靠性高,抗干扰能力强。传统的继电器控制系统中使用了大量的中间继电器、时间继电器,由于触点接触不良,容易出现故障。可编程序控制器用软件代替大量的中间继电器和时间继电器,仅剩下与输入/输出有关的少量硬件,因触点接触不良造成的故障大为减少。可编程序控制器采取了一系列硬件和软件抗干扰措施,具有很强的抗干扰能力,可编程序控制器已被广大用户公认为是最可靠的工业控制设备之一。

(5) 系统的设计、安装、调试工作量少。可编程序控制器用软件功能取代了继电器控制系统中大量的中间继电器、时间继电器、计数器等器件,使控制柜的设计、安装、接线工作量大大减少。可编程序控制器的安装接线也很方便,一般用接线端子连接外部接线。

可编程序控制器的梯形图程序一般采用顺

序控制设计法,这种编程方法很有规律,容易掌握。对于复杂的控制系统,梯形图的设计时间比继电器系统电路图的设计时间要少得多。

(6)维修工作量小,维修方便。可编程序控制器的故障率很低,且有完善的自诊断和显示功能。可编程序控制器或外部的输入装置和执行机构发生故障时,可以根据可编程序控制器上的发光二极管或编程器提供的信息迅速查明产生故障的原因,用更换模块的方法迅速排除故障。

(7)体积小,能耗低。对于复杂的控制系统,使用可编程序控制器后,可以减少大量的中间继电器和时间继电器,因此可大大减小开关柜的体积。

3.PLC 的应用领域

目前,PLC 在国内外已广泛应用于钢铁、石油、化工、电力、建材、机械制造、汽车、轻纺、交通运输、环保及文化娱乐等各个行业。使用情况大致可归纳为如下几类:

(1)开关量的逻辑控制。这是 PLC 最基本、最广泛的应用领域,它取代传统的继电器电路,实现逻辑控制、顺序控制,既可用于单台设备的控制,也可用于多机群控及自动化流水线,如注塑机、印刷机、订书机械、组合机床、磨床、包装生产线、电镀流水线等。

(2)模拟量控制。在工业生产过程中,有许多连续变化的量,如温度、压力、流量、液位和速度等都是模拟量。为了使可编程控制器处理模拟量,必须实现模拟量和数字量之间的 A/D 转换及 D/A 转换。PLC 厂家都生产配套的 A/D 和 D/A 转换模块,使可编程控制器用于模拟量控制。

(3)运动控制。PLC 可以用于圆周运动或直线运动的控制。现在一般使用专用的运动控制模块,如可驱动步进电动机或伺服电动机的单轴或多轴位置控制模块,广泛用于各种机械、机床、机器人、电梯等场合。

(4)过程控制。过程控制是指对温度、压力、流量等模拟量的闭环控制。PLC 能编制各种各样的控制算法程序,完成闭环控制。PID 调节是一般闭环控制系统中用得较多的调节方法。大中型 PLC 都有 PID 模块,目前许多小型 PLC 也具有此功能模块。过程控制在冶金、化工、热处理、锅炉控制等场合有非常广泛的应用。

(5)数据处理。现代 PLC 具有数学运算(含矩阵运算、函数运算、逻辑运算)、数据传送、数据转换、排序、查表、位操作等功能,可以完成数据的采集、分析及处理。这些数据可以与存储在存储器中的参考值比较,完成一定的控制操作,也可以利用通信功能传送到其他智能装置,或将它们打印制表。数据处理一般用于大型控制系统,如无人控制的柔性制造系统,也可用于过程控制系统,如造纸、冶金、食品工业中的一些大型控制系统。

(6)通信及联网。PLC 通信含 PLC 间的通信及 PLC 与其他智能设备间的通信。随着计算机控制的发展,工厂自动化网络发展得很快,目前生产的 PLC 都具有通信接口,通信非常方便。

4.可编程控制器的定义

由于 PLC 在不断发展,因此,对它进行确切的定义是比较困难的。美国电气制造商协会(NEMA)经过 4 年的调查工作,于 1980 年正式将可编程序控制器命名为 PC(Programmable Controller),并给 PC 作了定义:PC 是一个数字式的电子装置,它使用了可编程序的记忆体来存储指令,用以执行诸如逻辑、顺序、定时、计数与演算等功能,并通过数字或类似的输入/输出模件来控制各种机械或工作程序。一部数字电子计算机若是用来执行 PC 的功能,也被视同为 PC,但不包括鼓式或类似的机械式顺序控制器。但是为了避免与个人计算机(Personal Computer,PC)的简称混淆所以将可编程控制器简称 PLC。

1982 年,国际电工委员会(International Electrical Committee,IEC)颁布了 PLC 标准草案,1985 年提交了第 2 版,并在 1987 年的第 3 版中对 PLC 作了定义:PLC 是一种专门为在工业环境下应用而设计的进行数字运算操作的电子装置。它采用可以编制程序的存储器,用来在其内部存储执行逻辑运算、顺序运算、定时、计数和算术运算等操作的指令,并能通过数字式或模拟式的输入和输出,控制各种类型的机械或生产过程。PLC及其有关的外围设备都应按照易于与工业控制系统形成一个整体和易于扩展其功能的原则而设计。

上述的定义表明,PLC是一种能直接应用于工业环境的数字电子装置,是以微处理器为基础,结合计算机技术、自动控制技术和通信技术,用面向控制过程、面向用户的"自然语言"编程的一种简单易懂、操作方便、可靠性高的新一代通用工业控制装置。自1969年第一台PLC面世以来,已成为一种最重要、最普及、应用场合最多的工业控制器,与机器人、CAD/CAM并称为工业生产自动化的三大支柱。

5. 可编程控制器的分类

1) 按硬件的结构类型分类

可编程序控制器发展很快,目前,全世界有几百家工厂正在生产几千种不同型号的PLC。为了便于在工业现场安装,便于扩展,方便接线,其结构与普通计算机有很大区别。通常从组成结构形式上将这些PLC分为两类:一类是一体化整体式PLC;另一类是结构化模块式PLC。

(1) 整体式结构。从结构上看,早期的可编程序控制器是把CPU、RAM、ROM、I/O接口及与编程器或EPROM写入器相连的接口、输入/输出端子、电源、指示灯等都装配在一起的整体装置。一个箱体就是一个完整的PLC。它的特点是结构紧凑,体积小,成本低,安装方便;缺点是输入/输出点数是固定的,不一定能适合具体的控制现场的需要。这类产品有OMRON公司的C20P、C40P、C60P,三菱公司的FX系列,东芝公司的EX20/40系列等。

(2) 模块式结构。模块式结构又称积木式结构,这种结构形式的特点是把PLC的每个工作单元都制成独立的模块,如CPU模块、输入模块、输出模块、电源模块、通信模块等。另外,机器上有一块带有插槽的母板,实质上就是计算机总线。把这些模块按控制系统需要选取后,都插到母板上,就构成了一个完整的PLC。这种结构的PLC

的特点是系统构成非常灵活,安装、扩展、维修都很方便;缺点是体积比较大。常见产品有OMRON公司的C200H、C1000H、C2000H,西门子公司的S5-115U、S7-300、S7-400系列等。

2) 按应用规模及功能分类

为了适应不同工业生产过程的应用要求,可编程序控制器能够处理的输入/输出信号数是不一样的。一般将一路信号称为一个点,将输入点数和输出点数的总和称为机器的点。按照点数的多少,可将PLC分为超小(微)型、超大型、小型、中型、大型。

(1) 超小型PLC:I/O点数小于64点,内存容量为256KB~1KB。

(2) 小型PLC:I/O点数为65点~128点,内存容量为1KB~3.6KB。

小型及超小型PLC在结构上一般是一体化整体式的,主要用于中等容量的开关量控制,具有逻辑运算、定时、计数、顺序控制、通信等功能。

(3) 中型PLC:I/O点数范围为129点~512点,内存容量为3.6KB~13KB。

中型PLC除具有小型、超小型PLC的功能外,还增加了数据处理能力,适用于小规模的综合控制系统。

(4) 大型PLC:I/O点数范围为513点~896点,内存容量为13KB以上。

(5) 超大型PLC:I/O点数为896点以上,内存容量为13KB以上。

上述划分方式并不十分严格,也不是一成不变的。随着PLC的不断发展,划分标准已有过多次的修改。

可编程序控制器还可以按功能分为低端机、中端机和高端机。低端机以逻辑运算为主,具有定时、计数、移位等功能。中端机一般有整数及浮点运算、数制转换、PID调节、中断控制及联网功能,可用于复杂的逻辑运算及闭环控制场合。高端机具有更强的数字处理能力,可进行矩阵运算、函数运算,完成数据管理工作,有更强的通信能力,可以和其他计算机构成分布式生产过程综合控制管理系统。

6. 可编程控制器的组成

PLC 主要由中央处理单元（CPU）、存储

器（ROM、RAM）、输入/输出（I/O）单元、电源、编程器等部分组成，其结构框图如图 10-1 所示。

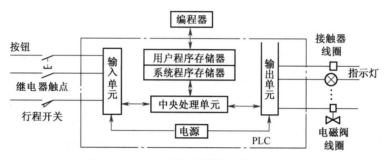

图 10-1　可编程控制器的内部结构框图

1）中央处理单元

中央处理单元同一般微机处理器一样，CPU 是 PLC 的核心。PLC 中所配置的 CPU 随 PLC 型号不同而不同，小型 PLC 大多采用 8 位通用微处理器和单片微处理器；中型 PLC 大多采用 16 位通用微处理器或单片机微处理器；大型 PLC 大多采用高速微处理器。

2）存储器

存储器用于存放程序和数据。PLC 配有用于存放系统程序的系统程序存储器和存放用户程序的用户程序存储器两种存储系统。

3）输入接口电路

各种 PLC 的输入电路基本相同，通常分为三种类型：①直流 12V～24V 输入；②交流 100V～120V，200V～240V 输入；③交、直流输入。PLC 输入电路中有光电隔离器和 RC 滤波器，用于消除输入触点的抖动和外部噪声干扰。当输入开关闭合时，一次电路中流过电流，输入

指示灯亮，光耦合器被激励，三极管由截止状态变为饱和导通状态，这就是一个数据输入过程。直流输入方式的接线电路如图 10-2 所示。图 10-2 中 LED 发光指示灯就是面板上的指示灯。

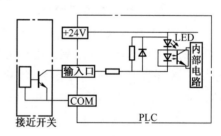

图 10-2　PLC 输入方式的接线电路图

4）输出接口电路

PLC 的输出电路有继电器型输出（M）、晶体管型输出（T）、晶闸管型输出（S），如图 10-3 所示，输出电路的负载电源一般由外部电源提供。

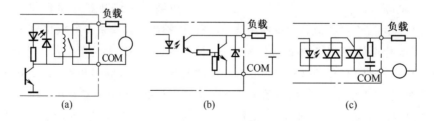

图 10-3　PLC 输出接口电路图

（a）继电器型；（b）晶体管型；（c）晶闸管型。

（1）继电器型输出电路：如图 10-3（a）所示，利用继电器线圈和触点间的电气隔离，将内部电路与外部电路进行隔离，继电器同时起隔离和功率放大作用；与触点并联的 RC 串行电路和压敏电阻用来消除触点断开时产生的电弧。适合于交流负载或直流负载的场合。

（2）晶体管型输出电路：如图 10-3（b）所示，通过晶体管截止或饱和控制外部负载电路；采用光电耦合进行电气隔离。适合于直流负载的场合。

（3）晶闸管型输出电路：如图 10-3（c）所示，利用光触发型双向晶闸管，使 PLC 内部电路和外部电路进行了电气隔离；并联在光触发型双向晶闸管两端的 RC 吸收电路和压敏电阻，用来抑制晶闸管的关断过电压和外部浪涌电压。适合于交流负载的场合。

5）电源

PLC 的供电电源一般是市电，也有用直流 24V 电源供电的。PLC 对电源稳定性要求不高，一般允许电源电压在 ±15％ 的范围内波动。PLC 内部有一个稳定电源，用于对 PLC 的 CPU 和 I/O 电源供电，对大中型 PLC 都有专门的电源单元。

6）编程器

编程器是 PLC 最重要的外围设备，用于用户程序的输入、编辑、调试和监视，可以通过键盘去调用和显示 PLC 的一些内部继电器状态和系统参数。编程器分简易编程器和智能编程器。小型 PLC 常用简易编程器，大中型 PLC 多用智能型编程器。现在大多数可以用编程软件在 PC 上编程调试。

7）PLC 的外部设备

除编程器之外，PLC 还有以下三种常用外部设备：

（1）人机接口装置：用于实现操作员与 PLC 控制系统的对话和相互作用。

（2）外存储器：用于备份数据。

（3）打印机：用于打印程序和数据。

7. 可编程控制器的工作原理

PLC 是一种存储程序的控制器，用户根据某一对象的具体控制要求，编制好控制程序后，用编程器将程序键入到 PLC 的用户程序存储器中寄存。PLC 的控制功能就是通过运行用户程序来实现的。

1）扫描过程

PLC 从 0000 号存储地址所存放的第一条用户程序开始，在无中断或跳转的情况下，按存储地址号递增的方向顺序逐条执行用户程序，直到 END 指令结束；然后再从头开始执行，并周而复始地重复，直到停机或从运行（RUN）切换到停止（STOP）工作状态。PLC 这种执行程序的方式称为扫描工作方式。每扫描完一次程序就构成一个扫描周期。

PLC 扫描工作方式主要分内部处理、通信操作、输入处理、程序执行、输出处理几个阶段，如图 10-4 所示。PLC 工作过程主要分输入采样、程序执行、输出处理三个阶段。

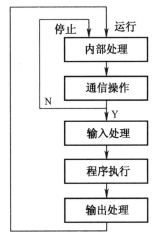

图 10-4 扫描过程

（1）输入采样阶段：PLC 在开始执行程序之前，首先扫描输入端子，按顺序将所有输入信号读入到寄存输入状态的输入映像寄存器中，这个过程称为输入采样。PIC 在运行程序时，所需的输入信号不是现时取输入端子上的信息，而是取输入映像寄存器中的信息。在本工作周期内这个采样结果的内容不会改变，只有到下一个扫描周期输入采样阶段才被刷新。

（2）程序执行：PLC 完成了输入采样工作后，按顺序从 0000 号地址开始的程序进行逐条扫描执行,并分别从输入映像寄存器、输出映像寄存器以及辅助继电器中获得所需的数据进行运算处理;再将程序执行的结果写入寄存执行结果的输出映像寄存器中保存,但这个结果在全部程序未被执行完毕之前不会送到输出端子上。

(3)输出刷新:在执行到 END 指令,即执行完用户所有程序后,PLC 将输出映像寄存器中的内容送到输出锁存器中进行输出,驱动用户设备。

PLC 扫描过程如图 10 - 5 所示。PLC 工作过程除了包括上述三个主要阶段外,还要完成内部处理、通信处理等工作,如图 10 - 5 所示。在内部处理阶段,PLC 检查 CPU 模块内部的硬件是否正常,将监控定时器复位,以及完成一些其他内部工作。在通信服务阶段,PLC 与其他带微处理器的智能装置实现通信等。

2)输入/输出的滞后现象

由于可编程序控制器扫描工作过程,因此 PLC 最显著的不足之处是输入/输出有响应滞后现象。但对一般工业设备来说,其输入为一般的开关量,其输入信号的变化周期(秒级以上)大于程序扫描周期(纳秒级),因此从宏观上来考察,输入信号一旦变化,就能立即进入输入映像寄存器。也就是说,PLC 的输入/输出滞后现象对一般工业设备来说是完全允许的。但对某些设备,如需要输出对输入做快速反应,这时可采用快速响应模块、高速计数模块以及中断处理等措施来尽量减少滞后时间。

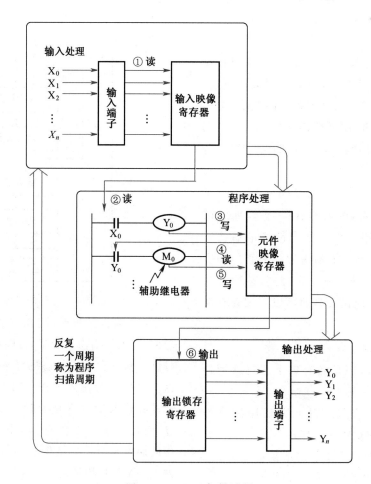

图 10 - 5　PLC 扫描过程

3）PLC 的编程语言

PLC 的控制功能是由程序实现的。目前 PLC 常用的编程语言有梯形图语言、助记符（指令表）语言、功能图语言、顺序功能图语言、高级编程语言等。

10.1.1.2 数控设备中可编程控制器的工作原理

1. 数控系统内部处理信息分类

数控系统内部处理信息大致分为两类：一类是控制坐标轴运动的连续的数字信息；另一类是控制刀具更换、主轴启/停、换向变速、零件装卸、切削液开关和控制面板输入/输出的逻辑离散信息。

对于第一类控制坐标轴的连续数字信号由 CNC 直接处理，对于一般经济型数控系统，由于功能简单实用、逻辑较简单，除第一类信号由数控系统控制外，第二类信号也由数控系统直接处理；而对于中高档数控系统而言，由于功能丰富，逻辑复杂和便于用户使用的灵活性，对第一类信号一般由数控系统直接处理，而对于第二类信号具体的逻辑功能由专门逻辑电路实现，PLC 不仅可以作为单独的控制器用于控制自动化设备逻辑控制，同时也用于数控设备中相关逻辑控制的控制器。

2. 数控系统中 PLC 的分类

鉴于数控设备的特殊性，数控设备中是以数控系统控制为主、可编程逻辑控制为辅。数控设备中使用可编程逻辑控制器一般有两种形式：一种是可编程逻辑控制与数控系统一体化，为内置型（Built - in Type）PLC；另一种是可编程逻辑控制器与数控系统分别独立控制，PLC 完全独立于 CNC 装置，称为独立型或通用型（Stand - Alone）PLC。

（1）内置型 PLC。内置型 PLC 与从属 CNC 装置之间的信号传送均在其内部进行，内装型 PLC 的硬件电路既可以单独设计在自己的印制电路板内，也可以安排在 CNC 装置的某一块电路板中，比如，FANUC 数控系统的 0i0 A 和 0i0B 系统，西门子 802S base line 系统等就是典型的内置型 PLC，典型的内置型 PLC 结构如图 10 - 6 所示。机床与 PLC 之间输入信号，通过物理 I/O 硬件连接，经过 PLC 逻辑处理，送给 CNC；CNC 处理完的结果通过 PLC 逻辑处理，再经过物理 I/O 硬件送给机床。其中 PLC 和机床之间的逻辑含义一般由机床制造商确定，

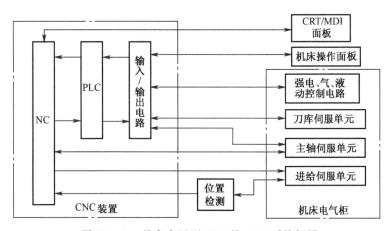

图 10 - 6 具有内置型 PLC 的 CNC 系统框图

而 PLC 与 CNC 之间逻辑含义是由数控系统制造商确定，机床制造商不能修改。

（2）独立型 PLC。独立型 PLC 完全独立于 CNC 装置，可编程逻辑控制器与数控系统分别独立控制，具备完备的硬件和软件，能够独立完成 CNC 系统所要求的控制任务，它与数控机床之间的关系如图 10 - 7 所示。对于独立型 PLC 来讲，不但要进行机床侧的 I/O 连接，还要进行

图 10-7　具有独立型 PLC 的 CNC 系统框图

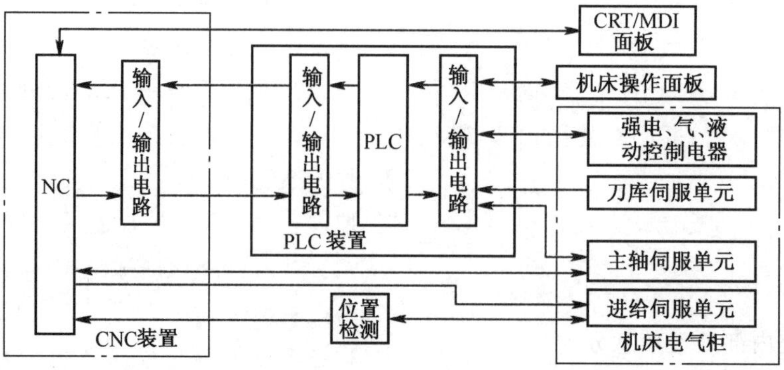

CNC I/O 连接,这时,CNC 和 PLC 均具有自己的 I/O 接口电路。

3. 数控设备中 PLC 的功能

PLC 在现代数控系统中有着重要的作用,总体来看主要有以下几个方面的功能:

(1) 数控设备操作面板控制和面板状态指示。将数控设备操作面板上的控制信号直接送入 PLC,用以控制数控系统运行;同时,数控系统运行的状态再通过 PLC 输出在面板上显示。

(2) 数控设备外部开关量输入信号控制。将数控设备的开关信号送入 PLC,经过逻辑运算后输出给数控系统。开关信号主要包括各类控制开关、行程开关、接近开关、压力开关和温度开关等。

(3) 输出信号控制。数控系统信号输出至 PLC,再经过 PLC 逻辑处理后输出的信号经过 I/O 输出硬件,再经过强电柜中的继电器、接触器等,通过设备侧的液压或气动电磁阀等,对如数控机床的刀库、机械手和回转工作台等装置进行控制。另外,还对冷却泵电动机、润滑泵电动机等负载进行控制。

(4) 伺服和主轴控制。数控系统控制伺服和主轴驱动装置的使能信号通过 PLC 输出接口来控制,以满足主轴和伺服的驱动条件。但最新的主轴驱动和伺服驱动有的没有物理 I/O 输出控制信号,而是 CNC 到伺服驱动和主轴驱动采用高速串行信号,没有通过物理 PLC 输出接口。比如,日本 FANUC 数控系统,从 0i0 B 系统开始,CNC 控制伺服驱动采用 FSSB(Fanus

Serial Servo Bus)总线连接,不是像以往的伺服驱动还有使能信号,CNC 控制 FANUC 伺服主轴驱动,同样是通过串行信号,而不是通过物理的 PLC 输出接口。若是模拟主轴调速放大器,还是需要有 PLC 输出相关的使能信号。

(5) 报警处理控制。PLC 收集强电柜、设备侧和伺服驱动装置、主轴驱动等报警故障信息,由 PLC 逻辑处理后进行相应的报警,并触发信息位以便在数控系统上显示报警号和报警信息。

(6) 其他功能。数控设备虽然是以数控系统控制坐标轴为核心,由 PLC 处理数控设备逻辑功能,当数控设备的一些逻辑功能与数控系统无关时,可以把 PLC 当成普通的 PLC 逻辑控制器实现数控设备特殊功能。

不同厂家生产的数控系统使用的 PLC 具体硬件连接和实现功能作用是不同的,在使用数控系统中要具体理解 PLC 的在数控系统的工作原理,FANUC 系统中也有可编程序控制器,FANUC 公司把可编程序控制称为 PMC(Programmable Machine Controller),而其他数控系统中可编程序控制器都称为 PLC。本书将以 FANUC 数控系统和西门子系统为例介绍可编程序控制器在机床中的应用,两种数控系统 PLC 控制器、机床以及与数控系统的关系思路差不多,但具体的信号关系是有很大的区别。其他系统可以参考相应的技术资料。

10.1.2　FANUC 系统中可编程机床控制器工作原理

目前,典型的中高端数控系统都含有 CNC

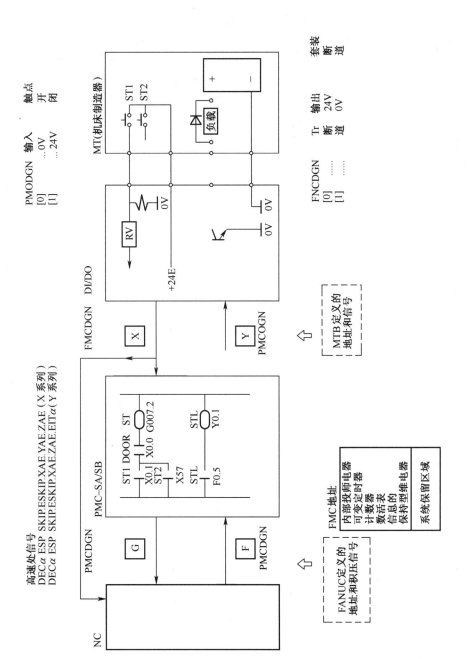

图 10 - 8 CNC 装置与 PMC 和机床（MT）的关系

控制装置和 I/O 逻辑处理装置。CNC 装置完成插补、控制和监控管理等,而 I/O 逻辑处理主要是 PLC 处理。FANUC 数控系统也含有 CNC 控制器和 PLC,但 FANUC 数控系统的 PLC 在该公司产品系列中通常把 PLC 称为 PMC,其主要原因;通常的 PLC 主要用于一般的自动化设备,具有像输入、与、或、输出、定时器、计数器等功能,但是缺少针对机床的便于机床控制编程的功能指令,像快捷找刀,用于机床的译码指令等,一般 PLC 是没有的;而 FANUC 数控系统中 PLC,除具有一般 PLC 逻辑功能外,还专门设计了便于用户使用针对机床控制的功能指令。

要掌握好 FANUC 数控系统必须了解 FANUC 数控系统中 PMC 所起的作用,PMC 与 CNC、PMC 与机床(MT)、CNC 与机床(MT)之间的关系如图 10-8 所示。

从图 10-8 中可看出:

(1) CNC 是数控系统的核心,机床上 I/O 要与 CNC 交换信息,要通过 PMC 处理,才能完成信号处理,PMC 起着机床与 CNC 之间桥梁作用。

(2) 机床本体上的信号进入 PMC,输入信号为 X 地址信号,输出到机床本体信号为 Y 信号地址,因内置 PMC 和外置 PMC 不同,地址的编排和范围有所不同。

(3) 根据机床动作要求,编制 PMC 程序,由 PMC 处理送给 CNC 装置的信号为 G 信号,CNC 处理结果产生的标志位为 F 信号,直接用于 PMC 逻辑编程,各具体信号含义可以参考 FANUC 有关技术资料或后述部分。FANUC 数控系统各接口之间关系如图 10-9 所示。

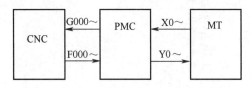

图 10-9 FANUC 数控系统各接口之间关系

从图 10-8 中可看出,机床本体上的一些开关量通过接口电路进入系统,大部分信号进入 PMC 控制器参与逻辑处理,处理结果送给 CNC 装置(G 信号)。其中有一部分高速处理信号如 *DEC(减速)、*ESP(急停)、SKIP(跳跃)

等直接进入 CNC 装置,由 CNC 装置来处理相关功能。CNC 输出控制信号为 F 地址信号,该信号根据需要参与 PMC 编程。

图 10-8 和图 10-9 的理解对掌握 FANUC 数控系统应用很重要。因为现在的中高档数控系统已经把 CNC、PMC(PLC) 紧密结合在一起,数控系统柔性更强,CNC 与 PMC 之间有 G、F 信号表格,而 PMC 与 MT 之间通过 X、Y 地址输入/输出,外部信号要进入 CNC 和 CNC 信号要输出控制机床需用户编制 PMC 程序。

如要应用好 FANUC 数控系统,首先要理解控制对象(机床)的动作要求,列出有哪些信号输入数控系统,数控系统要输出哪些控制信号,各个信号的作用和电平要求;其次了解 PMC 和 CNC 装置之间 G 和 F 各个信号时序和逻辑要求,根据机床动作要求,分清哪些需要进入 CNC 装置(G 信号),哪些信号(F 信号)从 CNC 装置输出,哪些信号需要参与编制逻辑程序;最后在理解机床动作基础上,了解 PMC 编程指令,编制程序,对程序进行调试。

10.1.3 西门子系统中可编程控制器工作原理

西门子数控系统有多种规格,数控系统使用的 PLC 规格也不一样,但都属于内置型 PLC,例如,西门子 802S(C)、802D 系统内置 PLC 是 S7-200 型号,西门子 810D、840D 系统内置 PLC 是 S7-300 型号。虽然西门子系列系统规格不同,PLC 类型不同,但数控系统、PLC、机床之间的关系性质是相同的。以 802S 系统为例,数控系统、PLC、机床之间的关系如图 10-10 所示。

由图 10-10 可以看出,西门子 802S 数控系统有内置 PLC 组成部分,外围硬件输入/输出连接输入/输出硬件,经过内置 PLC 编程,可以对 NCK 信号进行读/写,地址符号位 V,而 NCK 运行状态由内置 PLC 进行只读。地址符号仍是 V,而西门子操作面板与 CNC 主机相连,根据西门子技术资料介绍,机床操作面板(Machine Control Panel,MCP)外形如图 10-11(a)所示,在操作面板上有按键和状态指示灯,它们与内

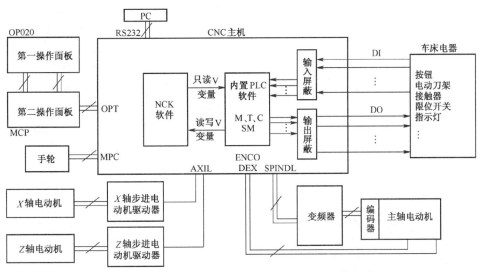

图 10-10　SINUMERIK 802S 数控系统内外部信号关系

置 PLC 的关系与外围操作面板功能差不多。但 MCP 按键地址和指示灯地址不占用输入/输出地址，MCP 的按键地址和指示灯地址符都是 V。如图 10-11(b) 所示，机床操作面板用于

802DSL 系统，该面板按键和指示灯占用 PLC 的输入/输出地址，若选用带主轴模拟量转换模块型(MCPA)的机床操作面板，则该面板按键和指示灯不占用物理输入/输出地址。

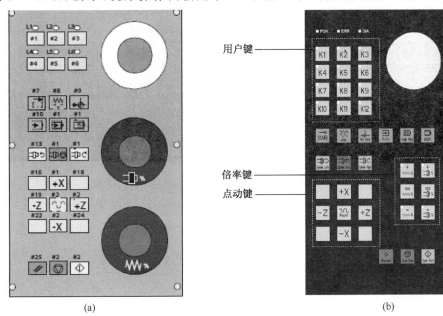

图 10-11　西门子系统机床操作面板

(a) 西门子 802S(C)面板机床；(b)西门子 802D 机床。

西门子数控系统的 PK 输入点地址用符号工字母开头，后面为单元地址数和位数(0～7)来表示，比如某路输入地址 I1.2，表示第 1 个输入字节地址的第二位。最大输入点根据系统版本的不同，输入点数也不同，802S(C) SL 系统

最大输入点数为 32 个，802DSL 系统最大输入点数为 216 个(3 块 PP72/48)。

PLC 的输出点用来驱动机床强电的具体负载，用 Q 单元地址数和位数来表示。802S(C) SL 数控系统的 PLC 最大输出点为 64 个。802DSL

系统最大输出点数为144(3块PP72/48)。

西门子数控系统软件控制组成如图10-12所示,图中:数控核心(Numerical Control Kennel,NCK),完成轴运动控制;可编程控制器(Program Logic Controller,PLC),完成开关量的逻辑控制和时序控制;人机界面(Man Machine Communication,MMC),通过键盘,显示器等完成人机信号的交换。

图10-12 数控系统软件控制组成

NCK、PLC以及HMI之间软件模块内部信号地址分配:

(1)从PLC发向NCK的内部信号V。从PLC发向NCK的内部信号地址用符号V来表示,为可读/写信号。从PLC发向NCK的内部信号分以下几种:

① 通用接口信号,如V26000000.1为PLC发向NCK的急停有效信号。

② 通道控制信号,如V32000006.6为PLC发向NCK的快速移动修调有效信号,V32000007.1为PLC发向NCK的NC启动信号。

③ 坐标及主轴信号,如V38032001.0为PLC发向NCK的进给倍率主轴有效信号。

(2)由NCK发向PLC的内部信号V。由NCK发出的可供PLC读入使用的内部信号地址也用符号V来表示。但这些V变量仅作为只读信号供PLC程序读取,信号内容和地址也由数控系统统一定义,编制PLC程序时不能改变。从NCK发向PLC供PLC程序读取的内部信号有5种:

① 通用接口信号,如V27000000.1为NC发向PLC的急停有效信号。

② 通道状态信号,如V33000001.7为NCK发向PLC的程序测试信号,V33000004.2为NCK发向PLC的所有轴回参考点信号;传送

NC通道的辅助功能信号,如V25001001.1为NCK发向PLC的M09辅助功能信号。

③ 来自坐标轴及主轴的通用信号,如V39032001.0为NCK发向PLC的主轴速度超出极限信号。这些信号被PLC读取后,由PLC程序去实现这些信息对应的强电执行动作。

④ NC变量读/写,V12003000.0为NC发向PLC的变量有效信号。

⑤ 辅助功能信号,系统的M、S、T等功能都是NC发向PLC的信号,如V25001000.3为系统编制M03指令发向PLC的信号。

(3)MCP与PLC之间的信号相互传送。机床控制面板上的按键、倍率开关等输入控制信号根据系统版本和硬件连接的不同,有的占用系统物理地址,有的没有占用物理输入输出地址。比如,802S/C系统,并没有通过PLC的DI输入点接入,而是通过系统的专用接口输入的,所以,在编制PLC程序时,要查阅信号关系表。按键输入到PLC的信号地址仍是V地址,再由V地址信号参与编程。CNC运行的状态要反映到操作面板上,仍是通过编制PLC程序,由PLC程序逻辑送到机床控制面板相应的V存储区,点亮机床控制面板上的LED指示灯。比如,如图10-11所示的机床控制面板上1♯备用按键,在西门子802S(C)中按键地址为V10000000.0,而对应需要点亮的LED地址为V11000000.0。

10.1.4 其他数控系统中可编程控制器工作原理

其他数控系统,如日本三菱公司生产的数控系统、广州数控设备公司生产的数控系统(简称广数系统)、武汉华中数控公司生产的数控数控系统(简称华中系统)等都具有PLC功能。数控系统、PLC以及与机床的关系控制原理过程相似,下面仅介绍广数系统可编程控制工作原理。广数系统PLC工作原理与日本FANUC数控系统中PMC工作原理类似。广数系统PLC在数控系统中的工作原理如图10-13所示。

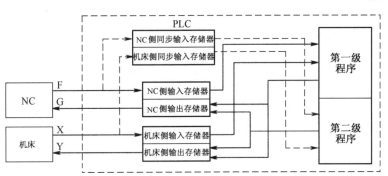

图 10-13　广数系统 PLC 在数控系统中的工作原理图

机床上的开关量进入 PLC,输入地址符为 X,经过 PLC 逻辑处理,结果送给数控系统;输出地址为 G 信号地址符;NC 运行状态送给 PLC 是

F 地址信号;可以经过 PLC 逻辑处理,输出到机床,输出到机床地址信号为 Y 地址。符号定义和控制思路思路与 FANUC 数控系统类似。

 FANUC 系统中可编程机床控制器的具体应用

10.2.1　概述

FANUC 数控系统是目前社会使用较多的系统之一,FANUC 数控系统产品规格也较多,由于数控系统硬件和软件的技术发展,FANUC 数控系统具体硬件连接稍有不同,但是 FANUC 数控系统从 0 系统开始,FANUC 数控系统中就有可编程序控制器专门处理输入/输出开关量,在数控系统(CNC)、PLC、机床(MT)三者之间的控制关系没有变化。在 FANUC 系统中,FANUC 系统把专门用于处理机床输入/输出的 PLC 称为可编程机床控制器(Programmable Machine Controller ,PMC)。同样,由于机床可

编程序控制器的物理硬件和软件的技术发展,PMC 软件版本有好多种,但是可编程机床控制器的应用控制原理是一样的。

1. PMC 顺序程序

1) PMC 规格

不同 FANUC 数控系统的 PMC,其程序容量、处理速度、功能指令以及非易失性存储区地址不同,表 10-1 列出了目前常用的数控系统 PMC 的规格。

2) 顺序程序的结构及执行

PLC 从梯形图的开头执行直至梯形图的结尾,运行结束之后,再次从梯形图的开头重新执行,称作顺序程序的循环执行,如图 10-14 所示。

表 10-1　常用的数控系统 PMC 规格

PMC 类型		0i/16i/18i/21i		0i mate D	0i0 D
		PMC-SA1	PMC-SB7	PMC-L	PMC
编程方法		梯形图	梯形图	梯形图	梯形图
程序级数		2	3	2	2
第一级程序扫描周期/ms		8	8	8	8
基本指令执行时间/(μs/步)		5	0.033	25	1
梯形图容量	梯形图/步	12000	程序最大 64000 步,各部分无限制,但总量不能超过其存储容量	8000	32000
	符号和注释/KB	1～128		至少 1	至少 1
	信息/KB	8～64		至少 8	至少 8

PMC 类型		0i/16i/18i/21i		0i mate D	0i0 D
		PMC－SA1	PMC－SB7	PMC－L	PMC
基本指令数		12	14	14	14
功能指令数		48	69	92	92
扩展指令		—	—	24（基本）218（功能）	24（基本）218（功能）
内部继电器(R)/B		1100	8500	1500	8000
外部继电器(E)/B		—	8000	10000	10000
显示信息请求位(A)/点		200	2000	2000	2000
子程序(P)数		—	2000	512	5000
标号(L)数		—	9999	9999	9999
非易失性存储区	可变定时器图(T)/个	40	250	40	250
	固定定时器/个	100	500	100	500
	计数器(C)/个	20	100	20	100
	固定计数器/个	—	100	20	100
	保持性继电器(K)/B	20	120	220	300
	数据表(D)/B	1860	10000	3000	10000
I/O－link	输入/点	1024（最大）	1024（最大）	1024（最人）	2048（最大）
	输出/点	1024（最大）	1024（最大）	1024（最大）	4096（最大）
顺序程序存储介质		FALSH ROM 64Kb	FALSH ROM 768Kb	FALSH ROM 128Kb	FALSH ROM 384Kb
PMC→CNC(G 地址)		G00～G255	G00～G767	G00～G767	G00～G767
CNC→PMC(F 地址)		F00～F255	F00～F767	F00～F767	F00～F767

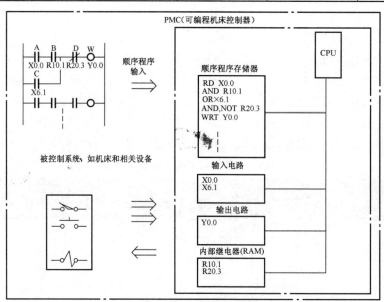

图 10－14　PMC 顺序程序

每条指令都被 CPU 高速读入并执行，CPU 把外部的输入条件读入输入存储区，寄存在运算寄存器，并与其他的逻辑条件执行后，把结果寄存在运算寄存器。CPU 高速执行其后的指令,最后将运算结果输出到输出存储器,再通过物理 I/O 接口输出。

从梯形图的开头执行直至结尾的执行时间称为循环处理周期。处理周期越短,信号的响

应能力就越强。

FANUC 系统 PMC 程序分为第一级程序和第二级程序两部分,如图 10-15 所示。

它们的执行周期不一致。第一级程序每

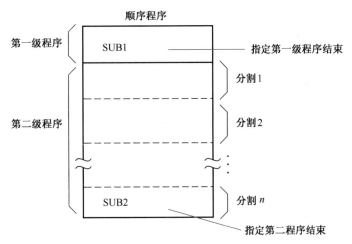

图 10-15 顺序程序的组成

8ms 执行一次,处理响应快的短脉冲信号;第二级程序每 $8n$(ms)执行一次,n 为第二级程序的分割数。在开始执行第二级程序时,PMC 会根据执行程序所需要的时间自动把二级程序分割成 n 块,每 8ms 只执行其中一块。第二级程序的分割是为了执行第一级程序,当分割数为 n 时,程序的执行过程如图 10-16 所示;其中,分割 1、分割 2…分割 n 分别为第 1~n 次

循环执行。当第二级程序被分割的最后一部分被执行完毕后,程序返回开头重新执行,第一级程序每 8ms 执行一次,第二级程序的第 n 块每 $8n$(ms)执行一次,一个循环的执行时间需要 $8n$(ms),当第二级程序被分割得越多,一个循环的执行时间越长。8ms 中的 1.25ms 用于执行第一级和第二级部分,剩余时间由 NC 使用。

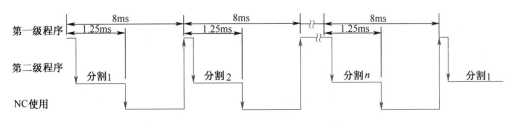

图 10-16 顺序程序的执行顺序

3)输入/输出信号处理

对于 PMC 软件处理过程,由于与普通 PLC 逻辑处理时有一定的差异,在具体 PMC 程序编制要注意输入/输出信号的处理。来自 CNC 侧的输入信号和来自机床侧的输入信号传送给 PMC 参与逻辑处理,PMC 处理结果要传送给 CNC 侧和机床侧,它们分别传送的时间是不同的,其信号关系图如图 10-17 所示。从图

10-17 可以看出,PMC 与 CNC 交换的信号是每 8ms 进行一次交换,而外部输入/输出信号每 2ms 进入输入/输出存储区,若第一级程序使用到输入信号,是每 8ms 执行一次传送,若在第二级程序使用到输入信号,则由 PMC 处理存放在同步输入信号存储区。这样,就有可能存在同一输入信号在梯形图中逻辑结果不同。在 PLC 读输入信号的过程中,即使是同一个输入信号,

在第一级程序和第二级程序中的状态也有可能不同。因为 PMC 在执行时,第一级程序读 NC 侧输入存储器和机床侧输入存储器,而第二级程序读 NC 侧同步输入存储器和机床侧同步输入存储器,在第二级程序中的输入信号比第一级程序中的输入信号滞后,最长可以滞后 $8n(\mathrm{ms})$

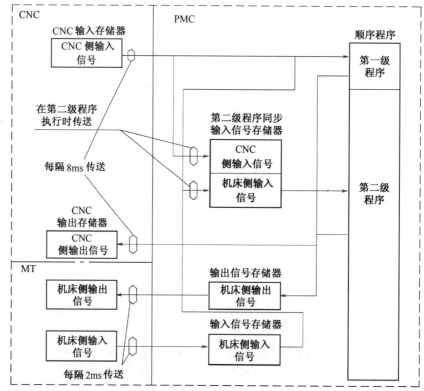

图 10-17 PMC 输入/输出信号处理

(一个二级程序的执行周期),在编制程序时需要注意这点。

10.2.2 地址分配

PLC 程序是用地址来区分信号关系,不同的地址分别对应机床侧的输入/输出信号、CNC 侧的输入/输出信号、内部继电器、计数器、定时器、保持型继电器和数据表。FANUC 系统 PMC 程序每个地址编号也是由地址类型、地址号和位号组成。比如,输入地址为 X2.0,输出地址为 Y1.0。其中:X 和 Y 位地址类型字符,X 表示输入信号,Y 表示输出信号;小数点前为地址的字节数,小数点后为地址位。

1. 地址类型

PMC 地址类型由 X、Y、F、G、K、A、T、R、C、D、L、P 等字符表示,不同的 PMC 软件版本和物理硬件连接,PMC 地址范围稍有差异。以 FANUC 0i D 系统为例,PMC 的地址具体含义见表 10-2 所列。

表 10-2 FANUC 0i 系统地址类型

地址	地址含义	PMC 类型	
		0iD	0iD/0i Mate D
		PMC	(PMC-L)
X	机床→PMC	X0000.0～X0127.7 X0200.0～X0327.7	X0000.0～X0127.7
Y	PMC→机床	Y0000.0～Y0127.7	Y0000.0～Y127.7

(续)

地址	地址含义	PMC 类型	
		0iD	0iD/0i Mate D
		PMC	(PMC - L)
F	CNC→PMC	F0000.0～F0767.7 F1000.0～F1767.7	F0000.0～F0767.7
G	PMC→CNC	G0000.0～G0767.7 G1000.0～G1767.7	G0000.0～G0767.7
R	内部继电器	R0000.0～R7999.7 R9000.0～R9499.7	R0000.0～R1499.7 R9000.0～R9499.7
E	外部继电器	E0000.0～E9999.7	E0000.0～E9999.7
D	数据寄存器	D0000.0～D9999.7	D0000.0～D2999.7
C	可变计数器	C0000～C0399(B)	C0000～C0079(B)
	固定计数器	C5000～C5199(B)	C5000～C5039(B)
T	可变定时器	T0000～T0499(B)	T0000～T0499(B)
	可变定时器精度	T9000～T9499(B)	T9000～T9079(B)
K	用户保持型继电器	K00～K99(B)	K00～K19(B)
	系统保持型继电器	K900～K999(B)	K900～K999(B)
A	信息显示请求信号	A0000～A0249(B)	A0000～A0249(B)
L	标记号	L0001～L9999	L0001～L9999
P	子程序	P0001～P5000	P0001～P0512

2. 各地址相互关系

以 PMC 为核心,各个地址相互关系如图 10 -18 所示。

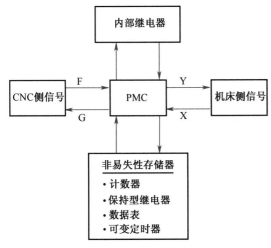

图 10-18 各个地址相互关系

从图 10 - 8、图 10 - 18 和表 10 - 2 可以看出:

(1) 从机床侧到 PMC 的输入信号地址(机床→PMC)。地址符 X 是机床侧到 PMC 的输入信号地址(机床→PMC),在 FANUC 0i 系统中,随着 PMC 软件版本和硬件连接模块的不同,地址范围是不同的,内置 I/O 模块地址是 X1000.0 为起始地址,外置 I/O 模块地址可以自行定义,外置地址从 X0.0 起始,从表 10 - 2 可以看出,不同软件版本地址范围大小不同。比如,0i0 D PMC 软件,外置 I/O 模块地址范围为 X0.0～X127.7 和 X200.0～X327.7。从图 10 -8 可以看出,机床到 PMC 的输入信号,不需要经过 PMC 逻辑处理,而直接由 CNC 监控。这些信号地址是固定的。内置 I/O 模块和外置 I/O 模块信号地址是不同的,比如 0i 系统的急停输入地址,内置地址 I/O 模块输入地址为 X1008.4,而外置 I/O 模块输入地址为 X8.4。其他具体参见表 10 -3。

(2) 从 PMC 到机床侧的输出信号地址

（PMC→机床）。从 PMC 到机床侧的输出信号地址符是 Y，在 FANUC 0i 系统中，随着 PMC 软件版本和硬件连接模块的不同，地址范围是不同的，内置 I/O 模块输出地址是 Y1000.0 为起始地址，外置 I/O 模块地址可以自行定义，外置地址从 Y0.0 起始，从表 10-2 可以看出，不同软件版本地址范围大小不同。比如，0i0 D PMC 软件，外置 I/O 模块地址范围为 Y0.0～Y127.7。

（3）从 PMC 到 CNC 的输出信号地址（PMC→CNC）。从 PMC 到 CNC 的输出信号的地址符是 G，在 FANUC 0i 系统中，G 信号的地址范围随着系统功能的差异。G 信号地址是由一定的差异，比如 FANUC 0i0 C 系统，G 信号地址范围为 G000.0～G0255.7，而 FANUC 0i0 D 系统 G 信号地址范围为 G0000.0～G0767.7。这些信号的功能是固定的，此功能定义由 FANUC 公司规定，用户不能修改，用户只能根据 FANUC 功能需要，由用户通过 PMC 梯形图逻辑处理产生结果送给 CNC 来实现 CNC 各种控制功能。如系统急停控制信号为 G8.4，循环起动信号为 G7.2，进给暂停信号为 G8.5，空运转信号为 G46.7，外部复位信号为 G8.7。

（4）从 CNC 到 PMC 的输入信号地址（CNC→PMC）。从 CNC 到 PMC 的输出信号的地址符是 F，在 FANUC 0i 系统中，F 信号的地址范围随着系统功能的差异，F 信号地址是由一定的差异。比如 FANUC 0i0 C 系统，F 信号地址范围为 F000.0～F0255.7，而 FANUC 0i0 D 系统 F 信号地址范围为 F0000.0～F0767.7。这些信号的功能是固定的，此功能定义由 FANUC 公司规定，是反映 CNC 系统的工作状态，用户不能修改，用户只能根据 FANUC 功能和机床侧功能需要，取 F 信号参与由用户编制的 PMC 梯形图进行逻辑处理。如 CNC 报警信号为 F1.0，CNC 系统电池报警信号为 F1.2，CNC 系统复位信号为 F1.1，CNC 系统进给暂停信号为 F0.4，CNC 系统循环起动信号为 F0.5 等。

（5）定时器地址（T）。定时器地址符是 T，定时器分为可变定时器和固定定时器两种。从表 10-2 可以看出，PMC 软件版本不同，定时器数量不同。比如，FANUC 0i0 C 系统的 PMC SA1 可变定时器有 40 个，其中定时器 01～08 时间设定最小单位为 48ms，定时器 09～40 时间设定最小单位为 8ms，地址范围为 T0～T79。固定定时器有 100 个，时间设定最小单位为 8ms。而 FANUC 0i0 D 系统 PMC 软件，定时器有 250 个。

（6）计数器地址（C）。计数器地址符是 C，FANUC 0i 系统，PMC 软件版本不同，计数器的功能和个数也不同。比如，FANUC 0i0C 系统的 SA1 版本软件有 20 个计数器，其地址范围为 C0～C79；而 SB7 版本有 100 个，地址范围为 C0～C0399。0i0 D 系统 PMC 软件也有 100 个，地址范围也为 C0～C0399。

（7）保持型继电器地址（K）。保持型继电器地址符是 K，PMC 软件版本不同，保持型继电器范围不同。比如，FANUC-0i0 A 系统的保持型继电器地址为 K0～K19，其中 K16～K19 是系统专用保持型继电器，不能作为他用。FANUC 0iB/0iC 系统，若 PMC 软件版本为 SB7，系统的保持型继电器地址为 K0～K99（用户使用）和 K900～K919（系统专用）。而 FANUC 0i0 D 系统 PMC 软件系统为 K0～K99 和 K900～K999。

（8）中间继电器地址。系统中间继电器可分为内部继电器（R）和外部继电器（E）两种。PMC 软件版本的不同，内部继电器的地址范围不同。比如，FANUC 0i0 A 系统 SA3 内部继电器地址范围为 R0～R999，其中 R900～R999 为系统专用。而 FANUC 0i0 D 系统 PMC 软件内部继电器地址范围为 R0000.0～R7999.7，外部继电器随 PMC 软件版本不同而不同，比如，SA1 和 SA3 就没有外部继电器，而 PMC SB7 版本和 0i0 D 系统 PMC 软件才有外部继电器，地址范围分别为 E0000.0～E7999.7 和 E0000.0～E9999.7，在内部继电器不够使用时，可以把它作为普通继电器使用。

（9）信息继电器地址（A）。信息继电器地址用字符 A 表示，信息继电器通常用于显示报警信息请求，FANUC 0i0 系统的 SA1 和 SA3 PMC 软件系统有 200 个信息继电器，其地址为 A0.0～A24.7。而 FANUC 0i 系统的 SB7 和 0i0 D 系统的 PMC 软件版本有 2000 个信息继电器，其地址为 A0.0～A249.7。

（10）数据表地址（D）。数据寄存的地址用字符 D 表示，数据寄存器用于存放数据表的内容；数据寄存器地址有时也称为数据壳地址 FANUC PMC 软件版本的不同，数据表地址表示的范围不同。比如，FANUC 0iA 系统 SA3 PMC 软件数据表共有 1860B，其字节地址为 D0～D1859，FANUC 0iB/0iC 系统的 SB7 PMC 软件数据表有 10000B，其字节地址为 D0～D9999。还可以根据数据表控制参数定义数据区存放数据的容量，是 1B 存放还是 2B 存放以及 4B 存放。

（11）子程序号地址（P）。子程序号地址用字符 P 表示，通过子程序有条件调出 CALL 或无条件调出 CALLU 功能指令，系统运行子程序的 PMC 控制程序，完成数控机床辅助功能控制动作，如加工中心的换刀动作等。FANUC 0iA 系统的 SA3 PMC 软件允许子程序数为 512 个，其地址为 P1～P512。FANUC 0iD 系统的 PMC 软件允许子程序数为 5000 个，其地址为 P1～P5000。

（12）标号地址（L）。为了便于查找和控制，PMC 顺序程序用标号进行分块（一般按控制功能进行分块），系统通过 PMC 的标号跳转功能指令（JMPB 或 JMP）随意跳到所指定标号的程序进行控制。标号地址用字符 L 表示，FANUC 0i0A 系统的 SA3 PMC 软件允许标号数为 999 个，其地址为 L1～L999。FANUC 0i0D 系统的 PMC 软件允许标号数为 5000 个，其地址为 L1～L5000。

10.2.3 典型机床操作面板硬件连接

编制 FANUC 数控系统的操作面板的 PMC 程序，首先必须了解机床操作面板的物理连接。各个操作面板的硬件输入是按键的还是选择开关的，不同的硬件连接，编制的 PMC 程序是不同的。

在 FANUC 数控系统中，制造商可以与 FANUC 系统一起购买 FANUC 公司提供的操作面板，也可以根据数控设备的需要自行设计机床操作面板。图 10-19 为 FANUC 公司提供的 I/O Link 操作面板，图 10-20 为一般用户设计的机床操作面板。

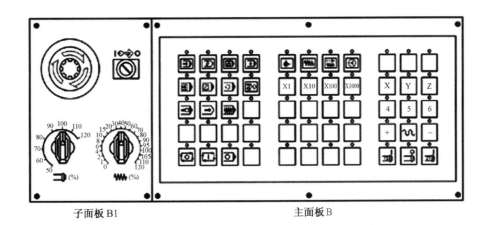

子面板 B1   主面板 B

图 10-19　FANUC 公司提供的 I/O Link 操作面板

图 10-20 中机床操作方式是按键的,也有机床厂家把机床操作方式自行设计如图 10-21 所示。图 10-21 中机床操作方式是用选择开关实现,此机床操作方式的选择开关一般使用组合开关,具体硬件连接需要参考设计或机床厂家的定义。

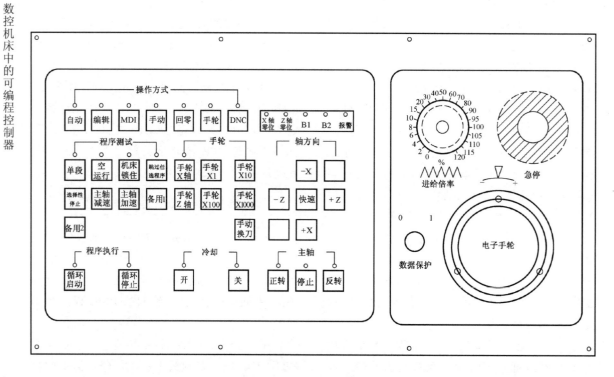

图 10-20 自行设计机床操作面板

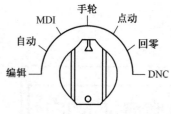

图 10-21 机床操作方式

在编制和分析 PMC 程序时,必须充分了解机床操作面板布置图、面板功能和硬件连接图以及地址分配,才能理解和编制好 PMC 程序。

10.2.3.1 I/O 模块硬件连接

在 FANUC 数控系统中,I/O 模块分内置 I/O 模块和外置 I/O 模块,FANUC 系统中 0i-A 和 0i-B 系统一般有内置 I/O 模块,同时当 I/O 点数不够时还可以扩展使用外置 I/O 模块。目前 0i-C 和 0i-D 系统一般使用外置 I/O 模块,在分析数控机床 PMC 程序和编制程序时,首先必须理解输入/输出硬件连接。其中要注意内置 I/O 模块和外置 I/O-Link 模块有部分固定地址,具体地址见表 10-3。内置 I/O 模块和外置 I/O 模块固定地址是不同的,输入/输出典型电气连接图分别如图 10-22 和图 10-23 所示。图 10-22 为输入典型应用,有漏型方法和源型方法连接,一般在使用时,把"DIC"接 0V,确保该系统都是高电平有效。输出都是高电平有效。

1. 内置 I/O 模块

FANUC 系统 0i-A 和 0i-B 的系统控制器模块的外形如图 10-24 所示,图中 CB104～CB107 为内置 I/O 模块。

表 10 - 3　FANUC 0i 系统固定地址

信　号		符号	地　址	
			当使用 I/O - Link 时	当使用内装 I/O 卡时
车床系统	X 轴测量位置到达信号	XAE	X4.0	X1004.0
	Z 轴测量位置到达信号	ZAE	X4.1	X1004.1
	刀具补偿测量值直接输入功能 $B+X$ 方向信号	+MIT1	X4.2	X1004.2
	刀具补偿测量值直接输入功能 $B-X$ 方向信号	−MIT1	X4.3	X1004.3
	刀具补偿测量值直接输入功能 $B+Z$ 方向信号	+MIT2	X4.4	X1004.4
	刀具补偿测量值直接输入功能 $B-Z$ 方向信号	−MIT2	X4.5	X1004.5
加工中心系统	X 轴测量位置到达信号	XAE	X4.0	X1004.0
	Y 轴测量位置到达信号	YAE	X4.1	X1004.1
	Z 轴测量位置到达信号	ZAE	X4.2	X1004.2
公共	跳转（SKIP）信号	SKIP	X4.7	X1004.7
	急停信号	＊ESP	X8.4	X1008.4
	第 1 轴参考点返回减速信号	＊DEC1	X9.0	X1009.0
	第 2 轴参考点返回减速信号	＊DEC2	X9.1	X1009.1
	第 3 轴参考点返回减速信号	＊DEC3	X9.2	X1009.2
	第 4 轴参考点返回减速信号	＊DEC4	X9.3	X1009.3
	第 5 轴参考点返回减速信号	＊DEC5	X9.4	X1009.4
	第 6 轴参考点返回减速信号	＊DEC6	X9.5	X1009.5
	第 7 轴参考点返回速度信号	＊DEC7	X9.6	X1009.6
	第 8 轴参考点返回减速信号	＊DEC8	X9.7	X1009.7

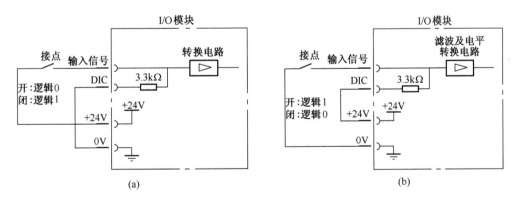

图 10 - 22　输入电路原理图

（a）漏极型输入接线；（b）有源型输入。

I/O 模块

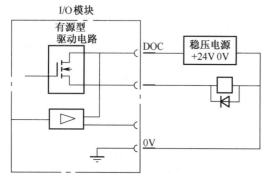

图 10-23　输出电路原理图

内置 I/O 模块输入/输出地址是固定的,地址分配见表 10-4。

2. 外置 I/O 模块

1) 外置 I/O 模块硬件连接

FANUC 系统是以 I/O Link 串行总线方式通过 I/O 单元与系统通信,在 I/O Link 总线中,CNC 端为主控端,而 I/O 单元是从控端。

(1) 组号:多个 I/O 模块根据需要进行分组,离 CNC 最近的组为 0 组。依次类推,最多可以连接 16 个组(0～15 组)。

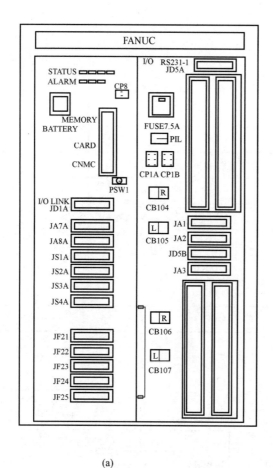

(a)

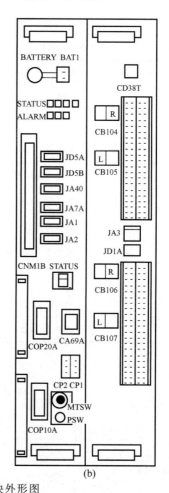

(b)

图 10-24　FANUC 0i-A/B 系统模块外形图

(a)0i-A 系统;(b)0i-B 系统。

表 10-4　FANUC 0i-A/B 系统内置 I/O 模块输入/输出地址

管脚	CB104 插座		CB105 插座		CB106 插座		CB107 插座	
	A	B	A	B	A	B	A	B
1	0V	+24V	0V	+24V	0V	+24V	0V	+24V
2	X1000.0	X1000.1	X1003.0	X1003.1	X1004.0	X1004.1	X1007.0	X1007.1

	CB104 插座		CB105 插座		CB106 插座		CB107 插座	
3	X1000.2	X1000.3	X1003.2	X1003.3	X1004.2	X1004.3	X1007.2	X1007.3
4	X1000.4	X1000.5	X1003.4	X1003.5	X1004.4	X1004.5	X1007.4	X1007.5
5	X1000.6	X1000.7	X1003.6	X1003.7	X1004.6	X1004.7	X1007.6	X1007.7
6	X1001.0	X1001.1	X1008.0	X1008.1	X1005.0	X1005.1	X1010.0	X1010.1
7	X1001.2	X1001.3	X1008.2	X1008.3	X1005.2	X1005.3	X1010.2	X1010.3
8	X1001.4	X1001.5	X1008.4	X1008.5	X1005.4	X1005.5	X1010.4	X1010.5
9	X1001.6	X1001.7	X1008.6	X1008.7	X1005.6	X1005.7	X1010.6	X1010.7
10	X1002.0	X1002.1	X1009.0	X1009.1	X1006.0	X1006.1	X1011.0	X1011.1
11	X1002.2	X1002.3	X1009.2	X1009.3	X1006.2	X1006.3	X1011.2	X1011.3
12	X1002.4	X1002.5	X1009.4	X1009.5	X1006.4	X1006.5	X1011.4	X1011.5
13	X1002.6	X1002.7	X1009.6	X1009.7	X1006.6	X1006.7	X1011.6	X1011.7
14					COM4			
15					HDI0			
16	Y1000.0	Y1000.1	Y1002.0	Y1002.1	Y1004.0	Y1004.1	Y1006.0	Y1006.1
17	Y1000.2	Y1000.3	Y1002.2	Y1002.3	Y1004.2	Y1004.3	Y1006.2	Y1006.3
18	Y1000.4	Y1000.5	Y1002.4	Y1002.5	Y1004.4	Y1004.5	Y1006.4	Y1006.5
19	Y1000.6	Y1000.7	Y1002.6	Y1002.7	Y1004.6	Y1004.7	Y1006.6	Y1006.7
20	Y1001.0	Y1001.1	Y1003.0	Y1003.1	Y1005.0	Y1005.1	Y1007.0	Y1007.1
21	Y1001.2	Y1001.3	Y1003.2	Y1003.3	Y1005.2	Y1005.3	Y1007.2	Y1007.3
22	Y1001.4	Y1001.5	Y1003.4	Y1003.5	Y1005.4	Y1005.5	Y1007.4	Y1007.5
23	Y1001.6	Y1001.7	Y1003.6	Y1003.7	Y1005.6	Y1005.7	Y1007.6	Y1007.7
24	DOCOM	DOCOM	DOCOM	DOCOM	DOCOM	DOCOM	DOCOM	DOCOM
25	DOCOM	DOCOM	DOCOM	DOCOM	DOCOM	DOCOM	DOCOM	DOCOM

（2）基座号：每组又最多可以联系2个I/O基本单元，第一基本单元基座号为0，第二个基座号为1。

（3）插槽号：每一个基本单元又最多可以5个连接I/O模块，第一个为模块1，依次类推。

（4）模块名称：每一个模块都有具体的名称，FANUC公司推出多种规格的模块，例如，0i用I/O单元模块（96入/64出），输入模块名OC02I，表示16B的输入模块；输出模块名OC02O，表示16B输出部分模块。在定义输入/输出地址中需要使用模块名称，使用时可参考《FANUC梯形图语言编程说明书》。CNC与I/O模块的连接如图10-25所示

2）外置I/O模块电气连接实例

外置I/O模块I/OLink的连接如图10-25

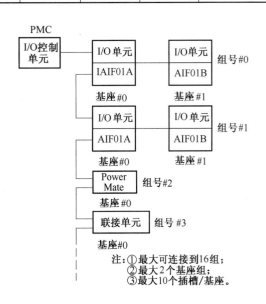

图10-25　CNC与外置I/O模块的连接

所示,由 I/O 模块把串行信号转换成并行输入/输出信号的插座定义,每一种模块插座定义是不同的,具体参见 FANUC 相应系统硬件连接手册中对应的 I/O 模块的插座管脚图,这里介绍国内常用的 I/O 模块输入/输出插座管脚定义。输入/输出电气连接图与内置 I/O 模块电气连接图相同。

(1)操作面板 I/O 模块。在输入点数少于48 点、输出点数少于 32 点时,FANUC 公司向用户提供一块外置 I/O 模块,模块外形图如图10-26 所示,该 I/O 模块是带手轮功能,手轮接

至 JA3。若 I/O 模块不带手轮功能,则没有 JA3插座。输入/输出插座功能分配见表 10-5 所列。输入/输出硬件连接图与内置方法一样,可参见图 10-22 和图 10-23 所示。

图 10-26　I/O 模块外形图

表 10-5　外置 I/O 模块输入/输出地址分配

管脚	CB56 插座		CB57 插座	
	A	B	A	B
1	0V	+24V	0V	+24V
2	$Xm+0.0$	$Xm+0.1$	$Xm+3.0$	$Xm+3.1$
3	$Xm+0.2$	$Xm+0.3$	$Xm+3.2$	$Xm+3.3$
4	$Xm+0.4$	$Xm+0.5$	$Xm+3.4$	$Xm+3.5$
5	$Xm+0.6$	$Xm+0.7$	$Xm+3.6$	$Xm+3.7$
6	$Xm+1.0$	$Xm+1.1$	$Xm+4.0$	$Xm+4.1$
7	$Xm+1.2$	$Xm+1.3$	$Xm+4.2$	$Xm+4.3$
8	$Xm+1.4$	$Xm+1.5$	$Xm+4.4$	$Xm+4.5$
9	$Xm+1.6$	$Xm+1.7$	$Xm+4.6$	$Xm+4.7$
10	$Xm+2.0$	$Xm+2.1$	$Xm+5.0$	$Xm+5.1$
11	$Xm+2.2$	$Xm+2.3$	$Xm+5.2$	$Xm+5.3$
12	$Xm+2.4$	$Xm+2.5$	$Xm+5.4$	$Xm+5.5$
13	$Xm+2.6$	$Xm+2.7$	$Xm+5.6$	$Xm+5.7$
14	DICOM			DICOM
15				
16	$Yn+0.0$	$Yn+0.1$	$Yn+2.0$	$Yn+2.1$
17	$Yn+0.2$	$Yn+0.3$	$Yn+2.2$	$Yn+2.3$
18	$Yn+0.4$	$Yn+0.5$	$Yn+2.4$	$Yn+2.5$
19	$Yn+0.6$	$Yn+0.7$	$Yn+2.6$	$Yn+2.7$
20	$Yn+1.0$	$Yn+1.1$	$Yn+3.0$	$Yn+3.1$
21	$Yn+1.2$	$Yn+1.3$	$Yn+3.2$	$Yn+3.3$
22	$Yn+1.4$	$Yn+1.5$	$Yn+3.4$	$Yn+3.5$
23	$Yn+1.6$	$Yn+1.7$	$Yn+3.6$	$Yn+3.7$
24	DOCOM	DOCOM	DOCOM	DOCOM
25	DOCOM	DOCOM	DOCOM	DOCOM

(2) 0i专用I/O模块。当数控系统输入点数多于48点时,除可以选择多个带手轮功能或不带手轮功能的48/32点I/O模块进行扩展外,也可以直接选用0i专用的I/O模块,此模块是96点输入,64点输出,外形如图10-27所示。I/O模块的输入/输出插座CB104~CB107物理定义功能类似表10-4,但输入/输出地址初始地址由软件定义。输入/输出硬件连接图与内置方法一样,可参见如图10-22和图10-23。

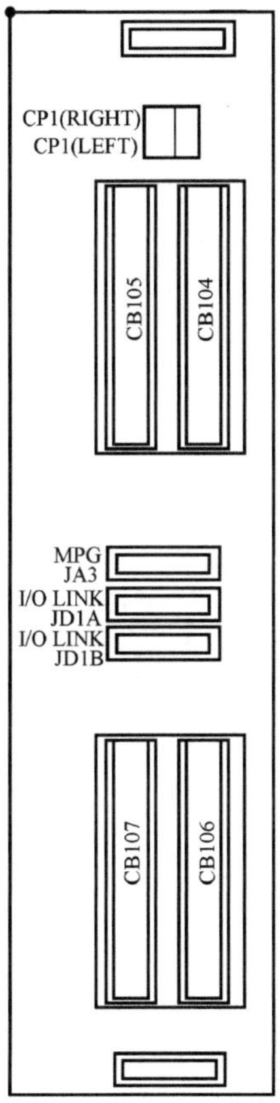

图10-27　0i专用I/O模块外形

(3) 其他I/O模块。在一些进口的数控设备中使用的I/O模块,除上述介绍的I/O模块外,还使用其他FANUC公司开发的I/O模块。具体输入/输出插座功能见相应系统硬件连接手册。

3) 外置I/O模块地址分配

FANUC数控系统,I/O模块分内置I/O和外置I/O模块两大类。内置地址是固定的,地址范围根据型号规格的不同而不同,但起始输入地址都是X1000.0,起始输出地址都是Y1000.0;而外置I/O模块起始输入地址是可以根据设计需要,在PMC软件中设定,基本范围为X0.0~X127.7,对一些高版本的PMC软件和数控系统,外置I/O模块输入输出地址范围更宽。但是,不管如何定义外置I/O模块输入/输出地址范围,必须根据表10-3要求在数控系统中必须确保使用的固定地址。

10.2.3.2　具体机床操作面板硬件连接应用

本节以FANUC公司提供的一种标准操作面板为例,介绍PMC的编程。具体机床操作面板外形如图10-19所示,此面板中符号含义见表10-6所列,维修和设计PMC程序,必须应了解机床操作面板按键含义。

1. 标准操作面板的硬件连接

标准操作面板与数控系统的物理连接如图10-28所示,FANUC公司标准操作面板反面外形图如图10-29所示,CNC的I/O Link JD1A连接至标准面板的主面板B的JD1B,由标准操作面板主面板B转换成普通的输入/输出接口,一部分专门用于正面按键和指示灯的输入/输出,物理上内部已做了固定连接,正面按键和指示灯分配的输入/输出地址可以根据表10-7进行分配和定义,CM68和CM69是提供给用户作为普通使用的,具体的物理外围连接见FANUC 0i0 A/B/C/D硬件连接手册。外围电气需提供给标准操作面板DC24V,连接至CA64(IN),若其他外设需要DC24V,可以从标准面板的CA64(OUT)输出。另外,在整个标准操作面板中选择子面板B1输入功能,则子面板B1必须连接到CM65、CM66、CM67,具体连接示意图如图10-28所示。

表 10-6　标准机床操作面板部分按键功能

按键符号	按键含义	按键符号	按键含义	按键符号	按键含义
	设定自动运行方式		单程序段按键		循环停止按键
	设定编辑方式		程序段删除按键		快速进给按键
	设定 MDI 方式		程序停按键		主轴正转按键
	设定 DNC 运行方式		可选停按键		主轴反转按键
	返回参考点方式		程序重启动按键		主轴停止按键
	设定 JOG 运行方式		空运行按键	X1；X10； X100；X1000	手轮进给倍率 $1\mu m,10\mu m,100\mu m,1000\mu m$
	设定步进进给方式		机械锁住按键	X；Y；Z； 4；5；6	手动进给轴选择 （用于手动和手轮 轴选择）
	设定手轮进给方式		循环启动按键	＋/－	用于进给轴移动方向

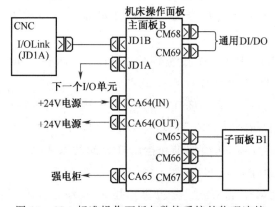

图 10-28　标准操作面板与数控系统的物理连接

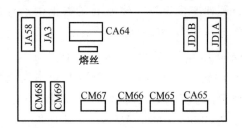

图 10-29　标准操作面板反面外形图

表 10-7　标准操作面板按键和指示灯分配地址

位 键/LED	7	6	5	4	3	2	1	0
Xm+4/Yn+0	B4	B3	B2	B1	A4	A3	A2	A1
Xm+5/Yn+1	D4	D3	D2	D1	D4	C3	C2	C1
Xm+6/Yn+2	A8	A7	A6	A5	E4	E3	E2	E1
Xm+7/Yn+3	C8	C7	C6	C5	B8	B7	B6	B5
Xm+8/Yn+4	E8	E7	E6	E5	D8	D7	D6	D5
Xm+9/Yn+5	B11	B10	B9		A11	A10	A9	
Xm+10/Yn+6	D11	D10	D9		C11	C10	C9	
Xm+11/Yn+7					E11	E10	E9	

2. 地址分配

FANUC 公司标准操作面板在理解控制过程和维修当中,必须首先理解标准操作面板硬件连接,同时还需要理解该标准面板在整个输入/输出的 I/OLink 地址分配情况和具体地址。

标准操作面板地址分配与普通的 I/OLink的模块的分配方法是一样的,外置 I/O 模块地址分配原则参考前面的介绍方法,主要确保整个输入/输出有需要的固定地址,标准操作面板地址分配涉及的组、基、槽,根据标准操作面板在整个输入/输出模块的硬件连接情况,模块输入型号为0C02I,占用16B,模块输出型号为0C02O,占用16B输出。当希望标准操作面板输入分配地址 Xm+4 中 m 和输出分配地址 Yn+0 中 n 一确定,则涉及整个标准操作面板的输入/输出地址就确定了。比如,在系统 PMC 软件中,标准操作面板输入地址 m=0,则相应的按键输入起始地址为 X4.0。标准操作面板输出地址 n=0,则相应的按键对应的指示灯起始地址为 Y0.0;若 n=4,则相应的输出起始地址为 Y4.0。

1)标准操作面板主板按键和指示灯地址分配

标准操作面板按键和指示灯分配地址见表 10-7,具体面板按键和指示灯位置如图 10-30 所示。在分析和设计机床标准面板 PMC 程序时,必须结合表 10-7 和图 10-30 两个内容的关系。比如,若标准操作面板设置分配地址 m=0,n=0,则在如图 10-19 中左下角循环暂停按键和指示灯确认具体地址方法是:在图 10-30 位置

为 E1,再在表 10-7 中寻找到 E1,则循环暂停的输入地址为 X6.0,输出地址为 Y2.0。选用的标准面板共有 55 个按键和 55 个信号指示灯,若标准面板上没有定义使用的按键,用户可以根据需要再用于定义其他按键功能和状态指示灯。当然,也可以根据用户需要自行随意定义标准操作面板的按键功能,只要定义的按键功能和指示灯含义与 PMC 程序一致即可。

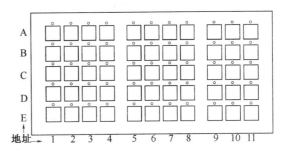

图 10-30　按键和指示灯位置图

2)子面板 B1 地址分配

子面板 B1 上主要有进给轴速度倍率选择开关 SA1、主轴速度倍率开关 SA2 及数据保护开关 SA3,子面板 B1 与主面板 B 总体连接如图 10-28 所示,具体电气连接如图 10-31 所

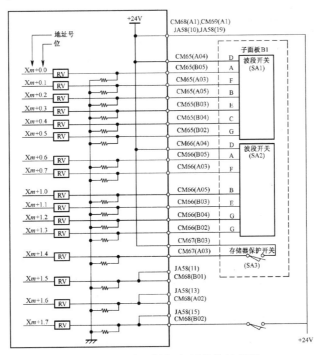

图 10-31　子面板与主板具体连接图

示。从图 10-31 可以看出，SA1、SA2 以及 SA3 的输入分配地址，若 m＝0，则 SA1、SA2、SA3 的地址分配起始地址为 X0.0，SA3 地址为 X1.4，而 SA1 和 SA2 输入地址组合与功能关系分别见表 10-8 和表 10-9 所列。

表 10-8 组合开关(SA1)与进给轴速度倍率关系

倍率/% 地址	0	1	2	4	6	8	10	15	20	30	40	50	60	70	80	90	95	100	105	110	120
Xm+0.0	0	1	1	0	0	1	1	0	0	1	1	0	0	1	1	0	0	1	1	0	0
Xm+0.1	0	0	1	1	1	1	0	0	0	0	0	1	1	1	0	0	0	0	1	1	1
Xm+0.2	0	0	0	0	1	1	1	1	1	1	1	0	0	0	0	0	0	0	0	1	1
Xm+0.3	0	0	0	0	0	0	0	1	1	1	1	1	1	1	1	1	1	1	1	1	1
Xm+0.4	0	0	0	0	0	0	0	0	0	0	0	1	1	1	1	1	1	1	1	1	1
Xm+0.5	0	1	0	1	0	1	0	1	0	1	0	1	0	1	0	1	0	1	0	1	0

表 10-9 组合开关(SA2)与主轴速度倍率关系

倍率/% 地址	50	60	70	80	90	100	110	120
Xm+0.6	0	1	1	0	0	1	1	0
Xm+0.7	0	0	1	1	1	1	0	0
Xm+1.0	0	0	0	0	1	1	1	1
Xm+1.1	0	0	0	0	0	0	0	0
Xm+1.2	0	0	0	0	0	0	0	0
Xm+1.3	0	1	0	1	0	1	0	1

10.2.4 可编程机床控制器指令

10.2.4.1 基本指令

FANUC 数控系统机床控制器基本指令也是普通 PLC 常见的指令，主要与、与非、或、或非、输出、输出非、置位、复位等。基本指令基本能满足数控设备基本功能，当在用基本指令难于编制实现某些机床设备动作时，可使用功能指令简化编程。

10.2.4.2 功能指令

数控机床用 PLC 的指令必须满足数控机床信息处理和动作控制的特殊要求。例如，CNC 输出的 M、S、T 二进制代码信号的译码；机械运动状态延时设置；加工零件的计数；刀库、分度工作台沿最短路径旋转和步数的计算；换刀时数据检索和数据变址传送指令等。对于上述译码、定时、计数、最短路径选择，以及比较、检索、转移、代码转换、四则运算、信息显示等控制功能，仅用基本指令编程，实现起来将会十分困难，因此要增加一些专门控制功能的指令，这些专门指令就是功能指令。功能指令都是一些子程序，应用功能指令就是调用相应的子程序。FANUC PMC 的功能指令数目因 PMC 型号不同而不同。本节将以 FANUC0i 系统的常用功能指令为例，介绍 FANUC 系统常用 PMC 功能指令的功能、指令格式及指令实例。

1. 顺序程序结束指令

FANUC0i 系统的 PMC 程序结束指令有第 1 级程序结束指令 END1、第 2 级程序结束指令

END2 和总程序结束指令 END 三种,其指令格式如图 10-32 所示。

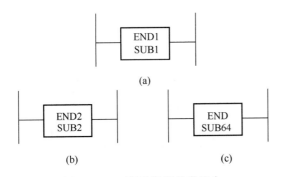

图 10-32 顺序程序结束指令

(a) 第1级程序结束;(b) 第2级程序结束;(c) 总程序结束。

1) END1 指令

第1级程序结束指令 END1,每隔 8ms 读取程序,主要处理系统急停、超程、进给暂停等紧急动作。第1级程序过长将会延长 PMC 整个扫描周期,所以第1级程序不宜过长,必须在 PMC 程序开头指定 END1,否则 PMC 无法正常运行。

2) END2 指令

第2级程序用来编写普通的顺序程序,如系统就绪、运行方式切换、手动进给、手轮进给、自动运行、辅助功能(M、S、T 功能)控制、调用子程序及信息显示控制等顺序程序。通常第2级的步数较多,在每个 8ms 内不能全部处理完(每个 8ms 内都包括第1级程序),所以在每个 8ms 中顺序执行第2级的一部分,直至执行第2级的终了 END2。

3) END 指令

在 PMC 程序编制子程序时,用 CALL 或 CALLU 命令由第2级程序调用。PMC 的梯形图的最后必须用 END 指令结束。

图 10-33 为某一数控机床应用 PMC 程序结束指令的具体例子。从图 10-33 可以看出,编制 FANUC 系统梯形图时,必须遵循编程格式,END1 和 END2 以及若有子程序的顺序程序,最后必须是 END 指令。

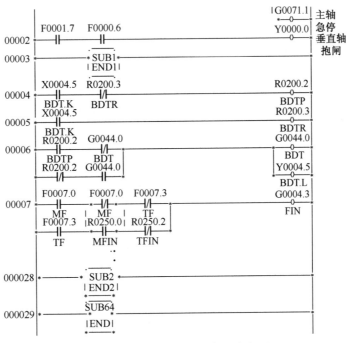

图 10-33 PMC 程序结束指令应用

2. 定时器指令

在数控机床梯形图编制中,定时器是不可缺少的指令,功能相当于一种通常的定时继电器(延时继电器)。FANUC 系统 PMC 的定时器按时间设定形式不同,可分为可变定时器(TMR)和固定定时器(TMRB)两种。

1) TMR 指令

TMR 指令的定时时间可通过 PMC 参数进

行更改,指令格式和工作原理如图 10-34 所示。指令格式包括三部分,分别是控制条件、定时器号和定时继电器。

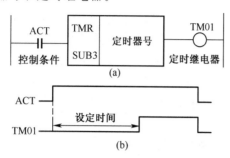

图 10-34 可变定时器的指令格式和工作原理
(a) 指令格式;(b) 定时器工作原理。

控制条件:当 ACT=0 时,输出定时继电器 TM01=0;当 ACT=1 时,经过设定延时后,输出定时继电器 TM01=1。

数控系统软件版本的不同,定时器的数量是不同的。

定时器号为 PMC-SA1 及 0i0 D 系统的 PMC/L 定时器为 1 个~40 个,其中 1 号~8 号最小单位为 48ms(最大为 1572.8s),9 号以后最小单位为 8ms(最大为 262.1s)。定时器的时间在 PMC 参数中设定。

作为可变定时器的输出控制,定时继电器的地址由机床厂家设计者决定,一般采用中间继电器。

定时器工作原理如图 10-34(b) 所示。当 ACT=1 时,定时器开始计时,到达预定的时间后,定时继电器 TM01 接通;当控制条件 ACT=0 时,定时继电器 TM01 断开。

图 10-35 数控机床利用定时器实现机床报警灯闪烁例子的硬件连接图。系统为 FANUC 0i0 MD 系统,其中 X8.4 为机床急停报警;X8.7 为润滑油位低开关,当润滑油位低时,开关由闭合变断开。系统报警,由 PMC 输出 Y0.0 闪烁报警。

当图 10-36 顺序程序中,若有报警或润滑油位低时,机床报警灯(Y 0.0)都闪亮(间隔时间为 5s)。通过 PMC 参数的定时器设定画面分别输入定时器 10、11 的时间设定值(5000ms)。

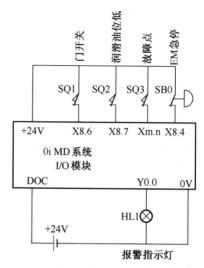

图 10-35 机床部分故障报警输入硬件连接图

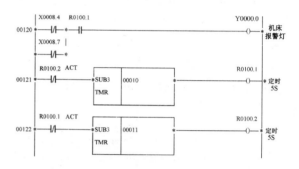

图 10-36 机床报警的闪烁顺序程序

2) TMRB 指令

固定定时器的时间不是通过 PMC 参数设定的,而是通过 PMC 程序编制的。固定定时器一般用于机床固定时间的延时,不需要用户修改时间。如机床换刀的动作时间、机床自动润滑时间等均由固定定时器来控制。图 10-37 为固定定时器的指令格式和应用实例。

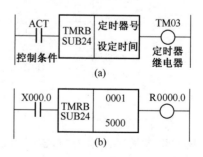

图 10-37 固定定时器的指令格式和应用
(a) 指令格式;(b) 固定定时器的应用。

控制条件:当 ACT=0 时,输出定时继电器 TM03=0;当 ACT=1 时,设定延时时间后,输出定时继电器 TM03=1。

定时器号为 PMC-SA1 以及 0i D 系统 PMC/L 共有 100 个,编号为 001~100。

设定时间的最小单位是 8ms,设定范围为 8ms~262136ms。

作为可变定时器的输出控制,定时继电器的地址由机床厂家决定,一般采用中间继电器。

图 10-37(b)为应用实例,表示当 X0.0[①]为 1 时,经过 5000ms 的延时,定时继电器 R000.0 为"1"。

3. 计数器指令

计数器主要功能是进行计数,可以是加计数,也可以是减计数。计数器的预置形式是 BCD 代码还是二进制代码,由 PMC 的参数设定(一般为二进制代码)。

图 10-38 为计数器的指令格式和计数加工工件件数的应用。

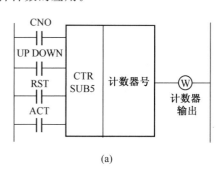

(a)

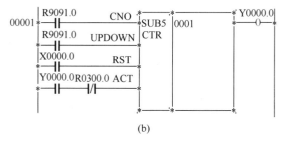

(b)

图 10-38 计算器的指令格式和应用

(a)指令格式;(b)计数器用于计算加工工件应用。

1)计数器的指令格式

计数器的指令格式如图 10-38(a)所示,包括如下各项:

(1)指定初始值(CN0):CN0=0 时,计数器的计数从 0 开始;CN0=1 时,计数器的计数从 1 开始。

(2)指定加或减计数(UP DOWN):UP DOWN=0 时,指定为加计数器;UP DOWN=1 时,指定为减计数器。

(3)复位(RST):RST=0 时,解除复位;RST=1 时,计数器复位到初始值。

(4)控制条件(ACT):ACT=0 时,计数器不执行;ACT=1 时,从 0 变成 1 的上升沿计数。

(5)计数器号:FANUC 系统 PMC-SA1 和 0i0 D 系统 PMC/L 的计数器有 20 个(1~20),PMC-SB7 的计数器有 100 个(1~100)。每个计数器占用系统内部断电保持寄存器 4B(计数器的预置值占 2B,当前计数值占 2B)。

(6)计数器输出(W1):当计数器为加计数器时,计数器计数到预置值,输出 W1=1;当计数器为减计数器时,计数器计数到初始值,输出 W1=1。计数器的输出地址由厂家来设定。

2)计数器在数控机床 PMC 控制上的应用

图 10-38(b)为自动计数加工件数的 PMC 控制。其中 R9091.0 为逻辑 0,X0.0 为机床面板加工件数的复位开关,Y0.0 为机床加工结束灯,R300.0 为加工程序结束 M30 指令或 M02 指令译码处理的标志位。计数器的初始值 CN0 为 0(逻辑 0 指定),加工件数从 0 开始计数;加减计数形式 UP DOWN 为 0(逻辑 0 指定),即指定计数器为加计数。通过 PMC 参数画面设定计数器 1 的预置值为 200(如果加工 200 件)。每加工一个工件,通过加工程序结束指令 M30(R300.3)进行计数器加 1 累计,当加工 200 件时,计数器的计数值累计到 200,计数器输出 Y0.0 为 1,通知操作者加工结束,并通过 Y0.0 的常闭点切断计数器的计数控制。如果重新进行计数,可通过机床面板的复位开关 X0.0 进行复位,当 X0.0 为 1 时,计数器输出 Y0.0 变成 0,计数器重新计数。

4. 译码指令

数控机床在执行加工程序中规定的 M、S、

T功能时,FANUC系统CNC装置以BCD或二进制代码形式输出M、S、T代码信号。这些信号需要经过译码才能从BCD或二进制状态转换成具有特定功能含义的一位逻辑状态。根据译码形式不同,PMC译码指令分为BCD译码指令(DEC)和二进制译码指令(DECB)两种。

1) DEC指令

DEC指令的功能是,当两位BCD代码与给定值一致时,输出为"1";不一致时,输出为"0"。DEC指令主要用于数控机床的M代码、T代码的译码。一条DEC译码指令只能译一个M代码。

图10-39为DEC译码指令格式和应用举例。

DEC指令格式如图10-39(a)所示,包括以下几部分:

(1) 控制条件:ACT=0时,不执行译码指令;ACT=1时,执行译码指令。

(2) 译码信号地址:指定包含两位BCD代码信号的地址。

(3) 译码方式:译码方式包括译码数值和译码位数两部分。译码数值为需进行译码的两位BCD代码;译码位数为01表示只译低4位数,为10表示只译高4位数,为11表示为高低位均译。

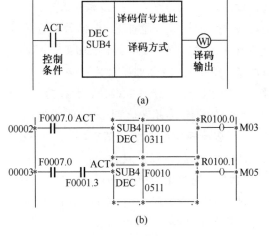

图10-39　DEC译码指令格式和应用

(a)指令格式;(b)译码指令DEC的应用。

(4) 译码输出:当指定地址的译码数与要求的译码值相等时,为1;否则,为0。

图10-39(b)中,当执行加工程序的M03、M05指令时,R0100.0、R0100.1分别为1,从而实现主轴正转、主轴停止自动控制。其中F7.0为M代码选通信号,F1.3为移动指令分配结束信号,F10为FANUC-16i/18i//21i/0i系统的M代码输出信号地址。

2) DECB指令

DECB的指令功能:可对1B、2B或4B的二进制代码数据译码,所指定的8位连续数据中,有一位与代码数据相同时,对应的输出数据位为1。DECB指令主要用于M代码、T代码及特殊S码的译码,一条DECB指令可译8个连续M代码或8个连续T代码。

图10-40为DECB译码指令格式和应用举例。

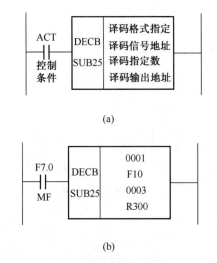

图10-40　DECB译码指令格式和应用

(a)指令格式;(b)译码指令DECB的应用。

DECB译码指令格式如图10-40(a)所示,具体包括以下几部分:

(1) 译码格式指定:0001表示1B的二进制代码数据,0002表示2B的二进制代码数据,0004表示4B的二进制代码数据。

(2) 译码信号地址:给定一个存储代码数据的地址。

(3) 译码指定数:给定要译码的8个连续数

字的第一位。

（4）译码结果输出：给定一个输出译码结果的地址。

图 10 - 40（b）中，若加工程序中先后有 M03、M08 指令执行时，则经过图 10 - 40 所示的 PMC 程序处理后，先后有相应的 R300.0、R300.5 分别为 1。其他没有执行的 M04、M05、M06、M07、M09、M10 指令相应的 R0300.1、R0300.2、R300.3、R300.4、R300.6、R300.7 状态为 0。

5. 比较指令

比较指令用于比较基准值与比较值的大小，主要用于数控机床编程的 T 代码与实际刀号的比较。PMC 比较指令分为 BCD 比较指令（COMP）和二进制比较指令（COMPB）两种。

1）COMP 指令

COMP 指令的输入值和比较值为 2 位或 4 位 BCD 代码，其指令格式与应用如图 10 - 41 所示。

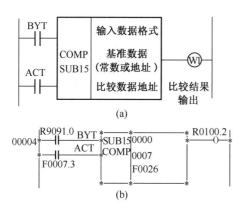

图 10 - 41　COMP 比较指令格式和应用
(a)指令格式；(b)比较指令 COMP 的应用。

COMP 指令格式如图 10 - 41（a）所示，包括以下几项：

（1）指定数据大小：BYT＝0 时，处理数据（输入值和比较值）为 2 位 BCD 代码；BYT＝1 时，处理数据为 4 位 BCD 代码。

（2）控制条件：ACT＝0 时，不执行比较指令；ACT＝1 时，执行比较指令。

（3）输入数据格式：0 表示用常数指定输入基准数据；1 表示用地址指定输入基准数据。

（4）基准数据：输入的数据（常数或常数存放的地址）。

（5）比较数据地址：指定存放比较数据的地址。

（6）比较结果输出：当基准数据大于比较数据时，W1 为 0；当基准数据小于或等于比较数据时，W1 为 1。

图 10 - 41（b）为某数控车床自动换刀（6 工位）的 T 代码检测 PMC 控制梯形图。加工程序中的 T 代码大于或等于 7 时，R100.2 为 1，并发出 T 代码错误报警。其中 F7.3 为 T 代码选通信号，F26 为系统 T 代码输出信号的地址。

2）COMPB 指令

COMPB 指令用于比较 1B、2B 或 4B 的二进制数据之间的大小，比较的结果存放在运算结果寄存器（R9000）中，其指令格式和应用如图 10 - 42 所示。

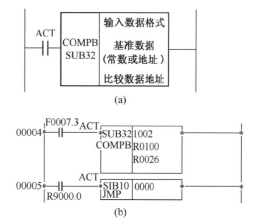

图 10 - 42　COMPB 比较指令格式和应用
(a)指令格式；(b)比较指令 COMPB 的应用。

COMPB 指令格式如图 10 - 42（a）所示，主要包括以下几项：

（1）控制条件：ACT＝0 时，不执行比较指令；ACT＝1 时，执行比较指令。

（2）输入数据格式（＊00＊）：首位表示基准数据是常数还是常数所在的地址，0 表示用常数指定输入数据，1 表示用地址指定输入数据；末

第10章

数控机床中的可编程控制器

位表示基准数据的长度,1 表示 1B,2 表示 2B,4 表示 4B。

(3)基准数据:输入的数据(常数或常数存放的地址)。

(4)比较数据地址:指定存放比较数据的地址。

图 10-42(b)中,比较寄存器 R9000.0:当基准数据等于比较数据时,R9000.0=1;当基准数据小于比较数据时,R9000.0=1。

若 R100 用来存放加工中心的当前主轴刀号,F26 为加工程序的 T 代码输出信号地址,JMP 为 PMC 的跳转功能指令,JMP 到 JMPE 之间的程序为自动换刀的动作程序。当加工程序读到 T 代码时,如果程序的 T 代码与主轴刀号相同,则跳出换刀动作程序,接着执行下面的程序。

6. 常数定义指令

使用功能指令时,有时需要常数,此时,要用常数定义指令来定义常数。数控机床中常数定义指令常用来实现自动换刀的实际刀号定义及换刀装置附加伺服轴(PMC 轴)控制的数据、信息的定义等。

1)NUME 指令

NUME 指令是 2 位或 4 位 BCD 代码常数定义指令,其指令格式和应用如图 10-43 所示。

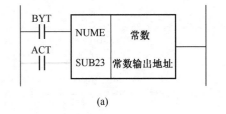

(a)

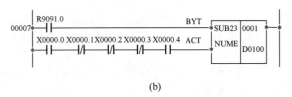

(b)

图 10-43　NUME 指令格式和应用

(a)指令格式;(b)NUME 指令的应用。

NUME 指令格式如图 10-43(a)所示,主要包括以下几项:

(1)常数的位数指定:BYT=0 时,常数为 2 位 BCD 代码;BYT=1 时,常数为 4 位 BCD 代码。

(2)控制条件:ACT=0 时,不执行常数定义指令;ACT=1 时,执行常数定义指令。

(3)常数输出地址:设定所定义常数的输出地址。

图 10-43(b)为某数控车床的电动刀盘实际刀号定义,R9091.0 为常"0",X0.0、X0.1、X0.2、X0.3 为电动刀盘实际刀号输出信号,X0.4 为电动刀盘的码盘选通信号,D100 为存放实际刀号的数据表。当电动刀盘转到 1 号刀时,刀盘选通信号 X0.4 接通,同时刀号输出信号 X0.3、X0.2、X0.1、X0.0 发出 1 号代码(0001),通过 NUME 指令把常数 01(2 位 BCD 代码)输出到实际刀号存放的地址 D100 中,此时,D100 存储的数据为 00000001。

2)NUMEB 指令

NUMEB 指令是 1B、2B 或 4B 二进制数的常数定义指令,其指令格式和应用如图 10-44 所示。

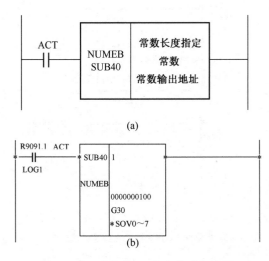

图 10-44　NUMEB 指令格式和应用

(a)指令格式;(b)NUMEB 指令的应用。

NUMEB 指令格式如图 10-44(a)所示,主要包括以下几项:

(1)控制条件:ACT=0 时,不执行常数定义指令;ACT=1 时,执行常数定义指令。

(2)常数长度指定:0001 表示 1B 的二进制

数;0002 表示 2B 的二进制数;0004 表示 4B 的二进制数。

(3)常数:以十进制形式指定的常数。

(4)常数输出地址:定义二进制数据的输出区域的首地址。

图 10 - 44(b)为某数控加工中心的固定主轴倍率 PMC 程序,R9091.1 为常"1",为主轴信号 G 信号地址,倍率设定值为 100,经过 NUMB 指令后,G30 地址中数值为 01100100。

7. 判别一致指令

判别一致指令(COIN 指令)用来检查参考值与比较值是否一致,可用于检查刀库、转台等旋转体是否到达目标位置等。功能指令格式和应用如图 10 - 45 所示。

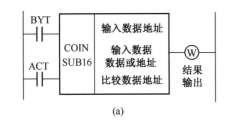

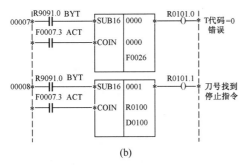

图 10 - 45 COIN 指令格式和应用
(a)指令格式;(b)COIN 指令的应用。

COIN 指令格式如图 10 - 45(a)所示,主要包括以下几项:

(1)指定数据的大小:BYT＝0 时,数据大小为 2 位 BCD 代码;BYT＝1 时,数据大小为 4 位 BCD 代码。

(2)控制条件:ACT＝0 时,不执行 COIN 指令;ACT＝1 时,执行 COIN 指令。

(3)输入数据格式:0 表示常数指定输入数据;1 表示地址指定输入数据。

(4)输入数据:基准数据的常数或基准数据常数所在的地址(常数或常数所在地址由输入数据格式决定)。

(5)比较数据地址:比较数据所在的地址。

(6)结果输出:W＝0,表示基准数据不等于比较数据;W＝1,表示基准数据等于比较数据。

图 10 - 45(b)中,F26 为系统 T 代码输出地址,R100 为所选刀具的地址,D100 为刀库换刀点的地址。当 R101.0 为 1 时,说明程序中输入了 T00 的错误指令(因为换刀号是从 1 开始的);当 R101.1 为 1 时,说明刀库中选择的刀具转到了换刀位置,停止刀库的旋转且可以执行换刀。

8. 旋转指令

旋转指令(PMC 指令)分为 BCD 旋转指令(ROT)和二进制旋转指令(ROTB)两种。

1)ROT 指令

此指令用来判别回转体的下一步旋转方向,计算出回转体从当前位置旋转到目标位置的步数或计算出到达目标位置前一位置的位置数,一般用于数控机床自动换刀装置的旋转控制。功能指令格式和应用如图 10 - 46 所示。

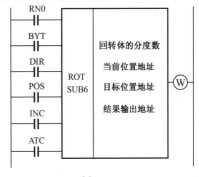

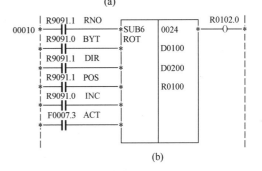

图 10 - 46 ROT 指令格式和应用
(a)指令格式;(b)回转控制指令 ROT 的应用。

应用 ROT 指令格式如图 10-46(a)所示，主要包括以下几项：

（1）指定起始位置数：RN0＝0 时，旋转起始位置数为 0；RN0＝1 时，旋转起始位置数为 1。

（2）指定处理数据（位置数据）的位数：BYT＝0 时，指定两位 BCD 码；BYT＝1 时，指定 4 位 BCD 码。

（3）选择最短路径的旋转方向：DIR＝0 时，不选择，按正向旋转；DIR＝1 时，选择。

（4）指定计算条件：POS＝0 时，计算现在位置与目标位置之间的步距数；POS＝1 时，计算目标前一个位置的位置数。

（5）指定位置数或步距数：INC＝0 时，计算目标位置的号（表内号）；INC＝1 时，计算到达目标的步数。

（6）控制条件：ATC＝0 时，不执行 ROT 指令，W 不变化；ACT＝1 时，执行 ROT 指令，并有旋转方向输出。

（7）旋转方向输出：选择较短路径时有方向控制信号，该信号输出到 W。当 W＝0 时，旋转方向为正；当 W＝1 时，旋转方向为负（反转）。若转子的位置数是递增的，则为正转；反之，则为反转。W 地址可以任意选择。

图 10-46(b)中，R9091.0 为逻辑 0，R9091.1 为逻辑 1，F7.3 为 T 代码选通信号（程序中读到了 T 代码），24 为刀库容量 24 把刀，D100 为当前要换刀的刀具所在地址，D200 为刀库换刀点的刀具所在地址。执行该指令后，把刀库的当前刀具转到换刀位置的前一位置的地址存储到 R100 中，以便进行刀库接近换刀点的减速控制或预分度到位控制。通过 R102.0 输出是否为"1"，来控制刀库是否反转。

2）ROTB 指令

ROTB 指令与 ROT 指令的功能基本相同，但 ROTB 指令可用地址指定回转体的分度数，处理数据的形式均为二进制数形式。功能指令格式和应用如图 10-47 所示。

ROTB 指令格式如图 10-47(a)所示，其中格式指定意义如下：0001 表示处理的数据为 1B

二进制数，0002 表示处理的数据为 2B 二进制数，0004 表示处理的数据为 4B 二进制数。

图 10-47(b)中，D100 为存储刀库容量数据的地址，这样设定的好处是梯形图不变，用户就可以通过修改 D100 的数据来改变刀库的容量。执行该指令后，把刀库当前要换的刀具到换刀点位置的步距数存储到计数器的 C0010 中，以便刀库旋转位置的步数控制。通过 R102.1 输出是否为"1"，来控制刀库是否反转。

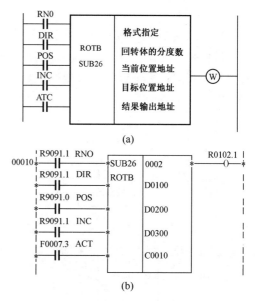

图 10-47 ROT 指令格式和应用

(a)指令格式；(b)回转控制指令 ROTB 的应用。

9. 数据检索指令

1）DSCH 指令

该指令的功能是在数据表中搜索指定的数据（2 位或 4 位 BCD 代码），并且输出其表内号，常用于刀具 T 代码的检索。功能指令格式和应用如图 10-48 所示。

DSCH 指令格式如图 10-48(a)所示，主要包括以下几项：

（1）指定处理数据的位数（BYT）：BYT＝0 时，指定 2 位 BCD 码；BYT＝1 时，指定 4 位 BCD 码。

（2）复位信号（RST）：RST＝0 时，W1 不进行复位，W1 输出状态不变；RST＝1 时，W1 进行复位（W1＝0）。

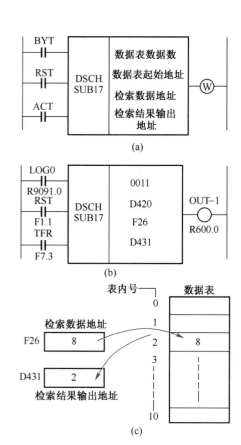

图 10 - 48　DSCH 指令格式和应用

(a)指令格式;(b)数据检索指令 DSCH 的应用;

(c)数据检索指令 DSCH 的检索过程。

（3）执行命令（ACT）：ACT＝0 时，不执行 DSCH 指令，W1 不变；ACT＝1 时，执行 DSCH 指令，没有检索到数据时，W1 输出 1。

（4）数据表数据数：指定数据表的大小。如果数据表的表头为 0，数据表的表尾为 n，则数据表的个数为 $n+1$。

（5）数据表起始地址：指定数据表的表头地址。

（6）检索数据地址：指定检索数据所在的地址。

（7）检索结果输出地址：把被检索数据所在的表内号输出到该地址。

图 10 - 48(b)为加工中心自动换刀的 T 代码检索的应用，图 10 - 48(b)表示加工中心的刀库为 10 工位（10 把刀），D420 表示数据表的首地址，F26 为程序中的 T 代码，D431 用于存储检索到刀号所在的地址（刀库中所要用刀的刀座号）。F7.3 为 T 代码选通信号。具体的检索过程如图 10 - 48(c)所示。

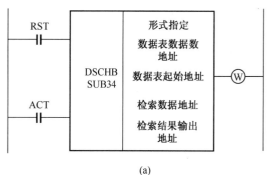

(a)

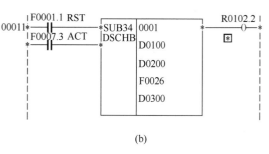

(b)

图 10 - 49　DSCHB 指令格式和应用

(a)指令格式;(b)数据检索指令 DSCHB 的应用。

2）DSCHB 指令

该指令的功能与 DSCH 指令一样，也是用来检索指定的数据，但与 DSCH 指令有两点不同：一是该指令中处理的所有数据都为二进制形式；二是数据表的数据数（数据表的容量）用地址指定。功能指令格式和应用如图 10 - 49 所示。

DSCHB 指令格式如图 10 - 49(a)所示，主要包括以下几项：

（1）形式指定：用来指定数据的长度。0001 表示数据的长度为 1B 二进制数据；0002 表示数据的长度为 2B 二进制数据；0004 表示数据的长度为 4B 二进制数据。

（2）数据表数据地址：指定数据表容量存储地址。

（3）数据表起始地址：指定数据表的表头地址。

（4）检索数据地址：指定检索数据所在的地址。

（5）检索结果输出地址：把被检索数据所在的表内号输出到该地址。

图 10 - 49(b)中的 D0100 用来存储数据表

的容量(如果是 24 把刀的刀库,则数据表容量为 24),数据表的表头是 D0200。如果从数据表中检索到程序所需要的刀号,则把该刀号所在的地址(表内号)传送到地址 D0300 中。如果在数据表中没有检索到程序的刀号,则 R102.2 为"1",并发出 T 代码错误报警信息。

10. 代码转换指令

1) COD 指令

该指令是把 2 位 BCD 代码(0~99)数据转换成 2 位或 4 位 BCD 代码数据的指令。具体功能是把 2 位 BCD 代码指定的数据表内号数据(2 位或 4 位 BCD 代码)输出到转换数据的输出地址中。一般用于数控机床面板的倍率开关的控制,如进给倍率、主轴倍率等的 PMC 控制。功能指令格式和应用例子如图 10 - 50 所示。

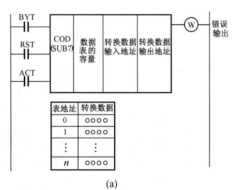

(a)

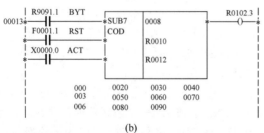

(b)

图 10 - 50　COD 代码指令格式及应用

(a)指令格式;(b)转换指令 COD 的应用。

COD 指令代码格式如图 10 - 50(a)所示,其主要包括如下几项:

(1) 转换数据表的数据形式指定(BYT):BYT=0 时,将数据表的数据转换为 2 位 BCD 代码;BYT=1 时,将数据表的数据转换为 4 位 BCD 代码。

(2) 错误输出复位(RST):RST=0 时,取

消复位(输出 W1 不变);RST=1 时,转换数据错误,输出 W1 为 0(复位)。

(3) 执行条件(ACT):ACT=0 时,不执行 COD 指令;ACT=1 时,执行 COD 指令。

(4) 数据表的容量:指定转换数据表的范围(0~99),数据表的开头为 0 号,数据表的最后单元为 n 号,则数据表的大小为 n+1。

(5) 转换数据输入地址:指定转换数据所在数据表的表内号地址,一般可通过机床面板的开关转换数据输出地址的内容。

(6) 转换数据输出地址:将数据表内指定的 2 位或 4 位 BCD 代码转换成数据输出的地址。

(7) 错误输出(W1):在执行 COD 指令时,如果转换输入地址出错(如转换地址数据超过了数据表的容量),则 W1 为 1。

图 10 - 50(b)为 COD 指令举例,把指定数据表的 2 位 BCD 代码数据输出到地址 R12 中,当 X0.0 为 1 时,执行代码转换。如果 R0010=0,则 R0012=20;如果 R0010=1,则 R0012=30;如果 R0010=2,则 R0012=40,依次类推。

2) CODB 指令

该指令是把 2B 的二进制代码(0~255)数据转换成 1B、2B 或 4B 的二进制数据指令。具体功能是把 2B 二进制数指定的数据表内数据(1B、2B 或 4B 的二进制数据)输出到转换数据的输出地址中。一般用于数控机床面板的倍率开关的控制,如进给倍率、主轴倍率等的 PMC 控制。指令格式如图 10 - 51 所示,主要包括以下几项:

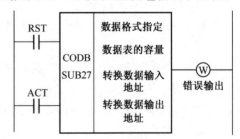

图 10 - 51　CODB 功能指令格式

(1) 错误输出复位(RST):RST=0 时,取消复位(输出 W1 不变);RST=1 时,转换数据错误,输出 W1 为 0(复位)。

(2) 执行条件(ACT):ACT=0 时,不执行

CODB 指令；ACT＝1 时，执行 CODB 指令。

（3）数据格式指定：指定转换数据表中二进制数据的字节数，0001 表示 1B 二进制数；0002 表示 2B 二进制数；0004 表示 4B 二进制数。

（4）数据表的容量：指定转换数据表的范围（0～255），数据表的开头为 0 号，数据表的最后单元为 n 号，则数据表的大小为 $n＋1$。

（5）转换数据输入地址：指定转换数据所在数据表的表内地址，一般可通过机床面板的开关来设定该地址的内容。

（6）转换数据输出地址：指定数据表内的 1B、2B 或 4B 的二进制数据转换后的输出地址。

（7）错误输出（W1）：在执行 CODB 指令时，如果转换输入地址出错（如转换地址数据超过了数据表的容量），则 W1 为 1。

CODB 功能指令转换过程如图 10-52 所示。

图 10-53 为某数控机床主轴倍率（50％～120％）的 PMC 控制的梯形图。其中 X0.6～

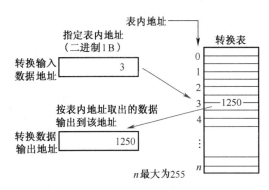

图 10-52 CODB 功能指令转换数据的过程

X1.1 是标准机床面板主轴倍率开关的输入信号（4 位二进制代码格式输入控制），G30 为 FANUC-0i 系统的主轴倍率信号（二进制形式指定）。F1.1 为复位信号，R9091.1 为一直为"1"，CODB 功能指令执行。当 R213 中值为 0 时，G30 的数值为 50 的二进制；当 R213 中值为 3 时，G30 的数值为 80 的二进制，依次类推。而 R213 的值来自与操作面板主轴倍率开关的变化。

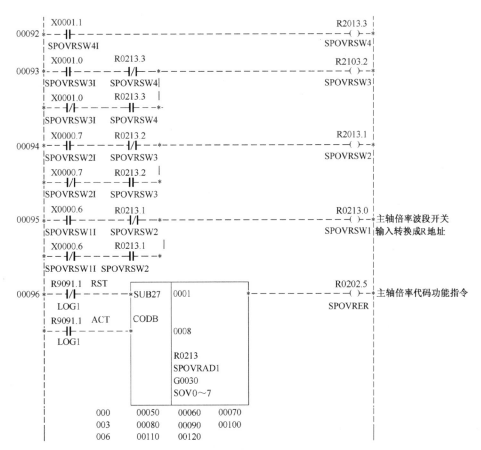

图 10-53 数控机床主轴倍率 PMC 控制（0i 系统）

11. 信息显示指令

信息显示指令用于在系统显示装置(CRT或LCD)上显示机床的报警内容,根据机床的具体工作情况编制机床报警号及信息显示。

FANUC系统信息显示指令有DISP指令和DISPB指令。FANUC-0i系统都采用DISPB指令,DISPB指令格式如图10-54所示。

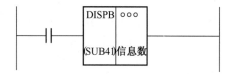

图 10-54　DISPB指令格式

信息显示条件:当ACT=0时,系统不显示任何信息;当ACT=1时,依据各信息显示请求地址位(如A0～A24)的状态。显示信息数据表中设定的信息,每条信息最多为255个字符,在此范围内编制信息。

显示信息数:设定显示信息的个数。FANUC-0iOA系统最多可编制200条信息,FANUC-0iOB/0iOC系统最多可编制2000条信息(系统PMC类型为PMC-SB7时)。

信息显示功能指令的编制方法如下:

(1)编制信息显示请求地址。从信息继电器地址A0～A24(共200位)中编制信息显示请求位,每位都对应一条信息。如果要在系统显示装置上显示某一条信息,将对应的信息请求位置为"1";如果将该信息请求位置为"0",则清除相应的显示信息。

(2)编制信息数据表。信息数据表中每条信息数据内容包括信息号和存于该信息号中的信息。信息号为1000～1999时,在系统报警画面显示信息号和信息数据;信息号为2000～2999时,在系统操作信息画面只显示信息数据而不显示信息号。信息数据表与PMC梯形图一起存储到系统的FROM中。

下面通过实例介绍数控机床厂家报警信息的编制。图10-35为某数控机床机床厂家报警输入硬件图,图10-55信息显示的PMC梯形图,表10-10列出了该机床报警信息数据。

图10-55中,X8.4为机床面板的急停开关的常闭点;X8.7为机床润滑油位检测开关,正常情况下为闭合;X8.6为机床防护门开关,门合上

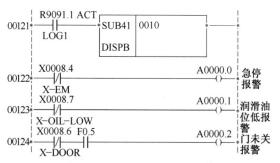

图 10-55　机床报警信息显示PMC程序控制图

表 10-10　机床报警信息

序号	信息号	信息数据
1	A0.0	1001急停报警
2	A0.1	2001润滑油位低报警
3	A0.2	1002门未关报警

为闭合,门打开为断开。F0.5为自动运行状态。

10.2.5　PMC程序功能编制

10.2.5.1　常用CNC与PMC接口信号

在FANUC数控系统中,CNC与PMC的接口信号随着系统型号和功能不同而不同,各个系统G信号和F信号有一定的共性和规律,具体信号含义可参考FANUC系统技术资料等。由于篇幅限制,本节仅介绍部分常用到的G地址信号和F地址信号。介绍信号之前,首先介绍G、F信号表示方法:GXXX表示G信号字节地址为XXX,GXXX.1表示G信号字节地址XXX的0～7的第1位信号,有时也用GXXX♯X表示位信号地址,各信号也经常用符号表示,例如,*ESP就表示地址信号为G8.4的位符号,加"*"表示"0"有效,平时要使该信号处于"1"。F信号地址表示基本同G信号表示。

1. 急停信号

急停功能很重要,在意外情况或需要在急停操作状态下操作时,CNC必须知道是否处于急停,该信号的符号常用*ESP表示,进入CNC装置的地址信号为G8.4,内置I/O模块输入PMC地址为X1008.4,外置I/O模块输入PMC地址为X8.4。该信号必须编制在PMC程序中。

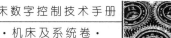

2. 操作方式选择信号 MD1、MD2、MD4
＜G043♯0～G043♯2＞

对机床控制有不同的操作方式,CNC 装置只有接收到相应操作方式 G 信号后才使数控系统处于某种操作方式,方式选择信号是由 MD1(G43♯0)、MD2(G43♯1)、MD4(G43♯2)三位构成的代码组合信号,对这些信号的不同组合,可以选择存储器编辑(EDIT)、自动运行方式(MEM)、手轮/步进进给(HANDLE/STEP)、手动连续进给(JOG)、远程加工(DNC)、返回参考点(REF)、手动数据输入(MDI)等方式,见表10-11。

当操作方式被 CNC 确认时,CNC 对外输出现在被 CNC 选定的操作方式。操作方式输入信号与输出信号的关系见表10-12。

表 10-11 方式选择信号功能

方 式	PMC 信号状态				
	ZRN G43.7	DNC1 G43.5	MD4 G43.2	MD2 G43.1	MD1 G43.0
存储器编辑	0	0	0	1	1
自动运行	0	0	0	0	1
远程加工(DNC)	0	1	0	0	1
手轮/步进进给	0	0	1	0	0
手动连续进给	0	0	1	0	1
返回参考点	1	0	1	0	1
手动数据输入	0	0	0	0	0

表 10-12 CNC 操作方式确认信号

方式	输 入 信 号					输出信号
	ZRN G43.7	DNC1 G43.5	MD4 G43.2	MD2 G43.1	MDl G43.0	
手动数据输入	0	0	0	0	0	MMDI(F003♯3)
自动运行	0	0	0	0	1	MAUT(F003♯5)
远程加工	0	1	0	0	1	MRMT(F3♯4)
存储器编辑	0	0	0	1	1	MEDT(F003♯6)
手轮/步进进给	0	0	1	0	0	MH(F003♯1)
手动连续进给	0	0	1	0	1	MJ(F003♯2)
手动返回参考点	1	0	1	0	1	MREF(F004♯5)

表 10-12 中增加了手动返回参考点方式,可以理解成该方式为 JOG 方式的一种特殊操作方式。

3. 进给轴运动

进给轴方向选择信号(输入)＋Jn、－Jn(G100♯0,G100♯1,G102♯0,G102♯1)表示增量进给、JOG 进给时的进给轴及进给方向。信号名称中的"＋/－"表示进给方向,J 后面的数字表示控制轴的序号。

在选择 JOG 方式时,进给轴方向选择信号(＋Jn,－Jn)由"0"变为"1",该信号为"1"期间刀具就沿所选的轴及方向根据倍率信号或手动快速进给选择信号确定的速度移动;进给轴方向选择信号由"1"变"0",或按 RESET 按钮或急停按钮使该信号再次变为"0",若不再置为"1",轴不能移动。

在选择手轮/步进进给方式时,进给轴方向选择信号(＋Jn,－Jn)每次从"0"变为"1",刀具就沿所选的轴及方向移动一个步距移动量。

手动速度的进给速度倍率输入信号为

＊JV0～＊JV15（G10，G11），JOG 进给及步进（增量）进给的实际速度为 JOG 设定值乘以进给速度倍率。

4. 返回第一参考点

1）与回参考点有关的信号

（1）手动返回参考点选择信号（输入）ZRN（G043＃7）。

（2）返回参考点减速信号＊DECn（X9＃0，＃1，＃2（外置 I/O 模块））或（X1009＃0，＃1，＃2（内置 I/O 模块））。

（3）返回参考点结束信号（输出）ZPn（F094＃0，＃1，＃3）（n＝1～3）。

2）返回参考点功能

本功能是用手动或自动方式使机床可移动部件按照各轴规定的方向移动，返回到参考点。这种返回参考点方式称为栅格方式。参考点是由位置检测器的每转信号所决定的栅格位置来确定的。

3）返回参考点的动作（栅格方式）

选择 JOG 进给方式，将信号 ZRN（G43＃7）置为"1"时，然后按返回参考点方向的手动进给按钮，机床可动部件就会以快速进给速度移动。当碰上减速限位开关，返回参考点用减速信号＊DECn 为"0"时，则进给速度减速，然后以一定的低速持续移动。此后离开减速限位开关，返回参考点减速信号再次变为"1"后，进给停止在第一个电气栅格位置上，返回参考点结束信号 ZPn 变为"1"。各轴返回参考点的方向可分别设定。一旦返回参考点结束，返回参考点结束信号 ZPn 为"1"的坐标轴，在信号 ZRN 变为"0"之前，JOG 进给无效。以上的动作时序如图 10-56 所示。

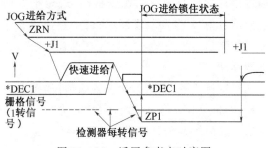

图 10-56　返回参考点时序图

该时序图的应用有几个条件：①参数设置为正方向回参考点；②减速信号设置为"0"有效；③减速信号硬件接线为常闭。

5. 自动运行方式

1）自动运行启动信号（输入）ST＜G007＃2＞

选择存储器运行方式（MEM）时，若将信号 ST 置为"1"后又置为"0"，CNC 就为自动运行状态，根据事先选择的程序，程序自动加工，系统同时将自动运行启动中信号 STL（F0.5）置"1"。

2）自动运行暂停信号（输入）＊SP＜G008＃5＞

系统处于自动运行状态或手动数据输入运行时，若将信号＊SP 置位"0"，CNC 就处于自动运行暂停状态，停止动作。同时，自动运行启动信号 STL（F0.5）变为"0"，自动运行暂停信号 SPL（F0.4）变为"1"。此时即使信号＊SP 再次为"1"，也不能变为自动运行状态。只有将信号＊SP 置为"1"，信号 ST（G7.2）变为"1"后又变为"0"时，系统才会处于自动运行状态，可以再次开始动作。

3）自动运行启动信号输出 STL（F0＃5）

表示系统正处于自动运行的状态。

4）自动运行暂停中信号输出 SPL（F0＃4）

表示系统处于自动暂停状态。

5）其他与自动加工运行有关的信号

（1）机床锁住信号（输入）MLK＜G044＃1＞：若该信号为"1"，输出脉冲不送到伺服放大器中，位置仍然显示变化。

（2）单程序段信号（输入）SBK＜G046＃1＞：在自动方式下，若该信号有效，正在执行的程序段一结束，就停止动作，直到再按启动按钮。

（3）任选程序段跳过信号（输入）BDT＜G044＃0＞：该信号在自动方式有效，该信号为"1"，以后从"/"开始读入的程序段到程序段结束（EOB 代码）为止的信息视为无效。

（4）进给速度倍率信号（输入）＊FV0～＊FV7＜G012＞：在自动运行切削中，实际的进给速度为指令速度乘以该信号所选择的倍率值。

（5）空运行信号输入 DRN(G46♯7)：选择空运行，此时自动运行的进给速度不是指令值，而是用参数(NO.1410)设定的空运行速度。

6. 辅助功能

与 M 功能有关的信号有辅助功能选通信号 MF＜F007♯0＞、完成信号 FIN＜G004♯3＞、辅助功能代码信号（输出）M00～M31＜F010～F013＞、分配结束信号（输出）DEN＜F001♯3＞。当指定了 M 代码地址时，代码信号和选通信号送给 PMC，编制 PMC 逻辑启动或关闭机床有关的功能，M 指令的处理时序如图10-57所示，其基本处理过程如下：

（1）在自动运行状态下，加工程序中若有字母 M 后面跟随最大8位数字的指令时，则 CNC 将此8位数用二进制代码送出。

（2）代码信号输出后，经过参数（No.3010）设定的时间（TMF……标准设定 80ms）延时。

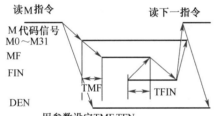

TMF(No.3010)：16ms～256ms (每16ms 为设定单元)
TFIN(No.3011)：16ms～256ms (每16ms 为设定单元)

图 10-57　M 指令的处理时序图

（3）TMF 延时时间一到，辅助功能选通信号 MF＜F7♯0＞变为"1"。

（4）PMC 得到此信号就读取 M 代码数据，编制 PMC 程序，判断 M 功能，执行相应的动作。

（5）M 功能动作完成时，要将完成信号 FIN＜G004♯3＞置"1"。

（6）FIN 信号一变为"1"，经过参数设定的时间（TFIN……标准设定 80ms）延时。

（7）TFIN 延时时间一到，CNC 自动把信号 MF 变为"0"，然后将 FIN 变为"0"，M 代码信号全变为"0"，进入下一个程序段。

但是，在同一程序段中有移动指令时，移动指令执行完以后，进入下一个程序段。移动指令和 M 指令在同一程序段中时，CNC 将 M 指令数据和移动指令数据并行送出。如果要使移动指令执行完后再执行 M 功能，在 PMC 程序中使用分配结束信号 DEN＜F01♯3＞作为选通信号，参与逻辑处理。

7. 主轴控制

FANUC 系统主轴转速控制有主轴串行和主轴模拟两种接口。主轴串行输出最多能控制2个串行伺服主轴，主轴模拟接口只能控制1个模拟主轴。

1）模拟主轴转速控制框图

模拟主轴转速控制框图如图 10-58 所示。从图 10-58 可以看出：用户编制的 S 指令在 CNC 内部根据参数设置的最高转速换算成内部值经 D/A 转换后，再根据相关增益和偏置调整从控制器插座输出模拟量，输出的模拟量给主轴调速器控制电动机无级变速。电动机正/反及停止状态一般由用户编制加工程序 M03、M04、M05 决定，PMC 程序要对 M 功能进行处理输出开关量给相关的主轴调速器，辅助功能完成后产生 FIN（G4♯3）给 CNC。注意＊SSTP(G29♯6)的使用。

2）与模拟主轴有关的信号

（1）S 指令：从 CNC 加工程序中输入的主轴转速指令。

（2）S 代码/SF：带主轴模拟模块时，CNC 的主轴控制功能由 CNC 内部换算 S 指令值，然后信号从控制器输出。SF＜F007♯2＞信号是主轴功能选通信号，是否输出与参数设置有关。

（3）主轴停止信号＊SSTP＜G029♯6＞：主轴停信号＊SSTP 为"0"时，模拟输出电压变为0V，主轴使能信号 ENB＜F1♯4＞为"0"，这时不输出 M05。当此信号为"1"时，模拟电压返回到原来值，主轴使能信号 ENB＜F1♯4＞为"1"。即使不使用该信号所具备的功能，也要将该信号设为"1"。

（4）主轴转速倍率（SOV00～SOV07）（G30）：在主轴控制方面，对于被指令的值，

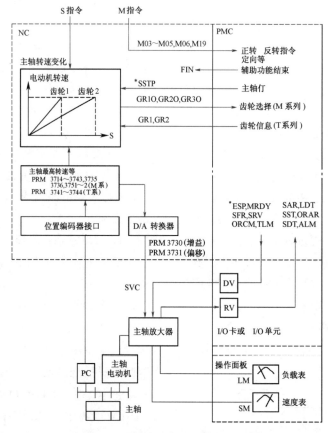

图 10-58　模拟主轴转速控制框程图

可以乘以 0～254％ 的倍率。但是,信号 CNC 在螺纹切削方式中(G32)主轴倍率无效。在 CNC 侧进行主轴转速控制,不使用主轴转速倍率时,主轴倍率设定为 100％。

3) 串行主轴控制框图

串行主轴控制框图如图 10-59 所示。从图 10-59 可以看出,当编制 SXXXX 速度时,数控系统首先进行最高速度(NO.3736)和换挡范围(NO.3741～NO.3744)的比较和检查,若在速度范围内,CNC 再结合主轴停止信号 * SSTP (G29.6)、主轴倍率 SOV(G30)、T 换挡信号 GR1 和 GR2(G28.1,G28.2)或者 M 型换挡信号输出 GR10、GR20、GR30(F34.0、F34.1、F34.2)输出主轴电动机转速控制数据。在输出主轴转速数据之前,CNC 还要看是否有 SOR (定向 G29.5)信号,若有定向信号有效,则主轴电动机转速数据取至参数 NO.3732 定向转速。若没有定向功能,CNC 读取 SIND(主轴转速来源信号 G33.7)信号,若该信号为"1",主轴转速不是来自加工程序 SXXX,而是来自 PMC 编程数据 R01I～R012I(物理地址 G32 字节和 G33 的 0～3 字节共 12 位二进制组合),若 G33.7 没有为"1",则主轴速度仍然来自 CNC 处理数据,经过主轴串行数据通信,把数据发送到串行主轴放大器。同时,CNC 与主轴伺服输出电压极性处理,也有一个位选择 SSIN (G33.6)。若 SSIN 为 0,主轴电动机指令极性选择信号来自 CNC 的参数 NO3706 的 ♯6,♯7;若 G33.6 为 1,主轴电动机指令极性选择信号来自 PMC 逻辑输出的 SGN(G33.5)。主轴电动机的正/反转控制以及需要的定位等功能,需要编制逻辑控制程序,最后输出 SFR (G70.5)、SRV(G70.4)、ORCM(G70.6)等,同样 CNC 把数据处理完后由经主轴串行数据通信,把数据发送到串行主轴放大器实现主轴伺服电动机的运转。

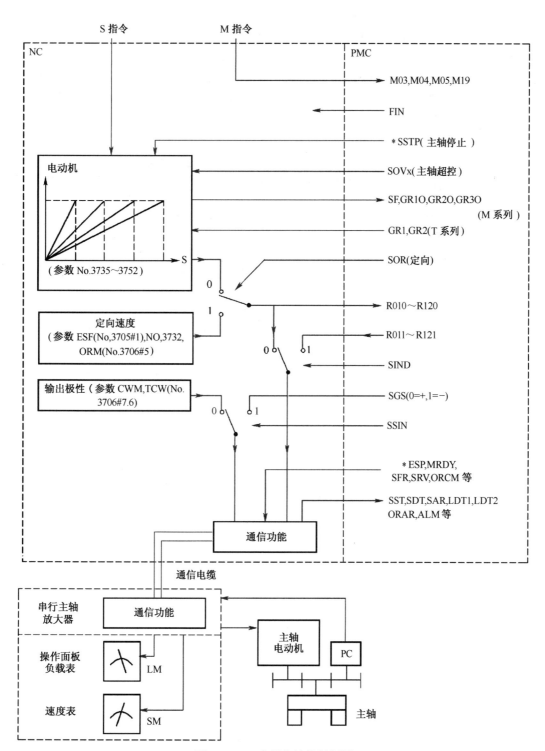

图 10-59　串行主轴控制框图

4）与串行主轴控制有关的信号

从图 10-59 伺服主轴控制框图可以看出，

FANUC 伺服主轴涉及的主要信号：CNC→PMC 是 F 地址信号；PMC→CNC 是 G 地址信

号。其中有一部分信号是 CNC 起到了桥梁作用,信号功能来自于主轴伺服,再经过 CNC 发给 PMC 的。例如,主轴伺服报警 ALMA (F45.0)及相关运行状态 SSTA(F45.1),还有的是 PMC 送给主轴伺服的。又如,SFR(主轴正转信号),该信号虽然来于 PMC,其实是来自于 CNC 的编制 M03/M04,经过 PMC 逻辑处理输出,应把该信号直接提供给主轴伺服放大

器。由于是串行伺服主轴,逻辑处理输出的结果不直接输出 Y 地址存储区,而是结果送给CNC,即 PMC 的 G 地址的存储区,再由 CNC 串行数据通信,打包发送给主轴伺服放大器。

从图 10-59 可以看出,除了与模拟主轴涉及的信号以外,串行主轴还有自己的主轴控制信号,涉及第 1 串行主轴 G 信号和 F 信号见表 10-13。

表 10-13　与第 1 串行主轴相关的 G、F 信号含义

地址	符号	意　义	备　注
G27.3	*SSTP1	第 1 主轴停止信号	0:第 1 主轴停止；　1:第 1 主轴输出有效
G29.5	SOR	主轴定向信号	0:不定向;1:定向
G29.6	*SSTP	主轴停止信号	0:停止;1:不停止
G30.0～G30.7	SOV0～SOV7	主轴倍率信号	倍率是二进制组合
G32.0～G33.3	R01I～R12I	来自 PMC 的转速信号	由 PMC 编制主轴转速
G33.5	SGN	来自 PMC 的极性选择	0:CNC 控制;1:由 PMC 编制选择
G33.6	SSIN	主轴转速极性选择	0:PMC 编程正转;1:PMC 编程反转
G33.7	SIND	主轴速度控制选择	0:速度来自编程指令;1:速度来自 PMC 编程
G70.4	SRVA	反向旋转指令信号	0:主轴不反转;1:主轴反转
G70.5	SFRA	正向旋转指令信号	0:主轴不正转;1:主轴正转
G70.6	ORCMA	定向指令信号	0:主轴不定位;1:主轴定位
G70.7	MRDYA	机械准备就绪信号	0:主轴机械没准备好;1:主轴机械准备好
G71.0	ARSTA	报警复位信号	0:主轴报警不复位;1:主轴报警复位
G71.1	*ESPA	紧急停止信号	0:主轴急停;1:主轴不急停
F1.4	ENB	通知向主轴的指令输出的有无	0:主轴不允许输出;1:主轴允许输出
F7.2	SF	主轴功能选通脉冲信	
F22.0～F25.7	S00～S31	主轴功能代码信号	编程 S 值由 CNC 转换成二进制输出值
F45.0	ALMA	报警信号	CNC 主轴报警
F45.7	ORARA	定向完成信号	

8. 刀具功能

地址 T 后最大可用 8 位数值,T 指令可指定刀号和偏置号,还可选择刀具和偏置量。在FANUC 0iA/B/C 系统,T 代码的低一位或低两位用来指定偏置号,其余位用来指定刀号。在程序中编制 TXXXXXXXX,"X"表示刀号和偏置号,可以通过参数(NO.5002♯0)设定来选择

使用哪一种。指令 T 代码后,可送出对应于刀号代码信号(F26～F29)和选通脉冲信号(F7.3),用于机床侧的刀具选择。此 T 代码信号保持到下个 T 代码被发出时。一个程序段只能指令一个 T 代码。还可根据参数(NO.3032)指定最大的位数,超过指定的最大位数会出现报警。FANUC 系统 0i D 系统,T 后面的数字,

哪几位是刀具号,哪几位是刀具偏置号,具体由参数(NO.5028)设定,数据范围为0～3。具体应用可参考 M 功能和根据 T 功能电气需要以及相关技术资料编制 PMC 程序。

10.2.5.2 典型 PMC 程序功能编制

下面以 FANUC 系统操作面板为例,介绍典型机床操作方式、JOG 方式进给操作、方式、手轮功能、辅助功能(M、S、T)等的 PMC 程序的编制。

1. 操作方式功能程序

1)操作方式工作状态

在 PMC 数控编程中,机床操作方式编程是必不可少的,下面介绍操作方式功能。FANUC 公司为其数控系统设计了以下几种常用工作方式(通常在机床操作面板上用如图 10-21 所示回旋式波段开关切换或如图 10-20 所示的按键操作方式):

(1)编辑状态(EDIT):在此状态下,编辑存储到 CNC 内存中的加工程序文件。

(2)存储运行状态(MEM):又称自动运行状态(AUTO),在此状态下,系统运行的加工程序为系统存储器内的程序。当按下机床操作面板上的循环启动按钮后,启动自动运行,并且循环启动灯点亮。当按下机床操作面板上的进给暂停按钮后,自动运行被临时中止。当再次按下循环启动按钮后,自动运行又重新进行。

(3)手动数据输入状态(MDI):该方式可用于编制至多10行自动加工程序,也可以用于数据(如参数、刀偏量、坐标系等)的输入。

(4)手轮进给状态(HND):在此状态下,刀具可以通过旋转机床操作面板上的手轮微量移动。使用手轮进给轴选择开关选择要移动的轴。通过手轮倍率开关选择手轮旋转一个刻度时刀具移动距离。手轮倍率开关功能一般有 $1\mu m$、$10\mu m$、$100\mu m$、$1000\mu m$。

(5)手动连续进给状态(JOG):在此状态下,持续按下操作面板上的进给轴及其方向选择开关,会使刀具沿着轴的所选方向连续移动,

进给速度可以通过倍率开关进行调整。

(6)机床返回参考点(REF):机床返回参考点即确定机床零点状态(ZRN)。在此状态下,可以实现手动返回机床参考点的操作。按相应回参考点轴按钮,机床向设定参考点方向回参考点。通过返回机床参考点操作,CNC 系统确定机床零点的位置。

(7)DNC 运行状态(RMT):在此状态下,可以通过 RS-232 等通信口与计算机进行通信,实现数控机床的在线加工。DNC 加工时,系统运行的程序是系统缓冲区的程序,不占系统的内存空间。

2)操作方式电气硬件连接

操作方式 PMC 编程因操作方式的物理硬件连接不同而不同。图 10-60 为基本标准面板操作方式硬件连接图。

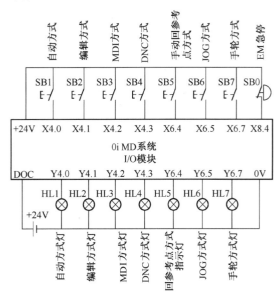

图 10-60 FANUC 标准面板操作方式输入/输出接线原理图

此面板操作方式地址确定以标准面板 I/O 模块起始地址确认,本节中涉及标准面板 I/O 模块起始地址以 $m=0$、$n=4$ 为例,操作面板具体按键定义和地址以前面介绍的知识为准进行地址分析。

FANUC 标准面板操作方式对应输入 X 地址与 G、F 信号地址及状态指示灯地址的关系见

表 10-14。

3）操作方式程序

根据操作面板功能、硬件连接图，以及 X 地址、G 地址、F 地址和 Y 地址之间关系，结合编程指令编制出 PMC 程序如图 10-61 所示。

从图 10-61 可以看出，由于操作方式是按钮，而操作方式 G 信号地址需状态保持，所以，在编制 PMC 程序按键状态需自锁。同时，机床操作方式不可能同时有两种方式，所以再编制 PMC 程序时，要注意状态互锁，再根据 G 信号地址组合进行编程。F 信号为操作方式确认信

表 10-14 操作方式输入 X 地址与 G、F、Y 信号的关系

| 操作方式 | X 输入地址 | 输入 G 信号 | | | | | CNC 输出 F 信号 | PMC 输出 Y 地址 |
		ZRN G43.7	DNC1 G43.5	MD4 G43.2	MD2 G43.1	MD1 G43.0		
自动运行	X4.0	0	0	0	0	1	MAUT(F3#5)	Y4.0
存储器编辑	X4.1	0	0	0	1	1	MEDT(F3#6)	Y4.1
手动数据输入	X4.2	0	0	0	0	0	MMDI(F3#3)	Y4.2
远程加工	X4.3	0	1	0	0	1	MRMT(F3#4)	Y4.3
手动返回参考点	X6.4	1	0	1	0	1	MREF(F4#5)	Y6.4
手动连续进给	X6.5	0	0	1	0	1	MJ(F3#2)	Y6.5
手轮/步进进给	X6.7	0	0	1	0	0	MH(F3#1)	Y6.7

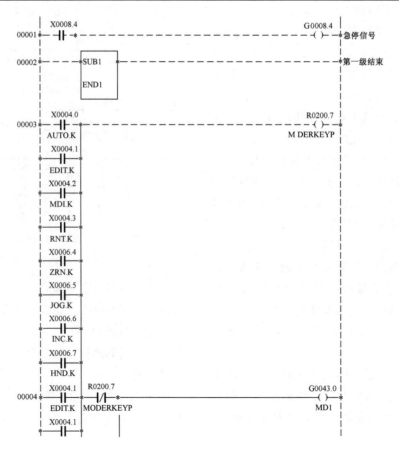

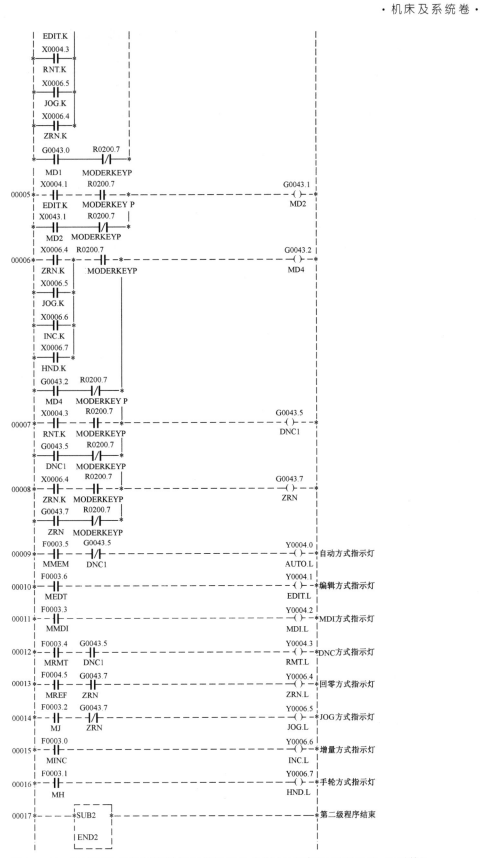

图 10 - 61　FANUC 系统标准操作面板操作方式 PMC 程序（FANUC 0i‑D系统）

号,是 CNC 提供给 PMC 程序使用,根据 F 信号的操作方式确认信号与按键状态灯对应编制即可。以 X4.1(编辑方式按键)为例,当按下编辑方式按键,X4.1 为"1",R200.7 为"1",则 G43.0 和 G43.1 为"1",PMC 程序循环扫描;当编辑按键松开,X4.1 为"0",R200.7 为"0",由于前一个扫描周期中 G43.0 和 G43.1 为"1",当 X4.1 和 R200.7 为 0 时,G43.0 和 G43.1 自锁为"1"。当 CNC 得到 G43.0 和 G43.1 为"1",就控制 CNC 处于编辑状态。同时,CNC 输出 F3.6 为"1",经过 PMC 程序处理,Y4.1 为"1",按键对应的指示灯点亮。

4)急停功能

图 10 - 60 中,数控系统以 FANUC 0i0 D 系统为例,急停按钮接线 PMC 输入地址为 X8.4,若有内置 I/O 模块,急停按钮接线 PMC 输入地址为 X1008.4,CNC 装置接收信号都为 G8.4,急停等信号程序应编制在第一级,其他程序输入到第二级。

从上述程序可以看出,PMC 程序也是普通 PLC 程序,无非编制时要了解机床特点、PMC 与 CNC 的 G 和 F 信号关系以及 PMC 与机床(MT)机床信号关系。把上述程序输入到 PMC 后,运行 PMC 程序,只要选择合适操作方式,CNC 显示屏上显示对应操作状态,同时显示状态灯亮。

2. JOG 方式功能程序

JOG 方式功能主要是指在 JOG 方式下实现手动进给轴以及机床设计的手动操作其他功能,如手动主轴运转、手动冷却、手动换刀等。JOG 方式下,具体实现的功能取决于机床制造商 PMC 程序开发。以 FANUC 标准面板为例,在 JOG 方式下,主要实现手动进给轴控制,手动主轴正转/反转和停止功能。不同的面板设计,PMC 编程逻辑处理不同,JOG 方式下实现手动进给轴操作方式不同。比如,FANUC 标准面板上,手动操作进给轴有关的按键如图 10 - 62 所示。该标准面板 + X 轴操作方法:首先按"X"键,再按"+"键,就能实现 + X 轴运动,同时 JOG 进给轴倍率不能为 0,以及机床不能处于锁住状态。若如图 10 - 20 所示操作面板,若运行 + X 轴进给电动机,只要直接按"+ X"键即可,其他运行条件与标准面板相同。

FANUC 系统要实现手动进给轴运动,必须在操作面板上设计手动运动方向按键,同时再编制 PMC 程序产生 G 地址信号,FANUC 系统区别手动各轴运动 G 信号地址见表 10 - 15。手动进给轴要实现快速运动,G 信号地址为 G19.7。

以 FANUC 标准操作面板为例,手动 X 轴运动功能硬件连接如图 10 - 63 所示。图 10 - 64 为 X 轴手动运动 PMC 程序。

表 10 - 15　手动各轴轴选择 G 信号地址

进给轴	正方向 G 信号(符号)	负方向 G 信号(符号)	进给轴	正方向 G 信号(符号)	负方向 G 信号(符号)
第 1 轴	G100.0(+J1)	G102.0(−J1)	第 4 轴	G100.3(+J4)	G102.3(−J4)
第 2 轴	G100.1(+J2)	G102.1(−J2)	第 5 轴	G100.4(+J5)	G102.4(−J5)
第 3 轴	G100.2(+J3)	G102.2(−J3)			

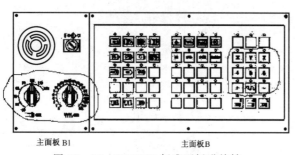

图 10 - 62　FANUC 标准面板进给轴
运动按键位置图

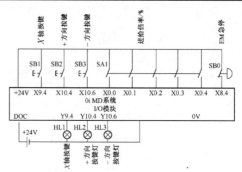

图 10 - 63　FANUC 标准面板手动 X
轴运动功能硬件连接图

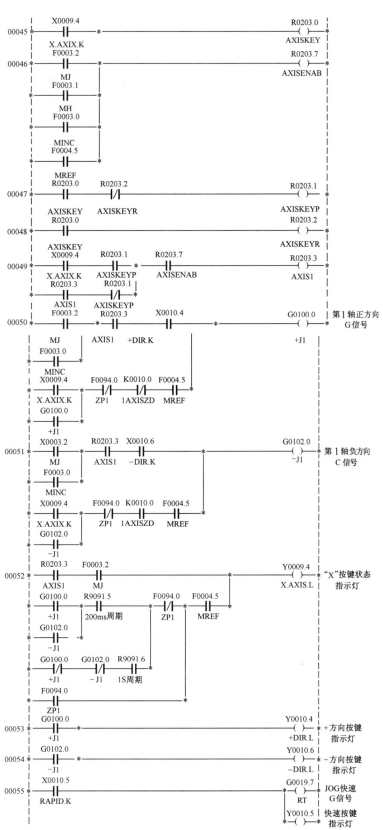

图 10-64 X 轴手动运动 PMC 程序

从图 10-64 可以看出,网络 45～49 为"X"按键交替自锁功能,当按下"X"键后,即 X9.4 为"1",则 R203.3 为"1";网络 50 为当 R203.3 为1,再按下"+"键(X10.4＝1),则 G100.0 为"1",X 轴正方向运行有效,在网络 50 中,X 轴正方向运行必须在 JOG 方式(F3.2＝1)或增量方式(F3.0＝1)下有效。在网络 50PMC 程序中,PMC 程序还能实现手动回零功能,当操作方式为回零方式,则 F4.5＝1,只要按下"X"键(X9.4＝1),G100.0＝1 并自锁,当 X 轴回到零位后,G100.0＝0,X 轴正方向自动断开。

网络 52 为"X"键响应的指示灯,当在 JOG方式(F3.2＝1),又按下"X"键(X9.4＝1,R203.3＝1),Y9.4＝1。

在回零方式(F4.5＝1)时,当 X 轴方向有效(G100.0＝1 或 G102.0＝1),Y9.4 就 200ms 周期闪烁;当回零功能结束,Y9.4 常亮。

网络 53 和网络 54 分别为 X 轴方向指示灯,G100.0 或 G102.0 为 1,则 Y10.4 或 Y10.6为 1,则相应指示灯点亮。

网络 55 为进给轴快进 PMC 程序,X10.5为快进按键,G19.7 为 PMC 程序送给 CNC 的手动快进信号,Y10.5 为快进按键响应的指示灯。

若想进给轴运动,进给倍率是必不可少的。图 10-65 示出了进给轴倍率功能 PMC程序。

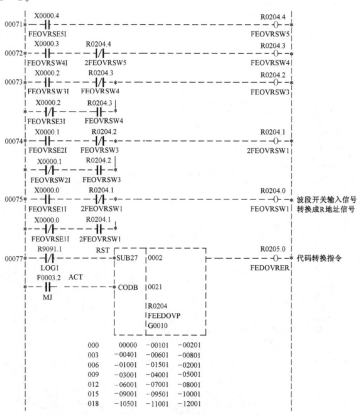

图 10-65　进给轴倍率功能 PMC 程序

图 10-65 进给轴倍率 PMC 程序中网络71～75 为波段开关输入信号转换成 R 地址信号,程序转换的依据是 X0.0～X0.4 组合关系,见表 10-8,组合关系为格雷码进制,而 CODB指令为二进制代码转换指令。R204 中的值和表中序号是对应关系。表中内容就是 JOG 方式下 G10 和 G11 中存放的内容,而在 JOG 方式下,CNC 系统就是不断地读取 G10 和 G11 中的内容,再结合 JOG 方式下参数 NO.1423,最终控制进给运动速度。

3. 手轮方式功能程序

手轮功能是数控设备典型的必不可少的基

本功能,因为数控设备在手动加工、对刀以及其他需要微小移动进给轴,都需要使用到手轮功能。实现手轮功能,必须在手轮方式下,CNC系统辨认手轮功能是取决于MD1、MD2、MD4的组合,具体关系见表10-14。一般手轮选用转1转产生100个脉冲,主要信号为+5V、0V、A相信号、B相信号。而1个脉冲对应多少进给位移,CNC系统取决于G19.4和G19.5的信号组合,具体关系见表10-16,虽然数控系统容许物理硬件连接最多5个手轮(视系统差异)而一般数控设备只配置1个电子手轮,则电子手轮使用中具体控制哪一个进给轴,CNC系统取决于G18.0~G18.3的组合,见表10-17。

表10-16 MP1、MP2信号的组合对应手轮脉冲倍率对应关系

手控手轮进给移动量选择信号		移 动 量	
MP2 (G19.5)	MP1 (G19.4)	手控手轮进给	增量进给
0	0	最小设定单位×1	最小设定单位×1
0	1	最小设定单位×10	最小设定单位×10
1	0	最小设定单位×M	最小设定单位×100
1	1	最小设定单位×N	最小设定单位×1000

表10-17 手轮进给轴选择信号代码信号和所选的进给轴对应关系

手控手轮进给轴选择信号				进 给 轴
HSnD (G18.3)	HSnC (G18.2)	HSnB (G18.1)	HSnA (G18.0)	
0	0	0	0	无选择(所有轴都不进给)
0	0	0	1	第1轴
0	0	1	0	第2轴
0	0	1	1	第3轴
0	1	0	0	第4轴
0	1	0	1	第5轴

不同的机床操作面板设计,手轮操作方法是不同的,则PMC编程逻辑处理不同,但最终的CNC读取的手轮轴选择G信号和手轮倍率G信号是一样的。比如,在FANUC标准面板上,手轮功能操作步骤:首先选择手轮方式,按"X"键,再根据需要选择手轮进给倍率(×1/×10/×100/×1000)。手轮有关的按键如图10-19所示,若运行X轴手轮进给,只要直接按"X"手轮按键即可,再选择手轮进给倍率(×1/×10/×100/×1000)。其他运行条件与标准面板相同。FANUC标准面板手轮功能硬件连接如图10-66所示。

图10-66 标准面板手轮功能硬件连接图

以X轴手轮功能为例,根据图10-66编制X轴手轮功能PMC程序。

1)手轮轴选择PMC程序

手轮轴选择PMC程序如图10-67所示。

从图10-67可以看出,R203.3为当按"X"键后,交替标志位,按一次"X"键,R203.3为1,再按一次"X"键,R203.3为0。R203.4~R203.6分别为"Y"键、"Z"键以及4轴字符按键相应的标志位。

R203.3、R203.4、R203.5、R203.6标志位分别对应进给轴选择,逻辑处理后分别送给G18.0~G18.2的组合。在手轮方式下,CNC根据G18.0~G18.2的组合情况决定手轮运动轴。

```
    X0009.5
 *--| |--
    Z.AXIS.K
    X0009.6
 *--| |--
    3.AXIS.K
    X0010.0
 *--| |--
    4.AXIS.K
    F0003.2                                    R0203.7
00046 *--| |-- - - - - - - - - - - - - - - - - -( )--* 进给轴使能
```

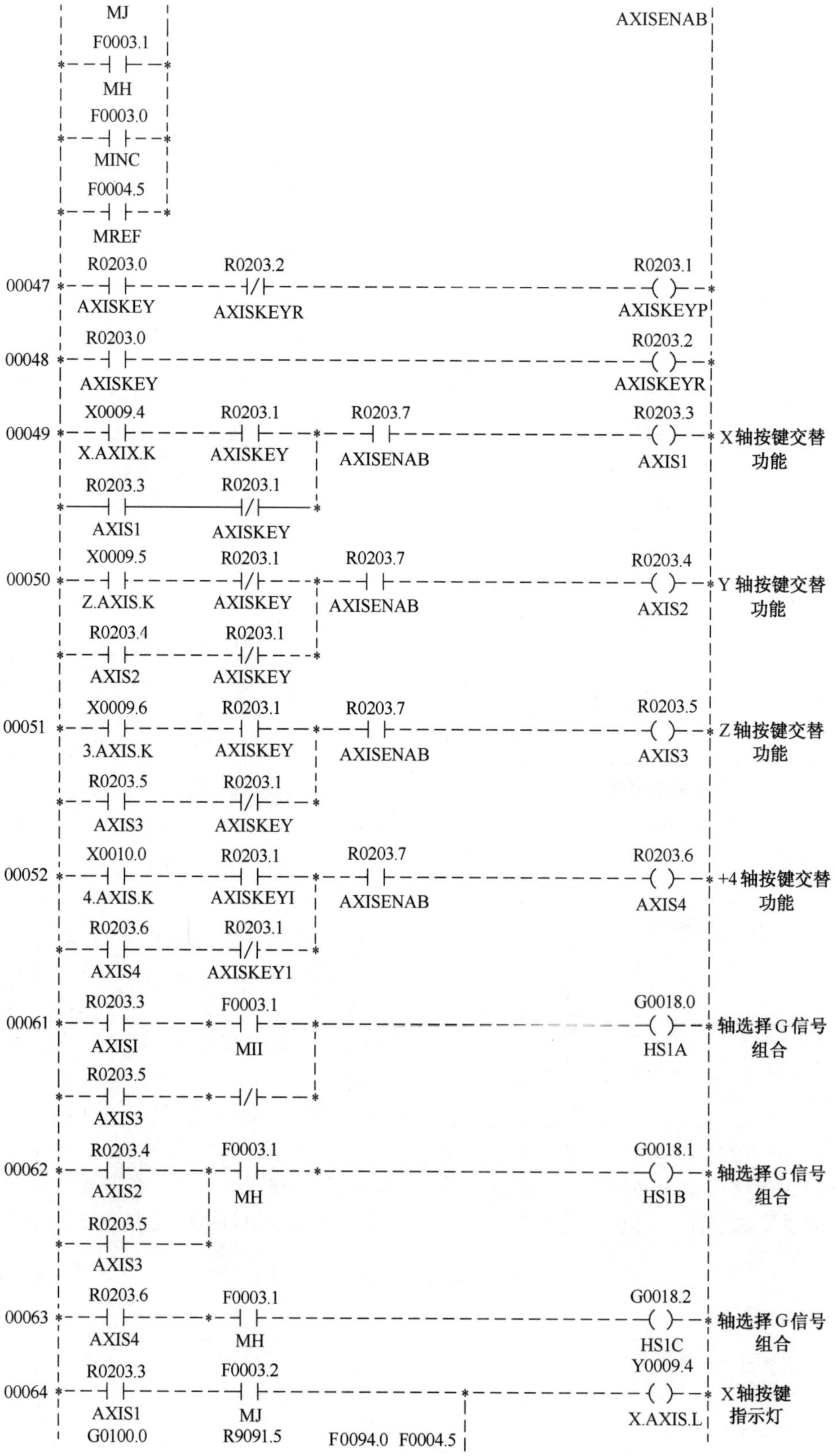

图 10-67 手轮轴选择 PMC 程序

2)手轮倍率 PMC 程序

手轮功能 PMC 程序,除了编制手轮轴选择 PMC 功能外,还需要编制手轮倍率 PMC 程序,即手轮旋转产生 1 个脉冲,进给轴对应多少进给位移,CNC 系统取决于 G19.4 和 G19.5 的组合。而机床操作面板上必须设计手轮倍率开关。手轮倍率 PMC 程序如图 10-68 所示。

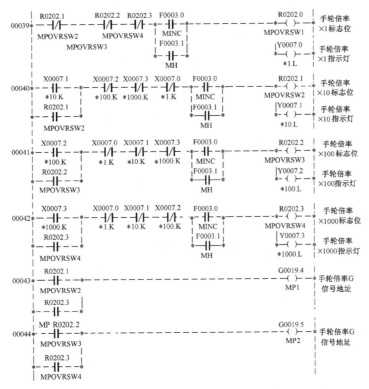

图 10-68　手轮倍率 PMC 程序

从图 10-68 可看出,手轮倍率 PMC 程序网络 40~42 分别为手轮倍率×10~×1000 时的标志位。以手轮倍率×10 为例,在手轮方式或增量方式下(F3.0=1 或 F3.1=1),当按下×10 倍率按键,即 X7.1 为"1"时且其他倍率按键没有按下,则 R0202.1=1 并自锁。同时,×10 按键相应的指示灯 Y7.0 为"1"点亮,则 G19.4=1,G19.5=0,CNC 读取 G19.4 和 G19.5 的组合,就能确定手轮脉冲倍率。

4. 自动方式功能程序

1)循环启动和循环停止 PMC 程序

数控系统欲自动加工零件程序,不管在 MDI 还是在 DNC 方式以及自动加工方式,CNC 系统开始执行程序都取决于 G7.2 地址的从 1 到 0 变化;若需要暂停零件程序加工,CNC 系统读到 G8.5=0,则当前加工程序暂停。相应的操作面板设计必须有循环启动按键和循环暂停按键。当然,完整的零件程序循环加工条件和程序加工暂停条件可参见前面的自动加工方式 G、F 信号描述。操作面板按键硬件连接不同,PMC 程序编制不同,若如图 10-69 所示循环

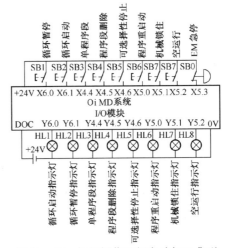

图 10-69　标准操作面板自动加工典型

启动和循环暂停硬件连接,则相应的 PMC 程序如图 10 - 70 所示。

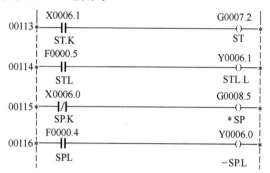

图 10 - 70　标准面板循环启动和
循环暂停 PMC 程序

从图 10 - 70 可看出,当没有按循环暂停按键时,X6.0 为"0",G8.5 为"1";当按循环启动按键时,按键闭合,X6.1 为"1",G7.2 为"1";当松开循环启动按键时,X6.1 为"0",G7.2 为"0"。数控系统若没有检测到急停、复位等信号时,则根据选择的加工程序进行零件加工。

2)单程序段 PMC 程序

与图 10 - 69 硬件连接相对应的单程序段 PMC 程序如图 10 - 71 所示。

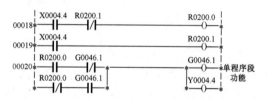

图 10 - 71　单程序段 PMC 程序

X4.4 为单程序段按键,当按下 X4.4 时,G46.1 为"1",同时 Y4.4 指示灯点亮,并自锁;当松开 X4.4 按键时,状态保持不变。当再按下 X4.4 单程序段按键时,R200.0 断开,G46.1 也断开,同时 Y4.4 指示灯熄灭。若再按 X4.4 按键,G46.1 和 Y4.4 又点亮,输出就交替产生。当系统在运行程序中,若检测到 G46.1 为 1,加工程序每执行一段程序就处于暂停状态,操作人员再按循环启动,再继续执行下一条加工程序。

3)程序段删除功能 PMC 程序

与图 10 - 69 硬件连接相对应的程序段删除功能 PMC 程序如图 10 - 72 所示。

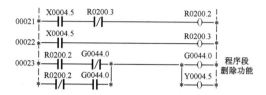

图 10 - 72　程序段删除功能 PMC 程序

从图 10 - 72 可以看出,X4.5 为程序段删除按键,当按下 X4.5 时,G44.0 为"1",同时 Y4.5 指示灯点亮,并自锁;当 X4.5 按键松开时,状态保持不变。当再按下 X4.5 程序段删除按键时,R200.2 断开,G44.0 也断开,同时 Y4.5 指示灯熄灭。若再按 X4.5 按键,G44.0 和 Y4.5 又点亮,输出就交替产生。当系统在运行程序中,在执行加工程序中,若程序前中遇到"/"且检测到 G44.0 为"1",则系统自动跳过该加工程序,直接执行下一段加工程序;若程序前遇到"/"但没有检测到 G44.0 为"1",则系统仍然执行该程序。

4)机械锁住功能 PMC 程序

与图 10 - 69 硬件连接相对应的机械锁住功能 PMC 程序如图 10 - 73 所示。

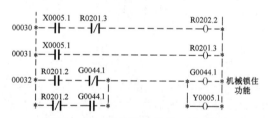

图 10 - 73　机械锁住功能 PMC 程序

从图 10 - 73 可以看出,按键 X5.1 与 G44.1 逻辑处理关系与前面几个按键处理是一样的,每按一下 X5.1 按键,G44.1 和 Y5.1 输出;再按 X5.1 按键,G44.1 和 Y5.1 断开,依次交替。在手动或自动方式,当 CNC 系统检测到 G44.1 为"1"时,CNC 系统不输出脉冲信号到伺服放大器,仅显示屏坐标数字变化,但机床进给轴不运动。

5)空运行功能 PMC 程序

与图 10 - 69 硬件连接相对应的空运行功能 PMC 程序如图 10 - 74 所示。

从图 10 - 74 可以看出,按键 X5.2 与 G46.7 逻辑处理关系与前面几个按键处理是一样的,

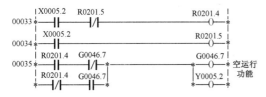

图 10-74　空运行功能 PMC 程序

每按一下 X5.2 按键，G46.7 和 Y5.2 输出；再按 X5.2 按键，G46.7 和 Y5.2 断开，依次交替。在自动方式，当 CNC 系统检测到 G46.7 为"1"时，CNC 系统执行坐标轴移动指令的速度不是程序编制的速度，而是参数 NO.1410 设定值。

6）程序重启动功能 PMC 程序

与图 10-69 硬件连接相对应的程序重启动功能 PMC 程序如图 10-75 所示。

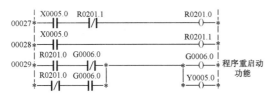

图 10-75　程序重启动功能 PMC 程序

从图 10-75 可以看出，按键 X5.0 与 G6.0 逻辑处理关系与前面几个按键处理是一样的，每按一下 X5.0 按键，G6.0 和 Y5.0 输出；再按 X5.0 按键，G6.0 和 Y5.0 断开，依次交替。在自动方式，当 CNC 系统检测到 G6.0 为"1"时，程序可从指定顺序号的程序段重启动运行。

7）选择性程序停止功能 PMC 程序

与图 10-69 硬件连接相对应的选择性程序停止功能 PMC 程序如图 10-76 所示。

从图 10-76 可以看出，按键 X4.6 与 R200.6 逻辑处理关系与前面几个按键处理是一样的，每按一下 X4.6 按键，若 R200.6 和 Y4.6 输出；再按需 X4.6 按键，R200.6 和 Y4.6 断开，依次交替。当程序中编制 M01 指令时，则 F9.6 为"1"，若按下 X4.6 按键且 Y4.6 为"1"，指示灯点亮。程序执行处于暂停状态，只有再按下 X6.1 按键，即再按下循环暂停，M01 指令才执行完。若程序中编制了 M01，又没有按下 X4.6 按键且 R200.6 和 Y4.6 不为"1"，则 M01 指令直接执行，不实现选择性程序停止功

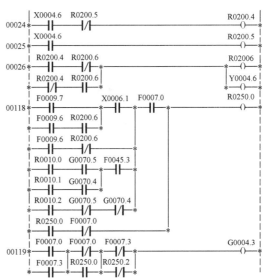

图 10-76　选择性程序停止功能 PMC 程序

能，程序自动执行下一段加工程序。

5. M 功能程序

数控机床辅助功能是数控系统重要的功能之一，在数控机床维修中辅助功能的维修占有整个维修相当大的比例，有两类辅助功能：① 用于指令主轴启动、主轴停止、工件冷却等机床侧、程序结束等的辅助功能（M 代码）；② 用于指令分度台的定位等的第 2 辅助功能（B 代码）。当在相同程序段中指定了一个移动指令和辅助功能的指令时，由两种方法执行该指令：① 同时执行该移动指令和辅助功能的指令；② 在完成移动指令的执行后，执行辅助功能的指令。具体选择哪一种，依赖于机床制造商 PMC 软件的开发。

M 功能处理过程见前面介绍，M 功能根据执行结果可分为两类：一类需要参与 PMC 逻辑处理；另一类不需要参与 PMC 逻辑处理，是 CNC 系统内部处理。在 PMC 程序处理 M 指令时，主要是使用 PMC 的 DECB 指令功能指令进行 M 指令的译码。常见的 M 功能和含义见表 10-18。

以某机床中一个汽缸夹紧和松开动作为例，执行 M10 信号汽缸夹紧，执行 M11 汽缸松开，在汽缸推杆两端分别有夹紧和松开到位传感器检测。

涉及汽缸动作的电气原理图如图 10-77 所

示,手动汽缸夹紧按钮地址为X2.0,手动汽缸松开按钮地址X2.1,夹紧到位检测X2.2,松开到位检测X2.3,气压检测信号X2.4,夹紧电磁阀PMC输出为Y1.0,松开电磁阀PMC为Y1.1。

表 10-18　常见 M 功能和含义

M代码	功能	含义	M代码	功能	含义
M00	程序停	中断程序执行指令,当按循环启动按钮时,可以重新启动程序运行	M06	换刀或调用宏程序	执行换刀功能,在加工中心中用于调用换刀宏程序
M01	程序选择停	操作面板上程序选择停开关接通时,M01指令为程序选择停;选择停开关断时,M01指令忽略	M07	冷却开(1)	打开冷却液指令
			M08	冷却开(2)	打开冷却液指令
			M09	冷却关	关闭冷却液指令
M02	程序结束	加工程序结束指令,一般完成该程序段的动作,主轴及其他辅助功能停止,机床处于复位状态	M19	主轴定向停止	使主轴处于预定固定角度
			M29	刚性攻丝	用于主轴与进给电动机进行插补攻螺纹加工
M03	主轴正转	主轴功能正转	M30	程序结束	加工程序结束指令。在完成该程序段的动作后,主轴及冷却停止,机床复位,一般程序自动回到程序首行
M04	主轴反转	主轴功能反转			
M05	主轴停止	主轴功能停止			

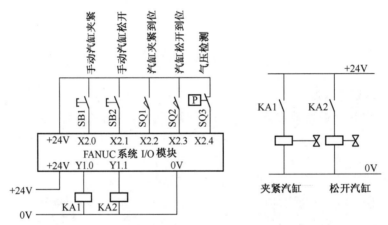

图 10-77　M10 和 M11 汽缸动作电气原理图

涉及汽缸有关的PMC程序如图10-78所示。正常情况下,编制M10指令,自动方式运行加工程序,PMC逻辑程序经过DECB译码比较指令把M10产生对应R10.0信号,即产生汽缸夹紧信号并自锁,R20.0线圈为"1",结果Y1.0输出,夹紧汽缸得电。同理,编制M11指令,自动方式汽缸松开信号,R20.1线圈为"1",结果Y1.1输出,松开汽缸得电。

从图10-78可以看出,当编制加工程序M10时,M后面的10由CNC系统自动转换成二进制存放在F10~F13四个字节中,网络0030就是利用译码功能指令DECB,把F10字节中的内容进行译码处理,把处理结果存放在R10中。由于译码功能指令中译码指定最低数为10,所以,利用网络0030 PMC程序,能实现M10~M17这8个辅助功能指令连续译码,相对应的M辅助指令比较结果与R10.0~R10.7相对应。比如,M10指令与R10.0相对应,M11指令与R10.1相对应。

从图10-78可以看出,M10和M11辅助指令执行必须在自动方式下,R20.0为M10译码处理后逻辑输出,从Y1.0输出,气缸夹紧;R20.1为M11译码处理后逻辑输出,从Y1.1输出,气缸松开。

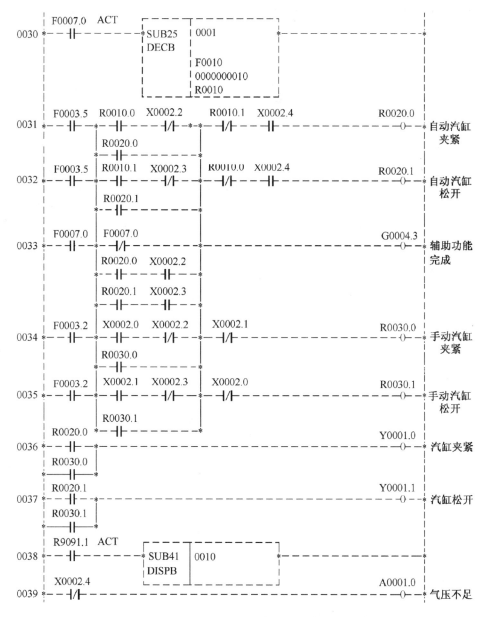

图 10-78 M10 和 M11 指令汽缸动作 PMC 程序

6. 主轴功能程序

1)串行主轴功能

串行主轴功能主要是 FANUC 数控系统输出串行数据与自身配套的 FANUC 伺服主轴驱动器来控制 FANUC 公司的主轴伺服电动机,如图 10-79 所示。FANUC 公司自身的伺服主轴驱动器和主轴伺服电动机除实现一般的主轴旋转功能外,还能实现一些普通三相异步电动机不能实现的功能,如伺服主轴定位、CS 轮廓加工、主轴同步控制、刚性攻丝、主轴定向等。但是必须编制相应的加工程序,比如,在机床加工中,若想实现伺服主轴定位,一般编制 M19 指令;若想实现主轴和进给运动刚性攻丝,一般编制 M29,等。要想实现伺服主轴速度控制,一般编制 M03、M04 和 M05 等。M 辅助功能的实现就需要编制 PMC 程序。虽然简化了 CNC 与串行主轴放大器以及伺服电动机硬件连接,但涉及许多控制信号,需要用户根据实际需要进行编制 PMC 程序。

2)模拟主轴功能

模拟主轴功能主要是数控系统输出模拟量,由能接收模拟电压的主轴放大器来控制主轴电动机,主轴电动机一般选用三相异步电动机或变频电动机,主轴驱动放大器选用变频器。数控系统输出模拟电压范围为 ±(0~10)V,具体模拟电压范围由参数 NO.3706♯6(CWM)、♯7(TCW)决定,见表 10-19。

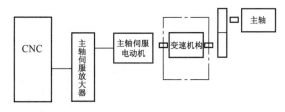

图 10-79　伺服主轴控制示意图

3706	♯7	♯6	♯5	♯4	♯3	♯2	♯1	♯0
	TCW	CWM						

表 10-19　主轴速度输出电压极性

参数 TCW NO.3706.7	参数 CWM NO.3706.6	输出极性
0	0	+(M03/M04 指令)
0	1	-(M03/M04 指令)
1	0	+(M03 指令),-(M04 指令)
1	1	-(M03 指令),+(M04 指令)

从表 10-19 可以看出,当加工程序编 M03 SXXXX 和 M04 SXXXX 时,若希望输出电压都为 0~10V,则 NO.3706♯6 和 NO.3706♯7 都设为"0",此输出方式为单极性方式,主轴电动机的速度与模拟量基本成正比,主轴正/反转由开关量控制;若希望主轴输出双极性模拟量,则必须设 NO.3706♯6 为"0"和 NO.3706♯7 为"1"。编制 M03 SXXX 时,数控系统输出 0~+V 电压范围;编制 M04 SXXXX 时,数控系统输出 0~-V 电压范围。模拟主轴功能控制示意图如图 10-80 所示。

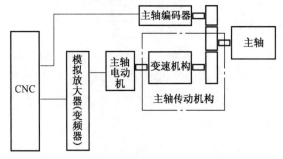

图 10-80　模拟主轴控制功能示意图

3)串行主轴 PMC 程序

以串行主轴速度控制功能和伺服主轴定位功能为例,介绍 PMC 程序的编制。

(1)串行主轴速度控制。根据伺服主轴控制框图,要实现主轴速度控制,主要是加工程序需编制 M03、M04、M05,在操作面板上一般应有主轴倍率控制,同时要实现手动主轴控制,机床操作面板上必须设计有主轴正转、主轴反转、主轴停止按键。以 FANUC 标准面板硬件连接为例,涉及主轴硬件电气连接如图 10-81 所示。

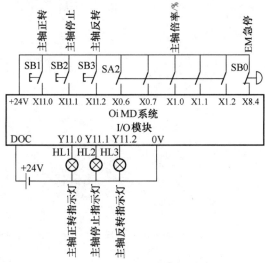

图 10-81　涉及主轴硬件电气连接

与图 10-81 相应的 PMC 程序如图 10-82 所示。

从图 10-82 可以看出:

网络 0092~0095 是标准面板的波段开关输入信号转换成 R213 地址内容。

网络 0096 是由 CODB 功能指令实现操作面板波段开关组合关系与 R213 地址内容以及 G30 地址内容建立对应关系。

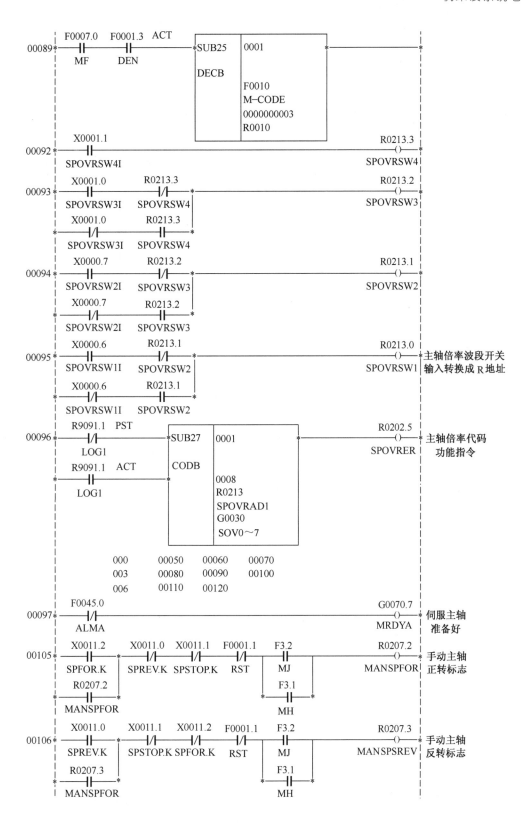

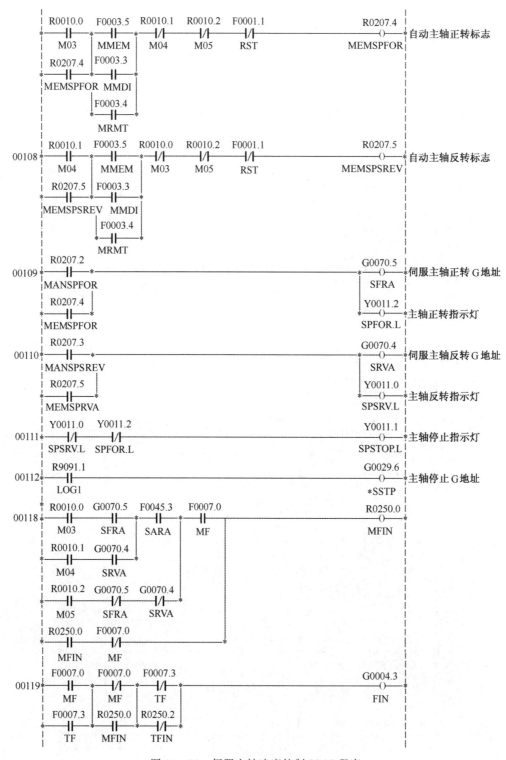

图 10－82　伺服主轴速度控制 PMC 程序

网络 0105 和网络 0106 是手动主轴正转、手动主轴反转以及手动主轴停止逻辑关系，R207.2 为手动主轴正转 R 标志位，R207.3 为手动主轴反转 R 标志位。

网络 0107 和网络 0108 分别是自动主轴正转和主轴反转标志位，R10.0 和 R10.1 分别来至网络89的译码指令,分别是 M03 和 M04 的译码指令。

网络0109和网络0110分别是伺服主轴逻辑主轴正转和主轴反转逻辑,其中 G70.5 为伺服主轴正转 G 地址,G70.4 为伺服主轴反转 G 地址信号。Y11.2 和 Y11.0 分别是伺服主轴正转和反转时的状态指示灯。Y11.1 为主轴停止指示灯。R9091.1 为特殊继电器位,一直为"1",G29.6 为主轴停止 G 信号地址,当 G29.6 为"0"时,主轴停止,主轴速度为 0,主轴处于停止状态。一般主轴运动控制功能,是利用主轴正转、反转和停止逻辑功能实现,不使用主轴停止 G 信号时,就使 G29.6 一直为"1"。

网络0118和网络0119为 M03、M04、M05 辅助功能完成标志位逻辑,G4.3 为辅助功能完成 G 信号地址。

(2)伺服主轴定位控制。伺服定向(主轴准停)功能在加工中心使用中是必不可少的,一般用于刀库换刀时主轴位置定位。在加工中心中主轴准停操作一般有两种处理方法:一种是编制加工程序 M19 实现主轴准停,编制 PMC 程序自动实现主轴的准停,编制 M20 加工程序,最终由 PMC 程序使 ORCM(G70.6)为"0",释放主轴准停;另一种是在 JOG 方式设计一个准停按键编制 PMC 程序实现主轴准停,用主轴停止或主轴正转、反转释放主轴准停。

伺服主轴准停功能输入/输出硬件连接如图 10-83 所示,相应的伺服主轴准停功能 PMC 程序如图 10-84 所示。

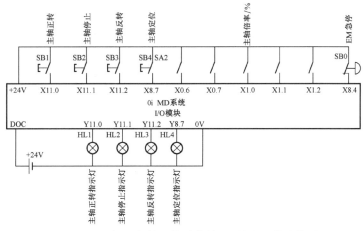

图 10-83 伺服主轴准停功能输入/输出硬件连接图

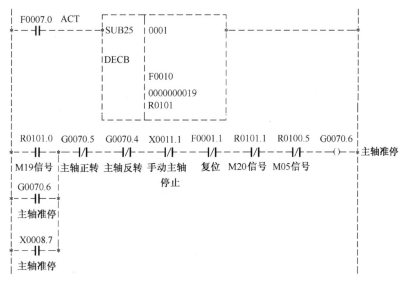

图 10-84 伺服主轴准停功能 PMC 程序

从图 10-84 可以看出，当编制 M19 加工指令后，DECB（SUB25）译码指令处理后产生 R101.0 标志位，在主轴没有正转和反转的情况下，产生主轴定位信号 G70.6 为"1"且自锁，主轴保持准停。当执行 M05 指令或 M20 指令时或主轴停止按键，断开主轴定位信号，G70.6 信号为"0"，主轴处于非准停状态。当按下 X8.7 主轴准停按钮时，G70.6 为"1"，主轴处于准停状态；同样当主轴正转 G70.5 或主轴反转信号 G70.4 以及按下主轴停止按钮或复位按键，伺服主轴释放主轴准停功能。

4）模拟主轴 PMC 程序

模拟主轴功能在数控机床使用中还较为广泛，从价格上考虑，模拟主轴系统比伺服主轴系统价格便宜，主轴驱动放大器通用性强，主要的主轴驱动放大器选用变频器，但性能上比伺服主轴稍差。模拟主轴系统主要实现速度控制功能，在有机械配合的数控机床中，可以实现主轴准停功能，不能实现 CS 轮廓加工、主轴同步控制等功能。

模拟主轴典型的主轴驱动放大器是变频器，变频器可选择的规格较多，有时三菱变频器、三肯变频器、富士变频器，德国西门子变频器，美国 AB 公司变频器，以及国产的各种变频器。下面以日本三菱 D700 变频器为例介绍 CNC 与变频器硬件连接以及涉及 PMC 的编程。

（1）变频器应用电气硬件连接图。三菱 D700 变频器典型使用接线图如 10-85 所示。从图 10-85 可以看出，该变频器主电源可以输入三相 380V 电动机速度调速控制信号可以来自端子排的 2～5 之间或 4～5 之间的模拟电压值，也可以来自变频器本身电位器控制。具体接受电压范围和使用哪一个端子排模拟电压，可以通过参数 Pr.73 和 Pr.267 设置选择，相对比较灵活。电动机正/反转控制来自变频器接受 STF 和 SD 以及 STR 和 SD 之间开关闭合情况：若 STF 和 SD 之间闭合，通过变频器就能控制电动机正转；若 STR 和 SD 之间闭合，通过变频器就能控制电动机反转。变频器输出 U、V、W 分别接三相异步电动机即可，若变频器有故障，则从变频器的故障继电器输出（B、C 之间常闭，A、C 之间常开）。而且希望监控何种故障，可以通过参数 Pr.192 设置。

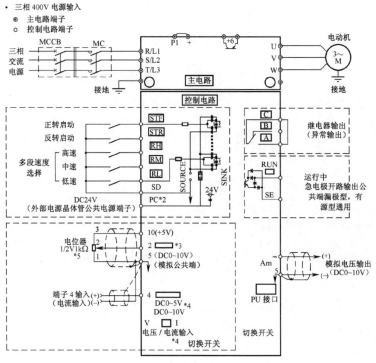

图 10-85　三菱 D700 变频器典型使用接线图

图 10-86 为数控系统与主轴变频器具体连接图。从图 10-86 可以看出,数控系统输出模拟量从 JA40 的 7 引脚和 5 引脚输出,变频器的正/反转触点来自中间继电器 KA1 和 KA2 的常开触点,KA1 和 KA2 的线圈由 I/O 模块控制,输出地址分别为 Y0.0 和 Y0.1,变频器本身主电源三相 380V,输出接至三相异步电动机,没有使用有级换挡速度,变频器故障输出触点接至 I/O 模块,输入地址为 X14.7。从电路图可以看出,I/O 模块的输入信号为高电平有效,输出也是高电平有效。

（2）模拟主轴 PMC 程序。根据图 10-58 和图 10-86,模拟主轴硬件连接与伺服主轴硬件连接上区别主要在于,模拟主轴速度控制是 CNC 输出模拟电压给主轴调速器进行速度控制,主轴电动机的方向和停止控制是由 CNC 输出 M 辅助功能信号经 PMC 程序逻辑处理后输出开关量控制变频器来实现。而根据图 10-59,CNC 系统控制伺服主轴的速度控制信号、主轴启/停止以及正/反转控制等都是通过主轴串行总线进行串行数据传递,不需要更多的外围

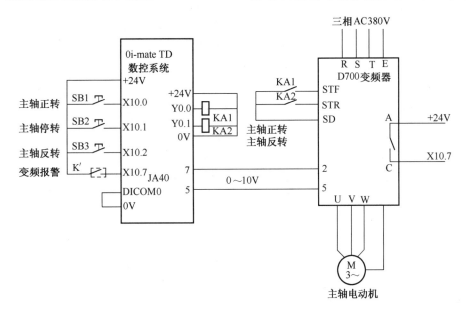

图 10-86　FANUC 0i-mate TD 与主轴变频器的硬件连接

控制线。同样,主轴相关的 M 功能在编制 PMC 程序中,必须根据主轴控制框图,区分 M 功能逻辑结果是否需要物理输出。

模拟主轴 PMC 程序与伺服主轴 PMC 程序在主轴倍率、主轴停止 G 信号、M 功能译码等逻辑处理时 PMC 程序是一样的。主要不同点:主轴伺服正转和反转逻辑处理结果分别为 G70.5 和 G70.4,由 CNC 送给主轴伺服放大器实现功能;而模拟主轴控制主轴正/转和反转必须输出到 Y 地址,由 PMC 物理硬件输出开关量。模拟主轴与伺服主轴 PMC 程序主要区别如图 10-87 所示。

从图 10-87 可以看出,网络 00109 实现主轴手动和自动伺服主轴输出正转信号逻辑产生

G70.5,由 PMC 送给 CNC 后,再由 CNC 控制主轴伺服主轴;同理,网络 00110 主轴手动和自动伺服主轴输出反转信号逻辑产生 G70.4,由 PMC 送给 CNC 后,再由 CNC 控制主轴伺服反转,而模拟主轴正/反转功能根据数控系统与主轴调速器硬件连接实现。从网络 00109 可以看出,当编制 M03 或主轴手动正转时,输出信号给 Y0.0,中间继电器 KA1 吸合,再经过中间继电器 KA1 的触点闭合,最终由变频器控制主轴电动机正转;同理,从网络 00110 可以看出,当编制 M04 或主轴手动反转时,输出信号给 Y0.1,中间继电器 KA2 吸合,再经过中间继电器 KA2 的触点闭合,最终由变频器控制主轴电动机反转。

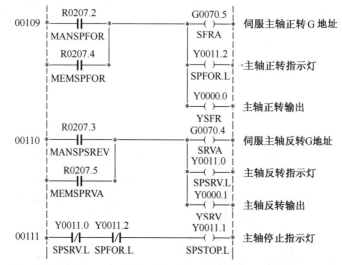

图 10-87 模拟主轴功能 PMC 程序(部分)

7. 换刀功能程序

1) 刀具功能分类

FANUC 数控系统根据系统功能不同,刀具功能分为 T 系列刀具功能和 M 系列刀具功能,T 系列刀具功能和 M 系列刀具功能 T 指令后面数字含义是不同的。下面以 T 系列刀具为例介绍换刀程序功能。

通过指令一个跟在地址 T 后面的数值,则向机械侧输入一个代码信号或选通脉冲信号,由此来控制机械侧的刀具选择。可以在一个程序段中指令一个 T 代码。在相同程序段中指令一个移动指令和一个 T 代码时,指令按照两种方式之一执行:①同时开始移动指令和 T 功能指令;②完成移动指令之后开始 T 功能指令。选择哪一个指令,取决于机床制造商 PMC 侧梯形图的处理。

2) 换刀功能控制过程

要设计换刀功能 PMC 程序,必须要理解数控系统与 PMC 涉及换刀功能的控制关系。

(1) 与换刀功能有关的 G 地址信号和 F 地址信号:

① TF(F7.3):T 功能选通脉冲信号。当执行 T 指令时,系统会向 PMC 输出 T 功能选通信号,表示系统正在执行 T 指令。在 PMC 编程中,尽可能采用此信号作为换刀 PMC 程序的逻辑关系必要条件。

② T00～T31(F26～F29):数控系统根据系统是 T 系列还是 M 系列以及参数设定情况,自动计算在 T 后面的数字实际指令刀具号是几位数字,把计算出的刀具号转换成二进制送到 PMC 的 F 存储区 F26～F29,用符号来表示是 T00～T31,这里的 T00～T31 不表示刀号是 00～31 号刀,而是表示 F26～F29 的每一位的符号。

③ FIN<G004♯3>:表示已经完成辅助功能、主轴功能、刀具功能、第 2 辅助功能、外部动作功能等共同的完成信号。T 功能也可以单独使用自己的 T 功能完成信号,信号为 TFIN(G5.3),此信号是否使用可由参数(NO.3001♯7)设定选择。设定 NO.3001♯7＝1,选择使用 TFIN(G5.3)信号。

④ DEN<F001♯3>:分配结束信号(输出)。此信号通知向 PMC 侧发送的辅助功能、主轴功能、刀具功能、第 2 辅助功能等以外的同一程序段内的其他指令(移动指令、暂停等)全都已经完成,处在等待来自 PMC 侧的完成信号状态。

上面介绍的 T 系列换刀和 M 系列换刀中提到的 T 指令两种执行方式,取决于机床制造商使用 TF(F7.3)还是使用 DEN(F1.3)信号用于 PMC 的逻辑的选通条件。

(2) 换刀功能控制过程。

① 假设在指令程序中指令了 Txxxx。xxxx

可以通过参数（NO.3032）为 T 功能指定最大位数，指令超过该最大位数时，会有报警发出。

② 数控系统根据系统是 T 系列还是 M 系列以及参数设定情况，自动计算在 T 后面的数字实际指令刀具号是几位数字，把计算出的刀具号转换成二进制送到 PMC 的 F 存储区 F26～F29，经过由参数（NO.3010）设定的时间 TMF（标准设定 16ms）后，选通脉冲信号 TF（F7.3）为"1"。与 T 功能一起指令了其他功能（移动指令、暂停、主轴功能等）的情况下，同时进行代码信号的输出与其他功能执行的开始。

③ 在 PMC 侧，应在 TF（7.3）选通脉冲信号为"1"的时刻读取代码信号，执行对应的动作。PMC 执行机床制造商编制换刀具体动作流程梯形图程序。

④ 如果希望在相同程序段中指令的移动指令、暂停等完成后执行对应的动作，应将等待分配完成信号 DEN（F1.3）设定为"1"。

⑤ 在 PMC 侧完成对应动作时，应将完成信号 FIN（G4.3）设定为"1"。但是，完成信号在辅助功能、主轴功能、刀具功能、第 2 辅助功能以及其他外部动作功能等中共同使用。如果这些其他功能同时动作，则需要在所有功能都已经完成的条件下，将完成信号 FIN（G4.3）设定为"1"。

⑥ 完成信号在由参数（NO.3011）设定的时间 TFIN（标准设定 16ms）以上保持"1"时，CNC 将选通脉冲信号 TF（F7.3）设定为"0"，通知已经接受了完成信号的事实。

⑦ PMC 侧，应在选通脉冲信号 TF（F7.3）成为"0"的时刻，将完成信号 FIN（G4.3）设定为"0"。

⑧ 完成信号 FIN（G4.3）成为"0"时，CNC 将 F22～F26 中的代码信号全都设定为"0"，T 功能的顺序全部完成。

⑨ CNC 等待相同程序段的其他指令的完成，进入下一个程序段。

T 功能单独指令时序图如图 10-88 所示，与 M 功能的单独指令时序图性质一样。

3）电动刀架 PMC 控制

四工位电动刀架电气原理如图 10-89 所

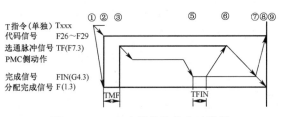

图 10-88　T 功能单独指令时序图

示，1 号～4 号刀位检测输入信号为地址为 X8.0～X8.3，X8.7 为手动换刀按钮。I/O 模块输出控制换刀电动机正转和反转地址分别为 Y2.0 和 Y2.2，由 KA_6 控制 KM_5 交流接触器，由 KA_7 控制 KM_6 交流接触器，KA_6 和 KA_7 之间以及 KM_5 和 KM_6 之间分别进行电气互锁。

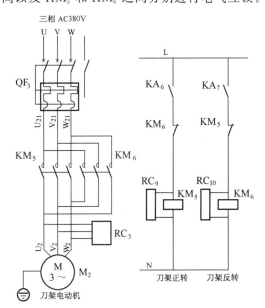

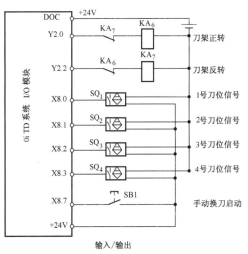

图 10-89　四工位电动刀架电气原理图

数控车床四工位电动刀架自动方式 PMC 控制程序如图 10-90 所示。

网络 1～4：实现刀号转变为数据存储在 D40 中。

网络 5：指令刀号与当前刀号是否相等。

网络 6～7：判断编程指令是否等于 0 和大

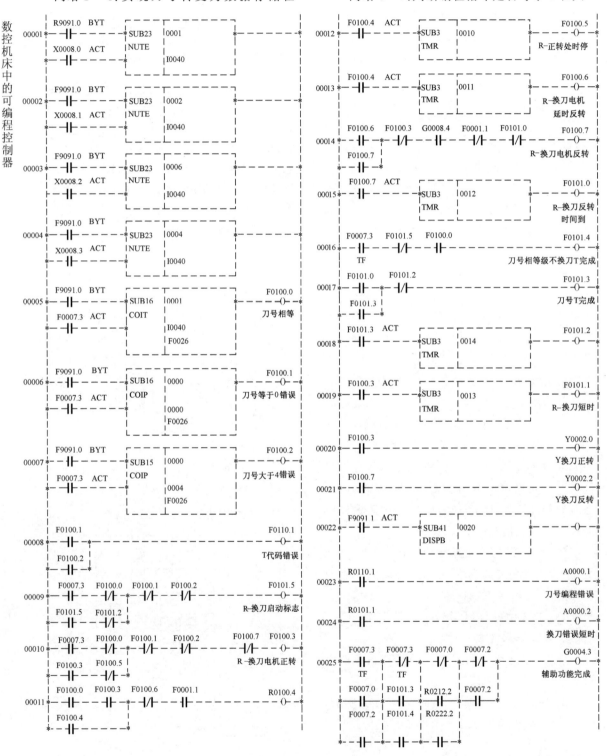

图 10-90　4 工位数控车床自动换刀 PMC 控制梯形图

于 4,若有错误则产生标志为 R110.1T 代码错误。

网络 9~21:主要换刀 PMC 程序逻辑。当编程指令与当前刀号不一致时,即 R100.0 为 0,启动换刀动作,R100.3 换刀正转,R100.5 正转延时停止,T10 定时器设置正转延时时间,R100.6 为换刀电动机延时反转,T11 定时器设置延时反转时间。R100.7 为换刀电动机反转,换刀反转时间在定时器 T12 中,R101.4 为当刀号相等时不换刀标志位,R101.3 换刀完成标志位,R101.1 为换刀超时标志位,超时时间设置在 T13 定时器中,Y2.0 为换刀正转物理输出,Y2.2 为换刀反转物理输出。

网络 22:显示报警信息指令,当刀号编程错误和换刀超时时,触发报警信息位为 A0.1 和 A0.2。G4.3 为辅助功能完成信号。

8. 其他辅助功能程序

在数控机床中,除前面介绍的机床操作方式、JOG 运动功能、自动运动功能、手轮功能、主轴控制功能、T 功能、M 辅助功能 PMC 程序外,还有一些辅助功能不是利用加工程序编制 M 辅助指令实现的,而是借助 PMC 功能利用 PMC 软件提供的基本指令和功能指令实现普通 PLC 的功能。比如,数控机床中常用的润滑功能控制,一般不需要 M 辅助功能实现,纯粹是普通 PLC 逻辑控制,读者可以自行设计编制程序。

10.3 西门子系统中可编程控制器的具体应用

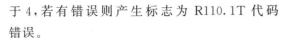

10.3.1 概述

西门子数控系统是用户使用较多的系统之一,覆盖从低到高所有产品。目前有西门子 802S、801、802C、810D、840D、828 等各种规格数控系统,由于数控系统功能和系统档次的关系,数控系统配置的 PLC 系列和指令功能是有差异的。西门子 802S(C)、801、802D、828 数控系统配置了西门子 S7-200 系列 PLC 的功能;而810D 和 840D 数控系统配置了西门子 S7-300系列 PLC 功能,指令集和硬件以及软件功能大大丰富。本节主要以西门子典型系统 802DSL 系统为例,介绍 802DSL 系统的性能、S7-200 PLC 的指令以及在数控系统中的的具体应用。

西门子 SINUMERIK802D sl(solution line)是率先在中国市场推出全球领先的创新产品配备了新一代 SINAMICS S120 驱动系统的系统,能够在最大程度上满足广大用户对于复杂加工的应用需求。

SINUMERIK 802D sl 是一款结构紧凑的控制系统,将数控系统中的所有模块(CNC、PLC 和 HMI)都集成在同一控制单元中。创新

性的系统规划与驱动设计,配以智能化接口,使得 SINUMERIK 802D sl 可以连接多达 6 轴数字驱动,提供更高的生产效率和更大的灵活性。SINUMERIK 802D sl 强大而丰富的功能,使得它成为车削、铣削、钻削、磨削以及冲压应用的理想选择。802DSL 系统具有以下特点:

(1)彩色液晶显示屏,更大的视野,更宽的应用;

(2)简单快速的系统调试,节省时间,提高效率;

(3)使用 CF 卡与 USB 接口,可以进行快速的程序执行与数据读/写;

(4)提供循环与轮廓辅助编程,使编程更加清楚便捷;

(5)更宽的电源容差,-15%~+20%,为持续的稳定工作提供充分保障;

(6)简约的系统空间,操作面板内集成CNC、PLC 及 HMI 等各种数控部件;

(7)方便的智能化系统连接,电动机自动识别;

(8)内置以太网与高速输入/输出接口,轻松扩展;

（9）PLC 梯图显示，可进行在线系统调试与诊断；

（10）无硬盘、无电池、无风扇，采用长寿显示屏光源，无需日常维护。

西门子 SINAMICS S120 驱动系统具有以下特点：

（1）独特性与无与伦比的性能，更多可能性和更低的成本。西门子新一代驱动系统将驱动技术向前推进了一大步，解决方案以模块化的驱动轴组构建，取代了原来将独立的驱动轴连接起来的方式。简单的工程设计和更快的调试，降低了工程成本。

（2）树立了新的系统标准。SINAMICS S120 特别适合于高性能的机床设备、生产机械及其他车间应用。由于采用了创新的硬件和软件思想，SINAMICS S120 可以胜任工业应用领域内的各种复杂的驱动任务。

（3）机械设计的新观点。智能化的连接技术缩短了 SINAMICS S120 驱动系统的布线时间。这意味着，客户端使用电缆的种类将减少，备件费用也将降低。使用这种通信接口，可以非常方便地将 SINAMICS S120 驱动系统与上层控制系统和电动机连接起来。

（4）SINAMICS S120 的智能化连接。安装 SINAMICS S120 的系统组件时，系统可以通过电动机中集成的"电子铭牌"自动识别它们。可以说，这种系统是真正的"即插即用"，因为预先装配好的连接电缆只要插入插座即可，电动机的铭牌数据无需手工输入。

10.3.2　机床中可编程控制器指令

西门子数控系统可编程控制器有一个指令集，指令集主要有二进制位操作、定时器和计数器操作、比较类操作（字节比较、字比较、双字比较、实数比较），以及算术指令、逻辑指令（字节逻辑、字逻辑、双字逻辑）、增量减量指令、数据格式转换指令、程序控制指令、移位指令（字节左移（右移）、字左移（右移）、双字左移（右移））、赋值指令等。与 FANUC 系统 PMC 指令相比较，西门子系统的二进制位操作指令其实就是 FANUC 系统所指的基本指令，西门子数控系统其他指令就是 FANUC 系统所指的功能指令。西门子数控系统 S7 - 200 PLC 指令集参见《802DSL 简明调试手册》。

1. 数控系统中 S7 - 200PLC 支持的数据类型及操作数范围

数控系统中 S7 - 200PLC 支持的数据类型有位、字节、字、双字、实数。位和字节存取可以开始于任何字节地址（0,1,2,3），字存取必须在偶字节地址开始（0,2,4,6），双字或实数存取必须在偶字节地址开始并且可以被 4 整除（0,4,8,12）。数据类型操作操作范围见表 10 - 20。

表 10 - 20　数据类型操作范围

数据类型	大小/B	逻辑操作范围	算术操作范围
位	1/8	0、1	—
字节	1	00～FF	0～＋255
字	2	0000～FFFF	－32768～32767
双字	4	00000000～FFFFFFFF	－2147483648～2147483647
实数	4	—	$\pm(10^{-37}\sim10^{-38})$

2. 数控系统中 S7-200PLC 地址定义及范围

PLC 在逻辑处理和运算中，必须进行存储区寻址，数控系统中 S7 - 200 PLC 地址定义及范围见表 10 - 21。V 区根据不同区域可以按位、字节、双字操作，I、Q、M 可以根据逻辑和运算需要按位、字节、双字进行操作。

表 10-21　数控系统中 S7-200PLC 地址定义及范围

操作地址符	说　明	范　围	操作地址符	说　明	范　围
I	数字输入	I0.0～I26.7	M	标志位	M0.0～M383.7
Q	数字输出	Q0.0～Q17.7	SM	特殊标志位	SM0.0～SM0.6
V	可变数据	V0.0～V99999999.7	A	ACCU	AC0～AC1（逻辑）
T	定时器	T 0～T15(100ms) T16～T39 (10ms)			AC2～AC3（算术）
C	计数器	C0～C31	S	数值置位	位
R	数值复位	位	L	局部变量内存	L0.0～L59.7

从表 10-21 可以看出，数控系统中 S7-200 PLC 地址定义范围与普通 S7-200 PLC 的地址略有不同。比如，普通 S7-200 PLC 的可变数据地址 V 的范围为 V0.0～V5119.7，而数控系统中 S7-200PLC 的可变数据区位 V0.0～V99999999.7。主要原因是，数控系统与 PLC 之间、PLC 与 MMC 之间、数控系统与 MMC 之间需要进行数据交换。为了编程方便，数控系统在开发数控系统 S7-200PLC 时，把数据区 V 空间分成若干小区域，将功能相同的操作对象放在同一区域。地址区 V 的组成见表 10-22。

例如，VB380X0002，X=0、1、2 等，为每个电动机的轴号，每个轴占一个区，第 0 分区，偏移地址是 002。具体每个 V 区信号的含义见《802DSL 简明调试手册》，802DSL 简明调试说明书没有罗列的 V 数据区可作为普通 V 的变量区使用。

表 10-22　地址区 V 的组成

类型标记	区号	分号	偏移
00	00	0	000
00～99	00～99	0～9	000～999

特殊标记位是 PLC 编程中常使用的位，特殊标记（SM）定义只读，见表 10-23，在具体编程中根据需要选用。比如，可以用 SM0.5 控制灯的闪烁。

表 10-23　特殊标记位（SM）的定义（只读）

标志位	说　明	标志位	说　明
SM0.0	逻辑"1"信号	SM0.4	60s 脉冲（30s"0"，然后 30s"1"）
SM0.1	第一个 PLC 周期"1"，随后为"0"	SM0.5	1s 脉冲（0.5s"0"，然后 0.5s"1"）
SM0.2	缓冲数据丢失——只有第一个 PLC 周期有效（"0"为数据正常；"1"为数据丢失）	SM0.6	PLC 周期循环（一个周期为"0"，一个周期为"1"）
SM0.3	系统再启动；第一个 PLC 周期"1"，随后为"0"		

3. 数控系统中 S7-200 PLC 工作原理

802D 数控系统中的 PLC 作为一个软件包使用，它的工作原理和通用 PLC 的基本差不多，PLC 软件重复执行用户程序，任务的循环执行过程为扫描，如图 10-91 所示。扫描周期中要执行以下任务：

（1）读输入，读输入口的状态，读 NCK、MMC 状态。

（2）执行程序，执行用户程序。从第一条指令开始依次执行程序，直到遇到 END 结束指令。

（3）处理通信请求。包括机床操作面板、PLC802 编程工具等。所完成的处理应答信息存储起来，等待适当的时机传输给通信请求方。

（4）执行自诊断测试。

（5）刷新处理输出映像区。将数据写入输出模块，完成一个扫描循环。

与普通 PLC 不同，数控系统的 PLC 的扫描

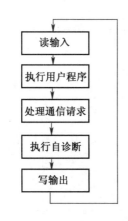

图 10-91 PLC 扫描周期

方式是定时扫描,NCK 是数控系统的核心,定时交换数据可以使数控系统避免频繁交换数据占用资源,同时数控机床 PLC 管理的对象响应要求低。例如,对于高速响应的端口,一般由 NCK 直接处理。

802D 数控系统中的 PLC 编程工具是 PROGRAMMING TOOL 802,该工具是 SIMATIC S7-200 通用 PLC 系统的一个子集,其中包括了子程序库。

4. 常用的指令功能

1)二进制位操作

二进制位操作就是普通的位逻辑处理,主要是与、或、与非、或非、置位、复位、位上升沿、位下降沿和逻辑非。

典型的二进制位操作 PLC 程序如图10-92所示。

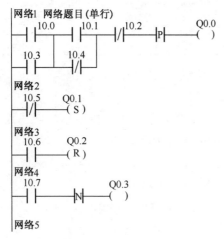

图 10-92 典型二进制位操作 PLC 程序

从图 10-92 可以看出,I0.0 与 I0.3 为或关系,I0.4 与 I0.1 为或非关系,I0.2 与前面位处理为与非关系,Q0.1 为位逻辑置位,Q0.2 为位逻辑复位。

2)定时器和计数器操作

(1)定时器操作。西门子 PLC 软件定时器的指令是比较丰富的,S7-200 指令组提供三种不同类型的计时器,即打开延时继电器(TON)、关闭延时继电器(TOF)和保持性打开延时计时器(TONR)。

打开延迟计时器,用于为单间隔计时;保持性打开延迟计时器,用于积累一定数量的定时间隔;关闭延迟计时器,用于延长经过错误条件的时间(如关闭电动机后冷却电动机)。数控系统中 PLC 软件中提供两种定时器操作,即打开延时定时器和保持性打开延时计时器。定时器梯形图指令如图 10-93 所示。

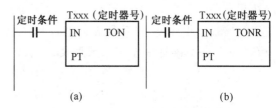

图 10-93 打开延时计时器和保持性
打开延时计时器梯形图指令
(a)延时打开计时器;(b)保持性打开延时计时器。

编程时,Txxx 处填写定时器号,IN 处填写位控触发条件,PT 处填写定时时间,若定时 5000ms,注意定时器的精度单位,100ms 精度单位的填写 50,10ms 精度单位的填写 500。

以打开延时计时器和保持性打开延时计时器为例,当 I0.2 闭合,T1(TON)延时 5s 后 Q0.1 指示灯点亮,若 I0.2 闭合时间少于 5s,Q0.2 没有输出;当 I0.3 开关闭合断开变化,当 I0.3 开关闭合时间到达 5s 时,Q0.2 指示灯点亮。具体程序如图 10-94 所示。打开延时继电器时序图如图 10-95 所示,保持性打开延时继电器时序图如图 10-96 所示。由于 T1 和 T2 计时单位精度为 100ms,所以 T1 和 T2 计时器值为 50(100ms×50=5s)。

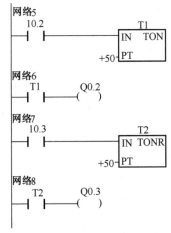

图 10-94 打开延时和保持性打开
延时定时器 PLC 程序

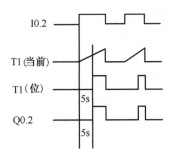

图 10-95 延时打开计时器时序图

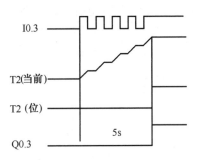

图 10-96 保持性延时打开计时器时序图

（2）计数器操作。数控系统中 PLC 软件计数器指令有加计数器、减计数器、加减计数器三种，梯形图指令如图 10-97 所示。

① CTU（向上计数）指令：每次遇到向上计数输入的上升边缘，计数器就自动加 1 计数。当前数值（Cxxx）大于或等于预设值（PV）时，计数位（Cxxx）打开。重置（R）输入打开时，计数器被重置。计数器范围：Cxxx＝C0～C255，计数器最大范围为 32767。

② CTD（向下计数）指令：每次遇到向下计数输入的上升边缘，就从预设数值向下计数。当

前数值等于 0 时，计数位（Cxxx）打开。装载输入（LD）打开时，计数器重置计数器位（Cxxx）并用预设值（PV）装载当前数值。达到 0 时，向下计数器停止。计数器范围：Cxxx＝C0～C255，装载最大预置值为 32767。

③ CTUD（向上/下计数）指令：每次遇到

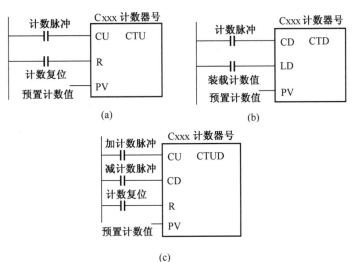

图 10-97 计数器梯形图格式
（a）加计数器；（b）减计数器；（c）加减计数器。

向上计数输入的上升边缘,就向上计数;每次遇到向下计数输入的上升边缘,就向下计数。当前数值(Cxxx)大于或等于预设值(PV)时,计数位(Cxxx)打开。重置(R)输入打开时,计数器被重置。计数器范围:Cxxx＝C0～C255,装载最大预置值为32767。

以向下计数器为例,当I0.3闭合时,C5计数器装载计数预置值PV＝5,当I0.2脉冲变化时,I0.2每从0到1上升沿变化,C5向下计数器减1,当计数器当前值为0,C5触点闭合。Q0.1输出。具体PLC程序和逻辑时序图分别如图10－98和图10－99所示。

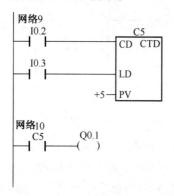

图 10－98 减计数器应用

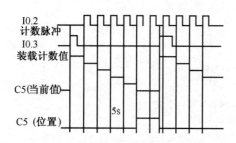

图 10－99 减计数器应用时序图

3) 比较类指令

比较类操作有字节比较指令、字比较指令、双字比较指令、实数比较指令,比较指令的结果是位逻辑。相比较的两个数必须是同类型数据。每一种类型的比较都有6种,分别是等于比较(＝＝)、大于等于比较(＞＝)、小于等于比较(＜＝)、不等于比较(≠)、大于比较(＞)、小于比较(＜)。

以字节比较为例,梯形图格式如图10－100

(a)所示。操作数A和操作数B可以是IB、QB、MB、SMB、VB、SB、LB、AC、Constant(常数)、＊VD、＊AC、＊LD等值。字节比较梯形图的应用如图10－100(b)所示。当I0.3为1,又当MB0字节值为50时,Q0.0为1,只要MB0字节值不为50,Q0.0就不为1。

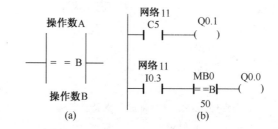

图 10－100 字节比较梯形图格式及应用
(a)字节比较梯形图格式;(b)字节比较梯形图应用。

4) 逻辑指令

逻辑指令包括字节逻辑、字逻辑、双字逻辑。逻辑运算主要包括与、或、异或、取反等。And Byte(字节与)指令对两个输入字节的对应位进行与操作,并用一字节装载结果(OUT);Or Byte(字节或)指令对两个输入字节的对应位进行或操作,并用一字节装载结果(OUT);Exclusive Or Byte(字节异或)指令对两个输入字节的对应位进行异或操作,并用一字节装载结果(OUT)。以字节或为例,梯形图格式如图10－101(a)所示,梯形图应用如图10－101(b)所示。

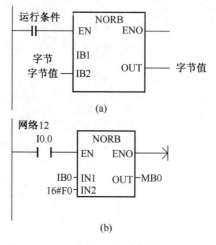

图 10－101 字节或梯形图格式及应用
(a)字节或梯形图格式;(b)字节或梯形图应用。

从图 10-101(b)可以看出,I0.0 是字节或指令运行必要条件,字节或指令有两个字节操作数,IN1 字节为 IB0,IN2 字节为 16♯F0,结果装载在 MB0 中。若 IB0 的值为 55H,二进制位 01010101,IN2 的值为常数 16♯F0,与 F0 的相应的二进制为 11110000,字节或后二进制值为 11110101,相应的字节表示为 F5H。

5)增量减量指令

增量减量指令是在原操作数值的基础上加 1 或减 1 指令,并将结果存入 OUT 指定的变量内。主要有 6 条指令,它们是字节值增 1、字值增 1、双字增 1、字节值减 1、字值减 1、双字减 1 等。以字节增 1 为例,指令不带符号。梯形图格式如图 10-102(a)所示,字节增 1 梯形图应用如图 10-102(b)。

从图 10-102(b)可以看出,当 I0.0 闭合,INC_B 指令运行,字节操作数 MB0 内容基础上加 1,装载到 MB1 字节中,若 MB0 字节内容为 11,则经过 INC_B 指令后,MB0 字节内容加 1 后,存放在 MB1 字节中,则 MB1 字节的值为 12。

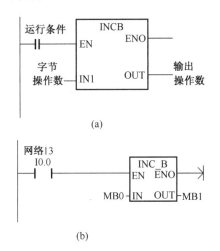

图 10-102 字节增量梯形图格式及应用

(a)字节增量梯形图格式;(b)字节增量梯形图应用。

6)程序控制指令

程序控制指令主要包括跳转指令(JMP)、标号定义(LBL)、子程序调用、子程序返回。

JMP 指令进行分支,到达程序内的指定标签(n)。LBL 指令标记转移目的地(n)的位置。转移及相对应的标签必须位于主程序、子程序或中断程序内。不能从主程序转移至子程序或中断程序内的标签,类似地,也不能从子程序或中断程序转移至该子程序或中断程序之外的标签。

(1)跳转指令和标号定义。跳转指令和标号定义梯形图格式如图 10-103(a)所示,当逻辑条件满足时,执行 JMP 跳转指令,PLC 程序就转移到标号定义的地方。如图 10-103(b)为

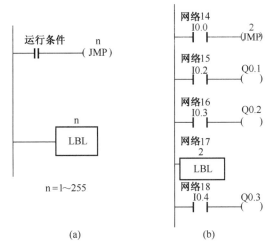

图 10-103 跳转指令和标号定义格式及应用

(a)跳转指令和标号定义格式;(b)跳转指令和标号应用。

跳转指令和标号定义的具体应用,当 I0.0 为 1 时,执行 JMP 跳转指令,跳转到 JMP 指定的标号 2 的地方,紧跟 JMP 指令下方的网络就不执行了,而直接执行标号 2 的地方开始后面的程序。

(2)子程序调用和子程序返回。

子程序调用指令将控制转移给子程序(n)。使用调用指令时,有无参数均可。将参数值指定给子程序内的局部内存。应遵守下列原则:

① 参数值指定给局部内存的顺序由 CALL 指定,参数开始于 L.0,1 个～8 个连续位参数值被指定给从 Lx.0 开始持续至 Lx.7 的单字节。

② 字节、字及双字数值被指定给局部内存时,以字节为限(LBx、LWx 或 LDx)。

③ 对于带参数的 CALL 指令,参数必须与

子程序局部变量表内定义的变量完全匹配。参数顺序应为输入参数最先,其次是输入/输出参数,再次是输出参数。

如图 10-104 为子程序调用梯形图格式,子程序调用可以有条件,也可以无条件。子程序 RET 指令在新版软件中,在调用子程序和运行子程序结束 PLC 系统自动添加 RET 指令。

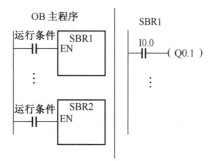

图 10-104　子程序调用梯形图格式

7) 移位指令

移位指令有操作数字节左移和右移指令、操作数字左移和右移指令、操作数双字左移和右移指令。移位必要条件为 0 到 1 变化时进行移位指令定义的方向和移位位数。

字节向右移位及字节向左移位指令将输入字节(IN)的数值向右或向左移动 N 位,并将结果装载入输出字节(OUT)。移位指令对移出位补 0。如果移位数目 N 大于或等于 8,则数值最多被移位 8 次;如果移位数目大于 0,则溢出内存位(SM1.1)保存最后一次被移出位的数值;如果移位结果为 0,则设定 0 内存位(SM1.0)。字节向右及向左移位操作不带符号。

字向右移位及字向左移位指令将输入字(IN)的数值向右或向左移动 N 位,并将结果装载入输出字(OUT)。移位指令对移出位补 0。如果移位数目 N 大于或等于 16,则数值最多被移位 16 次;如果移位数目大于 0,则溢出内存位(SM1.1)保存最后一次被移出位的数值;如果移位结果为 0,则设定 0 内存位(SM1.0)。字向右及向左移位操作不带符号。

双字向右移位及双字向左移位指令将输入双字(IN)的数值向右或向左移动 N 位,并将结果装载入输出双字(OUT)。移位指令对移出位补 0。如果移位数目 N 大于或等于 32,则数值最多被移位 32 次;如果移位数目大于 0,则溢出内存位(SM1.1)保存最后一次被移出的位的数值;如果移位结果为 0,则设定 0 内存位(SM1.0)。双字向右及向左移位操作不带符号。

以字节左移为例,字节左移梯形图格式如图 10-105(a)所示,字节左移梯形图应用如图 10-105(b)所示。

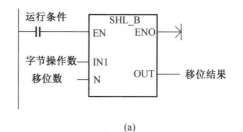

(a)

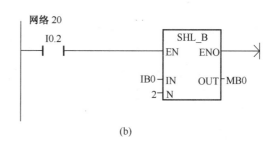

(b)

图 10-105　字节移位指令格式及应用
(a) 字节左移指令梯形图格式;(b) 字节左移指令应用。

从图 10-105(b)可以看出,当 I0.2 由 0 变为 1 时,字节左移指令执行,若 IB0 值为 01010101 时,左移两位后 MB0 的结果为 01010100,移出的两位数据丢失,后面补充两个 0。注意,此指令 I0.2 不能用常 1 作为移位指令(因为 PLC 每执行一次网络 20,就移动两位数字)。PLC 的扫描周期是很快的,若本意是只移动两位数字,只能在左移指令前加“｜ P ｜”指令,即取 I0.2 上升沿变化作为左移指令操作条件,移位指令就只把 IB0 向左移动两位。

8) 赋值指令

赋值指令主要用于常数或变量操作数数据移动到指令的操作数地址中,又称移动指令。赋值指令有字节数据赋值、字数据赋值、双字数据赋值、浮点数据赋值、字节数据交换等。

以字节数据赋值为例，Move Byte（字节移动）指令将输入字节（IN）移至输出字节（OUT）。移动不改变输入字节。

字节赋值梯形图格式及应用如图 10 - 106 所示。

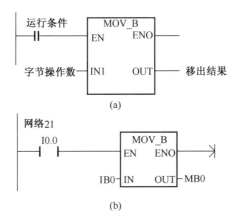

图 10 - 106 字节赋值指令梯形图格式及应用
(a)字节赋值指令梯形图格式；(b)字节赋值指令梯形图应用。

从图 10 - 106(a) 可以看出，字节赋值指令 EN 前面的触点为指令运行必要条件，当运行条件为 1 时，执行赋值指令，IN1 的字节操作数移送给 OUT 指定的存储区地址。从图 10 - 106(b) 可以看出，当 I0.0 为 1 时，执行 MOV_B 指令，假如 IB0 数据为 40，则执行赋值指令后，MB0 也为 40，且 IB0 的值不变。

10.3.3 西门子系统典型数控机床中 PLC 程序功能

西门子系统典型数控机床中 PLC、CNC、机床三者之间的关系总体设计理念上与 FANUC 系统差不多，三者之间的基本关系见前面介绍。针对具体系统，地址的分配方法、信号地址的定义、输入/输出定义、PLC 编程指令、配套的机床操作面板等是有差异的。但是，只要是典型数控系统，总归有机床操作方式功能、JOG 功能、手轮功能、编辑功能、自动运行功能、主轴控制功能、M 辅助功能、刀具功能等。这些功能中，除了数控系统软件功能外，

很多需要 PLC 程序配合。理解 PLC 程序，不能脱离具体的物理输入/输出硬件连接。下面就根据西门子 802DSL 系统典型数控车床和铣床的常见功能，介绍输入/输出硬件连接、信号关系以及程序功能。

10.3.3.1 输入/输出硬件图

西门子 802DSL 系统是一款结构紧凑的控制系统，它将数控系统中的所有模块（CNC，PLC 和 HMI）都集成在同一控制单元中。与机床输入/输出有关的 I/O 模块与早期的 802D 系统一样，主要仍是 PP72/48，原来的系统只能连接 2 块 PP72/48，802DSL 系统最多可以连接 3 块 PP72/48 输入/输出模块。

1. 输入/输出模块 PP72/48

输入/输出模块 PP72/48 可提供 72 个数字输入和 48 个数字输出。每个模块具有三个独立的 50 芯插槽，每个插槽中包括了 24 位数字量输入和 16 位数字量输出（输出的驱动能力为 0.25A，同时系数为 1）。PP72/48 的结构如图 10 - 107 所示。

(1) X1 DC 24V 电源 3 芯端子式插头（插头上已标明 24V、0V 和 PE）；

(2) X2 PROFIBUS 9 芯孔式 D 型插头；

(3) X111、X222、X333 50 芯扁平电缆插头（用于数字量输入和输出）；

(4) S1 PROFIBUS 地址开关；

(5) 4 个发光二极管 PP72/48 的状态显示。

802D sl 系统最多可配置 3 块 PP 模块。PP72/48 模块 1（地址 9）、PP 72/48 模块 2（地址 8）、PP 72/48 模块 3（地址 7）地址设置方法如图 10 - 108 所示。

根据模块地址的不同，PP72/48 模块具体分配的输入/输出地址范围也不同，模块地址与 PP72/48 输入/输出范围见表 10 - 24。

输入/输出接口模块的逻辑地址与接口端子号的对应关系见表 10 - 25。

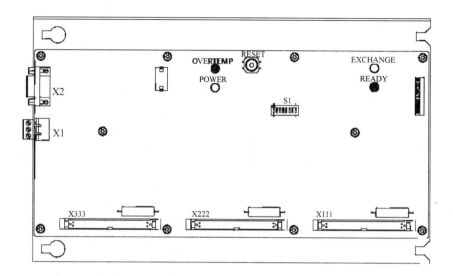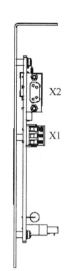

图 10 - 107　PP72/48 结构图

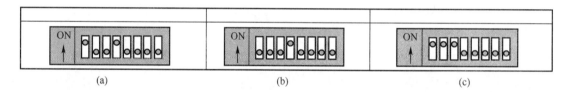

(a)　　　　　　　　　　　(b)　　　　　　　　　　　(c)

图 10 - 108　802DSL PP72/48 模块地址设置方法

(a)PP 72/48 模块 1(地址 9)；(b)PP 72/48 模块 2(地址 8)；(c)PP 72/48 模块 3(地址 7)。

表 10 - 24　模块地址与 PP72/48 输入/输出范围对应关系

模块数(地址)	插座代号	输入地址范围	输出地址范围
模块 1(地址 9)	X111	I0.0～I2.7	Q0.0～Q1.7
	X222	I3.0～I5.7	Q2.0～Q3.7
	X333	I6.0～I8.7	Q4.0～Q5.7
模块 2(地址 8)	X111	I9.0～I11.7	Q6.0～Q7.7
	X222	I12.0～I14.7	Q8.0～Q9.7
	X333	I15.0～I7.7	Q10.0～Q11.7
模块 3(地址 7)	X111	I18.0～I20.7	Q12.0～Q13.7
	X222	I21.0～I23.7	Q14.0～Q15.7
	X333	I24.0～I26.7	Q16.0～Q17.7

表 10 - 25　输入/输出接口模块的逻辑地址与接口端子号的对应关系(模块 1 地址为 9)

端子	X111	X222	X333	端子	X111	X222	X333
1	0V(DICOM)			2	DC 24V (输出)[1]		
3	I0.0	I3.0	I6.0	4	I0.1	I3.1	I6.1
5	I0.2	I3.2	I6.2	6	I0.3	I3.3	I6.3
7	I0.4	I3.4	I6.4	8	I0.5	I3.5	I6.5
9	I0.6	I3.6	I6.6	10	I0.7	I3.7	I6.7
11	I1.0	I4.0	I7.0	12	I1.1	I4.1	I7.1
13	I1.2	I4.2	I7.2	14	I1.3	I4.3	I7.3

（续）

端子	X111	X222	X333	端子	X111	X222	X333
1	0V(DICOM)			2	DC 24V（输出）[①]		
15	I1.4	I4.4	I7.4	16	I1.5	I4.5	I7.5
17	I1.6	I4.6	I7.6	18	I1.7	I4.7	I7.7
19	I2.0	I5.0	I8.0	20	I2.1	I5.1	I8.1
21	I2.2	I5.2	I8.2	22	I2.3	I5.3	I8.3
23	I2.4	I5.4	I8.4	24	I2.5	I5.5	I8.5
25	I2.6	I5.6	I8.6	26	I2.7	I5.7	I8.7
27/29	无定义			28/30	无定义		
31	Q0.0	Q2.0	Q4.0	32	Q0.1	Q2.1	Q4.1
33	Q0.2	Q2.2	Q4.2	34	Q0.3	Q2.3	Q4.3
35	Q0.4	Q2.4	Q4.4	36	Q0.5	Q2.5	Q4.5
37	Q0.6	Q2.6	Q4.6	38	Q0.7	Q2.7	Q4.7
39	Q1.0	Q3.0	Q5.0	40	Q1.1	Q3.1	Q5.1
41	Q1.2	Q3.2	Q5.2	42	Q1.3	Q3.3	Q5.3
43	Q1.4	Q3.4	Q5.4	44	Q1.5	Q3.5	Q5.5
45	Q1.6	Q3.6	Q5.6	46	Q1.7	Q3.7	Q5.7
47/49	DOCOM[②]			48/50	DOCOM[②]		

① 可以作为输入信号的公共端子。

② 数字输出公共端子，连接24V直流。其他两个模块逻辑地址与接口端子号的对应关系与表10-25一样有一定规律，读者可以参考《802DSL系统简明调试手册》

PP72/48输入信号接口电路如图10-109所示。

从图10-109可以看出，输入开关信号可以使用PP72/48提供的内部DC+24V作为输入信号的电源，也可以使用外部电源提供的DC+24V电源。输入信号都是高电平有效。

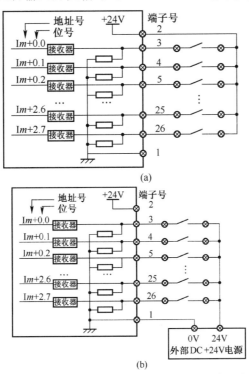

图10-109　PP72/48输入信号接口电路示意图

(a)PP72/48输入信号使用内部DC+24V电源；(b)PP72/48输入信号使用外部DC+24V电源。

输出信号接口电路如图 10-110 所示。从图 10-110 可以看出,X111/X222/X333 插座的 47/48/49/50 插座可以接收数字量输出公共端,连接+24V,输出信号为高电平有效。

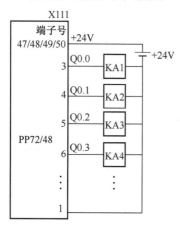

图 10-110　PP72/48 输出信号接口电路

2. 机床控制面板

在数控设备中,机床控制面板是数控系统主要的输入/输出硬件连接。西门子 802DSL 系统提供了两种机床控制面板:一种是与原来的 802D 系统一样的机床控制面板,用于 PP72/48 配套,机床控制面板占用 PP72/48 I/O 模块输入/输出点数;另一种不占用输入/输出物理地址,但必须选用 MCPA 模块配套。

1) 与 PP72/48 相连的机床控制面板

与 PP72/48 相连的机床控制面板占用 PP72/48 输入/输出地址,机床控制面板按键编号布局如图 10-111 所示。

从图 10-111 可以看出,面板上提供了 27 个按键,6 个状态指示灯,2 个波段开关,1 个急停按钮。与 PP72/48 相连的机床控制面板地址分配见表 10-26。从表 10-26 可以看出,若控制面板上的插座 X1201 接 PP72/48 模块的 X111,

插座 X1202 接 PP72/48 模块 X222,则主轴正转按键编号为♯13,对应输入地址为 I1.4;若控制面板上的插座 X1201 接 PP72/48 模块的 X222,X1202 接 PP72/48 模块的 X333,则主轴正转按键编号仍为♯13,但对应的输入地址为 I4.4。其他按键地址依次类推。同样,输入信号和输出信号都是高电平有效。此种机床控制面板选择和连接方法适合机床本体和机床控制面板总的输入/输出点数没有超出 PP72/48 输入/输出点数,除非再选择 1 块 PP72/48 输入/输出模块。

2) 与 MCPA 模块配套的机床控制面板

与 MCPA 模块配套的机床控制面板上也有 X1201 和 X1202 插座,该插座与按键对应的地址对应关系见表 10-27。

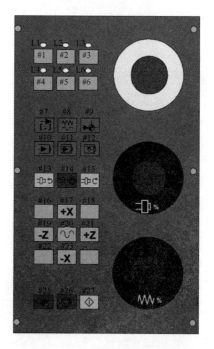

图 10-111　机床控制面板按键编号布局图

表 10-26　操作面板按键地址

与 PP72/48(总线地址 9)配套					
按键	接口	地址	按键	接口	地址
♯1～♯8		IB0	♯1～♯8		IB3
♯9～♯16		IB1	♯9～♯16		IB4
♯17～♯24	X1201→X111	IB2	♯17～♯24	X1201→X222	IB5
♯25～♯27	X1202→X222	IB3	♯25～♯27	X1202→X333	IB6
进给倍率		IB4	进给倍率		IB7
主轴倍率		IB5	主轴倍率		IB8
指示灯		QB0	指示灯		QB2

表 10－27　与 MCPA 模块配套的机床
控制面板相对应的按键地址

MCP	对应的按键
X1201	输入字节 0：对应按键＃1～＃8
	输入字节 1：对应按键＃9～＃16
	输入字节 2：对应按键＃17～＃24
	输出字节 0：6 个对应于用户定义键的发光二极管
X1202	输入字节 3：对应按键＃25～＃27
	输入字节 4：对应进给倍率开关（5 位格雷码）
	输入字节 5：对应主轴倍率开关（5 位格雷码）
	输出字节 1：保留

表 10－28　与 MCPA 配套机床面板地址分配

与 MCPA 机床面板配套		
按键	接口	地址
＃1～＃8	X1201→X1 X1202→X2	VB10001000
＃9～＃16		VB10001001
＃17～＃24		VB10001002
＃25～＃27		VB10001003
进给倍率		VB10001004
主轴倍率		VB10001005
指示灯		VB11001000

图 10－112　MCPA 模块插座布局

MCPA 模块插座布局如图 10－112 所示，其中，X1 接 MCP 的 X1201，X2 接 MCP 的 X1202；X1021 端子 1 接＋24V（必需），X1021 端子 10 接 0V（必需）。

X701 插座专用于模拟主轴功能。与 MCPA 配套机床面板地址分配见表 10－28。

西门子 802DSL 系统提供了一个车床版和铣床版的参考程序，在用于数控设备项目或分析理解参考程序时，要注意上述介绍地址差异。

10.3.3.2　数控系统中数据交换的种类

由于西门子数控系统信号交换除了典型的 CNC 与 PLC、PLC 与机床交换数据信息外，西门子 802DSL 系统还有 HMI（人机交换接口）、MCP（机床控制面板）、MCPA（控制面板与模拟量接口模块）等部件，必然还有 PLC 与 HMI 之间、MCPA 与 PLC 之间、MCP 与 PLC 之间等交换数据信息。

1. 从 CNC 到 PLC 信号

CNC 系统的一些工作状态都是通过 CNC 通道存放在 V 存储区，编制 PLC 逻辑根据需要进行读取参与编程。

例如，CNC 处于自动加工方式，CNC 会使 V31000000.0＝1，若机床设计有自动方式状态指示灯，指示灯地址为 Q0.0，则编制 PLC 程序：LD V31000000.0 ＝ Q0.0。相应的梯形图如图 10－113 所示。

网络 22

V31000000.0　　　　Q0.0

图 10－113　CNC 到 PLC 信号的梯形图

CNC 到 PLC 的信号主要有 NC 变量的读写、来自 NC 通道的辅助功能状态、译码的 M 信号（动态 M0－信号 M99）、T 功能、M 功能、S 功能、D 功能、H 功能、NCK 的通用信号、来自 NCK 通道的状态信号、NCK 的 G 功能、来自坐标轴/主轴的状态信号、PLC 机床数据 INT 值、PLC 机床数据 HEX 值、PLC 机床数据 FLOAT 值、PLC 用户报警响应、PLC 变量的读/写、刀具管理功能、读取坐标的实际值和剩余值等，具体信号含义可查阅信号接口说明。

2. 从 PLC 到 CNC 信号

PLC 逻辑处理的内容根据 PLC 与 CNC 之

间的定义存放在 V 存储区,CNC 自动读取,并执行相关的动作,对 PLC 而言,是 PLC 的逻辑输出。

例如,控制 CNC 的 JOG 操作方式,是由外部定义手动按键,经过 PLC 逻辑处理送至 V 存储区,由 CNC 自动读取。假如 JOG 按键定义输入地址为 I0.0,而 CNC 是读取 V30000000.2 是否为"1",来决定操作方式是否处于 JOG 方式,则编制指令程序:LD I0.0 EU S V30000000.2。当按下 I0.0 时,上升沿置位 V30000000.2,则 V30000000.2 为"1",CNC 就处于 JOG 方式。相应的梯形图如图 10 - 114 所示。

```
网络23

   I0.0            V30000000.2
───┤ ├───┤ P ├─────( S )
```

图 10 - 114　PLC 到 CNC 信号的梯形图

PLC 到 CNC 的信号主要有 NC 变量的读/写、NCK 的通用信号、快速 I/O 的接口信号、方式选择信号送至 NCK、送至 NCK 通道的控制信号、传递的 M/S 功能、送至坐标轴或主轴的通用信号、PLC 变量的读/写、刀具管理功能等,具体信号含义可以查阅信号接口说明。

3. 从 MCP(MCPA)到 PLC 信号

西门子系统提供选配件 MCP 或与 MCPA 模块配套的机床控制面板。机床控制面板上按键如何参与 PLC 梯形图处理呢? MCP 或 MCPA 属于机床部分的输入/输出,若选用 MCP 机床控制面板,输入地址参见前面介绍,MCP 占用 PP72/48 输入/输出点,根据输入/输出点地址,再根据系统定义的机床控制面板到 PLC 的信号 V 地址存储区,编制 MCP 到 PLC 的梯形图程序。

例如,根据上述知识介绍,MCP 面板上有 AUTO 按键,输入地址为 I1.1,而 PLC 读取 V 存储区 AUTO 方式地址信号是 V10000000.0,则编制 PLC 程序:LD I1.1 = V10000000.0;若使用 MCPA 面板也有 AUTO 按键,根据前面知识介绍,MCPA 按键地址为 V10001001.1,则编

制 PLC 程序:LD V10001001.1 = V10000000.0。当选用 MCPA 机床控制板作为机床操作板时,系统会自动辨别,系统会使 V18001000.7=1,则编制 AUTO 功能梯形图,如图 10 - 115 所示。

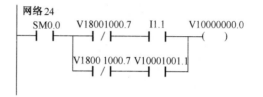

图 10 - 115　机床控制板到 PLC 的
自动方式梯形图

4. 从 PLC 到 MCP(MCPA)信号

在 MCP 或 MCPA 机床控制面板上有状态指示灯,状态指示灯地址在前面已有介绍,例如,MCP 机床控制面板上的♯1 备用按键相应的 LED1 指示灯地址为 Q0.0,而 PLC 到 MCP 的 LED1 的 V 存储区地址为 V11000004.0,则编制 PLC 程序:LD V11000004.0 = Q0.0。在具体逻辑处理中,只要编制逻辑关系结果送给 V110000004.0 即可,相应的 Q0.0 指示灯就点亮了。相应梯形图如图 10 - 116 所示。

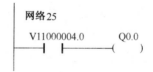

图 10 - 116　PLC 到 MCP 信号 LED1 梯形图

若选用 MCPA 模块与机床控制面板相连,由于 MCPA 输入/输出地址不占用 PP72/48 物理地址,还是以 LED1 指示灯为例,编制 PLC 程序时,只要把定义的 LED1 功能逻辑结果直接送给 PLC 到 MCPA 的 V 存储区地址 V11001000.0 即可,相应的 LED1 指示灯就点亮了。

从 PLC 到 MCP(MCPA) V 存储区信号是可以进行读/写的,既可以根据逻辑需要把结果

送给 V 存储区,也可以读取此 V 存储区的状态参与逻辑编程。

5. 从 HMI 到 PLC 信号

数控系统还有许多操作功能,西门子系统为了节约 MCP 按键数量和用户设计需求的多样性,有些按键功能作为软键设计,根据显示画面的不同,出现相应的软按键。比如,在机床操作面板上就没有提供"空运行"、"跳过"等按键,而系统是在程序控制菜单的测试测试菜单下,有"空运行"和"跳过"软按键。软按键画面如图 10-117 所示。

这些按键功能如何参与 PLC 编程和加工功能呢?在系统的 V 存储区,系统定义了 HMI 到 PLC 的 V 地址信息。比如,空运行软按键,送给 PLC 的 V 地址信号为 V17000000.6,当在程序加工中,在如图 10-117 画面,按下"空运行"软件,则 V17000000.6=1,若最终要实现程序空运行功能,还需要编制 PLC 程序,由 PLC 逻辑产生结果送给 CNC 相应的空运行功能 V 地址信号为 V32000000.6,编制程序指令:LD V31000000.0 A V17000000.6=V32000000.6。相应的梯形图如图 10-118 所示。

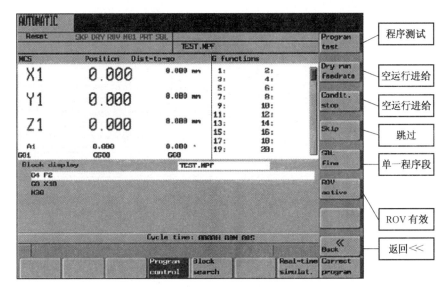

图 10-117 软按键画面

其他的 HMI 软按键相应的 V 地址信号可以查阅《802DSL 安装与调试手册》信号接口一览表。若不使用 HMI 软按键功能,则不需要编制 PLC 程序,若设计外部物理输入地址实现相关功能,参考机床输入信号到 PLC 和 PLC 到 CNC 的编程思路。

图 10-118 空运行功能 PLC 梯形图程序

6. 从 PLC 到 HMI 信号

从 PLC 到 HMI 信号主要是经过 PLC 逻辑处理,在 HMI 显示屏上显示一些报警信息和操作状态等。比如,在 HMI 上显示报警信息,是经过编制 PLC 程序触发相关的 V 信号存储区。激活报警数据块是 1600,802DSL 提供给用户 64 项报警,为 V16000000.0~V16000007.7,每一位对应一个报警信息,报警号为 700000~700063,编制 PLC 程序时,只要把需要报警的状态位送给 V160000.0~V160007.7 相应位即可。

比如,有液位不足报警,输入地址为 I0.2,当 I0.2 为"1",报警产生;当 I0.2 为"0",报警消

失。报警号定义为7000001,则编制 PLC 程序:
LD I0.2 = V16000000.0。相应的梯形图如图
10-119 所示。其他的要在 HMI 显示屏上显示
的一些报警或状态 V 地址信号可以查阅
《802DSL 安装与调试手册》信号接口一览表。

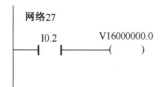

网络27

图 10-119　PLC 到 HMI 信号的梯形图具体应用

7. 从机床到 PLC 信号

从机床到 PLC 的信号主要是机床本体上
一些输入信号,输入地址以 I 字母开头,如机床
控制面板上的按键、机床超程信号、机床轴减速
信号等,它们输入信号都要与 PP72/48 模块物
理相连。根据输入功能进行逻辑编程。输入地
址范围最大为 I0.0~I26.7。

8. 从 PLC 到机床信号

从 PLC 到机床的信号主要是机床本体上
一些执行件,输出地址以 Q 字母开头,如机床控
制面板上 LED 灯、机床上执行阀等。它们信号
都要与 PP72/48 模块物理相连。它们都是经过
逻辑处理后输出到机床本体上的负载。PLC 输
出地址范围最大为 Q0.0~I17.7。

10.3.3.3　程序功能编制

鉴于一般用户机床控制面板都会选用西门
子提供的机床控制面板,而数控机床中 PLC 的
开发主要是机床控制面板的 PLC 程序开发和
机床本体 PLC 的程序开发,所以,西门子系统
802DSL 提供了典型数控车床和数控铣床参考
程序和子程序。参考程序模块化设计,把典型
的车床和铣床一些功能都分成功能子程序,用
户可以做微小修改就可以满足机床具体需要。

西门子 802DSL 系统提供的参考程序 OB1
为主程序块,子程序库包括 PLC 初始化子程序、
急停处理子程序、802D 机床控制面板信号传送
子程序、进给轴和主轴控制子程序、MCP 和

HMI 信号处理子程序、冷却控制子程序、润滑
控制子程序、刀具控制子程序等。

西门子提供的如此多子程序,不是数控设
备必须都要使用的,用户可以根据自行项目需
要进行在主程序中修改和调用。但是,不管数
控设备功能如何不同,其中几个子程序是必不
可少的,即 PLC 初始化子程序、急停处理子程
序、802D 机床控制面板信号传送子程序、进给
轴和主轴使能控制子程序、MCP 和 HMI 信号
处理子程序等。

以霍耳元件刀架为例,典型数控车床主程
序结构如图 10-120 所示。

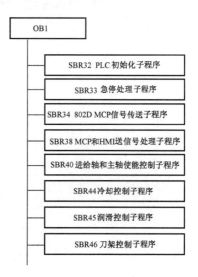

图 10-120　典型数控车床主程序结构

从图 10-120 可以看出,主程序由若干个子
程序构成,其中 PLC 初始化子程序、急停处理子
程序、802D 机床控制面板信号传送子程序、
MCP 和 HMI 信号处理子程序、(轴进给轴和主
轴)使能控制子程序等是必不可少的。由于最
终设备选用霍耳元件的 6 工位刀架,所以在主
程序中增加子程序 SBR46 刀架控制子程序。
现场电气硬件按 802DSL 子程序库使用说明连
接,所有程序可以直接使用,简化了用户重新
开发程序周期。下面根据典型数控车床主程
序中各个子程序,原理性地介绍润滑程序、冷
却程序、刀架控制程序以及面板控制程序等子
程序处理过程。

1. 机床操作面板功能子程序

1）MCP（MCPA）面板信号传送子程序

由于选用西门子配套的机床控制面板，因此机床控制面板要么选择与 PP72/48 输入/输出模块相连面板，要么选择 MCPA 模块相连的控制面板。前者占用物理输入/输出地址，后者不占用物理输入/输出模块。在主程序中调用机床控制面板的子程序如图 10-121 所示，子程序号为 SRB34。

从图 10-121 可以看出，当选择 MCPA 模块时，来自于 PLC 信号 V18001000.7 为"1"。主程序调用执行后一个子程序，前一个子程序和后一个子程序就输入/输出地址不同，前一个

输入/输出地址占用 PP72/48 物理地址，后一个输入/输出不占用物理地址，仅是内部分配的 V 地址存储区。注意，该子程序中 MCP 编写的输入/输出地址，图 10-121 中输入/输出地址和 MCP 面板与 PP72/48 输入输出模块具体连接方法有关，应该 X1201 与 X222 连接，X1202 与 X333 相连。地址计算方法可见前面介绍。

MCP 面板包含机床控制操作中主要的功能：

（1）操作方式：自动、手动、增量、MDA、回零、单段等；

（2）程序控制：循环启动、进给停止、复位等；

（3）主轴手动：正转、反转、停止；

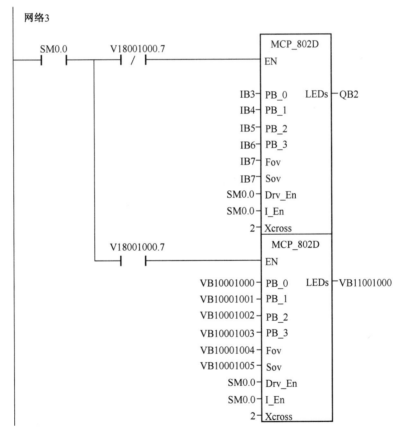

图 10-121 主程序调用机床控制面板子程序

（4）倍率修调：进给倍率修调、主轴倍率修调；

（5）手动进给轴按键：+X、-X、+Y、-Y、+Z、-Z、+4、-4 以及快速；

（6）自定义按键和状态 LED 指示。

MCP（MCPA）面板子程序主要实现 MCP 信号送给 PLC V1000 数据块存储区。图 10-122 是 MCP 子程序 SBR34 操作方式的部分程序。

从图 10-121 和图 10-122 结合可以看出，

第10章 数控机床中的可编程控制器

图 10-122 中 L0.7～L1.3 变量与图 10-121 中 IB3 和 IB4 的对应关系,因为在 SBR34 子程序中,定义变量符号 PB0 和 PB1 字节包括 L0.0～

L1.7 位。从图 10-111 面板操作方式可以得出表 10-29 所列 MCP 传送给 PLCV 存储区的位与操作方式的关系。

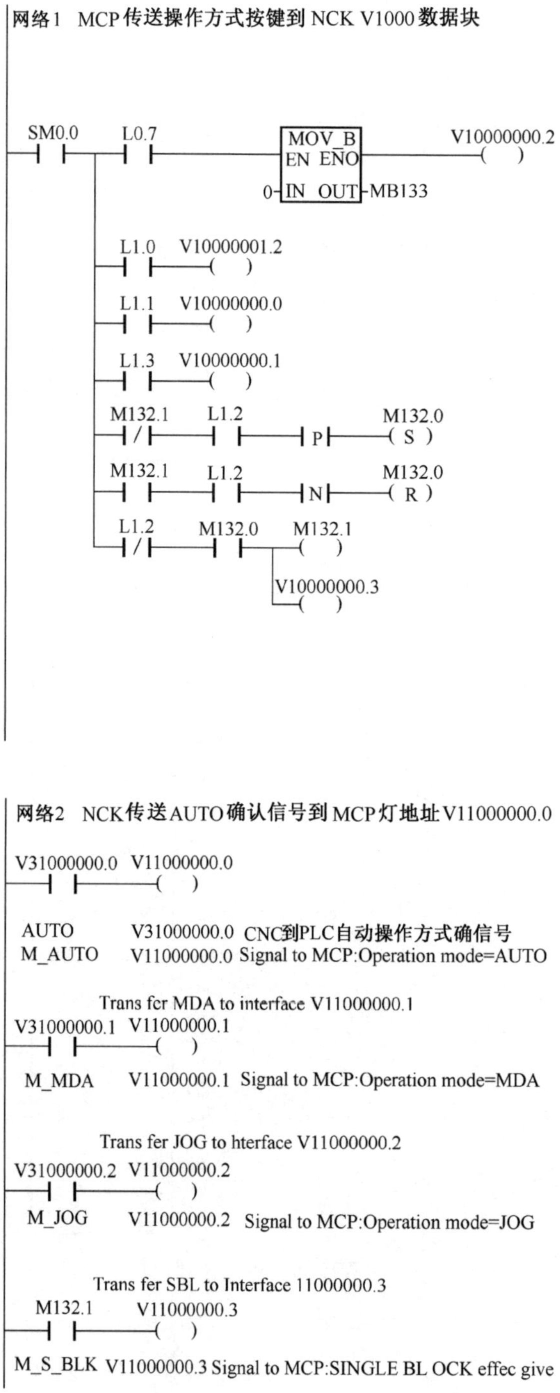

网络1　MCP传送操作方式按键到NCK V1000数据块

```
     SM0.0   L0.7          ┌───────┐              V10000000.2
     ─┤ ├───┤ ├───────────┤ MOV_B │──────────────( )
                           │ EN ENO│
                         0─┤IN  OUT├─MB133
                           └───────┘

              L1.0    V10000001.2
             ─┤ ├──────( )

              L1.1    V10000000.0
             ─┤ ├──────( )

              L1.3    V10000000.1
             ─┤ ├──────( )

     M132.1   L1.2           M132.0
     ─┤/├────┤ ├────┤P├──────( S )

     M132.1   L1.2           M132.0
     ─┤/├────┤ ├────┤N├──────( R )

      L1.2    M132.0   M132.1
     ─┤/├────┤ ├────────( )
                         V10000000.3
                         ( )
```

网络2　NCK传送AUTO确认信号到MCP灯地址V11000000.0

```
     V31000000.0 V11000000.0
     ─┤ ├──────────( )

     AUTO       V31000000.0  CNC到PLC自动操作方式确信号
     M_AUTO     V11000000.0  Signal to MCP:Operation mode=AUTO

                Trans fer MDA to interface V11000000.1
     V31000000.1 V11000000.1
     ─┤ ├──────────( )

     M_MDA       V11000000.1  Signal to MCP:Operation mode=MDA

                Trans fer JOG to hterface V11000000.2
     V31000000.2 V11000000.2
     ─┤ ├──────────( )

     M_JOG       V11000000.2  Signal to MCP:Operation mode=JOG

                Trans fer SBL to Interface 11000000.3
     M132.1      V11000000.3
     ─┤ ├──────────( )

     M_S_BLK     V11000000.3 Signal to MCP:SINGLE BL OCK effec give
```

图 10-122　MCP 面板操作方式梯形图

表 10 - 29　MCP 传送 PLC 的 V 存储区地址信号与操作方式的关系

操作方式	自动	MDA	JOG	单段	回参考点
MCP→PLC	V10000000.0	V10000000.1	V10000000.2	V10000000.3	V10000001.2

2）MCP（MCPA）面板信号由 PLC 传送给 CNC

MCP（MCPA）机床控制面板按键和开关要控制 CNC 功能，西门子提供的参考程序除子程序 SBR34 实现机床控制面板信号传送到 V1000 数据块相应的位信号地址外，还设计了子程序 SBR38，该子程序实现 V1000 数据块的相关信息位逻辑处理后送给 CNC，最终实现 MCP（MCPA）机床控制面板功能。

如图 10 - 123 所示，涉及 MCP 机床控制面板上机床操作方式的 PLC 信号传送给 CNC 的梯形图，网络 1 为 MCP 的 V1000 数据块传送到 CNC 的梯形图，主要是实现自动、MDA、JOG、单段、回参考点等方式。PLC 传送给 CNC 的 V 存储区地址信号与操作方式的关系见表 10 - 30。网络 2 是实现来自 CNC 的系统方式有效确认信号，传送至 MCP 的 V1100 数据块存储区，若机床控制面板有指示灯等负载或逻辑需要操作方式确认信号，可以取用 V3100 或 V1100 数据块区的相应的 V 信号地址。CNC 传送给 PLC 的 V 存储区地址确认信号与操作方式的关系见表10 - 31。

2. M 功能程序

M 辅助功能大部分 M 指令由国际标准化组织（ISO）定义，若 ISO 没有具体指定，用户可以自行定义。所以在开发 M 辅助功能时，M 辅助功能尽可能符合 ISO 定义。

西门子系统 M 辅助功能指令，在加工程序中编制 M 辅助功能指令 M00～M99 时，只在 V25001 PLC 变量区相关的位保持一个 PLC 扫描周期，所以在开发 M 辅助功能指令 PLC 梯形图时，要及时编制自锁逻辑或利用一个扫描周期进行逻辑处理等。

同样，以某数控设备中一个汽缸夹紧和松

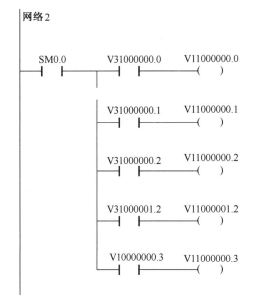

图 10 - 123　机床操作方式的 PLC 传送给 CNC 的梯形图

开动作为例，执行 M10 信号汽缸夹紧，执行 M11 汽缸松开，在汽缸推杆两端分别有夹紧和松开到位传感器检测。

涉及汽缸动作的电气原理图如图 10 - 124

表 10-30　PLC 传送给 CNC 的 V 存储区地址信号与操作方式的关系

操作方式	自动	MDA	JOG	单段	回参考点
PLC→CNC	V30000000.0	V30000000.1	V30000000.2	V32000000.4	V30000001.2

表 10-31　CNC 传送给 PLC 的 V 存储区地址信号与操作方式的关系

操作方式	自动	MDA	JOG	回参考点
CNC→PLC	V31000000.0	V31000000.1	V31000000.2	V30000001.2

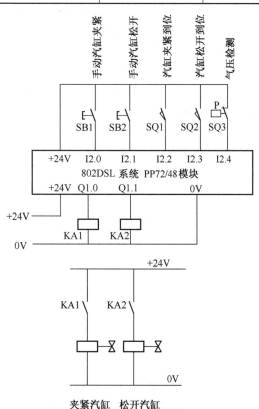

图 10-124　M10 和 M11 汽缸动作电气原理图

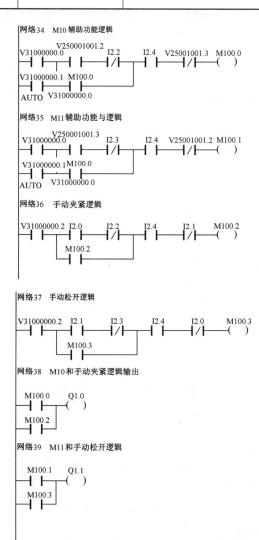

图 10-125　M10 和 M11 汽缸动作功能梯形图

所示,手动汽缸夹紧按钮地址为 I2.0,手动汽缸松开按钮地址 X2.1,夹紧到位检测 I2.2,松开到位检测 I2.3,气压检测信号 I2.4,夹紧电磁阀 PLC 输出为 Q1.0,松开电磁阀 PLC 为 Q1.1。

涉及汽缸有关的 PLC 程序如图 10-125 所示。正常情况下,编制 M10 指令,自动方式运行加工程序,来至 CNC 通道的 M 动态译码信号 V25001001.2 为"1",汽缸未夹紧到位且没有编制 M11 指令,自动方式汽缸夹紧输出中间标志位 M100.0 并自锁;同理,当加工程序编制 M11 时,来至 CNC 通道的 M 动态译码信号

V25001001.3 为"1",首先断开 M100.0 逻辑,汽缸松开未到位且没有编制 M10 指令,自动方式汽缸松开输出中间标志位 M100.1 并自锁;若在手动情况下,汽缸夹紧未到位,汽缸压力没报警,按下手动汽缸夹紧按钮,M100.2 自锁;同

理,当按下汽缸松开按钮,M100.2断开,汽缸松开未到位,当按下手动汽缸松开按钮,则M100.3自锁。最后逻辑手动和自动M10指令汽缸夹紧信号Q1.0输出,逻辑手动和自动M11指令汽缸松开信号1.1输出。

3. 冷却功能程序

在西门子802DSL数控系统的冷却控制子程序定义为SBR44,该子程序中,可以选用一个交替按键作为冷却泵电动机的启动和停止键控制,或者通过零件程序中的编程指令M07/M08和M09启动或停止。在子程序设计中,还提供了两个报警情况输出:一个是当冷却泵电动机过载时报警;另一个是当冷却液位低于标准液位时报警。在急停、冷却电动机过载、冷却液位低或程序控制生效时,冷却输出禁止。

若以使用MCPA机床操作面板上的用户6♯备用键为例,按一次6♯备用键,冷却泵电动机启动,输出地址为Q0.2为1,同时6♯按键对应的LED指示灯点亮,再按一次冷却泵停止,输出地址Q0.2为0,同时6♯按键对应的LED指示灯熄灭;两个报警条件输入,即冷却泵电动机过载输入地址为I2.4,冷却泵液位低报警输入地址I2.5。主程序对应的调用子程序如图10-126所示。

从图10-126可以看出,冷却控制子程序

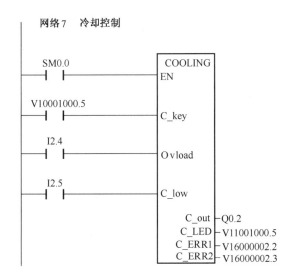

图10-126 主程序调用冷却控制子程序

COOLING(SBR44)中,SM0.0作为调用冷却控制子程序必要条件。

输入信号如下:

(1) C_key:手动操作键触发信号,输入地址为V10001000.5,此地址为机床控制面板MCP上6♯按键对应的MCP地址信号。

(2) Ovload:冷却泵电动机过载输入信号,输入地址为I2.4。

(3) C_low:冷却泵液位低报警输入信号,输入为I2.5。

输出信号如下:

(1) C_out:输出控制冷却泵信号,输出地址为Q0.2;

(2) C_LED:手动按键相应的指示灯,输出地址为V11001000.5;

(3) C_ERR1:冷却子程序报警输出信号1,C_ERR1输出至V16000002.2,对应显示报警号为7000018,是冷却电动机过载报警。

(4) C_ERR2:冷却子程序报警输出信号2,C_ERR2输出至V16000002.3,对应显示报警号为7000019,是冷却液位低报警。

冷却控制子程序梯形图如图10-127所示,冷却控制子程序符号变量见表10-32。

由图10-127可以看出:

(1) 网络1:在JOG方式,V31000000.2为"1",当按下L0.0手动冷却操作按键,信号上升沿,保持一个扫描周期,M150.2置位为"1",按键松开,M150.1也为"1";当再按L0.0手动冷却操作键时,M150.2无影响,当松开L0.0手动冷却操作键时,信号下降沿,保持一个扫描周期,M150.2复位,M150.1也为0。

(2) 网络2:分别在JOG方式和自动方式以及MDA方式下,信号输出情况。在JOG方式下,手动冷却操作键交替输出M150.0为"0"和"1";在MDA和自动方式下,编制M07或M08加工指令,CNC提供给PLC信号分别为V25001000.7和V25001001.0,其中V25001000.7和V25001001.0两信号逻辑是或的关系,置位中间信号M150.0输出,编制M09

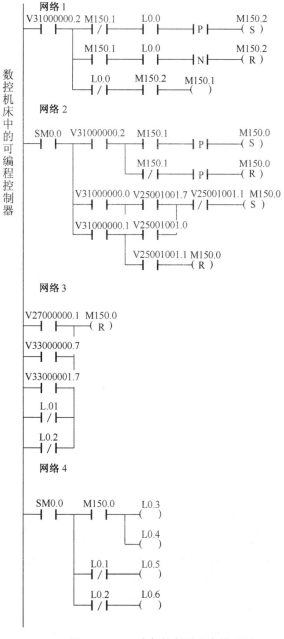

图 10-127　冷却控制子程序梯形图

表 10-32　冷却控制子程序符号变量

变量地址	符号地址	变量类型	数据类型	注释
	EN	IN	BOOL	子程序使能
L0.0	C-key	IN	BOOL	手动冷却操作按键
L0.1	Ovload	IN	BOOL	冷却电动机过载
L0.2	C-low	IN	BOOL	冷却液液位低
L0.3	C-out	OUT	BOOL	输出控制冷却泵

（续）

变量地址	符号地址	变量类型	数据类型	注释
L0.4	C_LED	OUT	BOOL	输出控制状态指示
L0.5	C_ERR1	OUT	BOOL	错误信息:冷却泵过载
L0.6	C_ERR2	OUT	BOOL	错误信息:冷却液液位低

加工指令,CNC 提供给 PLC 信号分别为 V25001001.1,若 V250010001.1 为"1",则复位 M150.0。

（3）网络 3:冷却信号取消条件,主要有急停(V27000000.1)、复位(V30000000.7)、程序测试信号有效(V33000000.7)、冷却电动机过载(子程序变量为 L0.1,在主程序角度物理地址为 I2.4)、冷却液位低(子程序变量为 L0.2,在主程序角度物理地址为 I2.5)。

（4）网络 4:冷却中间信号输出和报警信号激活,冷却输出变量地址信号为 L0.3 和状态指示变量为 L0.4,在主程序角度分别为 Q0.2 和 V11001000.5,报警激活为 L0.5 和 L0.6,在主程序角度分别为 V16000002.2 和 V16000002.3,信号地址分别对应报警号 7000018 和 7000019。

4. 导轨润滑功能程序

西门子 802DSL 数控系统的润滑控制子程序定义为 SBR45。该子程序中,可以根据给定的时间间隔和给定的润滑时间进行控制,同时提供一个手动按键来启动润滑,并且可以在机床每次上电时自动启动润滑一次。在正常情况下,导轨的润滑是按规定的时间间隔周期性自动启动,每次按给定的时间润滑。在急停、润滑电动机过载、润滑液位低等情况下润滑停止。

以使用 MCPA 机床操作面板上的用户 5♯备用键为例,按一次 5♯备用键,润滑电动机启动,输出地址为 Q0.5 为"1",同时 5♯按键对应的 LED 指示灯点亮,再按一次,润滑电动机停止,输出地址 Q0.5 为 0,同时 5♯按键对应的 LED 指示灯熄灭;两个报警条件输入,即润滑电动机过载输入地址为 I2.7,冷却泵液位低报警输入地址 I2.6。主程序对应的调用子程序如图 10-128 所示。

网络 8 导轨润滑控制调用子程序

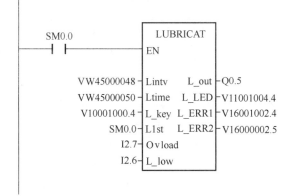

图 10-128 主程序调用润滑控制子程序

从图 10-128 可以看出,润滑控制子程序 LUBRICAT(SBR45)中,SM0.0 作为调用润滑控制子程序必要条件。

输入信号如下:

(1) L_key:手动操作键触发信号,输入地址为 V10001000.4,此地址为机床控制面板 MCP 上 5♯ 按键对应的 MCP 地址信号。

(2) Ovload:润滑电动机过载输入信号,输入地址为 I2.7。

(3) L_low:润滑液位低报警输入信号,输入为 I2.6。

(4) Lintv:润滑间隔时间,输入地址为 VW45000048。

(5) Ltime:润滑输出时间,输入地址为 VW45000050。

(6) L1st:第一次 PLC 扫描启动一次润滑。

输出信号如下:

(1) L_out:输出控制润滑电动机信号,输出地址为 Q0.5。

(2) L_LED:手动按键相应的指示灯,输出地址为 V11001004.4。

(3) L_ERR1:润滑子程序报警输出信号 1,L_ERR1 输出至 V16001002.4,对应显示报警号为 7000020,是润滑电动机过载报警。

(4) L_ERR2:润滑子程序报警输出信号 2,L_ERR2 输出至 V16000002.5,对应显示报警号为 7000021,是润滑液位低报警。

润滑控制子程序梯形图如图 10-129 所示,导轨润滑控制子程序符号变量见表 10-33。

由图 10-129 可以看出:

(1) 网络 1:SM0.0 为常"1",系统上电后 PLC 的第一个扫描循环首先对 L4.4、L4.5 进行复位,也就是润滑输出和润滑输出状态显示清 0。这里 L4.4 和 L4.5 对应主程序中地址为 Q0.5 和 V11001004.4。判断存储润滑间隔时间和存储润滑工作时间是否赋值,如果已经赋值,即 LW0 和 LW2 中数据大于 0,则继续扫描以下的润滑控制程序;否则,返回主程序。这里 LW0 和 LW2 在主程序中对应数据为 VW45000048 和 VW45000050,实际是机床数据参数 MD14510[24] 和 MD14510[25]。

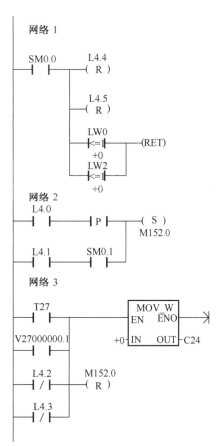

第10章 数控机床中的可编程控制器

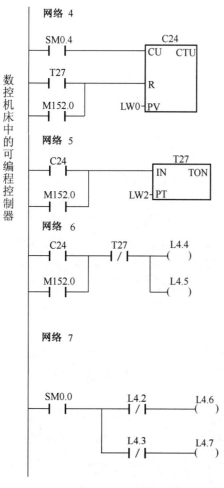

图 10-129　润滑控制子程序梯形图

表 10-33　导轨润滑控制子程序符号变量

变量地址	符号地址	变量类型	数据类型	注　释
	EN	IN	BOOL	子程序使能
LW0	Lintv	IN	WORD	润滑间隔时间
LW2	Ltime	IN	WORD	润滑输出时间
L4.0	L_key	IN	BOOL	手动润滑操作按键
L4.1	L1st	IN	BOOL	第一次 PLC 扫描启动一次润滑
L4.2	Ovload	IN	BOOL	润滑电动机过载
L4.3	L_low	IN	BOOL	润滑液位低
L4.4	L_out	OUT	BOOL	输出控制润滑电动机
L4.5	L_LED	OUT	BOOL	输出控制状态指示

（续）

变量地址	符号地址	变量类型	数据类型	注　释
L4.6	ERR1	OUT	BOOL	错误信息:润滑电动机过载
L4.7	ERR2	OUT	BOOL	错误信息:润滑电动机液位低

（2）网络 2:当 L4.0 触发上升沿,置位 M152.0 这里 L4.0 对应主程序中手动控制按钮信号地址 V10001000.4,或当 L4.1 闭合,SM0.1 为第一个启动扫描周期,也置位 M152.0,L4.1 对应主程序中一直为"1"。

（3）网络 3:润滑控制取消条件。主要有急停(V27000000.1)、润滑电动机过载(子程序变量为 L4.2,在主程序角度物理地址为 I2.7)、润滑液位低(子程序变量为 L4.3,在主程序角度物理地址为 I2.6)、润滑间隔时间到(T27 时间到),并且复位计数器 C24。

（4）网络 4:计时润滑间隔时间。SM0.4 为 60s 周期的脉冲继电器,当按下润滑按钮,即 M152.0 为 1,计数器开始计时(60s 乘以 LW0 设置值),计时时间一到,C24 动合触点闭合。

（5）网络 5:润滑时间计时。C24 动合触点闭合,T27 开始计时。计时时间为 LW2 设定值。

（6）网络 6:润滑时间输出。当间隔时间到时,润滑时间还没到时,润滑输出 L4.4 和 I4.5,在主程序中对应地址为 Q0.5 和 V11001004.4。当润滑时间 T27 一到时,润滑输出断开。下一个扫描周期 T27 在网络 3 中复位计数器 C24,在网络 4 中预置 C24 润滑间隔计时值。下次润滑时间等待 C24 计数时间。如此不断循环下去。

（7）网络 7:报警信号激活。当润滑电动机过载或润滑油位低时,报警变量地址信号 L4.6 和 L4.7 接通,在主程序角度分别为 V16000002.4 和 V16000002.5,信号地址分别对应报警号 7000020 和 7000021。

5. 换刀功能程序

数控机床中刀具功能是比较复杂的,数控

车床中换刀结构有许多种,换刀动作也各不相同。在加工中心中换刀结构也有许多种,有斗笠式刀库、机械手换刀刀库、链式刀库等各种规格,各换刀动作也各不一样,有的需要进给轴参与换刀,有的需要主轴参与动作等。

下面以普通霍耳元件为检测信号的6工位车床用刀架为例,介绍西门子802DSL数控车床中刀架PLC程序的编制。在西门子样本程序中,提供了该功能刀架的子程序,子程序号为SBR46。

该子程序用于控制霍耳元件为刀架传感器的刀架,刀架电动机由PLC控制,刀架正转找刀,目标刀具找刀后,刀架反转锁紧,刀架反转时间可以调整。在自动方式和MDA方式下,T功能指令启动换刀动作。在手动方式下,短按机床控制面板MCP上定义的换刀键,可使刀架电动机正转转一个刀位,并自动锁紧。长按换刀键可连续找刀,松开按键刀架自动锁紧。

在换刀过程中,NC接口信号"读入禁止"(V32000006.1)和"进给保持"(V32000006.0)置位。这样等待换刀完成后,加工程序方可继续运行。在急停、刀架电动机过载或程序测试(PRT)时,换刀旋转动作停止。霍耳元件刀架6工位刀架换刀时序图如图10-130所示。

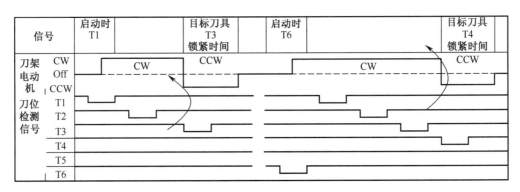

图10-130 霍耳元件刀架换刀时序图

从图10-130中可以看出,时序图为6工位霍耳元件换刀过程,若当前刀位在T1工位,目标刀具在T3工位。启动时,刀架电动机正转(CW),刀位依次变化,当刀位到达T3位置时,刀架电动机正转停止,刀架电动机反转(CCW),锁紧时间一到,电动机停转。

若当前刀位在T6工位,目标刀具在T4工位。启动时,刀架电动机正转,刀位依次变化,当刀位到达T4位置时,刀架电动机正转停止,刀架电动机反转,锁紧时间一到,电动机停转。

在主程序调用SBR46子程序中,手动方式换刀,可以定义机床操作面板上的4♯备用键。以使用MCPA机床操作面板上的用户4♯备用键为例,则按键输入地址为V10001000.3,相应的LED指示等输出地址为V11001000.3为"1"。也可以自定义换刀按键和状态指示灯,相应的程序稍做修改即可。

霍耳元件检测刀号的4工位电动刀架电气原理图如图10-131所示。

主程序调用6工位霍耳元件刀架子程序如图10-132所示。

从图10-132可以看出,刀架换刀子程序TURRET1(SBR46)中,SM0.0作为调用换刀子程序必要条件。

输入信号如下:

(1) Tmax:刀架最大位数。

(2) C_time:刀架反转锁紧时间。

(3) T01~T06:刀位传感器,输入地址为I7.0~I7.5,若其他具体接线不同,可以修改这

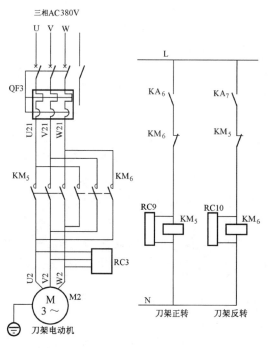

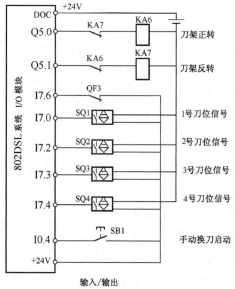

图 10-131　霍耳元件检测刀号的 4 工位
电动刀架电气原理图

儿的物理地址。

（4）T_key：手动换刀键，这里以 MCPA 4♯
备用按键地址为例，应为 V10001000.3。若根
据图 10-131 为例，这儿地址应为 I0.4。

（5）Ovload：换刀电动机过载，示例中地址
为 I7.6；若其他具体接线不同，可以修改这里的
物理地址。

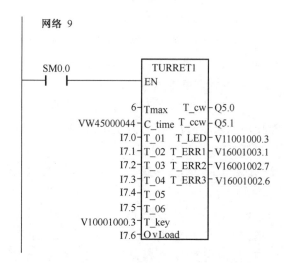

图 10-132　主程序调用霍耳元件换刀子程序

输出信号如下：

（1）T_cw：输出控制换刀电动机正转信号，
输出地址为 Q5.0。

（2）T_ccw：输出控制换刀电动机反转信
号，输出地址为 Q5.1。

（3）T_LED：手动换刀按键相应的换刀状
态指示。这里示例为 MCPA 4♯ 备用按键相应
的 LED 指示，若其他具体接线，可以修改此处
物理地址。

（4）T_ERR1：无刀位检测报警输出信号，
T_ERR1 输出至 V16000003.1，对应显示报警号
为 7000025。

（5）T_ERR2：编程刀具超出范围报警输出
信号，T_ERR2 输出至 V16000002.7，对应显示
报警号为 7000023。

（6）T_ERR3：刀架电动机过载报警输出信
号，T_ERR3 输出至 V16000002.6，对应显示报
警号为 7000022。

调用霍耳元件换刀控制子程序梯形图如图
10-133 所示，霍耳元件换刀控制子程序符号变
量见表 10-34。

图 10-133(a) 中网络 1 对相关地址进行初
始化，传送确保刀架反转锁紧时间在 0.5s～3s 之
间；传送最大刀位数加 1 到 LD8；初始化复位换
刀正转信号地址 L7.0 和反转信号地址 L7.1。

网络 1 初始化变量

SM0.0

MOV_W
EN ENO
LW4 — IN OUT — LW12

L7.0 (R)
L7.1 (R)
L7.2 (R)

LW12 <=I +50
MOV_W
EN ENO
+50 — IN OUT — LW12

LW12 >=I +300
MOV_W
EN ENO
+300 — IN OUT — LW12

ADD_DI
EN ENO
LD0 — IN1 OUT — LD8
+1 — IN2

L7.0 (R)

L7.1 (R)

L6.7 / — L7.5 ( )

VD25002000 >=D LD8 — L7.4 ( )
L7.6 ( )

(a)

网络 2 禁止刀号太大

LD0 = =D +4 — NOT — T28 (R)

LD0 = =D +6 — M156.0 (R)

L7.6 — M156.1 (R)

V27000000.1 — M156.2 (R)

L6.7 / — M156.3 (R)

V33000001.7 — M156.4 (R)

M168.4 (R)

V32000006.1 (R)

(RET)

(b)

网络 3 读入当前位置

SM0.0
MOV_DW
EN ENO
+0 — IN OUT — LD16

L6.0 /
MOV_DW
EN ENO
+1 — IN OUT — LD16

L6.1 /
MOV_DW
EN ENO
+2 — IN OUT — LD16

L6.2 /
MOV_DW
EN ENO
+3 — IN OUT — LD16

L6.3 /
MOV_DW
EN ENO
+4 — IN OUT — LD16

L6.4 /
MOV_DW
EN ENO
+5 — IN OUT — LD16

L6.5 /
MOV_DW
EN ENO
+6 — IN OUT — LD16

M156.0 / — M156.1 / — LD16 = =D +0 — L7.3 ( )

(c)

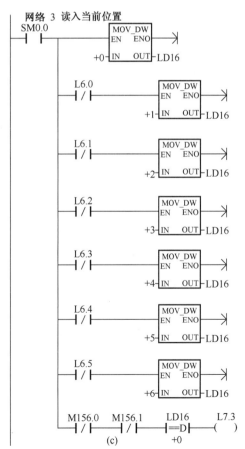

网络 4 在自动方式或 MDA，初始化变量

```
SM0.0   VD25002000          L7.7
 ┤├      ==D    ┤NOT├       ( )
         LD16

         L7.7  V31000000.0       M156.7
         ┤├      ┤├         P┤  ( S )

               V31000000.1
                 ┤├

               V33000001.7              M156.7
                 ┤/├            ┤P├    ( S )

         V33000003.0 V30000000.7
           ┤├        ┤├
```

网络 5 读程序中刀号

```
SM0.0  V05000008.0      ┌─── MOV_DW ───┐
 ┤├       ┤├            │ EN      ENO  │──
                        │              │
       M156.7  VD25002000│ IN     OUT  │─ MD160
         ┤├             └──────────────┘

       V31000000.2           M156.7
         ┤├           ┤P├   ( R )

       V25000008.0
         ┤├
```
(d)

网络 6 在JOG方式手动换刀

```
V31000000.2 L6.6 M156.3 M156.1 M156.0
 ┤├   ┤├   ┤├   ┤/├   ┤/├  ( S )

                          M156.4
                          ( S )

                          M156.3
                          ( S )

              ┌─── MOV_DW ───┐
              │ EN      ENO  │──
              │              │
       LD16 ─ │ IN     OUT  │─ MD160
              └──────────────┘

LD16      M156.3 M156.4
==D  ┤NOT├  ┤├   ( S )
MD160

M156.4  L6.6  M156.0     M156.0
 ┤├    ┤/├   ┤├   P┤   ( R )

                          M156.1
                          ( S )

                          M156.2
                          ( S )
```
(e)

网络 7 在自动方式程序换刀

```
V31000000.0 MD160              M1565
 ┤├      ==D    ┤NOT├         ( )
         LD16

V31000000.1 MD160              M156.6
 ┤├      ==D    ┤NOT├         ( )
         +0

M156.0 M156.1 M156.7 V33000003.7 L6.6  M156.0
 ┤/├   ┤/├   ┤├      ┤├       ┤├   ( S )

       M156.7 M156.5 M156.6        V32000006.1
        ┤├   ┤├    ┤├            ( S )

                                   M168.4
                                   ( S )

M156.0   M156.1   MD160        M156.0
 ┤├      ┤/├      ==D          ( R )
                  LD16

                               M156.1
                               ( S )

                               M156.2
                               ( S )
```
(f)

网络 8 刀架夹紧控制

```
SM0.0    M156.2            ┌─── T28 ───┐
 ┤├      ┤├                │ IN    TON │
                           │           │
                      LW12─│ PT        │
                           └───────────┘

       M156.0  M156.1  T28    M168.4
        ┤/├    ┤├     ┤├    ( R )

                               V32000006.1
                               ( R )

                               M156.0
                               ( R )

                               M156.1
                               ( R )

                               M156.2
                               ( R )

                               M156.3
                               ( R )

                               M156.4
                               ( R )

                               T28
                               ( R )

                               M156.7
                               ( R )
```
(g)

网络 9 分配结果输出

```
SM0.0    M156.0      L7.0
 ┤├      ┤├         ─┤
         M156.1      L7.1
         ┤├         ─┤
         M156.0      L7.2
         ┤├         ─┤
         M156.1
         ┤├
```
(h)

图 10-133 霍耳元件换刀控制子程序梯形图

表 10 - 34　霍耳元件换刀控制子程序符号变量

变量地址	符号地址	变量类型	数据类型	注　释
	EN	IN	BOOL	子程序使能
LD0	Tmax	IN	DWORD	刀架最大位数
LW4	C_time	IN	WORD	刀架反转锁紧时间
L6.0～L6.5	T01～T06	IN	BOOL	刀位传感器,低电平有效
L6.6	T_key	IN	BOOL	手动换刀键
L6.7	Ovload	IN	BOOL	换刀电动机过载
L7.0	T_cw	OUT	BOOL	控制换刀电动机正转信号
L7.1	T_ccw	OUT	BOOL	控制换刀电动机反转信号
L7.2	T_LED	OUT	BOOL	输出控制状态指示
L7.3	T_ERR1	OUT	BOOL	无刀位检测报警输出信号
L7.4	T_ERR2	OUT	BOOL	编程刀具超出范围报警输出信号
L7.5	T_ERR3	OUT	BOOL	刀架电动机过载报警输出信号

对应到主程序物理地址换刀正转信号为 Q5.0,换刀反转信号 Q5.1。

当换刀空气开关 QF3 过载断开,主程序调用 SRB46 子程序中 I7.6 为"0",则子程序 L6.7 为"0",L7.5 为"1",输出报警信号至 V16000003.1,相应的报警信息显示报警号 700025。

当加工程序中编制换刀刀号时,CNC 处理后存放在 VD25002000 中,当编制的刀号大于或等于子程序中设置的最大数值 LD0,对应主程序中调用 SRB46 T_MAX 时,子程序中变量 L7.4 为"1",输出报警信号至 V16000002.7,相应的报警信息显示报警号 700023。

如图 10 - 133(b)所示,网络 2 是在以下列情况不允许进行换刀动作并返回主程序:

(1) 设置刀号最大不是 4 工位或 6 工位;

(2) 急停(V27000000.7)为"1";

(3) 换刀空气开关过载信号 I7.6 断开;

(4) 程序测试有效(V33000001.7)为"1"。

如图 10 - 133(c)所示,网络 3 为读取当前刀号。当任一当前刀号霍耳元件信号有效,LD16 中值就为相应的数值,比如,当前刀号为 3 号刀,霍耳元件信号感应,由于霍耳元件低电平有效,I7.2 为"0",则 L6.2 非导通,LD16 中数值为 3。

当没有换刀状态下,当前没有任一霍耳元件感应到,即当前刀位数值为 0,则子程序输出 L7.3 为"1",即在主程序调用子程序中报警输出 V16000003.1 为"1",显示报警号为 700025。

如图 10 - 133(d)所示,网络 4 和网络 5 为自动方式或 MDA 方式读取当前刀号。网络 4 在自动方式或 MDA 方式,当编程刀号与当前刀号不一致时,L7.7 为"1",置位 M156.7 为"1",或者不在程序测试方式(V33000001.7"0")或者当程序运行时(V33000003.0 为"1"),按下复位键(V30000000.7 为"1"),同样置位 M156.7 为"1"。

网络 5 为 PLC 读取当前编程刀号。当 M156.7 为"1",MOV_DW 指令把当前编程刀号从 VD25002000 送至 MD160。若操作方式为 JOG 方式或刀号变化(V25000008.0),复位 M156.7。

如图 10 - 133(e)所示,网络 6 为手动方式换刀。V31000000.2 为 CNC 确认的手动方式地址信号,当按下 MCPA 4♯ 备用按键的手动换刀键,V10001000.3 为"1",在主程序调用换刀子程序后,子程序中 L6.6 为"1",置位 M156.0 为"1",为换刀正转中间标志位,同时,把当前刀号传送给 MD160,由图 10 - 133(h)所示网络输出正转换刀信号 L7.0。换刀正转物理地址为 Q5.0。换刀电动机旋转,当换刀位置离开当前原来位置时,逻辑置位 M156.4 为"1"。当短按换刀键时,复位换刀电动机正转信号(M156.0＝0),置位换刀电动机反转(M156.1 为"1"),同时置位换刀反转中间标志位(M156.2 为"1");若长按换刀键时,一直按着,则保持换刀电动机正转(M156.0 为"1")。

如图 10-133(f)所示，网络 7 为自动方式或 MDA 方式下的换刀过程。在自动方式和 MDA 方式，当加工程序编制的刀号与当前刀号不一致时，M156.5 为"1"；当加工程序编制的刀号"0"，则 M156.6 为"1"。当控刀电动机停止时（M156.0 和 M156.1 为"0"），同时 M156.7、V33000003.7 为"1"，当按下手动换刀键，换刀电动机正转（M156.0 为"1"），同是 M168.4 和 V32000006.1 为"1"，使加工程序读入禁止，即停止执行下一条加工程序。当换刀过程中，刀号不断变化，当前刀号与编程刀号一致时，复位换刀正转信号（M156.0），并置位 M156.1 为"1"，使换刀电动机反转，并使换刀反转标志位 M156.2 为"1"。

如图 10-133(g)所示，网络 8 为换刀反转逻辑处理程序。反转标志位为 M156.2 为"1"时，T28 计时器延时 LW12 设置的时间值，LW12 设置对应主程序中 VW450000044 数据区值，该数据区值对应机床数据区 MD14510[22]，当 T28 延时时间一到，复位换刀电动机反转信号（M156.1 为"0"），以及其它的信号标志位，同时复位 V32000006.1，解除读入禁止信号。

如图 10-133(h)所示，网络 9 为换刀逻辑信号输出。M156.0 输出到 L7.0，对应主程序中调用换刀子程序物理地址 Q5.0。M156.1 输出到 L7.1，对应主程序中调用换刀子程序物理地址 Q5.1。换刀动作（不管是正转，还是反转）时，输出到 L7.2，对应主程序中调用换刀子程序地址 V11001000.3，即 MCPA 机床控制面板 4# 按键对应的 LED 指示灯。

参 考 文 献

[1] 李梦群，等．现代数控机床故障诊断及维修．北京：国防工业出版社，2009．

[2] 李宏胜，朱强，曹锦江．FANUC 数控系统维护与维修．北京：高等教育出版社，2011．

[3] 刘永久．数控机床故障诊断与维修技术．北京：机械工业出版社，2009．

[4] 魏德仙．可编程控制器原理及应用．北京：中国水利水电出版社，2009．

[5] 汪木兰．数控原理与系统．北京：机械工业出版社，2006．

[6] 罗敏．典型数控系统应用技术（FANUC 篇）．北京：机械工业出版社，2009．

[7] 邵群涛．数控系统综合实践．北京：机械工业出版社，2004．

[8] 郁汉琪．电气控制与可编程序控制器应用技术．南京：东南大学出版社，2003．

[9] 韩鸿鸾．数控机床电气检修．北京：中国电力出版社，2008．

[10] 北京发那科机电有限公司．FANUC 0i/A/B/C/D 硬件连接说明书．北京：发那科机电有限公司，2008．

[11] 北京发那科机电有限公司．FANUC 0i/A/B/C/D 维修说明书．北京：发那科机电有限公司，2008

[12] 北京发那科机电有限公司．FANUC 0i/A/B/C/D 功能连接说明书．北京：发那科机电有限公司，2009

[13] 北京发那科机电有限公司．FANUC PA1/SA1/SA3 梯形图编程说明书．北京：发那科机电有限公司，2002．

[14] 北京发那科机电有限公司．FANUC 0i D /0i mate D 梯形图编程手册．北京：发那科机电有限公司，2008．

[15] 西门子自动化与驱动集团．802DSL 简明调试手册．北京：西门子（中国）有限公司，2008．

[16] 西门子自动化与驱动集团．802DSL 功能说明手册．北京：西门子（中国）有限公司，2008．

[17] 西门子自动化与驱动集团．802DSL 子程序库说明手册．北京：西门子（中国）有限公司，2008．

[18] 广州数控设备有限公司．GSK990MA 铣床加工中心数控系统 安装连接及 PLC 手册．广州：广州数控设备有限公司，2009．